Josef Hoffmann, Franz Quint
Signalverarbeitung in Beispielen
De Gruyter Studium

Weitere empfehlenswerte Titel

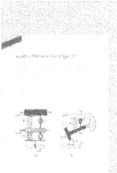

Einführung in Signale und Systeme
Josef Hoffmann, Franz Quint, 2013
ISBN 978-3-486-73085-2, e-ISBN 978-3-486-75523-7

Simulation technischer linearer und nichtlinearer Systeme mit MATLAB/Simulink
Josef Hoffmann, Franz Quint, 2014
ISBN 978-3-11-034382-3, e-ISBN 978-3-11-034383-0,
e-ISBN (EPUB) 978-3-11-034383-0

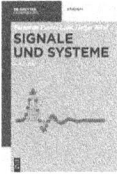

Signale und Systeme, 6. Auflage
Fernando Puente León, Holger Jäkel, 2015
ISBN 978-3-11-040385-5, e-ISBN 978-3-11-040386-2,
e-ISBN (EPUB) 978-3-11-042383-9

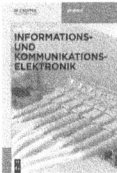

Informations- und Kommunikationselektronik
Herbert Bernstein, 2015
ISBN 978-3-11-036029-5, e-ISBN 978-3-11-029076-9,
e-ISBN (EPUB) 978-3-11-039672-0

Josef Hoffmann, Franz Quint

Signalverarbeitung in Beispielen

Verständlich erläutert mit Matlab® und Simulink®

DE GRUYTER
OLDENBOURG

Autoren

Prof. Dr.-Ing. Josef Hoffmann
Hochschule Karlsruhe Technik und Wirtschaft
Fakultät Elektro- u. Informationstechnik
Moltkestr. 30
76133 Karlsruhe
josef.hoffmann@hs-karlsruhe.de

Prof. Dr.-Ing. Franz Quint
Hochschule Karlsruhe Technik und Wirtschaft
Fakultät Elektro- u. Informationstechnik
Moltkestr. 30
76133 Karlsruhe
franz.quint@hs-karlsruhe.de

MATLAB and Simulink are registered trademarks of The MathWorks, Inc. See, www.mathworks.com/
trademarks for a list of additional trademarks. The MathWorks Publisher Logo identifies books that
contain MATLAB and Simulink content. Used with permission. The MathWorks does not warrant the
accuracy of the text or exercises in this book. This book's use or discussion of MATLAB and Simulink
software or related products does not constitute endorsement or sponsorship by The MathWorks of
a particular use of the MATLAB and Simulink software or related products.
For MATLAB® and Simulink® product information, or information on other related products, please
contact:

The MathWorks, Inc.
3 Apple Hill Drive
Natick, MA, 01760-2098 USA
Tel: 508-647-7000; Fax: 508-647-7001
E-mail: info@mathworks.com; Web: www.mathworks.com

ISBN 978-3-11-047104-5
e-ISBN (PDF) 978-3-11-047106-9
e-ISBN (EPUB) 978-3-11-047108-3

Library of Congress Cataloging-in-Publication Data
A CIP catalog record for this book has been applied for at the Library of Congress.

Bibliographic information published by the Deutsche Nationalbibliothek
Die Deutsche Nationalbibliothek verzeichnet diese Publikation in der Deutschen
Nationalbibliografie; detaillierte bibliografische Daten sind im Internet über
http://dnb.dnb.de abrufbar.

© 2016 Walter de Gruyter GmbH, Berlin/Boston
Satz: Konvertus, Haarlem, NL
Druck und Bindung: CPI books GmbH, Leck
♾ Gedruckt auf säurefreiem Papier
Printed in Germany

www.degruyter.com

Vorwort

Das vorliegende Buch stellt einige grundlegende Themen der Signalverarbeitung und der linearen Systeme mit Hilfe der MATLAB/Simulink Software nach dem Motto *„Mit Logik wird bewiesen, mit Intuition wird erfunden"* (Henri Poincarè) dar. Dabei werden einige Themen unserer vorherigen Bücher „Signalverarbeitung mit MATLAB und Simulink" und „Einführung in Signale und Systeme" mit besonderem Akzent auf das Verständnis erweitert.

Die Darstellung ist so gegliedert, dass die Themen zuerst intuitiv mit Bildern eingeführt werden. Zum Untermauern der intuitiven Argumentation folgt eine mathematische Behandlung, die anschließend mit anschaulichen Simulationen in MATLAB/Simulink ergänzt wird. So können anspruchsvolle Beweisführungen vielmals umgangen werden. Die praktischen Simulationsbeispielen, die zur Wiederholung, Reflexion und Weiterentwicklung der behandelten Themen dienen, sollen die Leser anregen, kreativ eigene Simulationen zu entwickeln und untersuchen. Gleichwohl ist es nicht Ziel des Buches, Lehrbuch für die Theorie der Signalverarbeitung zu sein. Hierfür wird auf die zahlreichen Standardwerke, die auch in der Literaturliste angegeben sind, verwiesen.

In vielen technischen Studiengängen an Hochschulen werden Vorlesungen in Signale und Systeme angeboten. Die Theorie der Lehrveranstaltungen sollte mit Simulationen in MATLAB bzw. Simulink begleitet werden, um so Beispiele zu untersuchen, die praktisch relevant sind und über die einfachen, analytisch lösbaren Fälle hinausgehen. Diesem Zweck soll das vorliegende Buch dienen.

In der Industrie hat sich die MATLAB-Produktfamilie in Forschung und Entwicklung zu einem Standardwerkzeug durchgesetzt. Sie wird von den wissenschaftlichen Voruntersuchungen über die Algorithmenentwicklung bis hin zur Implementierung auf einer dedizierten Hardware eingesetzt. Oftmals wird aus den Simulationen der Verfahren automatisch das in der Hardware zu implementierende Programm generiert. Diese durchgängige Entwicklungskette bietet den Vorteil effizienter Produktentwicklungszyklen, weil Abweichungen zwischen Simulation und auf der Hardware implementiertem Programm vermieden werden. Nachträglich erforderliche Änderungen können schneller implementiert und untersucht werden.

Damit ist die Verwendung der MATLAB-Produktfamilie in der Lehre nicht nur dem Verständnis der Theorie förderlich, sondern sie ermöglicht den Absolventen von Ingenieurstudiengängen auch einen raschen Zugang zur industriellen Praxis.

Das vorliegende Buch richtet sich vorwiegend an Ingenieurstudenten der Universitäten und Hochschulen für Technik, die eine Vorlesung zum Thema Signalverarbeitung hören. Die durchgeführten Simulationen wurden so gestaltet, dass sie häufig eingesetzten Anwendungen der Signalverarbeitungspraxis entsprechen.

Das Buch richtet sich auch an Fachkräfte aus Forschung und Industrie, die im Bereich der Signalverarbeitung tätig sind und die MATLAB-Produktfamilie einsetzen oder einzusetzen beabsichtigen.

Die MATLAB-Produktfamilie besteht aus der MATLAB-Grundsoftware, aus verschiedenen „Toolboxen" und aus dem graphischen Simulationswerkzeug Simulink. Die MATLAB-Grundsoftware ist eine leistungsfähige Hochsprache, die Funktionen zur Manipulation von Daten, die in mehrdimensionalen Feldern gespeichert sind, enthält. Der Name MATLAB ist ein Akronym für „MATrix LABoratory" und bezieht sich auf die ursprünglich vorgesehene Anwendung, nämlich das Rechnen mit große Datenmengen in Form von Matrizen und Datenfeldern.

Für verschiedene Fachgebiete gibt es Erweiterungen der MATLAB-Grundsoftware in Form sogenannter „Toolboxen". Diese sind Sammlungen von MATLAB-Funktionen, die zur Lösung spezifischer Aufgaben des entsprechenden Fachgebietes entwickelt wurden. In diesem Buch werden neben den Grundfunktionen von MATLAB und Simulink Funktionen aus der *Signal Processing Toolbox*, *DSP System Toolbox* und teilweise aus der *Control SystemToolbox* eingesetzt.

Eine Besonderheit dieses Buchs im Vergleich zu anderen Büchern der Signalverarbeitung die MATLAB einsetzen, besteht darin, dass auch Simulink als Erweiterung von MATLAB intensiv verwendet wird. In Simulink werden mit relativ kleinem Programmieraufwand Systemmodelle mit Hilfe von Blockdiagrammen, wie sie im Lehrbetrieb und in der Entwicklung üblich sind, erstellt. Das Simulink-Modell ist eine graphische Abbildung des Systems, die leicht zu verstehen, zu ändern und zu untersuchen ist. Aus Simulink-Modellen können automatisch C- oder VHDL[1]-Programme generiert werden, die nach dem Übersetzen auf dedizierter Hardware lauffähig sind.

Im ersten Kapitel wird die diskrete Fourier-Transformation (kurz DFT) und ihre effiziente Berechnung mit Hilfe der FFT (*Fast-Fourier-Transfomation*) in der Signalverarbeitung eingeführt. Sie ist ein wichtiges Werkzeug, das durchgehend in allen Simulationen der nachfolgenden Kapiteln eingesetzt wird. Sicher muss man dafür einige Themen der Signalverarbeitung und Systemtheorie vorziehen und kurz einführen. So wird z.B. die Faltung der zeitkontinuierlichen und zeitdiskreten Signalen eingeführt, um ihre Berechnung über die DFT zu erläutern. Auch die Zufallssignale werden in diesem Kapitel eingeführt, um zu zeigen, wie man die spektrale Leistungsdichte als Beschreibung im Frequenzbereich ebenfalls mit der DFT berechnet.

Die linearen zeitinvarianten Systeme sind im zweiten Kapitel beschrieben und die Theorie wird in Simulationen mit MATLAB/Simulink erläutert. Hier wird kurz die Laplace-Transformation für die zeitkontinuierlichen und die z-Transformation für die zeitdiskreten Systeme eingeführt. In diesem Kapitel werden auch die analogen Filter beschrieben, besonders wegen ihrer Funktion als Antialiasing-Filter. Sie spielen eine wichtige Rolle beim Übergang aus der analogen in die digitalen Welt.

---

1 *Very High Speed Integrated Circuit Hardware Description Language*

Die Entwicklung digitaler Filter, ein Hauptthema der digitalen Signalverarbeitung, wird im dritten Kapitel mit Hilfe der Werkzeuge aus der *Signal Processing Toolbox* und aus der *DSP System Toolbox* beschrieben.

Die Multiraten-Signalverarbeitung, die in vielen Anwendungen eingesetzt wird, wird im vierten Kapitel beschrieben und mit praktischen Beispielen begleitet. Zu Beginn werden die beiden Hauptthemen dieses Gebiets, die Dezimierung und die Interpolierung vorgestellt und mit Experimenten vertieft. Danach wird auf die Realisierung der Dezimierung und Interpolierung mit Polyphasenfiltern eingegangen. Die sogenannten „Fractional-Delay"-Filter werden mit Experimenten untersucht. Diese Filter ermöglichen eine effiziente Implementierung der Interpolierung und werden zur Abtastfrequenzänderung und, wie der Name es sagt, zur Verzögerung eines Signals um Bruchteile der Abtastperiode eingesetzt. Ihre Realisierung als Farrow-Struktur und die dazu gehörenden MATLAB-Funktionen werden ebenfalls besprochen.

Das fünfte Kapitel enthält für die Thematik dieses Buches einige relevante Hinweise zu MATLAB und Simulink. Es werden kurz die Graphikobjekte, die neuen Möglichkeiten des *Scope-* und *Spectrum Analyser*-Blocks und der Umgang mit *Frame*-Daten beschrieben.

Der Leser wird ermutigt, bei der Arbeit mit diesem Buch die vorgestellten Simulationen selbst in MATLAB oder Simulink durchzuführen, sie zu erweitern oder für seine Zwecke zu verändern. Hierfür kann er die Quellen aller für das Buch entwickelten MATLAB-Programme und Simulink-Modelle von der Internet-Seite von De Gruyter `http://www.degruyter.com/` beziehen.

Die Firma MathWorks bietet Unterstützung zur Produktfamilie unter der Adresse `http://www.mathworks.com` (oder `http://www.mathworks.de`) an. So findet man z.B. unter der Adresse `http://www.mathworks.com/matlabcentral` im Menü *File Exchange* eine Vielzahl von Programm- und Modellbeispielen. Weiterhin werden laufend Webinare[2], auch in deutscher Sprache angeboten, die man herunterladen und beliebig oft ansehen kann. Auch auf weltweit über 1000 Buchtitel, die die MATLAB-Software beschreiben und einsetzen, wird auf der Internet-Seite von MathWorks verwiesen.

Danksagung

Die Autoren möchten sich vor allem bei den Studierenden des Studiengangs Elektrotechnik und Informationstechnik der Hochschule Karlsruhe – Technik und Wirtschaft bedanken, die bei den entsprechenden Vorlesungen mit ihren Fragen dazu beigetragen haben, dass die Theorie mit passenden Simulationen in MATLAB und Simulink begleitet wurde. So sind die meisten Simulationen dieses Buches entstanden. Viele

---

[2] Multimediale Seminare über das Internet

davon basieren auch auf Themen, mit denen unsere Studierenden in Abschlussarbeiten mit industrienahen Themen konfrontiert wurden.

Dank gebührt auch der Firma The MathWorks USA, die die Autoren von MATLAB-Büchern sehr gut betreut und mit neuen Versionen und Vorankündigungen der Software versorgt. Ebenfalls bedanken wir uns beim Support-Team von „The MathWorks Deutschland" in München.

Nicht zuletzt bedanken wir uns bei unseren Familien, die viel Verständnis während unserer Arbeit am Buch aufgebracht haben.

Josef Hoffmann (josef.hoffmann@hs-karlsruhe.de)
Franz Quint (franz.quint@hs-karlsruhe.de)

Juli 2016

Inhaltsverzeichnis

1 Die diskrete Fourier-Transformation in der Signalverarbeitung

1.1 Einführung

Die diskrete Fourier-Transformation, kurz DFT, ist ein wichtiges Werkzeug in der Signalverarbeitung. Die effiziente Berechnung dieser Transformation wird mit einem Algorithmus der als *Fast-Fourier-Transformation* bekannt ist, kurz FFT, durchgeführt [7, 38]. Die Fourier-Transformation als ein fundamentales analytisches Hilfsmittel der Signaltheorie wird mit Hilfe der DFT (oder FFT) numerisch ermittelt. Die FFT wird auch in vielen technischen Anwendungen eingesetzt. Als Beispiel wird sie in der DSL-Internetlösung[1], in der digitalen Rundfunk- und Fernsehübertragung und in vielen Geräte zur Messung von Signalen verwendet.

In den Simulationexperimenten die in diesem Buch beschrieben sind, wird die DFT oder FFT sehr oft benutzt. Deswegen wurde in diesem Buch das Kapitel über die DFT bzw. FFT an den Anfang gestellt. Es werden nicht alle theoretischen Aspekte der Fourier-Transformation erläutert die man in der umfangreichen Literatur der Signaltheorie findet, sondern es werden intuitiv, meistens anhand von Bildern und Simulationen die Konzepte vorgestellt. Die mathematische Behandlung ist nicht anspruchsvoll und soll als Verbindung zu den Erläuterungen aus der Literatur dienen.

1.2 Die DFT und die Fourier-Reihe

Die DFT kann man formal mit Hilfe ihrer Definition einführen. Sie ist aber besser zu verstehen, wenn man zu dieser Definition über die Notwendigkeit eines numerischen Verfahren für die Fourier-Transformation gelangt. Zu Beginn wird die Fourier-Reihe eines periodischen Signals untersucht und es wird gezeigt, wie man die Koeffizienten dieser Zerlegung mit Hilfe der DFT oder FFT annähernd ermittelt.

Ein allgemeines reelles periodisches Signal $x(t)$ der Grundperiode T_0 der Form

$$x(t) = x(t + mT_0), \quad \text{mit} \quad m \in \mathcal{Z} \tag{1.1}$$

kann mit Hilfe von harmonischen Schwingungen in eine unendliche Summe zerlegt werden:

$$x(t) = \frac{a_0}{2} + \sum_{k=1}^{\infty} a_k \cos(k\omega_0 t) + \sum_{k=1}^{\infty} b_k \sin(k\omega_0 t) \tag{1.2}$$

---

1 Digital Subscriber Line

Dabei ist $\omega_0 = 2\pi/T_0$ die Kreisfrequenz in rad/s. Diese Zerlegung beschreibt die sogenannte trigonometrische Fourier-Reihe und die Koeffizienten sind durch folgende Integrale zu berechnen:

$$a_k = \frac{2}{T_0} \int_{-T_0/2}^{T_0/2} x(t)\cos(k\omega_0 t)dt \qquad k = 0, 1, 2, 3, \ldots, \infty$$

$$b_k = \frac{2}{T_0} \int_{-T_0/2}^{T_0/2} x(t)\sin(k\omega_0 t)dt \qquad k = 1, 2, 3, \ldots, \infty$$

(1.3)

Es ist leicht zu erkennen, das $a_0/2$ der Mittelwert des Signals über eine Periode ist. Wenn die Periode anders gewählt wird, wie z.B. von $t = 0$ bis $t = T_0$, dann ändern sich die Koeffizienten $a_k, b_k, k = 1, 2, 3, \ldots, \infty$ und der Koeffizient $a_0/2$ als Mittelwert bleibt unverändert.

Wenn man einen Sinus- und den entsprechenden Cosinusterm derselben Frequenz zusammenfasst

$$a_k \cos(k\omega_0 t) + b_k \sin(k\omega_0 t) = A_k\cos(k\omega_0 t + \varphi_k) \qquad (1.4)$$

ergibt sich eine neue Form der Zerlegung,die als harmonische Fourier-Reihe bekannt ist [24]:

$$x(t) = \frac{A_0}{2} + \sum_{k=1}^{\infty} A_k\cos(k\omega_0 t + \varphi_k) \qquad (1.5)$$

Die Koeffizienten a_k, b_k sind reell und können positiv oder negativ sein. Die neuen Koeffizienten $A_k, k = 1, 2, 3, \ldots, \infty$ sind Amplituden, die immer positiv sind. Die Winkel φ_k stellen die Nullphasen der Cosinusterme dar. Anders gesagt, sind sie die Phasenverschiebungen der Cosinusterme relativ zum Anfang der Periode. Vielmals wird die Grundfunktion für $k = 1$ als Grundharmonische oder als erste Harmonische bezeichnet und die restliche Komponenten bilden die k-ten Harmonischen.

Zwischen den Koeffizienten der mathematischen Form a_k, b_k und den Amplituden A_k bzw. Nullphasen φ_k gibt es folgende Beziehungen:

$$A_0 = a_0$$
$$A_k = \sqrt{a_k^2 + b_k^2} \quad \text{und} \quad \varphi_k = \text{atan}\left(-\frac{b_k}{a_k}\right) \qquad (1.6)$$

Die Funktion atan muss in allen vier Quadranten definiert sein. In MATLAB gibt es dafür die Funktion atan2 zusätzlich zur Funktion atan. Weil $a_0/2$ als Mittelwert auch negativ sein kann, wird $A_0 = a_0$ auch negativ und ist somit keine Amplitude. Man kann aber A_0 als Amplitude eines Anteils der Frequenz null annehmen, wenn man dann für den negativen Fall auch eine Nullphase von π (oder $-\pi$) hinzufügt. Das ist auch die Konvention in MATLAB.

Mit Hilfe der Euler-Formel [28] kann jeder Cosinusterm als Summe zweier komplexen Exponentialfunktionen geschrieben werden:

$$\cos(k\omega_0 t + \varphi_k) = \frac{1}{2}\left(e^{j(k\omega_0 t + \varphi_k)} + e^{-j(k\omega_0 t + \varphi_k)}\right) \tag{1.7}$$

Aus der harmonische Form der Fourier-Reihe erhält man dann die komplexe Form der Fourier-Reihe:

$$x(t) = \sum_{k=-\infty}^{\infty} c_k e^{jk\omega_0 t} \tag{1.8}$$

Die komplexen Koeffizienten $c_k, k = \infty, \ldots, -1, 0, 1, \ldots, \infty$ sind durch folgendes Integral gegeben:

$$c_k = \frac{1}{T_0} \int_{-T_0/2}^{T_0/2} x(t) e^{-jk\omega_0 t} dt \tag{1.9}$$

Diese Koeffizienten sind viel einfacher zu berechnen und für reelle Signale sind die Koeffizienten c_k und c_{-k} zueinander konjugiert komplex [14]:

$$c_k = c_{-k}^* \tag{1.10}$$

Aus den komplexen Koeffizienten können die Amplituden und Nullphasen der reellen Harmonischen gemäß Zerlegung aus Gl. (1.5) bestimmt werden:

$$A_0/2 = c_0$$
$$A_k = 2|c_k| \quad \text{und} \quad \varphi_k = Winkel(c_k) \quad k = 1, 2, \ldots, \infty \tag{1.11}$$

Wenn die Periode in einem anderen Intervall gewählt wird, wie z.B. von $t = 0$ bis $t = T_0$, dann ändern sich die Amplituden A_k nicht, sondern nur die Nullphasen φ_k.

Die meisten praktischen periodischen Signale erfüllen die Bedingungen für die Konvergenz der Fourier-Reihe und können in diese Formen zerlegt werden.

1.2.1 Amplituden- und Phasenspektrum

Die Amplituden und Nullphasenlagen der Fourier-Reihe gemäß Gl. (1.5) bilden das sogenannte einseitige Amplituden- und Phasenspektrum eines reellen Signals. In Abb. 1.1a ist so ein Spektrum dargestellt. Da $A_0/2$ als Mittelwert des Signals, wie schon erwähnt, auch negativ sein kann, ist es üblich dieser Komponente („Harmonische" der Frequenz null) eine Amplitude gleich dem Betrag von $A_0/2$ zu vergeben und eine

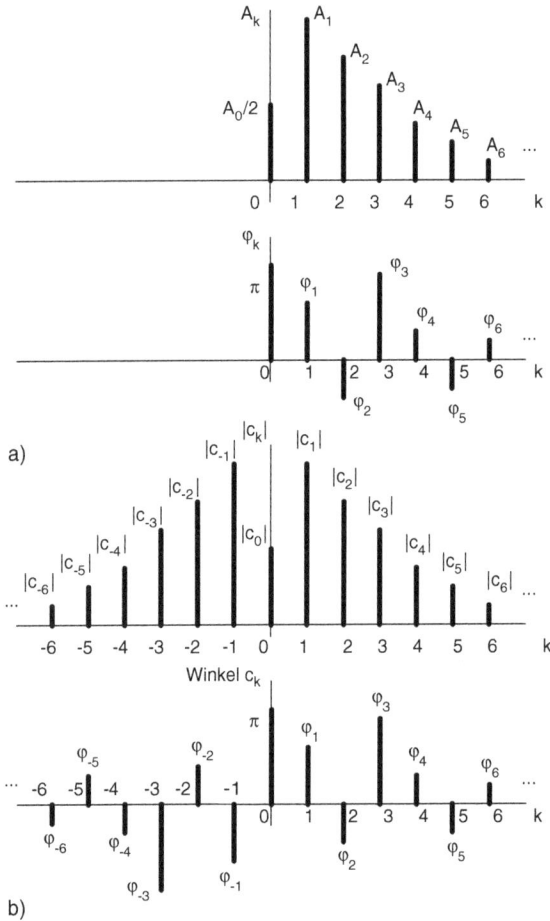

Abb. 1.1. a) Einseitiges und b) zweiseitiges Spektrum

Nullphase hinzufügen, die für positive Werte gleich null angenommen wird und für negative Werte eine Nullphase von π oder $-\pi$ annimmt.

Das zweiseitige Amplituden- und Phasenspektrum des gleichen reellen Signals ist in Abb. 1.1b dargestellt. Es entspricht der komplexen Fourier-Reihe gemäß Gl. (1.8). Aus einer Form der Fourier-Reihe ist es sehr leicht jede andere Form für reelle Signale zu ermitteln.

Als Beispiel wird die Fourier-Reihe für ein periodisches Rechtecksignal, wie in Abb. 1.2 dargestellt, ermittelt. Die zwei Darstellungen unterscheiden sich nur durch eine Zeitverschiebung. Die Amplituden der Harmonischen werden dieselben sein, nur ihre Nullphasen unterscheiden sich.

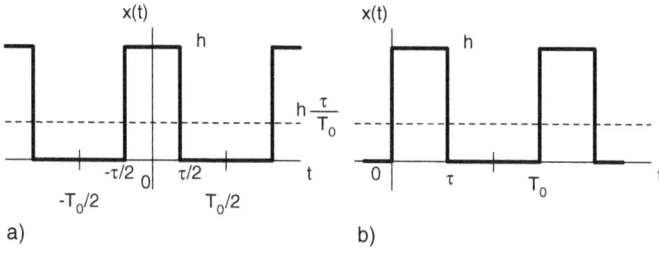

Abb. 1.2. Rechtecksignal mit Tastverhältnis τ/T_0 und Mittelwert $h.\tau/T_0$

Es werden zuerst die Koeffizienten der komplexen Form der Fourier-Reihe (gemäß Gl. (1.9)) für das Signal aus Abb. 1.2a berechnet:

$$c_k = \frac{1}{T_0} \int\limits_{-T_0/2}^{T_0/2} x(t) e^{-jk\omega_0 t} dt = \frac{h}{T_0} \int\limits_{-\tau}^{\tau} e^{-jk\omega_0 t} dt \tag{1.12}$$

Das Integral ist wegen der Exponentialfunktion leicht zu berechnen und man erhält:

$$c_k = h \frac{\tau}{T_0} \frac{\sin(\pi k\tau/T_0)}{\pi k\tau/T_0} \tag{1.13}$$

Für $k = 0$ ist $c_0 = h\tau/T_0$ und ergibt auch für den Mittelwert $A_0/2 = c_0$ den korrekten Wert. Die restlichen reellen Harmonischen werden mit $k = 1, 2, 3, \ldots, \infty$ aus diesen Koeffizienten ermittelt:

$$A_k = 2h \frac{\tau}{T_0} \left| \frac{\sin(\pi k\tau/T_0)}{\pi k\tau/T_0} \right|$$

$$\varphi_k = \text{Winkel}\left(\frac{\sin(\pi k\tau/T_0)}{\pi k\tau/T_0} \right) \tag{1.14}$$

$$k = 1, 2, 3, \ldots, \infty$$

Abb. 1.3a zeigt eine Skizze des Amplituden- und Phasenspektrums gemäß Gl. (1.14). Der Winkel ist null, wenn $\sin(\pi k\tau/T_0) > 0$ ist, und wird gleich π (oder $-\pi$) wenn $\sin(\pi k\tau/T_0) < 0$ ist.

Die Hülle entspricht einer Sinc-Funktion ($\sin(\pi x)/(\pi x)$), die den erster Nulldurchgang für $\sin(\pi k\tau/T_0) = 0$ bei $k = T_0/\tau$ hat. Für die Hülle ist k eine kontinuierliche Variable. Für ein Tastverhältnis $\tau/T_0 = 1/2$ ist der erste Nulldurchgang bei $k = 2$, wie in Abb. 1.3b dargestellt, und das rechteckige Signal besitzt nur ungerade Harmonische bei $k = 1, 3, 5, \ldots$.

Wenn die Pulse des periodischen Signals immer schmäler werden $\tau \to 0$ und die Höhe immer größer wird $h \to \infty$, so dass $\tau \cdot h = $ konstant z.B. eins bleibt, dann bilden die Pulse Delta-Funktionen [24], [45] und alle Harmonische besitzen dieselben

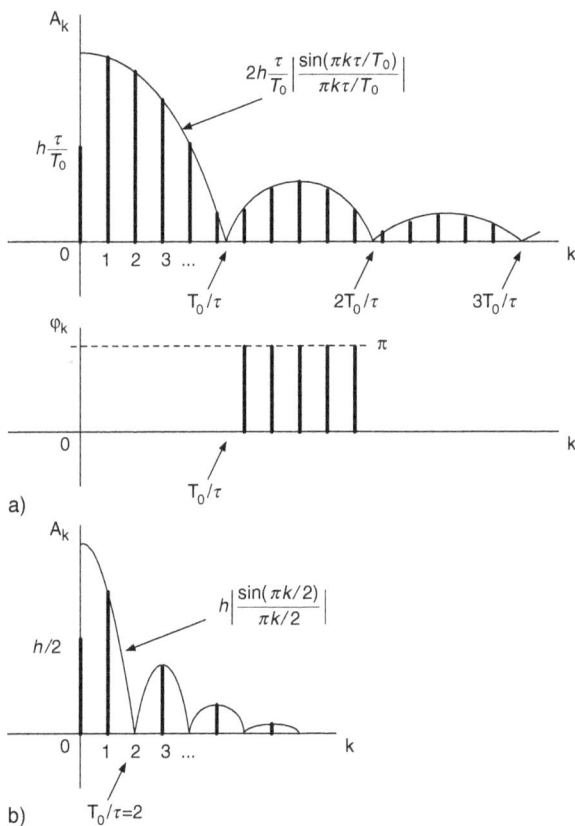

Abb. 1.3. a) Amplituden- und Phasenspektrum b) Amplitudenspektrum für $\tau/T_0 = 1/2$

Amplituden:

$$A_k = 2h\frac{\tau}{T_0}\left|\frac{\sin(\pi k\tau/T_0)}{\pi k\tau/T_0}\right|_{\tau\to 0} = 2\frac{h\tau}{T_0} = 2\frac{1}{T_0} \quad \text{für} \quad h\tau = 1 \tag{1.15}$$

Mit τ immer kleiner ist die erste Nullstelle der Hülle aus Abb. 1.3a immer weiter nach rechts und zeigt, dass immer mehr Harmonischen annähernd gleiche Amplituden besitzen, die aber für h konstant immer kleiner werden.

Für die Wahl der Periode des Signals gemäß Abb. 1.2b erhält man für die Koeffizienten der komplexen Fourier-Reihe folgende Form:

$$c_k = \frac{1}{T_0}\int_0^\tau x(t)e^{-jk\omega_0 t}dt = h\frac{\tau}{T_0}e^{-jk\omega_0\tau/2}\frac{\sin(\pi k\tau/T_0)}{\pi k\tau/T_0} \tag{1.16}$$

Das bedeutet ein Phasenspektrum für diesen Fall gleich:

$$\varphi_k = -k\omega_0\tau/2 + \text{Winkel}\left(\frac{\sin(\pi k\tau/T_0)}{\pi k\tau/T_0}\right) \quad k = 1, 2, 3, \ldots, \infty \qquad (1.17)$$

Zum Phasenspektrum des Falls aus Abb. 1.2a gemäß Gl. (1.14) erhält man hier eine zusätzliche Phase $-k\omega_0\tau/2 = -k\pi\tau/T_0$. Sie stellt eine lineare Phase bezüglich der Variablen k dar. Wenn $X(j\omega)$ die Fourier-Transformation eines Signals $x(t)$ ist, dann ist die Fourier-Transformierte des Signals $x(t - \Delta t)$ durch

$$x(t - \Delta t) \rightarrow X(j\omega)e^{-j\omega\Delta t} \qquad (1.18)$$

gegeben [24, 35]. Das gilt auch für die Fourier-Reihe. Wenn von $X(j\omega)$ keine Ableitung $d\varphi/d\omega$ verschieden von null hervorgeht, dann ergibt die Ableitung der zusätzlichen Phase $-\omega\Delta t$ die Verspätung des Zeitsignals Δt. Angewandt für die zusätzliche Phase aus Gl. (1.17) erhält man die Verspätung des Signals aus Abb. 1.2b relativ zum Signal aus Abb. 1.2a:

$$\Delta t = \frac{d\varphi_k}{d\omega_k} = \frac{d\varphi_k}{d(k\omega_0)} = -\tau/2 \qquad (1.19)$$

Hier wurden die Indizes k der Harmonischen in Frequenzen dieser Harmonischen umgewandelt:

$$\omega_k = k\omega_0 \qquad (1.20)$$

Die Verspätung $-\tau/2$ wird später über das Phasenspektrum der Simulation des Falls aus Abb. 1.2b ermittelt.

1.2.2 MATLAB-Berechnung des Amplituden- und Phasenspektrums des periodischen rechteckigen Signals

Im Skript `fourier_reihe_rechteck_1.m` wird das Spektrum des periodischen Signals für die Periode gemäß Abb. 1.2a ermittelt und dargestellt. Das Skript beginnt mit den Initialisierungen der Parameter:

```
% Skript fourier_reihe_rechteck_1.m, in dem die Fourier-Reihe
% eines rechteckigen Signals ermittelt wird
clear;
% ------ Initialisierungen
T0 = 1/1000;        % Periode des Signals
tast = 0.1;         % Tastverhältnis
tau = tast*T0;      % Dauer des Pulses
h = 1;              % Höhe des Pulses
%h = -1;            % Höhe des Pulses (negative Pulse)
nh = 50;            % Anzahl der Harmonischen die
                    % berechnet werden
. . . . . .
```

Danach werden die Amplituden und Nullphasen gemäß Gl. (1.14) berechnet:

```
% ------ Ermittlung der Harmonischen
% Amplituden- und Phasenspektrum
k = 0:nh;                                % Index der Harmonischen
Ak = 2*(h*tau/T0)*sinc(k*tau/T0);
Ak(2:end) = abs(Ak(2:end));              % Amplituden
Ak(1) = abs(Ak(1))/2;                    % Betrag des Mittelwerts
phik = angle((h*tau/T0)*sinc(k*tau/T0)); % Nullphasen der Harmonischen
.....
```

Um Platz zu sparen, werden nur die signifikanten Teile des Skriptes gezeigt und kommentiert. Die Darstellungsbefehle werden weggelassen. Abb. 1.4 zeigt das berechnete Amplituden- und Phasenspektrum für $\tau/T_0 = 0,1$. Die erste Nullstelle der Hülle ist somit bei $T_0/\tau = 10$. Das Phasenspektrum ist hier sehr einfach, mit Nullwerten, wenn die Sinc-Funktion positiv ist und gleich π für negative Werte derselben Sinc-Funktion.

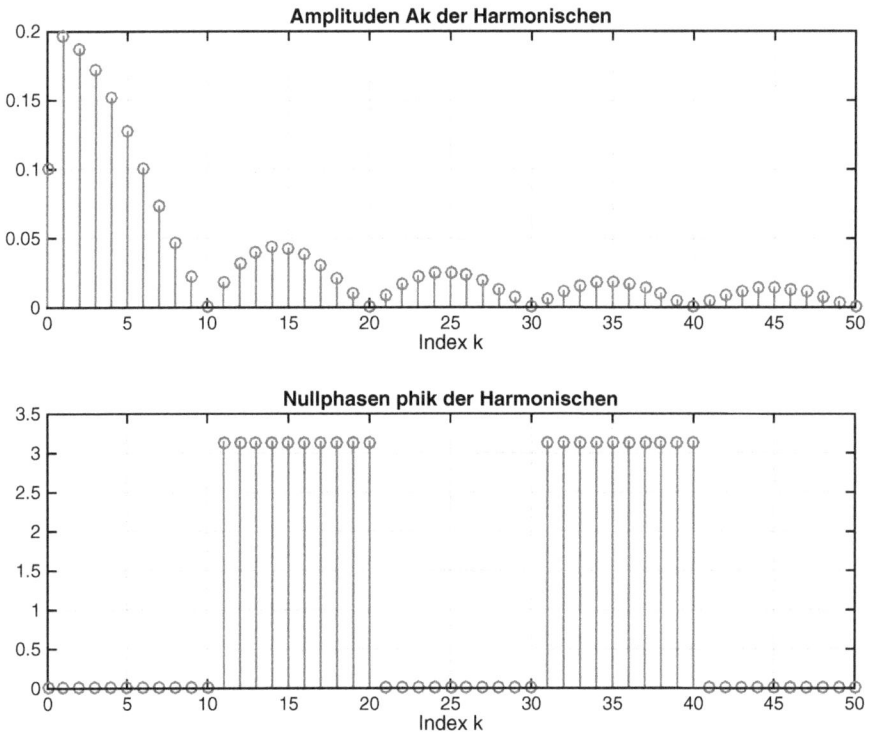

Abb. 1.4. Amplituden- und Phasenspektrum (fourier_reihe_rechteck_1.m)

Im gleichen Skript (`fourier_reihe_rechteck_1.m`) wird aus einer begrenzten Zahl von Harmonischen das ursprüngliche Signal rekonstruiert:

```
% ------- Zusammensetzung der harmonischen
dt = T0/1000;          % Zeitschritt
t = -T0/2:dt:T0/2;     % Zeitbereich einer Periode
nx = length(t);
%x = h*tau/T0;          % Mittelwert oder Ak(1)*sign(h)
x = Ak(1)*sign(h);
for m = 2:nh
    x = x + Ak(m)*cos((m-1)*2*pi*t/T0 + phik(m));
end;
......
```

Das rekonstruierte Signal aus 50 Harmonischen ist in Abb. 1.5 dargestellt. Obwohl man sehr viele Harmonische benutzt hat, sind die Überschwingungen an den Flanken bis zu 9 % höher als der erwartete Wert des Signals. Dieses Phänomen wurde von Josiah Willard Gibbs (1839–1903) beschrieben und wird als Gibbs-Phänomen bezeichnet. Es entsteht immer an Unstetigkeitsstellen des Signals [24, 45].

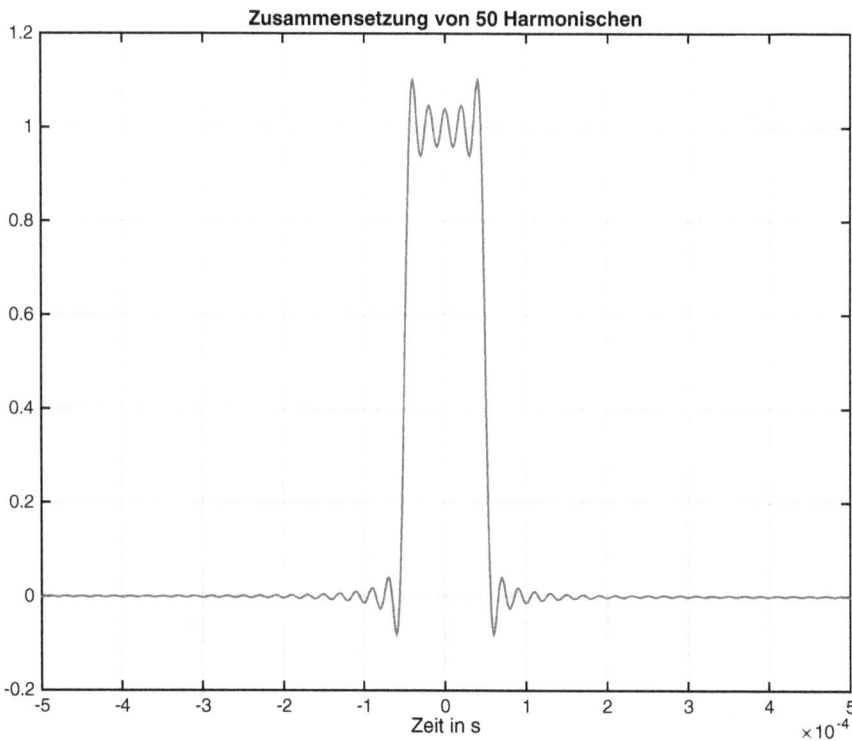

Abb. 1.5. Das rekonstruierte Signal aus 50 Harmonischen (`fourier_reihe_rechteck_1.m`)

Für ein Signal, bei dem die Amplituden der Harmonischen rascher mit deren Ordnung abklingen, wie z.B. bei einem dreieckigen Signal, ist die Rekonstruktion mit einer begrenzten Anzahl von Harmonischen mit kleineren Fehlern möglich.

Wenn die Höhe der Pulse mit −1 initialisiert wird, erhält man ein periodisches Signal mit negativem Mittelwert und kann die Amplitude und Phase der Komponente der Frequenz $f = 0$ untersuchen.

Im Skript `fourier_reihe_rechteck_2.m` ist das Amplituden- und Phasenspektrum für die Wahl der Periode gemäß Abb. 1.2b berechnet. Abb. 1.6 zeigt dieses Spektrum für den gleichen Wert des Tastverhältnises $\tau/T_0 = 0, 1$.

Das Phasenspektrum wurde mit folgender Anweisung ermittelt:

```
.....
phik = angle(exp(-j*k*pi*tau/T0)*(h*tau/T0).*sinc(k*tau/T0));
                % Nullphasen der Harmonischen
.....
```

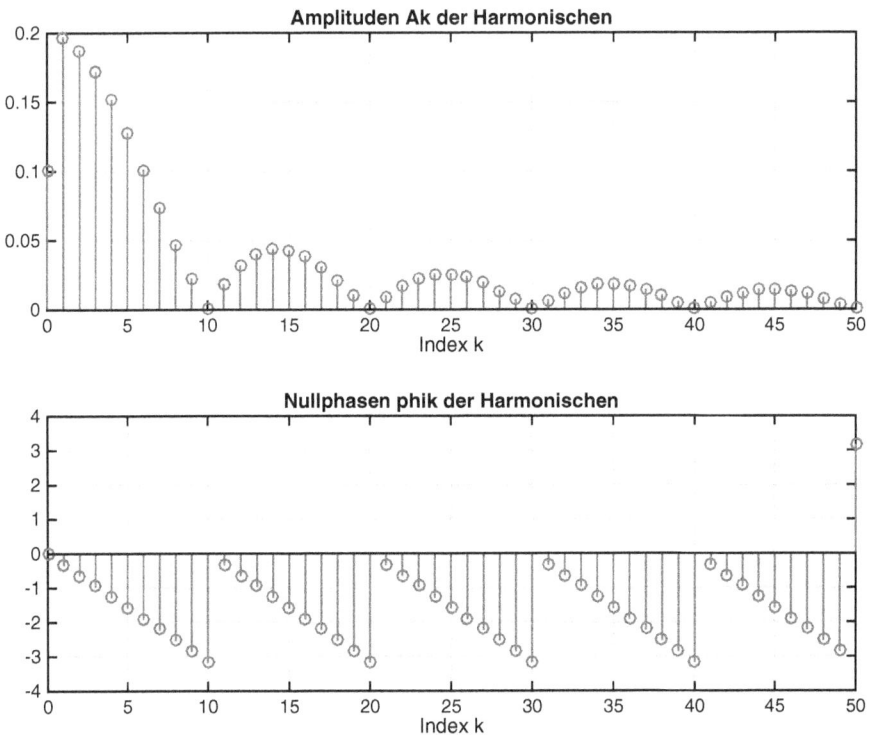

Abb. 1.6. Amplituden- und Phasenspektrum für das Signal gemäß Abb. 1.2b
(`fourier_reihe_rechteck_2.m`)

Es kann auch als Summe von zwei Winkeln berechnet werden:

```
. . . . .
phik = -k*pi*tau/T0 + unwrap(angle((h*tau/T0).*sinc(k*tau/T0)));

                    % Nullphasen der Harmonischen
. . . . .
```

In dieser Form sieht man besser die Sprünge von π, wenn die Sinc-Funktion negativ wird. Der lineare abfallende Verlauf kann für die Verspätung des Signals gemäß Abb. 1.2b relativ zum Signal aus Abb. 1.2a berechnet werden. Im Bereich $k = 0$ bis $k = 10$ ist die Steigung durch

$$\frac{\Delta\varphi_k}{\Delta k} = \frac{-\pi}{10} \tag{1.21}$$

gegeben. Wenn man die Indizes k in Frequenzen der Harmonischen umwandelt, entspricht dem Index $k = 10$ eine Frequenz $10\omega_0 = 10 \cdot 2\pi/T_0$. Jetzt ist die Steigung bezogen auf die Frequenz:

$$\frac{\Delta\varphi_k}{\Delta\omega_k} = \frac{-\pi}{10 \cdot 2\pi/T_0} = -\frac{T_0}{20} = -\frac{T_0}{10} \cdot \frac{1}{2} = -\tau/2 \tag{1.22}$$

Dieses Ergebnis entspricht der Verspätung des Signals gemäß Abb. 1.2b relativ zum Signal aus Abb. 1.2a.

1.2.3 Leistung eines periodischen Signals

Die mittlere Leistung eines periodischen Signals der Periode T_0 ist durch

$$P = \frac{1}{T_0} \int_{T_0} |x(t)|^2 dt \tag{1.23}$$

gegeben. Wenn für $x(t)$ die komplexe Form der Fourier-Reihe benutzt wird und $|x(t)|^2 = x(t) \cdot x^*(t)$ geschrieben wird, wobei $x^*(t)$ das konjugiert komplexe Signal ist,

$$x(t) = \sum_{k=-\infty}^{\infty} c_k e^{jk\omega_0 t} \qquad x^*(t) = \sum_{k=-\infty}^{\infty} c_k^* e^{-jk\omega_0 t} \tag{1.24}$$

erhält man:

$$P = \frac{1}{T_0} \int_{T_0} |x(t)|^2 dt = \sum_{k=-\infty}^{\infty} |c_k|^2 \tag{1.25}$$

Diese Gleichung stellt das berühmte Parseval-Theorem für periodische Signale dar, die mit der komplexen Fourier-Reihe dargestellt sind [45]. Über die Verbindung dieser Form zu den anderen Formen der Fourier-Reihe kann man die Leistung auch mit den anderen Koeffizienten ausdrücken, wie z.B. mit den Amplituden A_k:

$$P = \left(\frac{A_0}{2}\right)^2 + \sum_{k=-\infty}^{\infty} \frac{A_k^2}{2} \tag{1.26}$$

Jede Harmonische der Amplitude A_k ergibt einen Effektivwert von $A_k/\sqrt{2}$ und somit eine mittlere Leistung $A_k^2/2$. Weil die Harmonischen verschiedener Frequenzen orthogonal sind [24], summieren sich diese Leistungen. Der Mittelwert $A_0/2$ führt zu einer Leistung $(A_0/2)^2$.

1.2.4 Annäherung der Fourier-Reihe mit Hilfe der DFT

Es wird von der komplexen Fourier-Reihe definiert in Gl. (1.8) ausgegangen und man möchte die komplexen Koeffizienten dieser Zerlegung gemäß dem Integral (1.9) numerisch ermitteln. Das Integral wird numerisch mit Hilfe einer Summe angenähert. Dafür wird die Periode in N Zeitintervalle unterteilt, was einer Zeitdiskretisierung mit Zeitschritt $T_s = T_0/N$ entspricht. Der Zeitschritt T_s bildet die Abtastperiode dieser Diskretisierung. Das zeitkontinuierliche Signal $x(t)$ der Periode mit $t = 0$ bis $t = T_0$ wird zu einem zeitdiskreten Signal $x[nT_s]$ mit n zwischen 0 bis $N - 1$.

Das Integral wird jetzt mit Hilfe einer Summe angenähert:

$$c_k = \frac{1}{T_0} \int_{-T_0/2}^{T_0/2} x(t)e^{-jk\omega_0 t} dt \cong \frac{1}{T_0} \sum_{n=0}^{N-1} x[nT_s]e^{-jk\omega_0 nT_s} T_s \tag{1.27}$$

Mit $T_s = T_0/N$ und $\omega_0 = 2\pi/T_0$ erhält man folgende Form für diese Summe:

$$c_k \cong \hat{c}_k = \frac{1}{N} \sum_{n=0}^{N-1} x[nT_s]e^{-j2\pi kn/N} \tag{1.28}$$

Die Exponentialfunktion ist bezüglich der Variablen k, als Index der angenäherten Koeffizienten, periodisch mit der Periode N:

$$e^{-j2\pi(k+mN)n/N} = e^{-j2\pi kn/N} \cdot e^{-j2\pi mNn/N} = e^{-j2\pi kn/N} \cdot e^{-j2\pi mn} \tag{1.29}$$

Der letzte Faktor ist für m, n ganze Zahlen ($m, n \in \mathcal{Z}$) immer gleich eins. Somit sind auch die angenäherten Koeffizienten $\hat{c}_k$ periodisch und man muss sie nur für eine Periode berechnen. Man wählt die Periode von $k = 0$ bis $k = N - 1$ und die angenäherten

Koeffizienten werden durch

$$\hat{c}_k = \frac{1}{N} \sum_{n=0}^{N-1} x[nT_s] e^{-j2\pi kn/N} = \frac{1}{N} X_k \quad \text{mit} \quad n, k = 0, 1, 2, \ldots, N-1 \tag{1.30}$$

berechnet. Mit X_k wurde die DFT (*Discrete Fourier Transformation*) der jetzt zeitdiskreten Werte $x[nT_s]$, $n = 0, 1, 2, \ldots, N-1$ einer Periode des Signals bezeichnet. Für N gleich einer ganzen Potenz von 2 kann die DFT effizient und somit schneller berechnet werden. Der entsprechende Algorithmus ist als FFT (*Fast Fourier Transformation*) bekannt [7, 38].

Für reelle Signale mit N gerade hat X_k noch folgende Eigenschaft:

$$X_k = X_{N-k}^* \quad \text{für} \quad k = 0, 1, 2, \ldots, N/2 - 1 \quad \text{und} \quad X_{N/2}, X_0 \text{ sind reell} \tag{1.31}$$

Wenn N ungerade ist, dann erhält man ähnlich

$$X_k = X_{N-k}^* \quad \text{für} \quad k = 0, 1, 2, \ldots, (N-1)/2 \quad \text{und} \quad X_0 \text{ ist reell} \tag{1.32}$$

Das bedeutet, dass für reelle Signale nur die erste Hälfte der DFT berechnet werden muss. Mit $()^*$ wurde die konjugiert Komplexe bezeichnet.

In MATLAB wird die DFT bzw. FFT mit der Funktion `fft` berechnet. Wenn $N = 2^p$ mit p eine ganze Zahl ist, wird der FFT-Algorithmus eingesetzt. Es gibt in fast allen Programmiersprachen Routinen (inklusive in Assembler) zur Berechnung der FFT. In der Literatur sind die Algorithmen für die FFT-Berechnung ausführlich beschrieben [21, 36].

In der Definition der DFT erscheint die Abtastperiode T_s für die Zeitdiskretisierung einer Periode des periodischen Signals nicht mehr. Man benötigt die Abtastperiode, wenn man die Abszisse der DFT in Frequenzen darstellen muss.

Einen guten Einblick in die DFT Transformation erhält man, wenn man die Transformation in Matrix-Form darstellt. Aus einer Sequenz $x[nT_s] = x[n]$ der Länge N mit $n = 0, 1, 2, \ldots, N-1$ werden N komplexe Werte der DFT X_k mit $k = 0, 1, 2, \ldots, N-1$ erhalten. Die Matrix-Form für $N = 4$ ist:

$$\begin{bmatrix} X_0 \\ X_1 \\ X_2 \\ X_3 \end{bmatrix} = \begin{bmatrix} 1 & 1 & 1 & 1 \\ 1 & e^{-j2\pi/4} & e^{-j2\pi 2/4} & e^{-j2\pi 3/4} \\ 1 & e^{-j2\pi 2/4} & e^{-j2\pi 4/4} & e^{-j2\pi 6/4} \\ 1 & e^{-j2\pi 3/4} & e^{-j2\pi 6/4} & e^{-j2\pi 9/4} \end{bmatrix} \cdot \begin{bmatrix} x[0] \\ x[1] \\ x[2] \\ x[3] \end{bmatrix} \tag{1.33}$$

Es wurde $N = 4 = 2^2$ gewählt, um zu zeigen welche Eigenschaft der FFT-Algorithmus ausnutzt und zwar die Wiederholung der Elemente der Matrix, deren Berechnung nur einmal vollzogen werden muss.

In MATLAB gibt es die Funktion `dftmtx` mit deren Hilde die Matrix der DFT für beliebige Größe N berechnet wird. Als Beispiel für dieselbe Größe $N = 4$ erhält man die Matrix:

```
>> dftmtx(4)
ans =
   1.0000+0.0000i    1.0000+0.0000i    1.0000+0.0000i    1.0000+0.0000i
   1.0000+0.0000i    0.0000-1.0000i   -1.0000+0.0000i    0.0000+1.0000i
   1.0000+0.0000i   -1.0000+0.0000i    1.0000+0.0000i   -1.0000+0.0000i
   1.0000+0.0000i    0.0000+1.0000i   -1.0000+0.0000i    0.0000-1.0000i
```

Die direkte Berechnung der DFT benötigt N^2 Multiplikationen mit komplexen Zahlen während die FFT nur $(N/2)\log_2(N)$ Multiplikationen benötigt. Das bedeutet ein viel kleineren Aufwand. Als Beispiel für $N = 1024$ ist $N^2 = 1048576$ und $(N/2)\log_2(N) = 5120$.

Das rechteckige periodische Signal besitzt sehr viele Harmonische und wird als Beispiel für die Ermittlung der Koeffizienten der Fourier-Reihe mit Hilfe der DFT benutzt. Im Skript `fourier_reihe_DFT_1.m` werden die Koeffizienten der komplexen Fourier-Reihe für die Periode aus Abb. 1.2b gemäß Gl.(1.16) berechnet und dann mit den über die DFT angenäherten Koeffizienten verglichen.

Wie immer werden am Anfang die Parameter initialisiert:

```
% ------ Initialisierungen
T0 = 1/1000;       % Periode des Signals
tast = 0.1;        % Tastverhältnis
tau = tast*T0;     % Dauer des Pulses
h = 1;             % Höhe des Pulses
%N = 256;          % Ganze Potenz von 2
N = 64;            % Ganze Potenz von 2
nh = N-1;          % Anzahl der Harmonischen die
                   % berechnet werden
```

Danach werden die komplexen Koeffizienten der Fourier-Reihe ermittelt:

```
% ------ Ermittlung der komplexen Koeffizienten
k = 0:nh;          % Index der Harmonischen
ck = exp(-j*k*pi*tau/T0)*(h*tau/T0).*sinc(k*tau/T0);
phik = angle(ck);  % Nullphasen der Harmonischen
```

Schließlich werden die angenäherten Koeffizienten über die DFT berechnet ($\hat{c}_k = X_k/N$):

```
% ------ Annäherung über die DFT
% Diskretisierung der Periode mit N Abtastwerten
x = [ones(1,round(tast*N)), zeros(1,N-round(tau*N))];
                   % Diskretisiertes Signal einer Periode
Xk = fft(x,N)/N;   % Angenäherte Koeffizienten
```

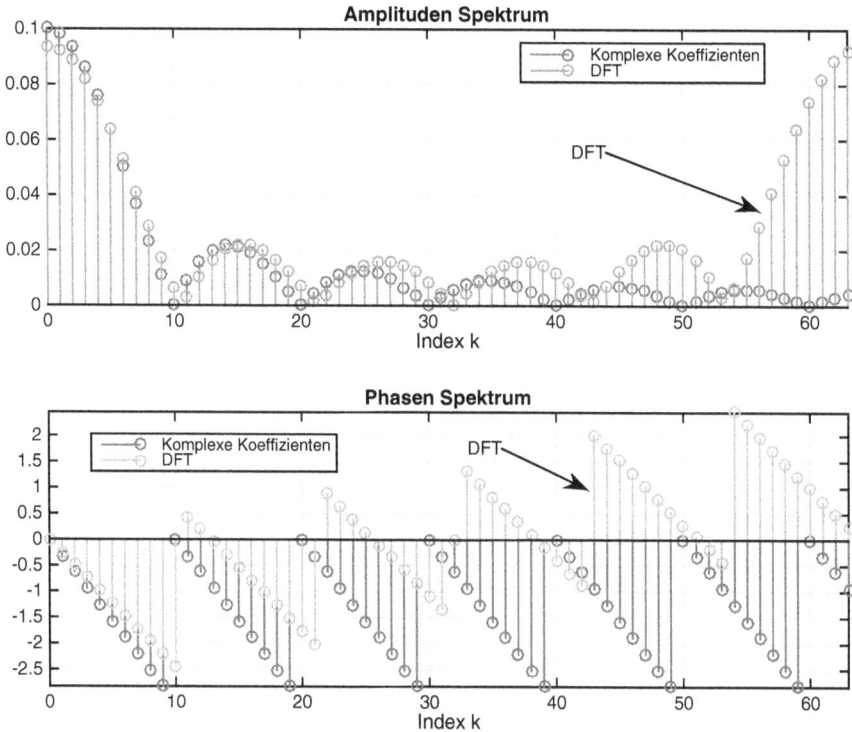

Abb. 1.7. Amplituden- und Phasenspektrum und deren Annäherungen über die DFT für N = 64
(fourier_reihe_DFT_1.m)

Abb. 1.7 zeigt die Amplituden- und Phasenspektren der komplexen Koeffizienten und deren Annäherung über die DFT für einen relativ kleinen Wert $N = 64$ der Anzahl der Abtastwerte in der Periode. Bei dem Tastverhältnis $\tau/T_0 = 0.1$ ist die Anzahl der Abtastwerte für den Puls in der Periode relativ klein (gleich 6) und es entstehen Fehler auch in der Berechnung des Mittelwertes von 0,1 bei $k = 0$.

Diese Darstellung zeigt die Symmetrie der Beträge der DFT um den Wert $k = N/2 = 32$, die dazu führt, dass größere Fehler bei diesen Wert und oberhalb entstehen. Der Aufruf desselben Skripts mit $N = 256$ ergibt eine andere Darstellung, von der in Abb. 1.8 ein Ausschnitt des Amplitudenspektrums gezeigt ist.

Bis zur Harmonischen mit $k = 50$ gibt es keinen Unterschied zwischen den Beträgen der komplexen Koeffizienten und ihren Annäherungen über die DFT. Auch der Mittelwert bei $k = 0$ ist jetzt sehr gut angenähert.

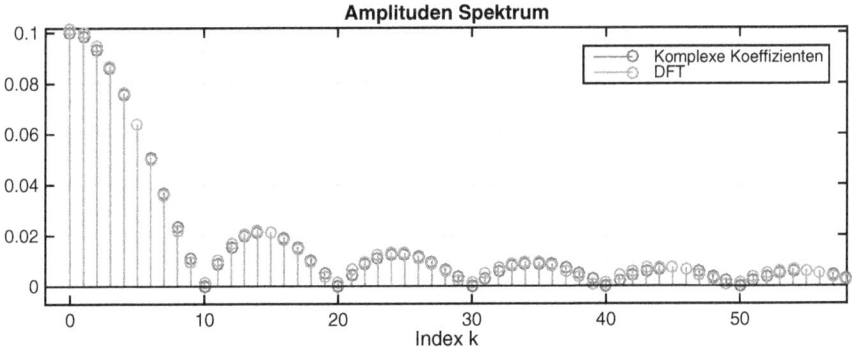

Abb. 1.8. Amplitudenspektrum und dessen Annäherung über die DFT für N = 256 (`fourier_reihe_DFT_1.m`)

Die DFT ist umkehrbar und aus der komplexen Sequenz $X_k, k = 0, 1, 2, \ldots, N-1$ der DFT wird die ursprüngliche Sequenz der Werte $x[n], n = 0, 1, 2, \ldots, N-1$ durch

$$x[n] = \frac{1}{N} \sum_{k=0}^{N-1} X_k e^{j2\pi nk/N} \tag{1.34}$$

berechnet [35]. Für die inverse DFT (oder FFT) kann in MATLAB die Funktion `ifft` eingesetzt werden.

Zu bemerken sei, dass mit der inversen DFT auch für $N = 64$ die ursprüngliche diskretisierte Sequenz $x[n]$ erhalten wird.

Zurückkehrend zur Berechnung der Koeffizienten der komplexen Form der Fourier-Reihe eines periodischen Signals über die numerische Annäherung des Bestimmungsintegrals dieser Koeffizienten, die zur Gl. (1.30) führte, stellt man folgendes fest: Wegen der gezeigten Eigenschaften der Werte X_k der DFT für reelle Signale sind die Koffeinienten c_k nur für harmonische Komponenten bis $N/2$ ($N/2$ für gerade N und $(N-1)/2$ für ungerade N) unabhängig.

Um mehr Harmonische mit dieser Annäherung zu erfassen, muss man N erhöhen, was eine dichtere Abtastung der kontinuierlichen Periode bedeutet. Wenn das Signal signifikante Harmonische bis zur Ordnung M besitzt, dann ergibt die DFT-Annäherung alle diese Harmonischen wenn $N/2 \geq M$ oder $N \geq 2M$ ist. Weil einem Index $m \leq N/2$ die Frequenz mf_s/N entspricht und dem Index M die höchste Frequenz f_{max} assoziiert ist, kann die gezeigte Bedingung auch in Frequenzen ausgedrückt werden:

$$f_s/2 \geq f_{max} \tag{1.35}$$

Sie entspricht eigentlich dem bekannten Abtasttheorem [31, 43].

Die angenäherte Leistung eines periodischen Signal gemäß Gl. (1.25) wird:

$$P = \frac{1}{T_0} \int_{T_0} |x(t)|^2 dt = \sum_{k=-\infty}^{\infty} |c_k|^2 \cong \sum_{k=0}^{N-1} \left(|X_k|/N \right)^2 \tag{1.36}$$

Für ein einziges cosinus- oder sinusförmiges Signal reduziert sich die Annäherung auf die Summe der zwei Werte $(|X_k|/N)^2$ und $(|X_{N-k}|/N)^2$. Die Leistung teilt sich auf die zwei Linien der DFT oder FFT, wobei k die Stützstelle (*Bin*) in der DFT oder FFT für das Signal ist.

1.2.5 Die DFT eines Intervalls mit mehreren periodischen Signalen

In einem Untersuchungsintervall der Größe T_0, das als Periode gilt, wird zunächst ein cosinusförmiges Signal mit einer anderen Periode angenommen, die exakt m mal kleiner als das Untersuchungsintervall ist, wobei m eine ganze Zahl ist ($m \in \mathcal{Z}$):

$$x(t) = \hat{x} \cos\left(m\frac{2\pi}{T_0} t + \varphi_m \right) \quad \text{mit} \quad m \in \mathcal{Z}, \quad m < N/2 \tag{1.37}$$

Durch Diskretisierung mit N Abtastwerten im Intervall T_0 ($T_0 = NT_s$) erhält man die zeitdiskrete Sequenz:

$$x[nT_s] = x[n] = \hat{x} \cos\left(m\frac{2\pi}{NT_s} nT_s + \varphi_m \right) = \hat{x} \cos\left(m\frac{2\pi}{N} n + \varphi_m \right)$$

$$= \frac{\hat{x}}{2}\left[e^{j\left(m\frac{2\pi}{N}n + \varphi_m\right)} + e^{-j\left(m\frac{2\pi}{N}n + \varphi_m\right)} \right], \quad n = 0, 1, 2, \ldots, N-1 \tag{1.38}$$

Sie wurde mit Hilfe der Eulerschen Formel als Summe zweier Exponentialfunktionen ausgedrückt. Der Ausdruck enthält nicht die Abtastperiode T_s und somit wird die Sequenz vereinfacht mit $x[n]$ bezeichnet. Die DFT dieser Sequenz wird:

$$X_k = \sum_{n=0}^{N-1} x[n] e^{-j\frac{2\pi}{N}nk}$$

$$= \frac{\hat{x}}{2} e^{j\varphi_m} \sum_{n=0}^{N-1} e^{j\frac{2\pi}{N}n(m-k)} + \frac{\hat{x}}{2} e^{-j\varphi_m} \sum_{n=0}^{N-1} e^{-j\frac{2\pi}{N}n(m+k)} \tag{1.39}$$

Weil

$$\sum_{n=0}^{N-1} e^{\pm j\frac{2\pi}{N}pn} = \begin{cases} 0 & \text{für} \quad p \neq 0 \\ N & \text{für} \quad p = 0 \end{cases} \tag{1.40}$$

erhält man für die obige DFT:

$$X_k = \begin{cases} 0 & \text{für} \quad k \neq m, \ k \neq N - m \\[2mm] \dfrac{\hat{x}}{2} N e^{j\varphi_m} & \text{für} \quad k = m \\[2mm] \dfrac{\hat{x}}{2} N e^{-j\varphi_m} & \text{für} \quad k = N - m \end{cases} \tag{1.41}$$

In Abb. 1.9a ist das Ergebnis skizziert. Beim Index $k = m$ und $k = N - m$ ist der Betrag der DFT geteilt durch N gleich der halben Amplitude des periodischen Signals der Periode T_0/m oder der Frequenz $m/T_0 = m/(NT_s) = mf_s/N$.

Abb. 1.9b zeigt wie ein zeitkontinuierliches Signal $x(t)$

$$x(t) = \hat{x} \cos(2\pi ft + \varphi) \tag{1.42}$$

der Frequenz f mit $p \, f_s < f < (p + 1) \, f_s$ durch Diskretisierung in Zeit in der DFT sich im Bereich 0 bis f_s präsentiert. Aus der DFT kann man die tatsächliche Frequenz des Signals nicht erhalten. Wenn man aus den Abtastwerten durch Interpolation, z.B. mit Hilfe eines Tiefpassfilters, ein zeitkontinuierliches Signal erzeugt, wird dieser immer eine Frequenz im ersten Nyquist-Intervall von 0 bis $f_s/2$ haben.

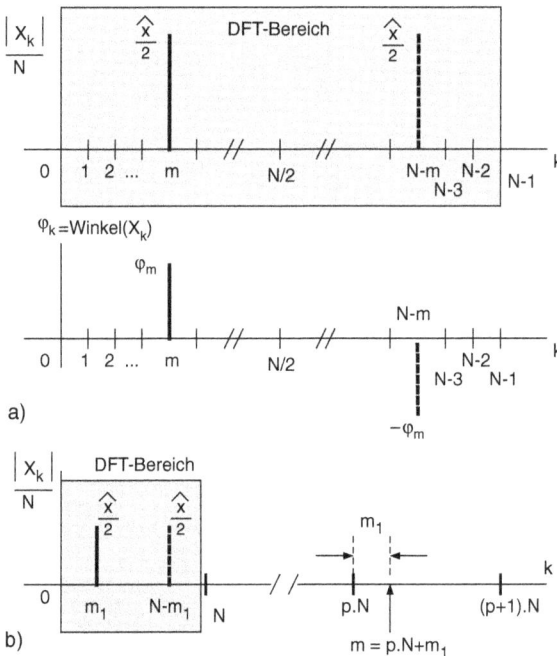

Abb. 1.9. Betrag der DFT $|X_k|$ und Winkel der DFT für das periodische Signal der Frequenz $m\omega_0$

Um diese Aussage mit der Beweisführung aus Gl. (1.39) bis Gl. (1.41) zu verbinden, wird folgendes angenommen:

$$f = m\frac{f_s}{N} \quad \text{mit} \quad m = p \cdot N + m_1 \quad 0 \le m_1 \le N - 1 \quad p \in \mathcal{Z}$$

$$t = nT_s \quad n = 0, 1, 2, \ldots, N - 1 \quad \text{mit} \quad f_s = \frac{1}{T_s}$$

(1.43)

Das zeitdiskrete Signal wird dann:

$$
\begin{aligned}
x[nT_s] &= \hat{x} \cos\left(2\pi \frac{p \cdot N + m_1}{N} f_s t + \varphi\right)\Big|_{t=nT_s} \\
&= \hat{x} \cos\left(2\pi \frac{p \cdot N + m_1}{N} n + \varphi\right) = \hat{x} \cos\left(2\pi p\, n + \frac{2\pi m_1 n}{N} + \varphi\right) \\
&= \hat{x} \cos\left(2\pi \frac{m_1 n}{N} + \varphi\right) \quad \text{mit} \quad 0 \le m_1 \le N - 1
\end{aligned}
$$

(1.44)

Das Ergebnis zeigt, dass aus dem zeitkontinuierlichen Signal der Frequenz $pf_s \le f \le (p+1)f_s$ ein zeitdiskretes Signal der Frequenz $f_{aliased} = m_1 f_s / N$ im Bereich von 0 bis f_s entstanden ist. Im Betrag der DFT sieht man dann die Linie der Größe $N\hat{x}/2$ beim Index m_1 und die Spiegelung bei $N - m_1$. Es hat eine Verschiebung (englisch *Aliasing*) in der Frequenz stattgefunden. Da die DFT periodisch ist, erhält man dieses Bild in allen weiteren Perioden der Größe N.

Abb. 1.10 zeigt zusammenfassend, wie man die Indizes k der DFT in Frequenzen in rad/s und in Hz umwandeln kann. Das Untersuchungsintervall der Länge T_0 ergibt die Periode bzw. die Frequenz $\omega_0 = 2\pi/T_0$ der Grundwelle.

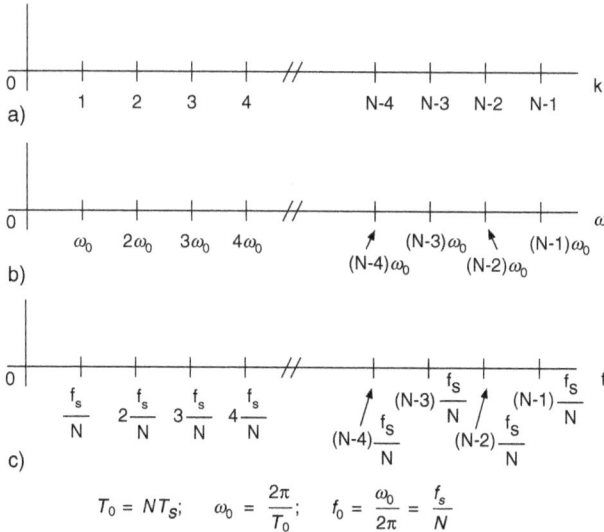

Abb. 1.10. a) Indizes der DFT zwischen 0 und $N - 1$ b) Die zugehörige Frequenzen in rad/s c) Die Frequenzen in Hz

Mit dem Skript `fft_1.m` werden diese Ergebnisse durch Simulation dokumentiert. Durch Ändern der Parameter der Simulation können viele Fragen zu diesem Sachverhalt beantwortet werden. Um Platz zu sparen werden die Anweisungen für die Darstellungen weggelassen. Das Skript beginnt mit der Initialisierung der Parameter gefolgt von der Berechnung des Signals und der DFT:

```
.....
% ------- Parameter der Simulation
T0 = 2;              % Angenommene Periode der Grundwelle
                     % oder das Untersuchungsintervall
N = 64;              % Anzahl der Abtastwerte in T0
Ts = T0/N;           % Abtastperiode
fs = 1/Ts;           % Abtastfrequenz
ampl = 10;           % Amplitude des Signals
phi = pi/3;          % Nullphase bezogen auf das Untersuchungsintervall
m = 4;               % Faktor der die Periode des Signals ergibt (T0/m)
n = 0:N-1;           % Indizes der Abtastwerte
k = n;               % Indizes der DFT oder FFT (Bins)
% ------- Cosinusförmiges Signal
xn = ampl*cos(2*pi*m*n/N + phi);
% ------- DFT
Xk = fft(xn);        % DFT des Signals
betrag_Xk = abs(Xk);      phase_Xk = angle(Xk);
p = find(abs(real(Xk))<1e-8 & abs(imag(Xk))<1e-8);
phase_Xk(p) = 0;     % Entfernen der Fehler in der Phasenberechnung
.....
```

Abb. 1.11 zeigt das Ergebnis der Simulation mit Abszissen in Form von Indizes des Signals bzw. der DFT. Diese Indizes können gemäß der Darstellung in Abb. 1.10 in Frequenzen, z.B. in Hz, umgewandelt werden. Das Untersuchungsintervall, das hier auch die Periode der Grundwelle von $T_0 = 2$ s darstellt, ergibt die Frequenz für den Index $k = 1$ der Grundwelle von $f_0 = 1/T0 = 0{,}5$ Hz. Mit der Wahl $N = 64$, $m = 4$ wird die Abtastperiode $T_s = T_0/N = 0{,}0312$ s bzw. Abtastfrequenz $f_s = N/T_0 = 32$ Hz und die Frequenz des cosinusförmigen Signals $f_m = mf_s/N = 2$ Hz.

In Abb. 1.12 sind dieselben Ergebnisse mit der Abszisse für das Signal in s und für die DFT in Hz dargestellt. Die Frequenz der „Spiegelung" bei $k = N - m = 64 - 4 = 60$ entspricht einer Frequenz von $f_{N-m} = (N - m)fs/N = 60 \times 32/64 = 30$ Hz.

Die Auflösung der DFT

$$\Delta f = \frac{f_s}{N} \tag{1.45}$$

ist in dieser Simulation $\Delta f = 32/64 = 0{,}5$. Das bedeutet, dass alle cosinus- oder sinusförmige Signale im Untersuchungsintervall, die Frequenzen als vielfache von Δf besitzen, in der Darstellung der DFT auf eine Stützstelle (auch Bin genannt) der DFT fallen. Diese Frequenzen ergeben sich für ganze Zahlen für m.

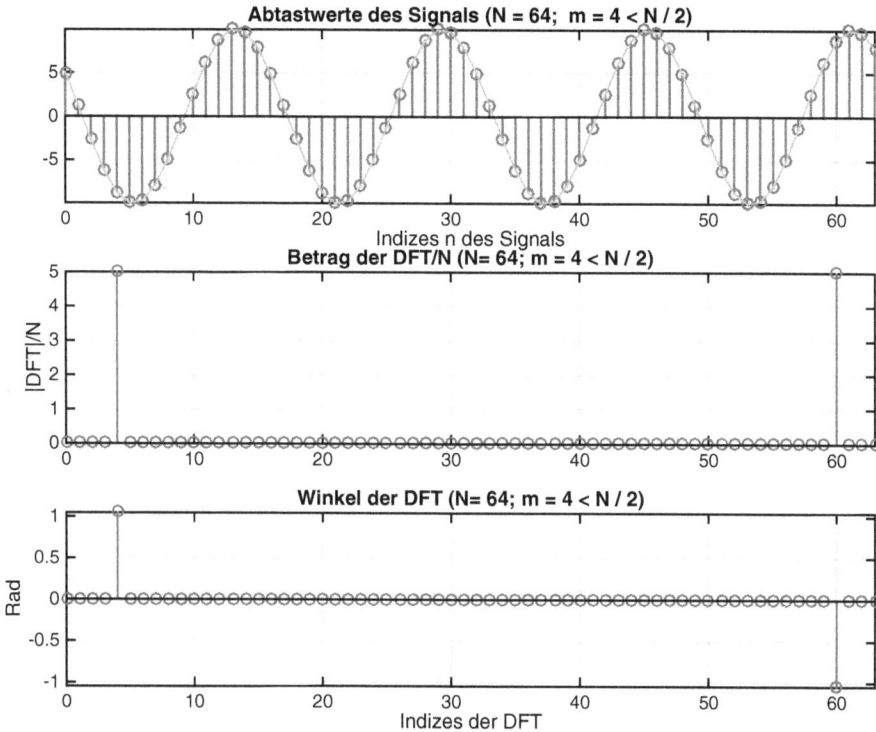

Abb. 1.11. a) Diskretisiertes Signal im Untersuchungsintervall b) Betrag der DFT/N c) Winkel der DFT in rad (fft_1.m)

Es stellt sich nun die Frage, wie sieht die DFT aus für Frequenzen, die nicht auf eine Stützstelle der DFT fallen? Mit dem gezeigten Skript ist die Simulation solcher Fälle sehr einfach. Für $m = 4,3$ ist die Frequenz des Signals $f = mf_s/N = 4,3 \times 32/64 = 2,15$ Hz und ist kein Vielfaches der Auflösung Δf. Es fällt somit nicht auf einem Stützpunkt der DFT. Mit dem gleichen Skript, in dem man $m = 4,3$ wählt, erhält man die Ergebnisse aus Abb. 1.13.

Es entsteht ein „Schmiereffekt", der in der englischen Literatur als *Leakage*-Effekt oder deutsch Leckeffekt bezeichnet ist. Dieser wird ausführlicher in einem nächsten Abschnitt untersucht. Festzuhalten ist, dass für m eine ganze Zahl, exakt m Perioden des cosinusförmigen Signals in dem Untersuchungsintervall liegen. Ist m jedoch eine reelle Zahl, so enthält das Untersuchungsintervall keine ganze Zahl von Perioden. Das führt zum Schmiereffekt.

Es muss noch geklärt werden, was geschieht, wenn $N/2 < m < N$ ist für N gerade oder $(N-1)/2 < m < N$ für N ungerade. Diese Bedingung bedeutet, dass das cosinusförmige Signal eine Frequenz f_m besitzt, die größer als die halbe Abtastfrequenz f_s ist,

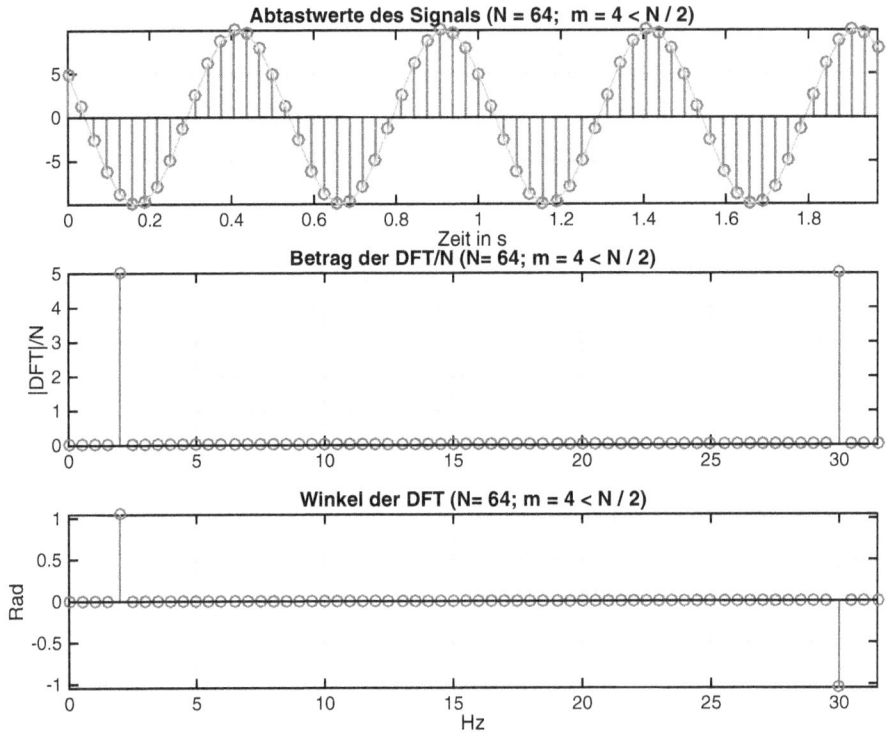

Abb. 1.12. a) Zeitdiskretisiertes Signal b) Betrag der DFT/N und Winkel der DFT abhängig von der Frequenz in Hz (fft_1.m)

$f_m > f_s/2$, und das Abtasttheorem verletzt wird. Aus den Abtastwerten kann man nicht eindeutig das zugehörige kontinuierliche Signal erkennen.

Im Skript fft_2.m ist dieser Fall simuliert. Man muss das kontinuierliche Signal mit einer kleineren Zeitschrittweite simulieren:

```
.....
% ------- Cosinusförmiges Signal
dt = T0/(m*10);          t = 0:dt:T0; % Zeitwerte für das
xt = ampl*cos(2*pi*m*t/T0 + phi); % kontinuierliche Signal
xn = ampl*cos(2*pi*m*n/N + phi); % Diskretisiertes Signal
.....
```

Ansonsten werden im Skript fft_2.m ähnliche Konstrukte wie im Skript fft_1.m benutzt und nicht mehr kommentiert. Abb. 1.14 zeigt die Ergebnisse der Simulation mit $N = 32$ und $m = 26 > N/2$.

Wenn man die Abtaswerte einfach mit Geraden verbindet, ergibt sich ein periodisches Signal mit einer viel niedrigeren Frequenz im Vergleich zum ursprünglichen Signal. Das Signal der Frequenz $mf_s/N > f_s/2$ erscheint jetzt in der zweiten Hälfte

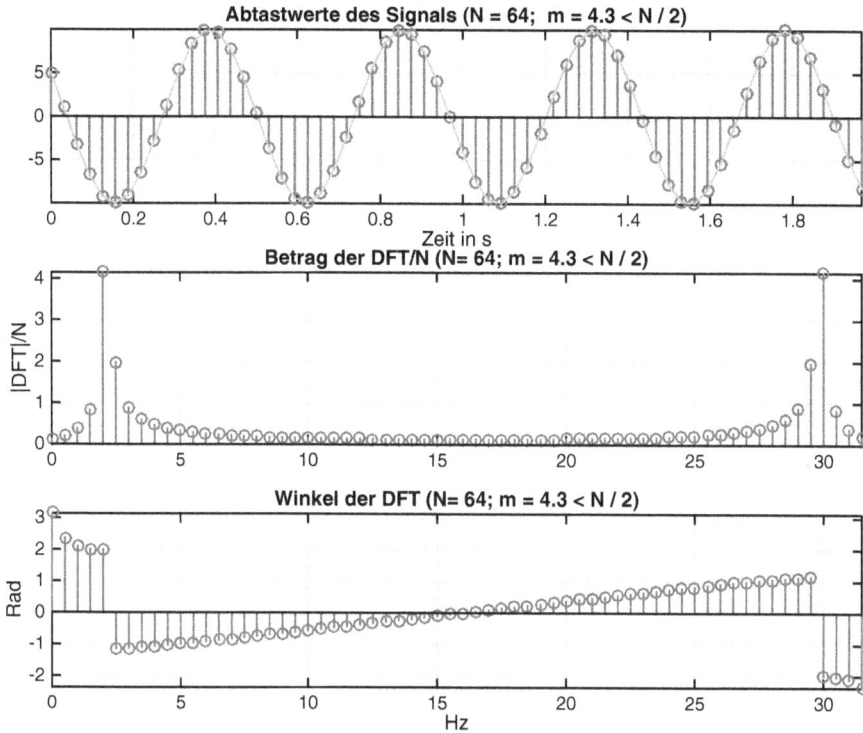

Abb. 1.13. Diskretisiertes Signal, Betrag der DFT/N und Winkel der DFT für m = 4.3 (`fft_1.m`)

der DFT und das gespiegelte Signal der Frequenz $(N - m)f_s/N$ erscheint konjugiert komplex in der ersten Hälfte im Bereich von 0 bis $f_s/2$ Hz. Dieser Bereich wird in der Literatur als erstes Nyquist-Intervall bezeichnet [21, 26].

Es hat die Verschiebung oder *Aliasing*, die schon gezeigt wurde, stattgefunden. Wenn man Abtastwerte beliebiger Signale interpoliert, erhält man immer ein kontinuierliches Signal im ersten Nyquist-Intervall. Aus den Abtastwerten kann man nicht das ursprüngliche Signal ableiten, es besteht eine Mehrdeutigkeit der Abtastwerte, die später näher untersucht wird.

Für $m > N$ widerspiegelt sich die Periode der DFT, in die m fällt, im Bereich $k = 0$ bis $N - 1$. In Abb. 1.15 sind die Ergebnisse für $m = 40$ dargestellt. Die Frequenz des Signals ist viel höher als die Frequenz des aus den Abtastwerten interpolierten Signals. In der Periode $k = 32$ bis $k = 63$ ist $m = 40$ in der ersten Hälfte dieser Periode. Dadurch erscheint die korrekte Phase auch in der ersten Hälfte im Nyquist Intervall.

Alle Aspekte die für ein einziges cosinusförmiges Signal im Untersuchungsintervall gelten, werden mit einem Beispiel, in dem mehrere periodische Signale im Untersuchungsintervall vorkommen, erläutert. Es wird zuerst folgendes Signal

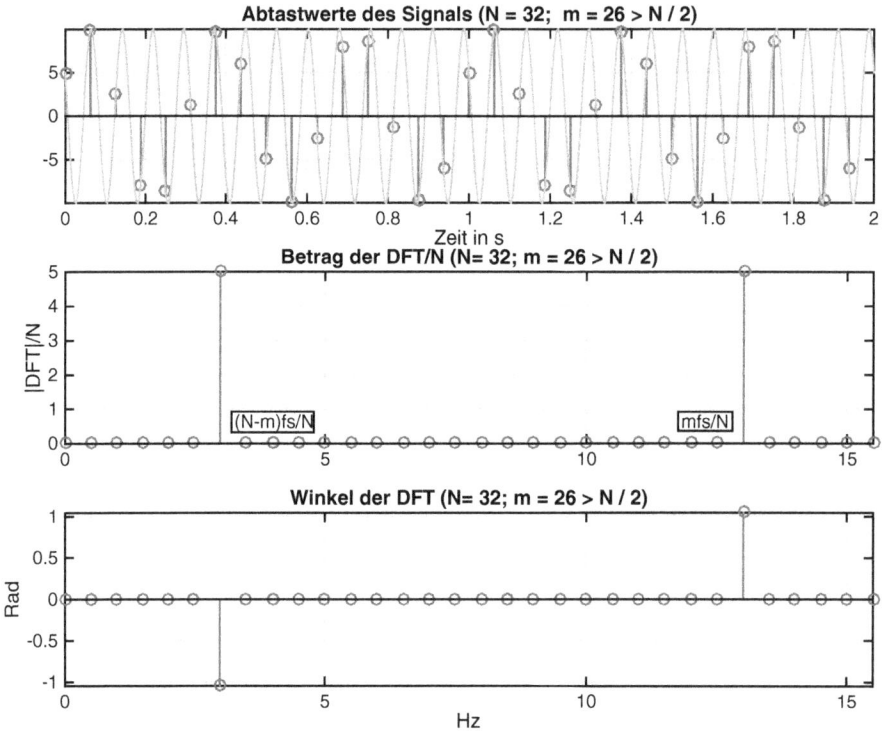

Abb. 1.14. Diskretisiertes Signal, Betrag der DFT/N und Winkel der DFT für N = 32 und m = 26 (fft_2.m)

angenommen:

$$x(t) = -10 + 5\cos(2\pi100t + \pi/3) - 12\sin(2\pi200t - \pi/4)$$
$$+ 6\cos(2\pi2300t - \pi/5) \tag{1.46}$$

Mit einem Wert f_s = 1000 Hz für die Abtastfrequenz erfüllen die Signale der Frequenzen f_1 = 100 Hz und f_2 = 200 Hz das Abtasttheorem ($f_1, f_2 < f_s/2$). Die Komponente der Frequenz f_3 = 2300 Hz wird mit einer Spiegelung nach $f_4 = f_3 - 2 \cdot f_s$ in dem ersten Nyquist-Bereich verschoben, f_4 = 2300 − 2000 = 300 Hz.

Die DFT ergibt die korrekten Phasen für cosinusförmige Signale und somit muss man den Sinusterm in einen Cosinusterm umwandeln:

$$x(t) = -10 + 5\cos(2\pi100t + \pi/3) + 12\cos(2\pi200t + \pi/4)$$
$$+ 6\cos(2\pi2300t - \pi/5) \tag{1.47}$$

Es werden N = 1000 Abtastwerten des Signals im Untersuchungsintervall angenommen. Man hat auf eine ganze Potenz von 2 für N verzichtet, um einfachere

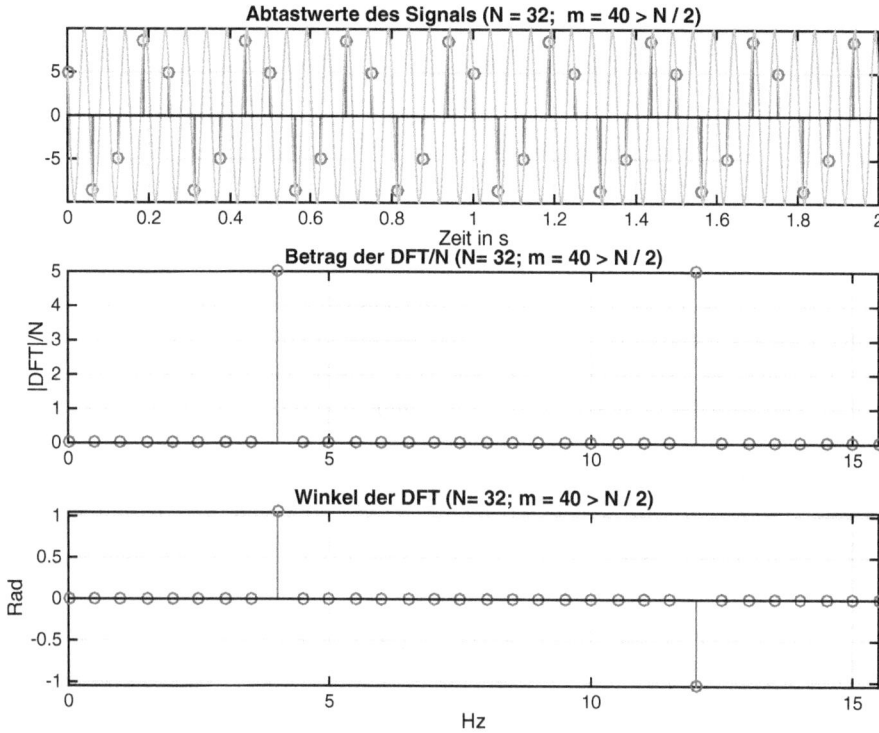

Abb. 1.15. Diskretisiertes Signal, Betrag der DFT/N und Winkel der DFT für N = 32 und m = 40
(fft_2.m)

Berechnungen zu ermöglichen. Mit dieser Wahl erhält man eine Auflösung der DFT von:

$$\Delta f = \frac{fs}{N} = 1 \text{ Hz/Bin} \tag{1.48}$$

Die Indizes der Schwingungen sind somit alle ganze Zahlen und es entsteht kein Leckeffekt (*Leakage*):

$$m_1 = \frac{f_1}{\Delta f} = 100; \quad m_2 = \frac{f_2}{\Delta f} = 200; \quad m_4 = \frac{f_4}{\Delta f} = 300; \tag{1.49}$$

Für das reelle Signal mit diesen Komponenten in der ersten Hälfte der DFT ergeben sich folgende Spiegelungen in der zweiten Hälfte der DFT:

$$m_{11} = N - m_1 = 900; \quad m_{22} = N - m_2 = 800; \quad m_{42} = N - m_4 = 700; \tag{1.50}$$

Weil $\Delta f = 1$ Hz/Bin ist, sind diese Werte auch die Frequenzen der Komponenten.

Die zeitdiskrete Sequenz im Untersuchungsintervall kann wie folgt geschrieben werden:

$$x[nT_s] = -10 + 5\cos(2\pi 100n/f_s + \pi/3) + 12\cos(2\pi 200n/f_s + \pi/4)$$
$$+ 6\cos(2\pi 2300n/f_s - \pi/5) \tag{1.51}$$
$$n = 0, 1, 2, 3, \ldots, N-1; \quad N = 1000; \quad f_s = 1000\,Hz$$

In Abb. 1.16 sind die Ergebnisse der Simulation dargestellt. Ein Ausschnitt des Signals und der Abtastwerte ist ganz oben gezeigt. Es ist klar ersichtlich, dass die Komponente der höchsten Frequenz von $f_3 = 2300$ Hz nicht korrekt mit diesen Abtastwerten erfasst ist und man erhält die Verschiebung in den ersten Nyquist-Berech bei $f_4 = 300$ Hz. Die Komponenten der Frequenz $f_1 = 100$ Hz und $f_2 = 200$ Hz sind korrekt sowohl als Amplituden als auch was die Phasen anbelangt in der DFT wiedergeben.

Die Spiegelungen wegen der Eigenschaft der DFT für reelle Signale, die besagt, dass die zweite Hälfte die konjugiert komplexe der ersten ist, erscheinen bei den Frequenzen gemäß Gl. (1.50).

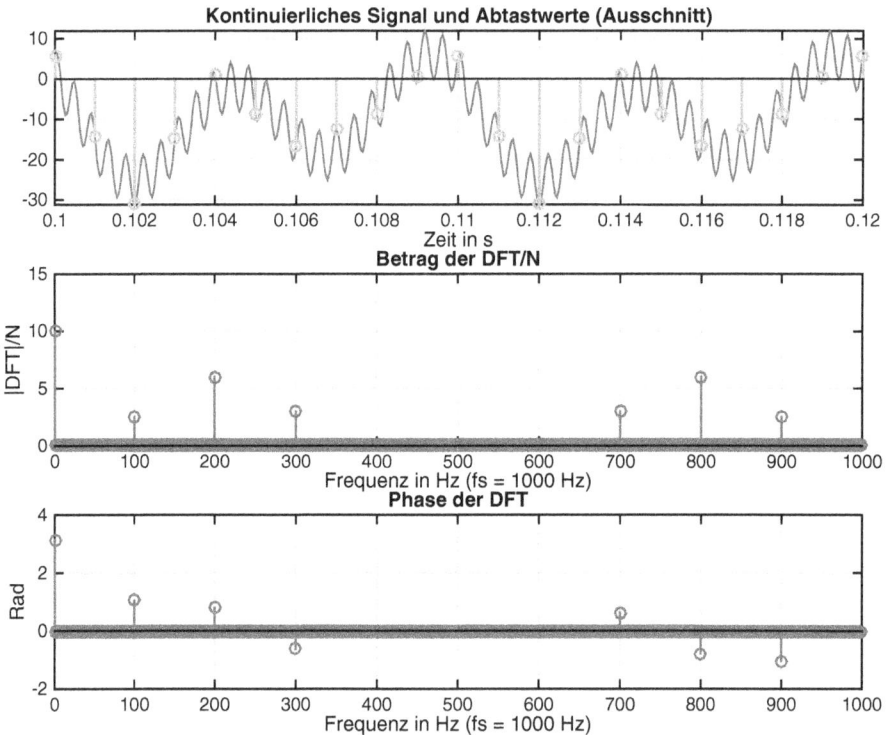

Abb. 1.16. Kontinuierliches Signal und Abtastwerte, Betrag der DFT/N und Winkel der DFT
(`fourier_reihe1.m`)

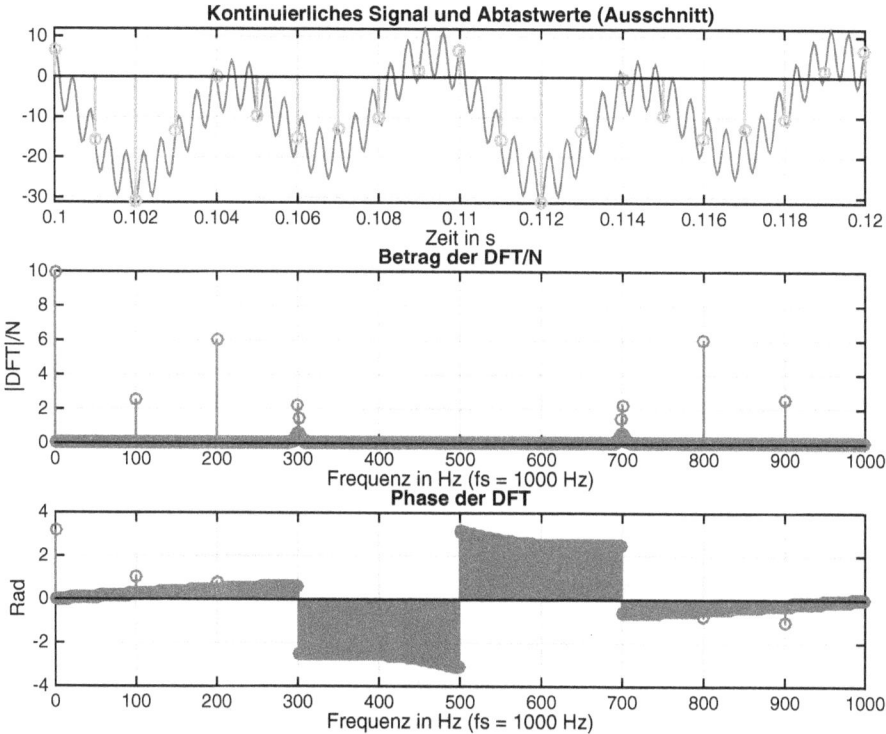

Abb. 1.17. Kontinuierliches Signal und Abtastwerte, Betrag der DFT/N und Winkel der DFT für den Fall mit Leakage für das Signals mit $f_3 = 2300,4$ Hz (`fourier_reihe1.m`)

Wenn man eine der Cosinuskomponenten mit einer Frequenz wählt, die kein Vielfaches der Auflösung $\Delta f = 1$ Hz/Bin ist, erhält man den Leckeffekt oder *Leakage*. Als Beispiel ist in Abb. 1.17 das Ergebnis für $f_3 = 2300,4$ Hz dargestellt. Der Effekt ist sehr störend bei der Phase. Man kann praktisch keine korrekten Phasen mehr identifizieren nicht mal bei den Komponenten, die kein *Leakage* aufweisen. Später wird dieser Effekt ausführlicher beschrieben.

In der Praxis ist es oft so, dass für die Nutzsignale die Abtastfrequenz gemäß dem Abtasttheorem gewählt wird. Es können aber Störungen vorhanden sein mit Frequenzen, die zur Verletzung des Abtasttheorems führen und Aliased-Komponenten im ersten Nyquist-Bereich ergeben. Um das zu vermeiden, muss man vor der Diskretisierung oder Abtastung das Signal mit einem analogen Antialiasing-Tiefpassfilter auf eine Bandbreite von 0 bis $f_s/2$ begrenzen. Analoge Filter kann man nicht mit einen steilem Übergang vom Durchlass- in den Sperrbereich realisieren, ohne dabei Verzerrungen wegen ihrer nichtlinearen Phase im Kauf zu nehmen. Auch aus diesem Grund wird immer die Abtastfrequenz größer als die Grenze gemäß Abtasttheorem gewählt ($f_s > 2f_m$).

Mit einem Simulink-Modell (`fourier_reihe_2.slx`) wird für das Signal gemäß Gl. (1.46) ein Antialiasingtiefpassfilter eingesetzt, um die Cosinuskomponente der Frequenz f_3 = 2300 Hz, die als Störung angenommen wird, vor der Abtastung zu entfernen. Dadurch vermeidet man, dass die sich rückfaltende Komponente von 300 Hz im ersten Nyquist-Bereich auftritt und bei der Rekonstruktion aus den Abtastwerten ein falsches Nutzsignal ergibt. Es werden die Parameter aus der Untersuchung mit dem Skript `fourier_reihe_1.m` in diese Simulation übernommen. Man kann aber sehr einfach mit anderen Parametern experimentieren.

Das Modell ist in Abb. 1.18 dargestellt. Mit drei *Sinwave*-Blöcken werden die drei cosinusförmigen Signale erzeugt. Über die drei *Gain*-Blöcke werden die entsprechenden Amplituden festgelegt. Der Mittelwert wird aus dem Block *Constant* hinzugefügt. Die Summe dieser Signale ergibt das Eingangssignal.

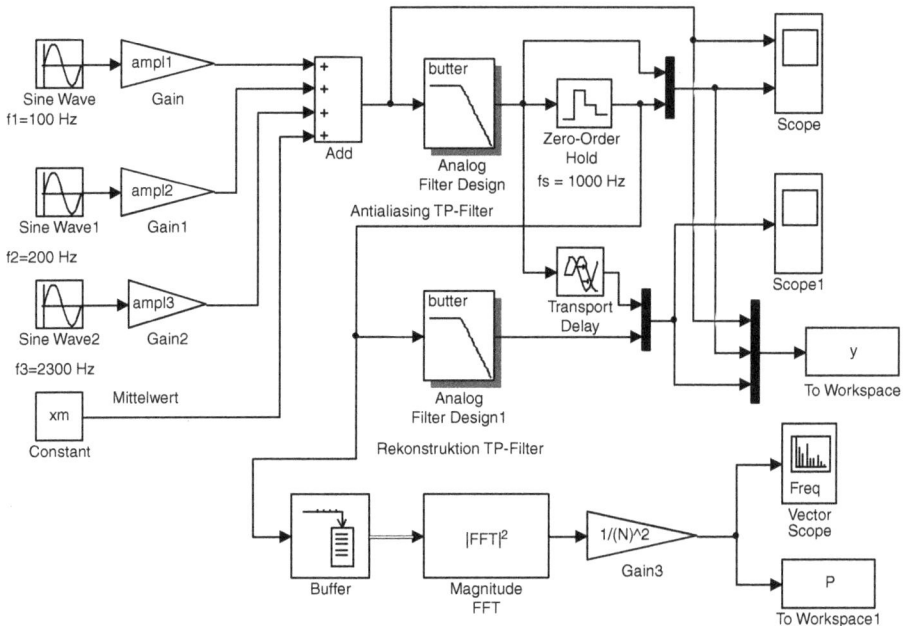

Abb. 1.18. Simulink-Modell, in dem ein Antialiasing- und Rekonstruktionstiefpassfilter eingesetzt sind (`fourier_reihe2.m`, `fourier_reihe_2.slx`)

Es folgt dann das analoge Antialiasingtiefpassfilter im Block *Analog Filter Design* mit einem Durchlasbereich bis $f_s/2$ = 500 Hz. Dieses sollte die Signale mit 100 und 200 Hz unverändert durchlassen. Es wird ein Butterworth-Filter gewählt, weil dieser Typ einen guten Kompromiss zwischen der Steilheit seines Übergangs vom Durchlasbereich zum Sperrbereich und einer annähernd linearen Phase ergibt [4].

Die Abtastung geschieht mit dem Block *Zero-Order Hold*, bei dem die Abtastfrequenz von f_s = 1000 Hz parametriert wurde. Für die kontinuierlichen Blöcke, die auf ein Halteglied nullter Ordnung folgen, ist das Signal zwischen den Abtastwerten konstant. Für die zeitdiskreten Blöcke, wie z.B. der *Buffer*-Block, werden nur die Abtastwerte einbezogen.

Der Ausgang des Halteglieds nullter Ordnung, ein kontinuierliches Signal in Form von Treppen mit konstanten Werten zwischen den Abtastwerten, wird mit dem Tiefpassfilter im Block *Analog Filter Design 1* in ein kontinuierliches Signal, das rekonstruierte Signal, umgewandelt. Es ist wie das Antialiasingtiefpassfilter mit Durchlassbereich bis $f_s/2$ = 500 Hz parametriert.

Das Signal am Ausgang der Rekonstruktionsfilters wird durch dieses Filter verzögert. Um es mit dem Signal nach dem Antialiasingfilter zu vergleichen muss auch dieses Signal mit der gleichen Verzögerung versehen werden. Dafür dient der Block *Transport Delay*.

In Abb. 1.19 sind die Ergebnisse dieser Simulation dargestellt. Ganz oben ist das Eingangssignal als Summe aller Signale gezeigt. Darunter ist das kontinuierliche

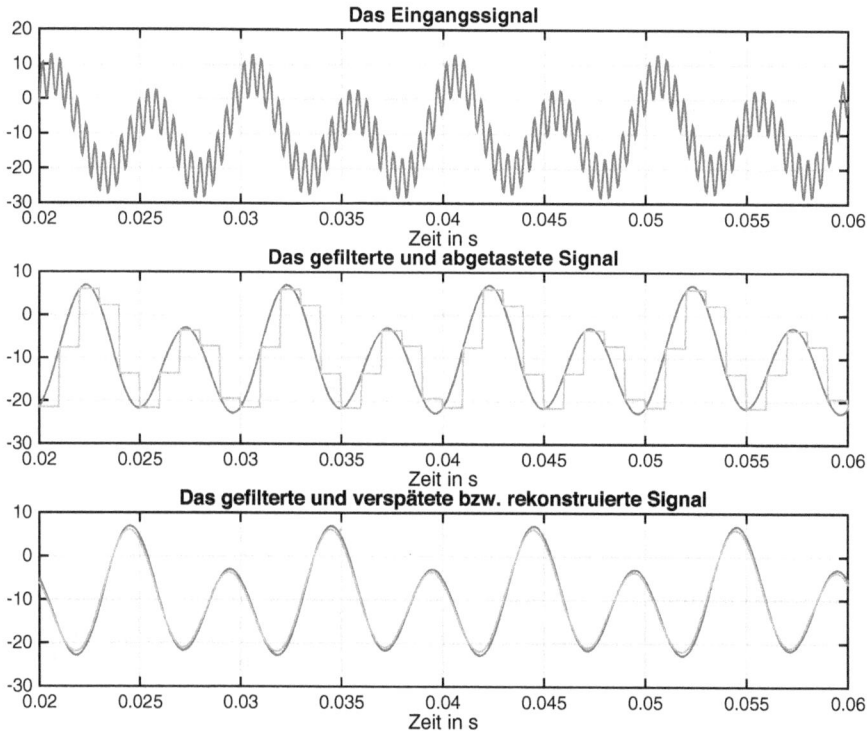

Abb. 1.19. a) Eingangssignal b) Gefiltertes und abgetastetes Signal c) Ursprüngliches und rekonstruiertes Nutzsignal (fourier_reihe2.m, fourier_reihe_2.slx)

Signal nach dem Antialiasingtiefpassfilter, bestehend jetzt nur aus dem Nutzsignal als Summe der Signale mit 100 und 200 Hz dargestellt. Zusätzlich ist das Signal am Ausgang des Halteglieds nullter Ordnung dargestellt. Ganz unten sind das verspätete Nutzsignal vom Augang des Antialiasingfilters überlagert mit dem rekonstruierten Signal gezeigt. Wie man sieht ist die Übereinstimmung sehr gut.

Mit dem Block *Buffer* werden die Abtastwerte in Datenblöcke zusammengefasst, um daraus mit der FFT das Leistungsspektrum des Signals zu ermitteln und darzustellen. Dafür wird eine Annäherung der Gl. (1.25) benutzt:

$$P = \sum_{k=-\infty}^{\infty} |c_k|^2 \cong \sum_{k=0}^{N-1} |\hat{c}_k|^2 = \sum_{k=0}^{N-1} \left(\frac{X_k}{N} \right)^2 \tag{1.52}$$

Mit X_k ist hier die DFT oder FFT der Sequenz von Abtastwerten der Länge N bezeichnet. N ist die Anzahl der Werte, die mit dem Block *Buffer* zu einem Vektor zusammengefasst werden. Der Block *Magnitude FFT* berechnet das Quadrat der FFT und mit dem Block *Gain3* wird die Division durch N^2 realisiert. Mit der Senke *Vektor Scope* wird die Leistung über der Frequenz dargestellt. Diese wird auch in der Senke *To Workspace1* zwischen gespeichert.

Das oben beschriebene Simulink-Modell `fourier_reihe_2.slx` wird mit dem Skript `fourier_reihe2.m` initialisiert und aufgerufen. Die Simulation und die Daten `y` aus der Struktur mit Zeit (*Structure with Time*) der Senke *To Workspace* werden mit folgenden Zeilen des Skripts realisiert:

```
. . . . . .
% ------- Aufruf der Simulation
Tfinal = 3;
fm = max([f1,f2,f3]);     Tm = 1/fm;
dt = Tm/10;
sim('fourier_reihe_2',[0:dt:Tfinal]);
t = y.time;                   % Simulationszeit
xt = y.signals.values(:,1);   % Gesamtsignal
xfilter = y.signals.values(:,2);  % Signal nach Antialiasing-TP
xabtast = y.signals.values(:,3);  % Abgetastetes Signal
xTP_versp = y.signals.values(:,4); % Gefiltert und verspätetes Signal
xrekonst = y.signals.values(:,5);  % Aus den Abtastwerten
                              % rekonstruiertes Signal
. . . . . .
```

Das Leistungsspektrum P aus der Senke *To Worcspace1* ist als *Array* zwischengespeichert und bildet ein dreidimensionales Feld. Jeder Datenblock mit Leistungswerte ist ein Vektor mit N Zeilen und einer Spalte. Bei mehreren Datenblöcken stellt die dritte Dimension die laufende Nummer des Blockes dar. Mit

```
. . . . .
% ------- Leistung des Nutzsignals
P = P(:,1,end);           % Der Block mit der zweiten FFT
. . . . .
```

wird zuerst das Leistungsspektrum des letzten Datenblocks extrahiert. Die Dauer der Simulation muss so gewählt werden, dass wenigsten zwei Blöcke gebildet werden. Bei einem Puffer der Größe $N = 1024$ und Abtastperiode $T_s = 1/1000$ s benötigt ein Block $1,024$ s. Mit einer Simulationszeit Tfinal = 3 erhält man sicher zwei Blöcke. Der erste Datenblock im *Buffer* ist immer leer. Das Leistungsspektrum wird weiter durch

```
figure(2);      clf;
plot((0:N-1)*fs/N, 10*log10(P),'LineWidth',1.2);
title('Leistung des Nutzsignals in dB');
xlabel('Hz');      grid on;      axis tight;
```

dargestellt.

In Abb. 1.20 ist das Leistungsspektrum des Nutzsignals bestehend aus den zwei Signalen der Frequenzen 100 bzw. 200 Hz und aus dem Mittelwert dargestellt.

Das berechnete Leistungsspektrum wird mit folgenden Befehlen überprüft:

```
Pm = P(1),                            % Leistung wegen des Mittelwertes
Pgesamt = sum(P),                     % Leistung aus der DFT
Pideal = xm^2 + ampl1^2/2 + ampl2^2/2, % Ideale analytische Leistung
```

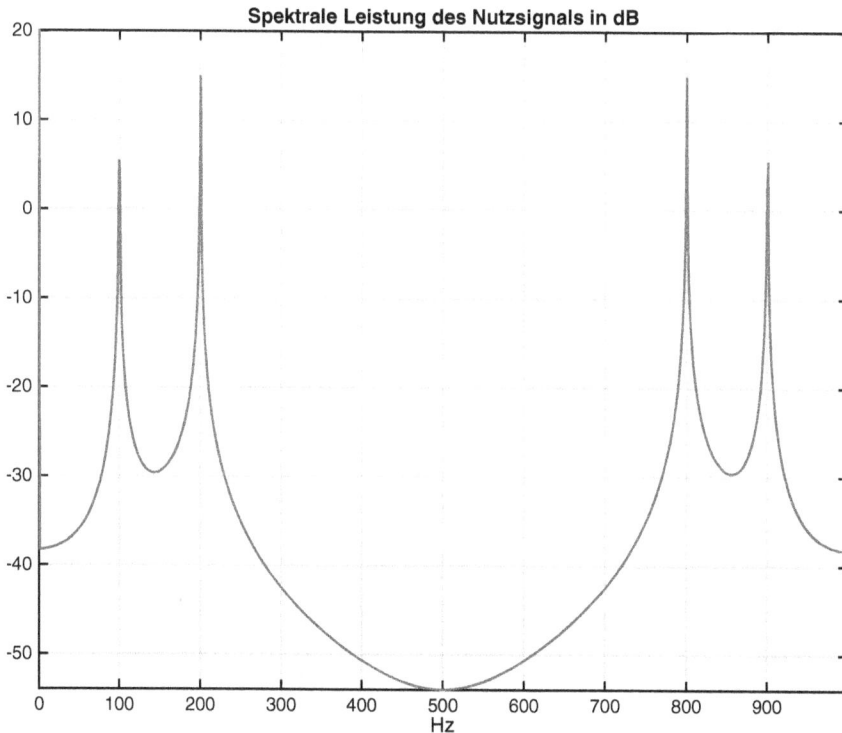

Abb. 1.20. Leistungsspektrum der Nutzsignale mit Leakage (fourier_reihe2.m, fourier_reihe_2.slx)

Beim Mittelwert von −10 muss die Leistung 100 sein und die Gesamtleistung gemäß Gl. (1.26) sollte 184,5 sein. Aus der Darstellung des Leistungsspektrums erhält man die Gesamtleistung durch eine Summe über alle Werte. Die Summe über alle Werte des Leistungsspektrums ist erforderlich, weil durch den Leckeffekt Leistung auch an anderen Frequenzen als die beiden harmonischen Schwingungen vorhanden sein wird.

Das Leistungsspektrum wird logarithmisch skaliert in dB dargestellt:

$$P^{dB} = 10 \log_{10}(P) \tag{1.53}$$

Aus der Darstellung erhält man eine Gesamtleitung Pgesamt = 184,614 statt dem errechneten Wert von 184,5. Die Leistung des Mittelwertes von 100 oder 20 dB ist korrekt in der Darstellung zu sehen.

Es gibt eine einfache Lösung das Leistungsspektrum ohne Leckeffekt (*Leakage*) zu erhalten. Wenn man für die gewählte Größe des Buffers N = 1024 die Abtastfrequenz auch f_s = 1024 Hz setzt, dann ist die Auflösung der FFT Δf = 1 Hz/Bin und die Signale fallen alle auf Stützfellen (Bins) der FFT. Abb. 1.21 zeigt das Leistungsspektrum für diese Wahl.

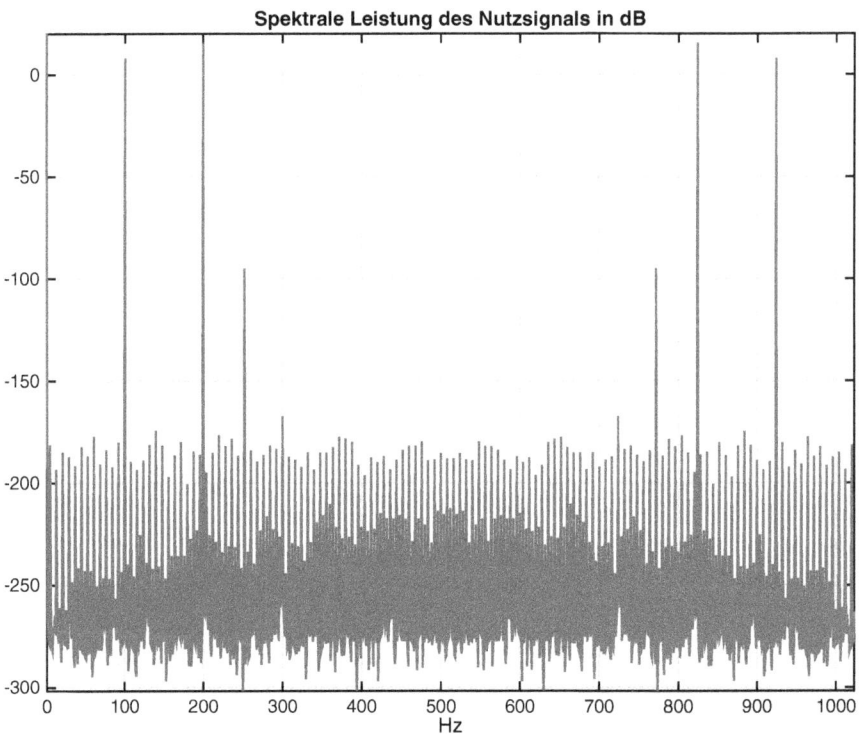

Abb. 1.21. Leistungsspektrum der Nutzsignale ohne Leakage (fourier_reihe2.m, fourier_reihe_2.slx)

Jetzt entsprechen die Spitzenwerte den Leistungen der Signale. Bei 100 Hz als Beispiel ist der Spitzenwert ca. 8 dB, was einer Leistung von 6,3096 entspricht. Für die zwei Spitzenwerte bei 100 Hz und Spiegelung bei 900 Hz erhält man zusammen 12,6191 statt 12,5. Dieser Wert ergibt sich aus der Amplitude hoch zwei geteilt durch zwei. Der Spitzenwert bei 200 Hz ist ca. 15,56 dB was einer Leistung von 35,9749 entspricht. Diese mal 2 führt auf 71,9499 statt 72.

In der Darstellung aus Abb. 1.21 erscheint noch ein Spitzenwert bei ca. 250 Hz. Dieser stellt die in den ersten Nyquist-Bereich zurückgefaltete (*aliased*) Komponente der Störung mit der Frequenz von 2300 Hz dar. Da jetzt die Abtastfrequenz gleich 1024 Hz ist, ist die verschobene Frequenz 2300 − 2*1024 = 252 Hz. Sie ist relativ klein, mit einer Leistung von −100 dB oder 2^{-10}. Der Leckeffekt (*Leakage*) hat diesen Rest der verschobenen Störung maskiert.

Die vielen spektralen Linien mit Werten zwischen −170 bis −200 dB stellen die numerischen Fehler bei der Berechnung der FFT dar sowie die Fehler wegen der begrenzten Auflösung der reellen Daten in MATLAB. Der kleinste Wert in MATLAB für reelle Daten ist `eps` = `2.2204e-16`. Die Leistung von −200 dB bedeutet einen Wert 10^{-20}, der kleiner als diese Grenze ist.

In den Anwendungen, in denen die FFT zur Messungen eingesetzt wird, muss man versuchen den Leckeffekt zu vermeiden. Eine solche Anwendungen zur Messung der Auflösung der A/D-Wandler wird später untersucht.

1.2.6 Der Leckeffekt (*Leakage-Effect*)

Wenn im Untersuchungsintervall eine ganze Anzahl von Perioden eines Sinus- oder Cosinussignals enthalten sind, dann fällt die entsprechende Spektrallinie (und deren Spiegelung) der DFT (oder FFT) auf einer Stützstelle. Es entsteht kein Leckeffekt. Für das Signal

$$x(t) = \hat{x}\cos(2\pi mt/T_0 + \varphi) \tag{1.54}$$

der Amplitude $\hat{x}$, der Nullphase φ und Periode T_0/m, wobei mit T_0 die Dauer des Untersuchungsintervalls bezeichnet wird, erreicht man das, wenn m eine ganze Zahl ist. Das diskretisierte Signal mit N Abtastwerte im Untersuchungsintervall und Abtastperiode $T_s = T_0/N$ wird:

$$x[nT_s] = x[n] = \hat{x}\cos(2\pi mn/N + \varphi) \tag{1.55}$$

Wenn man kurzzeitig die DFT-Transformation X_k gemäß Definition

$$X_k = \sum_{k=0}^{N-1} x[n]e^{-j2\pi nk/N} \tag{1.56}$$

als Funktion einer kontinuierlichen Variable k zwischen 0 und $N-1$ annimmt, oder besser gesagt, sie mit viel kleineren Schrittweiten für k berechnet, erhält man für den Betrag eine kontinuierliche Hülle aus zwei Sinc-Funktionen ($sinx/x$-Funktionen) mit Maximalwerten bei m und $N-m$ und Nullwerten in Abstand eins.

Die Werte des Betrags an den vorhandenen Stützstellen sind jetzt durch diese Hülle gegeben. Für ganze Werte von m liegen die Maximalwerte genau bei den Indizes m und $N-m$ und die Nullwerte liegen genau bei den restlichen Indizes. Im Skript leakage_1.m wird diese Hülle und die Spektrallinien für $N = 20$ berechnet. Es wird einmal für $m = 5$ und danach für $m = 5,4$ aufgerufen.

In Abb. 1.22 ist oben das Signal zusammen mit den Abtastwerten dargestellt und darunter der Betrag der DFT für $m = 5$ gezeigt. Die Hülle der DFT mit k kontinuierlich besitzt Nullstellen bei allen Stützstellen der DFT mit Ausnahme für $k = m = 5$ und $k = N - m = 15$. Diesen Indizes der DFT entsprechen die Frequenzen $mf_s/N = 5$ Hz und $(N-m)f_s/N = 15$ Hz.

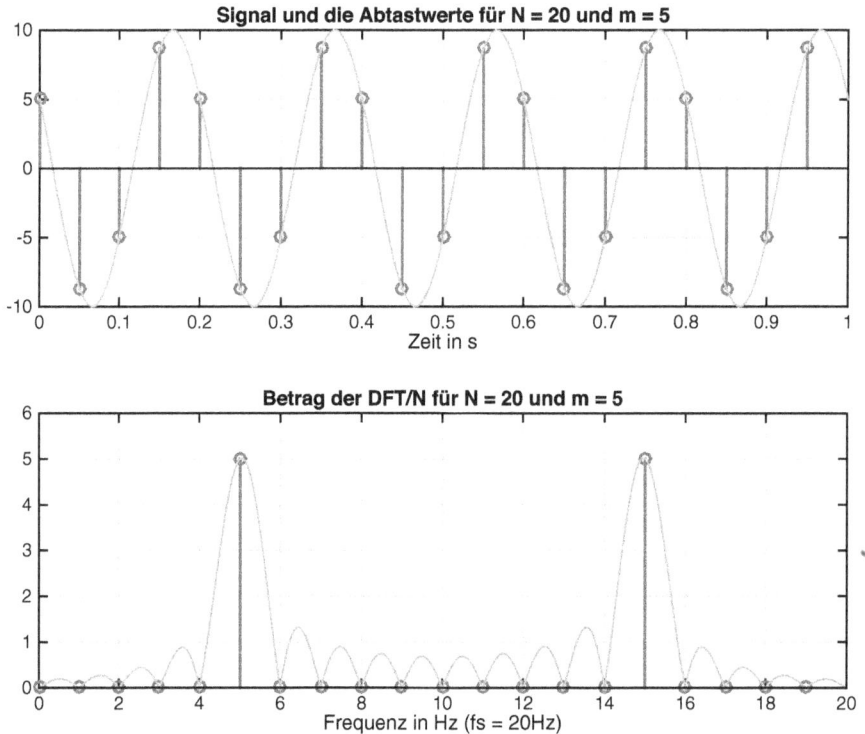

Abb. 1.22. a) Kontinuierliches Signal mit m = 5 und seine Abtastwerte b) Betrag der DFT/N (leakage_1.m)

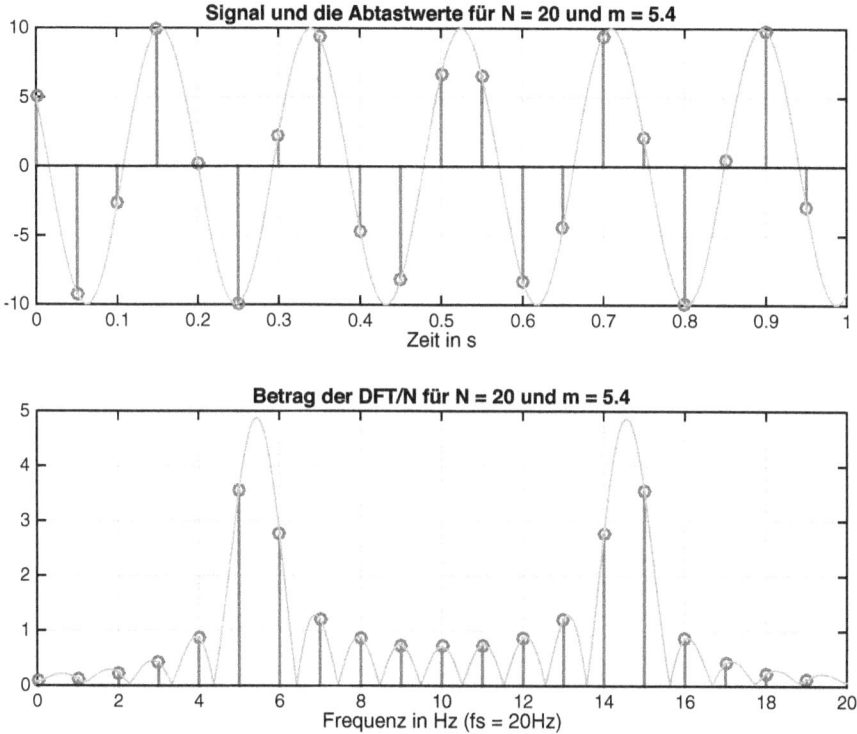

Abb. 1.23. a) Kontinuierliches Signal mit m = 5,4 und seine Abtastwerte b) Betrag der DFT/N (leakage_1.m)

Abb. 1.23 zeigt dieselben Ergebnisse für $m = 5,4$. Die Maximalwerte der Hülle der DFT für kontinuierliche Indizes k erscheinen jetzt bei $m = 5,4$ und $N - m = 20 - 5,4 = 14,6$. Die Spektrallinien der DFT zeigen jetzt, wie der Leckeffekt entsteht.

In Abb. 1.22 ist zu sehen, dass im Untersuchungsintervall eine ganze Anzahl von Perioden des Signals enthalten sind. Im Gegensatz dazu ist in Abb. 1.23 zu erkennen, dass eine Periode „abgehackt" ist und das führt zum Leckeffekt.

Abb. 1.24a zeigt ein Untersuchungsintervall von $t = 0$ bis $t = T_0$, das fünf Perioden des sinusförmigen Signals enthält und somit ist $m = 5$. Es ist klar, dass die Verlängerung nach links und rechts mit dem Untersuchungsintervall das ursprüngliche periodische Signal ergibt.

In Abb. 1.24b ist der Fall dargestellt, bei dem im Untersuchungsintervall vier ganze Perioden plus etwas mehr als eine halbe Periode enthalten sind. Hier ist dann $m \cong 4,58$ und die Verlängerung nach links und rechts mit dem Untersuchungsintervall ergibt ein anderes periodisches Signal, das auch in der DFT zu einer anderen als der erwarteten Darstellung führt.

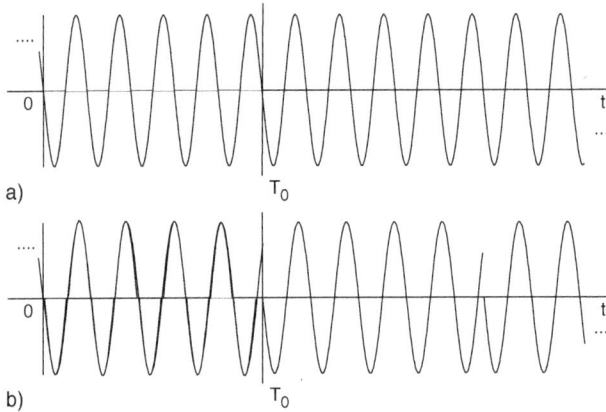

Abb. 1.24. a) Ausschnitt mit m eine ganze Zahl b) Ausschnitt mit m reell

Das Untersuchungsintervall kann als ein Ausschnitt aus einem unendlichen, stationären Signal angesehen werden, das man durch Multiplikation mit einem rechteckigen Fenster erhält. Die Multiplikation im Zeitbereich bedeutet im Frequenzbereich eine Faltung zwischen den Fourier-Transformierten des Signals und des rechteckigen Fensters. Das so entstandene Spektrum wird durch die DFT abgetastet. Liegen die Stützstellen der DFT nicht auf Nullstellen der Fourier-Transformation der Fensterfunktion, so wird der Leckeffekt sichtbar.

Der Leckeffekt kann mit anderen Fensterfunktionen, die das Signal gewichten, gemindert werden [34, 38]. Der Anfang und das Ende des Signals werden dabei im Untersuchungsintervall verkleinert, so dass das Signal nicht mehr „abgehackt" erscheint. Bekannt sind viele Fensterfunktionen, die man in MATLAB über Funktionen wie `hamming, hann, chebwin, kaiser, etc.` zur Verfügung hat. Die einfachste dämpfende Fensterfunktion ist die `triang` in Form eines Dreiecks, so dass der Anfang und das Ende des Signals im Untersuchungsintervall auf null gezogen werden.

In Abb. 1.25 und 1.26 sind einige der Fensterfunktionen zusammen mit den Beträgen der DFT-Transformation in dB dargestellt. Das erste Fenster in Abb. 1.25 ist das rechteckige Fenster gefolgt von dem Dreieckfenster als die einfachste dämpfende Fensterfunktion. Zur Minderung des Leckeffekts ist es wichtig, dass die Seitenkeulen relativ zur mittleren Hauptkeule gedämpft werden. Oft verwendet werden das Hamming- und das Hann-Fenster. Das Chebwin-Fenster dämpft die Seitenkeulen stark, hat aber eine breite Hauptkeule. Die Abb. 1.25 und 1.26 sind mit dem Skript `fenster_funkt_1.m` erzeugt.

In MATLAB kann man mit der Funktion `window` ein GUI (*Graphic-User-Interface*) starten, mit dem man die Fensterfunktionen untersuchen kann.

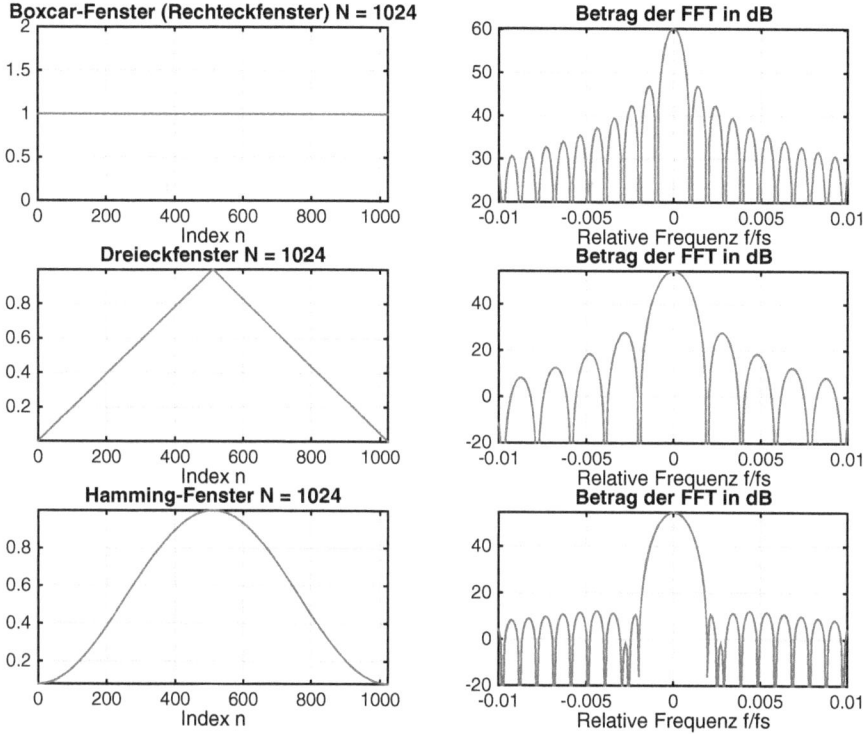

Abb. 1.25. Drei typische Fensterfunktionen und ihre FFT-Beträge in dB (`fenster_funkt_1.m`)

Mit dem Skript `leakage_2.m` wird das Modell `leakage2.slx` (Abb. 1.27) initialisiert und aufgerufen und man kann den Einfluss der Fensterfunktionen auf ein Cosinussignal untersuchen.

Im Modell nach dem *Buffer*-Block werden zwei Fensterfunktionen mit den Blöcken *Window Function* eingesetzt, um den Einfluss zweier Fensterfunktionen zu vergleichen. In diesen Blöcken kann man verschieden Fensterfunktionen festlegen und am *Vector Scope* das Leistungsspektrum überlagert vergleichen. Im Skript wird dieselbe Darstellung der Leistungsspektren aus der Senke *To Workspace* erzeugt.

Im Modell aus Abb. 1.27 wurde mit `boxcar` das Rechteckfenster gewählt und darunter mit `hanning` das Hann-Fenster.

Da die Fensterfunktionen das Signal am Anfang und am Ende des Untersuchungsintervalls dämpfen, ändert sich die Leistung der ursprünglichen Sequenz. Um das zu Kompensieren wird das Leistungsspektrum des gefensterten Signals mit der mittleren Leistung der Fensterwerte p_w normiert [34, 38]:

$$P = \frac{1}{p_w} \sum_{k=0}^{N-1} \left(\frac{X_k}{N}\right)^2 \quad \text{mit} \quad p_w = \frac{1}{N} \sum_{n=0}^{N-1} w[n]^2 \tag{1.57}$$

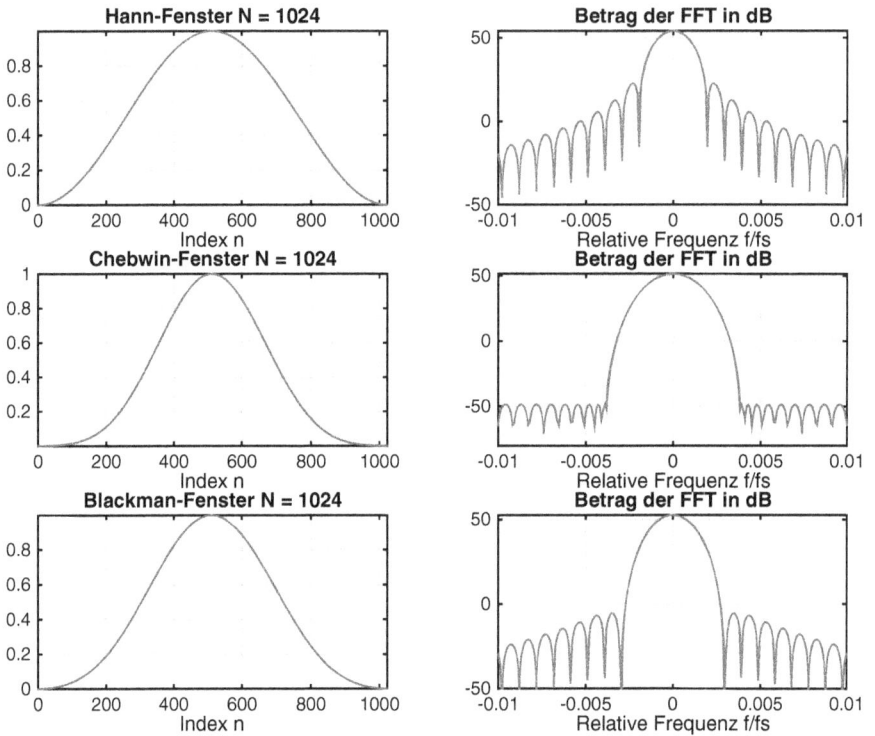

Abb. 1.26. Drei typische Fensterfunktionen und ihre FFT-Beträge in dB (`fenster_funkt_1.m`)

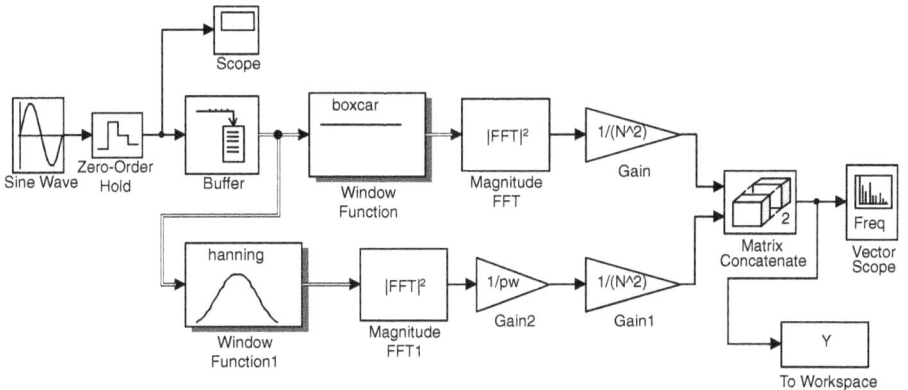

Abb. 1.27. Simulink-Modell in dem man den Einfluss der Fensterfunktionen untersucht (`leakage_2.m`, `leakage2.slx`)

Im Modell wird diese Normierung mit dem Faktor des Blocks *Gain2* realisiert. Wenn keine Fensterfunktion benutzt wird, oder anders ausgedrückt, wenn man ein rechteckiges Fenster benutzt, sind alle Werte $w[n], n = 0, \ldots 1, 2, \ldots, N-1$ gleich eins und die mittlere Leistung $p_w = 1$. Die spektrale Leistung P reduziert sich dann zur Form gemäß Gl. (1.52).

Beim Experimentieren mit verschiedenen Fensterfunktionen muss man im Skript auch die Zeile, in der die mittlere Leistung p_w berechnet wird, anpassen:

```
. . . . .
pw = sum(hanning(N).^2)/N;    % Mittlere Leistung der Fensterwerte
. . . . .
```

Das gewünschte Fenster wird direkt in dem Block *Window Function* eingestellt.

Abb. 1.28 zeigt das Leistungsspektrum für $N = 1024$, $f_s = 1024$ Hz und ein Signal der Frequenz $f_{sig} = 100,5$ Hz. Da die Auflösung der FFT gleich $\Delta f = f_s/N = 1$ Hz/Bin ist, entsteht der Leckeffekt. Mit dem Hanning-Fenster sind in das Leistungsspektrum die Nebenlinien zu den Linien bei 100 bzw. 1024-100 Hz besser gedämpft.

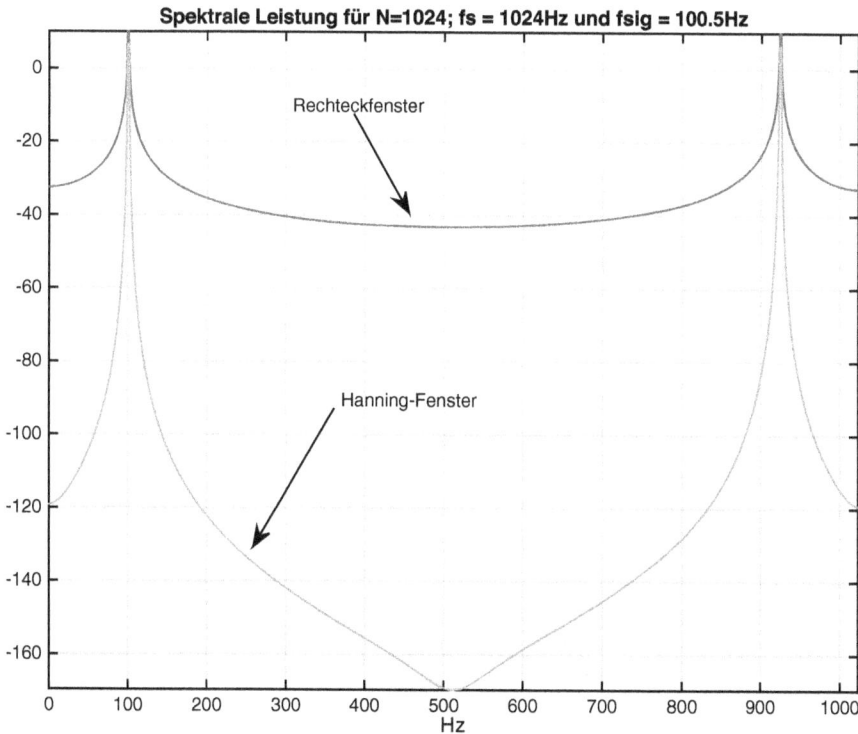

Abb. 1.28. Spektrale Leistung für ein Cosinussignal ohne und mit Hanning-Fenster (`leakage_2.m`, `leakage2.slx`)

Mit der vorgestellten Normierung muss die gesamte Leistung des Signals auch aus dem Leistungsspektrum korrekt berechnet sein. Am Ende des Skripts wird das überprüft. Die Variable Y in der man aus dem Modell das Leistungsspektrum zwischengespeichert hat, ist ein dreidimensionales Feld. Es besteht aus zwei Spalten mit je N Zeilen für die ersten zwei Dimensionen, die das Leistungsspektrum für die zwei Pfade mit verschiedenen Fensterfunktionen enthalten. Die dritte Dimension zeigt die laufende Nummer der berechneten Leistungsspektren. Mit

```
P = Y(:,:,end);
Pgesamt = sum(P),
Pideal = ampl^2/2,
```

werden zuerst die letzten Leistungsspektren in die Variable P hinterlegt. Diese hat jetzt nur zwei Dimensionen. Der Befehl sum(P) führt zu einer Addition entlang der Spalten und ergibt die Leistung des Signals berechnet aus den zwei Leistungsspektren. Diese beiden Werte sollten gleich der Leistung des Signals sein, wenn man sie analytisch aus der Amplitude der harmonischen Schwingung berechnet. Man erhält folgende Werte:

```
Pgesamt =    50.0000    50.0000
Pideal =  50
```

Wenn das Signal mit einer Frequenz f_{sig} = 100 Hz gewählt wird, und die Auflösung der FFT bleibt 1 Hz/Bin, entsteht kein Leckeffekt. Die Fensterfunktion (z.B. Hanning) führt aber dazu das Leckeffekt entsteht. Der Effekt ist das Ergebnis der Faltung der Fourier-Transformation des Signals mit der Fourier-Transformation der Fensterfunktion. Um eine Darstellung, die sich einer Linie nähert, muss der Betrag der Fourier-Transformation der Fensterfunktion eine schmale Hauptkeule besitzen. Dieser Fall ist in Abb. 1.29 dargestellt.

Die Darstellung mit Hanning-Fenster bleibt praktisch dieselbe nur die Darstellung mit Rechteckfenster ist beinahe ideal mit zwei klare Linien und zusätzlich mit dem Rauschen wegen der Fehler bei der Berechnung der FFT und der Auflösung der Daten in MATLAB.

In der Praxis weiß man nur annähernd welcher Frequenzbereich signifikant ist und kennt die Frequenzen der periodischen Signale nicht. Deshalb sollte man die Analyse immer mit Verwendung einer Fensterfunktion durchführen. Die entsprechenden Messinstrumente haben gewöhnlich die Möglichkeit, dies einzusetzen.

Mit dem Modell leakage3.slx und Skript leakage_3.m kann man das Leistungsspektrum von zwei cosinusförmigen Signalen untersuchen.

In Abb. 1.30 sind die Leistungsspektren der zwei Signalen mit Frequenzen 100,5 bzw. 150,3 Hz dargestellt. Für beide entsteht *Leakage* in der DFT. Der Leser sollte mit verschiedenen Fensterfunktionen und verschiedene Frequenzunterschiede der zwei Signale experimentieren.

In praktischen Messungen ist das Signal mit Rauschen überlagert, das aus verschiedenen Gründen vorhanden ist. Rauschen kann seine Ursache in Störsignalen

Spektrale Leistung für N=1024; fs = 1024Hz und fsig = 105Hz

Hanning-Fenster

Rechteckfenster

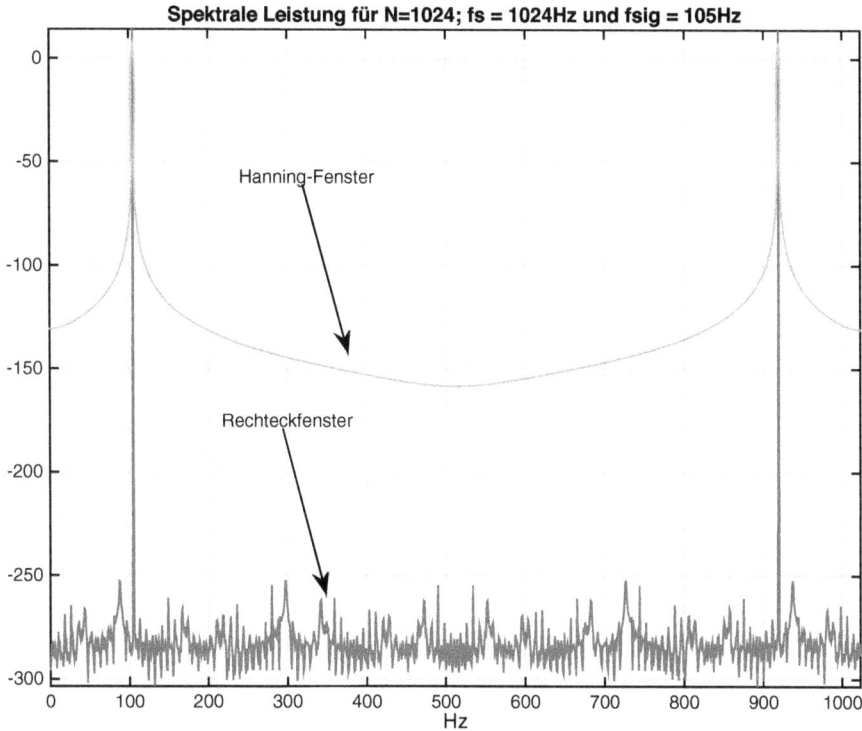

Abb. 1.29. Spektrale Leistung für ein Cosinussignal ohne und mit Hanning-Fenster (`leakage_2.m`, `leakage2.slx`)

von außen haben, oftmals ist aber die begrenzte Auflösung in der A/D-Wandlung oder die Messfehler des Instruments die Rauschquelle.

Mit dem Skript `leakage_4.m` und Modell `leakage4.slx` kann eine Simulation durchgeführt werden, in der zwei Cosinussignale zusammen mit Rauschen untersucht werden. Es wird weißes Rauschen angenommen [2, 29], das ein konstantes Leistungsspektrum besitzt. Das Rauschen wird im Modell mit dem Block *Random Number* erzeugt, bei dem die Varianz der Zufallswerte auf eins initialisiert wurde. Mit Mittelwert null bedeutet diese Varianz auch eine mittlere Leistung gleich eins. Mit dem *Gain2*-Block, in dem die Wurzel der Variable `noise` als Verstärkung eingesetzt ist, erzeugt man eine Varianz der Größe `noise`.

Auch in diesem Modell ist das Leistungsspektrum mit Fensterfunktion zusätzlich mit der mittleren Leistung der Fensterwerte normiert. Nur so erhält man die korrekten Werte der Gesamtleistung aus dem Leistungsspektrum, Werte die am Ende des Skriptes, wie im vorherigen Fall, überprüft werden:

```
% ------- Leistung des Signals aus der spektralen Leistung
P = Y(:,:,end);
```

Spektrale Leistung für N=1024; fs = 1024Hz und fsig1=100.5 Hz, fsig2=150.3 Hz

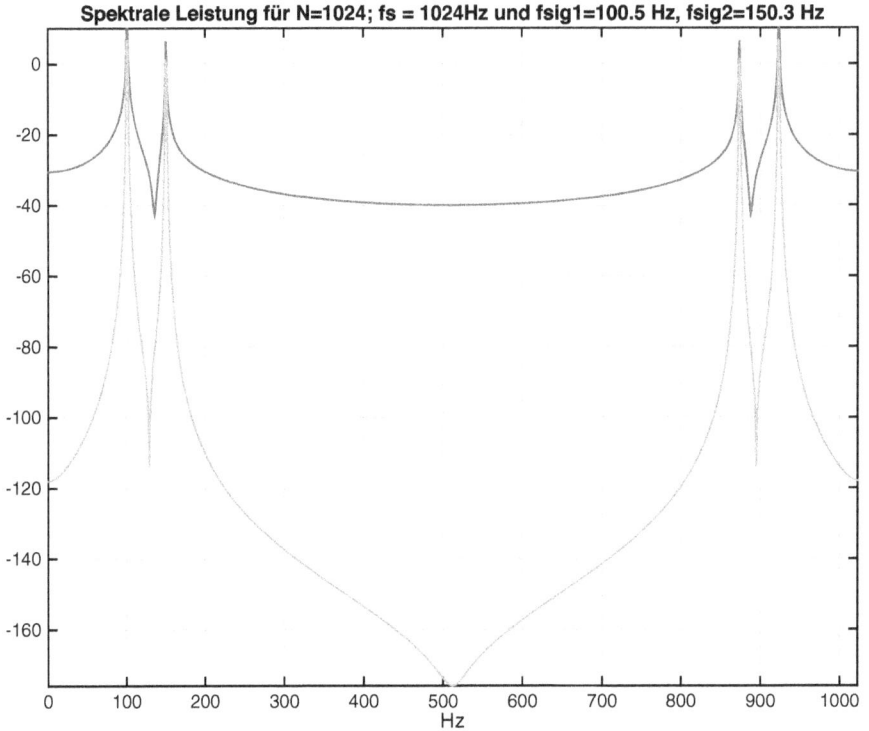

Abb. 1.30. Spektrale Leistung für zwei Cosinussignale ohne und mit Hanning-Fenster (`leakage_3.m`, `leakage3.slx`)

```
Pgesamt = sum(P),
Pideal = ampl1^2/2 + ampl2^2/2 + noise,
```

Diese Überprüfung hat folgende Werte geliefert:

```
Pgesamt =  63.7237    63.7115
Pideal  =  64.5000
```

Abb. 1.31 zeigt die Leistungsspektren für die zwei Pfade des Modells ohne und mit Fensterfunktion. Wenn Rauschen im Spiel ist, dann muss man immer mitteln. Im Modell werden die Leistungsspektren über mehrere Datenblöcke mit den Blöcken *Mean, Mean1* gemittelt. Die Simulationszeit wurde auch viel länger gewählt, so dass man viele Datensätze mittelt. Mit

```
>> size(Y)
ans = 1024        2        101
```

erhält man die Größe des Feldes Y und sieht, dass in dieser Simulationszeit 101 Datenblöcke erzeugt wurden. Die *Mean*-Blöcke werden als *Runing Mean* parametriert. Das bedeutet, dass der Mittelwert x_m von m Werten mit Hilfe des vorherigen Mittelwerts

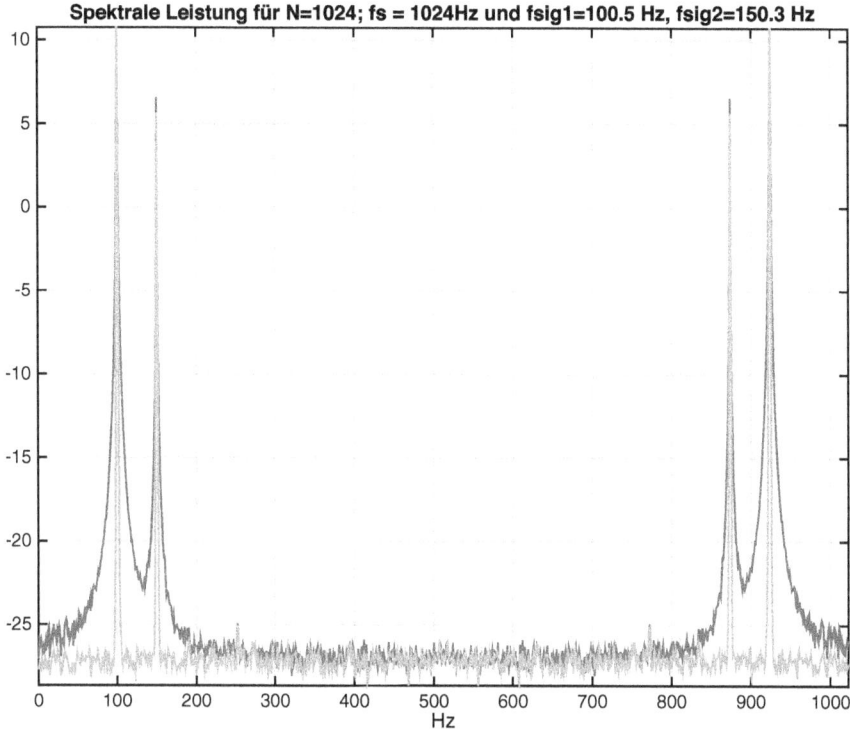

Abb. 1.31. Spektrale Leistung für zwei Cosinussignale mit Rauschen ohne und mit Hanning-Fenster (`leakage_4.m`, `leakage4.slx`)

über $m - 1$ Werte x_{m-1} nach folgendem Algorithmus aktualisiert wird:

$$x_m = \frac{x[1] + x[2] + \cdots + x[m]}{m} = \frac{x[1] + x[2] + \cdots + x[m-1]}{m} + \frac{x[m]}{m}$$

$$x_m = x_{m-1}\left(\frac{m-1}{m}\right) + \frac{x[m]}{m} \tag{1.58}$$

Wenn man die Simulationszeit kürzer nimmt, dann werden weniger Datenblöcke in die Mittelung einbezogen und die Varianz des Leistungsspektrums des Rauschens ist größer. Die Mittelung hat keinen Einfluss auf die FFT der deterministischen Cosinussignale. Das Leistungsspektrum des Rauschens erhält man im Skript, in den man `ampl1 = 0`, `ampl2 = 0` wählt. Als Gesamtleistung muss man die Varianz erhalten, die mit der Variable `noise = 2` im Skript initialisiert wird. Der Test am Ende des Skripts ergibt:

```
Pgesamt = 1.9875    1.9784
Pideal = 2
```

1.2.7 Simulation der Messung der Auflösung von A/D-Wandlern mit Hilfe der FFT

In den Datenblättern der A/D-Wandler wird mit einer Darstellung einer FFT die Messung einiger Eigenschaften dokumentiert (wie z.B. in https://www.maximintegrated.com/en/app-notes/index.mvp/id/729). Die Hauptgröße die so gemessen wird, ist der Signal-Rauschabstand SNR (*Signal Noise Ratio*) der durch Quantisierung entsteht. Er ist definiert durch [26]:

$$SNR^{dB} = 10\log_{10}\frac{\text{Mittlere Leistung Signal}}{\text{Mittlere Leistung des Quantisierungsfehlers}} \qquad (1.59)$$

Ein A/D-Wandler kann man als ein Abtaster gefolgt von einem Quantisierer modellieren. Abb. 1.32 zeigt die Kennlinie $y = f(x)$ eines Quantisierers mit der Quantisierungsstufe q [22]. Diese ist durch den Bereich der Eingangsspannung und der Anzahl der Bit n_B des Wandlers festgelegt. Angenommen, die Amplitude des Eingangssignals $\hat{x}$ ist so gewählt, dass der Bereich des Wandlers ganz ausgesteuert wird, dann ist q durch

$$q = \frac{2\hat{x}}{2^{n_B}} \qquad (1.60)$$

gegeben. Für einen Wandler mit ±1 Volt Eingangsbereich und 16 Bit erhält man $2/(2^{16}) \cong 30\mu V$, ein sehr kleiner Wert.

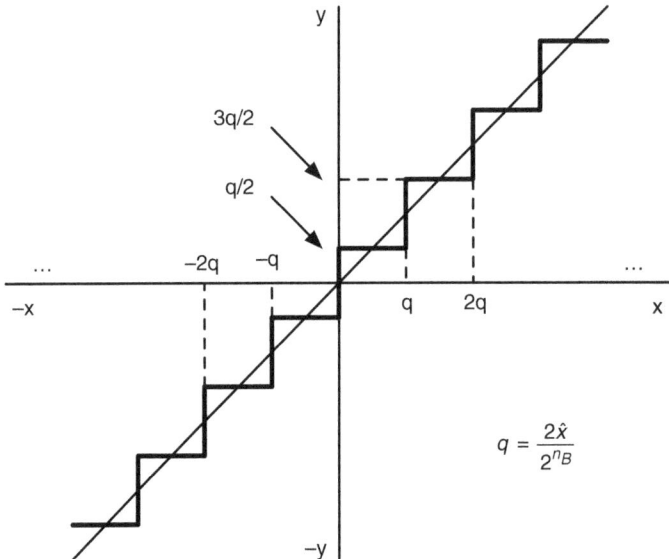

Abb. 1.32. Kennlinie eines Quantisierers mit Quantisierungsstufe q

Für ein gleichmäßig verteiltes Eingangssignal, das den ganzen Bereich des Wandlers belegt, ist die mittlere Leistung des Quantisierungsfehlers P_n gleich [26]:

$$P_n = \frac{q^2}{12} = \left(\frac{2\hat{x}}{2^{n_B}}\right)^2 \cdot \frac{1}{12} = \frac{1}{12} \cdot \frac{\hat{x}^2}{2^{2(n_B-1)}} \tag{1.61}$$

Wenn weiter angenommen wird, dass diese Leistung des Quantisierungsfehlers auch für ein sinusförmiges Eingangssignal, dessen Amplitude gleich dem Aussteuerbereich des Wandlers ist und dessen Leistung gleich $\hat{x}^2/2$ ist, so kann man den Signal-Rauschabstand durch

$$SNR = \frac{12 \cdot 2^{2(n_B-1)}}{2} = \frac{3}{2}2^{2n_B} \tag{1.62}$$

berechnen. In dB erhält man:

$$SNR^{dB} = 10\log_{10}\left(\frac{3}{2}\right) + 10\log_{10}2^{2n_B} = 6n_B + 1,8 \tag{1.63}$$

Für eine Anzahl von Bit $n_B \geq 8$ kann der Wert $1,8$ vernachlässigt werden.

Mit Hilfe der FFT will man den tatsächlich vorhandenen Wert des SNR eines Wandlers ermitteln. Der Wandler wird mit einem sinusförmigen Signal von einem guten Generator ohne zusätzliche Harmonische angeregt und eine ganze Anzahl von Perioden werden abgetastet und FFT-transformiert. Die ganze Anzahl von Perioden führt dazu, dass kein Leckeffekt vorkommt. Es wird eine Primzahl von Perioden erfasst, so dass kein Muster mit bevorzugten Frequenzen in der FFT auftreten kann.

In Abb. 1.33 ist eine Skizze des Leistungsspektrums, das aus der FFT hervor geht, dargestellt. Die zwei Hauptlinien entsprechen dem sinusförmigen Signal und die anderen kleineren Linien entstehen wegen des Quantisierungsfehlers. Der mittlere Wert dieser Leistungen ist mit $|X_n/N|^2$ bezeichnet. Die Leistung des Signals kann man mit

$$P_s = 2\left|\frac{X_m}{N}\right|^2 \tag{1.64}$$

berechnen und die Leistung des Quantisierungsfehlers wird mit

$$P_n = N\left|\frac{X_n}{N}\right|^2 \tag{1.65}$$

geschätzt.

Der Signal-Rauschabstand SNR in dB wird:

$$\begin{aligned}SNR^{dB} = {}&10\log_{10}\left(\frac{2}{N} \cdot \frac{|X_m/N|^2}{|X_n/N|^2}\right) = 10\log_{10}(|X_m|^2) - 10\log_{10}(|X_n|^2)\\ &- 10\log_{10}\left(\frac{N}{2}\right)\end{aligned} \tag{1.66}$$

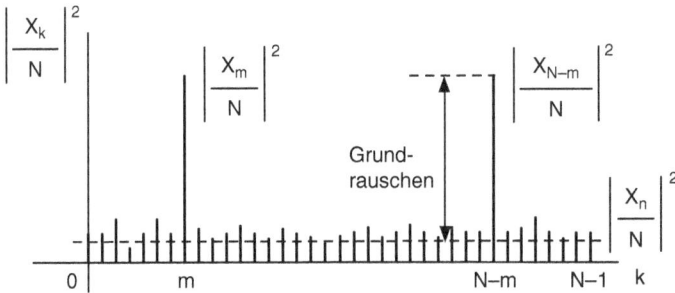

Abb. 1.33. Spektrale Leistung für ein A/D-Wandler, der sinusförmig angeregt wird

Die erste Differenz $10 \log_{10}(|X_m|^2) - 10 \log_{10}(|X_n|^2)$ stellt das so genannte Grundrauschen dar. Das wird noch mit dem letzten Term $10 \log_{10}(N/2)$ korrigiert und ergibt dann den Signal-Rauschabstand SNR in dB. Das Grundrauschen ist einfacher aus der Darstellung zu schätzen, wenn die Höchstlinien bis null dB reichen. Das erhält man durch eine Normierung des Leistungsspektrums auf seinen Maximalwert.

Mit dem Skript `ad_test_2.m` und Modell `ad_test2.slx` wird diese Messung simuliert. Das Modell ist in Abb. 1.34 dargestellt. Am Eingang ist einmal das sinusförmige Testsignal angelegt und noch zwei sinusförmige Signale, die zwei Harmonische simulieren, die wegen der nicht perfekten Kennlinie des Quantisierers vorkommen. Die Kennlinie ist praktisch nichtlinear und dadurch ergeben sich diese Harmonischen mit sehr kleinen Amplituden im Vergleich zum Testsignal.

Man muss die Simulation der Messung so gestalten, dass kein Leckeffekt entsteht. Das ist aus den Initialisierungen im Skript gesichert:

```
% -------- Parameter der Simulation
N = 4*1024;                % Anzahl Abtastwerte im Untersuchungsintervall
fs = 2*1024;               % Abtastfrequenz in Hz
Ts = 1/fs;
nperioden = 213;           % Anzahl Perioden im Untersuchungsintervall
Tsig = N*Ts/nperioden;     % Periode des Testsignals
fsig = 1/Tsig;
ampl = 1;                  % Amplitude des Testsignals
ampl1 = 1e-4;              % Amplitude der ersten Harmonischen 2*fsig
ampl2 = 1e-5;              % Amplitude der zweiten Harmonischen 3*fsig
nB = 16;                   % Anzahl Bit des A/D-Wandlers
q = 2*ampl/(2^nB);         % Quantisierungsstufe
........
```

Die Signale werden addiert und dann zeitdiskretisiert mit Hilfe des *Zero-Order Hold3*-Blocks. Es folgt der Quantisierer im Block *Quantizer2*, in dem als einziger Parameter die Quantisierungsstufe *q* zu initialisieren ist. Für die Fehler des Quantisierers, als Differenz zwischen Eingang und Ausgang, wird über den Block *Variance*, in dem die Option *Running VAR* aktiviert ist, die Varianz oder die Leistung ermittelt und im

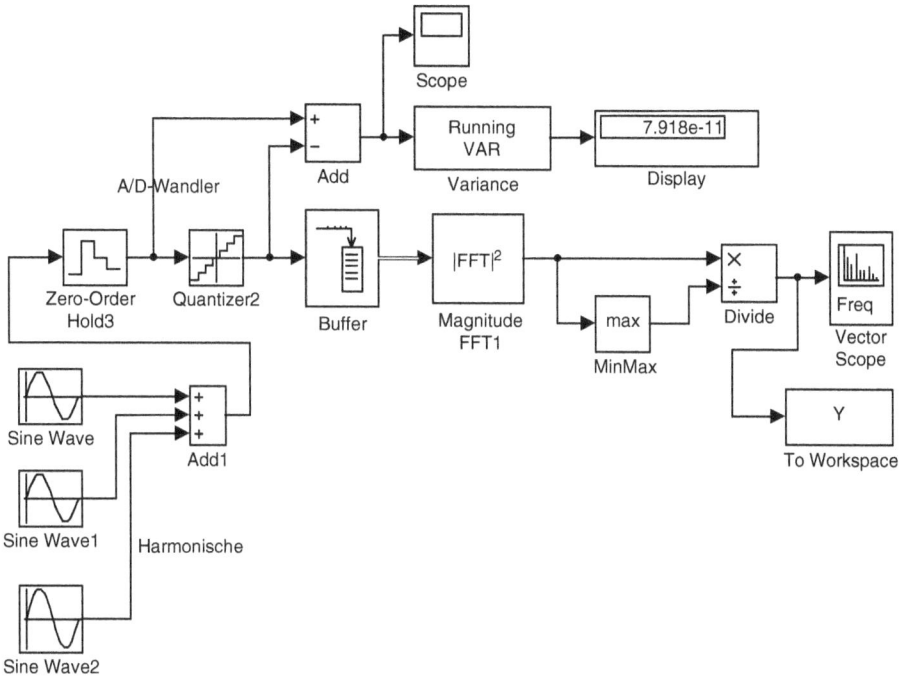

Abb. 1.34. Simulink-Modell des Testens eines A/D-Wandlers mit sinusförmiger Anregung
(`ad_test_2.m`, `ad_test2.slx`)

Display-Block dargestellt. Die Varianz ist auch die Leistung, weil der Mittelwert des Fehlers null ist.

Für die Amplitude von 1 Volt des Testsignals, die den ganzen Bereich des Wandlers belegt, ist die Quantisierungsstufe bei 16 Bit $q = 2/(2^{16})$ und die mittlere Leistung gemäß Gl. (1.61) wird:

$$P_n = \frac{q^2}{12} = 7,761021455128987 \cdot 10^{-11} \tag{1.67}$$

In der Simulation erhält man den Wert $7,918 \cdot 10^{-11}$, der etwas abweicht, wegen den Harmonischen, die zusätzlich am Eingang zugeschaltet sind.

Mit dem Block *Buffer* werden die Datenblöcke der Größe N gebildet, die dann FFT transformiert werden. Die Betragsqudrate der FFT-Werte werden auf den Maximalwert normiert und in der Senke *To Workspace* zwischengespeichert, die für das Format *Array* parametriert ist. Das Feld Y ist dreidimensional und enthält die Leistungsspektren jedes Datenblocks. Mit der Zeile des Skriptes

```
P = Y(:,:,end);      % Spektrale Leistung
```

wird das Leistungsspektrum des letzten Blocks in der Variable P hinterlegt. Die spektralen Leistungen der Datenblöcke werden auch mit dem *Vector Scope* gezeigt.

Im Skript wird das Grundrauschen durch eine Mittelung des Leistungsspektrums berechnet, wobei die Leistungen der Eingangssignale entfernt wurden:

```
k1 = find(P>1e-10);                    % Entfernen der Höchstwerte
P(k1) = 0;
Pmittelwert = mean(P);                 % Grundrauschen
Pgrundrausch = 10*log10(Pmittelwert);  % Geschätztes Grundrauschen in dB
plot([La(1), La(2)], [1,1]*Pgrundrausch); % Horizontale Linie
SNR = -(Pgrundrausch + 10*log10(N/2)); % SNR in dB
```

Mit Hilfe des SNR kann gemäß Gl. (1.63) die effektive Anzahl an Bit des Wandlers ermittelt werden:

```
nB = (SNR-1.8)/6,
```

Man erhält ein Wert von 16.034095739784480 statt der 16 Bit, die initialisiert wurden.

In Abb. 1.35 ist das Leistungsspektrum dargestellt. Man erkennt die zwei Hauptlinien wegen des Testsignals und die vier Linien, die von den angenommenen Harmonischen hervorgehen. Mit horizontalen Linien wurde das Niveau des Grundrauschens und des SNR dargestellt.

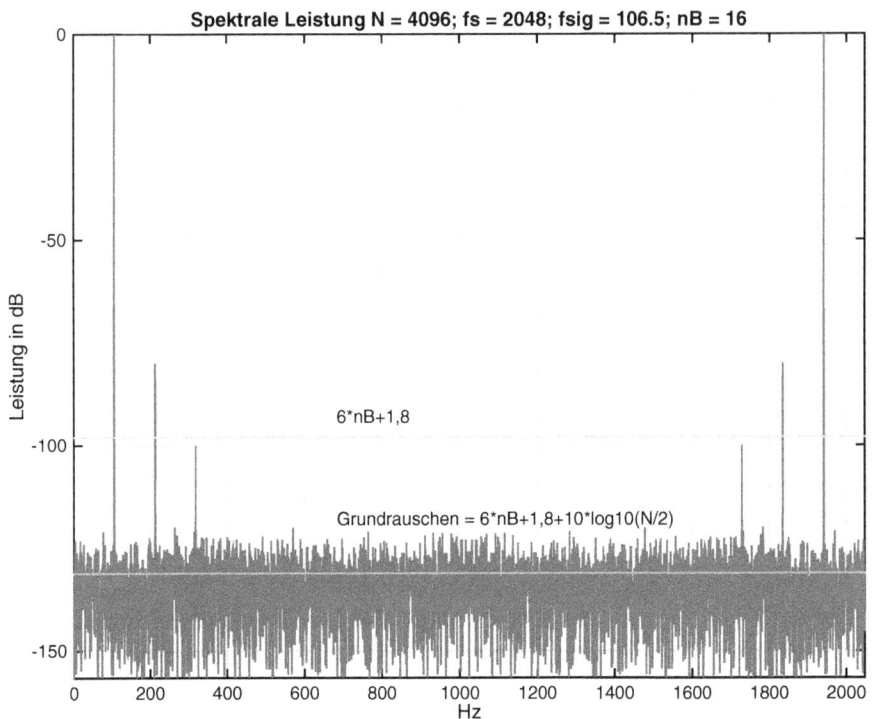

Abb. 1.35. Spektrale Leistung des A/D-Wandlers mit sinusförmiger Anregung
(ad_test_2.m, ad_test2.slx)

Aus der Darstellung können auch die Amplituden der zwei Harmonischen relativ zur Amplitude des Testsignals ermittelt werden. Als Beispiel, der Abstand der ersten höheren Linie zum Pegel null ist ca. $h_1 = 80$ dB. Aus

$$h1 = 10 \log_{10}|X_m/N|^2 - 10 \log_{10}|X_{h1}/N|^2 = 20 \log_{10}|X_m/X_{h1}| \qquad (1.68)$$

weil die Beträge der DFT mit den Amplituden durch

$$|X_m| = N\frac{\hat{x}}{2} \quad \text{und} \quad |X_{h1}| = N\frac{\hat{x}_{h1}}{2} \qquad (1.69)$$

gegeben sind, erhält man:

$$\hat{x}_{h1} = \frac{\hat{x}}{10^{80/20}} = \hat{x} \cdot 10^{-4} = 10^{-4} \quad \text{für} \quad \hat{x} = 1 \qquad (1.70)$$

Mit $|X_m|, |X_{h1}|$ wurden die Beträge der FFT des Testsignals und der ersten Harmonischen bezeichnet. Die entsprechenden Amplituden dieser Signale sind $\hat{x}, \hat{x}_{h1}$. Der Wert der Amplitude $\hat{x}_{h1}$ entspricht dem initialisierten Wert aus dem Skript

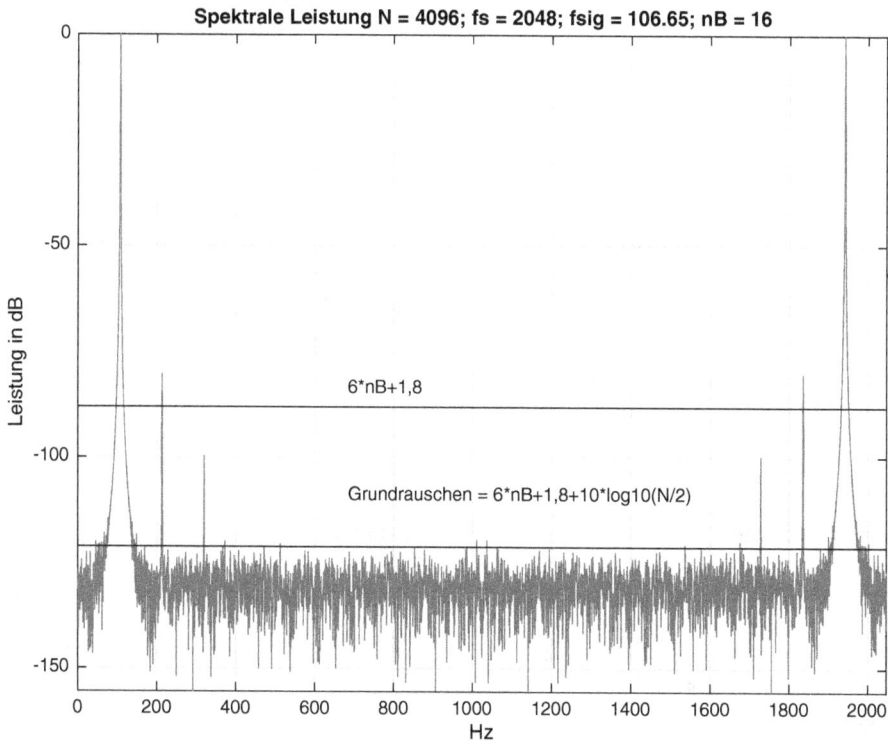

Abb. 1.36. Spektrale Leistung des A/D-Wandlers mit sinusförmiger Anregung und Leakage (`ad_test_3.m`, `ad_test3.slx`)

`ampl1=1e-4`. Ähnlich kann man auch die Amplitude der zweiten Harmonischen ermitteln und dann auch den Klirrfaktor (*Total Harmonic Distortion*) berechnen [26].

In dieser Messung darf kein Leckeffekt entstehen und die Auswertung muss so gesteuert werden, dass immer eine ganze Anzahl Perioden des Testsignals im Untersuchungsintervall erfasst wird.

Im Skript `ad_test_3.m`, welches das Modell `ad_test3.slx` initialisiert und aufruft, wird eine reelle Anzahl 213,3 Perioden des Testsignals gewählt. Im Modell werden zusätzlich die Datenblöcke mit Hanning-Fensterfunktion gewichtet. Abb. 1.36 zeigt das Leistungsspektrum, aus dem hervorgeht, dass mit der Bestimmung des Grundrauschens im Bereich in dem der Leckeffekt fehlt, die Messung gerettet werden kann. Dem Leser wird empfohlen die Simulation ohne Fensterfunktion zu starten und die Ergebnisse vergleichen.

1.2.8 Gleichmäßige Abtastung als Ursache der Mehrdeutigkeit zeitdiskreter Signale

Obwohl der Abtastprozess noch nicht näher untersucht wurde, sind für die numerische Annäherung der Fourier-Reihe über die DFT oder FFT die gleichmäßig abgetasteten Werte eingeführt worden. Es stellt sich dann immer die Frage, in wieweit man aus diesen das ursprüngliche zeitkontinuierliche Signal rekonstruieren kann.

In diesen Abschnitt wird mit einfachen Mitteln gezeigt, dass die zeitdiskreten Signale, die aus einer gleichmäßigen Abtastung hervor gehen, eine Mehrdeutigkeit aufweisen. Man kann von den Abtastwerten nicht die zeitkontinuierlichen Quellsignale ermitteln, es sei den man weiß, dass das Abtasttheorem erfüllt ist. Das bedeutet, dass die Frequenz der Quellsignale kleiner als die halbe Abtastfrequenz sein muss.

Die Mehrdeutigkeit der zeitdiskreten Signale kann am einfachsten mit Hilfe eines cosinusförmigen Signals $x(t)$ der Frequenz f und Amplitude $\hat{x} = 1$ erklärt werden [31]. Das Signal wird im stationären Zustand angenommen und der Zeitursprung ist so gewählt, dass keine Nullphase notwendig ist:

$$x(t) = \cos(2\pi f t) \qquad (1.71)$$

Es wird mit einer Abtastfrequenz $f_s = 1/T_s$ gleichmäßig abgetastet:

$$x[nT_s] = x(t)|_{t=nT_s} = \cos(2\pi f n T_s) = \cos(2\pi f n T_s + m 2\pi) \quad m \in \mathcal{Z} \qquad (1.72)$$

Der letzte Ausdruck ergibt sich aus der 2π-Periodizität der trigonometrischen Funktion, wobei m eine ganze Zahl ist. Dieser Ausdruck kann auch wie folgt geschrieben werden:

$$x[nT_s] = \cos\left(2\pi\left(f + \frac{m}{nT_s}\right)nT_s\right) = \cos\left(2\pi(f + kf_s)nT_s\right) \qquad (1.73)$$

Da m beliebig sein kann, gibt es für jeden n unendlich viele Werte m, so dass m/n eine ganze Zahl k ist. Die innere Klammer stellt jetzt eine Frequenz dar, die mit f_k bezeichnet wird;

$$f_k = f_0 + kf_s \quad \text{mit} \quad k = 0, \pm 1, \pm 2, \pm 3, \ldots \tag{1.74}$$

Das Ergebnis aus Gl. (1.73) und (1.74) zeigt, dass unendlich viele zeitkontinuierliche Signale der Frequenz f_k mit $k \in \mathcal{Z}$, die gleichen Abtastwerte ergeben, wenn sie mit der Abtastfrequenz f_s abgetastet werden. Mit anderen Worten, man kann aus den Abtastwerten nicht eindeutig das zeitkontinuierliche Signal der Frequenz f_k, das zu den Abtastwerten geführt hat, rekonstruieren. Nur wenn das Abtasttheorem erfüllt ist ($f < f_s/2$), ergibt die Rekonstruktion mit einem Interpolationsverfahren das zeitkontinuierliche Ursprungssignal.

Mit dem Skript `mehrdeutigkeit_1.m` und dem Modell `mehrdeutigkeit1.slx` kann die Mehrdeutigkeit anschaulich untersucht werden. In Abb. 1.37 ist das Modell dargestellt. Am Eingang werden zwei sinusförmige Signale mit Hilfe der Blöcke *Sine Wave*, *Sine Wave1* angelegt, deren Frequenzen über die Frequenz f_0, f_s und den Faktor k gemäß Gl. (1.74) gewählt werden. Im Skript sind die Werte `f0 = 200` Hz und `fs = 1000` Hz initialisiert. Ebenfalls gewählt sind `k1 = 0` für den ersten

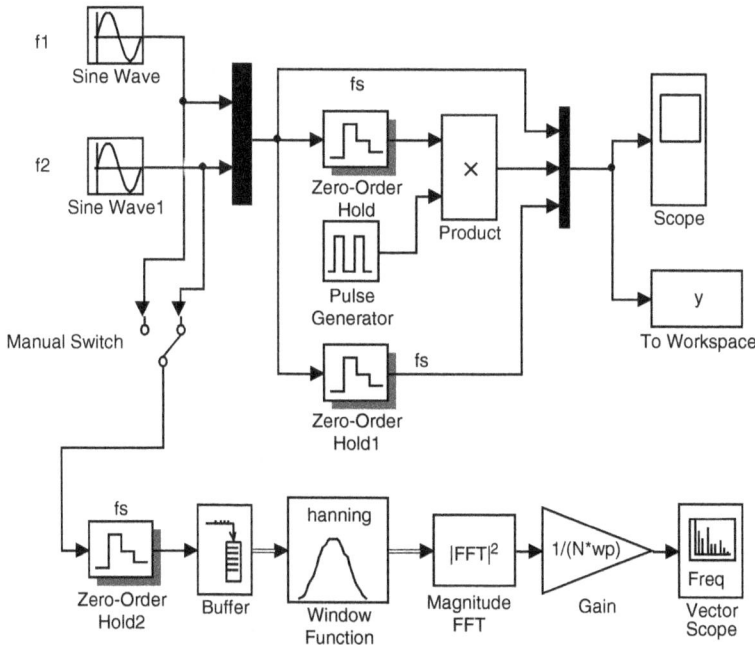

Abb. 1.37. Modell zur Untersuchung der Mehrdeutigkeit zeitdiskreter Signale (`mehrdeutigkeit_1.m`, `mehrdeutigkeit1.slx`)

Generator und `k2 = -2` für den zweiten Generator. Dadurch ist die erste Frequenz `f1 = 200` Hz und mit `fs = 1000` Hz ist das Abtasttheorem erfüllt (`f1 < fs/2`). Die zweite Frequenz ist `f2 = 200-2*1000 = -1800` Hz. Die Simulink-Blöcke *Sine Wave* akzeptieren nicht negative Frequenzen. Für ein sinusförmiges Signal ist der negative Wert des Arguments sehr einfach in einen positiven Wert umzuwandeln:

$$\sin(-2\pi ft + \varphi) = \sin(2\pi ft - \varphi + \pi) \tag{1.75}$$

Im Skript wird die Umwandlung in folgenden Programmzeilen realisiert:

```
% Erstes Signal
k1 = 0;                         f1 = f0+k1*fs;
phi1 = 0;
if f1 < 0
    f1 = -f0+k1*fs;             phi1 = pi;
end;
% Zweites Signal
k2 = -2;                        f2 = f0+k2*fs;
phi2 = 0;
if f2 < 0
    f2 = -f0+(-k2)*fs;          phi2 = pi;
end;
```

Um das Modell zu vereinfachen werden die zwei Signale mit einem *Mux*-Block zusammengefasst und weiter mit dem Block *Zero-Order Hold* abgetastet. Dieser behält die Werte des Signals zwischen den Abtastzeitpunkten konstant, was der Funktion als Halteglied nullter Ordnung entspricht. Damit man in den Darstellungen die Abtastung besser identifiziert, wird mit Hilfe eines *Pulse Generator*-Blocks, der die Ausgänge des Halteglieds nullter Ordnung multipliziert, die Abtastung mit schmalen Pulse gekennzeichnet. Mit dem zweiten Halteglied nullter Ordnung Block *Zero-Order Hold1* stehen aber die konstanten Werte zwischen den Abtastzeitpunkten weiter zur Verfügung.

Abb. 1.38 zeigt oben das erste kontinuierliche Signal, die Abtastpulse und die mit einem Halteglied nullter Ordnung interpolierten Werte. Man sieht, dass für dieses Signal das Abtasttheorem erfüllt ist und die aus den Abtastwerten interpolierten Werte entsprechen dem Signal. Darunter ist das kontinuierliche Signal der Frequenz 1800 Hz ebenfalls zusammen mit den Abtastpulsen und dem daraus interpolierten Signal dargestellt. Hier ist klar ersichtlich, dass man die gleichen Abtastwerten erhält und dass daraus sich das verschobene (*aliased*) Signal der Frequenz 200 Hz wie in der oberen Darstellung ergibt.

In einer zweiten Darstellung, die im Skript erzeugt aber hier nicht gezeigt wird, sind alle Signale überlagert dargestellt. Weil man gleiche Abtastwerte für die Signale erhält ist die DFT, die daraus ermittelt wird, die gleiche. Mit der Block-Kette ganz unten im Modell kann man das Leistungsspektrum der abgetasteten Signale auf dem *Vector-Skope* beobachten. Man erhält im Betrag der DFT ein Maximum bei 200 Hz,

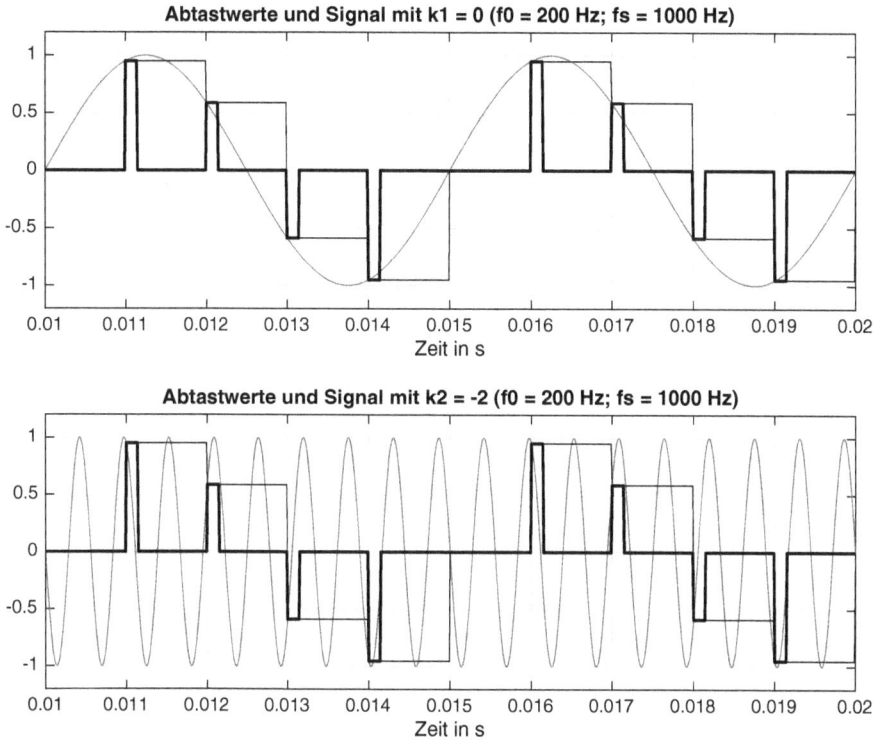

Abb. 1.38. a) Signal der Frequenz 200 Hz und dessen Abtastwerte b) Signal der Frequenz 1800 Hz und die entsprechenden Abtastwerten (`mehrdeutigkeit_1.m`, `mehrdeutigkeit1.slx`)

das für $N = 512$ der Stützstelle $m = 200N/fs = 102{,}4$ entspricht sowie ein Maximum bei $N - m = 410{,}6$ für die Frequenz von $f_s - 200 = 800$ Hz. Da die Stützstellen reelle Werte sind, wird man, wie bereits beschrieben, den Leckeffekt beobachten können.

Abb. 1.39a zeigt die Frequenzen der Signale, die die gleichen Abtastwerten ergeben. Die gestrichelten vertikalen Linien entsprechen den negativen Werten für k gemäß Gl. (1.74). Für diese Signale wurden im Modell positive Frequenzen initialisiert und zusätzlich Phasenverschiebungen von π hinzugefügt.

Jede cosinusförmige reelle Komponente kann über die Euler-Formel [28] in zwei Zeiger in der komplexen Ebene zerlegt werden, die entgegengesetzt rotieren:

$$x(t) = \hat{x}\cos(2\pi ft + \phi) = \frac{\hat{x}}{2}e^{j\varphi}e^{j2\pi ft} + \frac{\hat{x}}{2}e^{-j\varphi}e^{-j2\pi ft} \qquad (1.76)$$

Alle harmonischen Signale aus dem gezeigten Beispiel, in cosinusförmige Signale umgewandelt, können in dieser Form zerlegt werden und dadurch erhält man für alle zeitkontinuierliche Komponenten, die zu gleichen Abtastwerten führen, folgende

Form:

$$\cos(2\pi f_i t + \varphi_i) = \frac{1}{2} e^{j\varphi_i} e^{j2\pi f_i t} + \frac{1}{2} e^{-j\varphi_i} e^{-j2\pi f_i t}$$

$$= c_i e^{j2\pi f_i t} + c_{-i} e^{-j2\pi f_i t} \quad \text{mit} \quad c_{-i} = c_i^*$$

(1.77)

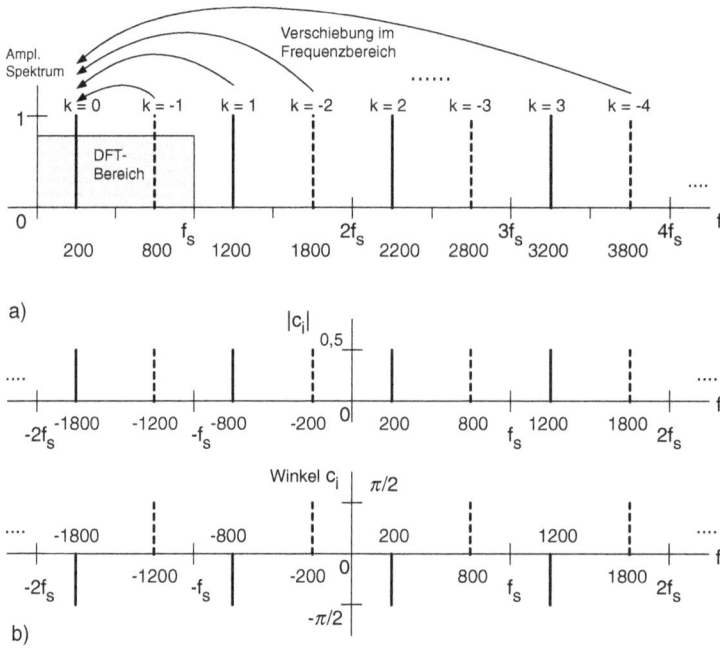

Abb. 1.39. Frequenzen der Signale, die gleiche Abtastwerte ergeben

Abb. 1.39b zeigt das Spektrum aller harmonischen Komponenten mit Nullphasen gleich null aus dem Beispiel, die gleiche Abtastwerte ergeben und die in der gezeigten komplexen Form dargestellt sind. Oben ist der Betrag der Koeffizienten c_i bzw. c_{-i} dargestellt und darunter sind die entsprechenden Nullphasen von $\pm\pi$ als Winkel dieser komplexen Koeffizienten dargestellt. Es sind die Winkel, die die sinusförmigen in cosinusförmigen Komponenten umwandeln. Diese Winkel ergeben sich bei den Komponenten mit negativen Frequenzen ($k = -1, -2, -3, \ldots$) durch π zur Umwandlung in Argumente mit positiven Frequenzen und danach noch durch $-\pi/2$ zur Umwandlung der Sinus- in Cosinuskomponenten, also Winkel von $\pi/2$. Die sinusförmigen Komponenten mit positiven Frequenzen ($k = 0, 1, 2, 3, \ldots$) werden in Cosinuskomponenten mit Winkeln von $\pi/2$ umgewandelt.

Die Blöcke *Sine Wave* bzw. *Sine Wave1* aus dem Simulink-Modell dieses Experiments (Abb. 1.37) liefern sinusförmige Signale, die man nur mit positiven Frequenzen initialisieren kann, und Nullphasen, die man einstellen kann.

Die Darstellung aus Abb. 1.39b entspricht der Darstellung der komplexen Fourier-Reihe die im Abschnitt 1.2 bzw. 1.2.1 präsentiert wurde.

Durch Ändern der Parameter im Skript kann man sehr viele weitere Experimente durchführen. So z.B. sind in Abb. 1.40 die Signale für $k_1 = 2$ (f1 = 2200 Hz) und $k_2 = -2$ (f2 = 1800 Hz) überlagert dargestellt.

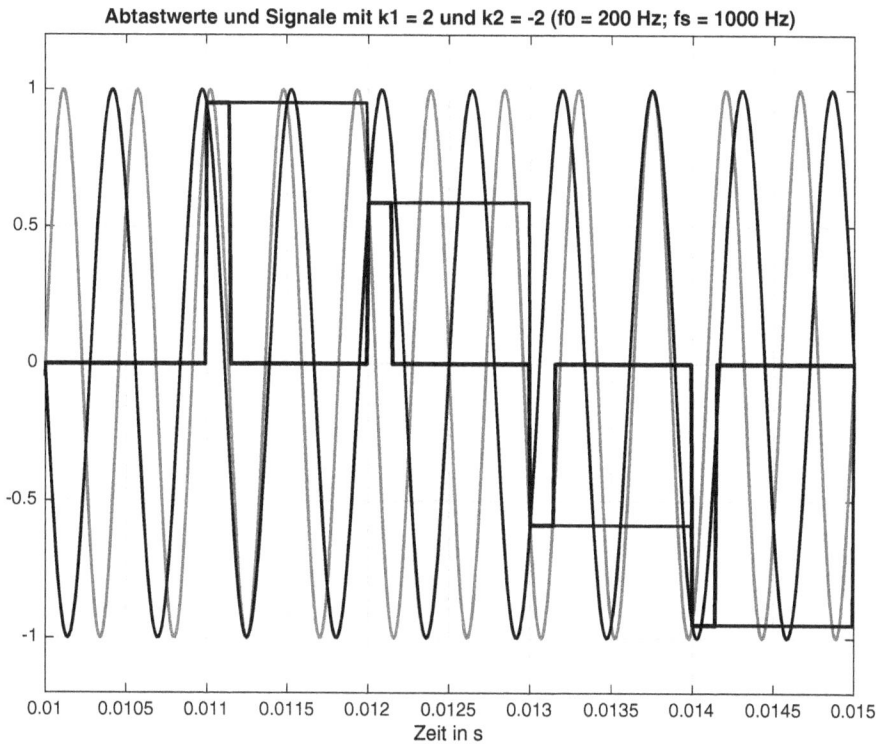

Abb. 1.40. Signale für k1 = 2 und k2 = −2 (mehrdeutigkeit_1.m, mehrdeutigkeit1.slx)

Man erkennt, dass die interpolierten Abtastwerte zu einem Signal der Frequenz 200 Hz im ersten Nyquist-Intervall von 0 bis $f_s/2$ führt. Es hat eine Verschiebung (*Aliasing*) der Frequenzen der ursprünglichen Signale stattgefunden. Aus der DFT der Abtastwerte kann man die Frequenzen der zeitkontinuierlichen Ursprungssignale nicht ermitteln.

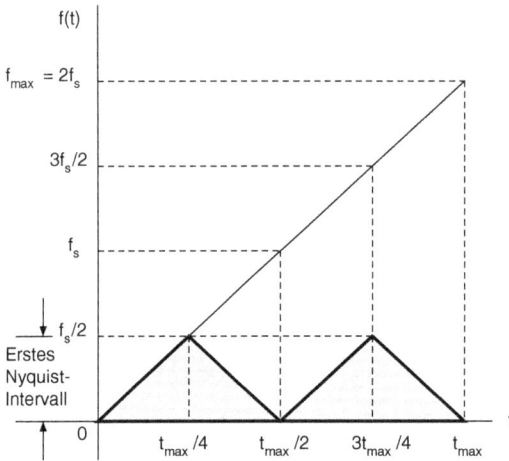

Abb. 1.41. Mehrfache Verschiebung (Aliasing) eines Chirp-Signals

1.2.9 Ton-Aliasing Experiment

Es wird ein Experiment programmiert, das die Verschiebung im Frequenzbereich (*Aliasing*) veranschaulicht. Mit Hilfe eines *Chirp*-Audiosignals, also eines harmonischen Signals mit veränderlichen Frequenz, wird die mehrfache Verschiebung in das erste Nyquist-Intervall der Frequenz $0 < f < f_s/2$ vorgestellt.

Abb. 1.41 zeigt was passiert, wenn das Abtasttheorem nicht erfüllt ist. Die Frequenz des *Chirp*-Signals $f(t)$ steigt linear von $f = 0$ bis $f_{max} = 2f_s$. Die Frequenz des aus den Abtastwerten interpolierten Signals, steigt am Anfang auch, bis die Frequenz $f_s/2$ erreicht wird. Danach folgt eine Verschiebung und anstatt ein Signal mit einer Frequenz zwischen $f_s/2 < f < f_s$ zu erhalten, wird aus den Abtastwerten ein Signal mit einer Frequenz zwischen $0 < f < f_s/2$ rekonstruiert. Dieser Vorgang wiederholt sich dann wieder, wie in Abb. 1.41 dargestellt.

Zunächst soll gezeigt werden, wie ein Chirp-Signal in MATLAB erzeugt werden kann. Angenommen im Zeitintervall $0 < t < t_{max}$ soll sich die Frequenz zwischen $0 < f < f_{max}$ ändern. Die Zeitfunktion für die Frequenz ist dann:

$$f(t) = \frac{f_{max}}{t_{max}}t \quad \text{und} \quad \omega(t) = 2\pi f(t) = 2\pi \frac{f_{max}}{t_{max}}t \qquad (1.78)$$

Das Argument $\varphi(t)$ der Cosinus-Funktion, die das *Chirp*-Signal darstellt, wird durch Integration der Kreisfrequenz $\omega(t)$ erhalten:

$$\varphi(t) = \int_0^t \omega(\tau)d\tau = 2\pi \frac{f_{max}t^2}{2t_{max}} \qquad (1.79)$$

Das *Chirp*-Signal wird dann durch

$$x(t) = \cos(\varphi(t)) = \cos\left(\pi \frac{f_{max}t^2}{t_{max}}\right) \tag{1.80}$$

gebildet.

In der Simulation mit dem Modell `ton_aliasing1.slx`, welches in dem MATLAB-Skript `ton_aliasing1.m` parametriert und von dort auch aufgerufen ist, wird zur Erzeugung des *Chirp*-Signals der in Simulink bereits vorhandene Block *Chirp-Signal* verwendet.

Das Modell ist in Abb. 1.42 dargestellt. Es werden zunächst Signale mit sehr tiefer Frequenz benutzt, um die Darstellungen anschaulicher zu gestalten. Danach werden mit dem Modell `ton_aliasing2.slx` und dem Skript `ton_aliasing_2.m` Audiofrequenzen verwendet, um das Ergebnis als wav-Datei hörbar machen zu können.

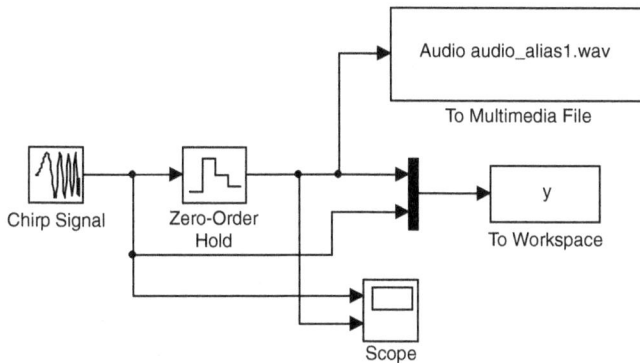

Abb. 1.42. Modell für die Untersuchung des Aliasing eines Chirp-Signals
(`ton_aliasing_1.m`, `ton_aliasing1.slx`)

Das Modell `ton_aliasing1.slx` ist sehr einfach. Das *Chirp*-Signal wird mit dem Block *Chirp-Signal* erzeugt. Mit dem Block *To Multimedia File* wird die wav-Datei `audio_alias1.wav` erzeugt und kann abgespielt werden. Bei der Simulation mit den sehr tiefen Frequenzen ist das nicht interessant.

Die Signale werden aus der Senke *To Workspace*, die für das Format *Time Series* initialisiert ist, mit folgenden Zeilen des Skripts extrahiert

```
% -------- Aufruf der Simulation
Tf = tmax;
sim('ton_aliasing1', [0,Tf]);
t = y.time;        % Simulationsschritte
xabt = y.data(:,1); % Abgetastetes Chirp-Signal
x = y.data(:,2);    % kontinuierliches Chirp-Signal
......
```

und danach dargestellt.

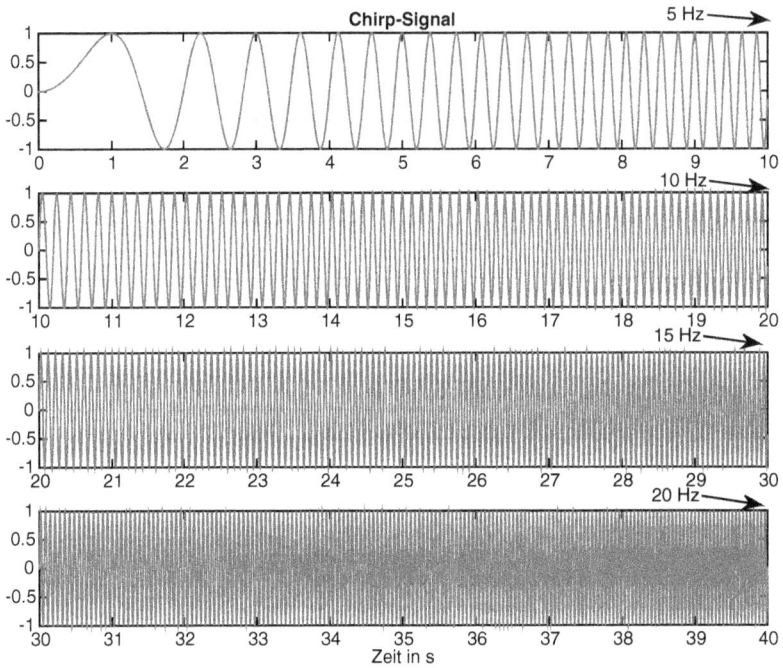

Abb. 1.43. Das Chirp-Signal mit $f_{max} = 2f_s = 20$ Hz

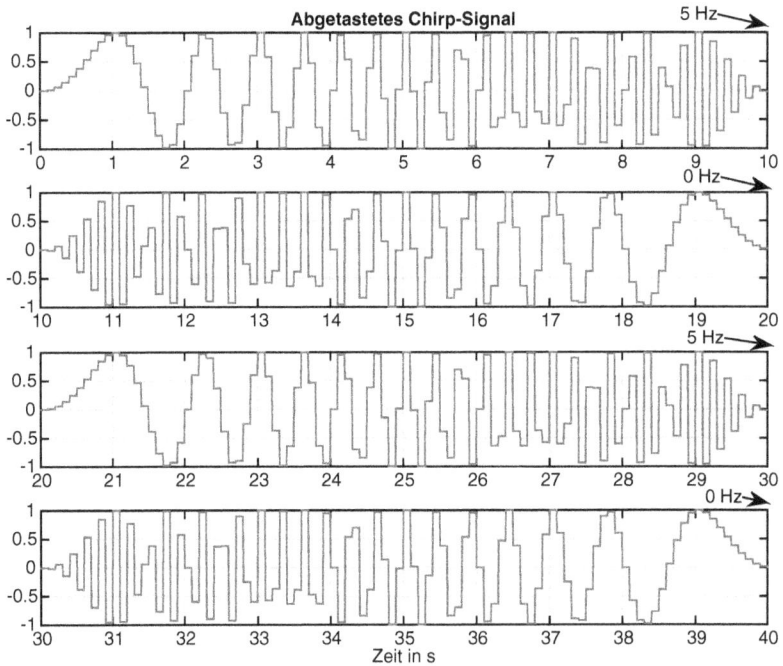

Abb. 1.44. Das abgetastete Chirp-Signal $f_s = 10$ Hz (`ton_aliasing_1.m`, `ton_aliasing1.slx`)

In Abb. 1.43 ist das zeitkontinuierliche *Chirp*-Signal dargestellt. Das abgetastetes *Chirp*-Signal ist in Abb. 1.44 gezeigt. Man sieht die Verschiebung des Signals in das erste Nyquist-Intervall zwischen 0 und $f_s/2 = 5$ Hz ($f_s = 10$ Hz).

Mit dem Modell `ton_aliasing2.slx` und dem Skript `ton_aliasing_2.m` wird ein *Chirp*-Signal mit Frequenz zwischen 0 und $2f_s$, wobei $f_s = 5000$ Hz ist, abgetastet und in die wav-datei `audio_aliasing_2.wav` gespeichert. Diese Datei kann dann abgespielt werden. Die verschobene Frequenz variiert von 0 bis $f_s/2 = 2500$ Hz bzw. von 2500 bis 0 Hz, und das zwei mal.

1.2.10 DFT-Untersuchung eines rechteckigen Signals

Um die mehrfache Verschiebung (*Aliasing*) der Harmonischen mit Frequenzen, die oberhalb der halben Abtastfrequenz liegen, zu veranschaulichen, wird die Fourier-Reihe über die DFT für ein rechteckiges Signal untersucht. Bekanntlich besitzt dieses Signal sehr viele Harmonische.

Zuerst sind in der Skizze aus Abb. 1.45 die mehrfachen Verschiebungsmöglichkeiten dargestellt [6]. Der Fall a) zeigt welche Komponenten des Betrags des Amplitudenspektrums eines zeitkontinuierlichen Signals, das sich über die Frequenz $f_s/2$ ausdehnt, in das erste Niquist-Intervall von 0 bis $f_s/2$ verschoben werden. Sie sind grau hervorgehoben.

Im zweiten Fall aus Abb. 1.45b erstreckt sich der Betrag des Amplitudenspektrums über die Frequenz f_s, was dazu führt, das zwei Teile des Spektrums in das erste Nyquist-Intervall verschoben werden. Einmal wird der Bereich zwischen $f_s/2$ und f_s

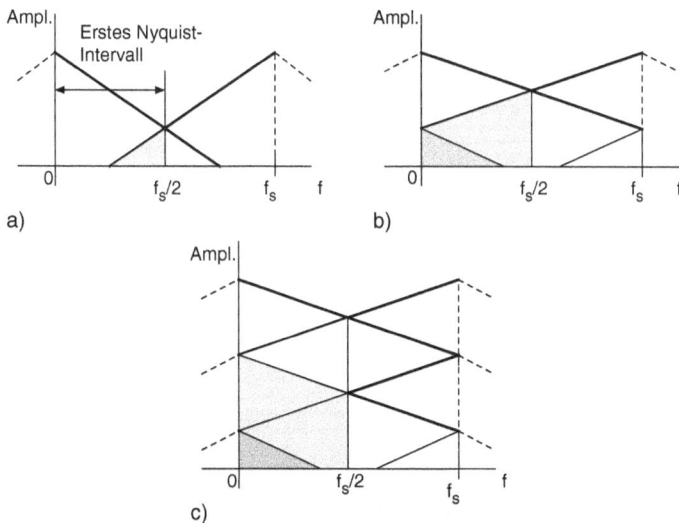

Abb. 1.45. Mögliche Mehrfach-Verschiebungen im Frequenzbereich wegen der Abtastung

über das ganze erste Nyquist-Intervall verschoben. Hinzu kommt noch der Bereich, der über der Frequenz f_s liegt. Abb. 1.45c zeigt schließlich, wie vier Teile des Betrags des Spektrums in das erste Nyquist-Intervall verschoben werden.

Die Phasenlagen der verschobenen Komponenten bleiben dieselben für Frequenzen, die im Intervall $pf_s < f < pf_s + f_s/2$ mit $p \in \mathcal{Z}$ liegen und ändern ihr Vorzeichen für Frequenzen, die im Intervall $pf_s + f_s/2 < f < (p+1)f_s$ liegen.

Als Beispiel wird mit der Abtastfrequenz $f_s = 1000$ Hz eine Schwingung der Frequenz $f = 3200$ Hz, die also zwischen $3f_s$ und $3f_s + f_s/2$ liegt, zur Frequenz 200 Hz mit derselben Phasenlage verschoben. Dagegen wird eine Schwingung der Frequenz $f = 3800$ Hz, die zwischen $3f_s + f_s/2$ und $4f_s$ liegt, zur gleichen Frequenz von 200 Hz mit geändertem Vorzeichen der Phasenlage verschoben.

Mit dem Modell `spektr_pulse1.slx` (Abb. 1.46) und dem Skript `spektr_pulse_1.m` wird dieses Experiment durchgeführt. An den Eingang des Modells werden Pulse mit Tastverhältnis 50 % und ohne Mittelwert angelegt. Danach folgt die Abtastung mit dem Block *Zero-Order Hold*. Weiter werden die Blöcke eingesetzt, die zur Ermittlung und Darstellung des Leistungsspektrums notwendig sind. Diese Kette wurde auch in den vorherigen Experimenten benutzt und wird nicht mehr kommentiert.

Für eine Frequenz der Pulssignals von $f_0 = 1010$ Hz bei einer Abtastfrequenz von $f_s = 50000$ Hz und $N = 2048$ Abtastwerte im Untersuchungsintervall erhält man das Leistungsspektrum aus Abb. 1.47.

Das vorgestellt Experiment dient einem praktischen Zweck. In den digitalen Oszilloskopen ist oft auch die FFT-Funktion implementiert, wie z.B. in dem sehr verbreiteten Oszilloskop Tektronix TDS 220. Dieses besitzt eine Bandbreite von 100 MHz mit einer einstellbaren Abtastfrequenz, die bis zu 1 GHz sein kann.

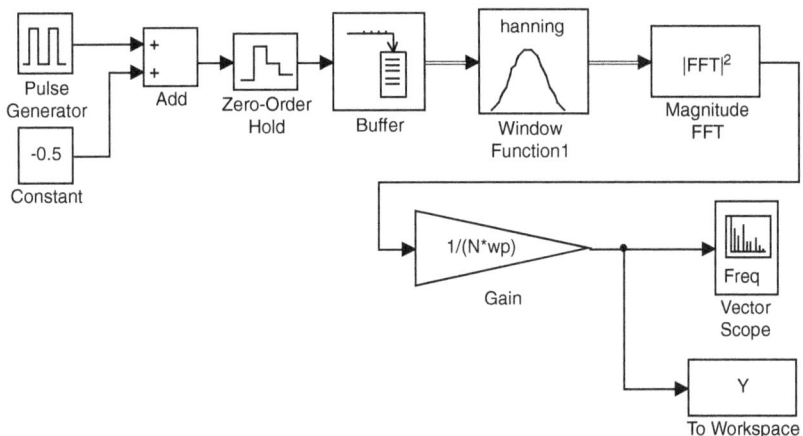

Abb. 1.46. Modell für die Untersuchung der Mehrfachverschiebung im Frequenzbereich wegen der Abtastung (`spektr_pulse_1.m`, `spektr_pulse1.slx`)

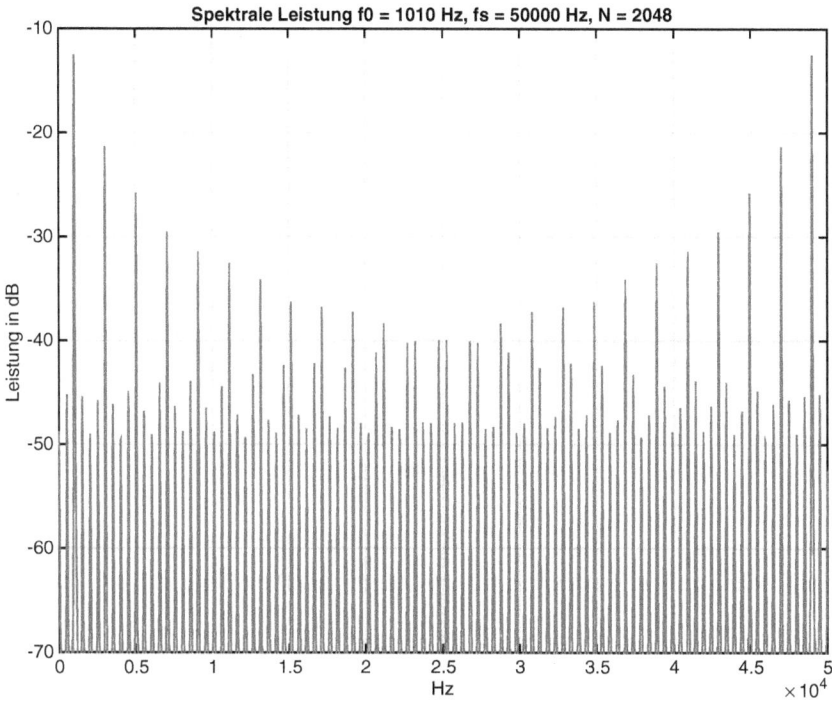

Abb. 1.47. Spektrale Leistung des Pulssignals mit Mehrfache-Verschiebung im Frequenzbereich wegen der Abtastung (`spektr_pulse_1.m`, `spektr_pulse1.slx`)

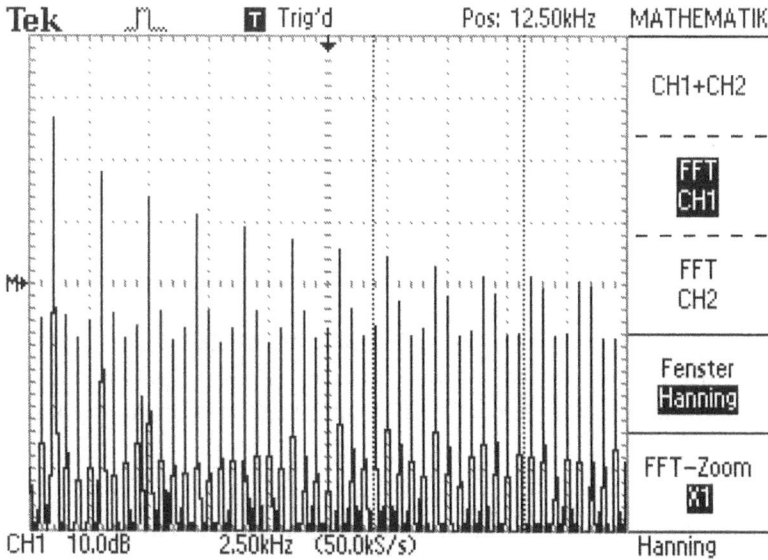

Abb. 1.48. Spektrale Leistung des Pulssignals eines Oszilloskops Tektronix TDS 220

Zur Berechnung und Darstellung des FFT-Spektrums des untersuchten Signals, wird ein Puffer mit 2048 Werten benutzt. Das interne rechteckige Signal der Frequenz $f = f_0 \cong 1$ kHz, das zur Eichung des Frequenzgangs des Tastkopfes dient, kann als Quelle für die Demonstration der FFT-Funktion herangezogen werden.

Als Beispiel zeigt Abb. 1.48 eine Oszilloskop-Darstellung, die man für eine Abtastfrequenz f_s = 50 kS/s (Kilo-Sample/s oder 50 kHz) mit Hanning-Fenster erhält. Die Auflösung des Oszilloskops ist 2,5 kHz/Div, wobei „Div" das Intervall der Rasterungen des Oszilloskops ist. Der Bildschirm ist in 10 Intervalle eingeteilt bis 25 kHz, entsprechend der Hälfte der FFT. Die höchsten Linien sind die korrekten Harmonischen aus diesem Intervall und die restliche Linien sind die verschobenen Harmonischen aus den höheren Nyquist-Intervallen.

1.3 Die DFT und die Fourier-Transformation kontinuierlicher Signale

Für aperiodische Funktionen oder Signale mit begrenzter Dauer, d.h.

$$x(t) = 0 \quad \text{für} \quad |t| > T_1 \tag{1.81}$$

erhält man die Darstellung im Frequenzbereich mit Hilfe der Fourier-Transformation. Die Fourier-Transformation $X(j\omega)$ des aperiodischen, zeitbegrenzten Signals $x(t)$ ist durch folgendes Integral definiert [43, 45]:

$$X(j\omega) = \int\limits_{t=-\infty}^{\infty} x(t)e^{-j\omega t}\,dt \tag{1.82}$$

Das Ergebnis ist eine kontinuierliche komplexwertige Funktion von ω, die die Hintransformation darstellt. Sie ist umkehrbar, so dass man aus $X(j\omega)$ die Zeitfunktion $x(t)$ erhält:

$$x(t) = \frac{1}{2\pi} \int\limits_{\omega=-\infty}^{\infty} X(j\omega)e^{j\omega t}\,d\omega \tag{1.83}$$

Dieses Integral definiert die inverse Fourier-Transformation oder die Rücktransformation. Wenn anstatt der Kreisfrequenz $\omega = 2\pi f$ die Frequenz f als Variable des Spektrums benutzt wird, dann werden die Hin- und Rücktransformationsformeln symmetrisch:

$$X(j2\pi f) = \int\limits_{t=-\infty}^{\infty} x(t)e^{-j2\pi t}\,dt, \qquad x(t) = \int\limits_{f=-\infty}^{\infty} X(j2\pi f)e^{j2\pi ft}\,df \tag{1.84}$$

Symbolisch werden folgende Bezeichnungen benutzt:

$$X(j\omega) = \mathcal{F}\{x(t)\} \quad \text{und} \quad x(t) = \mathcal{F}^{-1}\{X(j\omega)\} \tag{1.85}$$

1.3.1 Das Fourier-Spektrum

Die komplexwertige Fourier-Transformierte kann auch durch

$$X(j\omega) = |X(j\omega)|e^{j\varphi(\omega)} \tag{1.86}$$

dargestellt werden. So wie bei der Fourier-Reihe, für die das Amplituden- und Phasenspektrum im Frequenzbereich definiert wurde, wird auch für die aperiodischen, zeitbegrenzten Signale ein Spektrum (Fourier-Spektrum) definiert. Der Betrag $|X(j\omega)|$ bildet das Betragsspektrum und $\varphi(\omega)$ stellt das Phasenspektrum dar.

Für reelle Signale gilt:

$$\begin{aligned} X(-j\omega) &= X(j\omega)^* \\ |X(-j\omega)| &= |X(j\omega)| \quad \text{und} \quad \varphi(-\omega) = -\varphi(\omega) \end{aligned} \tag{1.87}$$

In der Literatur gibt es Tabellen die die Eigenschaften der Fourier-Transformation zusammenfassend enthalten und ebenfalls Tabellen mit einigen Fourier-Transformationspaare [20, 24].

Die Fourier-Transformation ist als ein Integral über die Zeit definiert. Man kann dann sagen, dass das Betragsspektrum eine Amplitudendichte darstellt. Wenn das Signal in Volt angenommen wird, dann erhält der Betrag wegen des Integrals die Einheit Volt·s oder Volt/Hz.

Die hinreichenden Bedingungen für die Konvergenz der Fourier-Transformation sind wie bei der Fourier-Reihe durch die Dirichlet-Bedingungen gegeben:

- $x(t)$ muss absolut integrierbar sein:

$$\int_{-\infty}^{\infty} |x(t)|dt < \infty \tag{1.88}$$

- $x(t)$ besitzt eine begrenzte Anzahl von Maxima und Minima in jedem endlichen Intervall Δt
- $x(t)$ hat eine begrenzte Anzahl von Diskontinuitäten in jedem endlichen Intervall Δt

Diese Bedingungen garantieren die Existenz der Fourier-Transformation.

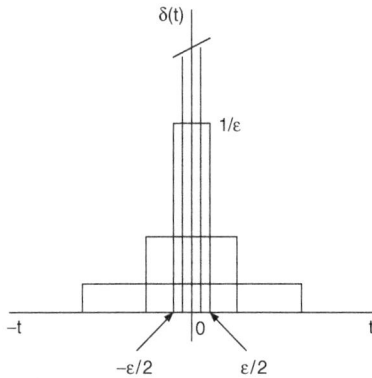

Abb. 1.49. Bildung der Delta-Funktion

Wenn auch die spezielle Delta-Funktion zugelassen wird, dann haben auch Signale, die diese Bedingungen nicht erfüllen, eine Fourier-Transformation. Die Delta-Funktion spielt eine große Rolle in der Untersuchung linearer Systeme [24]. Sie wird oft über den Grenzwert einer konventionellen Funktion der Fläche gleich eins eingeführt, wie in Abb. 1.49 dargestellt:

$$\delta(t) = \begin{cases} 0 & t \neq 0 \\ \infty & t = 0 \end{cases} \tag{1.89}$$

Aus dem Puls der Breite ϵ und Höhe $1/\epsilon$ erhält man mit $\epsilon \to 0$ einen Puls der Fläche eins, infinitesimal breit und unendlich hoch, der eine „ingenieurmäßige" Vorstellung der Delta-Funktion bietet. Das Integral

$$\int_{-\epsilon}^{\epsilon} \delta(t)dt = 1 \tag{1.90}$$

kann für $\epsilon \to 0$ nicht mehr als ein gewöhnliches Integral (im Sinne von Riemann) verstanden werden. Das bedeutet, dass $\delta(t)$ nicht als eine gewöhnliche mathematische Funktion aufgefasst werden kann, sondern im Rahmen der Delta-Distributionstheorie zu behandeln ist [48]. Korrekter wird sie durch

$$\int_{-\infty}^{\infty} \phi(t)\delta(t)dt = \phi(0) \tag{1.91}$$

definiert, wobei $\phi(t)$ eine gewöhnliche, bei $t = 0$ stetige Funktion ist.

Tabelle 1.1. Eigenschaften der Fourier-Transformation

Pos.	Eigenschaft	Signal	Fourier-Transformation
1		$x(t)$	$X(j\omega)$
2		$x_1(t)$	$X_1(j\omega)$
3		$x_2(t)$	$X_2(j\omega)$
4	Linearität	$a_1 x_1(t) + a_2 x_2(t)$	$a_1 X_1(j\omega) + a_2 X_2(j\omega)$
5	Zeitverschiebung	$x(t - t_0)$	$e^{-j\omega t_0} X(j\omega)$
6	Frequenzverschiebung	$e^{j\omega_0 t} x(t)$	$X(j(\omega - \omega_0))$
7	Zeitskalierung	$x(at)$	$\dfrac{1}{|a|} X\left(\dfrac{j\omega}{a}\right)$
8	Zeitumkehrung	$x(-t)$	$X(-j\omega)$
9	Dualität	$X(t)$	$2\pi x(-\omega)$
10	Zeitableitung	$\dfrac{dx(t)}{dt}$	$j\omega X(j\omega)$
11	Frequenzableitung	$(-jt)x(t)$	$\dfrac{dX(j\omega)}{d\omega}$
12	Integration	$\displaystyle\int_{-\infty}^{t} x(\tau)d\tau$	$\pi X(0)\delta(\omega) + \dfrac{1}{j\omega}X(j\omega)$
13	Faltung	$x_1(t) * x_2(t)$	$X_1(j\omega)X_2(j\omega)$
14	Multiplikation	$x_1(t)x_2(t)$	$\dfrac{1}{2\pi}X_1(j\omega) * X_2(j\omega)$

Das ist die sogenannte Ausblendeigenschaft der Delta-Funktion, die dazu führt, dass $\delta(t - t_0)$ durch

$$\int_{-\infty}^{\infty} \phi(t)\delta(t - t_0)dt = \phi(t_0) \tag{1.92}$$

definiert ist.

Diese Form der Definition verleiht der Delta-Funktion die Eigenschaft einer Dichte und kann in der Fourier-Transformation entsprechend eingesetzt werden. So z.B. erfüllt der Einheitssprung $u(t) = 1, t \geq 0$ die genannten Dirichlet-Bedingungen nicht, aber mit der Delta-Funktion kann man auch hier eine Fourier-Transformation angeben:

$$x(t) = u(t), \qquad \mathcal{F}\{u(t)\} = \pi\delta + \frac{1}{j\omega} \tag{1.93}$$

In vielen Bereichen, wie z.B. der Nachrichtentechnik, Regelungstechnik usw., ist die Fourier-Transformation einer sinus- oder cosinusförmigen Funktion sehr wichtig:

$$x(t) = \hat{x}\cos(\omega_0 t + \varphi)$$

$$\mathcal{F}\{x(t)\} = \hat{x}\pi[e^{j\varphi}\delta(\omega - \omega_0) + e^{-j\varphi}\delta(\omega + \omega_0)]$$

$$x(t) = \hat{x}\sin(\omega_0 t + \varphi)$$
(1.94)

$$\mathcal{F}\{x(t)\} = -j\hat{x}\pi[e^{j\varphi}\delta(\omega - \omega_0) - e^{-j\varphi}\delta(\omega + \omega_0)]$$

Für die Frequenz f_0 in Hz erhält man:

$$x(t) = \hat{x}\cos(2\pi f_0 t + \varphi)$$

$$\mathcal{F}\{x(t)\} = \hat{x}\frac{1}{2}[e^{j\varphi}\delta(f - f_0) + e^{-j\varphi}\delta(f + f_0)]$$

$$x(t) = \hat{x}\sin(2\pi f_0 t + \varphi)$$
(1.95)

$$\mathcal{F}\{x(t)\} = -j\hat{x}\frac{1}{2}[e^{j\varphi}\delta(f - f_0) - e^{-j\varphi}\delta(f + f_0)]$$

Diese Ergebnisse sind so zu interpretieren, dass die gesamte Leistung dieser Signale bei der Frequenz ω_0 und $-\omega_0$ (bzw. f_0 und $-f_0$) konzentriert ist. Weil $-j = e^{-j\pi/2}$ ist, kann dieser Faktor in die Exponentialfunktionen eingebracht werden.

Die Amplitude eines cosinus- oder sinusförmigen Signals kann durch eine Integration des Betragsspektrums der Fourier-Transformation ermittelt werden. Bei der Annäherung der Fourier-Transformation eines cosinus- oder sinusförmigen Signals mit Hilfe der DFT wird ein Ausschnitt verwendet, der eventuell noch mit einer Fensterfunktion gewichtet wird. Wenn man den Ausschnitt so wählt, dass kein Leckeffekt entsteht, kann man die Amplitude aus dem Maximalwert des Betrags der DFT mal zwei (für die zwei Delta-Funktionen) und mal der Auflösung der DFT fs/N berechnen. Mit einer DFT, die Leckeffekt aufweist, muss man über alle Werte der DFT summieren und dann mit der Auflösung multiplizieren. Direkt aus der Definition der Fourier-Transformation und der Ausblendeigenschaft der Delta-Funktion erhält man:

$$x(t) = \delta(t), \qquad \mathcal{F}\{\delta(t)\} = \int_{-\infty}^{\infty} \delta(t)e^{-j\omega t}dt = e^{-j\omega t}\big|_{t=0} = 1$$
(1.96)

Es gilt allgemein [24]:

$$\delta(\omega) = \frac{1}{2\pi}\int_{-\infty}^{\infty} e^{-j\omega t}dt \qquad\qquad \delta(f) = \int_{-\infty}^{\infty} e^{-j2\pi ft}dt$$
(1.97)

Da diese Form eine Symmetrie bezüglich der Variablen ω und t aufweist, kann sie auch als

$$\delta(t) = \frac{1}{2\pi} \int_{-\infty}^{\infty} e^{-j\omega t}\, d\omega \qquad \delta(t) = \int_{-\infty}^{\infty} e^{-j2\pi ft}\, df \qquad (1.98)$$

geschrieben werden.

Tabelle 1.2. Einige Fourier-Transformationspaare

Pos.	$x(t)$	$X(j\omega)$
1	$\delta(t)$	1
2	$\delta(t - t_0)$	$e^{-j\omega t_0}$
3	1	$2\pi\delta(\omega)$
4	$e^{j\omega_0 t}$	$2\pi\delta(\omega - \omega_0)$
5	$\cos(\omega_0 t)$	$\pi[\delta(\omega - \omega_0) + \delta(\omega + \omega_0)]$
6	$\sin(\omega_0 t)$	$-j\pi[\delta(\omega - \omega_0) - \delta(\omega + \omega_0)]$
7	$u(t)$	$\pi\delta(\omega) + \dfrac{1}{j\omega}$
8	$u(-t)$	$\pi\delta(\omega) - \dfrac{1}{j\omega}$
9	$e^{-at}u(t), \quad a > 0$	$\dfrac{1}{j\omega + a}$
10	$te^{-at}u(t), \quad a > 0$	$\dfrac{1}{(j\omega + a)^2}$
11	$te^{-a|t|}, \quad a > 0$	$\dfrac{2a}{(\omega^2 + a^2)}$
12	$\dfrac{1}{a^2 + t^2}$	$e^{-a|\omega|}$
13	$e^{-at^2}, \quad a > 0$	$\sqrt{\dfrac{\pi}{a}}\, e^{-\omega^2/4a}$
14	$p_a(t) = \begin{cases} 1 & |t| < a \\ 0 & |t| > 0 \end{cases}$	$2a\,\dfrac{\sin(\omega a)}{\omega a}$
16	$\dfrac{\sin(at)}{\pi t}$	$p_a(\omega) = \begin{cases} 1 & |\omega| < a \\ 0 & |\omega| > 0 \end{cases}$
17	$\mathrm{sign}(t)$	$\dfrac{2}{j\omega}$
18	$\displaystyle\sum_{n=-\infty}^{\infty} \delta(t - nT)$	$\omega_0 \displaystyle\sum_{n=-\infty}^{\infty} \delta(\omega - n\omega_0), \quad \omega_0 = \dfrac{2\pi}{T}$

Zwei wichtige Gleichungen, die oft verwendet werden, sind die Parseval-Gleichungen [24]:

$$\int_{-\infty}^{\infty} x_1(t)x_2(t)dt = \frac{1}{2\pi} \int_{-\infty}^{\infty} X_1(j\omega)X_2(j\omega)d\omega$$

$$\int_{-\infty}^{\infty} |x(t)|^2 dt = \frac{1}{2\pi} \int_{-\infty}^{\infty} |X(j\omega)|^2 d\omega \tag{1.99}$$

$$\mathcal{F}\{x(t)\} = X(j\omega), \quad \mathcal{F}\{x_1(t)\} = X_1(j\omega), \quad \mathcal{F}\{x_2(t)\} = X_2(j\omega)$$

Die zweite Gleichung ist auch als Parseval-Theorem oder Energie-Theorem bekannt. Sie besagt, dass die Energie eines Signals sowohl über die Integration des quadrierten Signals im Zeitbereich, als auch über die Integration des quadrierten Betragsspektrums im Frequenzbereich berechnet werden kann.

Einige Eigenschaften der Fourier-Transformation sind in Tabelle 1.1 angegeben und einige Fourier-Transformationspaare sind in Tabelle 1.2 dargestellt.

1.3.2 DFT-Annäherung der Fourier-Transformation zeitkontinuierlicher Signale

Für die Ermittlung der Fourier-Transformation aperiodischer Signale, für die man keine analytisch Form kennt, bietet sich dasselbe numerische Werkzeug wie für die Fourier-Reihe und zwar die DFT (oder FFT) an. Das Definitionsintegral gemäß Gl. (1.82)

$$X(j\omega) = \int_{t=-\infty}^{\infty} x(t)e^{-j\omega t} dt \tag{1.100}$$

wird für ein kausales Signal mit begrenzter Dauer zwischen 0 und $T_1 < \infty$ durch folgende Summe angenähert:

$$X(j\omega) \cong \hat{X}(j\omega) = \sum_{n=0}^{N-1} x[nT_s]e^{-j\omega nT_s} T_s = T_s \sum_{n=0}^{N-1} x[nT_s]e^{-j\omega nT_s} \tag{1.101}$$

Es wurde angenommen, dass das aperiodische Signal nur für $t \geq 0$ definiert ist und der Zeitbereich mit signifikanten Werten wird in N Intervalle der Größe T_s unterteilt. Mit anderen Worten, es wird vorausgesetzt, dass $x(t) \to 0$ für $t \to \infty$ und nur ein begrenzter Zeitbereich, der mit der Abtastfrequenz $f_s = 1/T_s$ zeitdiskretisiert wird, untersucht werden muss.

Die Annäherung der Fourier-Transformation $\hat{X}(j\omega)$ als kontinuierliche komplexe Funktion von ω ist jetzt im Gegensatz zu $X(j\omega)$ periodisch mit der Periode $\omega_s = 2\pi f_s = 2\pi/T_s$, was wiederum bedeutet, dass man nur eine Periode untersuchen muss. Für reelle Signals $x(t)$ bzw. $x[nT_s]$ ist eine Hälfte dieser Periode die konjugiert Komplexe der zweiten Hälfte.

Für die numerische Auswertung muss auch ω diskretisiert werden. Um zur DFT (oder FFT) zu gelangen, wird der Frequenzbereich einer Periode von 0 bis $2\pi/T_s = 2\pi f_s$ ebenfalls in N Intervalle unterteilt. Der laufende Wert ω_k ist dann:

$$\omega_k = \Delta\omega \cdot k = \frac{2\pi}{T_s} \cdot \frac{k}{N} = 2\pi k \frac{f_s}{N} \tag{1.102}$$

Die numerische Annäherung wird dann zu:

$$\hat{X}(\Delta\omega k) = T_s \sum_{n=0}^{N-1} x[nT_s] e^{-j2\pi nk/N} = T_s X_k \tag{1.103}$$

Dabei ist X_k die DFT der zeitdiskreten Sequenz $x[nT_s]$, $n = 0, 1, 2, \ldots, N-1$. Wenn N eine ganzzahlige Potenz von 2 ist, existiert mit der *Fast Fourier Transform* (FFT) ein schnelles Rechnungsverfahren für die DFT.

Wenn das Zeitsignal bandbegrenzt ist, so dass sich $X(j\omega)$ bis $\omega_{max} = 2\pi f_{max}$ ausdehnt, dann muss laut Abtasttheorem $f_s > 2f_{max}$ sein bzw. für die Abtastperiode T_s:

$$T_s \leq \frac{1}{2f_{max}} \tag{1.104}$$

Der signifikante Bereich des aperiodischen Signals z.B. T_{sig} wird dann für die Berechnung der Anzahl der Abtastwerte N benutzt:

$$N = T_{sig}/T_s \tag{1.105}$$

In praktischen Anwendungen muss man die höchste Frequenz im Signal schätzen und dann diesen Parameter bestimmen. Wenn sich die DFT-Annäherung nicht ändert bei einem Versuch mit einen kleineren Wert für T_s, dann kann man annehmen, dass man alle Frequenzen des Signals mit der DFT erfasst hat.

Wie bei der Fourier-Reihe gilt auch hier, dass sich die Anteile mit Frequenzen oberhalb der Abtastfrequenz im ersten Nyquist-Intervall verschieben und zu Fehlern in der Annäherung mit Hilfe der DFT oder FFT führen. Die ausführliche Diskussionen bezüglich der Annäherung der Fourier-Reihe über die DFT bleiben auch hier gültig. Das Untersuchungsintervall ist jetzt das Intervall mit signifikanten Werten des aperiodischen Signals.

1.3.3 Parseval-Theorem

Es wird angenommen, dass $x(t) \longleftrightarrow X(j\omega)$ und $v(t) \longleftrightarrow V(j\omega)$ sind. Dann gilt:

$$\int_{-\infty}^{\infty} x(t)v(t)dt = \frac{1}{2\pi} \int_{-\infty}^{\infty} X(j\omega)^* V(j\omega)d\omega \tag{1.106}$$

Mit $X(j\omega)^*$ ist die konjugiert Komplexe der Fourier-Transformation $X(j\omega)$ bezeichnet. Diese Gleichung stellt das Parseval-Theorem dar und ist in der Literatur bewiesen [24]. Wenn $v(t) = x(t)$, erhält man folgende Form des Parseval-Theorems:

$$\int_{-\infty}^{\infty} x(t)^2 \, dt = \frac{1}{2\pi} \int_{-\infty}^{\infty} X(j\omega)^* X(j\omega) \, d\omega = \frac{1}{2\pi} \int_{-\infty}^{\infty} |X(j\omega)|^2 \, d\omega \qquad (1.107)$$

Wenn die Fourier-Transformationen mit der Frequenz in Hz dargestellt sind muss man nur die Teilung durch 2π weglassen. Die linke Seite in Gl. (1.107) kann als Energie des Signals $x(t)$ für Energiesignale betrachtet werden. Energiesignale sind Signale für die

$$\int_{-\infty}^{\infty} |x(t)|^2 \, dt < \infty \qquad (1.108)$$

gilt.

Für die Annäherungen der Fourier Transformation über die DFT für das zeitdiskretisierte Signal $x[nT_s]$ erhält man dann:

$$|X(f)| \cong |X(f)|_{f=kf_s/N} = T_s |X|_k = T_s |DFT|_k$$
$$k = 0, 1, 2, \ldots, N-1 \qquad (1.109)$$

Die Gl. (1.107), in der die Integrale durch Summen angenähert werden, wird:

$$\sum_{n=0}^{N-1} x[nT_s]^2 T_s = T_s^2 \sum_{k=0}^{N-1} |DFT|_k^2 \frac{f_s}{N} \qquad (1.110)$$

Mit $f_s T_s = 1$, wobei $f_s = 1/T_s$ die Abtastfrequenz bzw. Abtastperiode sind, erhält man schließlich:

$$\sum_{n=0}^{N-1} x[nT_s]^2 = \sum_{k=0}^{N-1} \frac{|DFT|_k^2}{N} \quad \text{oder}$$
$$\frac{1}{N} \sum_{n=0}^{N-1} x[nT_s]^2 = \sum_{k=0}^{N-1} \frac{|DFT|_k^2}{N^2} \qquad (1.111)$$

Hier ist N die Anzahl der Abtastwerte, die bei der Zeitdiskretisierung des Signals $x(t)$ resultieren. Die zweite Gleichung (1.111) kann auch wie folgt geschrieben werden:

$$\frac{1}{NT_s} \sum_{n=0}^{N-1} x[nT_s]^2 = \frac{f_s}{N} \sum_{k=0}^{N-1} \frac{|DFT|_k^2}{N} = \frac{f_s}{N} \sum_{k=0}^{N-1} S_k \qquad (1.112)$$

Daraus folgt, dass die mittlere Leistung des Signals, dargestellt durch die linke Seite aus obiger Gleichung, gleich der Auflösung der DFT f_s/N mal einer Summe, die jetzt die Summe von spektralen Leistungsdichten S_k der Form

$$S_k = \frac{|DFT|_k^2}{N} = \frac{1}{N}DFT_k^*DFT_k = \frac{1}{N}X_k^*X_k \quad k = 0, 1, 2, \ldots, N-1 \tag{1.113}$$

ist. Sie zeigt die Verteilung der Leistung im Frequenzbereich als Dichte.

Mit folgenden MATLAB-Zeilen kann man die Sachverhalte leicht überprüfen:

```
>> x = randn(1,128);            % Eine Zufallssequenz
>> X = fft(x);                  % Die DFT der Sequenz
>> Pz = sum(x.^2)               % Energie des Signals
Pz =    135.6938                % über die Werte des Signals
>> Pf = sum(X.*conj(X))/128     % Energie aus dem Frequenzbereich
Pf =    135.6938
```

Es wurde die erste Gleichung (1.111), aus der auch die anderen Formen abgeleitet wurden, verwendet. Die Form (1.112) ist für Zufallssignale wichtig, weil für diese im Frequenzbereich die spektrale Leistungsdichte als Fourier-Transformation der Autokorrelationsfunktion definiert ist.

1.3.4 Einige Beispiele für die Ermittlung der Fourier-Transformation mit Hilfe der DFT

Es werden für einige einfache aperiodische Signale die Fourier-Transformation mit Hilfe der DFT ermittelt und mit der bekannten analytischen Transformation verglichen.

Als erstes wird die Annäherung für einen Puls der Dauer τ und Höhe h untersucht. Es wird angenommen, dass der Puls bei $t = 0$ beginnt. Die Fourier-Transformation ist sehr einfach zu berechnen:

$$X(j\omega) = \int_0^\tau he^{-j\omega t}dt \quad \rightarrow \quad X(j2\pi f) = \tau he^{-j\pi f\tau}\frac{\sin(\pi f\tau)}{\pi f\tau} \tag{1.114}$$

Mit dem Skript `fourier_transf_puls_1.m`, welches das einfache Simulink-Modell `fourier_transf_puls1.slx` initialisiert und aufruft und in Abb. 1.50 dargestellt ist, wird diese Untersuchung durchgeführt. Der *Pulse Generator* wird mit einer Periode initialisiert, die dem Untersuchungsintervall entspricht. Der Puffer des *Buffer*-Blocks hat eine Größe gleich N, die Anzahl der Abtastwerte im Untersuchungsintervall. Man muss wenigstens zwei Perioden als Dauer der Simulation benutzen, weil anfänglich der Puffer leer ist und nur in der zweiten Periode sinnvolle Werte vorhanden sind.

In Abb. 1.51 ist eine Skizze der zu erwartenden DFT des Pulssignals der Dauer τ dargestellt. Die erste Nullstelle der Hülle der Annäherung ist bei der Frequenz $1/\tau$. Wenn man z.B. 10 Werte der DFT in dem Intervall 0 bis $1/\tau$ haben möchte, dann sollte

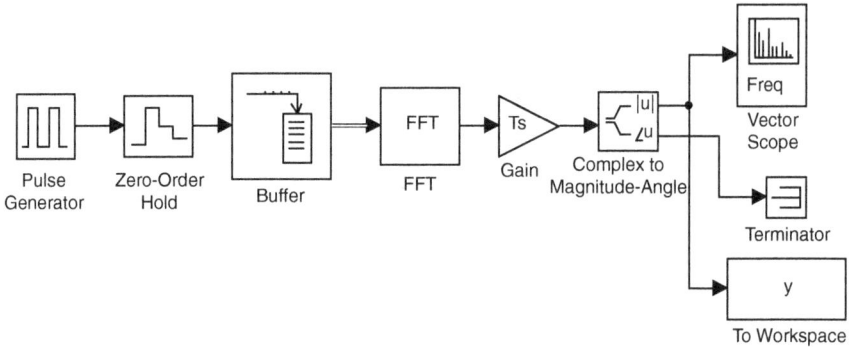

Abb. 1.50. Modell für die Untersuchung der Fourier-Transformation eines Pulses
(`fourier_transf_puls_1.m`, `fourier_transf_puls1.slx`)

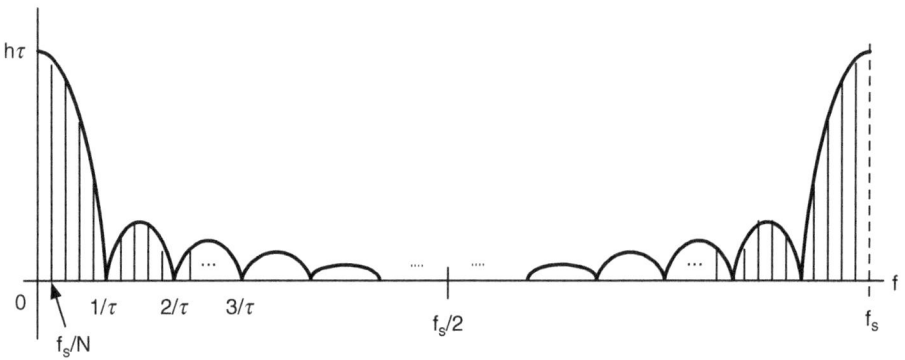

Abb. 1.51. Skizze der DFT des Pulses der Dauer τ

die Frequenz der ersten Linie f_s/N durch

$$\frac{f_s}{N} = \frac{1}{\tau} \cdot \frac{1}{10} \qquad (1.115)$$

gegeben sein. Wegen der Periodizität der DFT, die dazu führt, dass Anteile aus der zweiten Hälfte die Werte der ersten Hälfte verfälschen, hauptsächlich im Bereich um $f_s/2$, kann man eine zweite Bedingung für die Parameter dieses Experiments aufstellen. Bis zur Frequenz von $f_s/2$ sollten wenigstens 5 Nullstellen der Hülle der DFT enthalten sein:

$$5\frac{1}{\tau} = \frac{f_s}{2} \qquad (1.116)$$

Diese zwei Gleichungen könne zur Schätzung der Parameter N und f_s abhängig von τ benutzt werden. Für $\tau = 25$ ms erhält man dann $N = 100$ und $f_s = 400$ Hz. Für den FFT-Block muss N eine ganze Potenz von 2 sein, so dass man mit $N = 128$

oder $N = 256$ das Experiment durchführen sollte. Für die Abtastfrequenz kann man beliebige Werte ≥ 400 wählen. Mit folgenden Zeilen wird die Simulation initialisiert:

```
% -------- Parameter des Systems
tau_abs = 25e-3;           % Absolute Dauer des Pulses in s
%N = 256;                   % Anzahl Abtastwerte im Untersuchungsintervall
N = 128;                   % Anzahl Abtastwerte im Untersuchungsintervall
%fs = 1000;                 % Abtastfrequenz
fs = 400;                  % Abtastfrequenz
Ts = 1/fs;                 % Abtastperiode
Tsig = N*Ts;               % Untersuchungsintervall des aperiodische Signals
tau = tau_abs*100/Tsig;    % Dauer des Pulses in %
h = 1;                     % Höhe des Pulses
```

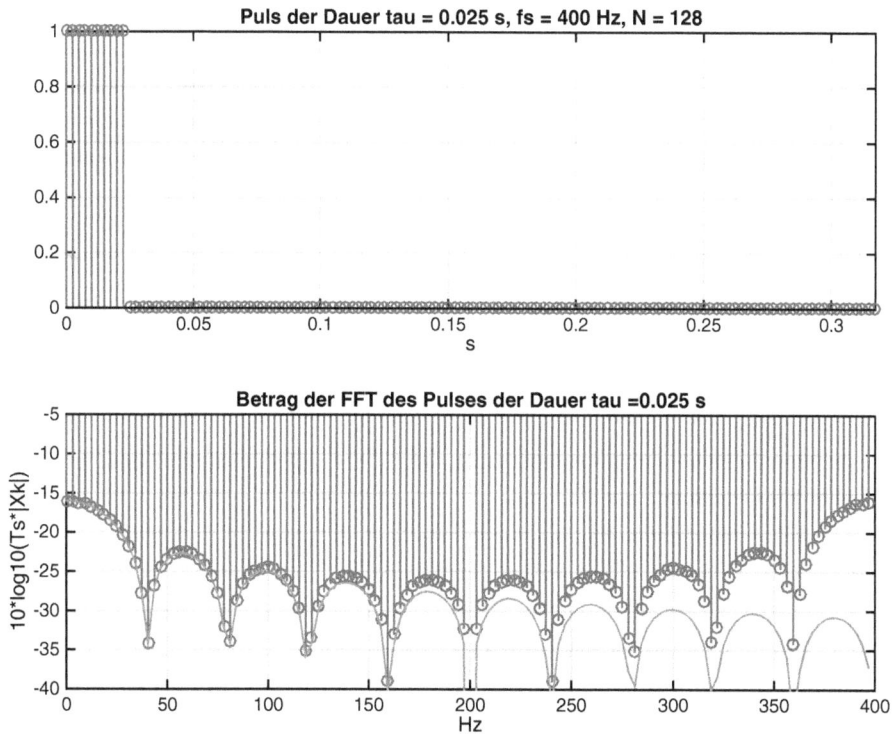

Abb. 1.52. Die Annäherung der Fourier-Transfomation über die DFT für einen Puls der Dauer $\tau = 25$ ms (`fourier_transf_puls_1.m`, `fourier_transf_puls1.slx`)

Der kontinuierliche Verlauf im unteren Bereich der Abb. 1.52 entspricht dem Betrag der analytischen Fourier-Transfomation des Pulses, der mit folgenden Zeilen im Skript berechnet wurde:

```
% ------- Analytisches Fourier-Spektrum
df = fs/N;
f = 0:df:fs-df;
Yid = abs((tau_abs)*h*sinc(f*tau_abs));
```

Wie zu erwarten war, sind die Abweichungen in der Umgebung von $f_s/2$ groß. Die Amplitudenachse wurde logarithmisch skaliert. Weil der *Vector Scope* die dB mit $10\log_{10}(T_s|X_k|)$ berechnet, wurde diese Skalierung auch in der Darstellung benutzt. Mit X_k wird die DFT des Untersuchungsintervalls bezeichnet.

Am Ende des Skriptes wird das Parseval-Theorem verwendet, um die Annäherung über die DFT zu überprüfen:

```
% ------- Parseval-Theorem
E_zeit = sum(xd.^2)*Ts,      % Energie über die Zeit
E_freq = sum(Y.^2)*fs/N,     % Energie aus der DFT-Annäherung
.....
E_zeit =    0.0250
E_freq =    0.0250
```

Eine Fensterfunktion ist hier nicht notwendig, da das Untersuchungsintervall als Periode eines periodischen zeitdiskreten Signals sich korrekt wiederholt und kein Leckeffekt (*Leakage*) entsteht.

Im Skript `fourier_transf_puls_2.m` und Modell `fourier_transf_puls2.slx` wird die Annäherung der Fourier-Transformation eines dreckigen Pulses untersucht. Abb. 1.53 zeigt die Ergebnisse für die Parameter, die im Skript initialisiert sind. Die analytische Fourier-Transformation für einen dreieckigen Puls ist [24]:

$$X(j\omega) = \frac{4h}{\tau} \cdot \frac{1}{\omega^2} e^{-j\omega\tau/2}(1 - \cos(\omega\tau/2)) \tag{1.117}$$

Im nächsten Beispiel für die Annäherung der Fourier-Transformation mit Hilfe der DFT wird die Funktion

$$x(t) = e^{-at} \qquad \text{mit} \quad a > 0, \quad t \geq 0 \tag{1.118}$$

angenommen.
Gemäß Definition ist die Fourier-Transformation durch

$$X(j\omega) = \int_{-\infty}^{\infty} e^{-at} e^{-j\omega t} dt = \int_{t=0^+}^{\infty} e^{-a+j\omega} dt = \frac{1}{a + j\omega} \tag{1.119}$$

gegeben.
Das Betrag- und Phasenspektrum sind sehr einfach zu bestimmen:

$$|X(j\omega)| = \frac{1}{\sqrt{a^2 + \omega^2}} \quad \text{und} \quad \varphi(\omega) = -\operatorname{atan}\left(\frac{\omega}{a}\right) \tag{1.120}$$

Puls der Dauer tau = 0.05 s

Betrag der FFT des dreieckigen Pulses der Dauer tau =0.05 s

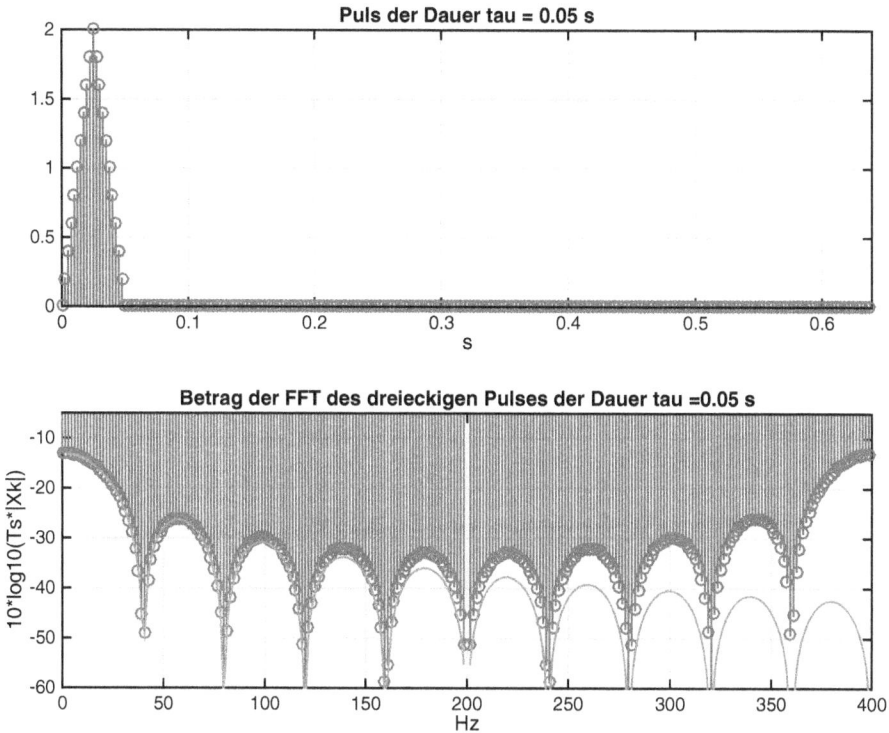

Abb. 1.53. Die Annäherung der Fourier-Transfomation über die DFT für einen dreieckigen Puls der Dauer $\tau = 50$ ms (`fourier_transf_puls_2.m`, `fourier_transf_puls2.slx`)

Mit dem Skript `fourier_transf_puls_3.m` und mit dem entsprechenden Simulink-Modell `fourier_transf_puls3.slx` wird die Annäherung dieses Spektrums über die DFT untersucht. In Abb. 1.54 ist das Modell dargestellt.

Wie in den vorherigen Simulationen wird mit dem Block *Repeating Sequences* wenigstens zwei mal das Signal im Untersuchungsintervall wiederholt. Hier wird zusätzlich die Möglichkeit geschaffen, die Datenblöcke aus dem Puffer mit einer Fensterfunktion `w` zu gewichten. Zusätzlich zum Betrag wird hier auch der Winkel der DFT als Phasenspektrum in der Senke `To Workspace3` zwischengespeichert. Man kann den Datenblock ohne Fensterfunktion in der Senke `To Workspace2` und mit eventueller Fensterfunktion in der Senke `To Workspace1` zwischenspeichern.

Eine Fensterfunktion ändert die Energie des Signals im Untersuchungsintervall und mit dem zusätzlichen Faktor `wf` versucht man diese Änderungen zu kompensieren. Ein ähnlicher Kompensationswert ist in der Literatur für die spektrale Leistungsdichte zufälliger Sequenzen, die mit Fensterfunktion gewichtet sind, vorgesehen [38].

Es wurde eine Darstellung im Bereich $-f_s/2$ bis $f_s/2$ gewählt, so wie man in theoretischen Abhandlungen die Fourier-Transformation darstellt. Mit folgenden

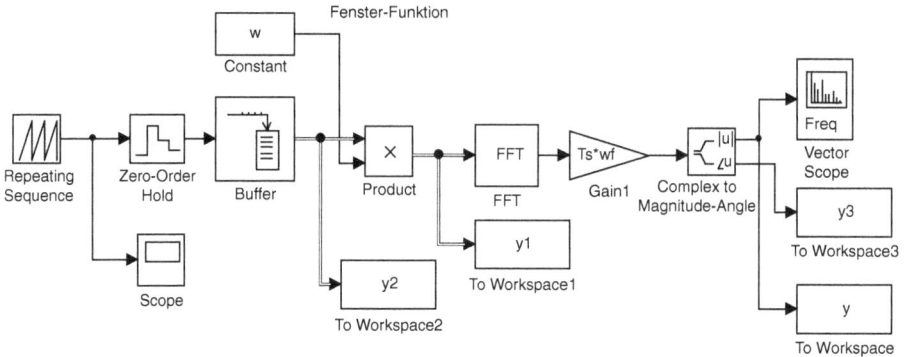

Abb. 1.54. Modell der Untersuchung der Fourier-Transfomation über die DFT für eine abklingende Exponentialfunktion (`fourier_transf_puls_3.m`, `fourier_transf_puls3.slx`)

Zeilen im Skript wird auch die DFT mit Hilfe des Befehls `fftshift` in diesem Bereich berechnet:

```
% ------- Analytisches Fourier-Spektrum
df = fs/N;
f = -fs/2:df:fs/2-df;
Yid = 1./(sqrt(a^2 + (2*pi*f).^2));    % Korrekter Betragspektrum
phi_id = -atan2(2*pi*f,a);             % Korrekter Phasenspektrum
.......
figure(2);      clf;
subplot(211), plot((-(N/2):(N/2-1))*fs/N, 10*log10(fftshift(Y)),'r');
title('Betragspektrum und Betrag der DFT*Ts');
xlabel('Hz');       ylabel('10*log10(| |)');       grid on;    hold on;
plot((-(N/2):(N/2-1))*fs/N, 10*log10(Yid));
hold off;
subplot(212), plot((-(N/2):(N/2-1))*fs/N, fftshift(phi),'r');
title('Phasenspektrum und Winkel der DFT');
xlabel('Hz');       ylabel('Rad)');                 grid on;    hold on;
plot((-(N/2):(N/2-1))*fs/N, phi_id);
hold off;
```

Die Ergebnisse aus Abb. 1.55 sind ohne Fensterfunktion berechnet. Die Übereinstimmung der Annäherung und der analytischen Fourier-Transformation ist, wie erwartet in der Umgebung der Frequenz null sehr gut. Für die normale Darstellung der DFT im Bereich 0 bis f_s entspricht diese Umgebung der Frequenz $f_s/2$. Die Exponentialfunktion klingt im Untersuchungsintervall bis null ab und deshalb war keine Fensterfunktion nötig.

Wenn durch das Untersuchungsintervall die Exponentialfunktion abgebrochen wird, dann wird empfohlen, eine Gewichtung mit einer ähnlichen Exponentialfunktion anzuwenden, die bis null abklingt.

Betragspektrum und Betrag der DFT*Ts

Betrag der DFT*Ts

Phasenspektrum und Winkel der DFT

Winkel der DFT

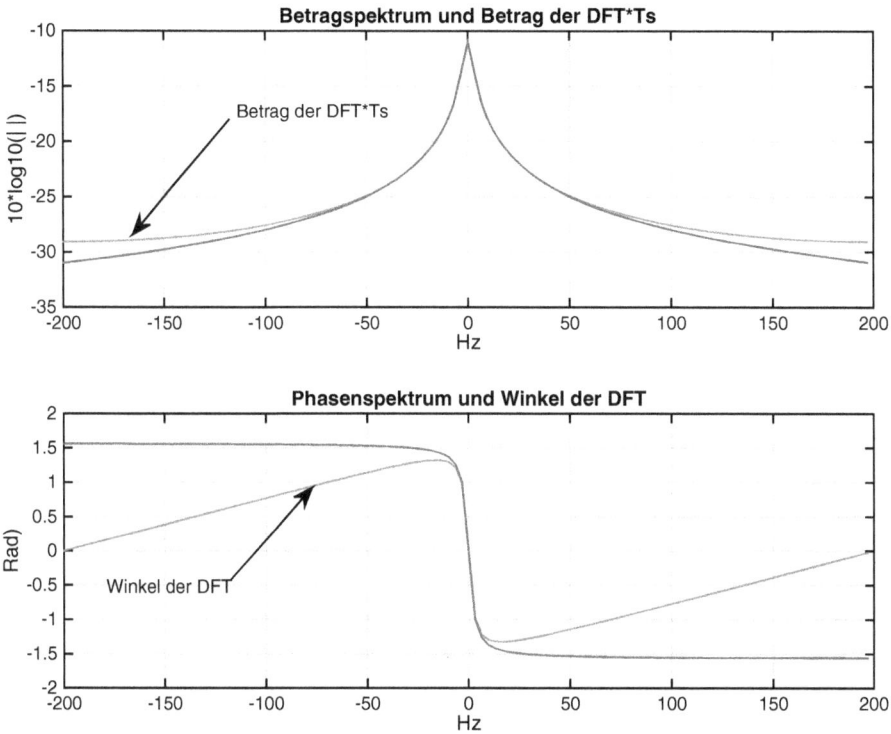

Abb. 1.55. Korrekte Fourier-Transfomation und die Annäherung über die DFT für eine abklingende Exponentialfunktion (`fourier_transf_puls_3.m, fourier_transf_puls3.slx`)

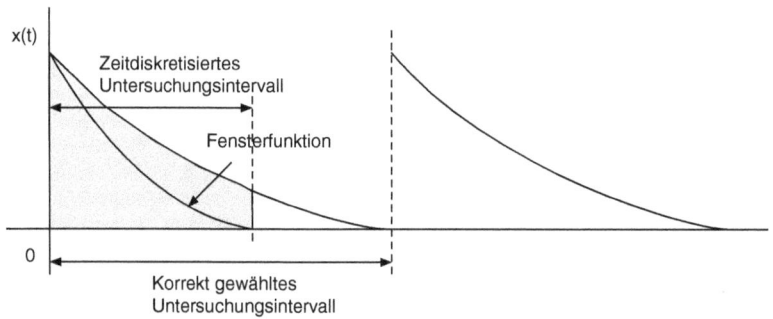

x(t)

Zeitdiskretisiertes Untersuchungsintervall

Fensterfunktion

Korrekt gewähltes Untersuchungsintervall

Abb. 1.56. Zeitdiskretisiertes Untersuchungsintervall, das die Exponentialfunktion nicht vollständig darstellt

In Abb. 1.56 ist dieser Sachverhalt skizziert. Mit dem Skript kann man diesen Fall auch simulieren. Man aktiviert die Zeile, die die Fensterfunktion darstellt und wählt für den Parameter a der untersuchenden Funktion einen Wert, der dazu führt, dass das Untersuchungentervall die Exponentialfunktion abbricht bevor sie zu null abgeklungen ist:

```
a = 1/(Tsig/2.5);        % Parameter der Exponentialfunktion
%a = 1/(Tsig/1);         % Parameter der Exponentialfunktion
......
w = ones(1,N);           % Ohne Fensterfunktion (rechteckiges Fenster)
%w = exp(-(0:N-1)/50);   % Exponential-Fensterfunktion
wf = sqrt(N/sum(w.^2));  % Korrekturfaktor wegen der Fensterfunktion
.....
```

Im Skript `fourier_transf_puls_4.m` und Modell `fourier_transf_puls4.slx` wird ein Signal untersucht, das aus einer Exponentialfunktion (wie im vorherigen Beispiel) plus ein sinus- oder cosinusförmigen Anteil besteht. Das Modell und Skript sind ähnlich der vorherigen Untersuchung. Das Signal wird mit folgenden Anweisungen erzeugt:

```
......
a = 1/(Tsig/4);
dt = Ts/10;
t = 0:dt:Tsig-dt;
e_faktor = 1;
%yi = e_faktor*exp(-a*t) + 0.5*cos(2*pi*t/(Tsig/20.3)); % Mit Leakage
yi = e_faktor*exp(-a*t) + 0.5*cos(2*pi*t/(Tsig/20));    % Ohne Leakage
......
```

Wenn der sinusförmiger Anteil eine ganze Anzahl von Perioden im Untersuchungsintervall enthält, entsteht kein Leckeffekt (*Leakage*) und die Fourier-Transformationen der überlagerten Signale addieren sich. In Abb. 1.57 sind die Ergebnisse dargestellt.

Mit dem Wert `e_faktor = 0` wird die Exponentialfunktion aus dem Signal entfernt und man erhält für den Fall ohne Leckeffekt zwei Linien in der Annäherung über die DFT, die den zwei Delta-Funktionen aus der Gl. (1.95) entsprechen. Ihre Fläche muss gleich der Amplitude des sinusförmigen Signals sein:

```
sum(Y)*fs/N
ans = 0.5000
```

Wenn Leckeffekt entsteht, dann ist dieses Ergebnis verfälscht. Mit

```
2*max(Y)*fs/N
ans = 0.4292
```

erhält man eine grobe Annäherung der Amplitude des sinusförmigen Anteils.

Der Leser wird ermutigt, mit weiteren Parametern zu experimentieren. In vielen dieser Untersuchungen wurde nur der Betrag gezeigt. Eine gute Übung stellt das Ändern der Skripte und Modelle dar, so dass auch das Phasenspektrum dargestellt wird.

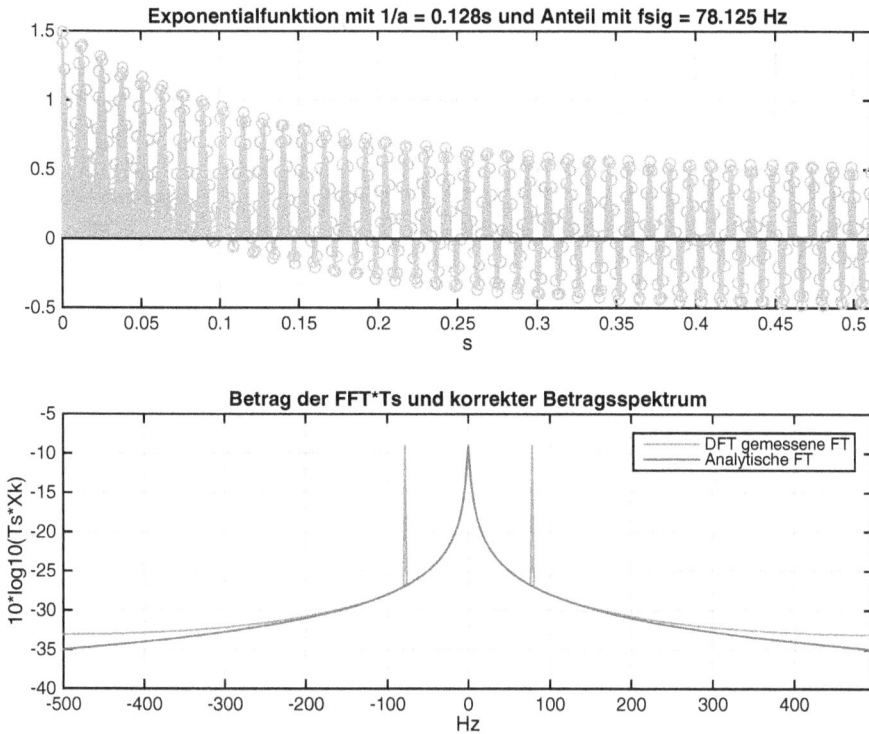

Abb. 1.57. Korrekte Fourier-Transfomation und die Annäherung über die DFT für eine abklingende Exponentialfunktion plus Sinussignal (`fourier_transf_puls_4.m, fourier_transf_puls4.slx`)

1.3.5 Erweiterung eines Signals mit Nullwerten

Oftmals wird ein Zeitsignal mit Nullwerten erweitert, so dass die Länge der Sequenz eine ganzzahlige Potenz von 2 ist. Dadurch kann man für die DFT die effizienten FFT-Algorithmen anwenden. In MATLAB gibt es die Funktion `nextpow2`, die automatisch diese Länge liefert. Die MATLAB-Funktion `fft` erweitert automatisch die Sequenz zur Länge des zweiten Arguments. So z.B. wird eines Sequenz x der Länge 100 im Befehl

```
X = fft(x, 256);
```

mit Nullwerten bis zur Länge 256 erweitert.

Ein anderer Grund für die Nullerweiterung, der später besprochen wird, ist verbunden mit der effizienten Berechnung der Faltung zweier Sequenzen mit Hilfe der FFT.

Wenn man das Untersuchungsintervall mit N zeitdiskreten Abtastwerten durch Nullwerten auf einer Länge $nfft > N$ erweitert und die DFT dieses neuen Intervalls ermittelt, ist der Frequenzabstand der Stützstellen der DFT kleiner. Statt $\Delta f = f_s/N$ erhält man $\Delta f = f_s/nfft$.

Es stellt sich jetzt die Frage, ob die Auflösung der DFT dadurch besser ist, im Sinne dass z.B. zwei Signale mit Frequenzen, die sehr nahe zueinander sind, besser aufgelöst werden.

Mit dem Skript `zero_padd1.m` und Modell `zero_padd_1.slx` wird dieser Sachverhalt untersucht. Die Frequenzauflösung ist durch

$$\Delta f_r = \frac{1}{T} = \frac{1}{NT_s} = \frac{f_s}{N} \tag{1.121}$$

gegeben, wobei $T = NT_s$ die Zeitlänge der Signaldaten ohne Nullerweiterung ist. Sie stellt die Auflösung der DFT mit N Stützsteilen dar.

Der Abstand der Stützstellen ist durch

$$\Delta f = \frac{f_s}{nfft} \tag{1.122}$$

gegeben.

In Abb. 1.58 ist das Simulink-Modell der Untersuchung dargestellt. Die Summe zweier sinusförmigen Signale, deren Frequenzen im Skript gewählt werden, bilden das Eingangssignal. Es wird mit dem Block *Zero-Order Hold* zeitdiskretisiert und weiter in Datenblöcke der Länge N mit dem *Buffer*-Block zusammengefasst. Diese

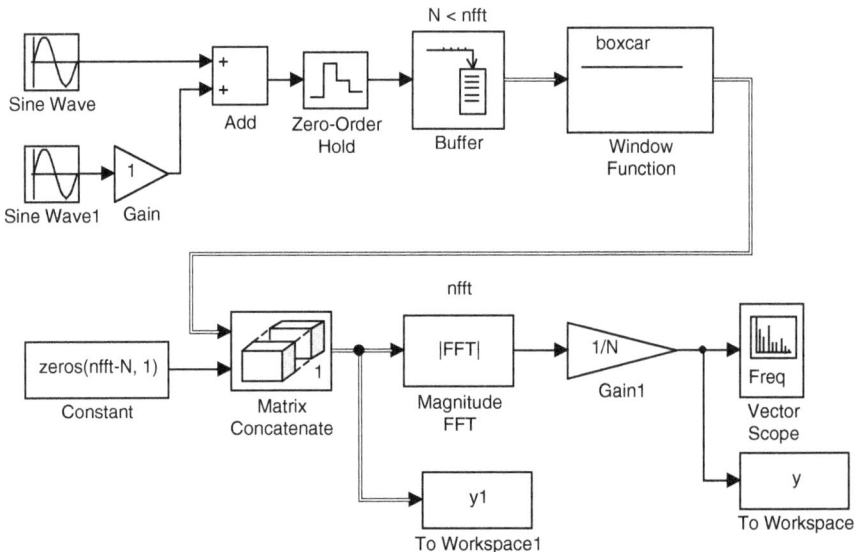

Abb. 1.58. Simulink-Modell für die Untersuchung der Nullerweiterung (`zero_padd1.m`, `zero_padd_1.slx`)

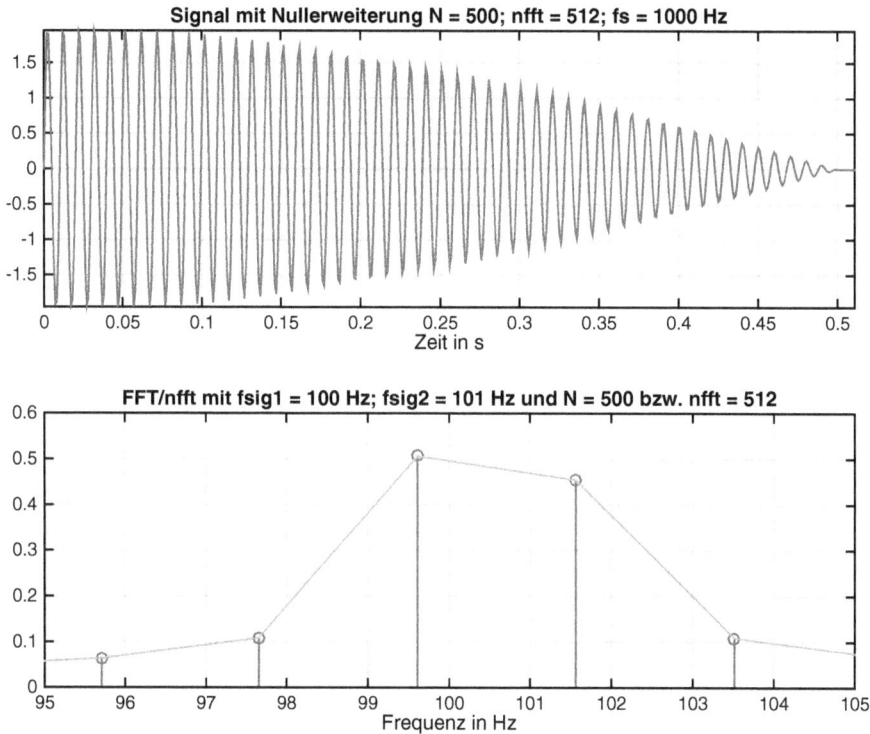

Abb. 1.59. Signal mit Nullerweiterung und Betrag der FFT für N = 500 und nfft = 512 (`zero_padd1.m`, `zero_padd_1.slx`)

Datenblöcke können auch mit Fensterfunktionen gewichtet werden. Mit dem Block *Matrix Concatenate* werden die Nullwerte bis zu einer Länge *nfft* > *N* hinzugefügt. Diese Länge muss eine ganze Potenz von zwei sein, wegen des *Magnitude FFT*-Blocks.

Der Betrag der FFT wird durch *N* geteilt, so dass man im idealen Fall Linien gleich der halben Amplitude erhält. Mit

```
% -------- Parameter der Simulation
fs = 1000;          % Abtastfrequenz
Ts = 1/fs;          % Abtastperiode
N = 500;            % Anzahl der Abtastwerte aus dem Signal
nfft = 512;         % Größe der FFT (nfft - N = Anzahl der Nullwerte)
%nfft = 1024;       % Größe der FFT (nfft - N = Anzahl der Nullwerte)
%nfft = 2048;       % Größe der FFT (nfft - N = Anzahl der Nullwerte)
%nfft = 4*1024;     % Es muss nfft > N
                    % nfft muss größer als N sein
fsig1 = 100;        % Frequenz des ersten Signals
df = 1;             % Abstand der Frequenz des zweiten Signals
fsig2 = fsig1 + df; % Frequenz des zweiten Signals
.....
```

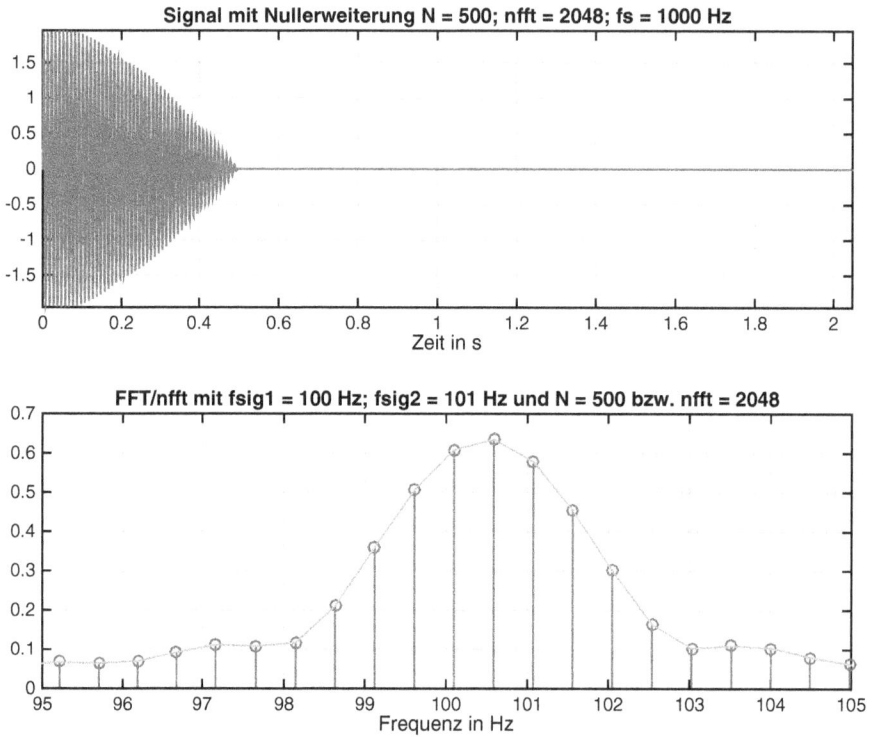

Abb. 1.60. Signal mit Nullerweiterung und Betrag der FFT für N = 500 und nfft = 2048
(zero_padd1.m, zero_padd_1.slx)

ist Δf_r = 1000/500 = 2 Hz und man kann die zwei Signale mit ein Hz Frequenzunterschied nicht auflösen. Der Abstand der Stützstellen der FFT ist Δf = 1000/512 ≅ 2 Hz. Das Signal und die Beträge der FFT in der Umgebung der Frequenzen der zwei Signale im ersten Nyquist-Intervall sind in Abb. 1.59 gezeigt.

Die Frequenzen sind nicht aufgelöst und wegen der Länge der FFT, sind die Stützstellen und Linien nicht bei ganzen Zahlen. Wenn man jetzt das Signal mit Nullwerten erweitert, z.B. mit *nfft* = 2048, ist der Abstand der Stützstellen der FFT Δf = 1000/2048 ≅ 0,5 Hz und man erhält die Ergebnisse aus Abb. 1.60. Wie erwartet, sind die Frequenzen der zwei Signale nicht aufgelöst weil die Frequenzauflösung weiterhin 2 Hz geblieben ist.

Mit *N* = 1000 und *nfft* = 2048 > *N* sind die Ergebnisse in Abb. 1.61 dargestellt. Man sieht, dass beide Signale in der Frequenz aufgelöst sind, und die höchsten Linien sind annähernd an den richtigen Frequenzen und haben die Höhe gleich der halben Amplitude.

In der Darstellung aus Abb. 1.62 sind die Ergebnisse für *N* = 2000, *nfft* = 4096 gezeigt. Die Frequenzauflösung ist jetzt $\Delta f_r = f_s/N$ = 1000/2000 = 0,5 Hz und die FFT-Auflösung ist $\Delta f = f_s/nfft$ = 1000/4096 ≅ 0,25 Hz.

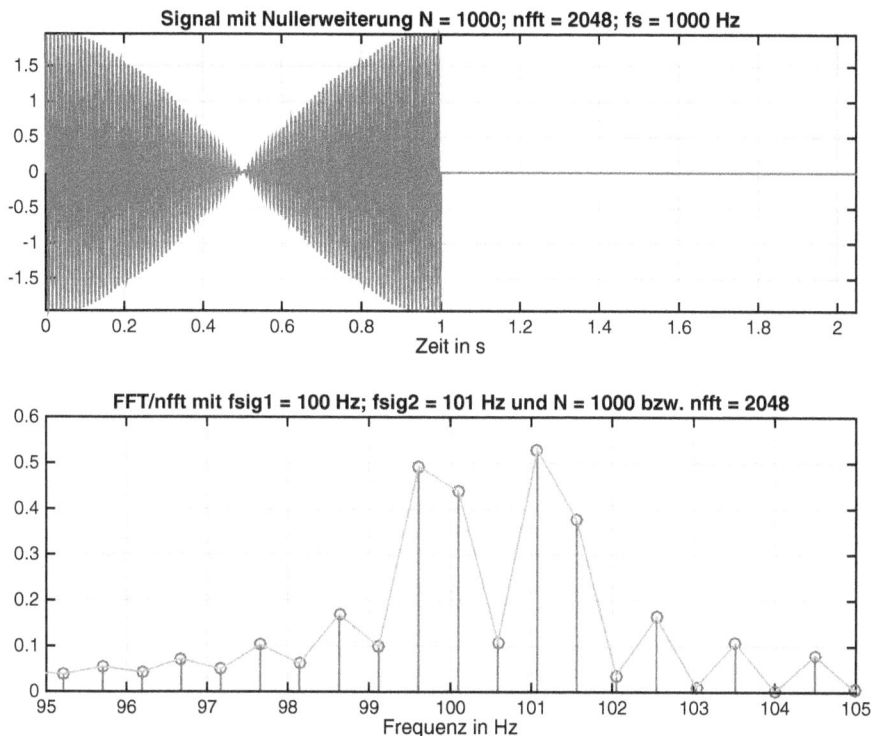

Abb. 1.61. Signal mit Nullerweiterung und Betrag der FFT für N = 1000 und nfft = 2048 (`zero_padd1.m, zero_padd_1.slx`)

Wenn man Fensterfunktionen einsetzen möchte, dann muss man, wie im Modell, die Datenblöcke ohne Nullerweiterung gewichten.

Mit dem Modell `zero_padd_2.slx` (Abb. 1.63), das aus dem Skript `zero_padd2.m` initialisiert und aufgerufen wird, sind die Normierungen des Spektrums im Falle der Benutzung einer Fensterfunktion und der Nullerweiterungen untersucht. Es wird das Leistungsspektrum ermittelt und dargestellt.

Das Eingangssignal besteht aus zwei sinusförmigen Signalen der Frequenzen 100 und 105 Hz abgetastet mit f_s = 1000 Hz. Mit dem *Spectrum Analyser*-Block aus der *DSP System Toolbox* wird ihr Leistungsspektrum nach dem Abtasten mit Block *Zero-Order Hold* in dBW (dBWatt) dargestellt.

Im Modell ist eine Hamming-Fensterfunktion nach dem Puffer, der Datenblöcke der Größe *N* erzeugt, eingesetzt. Sie kann aber beliebig im Modell initialisiert werden und im Skript die mittlere Leistung der Fensterfunktion aus der Variable `pw` entsprechend ändern. Diese Variable stellt die mittlere Leistung der Fensterfunktion dar. Die Nullerweiterung geschieht einfach im Block *Magnitude FFT* durch die Wahl der Größe der FFT *nfft* > *N*. Die Beträge der FFT hoch zwei werden mit dem Faktor `1/(nfft*N*pw)` normiert und weiter im Block *Mean*, der als *Runing Mean* parametriert

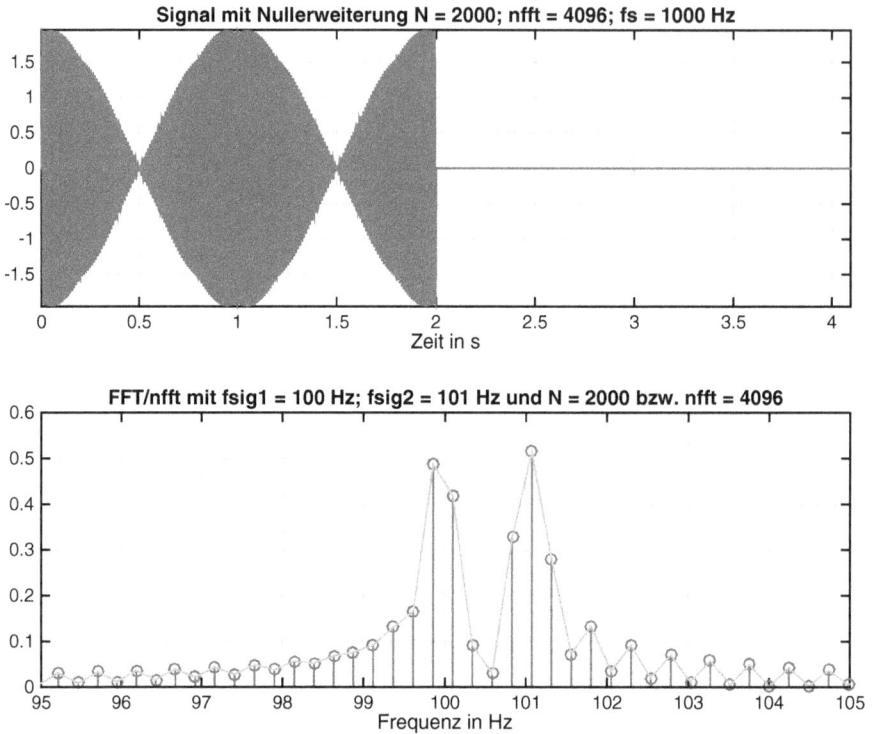

Abb. 1.62. Signal mit Nullerweiterung und Betrag der FFT für N = 2000 und nfft = 4096
(`zero_padd1.m, zero_padd_1.slx`)

ist, gemittelt. Die Mittelung ist hier nicht unbedingt notwendig. Sie muss eingeführt werden, wenn das Eingangssignal auch Rauschen, z.B. Messrauschen, enthält.

Die gewichteten Datenblöcke werden in der Senke *To Workspace* als Struktur y zwischengespeichert. Mit

```
y_sig = y.signals.values(:,:,end);    % Signal ohne Nullerweiterung
```

wird der letzte Datenblock erfasst und mit

```
Y = Y.signals.values(:,:,end);        % Betrag DFT*Ts
```

wird ebenfalls die letzte Annäherung über die FFT der spektralen Leistung zwischengespeichert. In Abb.1.64 sind die Ergebnisse gezeigt für die Parameter die in den Überschriften der Darstellungen enthalten sind, gezeigt.
Am Ende des Skripts wird das Parseval-Theorem benutzt um die Ergebnisse und somit auch die eingesetzte Normierung zu überprüfen:

```
P_zeit = sum(y_sig.^2)/(N*pw),
P_freq1 = sum(Y),
```

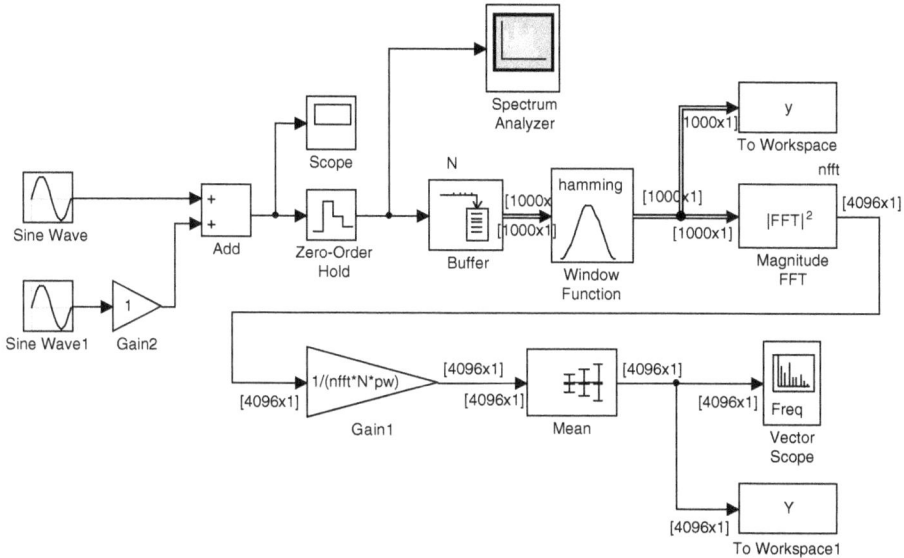

Abb. 1.63. Modell der Untersuchung der Nullerweiterung für den Fall mit Fensterfunktion
(zero_padd2.m, zero_padd_2.slx)

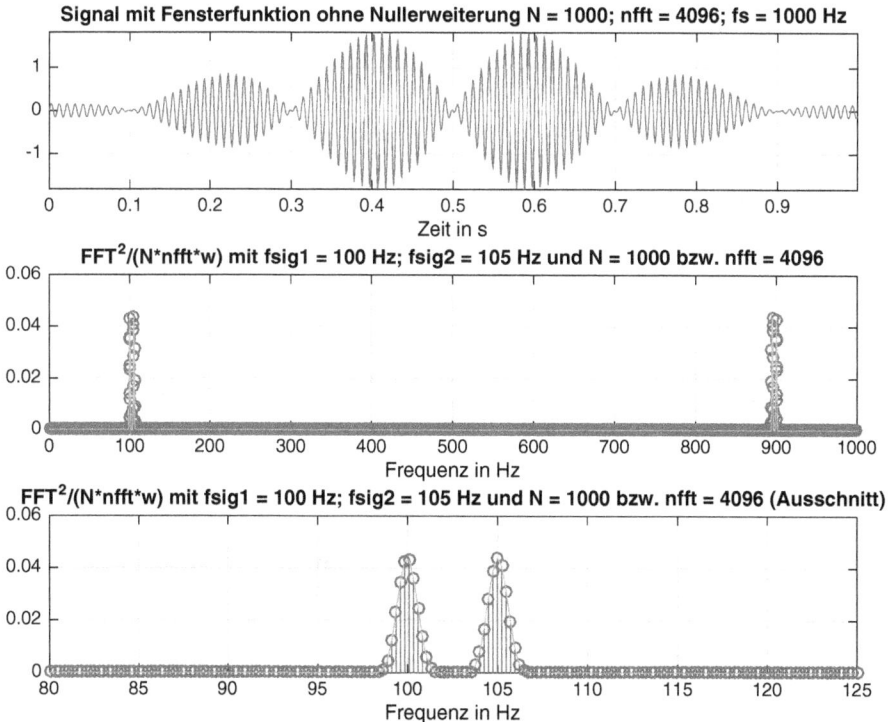

Abb. 1.64. Ergebnisse der Untersuchung der Nullerweiterung für den Fall mit Fensterfunktion
(zero_padd2.m, zero_padd_2.slx)

Die mittlere Leistung des Signals wird für das gewichtete Signal ohne Nullerweiterung berechnet. Die mittlere Leistung aus dem Frequenzbereich wird mit Hilfe der geschätzten spektralen Leistung ermittelt. Die Übereinstimmung ist sehr gut:

```
P_zeit  =     1.0000
P_freq1 =     0.9804
```

Wenn man die Mittelung mit Block *Mean* weglässt, sind beide Leistungen gleich eins, die der Leistung der zwei sinusförmigen Signalen mit Amplitude eins entspricht.

1.3.6 Die Faltung kontinuierlicher Signale und ihre Fourier-Transformation

Ein kontinuierliches lineares zeitinvariantes System (kurz LTI-*Linear Timeinvariant System*) ist vollständig durch seine Impulsantwort beschrieben [24]. Die Impulsantwort $h(t)$ eines LTI-Systems ist die Antwort des Systems auf eine Anregung in Form einer Delta-Funktion $\delta(t)$ ausgehend vom Ruhezustand.

Mit Hilfe der Impulsantwort $h(t)$ kann man die Antwort des LTI-Systems auf eine beliebige Anregung $x(t)$ berechnen, wenn das System im Ruhezustand war. Das bedeutet, dass alle Zustandsvariablen des Systems, die den Zustand zum Zeitpunkt der Anlegung der Anregung null waren.

Die Zustandsvariablen beschreiben vollständig ein System zu einem Zeitpunkt. Als Beispiel sind in elektrischen Schaltungen die Spannungen der Kapazitäten und die Ströme der Inzuktivitäten die Zustandsvariablen. Die elektrische Energie der Schaltung ist proportional zu den Spannungen der Kapazitäten und die magnetische Energie ist proportional zu den Strömen der Induktivitäten. Der Zustand der Schaltung ist vollständig durch diese Energien und somit durch diese Zustandsvariablen gegeben [16].

In Abb. 1.65 ist die Bildung der Antwort $y(t)$ auf ein Signal $x(\alpha)$ mit Hilfe der Impulsantwort dargestellt. Dafür wird das Eingangssignal $x(\alpha)$ mit Pulsen der Breite $\Delta\tau$ angenähert. Der Puls an der Stelle $t-\tau$ besitzt die Fläche $x(t-\tau)\Delta\tau$ und ergibt über die angenäherte Impulsantwort $\hat{h}(\tau)$ einen Anteil für das Ausgangssignal $y(\alpha)$ zum Zeitpunkt t der Größe:

$$\hat{h}(\tau)x(t-\tau)\Delta\tau \tag{1.123}$$

Die angenäherte Impulsantwort $\hat{h}(t)$ ist die Antwort des LTI-Systems auf einem Puls der Breite $\Delta\tau$ und Fläche eins. Durch Addition aller Anteile in der Annahme, dass die Impulsantwort $\hat{h}(t) = 0$ für $t < 0$ ist, erhält man:

$$y(t) \cong \sum_{\tau=0}^{\infty} \hat{h}(\tau)x(t-\tau)\Delta\tau \tag{1.124}$$

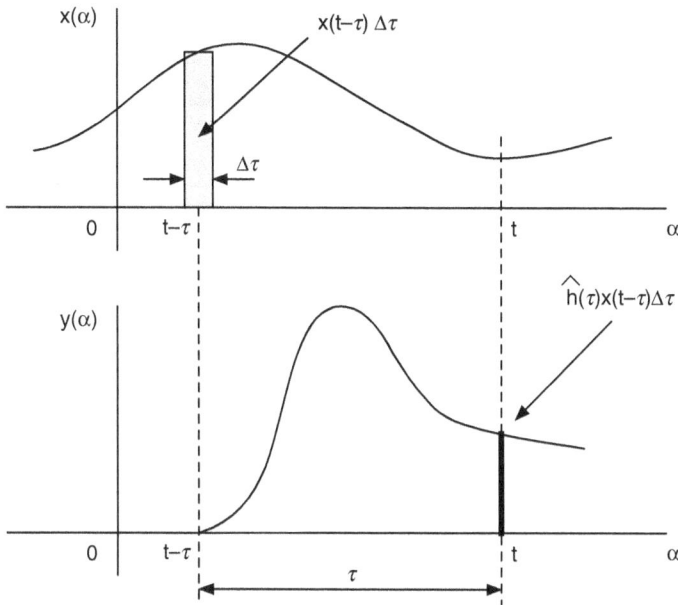

Abb. 1.65. Berechnung des Anteils in $y(t)$ wegen des Eingangswertes $x(t - \tau)$ mit Hilfe der Impulsantwort $h(t)$

Mit der gezeigten Annahme ist die angenäherte Impulsantwort als kausal definiert, so dass die Antwort der Ursache, in Form des Pulses der Fläche eins, folgt.

Wenn die Annäherungspulse des Eingangssignals immer schmäler gemacht werden $\Delta \tau \to dt$, geht die Summe in ein Integral über das das Faltungsintegral für kausale LTI-Systeme darstellt [24, 43]:

$$y(t) = \int\limits_{\tau=0}^{\infty} h(\tau)x(t - \tau)d\tau \tag{1.125}$$

Hier ist $h(t)$ die Antwort auf einen Impuls in Form einer Delta-Funktion, die infinitesimal schmal ist und die Fläche eins besitzt. Für nichtkausale Systeme muss das Integral von $-\infty$ bis ∞ ausgedehnt werden. Mit einer Änderung der Variablen kann dann das Faltungsintegral allgemein auch als

$$y(t) = \int\limits_{-\infty}^{\infty} h(\tau)x(t - \tau)d\tau = \int\limits_{-\infty}^{\infty} h(t - \tau)x(\tau)d\tau \tag{1.126}$$

geschrieben werden. Die zweite Form wird für eine kausale Impulsantwort mit $h(t) = 0, t < 0$:

$$y(t) = \int_{-\infty}^{t} h(t - \tau)x(\tau)d\tau \qquad (1.127)$$

In Abb. 1.66 ist exemplarisch gezeigt, wie man die Anteile im Ausgang wegen eines nicht kausalen Teils der Impulsantwort ermittelt. Ganz oben in Abb. 1.66a ist eine Impulsantwort dargestellt, die einen kausalen Teil für $\tau \geq 0$ besitzt und gleichzeitig einen nicht kausalen Teil für $\tau < 0$ beinhaltet. Darunter in Abb. 1.66b, c ist gezeigt, wie man die Anteile im Ausgang wegen des nicht kausalen Teils für $\tau < 0$ berechnet.

Mit dem selben Ausdruck unter dem Integral $h(\tau)x(t - \tau)$ werden die Anteile im Ausgang wegen des kausalen Teils für $\tau \geq 0$ und die Anteile wegen des nicht kausalen Teils der Impulsantwort für $\tau < 0$ berechnet. Daher die Grenzen für das Integral von $-\infty$ bis ∞ für den allgemeinen Fall.

In Abb. 1.67 ist anschaulich dargestellt, wie man über das Faltungsintegral mit einer kausalen Impulsantwort $h(\tau)$ (Abb. 1.67a) den Ausgang $y(t)$ für ein gegebenes Eingangssignal $x(\tau)$ ermittelt. Aus $h(\tau)$ wird durch Spiegelung die Funktion $h(-\tau)$

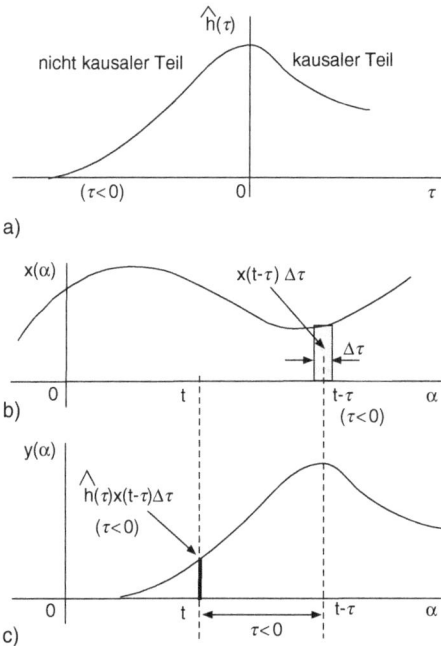

Abb. 1.66. Berechnung des Anteils in $y(t)$ wegen des Eingangswertes $x(t - \tau)$ mit Hilfe der Impulsantwort $h(t)$ die auch ein nicht kausaler Teil besitzt

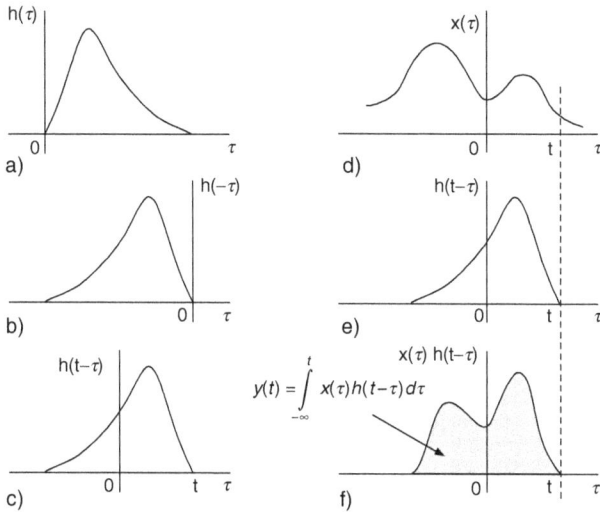

Abb. 1.67. Berechnung des Ausgangs $y(t)$ wegen des Eingangs $x(\tau)$ mit Hilfe der kausalen Impulsantwort $h(\tau)$

gebildet (Abb. 1.67b). Diese Funktion wird dann mit t verschoben, um $h(t-\tau)$ zu bilden, wie in Abb. 1.67c gezeigt. Die Multiplikation von $h(t-\tau)$ mit dem Eingangssignal (Abb. 1.67d, e) ergibt das Signal $x(\tau)h(t-\tau))$ aus Abb. 1.67f. Die Fläche darunter, die man mit dem Integral ermittelt ist das Signal $y(t)$.

Es ist lehrreich die Darstellung aus Abb. 1.67 für eine nicht kausale Impulsantwort zu zeichnen, um zu sehen, weshalb man das Integral bis unendlich statt nur bis t ausdehnen muss.

In Abb. 1.68 ist die Faltung einer kausalen Impulsantwort $h(\tau)$ mit einer Delta-Funktion $\delta(\tau - t_0)$ erläutert. Der Ausgang $y(t)$ zum Zeitpunkt t wird über das folgende Faltungsintegral berechnet:

$$y(t) = \int\limits_{-\infty}^{\infty} \delta(\tau - t_0)h(t-\tau)d\tau = h(t-\tau)|_{\tau=t_0} = h(t-t_0) \qquad (1.128)$$

Es wurde die Ausblendeeigenschaft der Delta-Funktion angewandt. Dieses Ergebnis zeigt, dass die Faltung mit einer Delta-Funktion sehr einfach ist. Man muss die die Funktion mit ihren Ursprung an die Stelle der Delta-Funktion verschieben.

Auch wenn die Impulsantwort einen nicht kausalen Teil besitzt, wird genau das gleiche gemacht. Die Impulsantwort wird mit ihren Ursprung an die Stelle der Delta-Funktion verschoben und bildet so den Ausgang des LTI-Systems.

Das Faltungsintegral wurde in Verbindung mit der Antwort eines LTI-Systems ausgehend vom Ruhezustand eingeführt. Es kann aber für zwei beliebige Signale $x(t)$

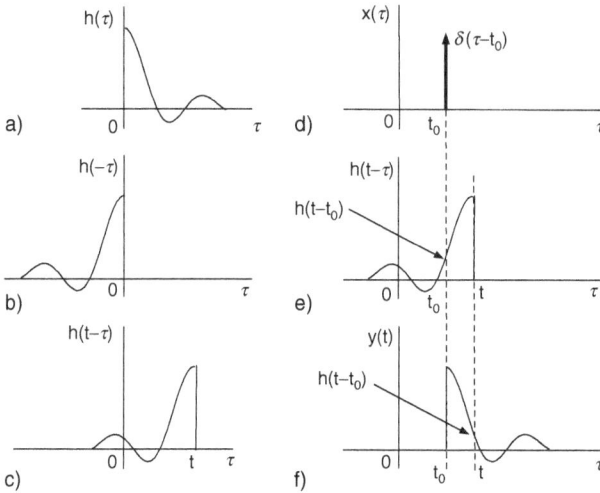

Abb. 1.68. Die Faltung einer kausalen Impulsantwort $h(\tau)$ mit einer Delta-Funktion $\delta(\tau - t_0)$

bzw. $y(t)$ definiert werden:

$$z(t) = \int_{-\infty}^{\infty} x(t - \tau) y(\tau) d\tau = \int_{-\infty}^{\infty} y(t - \tau) x(\tau) d\tau \tag{1.129}$$

Die Faltungsoperation wird gekürzt durch $z(t) = x(t) * y(t)$ gekennzeichnet. Die Fourier-Transformation der Faltung ist:

$$\mathcal{F}(z(t)) = \int_{-\infty}^{\infty} \left(x(t) * y(t) \right) e^{-j\omega t} dt = \int_{-\infty}^{\infty} \int_{-\infty}^{\infty} x(\tau) y(t - \tau) e^{-j\omega t} d\tau dt \tag{1.130}$$

Mit der Substitution $\alpha = t - \tau$ wird aus Gl. (1.130) das Produkt zweier Integrale:

$$\int_{-\infty}^{\infty} \int_{-\infty}^{\infty} x(\tau) y(\alpha) e^{-j\omega \tau} e^{-j\omega \alpha} d\tau d\alpha = \int_{-\infty}^{\infty} x(\tau) e^{-j\omega \tau} d\tau \int_{-\infty}^{\infty} y(\alpha) e^{-j\omega \alpha} d\alpha \tag{1.131}$$

Daraus folgt, dass die Faltung zweier Signale im Zeitbereich zum Produkt der Fourier-Transformationen dieser Signale im Frequenzbereich führt:

$$\mathcal{F}(x(t) * y(t)) = X(j\omega) Y(j\omega) \tag{1.132}$$

Ähnlich kann man beweisen, dass die Faltung der Fourier-Transformierten im Frequenzbereich zum Produkt der entsprechenden Signale im Zeitbereich führt:

$$\mathcal{F}^{-1}\left(\frac{1}{2\pi}X(j\omega)*Y(j\omega)\right) = x(t)y(t) \tag{1.133}$$

Die Faltung im Frequenzbereich ist ähnlich wie im Zeitbereich definiert:

$$Z(j\omega) = X(j\omega)*Y(j\omega) = \int_{-\infty}^{\infty} X(j(\omega-\omega_\tau))Y(j\omega_\tau)d\omega_\tau \tag{1.134}$$

In der Praxis werden immer zeitbegrenzte Signale benutzt. In Abb. 1.69 ist die Faltung solcher Signale erläutert. Der Ausgang $y(t)$ ist das Ergebnis der Faltung von $h(\tau)$ mit der Zeitdauer τ_L und von $x(\tau)$ der Dauer τ_M (Abb. 1.69a,d). Der erste Wert von $y(t)$ ergibt sich mit $h(t-\tau)$ bei $t=0$, wie es in Abb.1.69e ganz links gezeigt ist. Dann zieht man $h(t-\tau)$ nach rechts und integriert das Produkt mit $x(\tau)$. Das letzte Produkt ergibt sich mit $h(t-\tau)$ für $t=\tau_M+\tau_L$. Somit ist die Zeitausdehnung der Faltung und entsprechend des Signals $y(t)$ gleich $\tau_M+\tau_L$.

Für zeitbegrenzte Signale kann man die Faltung mit Hilfe der über die DFT angenäherten Fourier-Transformationen berechnen. Die Signale werden zeitdiskretisiert und mit Nullerweiterung auf gleicher Länge gebracht und dann die DFTs ermittelt.

$$z[nT_s] = z[n] = x[n]*y[n] = \text{iDFT}(X_k \cdot Y_k) \tag{1.135}$$

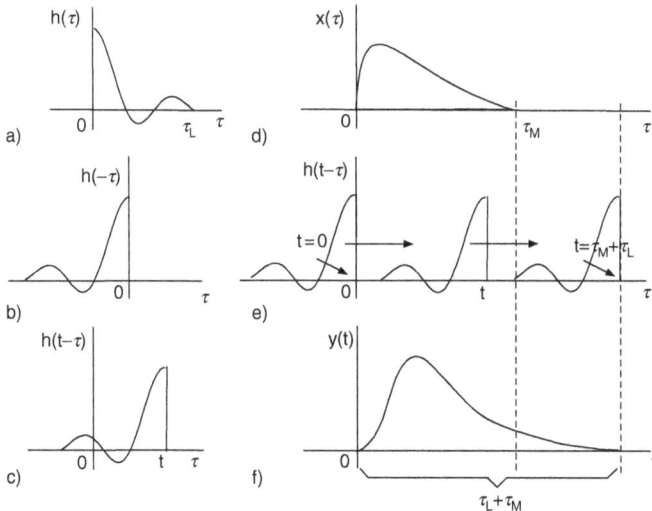

Abb. 1.69. Die Faltung zweier Signale mit begrenzter Dauer τ_L bzw. τ_M

Mit iDFT wurde die inverse DFT bezeichnet und X_k, Y_k stellen die DFTs der zwei Signale dar, die mit Nullewerten auf die zu erwartende $L + M - 1$ Länge des Faltungsergebnisses erweitert wurden. Das Signal der Länge L Abtastwerte wird mit $M - 1$ Nullabtastwerten erweitert und umgekehrt, das Signal der Länge M Abtastwerte wird mit $L - 1$ Nullabtastwerten erweitert. Beide erweiterte Signale, jetzt der Länge $L + M - 1$, ergeben DFTs dieser Länge, die elementweise Multipliziert werden. Die inverse DFT ergibt das Faltungssignal der Länge $L + M - 1$. Die zwei Sequenzen können auch bis zu einer ganzen Potenz von zwei erweitert werden, um die FFT anzuwenden und zuletzt die gewünschte Faltung der Länge $L + M - 1$ zu extrahieren.

Die MATLAB-Funktion `conv` berechnet die Faltung der Signale mit L bzw. M Abtastwerten und liefert ein Ergebnis der Länge $L + M - 1$. Die Faltungsoperation der zeitdiskreten Sequenzen entspricht der Multiplikation zweier Polynome.

Im Skript `faltung_conv_DFT_1.m` wird die Faltung mit der Funktion `conv` und über die DFTs berechnet und dargestellt:

```
......
% ------- Signale
L = 10;          x = randn(1,L);
M = 20;          y = randn(1,M);
% ------- Faltung mit conv
zc = conv(x,y);
% ------- Faltung über die DFTs
X = fft(x,L+M-1);       Y = fft(y,L+M-1);       zDFT = real(ifft(X.*Y));
....
```

1.4 Die DFT und die Fourier-Transformation zeitdiskreter Signale

Im Kontext dieses Buches versteht man durch digitale Signale zeitdiskrete Signale, die man durch Abtastung mit gleichmäßiger Rate aus zeitkontinuierlichen Signale erhält. Die Abtastwerte stellen die Werte des kontinuierlichen Signals an Stellen der Abtastung dar, die mit der Abtastperiode T_s oder Abtastfrequenz $f_s = 1/T_s$ stattgefunden hat.

Es wird weiter angenommen, dass die Abtaswerte im Wertebereich eine unendlich hohe Auflösung besitzen. In Wirklichkeit erhält man eine numerische Darstellung mit einer begrenzten Auflösung, abhängig z.B. von der Auflösung des Analog-Digital-Wandlers, kurz A/D-Wandlers. Ein Wandler mit 20 Bit hat 2^{20} Zustände, die man zur Darstellung der Werte einsetzen kann.

Die zeitkontinuierlichen Signale werden, wie schon gehabt, mit kleinen Buchstaben bezeichnet, wobei die unabhängige Variable Zeit in runden Klammern hinzugeführt wird, wie z.B. in $x(t), y(t), \ldots$, etc. Die zeitdiskreten Signale werden ebenfalls mit kleinen Buchstaben bezeichnet und die unabhängige Variable, in

Form der diskreten Zeiten $t = nT_s, n = \dots, -3, -2, -1, 0, 1, 2, 3, \dots$ wird in eckiger Klammer hinzugeführt: $x[nT_s], y[nT_s], \dots$, etc. Vereinfacht wird oft die Abtastperiode T_s weggelassen und die diskreten Werte nur durch den Index n gekennzeichnet: $x[n], y[n], \dots$, etc. Diese Konvention wurde schon in den vorherigen Abschnitten benutzt.

1.4.1 Darstellung der zeitdiskreten Signale

Es werden oft begrenzte zeitdiskrete Sequenzen $x[nT_s]$ benutzt, wie z.B. eine Sequenz von N Werten beginnend bei dem Index $n = 0$. Diese Sequenz kann dann einfach geschrieben werden:

$$x[nT_s], \quad \text{mit} \quad n = 0, 1, 2, \dots, N-1 \quad \text{oder einfach}$$
$$x[n], \quad \text{mit} \quad n = 0, 1, 2, \dots, N-1 \tag{1.136}$$

Wenn man aber eine Liste von Werten $x_1, x_2, x_3, \dots, x_m$ (m Werte) mit bestimmten diskreten Zeiten verbinden möchte z.B. $n = -2, -1, 0, 1, 2, \dots, m-3$, dann kann man den Kronecker-Operator $\delta[n]$, definiert durch

$$\delta[n] = \begin{cases} 1 & \text{für} \quad n = 0 \\ 0 & \text{für} \quad n \neq 0 \end{cases} \tag{1.137}$$

einsetzen. Die Sequenz wird dann wie folgt geschrieben:

$$x[nT_s] = x_1 \delta[(n+2)T_s] + x_2 \delta[(n+1)T_s] + \dots + x_m \delta[(n-(m-3))T_s] \tag{1.138}$$

Der Wert $x_2 \delta[(n+1)T_s]$ wird an Stelle, bei der $\delta[(n+1)T_s] = 1$ ist, positioniert. Diese Stelle erhält man für $(n+1)T_s = 0$ oder für $n = -1$. Der letzte Wert x_m ist an der Stelle, für die gilt $n - (m-3) = 0$ oder $n = m - 3$.

In MATLAB werden die diskreten Werte in einem Vektor, z.B. Zeilenvektor angegeben

```
x = [x1, x2, x3, ..., xm]'
```

und zusätzlich wird der Index der Ursprungsstelle gezeigt, hier $p = 3$, weil die Indizes in MATLAB bei eins beginnen. Der Wert p spielt eine Rolle, wenn man diese Sequenz im Frequenzbereich beschreiben will. Gewöhnlich werden begrenzte Sequenzen mit N Werten mit Indizes von 0 bis $N-1$ angenommen. Die Verschiebung nach links oder rechts im Zeitbereich wird im Frequenzbereich Folgen für die Phase haben.

Um die Theorie der zeitkontinuierlichen Signale auch für die zeitdiskreten Signale anwenden zu können, gibt es die Möglichkeit, die zeitdiskreten Werte als zeitkontinuierlich mit Hilfe der Delta-Funktion (oder Dirac-Funktion) $\delta(t)$ darzustellen [9].

Indem man die Ausblendeigenschaft der Delta-Funktion verwendet, kann man das abgetastete Signal $x_s(t)$ als ein Produkt des kontinuierlichen Signals $x(t)$ mit einer periodischen Folge von Delta-Funktionen schreiben:

$$x_s(t) = x(t) \sum_{n=-\infty}^{\infty} \delta(t - nT_s) = \sum_{n=-\infty}^{\infty} x(t)\delta(t - nT_s) \tag{1.139}$$

Diese Darstellung kann als ein Modell betrachtet werden, das dazu führt, dass die Theorie der zeitkontinuierlichen Systeme auf die zeitdiskreten Systeme übertragen werden kann. Das Signal $x_s(t)$ besteht aus Delta-Funktionen, die Flächen besitzen, die den entsprechenden Werten des Signals $x(t)$ zu den Zeitpunkten nT_s gleich sind.

Die bekannte Fourier-Transformation [24] der zeitkontinuierlichen Systeme

$$X(j\omega) = \int_{t=-\infty}^{\infty} x(t)e^{-j\omega t}\,dt \tag{1.140}$$

kann für das Signal $x_s(t)$ gemäß Gl. (1.139) auch benutzt werden:

$$X_s(j\omega) = \int_{t=-\infty}^{\infty} x_s(t)e^{-j\omega t}\,dt = \int_{t=-\infty}^{\infty} \sum_{n=-\infty}^{\infty} x(t)\delta(t - nT_s)e^{-j\omega t}\,dt \tag{1.141}$$

Wenn man die Reihenfolge Integral-Summe in Summe-Integral ändert erhält man:

$$X_s(j\omega) = \sum_{n=-\infty}^{\infty} \int_{t=-\infty}^{\infty} x(t)\delta(t - nT_s)e^{-j\omega t}\,dt \tag{1.142}$$

Die Ausblendeigenschaft der Delta-Funktion gemäß Gl. (1.91) bzw. Gl. (1.92) führt schließlich auf:

$$X_s(j\omega) = \sum_{n=-\infty}^{\infty} x[nT_s]e^{-j\omega nT_s}\,dt = X_s(e^{j\omega T_s}) \tag{1.143}$$

Die letzte Bezeichnung als $X_s(e^{j\omega T_s})$ soll hervorheben, dass es um zeitdiskrete Signale geht. Die Fourier-Transformation $X_s(e^{j\omega T_s})$ ist in der Literatur als *Discrete-Time-Fourier-Transform* bekannt, kurz DTFT [38, 45]. Sie ist eine kontinuierliche Funktion von ω und wegen der Exponentialfunktion ist sie periodisch mit der Periode $\omega_s = 2\pi/T_s$ in rad/s. Betrachtet man die Frequenz f als Variable, so ist die Periode gleich der Abtastfrequenz $f_s = 1/T_s$.

Tabelle 1.3. Allgemeine Eigenschaften der DTFT

Pos.	Eigenschaft	Sequenz $x[nT_s]$	DTFT
		$g[nT_s]$	$G(e^{j\omega T_s})$
		$h[nT_s]$	$H(e^{j\omega T_s})$
1	Linearität	$a_1 g[nT_s] + a_2 h[nT_s]$	$a_1 G(e^{j\omega T_s}) + a_2 H(e^{j\omega T_s})$
2	Zeitverschiebung	$g[(n-n_0)T_s]$	$e^{-j\omega n_0 T_s}\, G(e^{j\omega T_s})$
3	Frequenzverschieb	$e^{j\omega_0 n T_s}\, g[nT_s]$	$G(e^{j(\omega-\omega_0)T_s})$
4	Ableitung	$nT_s\, g[nT_s]$	$j\dfrac{dG(e^{j\omega T_s})}{d\omega}$
5	Faltung	$g[nT_s] * h[nT_s]$	$G(e^{j\omega T_s}) \cdot H(e^{j\omega T_s})$
6	Multiplikation	$g[nT_s]\, h[nT_s]$	$\dfrac{T_s}{2\pi}\displaystyle\int_{-\omega_s/2}^{\omega_s/2} G(e^{j\omega_\theta T_s})$ $\cdot H(e^{j(\omega-\omega_\theta)T_s})d\omega_\theta$
7	Zeitskalierung	$g_m[nT_s] = \begin{cases} g[nT_s/m] = g[kT_s] \text{ wenn } n = km \\ 0 \text{ wenn } n \neq km \end{cases}$	$G(e^{jm\omega T_s})$

Auch hier gibt es eine inverse Transformation, die die zeitdiskreten Abtastwerten $x_s(t)$ (oder $x[nT_s]$) aus der kontinuierlichen DTFT ergibt:

$$x_s(t) = x[nT_s] = \frac{1}{2\pi}\int_{-\omega_s/2}^{\omega_s/2} X_s(e^{j\omega T_s})e^{j\omega nT_s}d\omega = \int_{-f_s/2}^{f_s/2} X_s(e^{j2\pi f T_s})e^{j2\pi nTs}df \quad (1.144)$$

Weil die DTFT periodisch mit der Periode ω_s oder f_s ist, wird in der inversen Transformation nur eine Periode einbezogen, hier von $-\omega_s/2$ bis $\omega_s/2$ oder $-f_s/2$ bis $f_s/2$.

Tabelle 1.3 stellt einige wichtige Eigenschaften der DTFT dar. Hinzu kommt noch der Satz von Parseval [24]:

$$\sum_{n=-\infty}^{\infty} g[nT_s]h^*[nT_s] = \frac{T_s}{2\pi}\int_{-\omega_s/2}^{\omega_s/2} G(e^{j\omega T_s})H^*(e^{j\omega T_s})d\omega \quad (1.145)$$

Durch $()^*$ ist die konjugiert Komplexe bezeichnet. Für eine Sequenz $x[nT_s]$ führt dieser Satz auf:

$$\sum_{n=-\infty}^{\infty} |x[nT_s]|^2 = \frac{T_s}{2\pi}\int_{-\omega_s/2}^{\omega_s/2} |X(e^{j\omega T_s})|^2 d\omega \quad (1.146)$$

Betrachtet man die DTFT als eine Funktion der Frequenzvariablen f so wird der Satz von Parseval zu:

$$\sum_{n=-\infty}^{\infty} |x[nT_s]|^2 = T_s \int_{-f_s/2}^{f_s/2} |X(e^{j2\pi fT_s})|^2 \, df \tag{1.147}$$

In einer numerischen Annäherung kann das Integral über eine Summe berechnet werden, vorausgesetzt die DTFT ist dicht diskret dargestellt. Wenn keine analytische Form für $X(e^{j\omega T_s})$ bekannt ist, dann wird der Satz von Parseval durch

$$\sum_{n=-\infty}^{\infty} |x[nT_s]|^2 \cong T_s \sum_{k=-N/2}^{N/2} |X(e^{j2\pi k/N})|^2 \Delta f \tag{1.148}$$

angenähert, wobei:

$$\Delta f = f_s/N, \qquad f = k\Delta f = kf_s/N, \qquad \omega T_s = 2\pi fT_s \cong 2\pi k/N$$

$$X(e^{j2\pi k/N}) = X_k = \sum_{n=0}^{M-1} x[nT_s]e^{-j2\pi kn/N}, \quad k = -N/2, \ldots, N/2 \tag{1.149}$$

Bei der Berechnung der DTFT werden $N+1$ Werte (N gerade) für f im Intervall $-f_s/2$ bis $f_s/2$ benutzt. Die Sequenz $x[nT_s]$ wird als kausal mit $0 \leq n \leq M-1$ und $N > M$ angenommen.

Tabelle 1.4 (nach [20]) zeigt die Symmetrieeigenschaften der DTFT für reelle Sequenzen, die nützlich sind, wenn man die DTFT analytisch ermittelt.

Tabelle 1.4. Symmetrieeigenschaften der DTFT-Paare für reelle Sequenzen

$x[nT_s]$	$X(e^{j\omega T_s}) = X_{re}(e^{j\omega T_s}) + jX_{im}(e^{j\omega T_s})$
$x_{ger}[nT_s]$	$X_{re}(e^{j\omega T_s})$
$x_{ung}[nT_s]$	$j\,X_{im}(e^{j\omega T_s})$
Symmetrien	$X(e^{j\omega T_s}) = X^*(e^{-j\omega T_s})$
	$X_{re}(e^{j\omega T_s}) = X_{re}(e^{-j\omega T_s})$
	$X_{im}(e^{j\omega T_s}) = -X_{im}(e^{-j\omega T_s})$
	$|X(e^{j\omega T_s})| = |X(e^{-j\omega T_s})|$
	$\text{Winkel}\{X(e^{j\omega T_s})\} = -\text{Winkel}\{X(e^{-j\omega T_s})\}$

1.4.2 Die DTFT der Abtaswerte abhängig vom Spektrum des kontinuierlichen Signals

Die DTFT einer Sequenz $x[nT_s]$, die durch Abtastung eines kontinuierlichen Signals erhalten wird und das Spektrum des kontinuierlichen Signals als dessen Fourier-Transformation hängen eng zusammen [34, 38].

Weil die Sequenz $s(t)$

$$s(t) = \sum_{n=-\infty}^{\infty} \delta(t - nT_s) \tag{1.150}$$

periodisch ist, besitzt sie eine komplexe Fourier-Reihe

$$s(t) = \sum_{k=-\infty}^{\infty} c_k e^{jk\omega_s t} \tag{1.151}$$

deren Koeffizienten c_k durch

$$c_k = \frac{1}{T_s} \int_{-T_s/2}^{T_s/2} s(t) e^{-jk\omega_s t} dt = \frac{1}{T_s} \int_{-T_s/2}^{T_s/2} \delta(t) e^{-jk\omega_s t} dt$$

$$= \frac{1}{T_s} e^{-jk\omega_s t}\Big|_{t=0} = \frac{1}{T_s} \quad \text{mit} \quad k = 0, \pm 1, \pm 2, \ldots \tag{1.152}$$

gegeben sind. Alle Harmonische der Frequenzen $k\omega_s, k = 0, 1, 2, \ldots$ haben dieselbe Amplitude $|c_k|/2 = 1/(2T_s)$.

Somit kann man das Signal $s(t)$ über die komplexe Fourier-Reihe durch

$$s(t) = \frac{1}{T_s} \sum_{k=-\infty}^{\infty} e^{jk\omega_s t} \tag{1.153}$$

ausdrücken.

Gemäß der Definition der Fourier-Transformation für zeitkontinuierliche Signale erhält man für die Fourier-Transformation $S(j\omega)$ des Signals $s(t)$:

$$S(j\omega) = \int_{-\infty}^{\infty} \left(\frac{1}{T_s} \sum_{k=-\infty}^{\infty} e^{jk\omega_s t} \right) e^{-j\omega t} dt = \frac{1}{T_s} \sum_{k=-\infty}^{\infty} \int_{-\infty}^{\infty} e^{-j(\omega - k\omega_s)t} dt \tag{1.154}$$

Es ist bekannt [9], dass für die Delta-Funktion folgender Ausdruck ebenfalls gilt:

$$\delta(\omega) = \frac{1}{2\pi} \int_{-\infty}^{\infty} e^{-j\omega t} dt \quad \text{oder} \quad \delta(f) = \int_{-\infty}^{\infty} e^{-j2\pi f t} dt \tag{1.155}$$

Basierend darauf ist das Integral aus Gl. (1.154) gleich der Delta-Funktion $2\pi\delta(\omega - k\omega_s)$. Man erhält somit für $S(j\omega)$ die Form:

$$S(j\omega) = \frac{2\pi}{T_s} \sum_{k=-\infty}^{\infty} \delta(\omega - k\omega_s) = \omega_s \sum_{k=-\infty}^{\infty} \delta(\omega - k\omega_s)$$

$$S(j2\pi f) = \frac{1}{T_s} \sum_{k=-\infty}^{\infty} \delta(f - k f_s) = f_s \sum_{k=-\infty}^{\infty} \delta(f - k f_s)$$

$$(1.156)$$

Eine Sequenz $s(t)$ von periodischen Delta-Funktionen der Periode T_s hat als Fourier-Transformation ebenfalls eine Sequenz von Delta-Funktionen der Periode $1/T_s$ in Hz oder $\omega_s = 2\pi/T_s$ in rad/s, die noch mit $2\pi/T_s$ oder ω_s gewichtet sind. Für die Frequenz in Hz wird die Sequenz von Delta-Funktionen mit der Periode T_s nur mit $f_s = 1/T_s$ multipliziert.

Die Fourier-Transformation des Produktes $x(t)s(t)$ wird:

$$\mathcal{F}(x(t)s(t)) = \mathcal{F}\left(x(t)\frac{1}{T_s} \sum_{k=-\infty}^{\infty} e^{jk\omega_s t} \right)$$

$$(1.157)$$

Weil die Multiplikation im Zeitbereich mit $e^{j\omega_0 t}$ im Bildbereich der Fourier-Transformation zu einer Verschiebung im Frequenzbereich führt

$$x(t)e^{j\omega_0 t} \quad \rightarrow \quad X(j(\omega - \omega_0))$$

$$(1.158)$$

erhält man schließlich:

$$X_s(j\omega) = \mathcal{F}(x(t)s(t)) = \frac{1}{T_s} \sum_{k=-\infty}^{\infty} X(j(\omega - k\omega_s))$$

$$(1.159)$$

Das Spektrum des zeitdiskreten Signals ist gleich der Summe der Spektren, die man aus dem Spektrum des kontinuierlichen Signals erhält, das mit $k\omega_s, k = 0, \pm1, \pm2, \ldots$ verschoben ist.

Abb. 1.70 veranschaulicht die Bildung des DTFT-Betragsspektrums des abgetasteten Signals abhängig vom Betragsspektrum der Fourier-Transformation des zeitkontinuierlichen Signals. Links sind die Zeitfunktionen und rechts die Betragsspektren dargestellt.

Die Sequenz der periodischen Delta-Funktionen $s(t)$ (Abb. 1.70c) besitzt ein Betragsspektrum, das in Abb. 1.70d dargestellt ist. Die Multiplikation der Signale $x(t)s(t) = x_s(t)$ ergibt das Signal aus Abb. 1.70e und im Frequenzbereich die Faltung, die in Abb. 1.70f gezeigt ist und die dem Ergebnis aus Gl. (1.159) entspricht. Es wurde angenommen, dass das Signal $x(t)$ ein begrenztes Betragsspektrum mit $|\omega_m| < \omega_s/2$ besitzt und somit überschneiden sich die wiederholten Spektren im Abstand $k\omega_s, k = 0, \pm1, \pm2, \ldots$ (Abb. 1.70f) nicht. Hier stellt ω_m die höchste Frequenz des Spektrums des kontinuierlichen Signals dar.

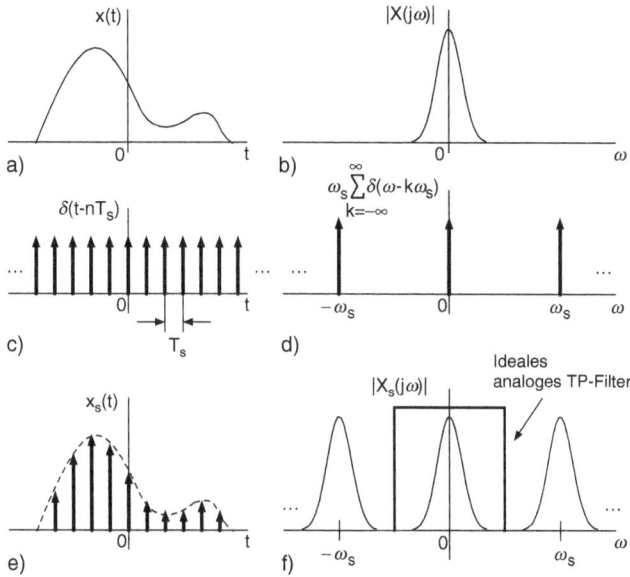

Abb. 1.70. Betragsspektrum des abgetasteten Signals abhängig vom Betragsspektrum des zeitkontinuierlichen Signals

Mit Hilfe eines idealen analogen Tiefpassfilters kann man aus dem abgetasteten Signal das ursprüngliche zeitkontinuierliche Signal rekonstruieren. Der Amplitudengang dieses Filters ist in Abb. 1.70f gezeigt. Das Filter muss den Bereich $-\omega_s/2 < \omega < \omega_s/2$ mit einer Verstärkung T_s durchlassen und den Rest sperren. Zusätzlich darf keine Phasenverschiebung stattfinden oder höchstens eine lineare Phasenverschiebung, die nur zu einer Verspätung ohne Verzerrungen führt. Dadurch wird aus $X_s(j\omega)$ gemäß Gl. 1.159 für $k = 0$ das Spektrum des ursprünglichen Signals $X(j\omega)$ extrahiert.

Ein solches analoges Tiefpassfilter kann man nicht realisieren. Es müsste eine Impulsantwort $h(t)$ der Form

$$h(t) = T_s \int_{f=-f_s/2}^{f_s/2} e^{j2\pi f t} df = \frac{\sin(\pi f_s t)}{\pi f_s t} = \mathrm{sinc}(f_s t) \tag{1.160}$$

besitzen, die eine unendliche Ausdehnung in der Zeit aufweist und nicht kausal ist. Sie wurde als inverse Fourier-Transformation des gewünschten Frequenzgangs berechnet.

Die Antwort $x_r(t)$ des idealen Tiefpassfilters auf eine Sequenz $x_s(t) = x(t)s(t)$ bestehend aus den Delta-Funktionen der Abtaswerte berechnet sich aus der Faltung dieser Delta-Funktionen und der Impulsantwort $h(t)$ [38]:

$$x_r(t) = \int_{-\infty}^{\infty} h(t-\tau)x_s(\tau)d\tau = \int_{-\infty}^{\infty} h(t-\tau)\left(\sum_{n=-\infty}^{\infty} x(\tau)\delta(\tau - nT_s)\right)d\tau$$

$$= \sum_{n=-\infty}^{\infty} \int_{-\infty}^{\infty} h(t-\tau)x(\tau)\delta(\tau - nT_s)d\tau = \sum_{n=-\infty}^{\infty} h(t - nT_s)x(nT_s)$$

(1.161)

Mit $h(t)$ gemäß Gl. (1.160) hier eingesetzt, erhält man folgende Form für das zeitkontinuierliche rekonstruierte Signal $x_r(t)$:

$$x_r(t) = \sum_{n=-\infty}^{\infty} x(nT_s)\frac{\sin(\pi f_s(t - nT_s)))}{\pi f_s(t - nT_s)}$$

(1.162)

Abb. 1.71a zeigt die Impulsantwort des idealen Tiefpassfilters und in Abb.1.71b sind einige Abtastwerte und die Rekonstruktion nach Gl. (1.162) dargestellt. Zwischen den Abtastwerten bildet sich das zeitkontinuierliche Signal aus der Summe aller Impulsantworten (Sinc-Funktionen) gewichtet mit den Abtastwerten. In Abb.1.71b ist die Summe nicht eingezeichnet, um die Darstellung nicht zu komplizieren.

Wenn das kontinuierliche Signal ein bandbegrenztes Spektrum besitzt, aber $|\omega_m| > \omega_s/2$ ist (Abb. 1.72b), dann entsteht eine Überschneidung der periodisch wiederholten Spektren, auch *Aliasing* genannt, und aus den Abtastwerten kann man das zeitkontinuierliche Signal nicht mehr ohne Verzerrungen rekonstruieren.

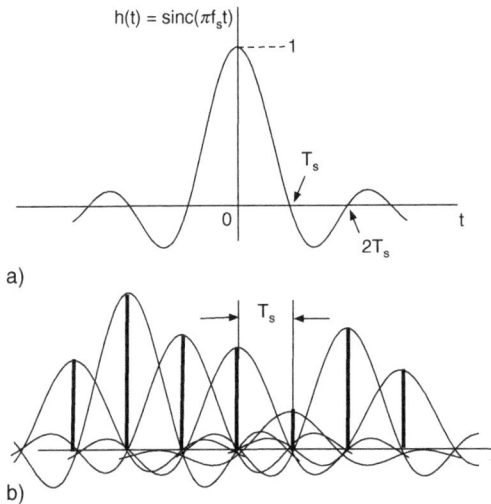

Abb. 1.71. a) Impulsantwort h(t) des idealen Tiefpassfilters b) Einige Abtaswerte und die Interpolation mit h(t)

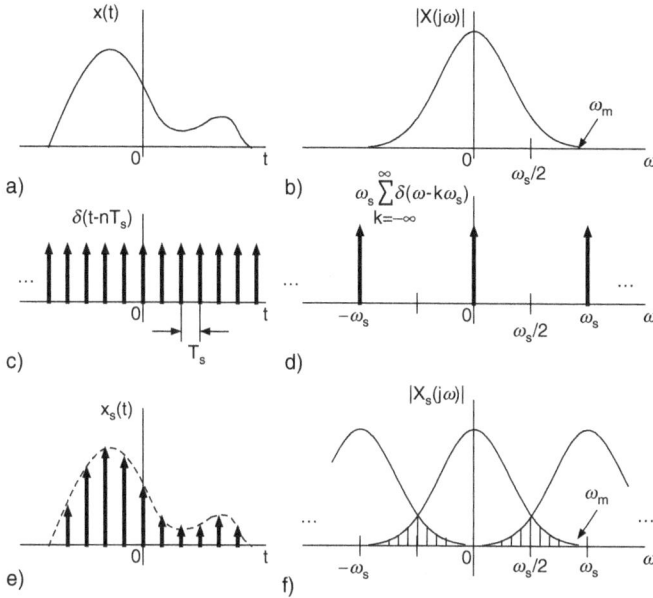

Abb. 1.72. Betragsspektrum des abgetasteten Signals, wenn $|\omega_m| > \omega_s/2$ ist und Aliasing entsteht

Abb. 1.72 zeigt wie die Überschneidung der Perioden des Spektrums unter dieser Bedingung entsteht.

Die Bedingung $|\omega_m| < \omega_s/2$ oder $f_m < f_s/2$ entspricht dem Abtasttheorem. Da man praktisch nie ein ideales analoges Tiefpassfilter implementieren kann, wird immer überabgetastet, so dass $f_s > 2f_m$ ist. Dadurch entsteht eine Lücke zwischen den Spektren und man kann mit realen analogen Filtern eine gute Rekonstruktion erhalten.

1.4.3 Die Fourier-Transformation eines abgetasteten Ausschnittes einer Cosinusfunktion

Es wird gezeigt, wie man ausgehend vom zeitkontinuierlichen Bereich das Spektrum eines abgetasteten Ausschnittes einer Cosinusfunktion erhält. Der Ausschnitt der Form

$$x_W(t) = \begin{cases} \hat{x}(t)\cos(\omega_0 t) & \text{für} \quad 0 \le t \le T_w \\ 0 & \text{sons} \end{cases} \tag{1.163}$$

kann durch ein Produkt einer Cosinusfunktion $x(t)$

$$x(t) = \hat{x}\cos(\omega_0 t) \quad \text{für} \quad -\infty \le t \le \infty \tag{1.164}$$

mit einem rechteckigen Fenster $w(t)$, das durch

$$w(t) = \begin{cases} 1 & \text{für} \quad 0 \le t \le T_w \\ 0 & \text{sons} \end{cases} \tag{1.165}$$

definiert ist, gebildet werden.

Abb. 1.73 zeigt links oben das Signal $x(t)$, darunter die Fensterfunktion $w(t)$ und deren Produkt, das zum Ausschnitt $x_w(t)$ führt. Rechts ganz oben ist das Fourier-Spektrum (Fourier-Transformation) des ursprünglichen Signals $x(t)$ gemäß Gl. (1.94) skizziert. Es besteht aus zwei Delta-Funktionen bei den Frequenzen f_0 und $-f_0$ (oder ω_0 bzw. ω_0) mit Flächen gleich $\hat{x}/2$.

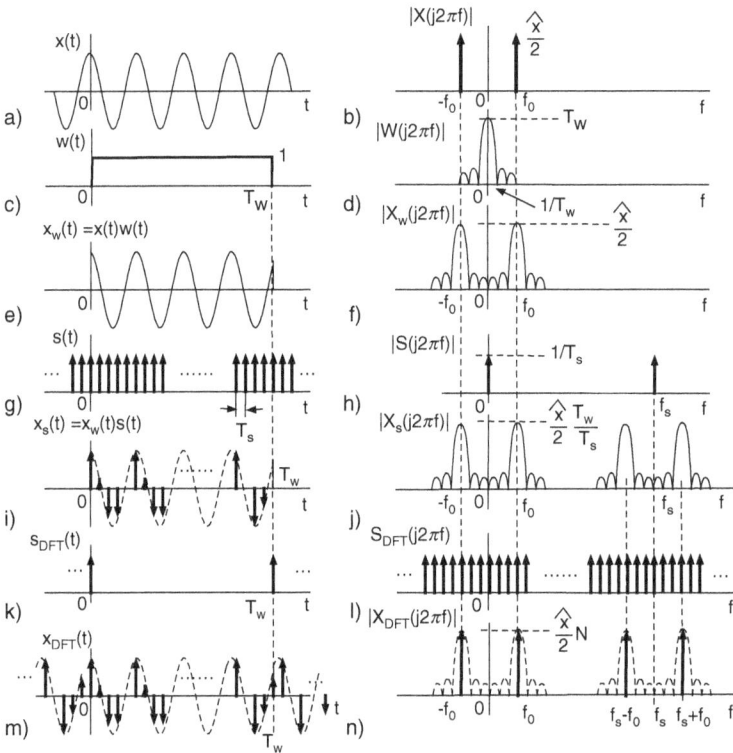

Abb. 1.73. Bildung der Fourier-Transformation des abgetasteten Ausschnittes einer Cosinusfunktion

Die rechteckige Fensterfunktion ist ein Puls der Dauer T_w, für den in Gl. (1.114) die Fourier-Transformation ermittelt wurde:

$$W(j2\pi f) = T_w e^{-j\pi f T_w} \frac{\sin(\pi f T_w)}{\pi f T_w} \tag{1.166}$$

Der Betrag dieser Funktion ist in Abb. 1.73d skizziert. Die Nulldurchgänge sind bei Frequenzen, die Vielfache von $1/T_w$ in Hz sind. Um so größer T_w ist, um so schmaler wird dieses Betragsspektrum. Die Multiplikation im Zeitbereich des Signals $x(t)$ mit der Fensterfunktion $w(t)$ führt zu einer Faltung im Frequenzbereich:

$$X_w(2\pi f) = W(2\pi f) * X(2\pi f) \text{ mit}$$
$$W(2\pi f) = \mathcal{F}(w(t)), \quad X(2\pi f) = \mathcal{F}(x(t))$$

(1.167)

Die Faltung mit den Delta-Funktionen von $X(j2\pi f)$

$$X(2\pi f) = \frac{\hat{x}}{2}\left(\delta(f - f_0) + \delta(f + f_0)\right)$$

(1.168)

ist sehr einfach (gemäß Gl. (1.128)) und führt auf:

$$X_w(2\pi f) = T_w e^{-j\pi(f-f_0)T_w} \cdot \frac{\sin(\pi(f-f_0)T_w)}{\pi(f-f_0)T_w}$$
$$+ T_w e^{-j\pi(f+f_0)T_w} \cdot \frac{\sin(\pi(f+f_0)T_w)}{\pi(f+f_0)T_w}$$

(1.169)

Die Skizze des Betrags dieses Fourier-Spektrums ist in Abb. 1.73f gezeigt. Es besteht aus der Summe des Spektrums der Fensterfunktion $W(2\pi f)$ verschoben auf f_0 und $-f_0$. Wenn jetzt der Ausschnitt $x_w(t)$ durch Multiplikation mit der periodischen Delta-Funktion $s(t)$ aus Abb. 1.73g abgetastet wird, erhält man den abgetasteten Ausschnitt aus Abb. 1.73i.

Die Multiplikation im Zeitbereich führt zu einer Faltung des Spektrums aus Abb. 1.73f mit den periodischen Delta-Funktionen aus Abb. 1.73h, die das Spektrum der periodischen Sequenz von Delta-Funktionen aus Abb. 1.73g darstellt. Das Ergebnis der Faltung ist in Abb. 1.73j gezeigt. Es ist auch eine periodische Funktion der Periode $f_s = 1/T_s$, wobei T_s die Periode der Sequenz der Delta-Funktionen $s(t)$ ist. Sie ist der Betrag der DTFT des zeitdiskrete Signals $x_s(t)$, das als zeitkontinuierliches Signal mit Delta-Funktionen dargestellt ist.

Die Abtastung der DTFT durch Multiplikation mit der Sequenz der Delta-Funktionen $S_{DFT}(j2\pi f)$ aus Abb. 1.73l führt zum Linien-Spektrum aus Abb. 1.73n, das jetzt dem diskreten Bereich der DFT entspricht.

Dieser Multiplikation im Frequenzbereich entspricht im Zeitbereich eine Faltung, die als Ergebnis zu einem periodischen Signal $x_{DFT}(t)$ der Periode T_w führt, wie in Abb. 1.73m dargestellt ist.

Das abgetastete DTFT-Spektrum aus Abb. 1.73n ist nochmals vergrößert in Abb. 1.74 gezeigt. Es wird unterschieden zwischen zwei Fällen. Im ersten Fall aus Abb. 1.74a ist im Untersuchungsintervall, der durch die Dauer der Fensterfunktion T_{w1} gegeben ist, eine ganze Anzahl von Perioden T_0 des Cosinussignals enthalten. Das

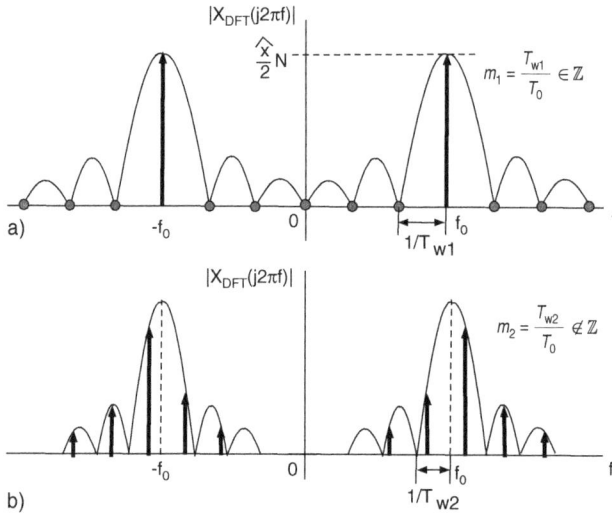

Abb. 1.74. Abgetasteter Betrag der DTFT

Verhältnis

$$m_1 = \frac{f_0}{\Delta f} = \frac{f_0}{f_s/N_1} = \frac{T_s N_1}{T_0} = \frac{T_{w1}}{T_0} \in \mathbb{Z} \tag{1.170}$$

ist eine ganze Zahl. Im zweiten Fall ist das gleiche Verhältnis

$$m_2 = \frac{f_0}{\Delta f} = \frac{f_0}{f_s/N_2} = \frac{T_s N_2}{T_0} = \frac{T_{w2}}{T_0} \notin \mathbb{Z} \tag{1.171}$$

keine ganze Zahl und es entsteht Leckeffekt (*Leakage*), weil die abgetastete DTFT oder die DFT keine Stützstelle für die Frequenz f_0 bzw. $f_s - f_0$ besitzt. Es entstehen Linien in der Umgebung dieser Frequenzen. Hier wurde die Größe des Untersuchungsintervalls T_w geändert und die Frequenz f_0 bzw. Periode $T_0 = 1/f_0$ des Signals beibehalten. In der Erläuterung des Leckeffekts aus Abschnitt 1.2.6 wurde die Periode des Signals über den Parameter m geändert.

Wenn man im zeitdiskreten Bereich bleibt, dann muss man die Abtastwerte nicht als Delta-Funktionen betrachten, deren Fläche die Abtastwerte darstellen, sondern als einfache skalare Werte ansehen.

1.4.4 Spektrum des Signals am Ausgang eines D/A-Wandlers

In diesem Beispiel wird das Fourier-Spektrum am Ausgang eines D/A-Wandlers untersucht. Es wird hier der Übergang vom zeitdiskreten Bereich der Abtastwerte in den zeitkontinuierlichen Bereich am Ausgang des Wandlers untersucht. Die Abtastwerte sind im Speicher hinterlegt und werden mit der Abtastperiode T_s gelesen. Sie werden durch Multiplikation eines zeitkontinuierlichen Signals $x(t)$ mit der periodischen Sequenz von Delta-Funktionen modelliert, wie in Abb. 1.75 dargestellt.

Da der Wandler zwischen den Abtastwerten das zeitkontinuierliche Signal konstant behält, kann man den Wandler mit einem Halteglied nullter Ordnung als Modell annehmen, das durch die Delta-Funktionen der Abtastwerte angeregt wird. Die Impulsantwort des Halteglieds nullter Ordnung $h(t)$ ist sehr einfach:

$$h(t) = \begin{cases} 1 & \text{für} \quad 0 \le t \le T_s \\ 0 & \text{sonst} \end{cases} \tag{1.172}$$

Das ist ein Puls der Dauer T_s und der Höhe eins, der gemäß Gl. (1.166) eine Fourier-Transformation der Form

$$H(j2\pi f) = T_s e^{-j\pi f T_s} \frac{\sin(\pi f T_s)}{\pi f T_s} \tag{1.173}$$

besitzt.

Der Betrag ist in Abb. 1.76 dargestellt. Die erste Nullstelle liegt bei $f = f_s = 1/T_s$ und das führt dazu, dass eine beträchtliche Dämpfung der Signale im ersten

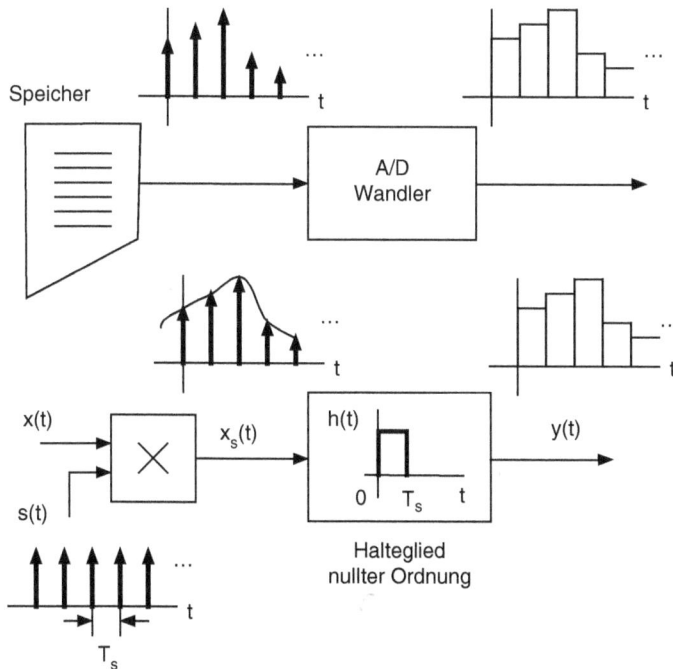

Abb. 1.75. Modell eines A/D-Wandlers

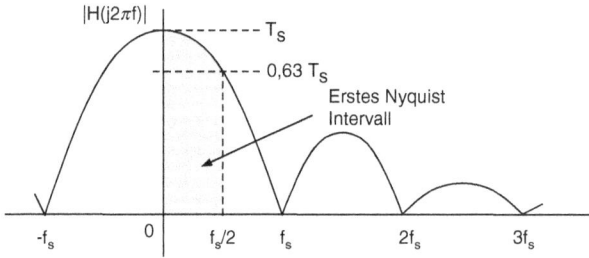

Abb. 1.76. Betragsspektrum der Impulsantwort $h(t)$ des Halteglieds nullter Ordnung

Nyquist-Intervall $0 \le f \le f_S/2$ stattfindet, in dem das Spektrum des zeitkontinuierlichen, ursprünglichen Signals liegt, wenn es das Abtasttheorem erfühlt.

Der Wert der Dämpfung bei $f_S/2$ berechnet sich sehr einfach durch Einsetzen von $f = f_S/2$ in Gl. (1.173):

$$|H(j2\pi f)|_{f=f_S/2} = T_S \frac{\sin(\pi/2)}{\pi/2} = 0,6366 \, T_S \qquad (1.174)$$

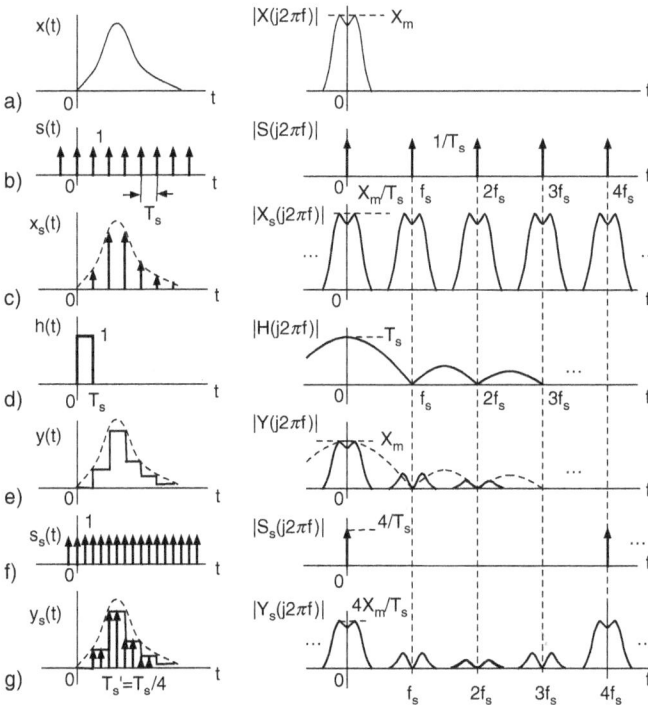

Abb. 1.77. Bildung des Spektrums am Ausgang des D/A-Wandlers

In Abb. 1.77 ist gezeigt, wie man das Spektrum des treppenförmigen Signals am Ausgang des D/A-Wandlers erhält. Aus dem Spektrum (Abb. 1.77a) des zeitkontinuierlichen Signals erhält man das Spektrum des abgetasteten Signals (Abb. 1.77c) durch periodische Fortsetzung.

Die Faltung der Impulsantwort des Halteglieds nullter Ordnung $h(t)$ mit dem Signal $x_s(t)$ ergibt das treppenförmige Signal $y(t)$. Im Frequenzbereich entspricht der Faltung die Multiplikation des Spektrums $X_s(j2\pi f)$ mit der Fourier-Transformation der Impulsantwort $h(t)$ des Halteglieds nullter Ordnung $H(j2\pi f)$. Das Ergebnis ist in Abb. 1.77e dargestellt.

Dieses Spektrum kann mit Hilfe der DFT angenähert werden. Dafür muss man das treppenförmige Signal mit einer Abtastperiode T'_s die kleiner ist als die Abtastperiode T_s ist, abtasten. Man weiß, dass die DFT eine gute Annäherung der Fourier-Transformation in der ersten Hälfte bis $f \cong f'_s/2$ ergibt.

In der Darstellung aus Abb. 1.77 wird eine Abtastperiode $T'_s = T_s/4$ angenommen und der entsprechende Betrag der DFT ist in Abb. 1.77g gezeigt. Er entspricht dem Spektrum aus Abb. 1.77e im Bereich bis $f'_s/2 = 2f_s$. Eine dichtere Abtastung erweitert den Bereich, in dem die DFT eine gute Annäherung des Spektrums des treppenförmigen Signals am Ausgang des D/A-Wandlers ergibt.

Für die Simulation wird ein sinusförmiges Signal am Eingang angenommen und die Bildung des Spektrums ist in Abb. 1.78 skizziert. Es sind die gleichen Schritte gezeigt, wie in der Darstellung aus Abb. 1.77 und somit nicht mehr kommentiert. Die Skalierung der Abszissen sind nicht mehr angegeben, um die Darstellungen klarer zu halten. Sie können ebenfalls nach denen aus Abb. 1.77 übernommen werden.

Für die Untersuchung wird das Modell DA_wandler_spektr_1.m eingesetzt, das aus dem Skript DA_wandler_spektr1.slx initialisiert und aufgerufen wird. Das Modell ist in Abb. 1.79 dargestellt.

Man kann ein oder zwei sinusförmige Signale der Frequenzen f_1 bzw. f_2 als Anregung initialisieren. Die zweite Frequenz kann man in der Nähe der halben Abtastfrequenz wählen und so den Einfluss des Halteglieds nullter Ordnung besser sichtbar zu machen.

Nach der Abtastung mit der Periode T_s wird im unteren Pfad das Leistungsspektrum der Abtastwerte vor dem Halteglied nullter Ordnung ermittelt und am *Vector Scope1* dargestellt. Gleichzeitig wird das Leistungsspektrum in der Senke *To Workspace1* zwischengespeichert. Zu bemerken sei, dass vom Ausgang des ersten Halteglieds nullter Ordnung mit Abtastperiode T_s im *Buffer1* nur die zeitdiskreten Abtastwerte übernommen werden und somit wird das Leistungsspektrum dieser Werte mit der FFT geschätzt. Es entspricht der Schätzung über die FFT des Spektrums aus Abb. 1.78c und wird nur für die erste Periode zwischen den Frequenzen null bis $f_s/2$ dargestellt.

Mit dem zweiten Halteglied nullter Ordnung *Zero-Order Hold1* wird das treppenförmige Signal jetzt abgetastet. Mit dem benutzten *Solver* für diese Simulation und zwar ode45 für die Simulation kontinuierlicher und zeitdiskreter Systeme kann man beim zweiten Halteglied nullter Ordnung eine beliebige Abtastperiode $T'_s < T_s$

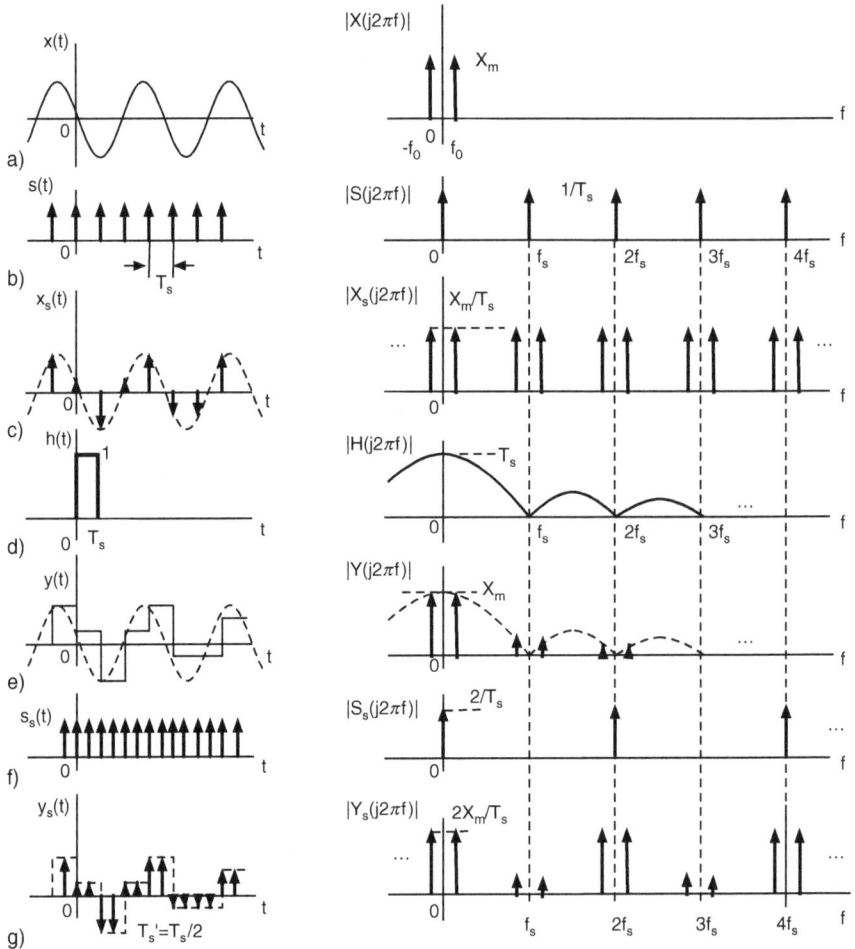

Abb. 1.78. Bildung des Spektrums am Ausgang des D/A-Wandlers für eine sinusförmige Anregung

benutzen. Für einen *Solver* mit fester Schrittweise geht das nicht. Man muss für dieselbe Anordnung einen Block *Rate Transition* zwischenschalten.

Die Puffergrößen sind $4N$ und N und die FFT benutzt eine Größe $4nfft$ bzw. $nfft$ wobei mit $nfft$ die nächste zweier Potenz zu N bezeichnet wird. Zum Beispiel für $N = 1000$ ist $nfft = 1024$.

Quantitativ gute Schätzungen können gemacht werden, wenn in der DFT oder FFT kein Leckeffekt (*Leakage*) entsteht. Im Skript kann man die Abtastfrequenz f_s und den Parameter für die Puffer N so wählen, dass kein Leckeffekt vorkommt:

```
% -------- Parameter der Simulation
% Parameter die kein Leakage ergeben
fs = 102.4;    Ts = 1/fs;   % Abtastfrequenz und Periode
```

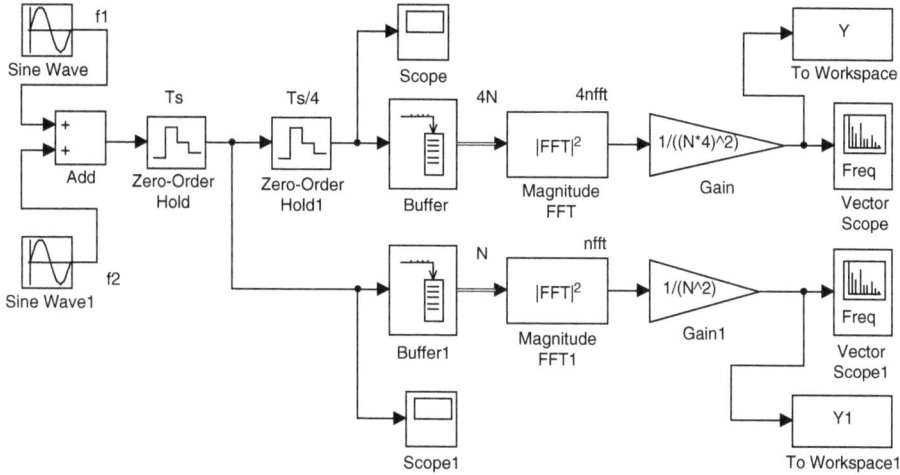

Abb. 1.79. Modell der Untersuchung des Spektrums am Ausgang des D/A-Wandlers für eine sinusförmige Anregung (`DA_wandler_spektr_1.m`, `DA_wandler_spektr1.slx`)

```
N = 1024;       % N <= nfft  % Größe des Puffers
% Parameter die Leakage ergeben
%fs = 100;      Ts = 1/fs;
%N = 1000;

p2 = nextpow2(N);        % Anzahl Stützstellen der FFT
nfft = 2^p2;
Tblock = nfft*Ts;        % Dauer die einen Puffer füllt
% Signale
f1 = 10;        f2 = 40;    % Frequenz der Signale
ampl1 = 1;      ampl2 = 1;  % Amplituden (so kann man nur ein Signal
                            % wählen)
```

Mit $f_s = 102,4$ und $N = 1024$ erhält man die Auflösung der FFT für den Linienabstand gleich $\Delta f = f_s/N = 102,4/1024 = 0,1$ Hz/Bin. Die Frequenzen $f_1 = 10$ Hz und $f_2 = 40$ Hz fallen auf Stützstellen (Bins) der FFT und die Spektren sind klare Linien ohne Leckeffekt.

In Abb. 1.80 sind die Ergebnisse für diese Parameter dargestellt. Ganz oben ist das Leistungsspektrum der zwei Signale gleicher Amplitude gleich eins gezeigt. Es ist das Leistungsspektrum in dBW dargestellt, das auch am *Vector Scope1* gezeigt ist. Gemäß Kapitel 1.2.5 bzw. Gl. (1.41) und Abb. 1.9 ist der Betrag der DFT oder FFT für ein cosinusförmiges Signal gleich $N\hat{x}/2$ oder:

$$\frac{\hat{x}}{2} = \frac{|X_k|}{N} = \frac{|FFT|_k}{N} \tag{1.175}$$

Leistungsspektrum der Abtastwerte in dB

-6,02 dBW

Betragsspektrum des Halteglied nullter Ordnung

Leistungsspektrum des treppenförmigen Ausgang des D/A-Wandlers in dB

-6,15 dBW   -8dBW

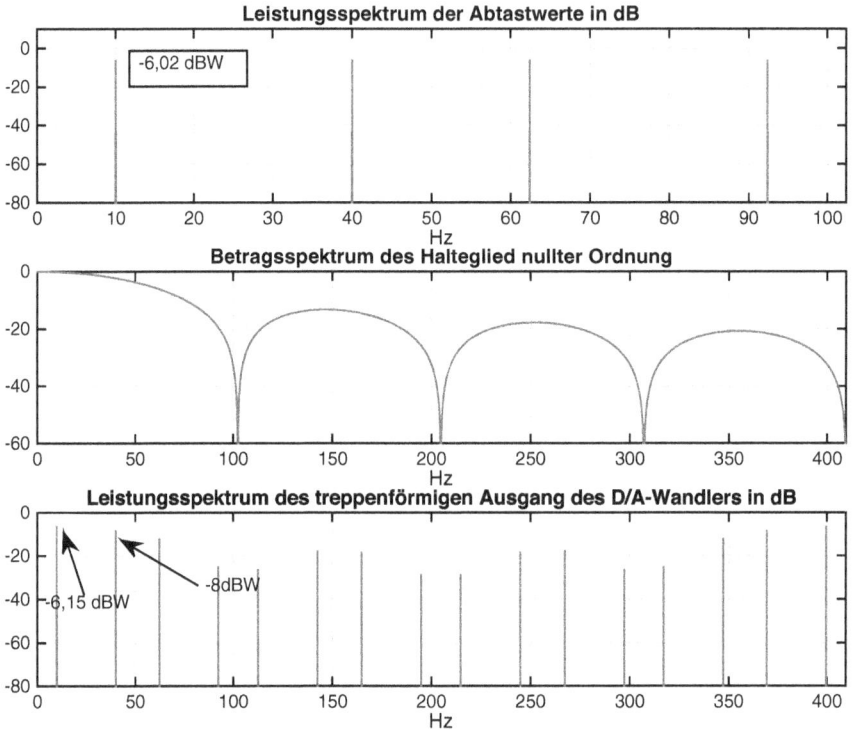

Abb. 1.80. Spektrum am Ausgang des D/A-Wandlers für eine sinusförmige Anregung (DA_wandler_spektr_1.m, DA_wandler_spektr1.slx)

Mit $\hat{x}$ ist die Amplitude des cosinusförmigen Signals bezeichnet und $|X_k|$ bzw. $|FFT|_k$ stellen den Betrag der DFT an der Stelle k dar. In der Darstellung ist die Leistung in dBW gezeigt, die für eine Linie durch

$$P_k/2 = 10 \log_{10} \left(\frac{|FFT|_k}{N} \right)^2 = 10 \log_{10} \left(\left(\frac{\hat{x}}{\sqrt{2}} \right)^2 \frac{1}{2} \right) = 20 \log_{10} \left(\frac{\hat{x}}{2} \right)$$

$$= -6,02 \ dBW \tag{1.176}$$

definiert ist. Die Leistung des Signals wird gemäß Gl. (1.36) auf die zwei Linien des Betrags der FFT verteilt. Aus dieser Gleichung erhält man die geschätzte Amplitude des Signals:

$$\hat{x} = 2 \cdot 10^{-6,02/20} = 1,0001 \quad \text{statt} \quad 1 \tag{1.177}$$

In Abb. 1.80 in der Mitte ist der Betrag der Fourier-Transformation der Impulsantwort des Halteglieds nullter Ordnung geteilt durch T_s dargestellt (gemäß Gl. (1.173)). Die Nullstellen sind bei $f_s, 2f_s, 3f_s, \ldots$ und man sieht die starke Dämpfung, die im ersten

Nyquist-Bereich bis $f_s/2$ stattfindet (Abb. 1.76). Diese kann quantitativ aus der Darstellung des angenäherten Betragsspektrums des treppenförmigen Signals am Ausgang des D/A-Wandlers geschätzt werden, das in Abb. 1.80 ganz unten dargestellt ist.

Das Signal der Frequenz 10 Hz erhält eine Amplitude im Spektrum des Ausgangs von

$$\hat{x} = 2 \cdot 10^{-6,15/20} = 0,9852 \quad \text{statt} \quad 1 \tag{1.178}$$

und zeigt, dass es noch nicht so stark beeinflusst wird. Dagegen ist das Signal von 40 Hz, das näher an $f_s/2 = 102,4/2 = 51,2$ Hz liegt im Spektrum mit einer Amplitude von

$$\hat{x} = 2 \cdot 10^{-8/20} = 0,7962 \quad \text{statt} \quad 1 \tag{1.179}$$

enthalten ist. Die Differenz bedeutet hier einen Fehler von ca. 20 % relativ zur wahren Amplitude.

Die Leistungen der Abtastwerte und des treppenförmigen Signals berechnet aus dem Frequenzbereich sind gleich:

```
>> sum(Y1) =  1.0000
>> sum(Y)  =  1.0000
```

Dieser Wert entsprich den zwei Signalen der Abtastwerte mit Amplituden $\hat{x}$ gleich eins. Die Leistung jedes Signals ist $\hat{x}^2/2 = 0,5$ Watt. Beim treppenförrmigen Signal am Ausgang des D/A-Wandlers ist die gesamte Leistung auf mehrere Komponenten verteilt, Komponenten die man in Abb. 1.78e und g sieht.

Wenn das Modell mit folgenden Parameter gestartet wird

```
% Parameter die Leakage ergeben
fs = 100;      Ts = 1/fs;
N = 1000;
.....
```

entsteht Leckeffekt, weil die FFT mit 1024 Stützstellen berechnet wird. Somit ist die Auflösung $\Delta f = 100/1024 = 0,0977$ und die Signale der Frequenzen 10 Hz und 40 Hz fallen nicht mehr auf Stützstelle der FFT. In Abb. 1.81 sind die gleichen Ergebnisse für diesen Fall dargestellt.

Die gesamten Leistungen der Abtastwerte und des treppenförmigen Signals berechnet aus dem Frequenzbereich sind auch in diesen Fall gleich:

```
>> sum(Y1) =  1.0240
>> sum(Y)  =  1.0240
```

Die Dämpfung im ersten Nyquist-Bereich wegen des Halteglieds nullter Ordnung muss für Anwendungen mit Wandler hoher Auflösungen kompensiert werden. Am einfachsten erfolgt das mit einem digitalen Filter, welches die hohen Frequenzen so verstärkt, das die Dämpfung durch das Halteglied nullter Ordnung kompensiert wird.

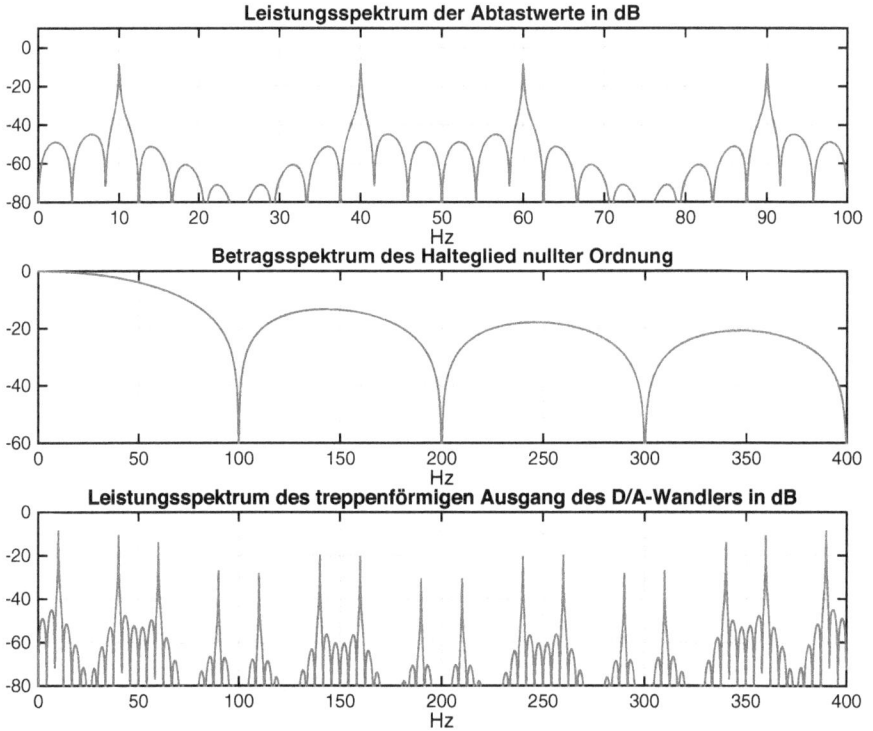

Abb. 1.81. Spektrum mit Leakage für den Ausgang des D/A-Wandlers bei einer sinusförmigen Anregung (DA_wandler_spektr_1.m, DA_wandler_spektr1.slx)

Es gibt folgendes einfache digitales Filter für diese Kompensation:

$$y[nT_s] = \left(-x[nT_s] + 18x[(n-1)T_s] - x[(n-2)T_s] \right)/16 \qquad (1.180)$$

Hier ist $y[nT_s]$ der zeitdiskrete Ausgang des Filters und $x[nT_s]$, $x[(n-1)T_s]$, $x[(n-2)T_s]$ sind die Abtastwerte am Eingang des Filters. Ein konstantes Eingangssignal, oder Signal der Frequenz null, mit $x[nT_s] = x[(n-1)T_s] = x[(n-2)T_s] = a$ ergibt ein Ausgangssignal derselben Größe $y[nT_s] = a$.

In Simulink in der Bibliothek *Discrete* kann man dieses Filter mit Hilfe der Übertragungsfunktion $H(z)$ initialisieren:

$$H(z) = \frac{(-1 + 18z^{-1} - z^{-2})/16}{1} \qquad (1.181)$$

Die zeitdiskreten Filter und deren Übertragungsfunktionen werden in einem späteren Kapitel dargestellt. Hier sollte man akzeptieren, dass das Filter aus dem DA_wandler_spektr2.slx Modell die gespeicherte Werte, bevor sie dem D/A-Wandler zugeführt werden, gemäß Gl. (1.180) bearbeitet werden. Das Modell wird aus dem Skript DA_wandler_spektr_2.m initialisiert und aufgerufen.

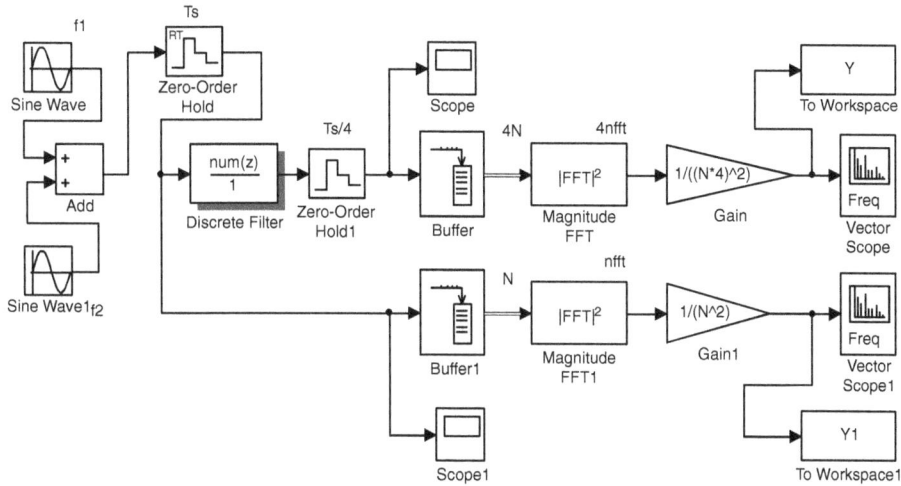

Abb. 1.82. Modell mit Kompensation des Verhaltens des Halteglieds nullter Ordnung (DA_wandler_spektr_2.m, DA_wandler_spektr2.slx)

Im Modell erkennt man das *Discrete Filter*, das die zeitdiskreten Signale filtert und danach werden sie in dem treppenförmigen Signal mit Hilfe des *Zero-Order Hold1* umgewandelt. Der Rest des Modells ist unverändert geblieben.

In Abb. 1.83 sind die Ergebnisse für den Fall mit Kompensation des Verhaltens im Frequenzbereich des Halteglieds nullter Ordnung dargestellt. Es werden die Parameter benutzt, die nicht zu Leckeffekt führen. Die Amplituden der Signale von 10 Hz und 40 Hz sind jetzt in dem Spektrum des treppenförmigen Signals des A/D-Wandlers annähernd gleich. Die Leistungen können mit der Zoom-Funktion der Darstellung gelesen werden –6 dBW bzw. –6,5 dBW und daraus dann die Amplituden berechnen:

```
>> 2*10^(-6.0/20) =  1.0024
>> 2*10^(-6.5/20) =  0.9463
```

Die Differenz ist jetzt nur 5,6 % statt 18,9 % (0,9852 – 0,7962 = 0,1890). Mit aufwändigeren Kompensationsfiltern kann man den Fehler weiter vermindern [30].

Dieses Beispiel ist geeignet, um eine Diskussion über die *Solver*-Wahl für die Simulink-Modelle zu führen. Mit den *Solver* für zeitkontinuierliche und gemischte Modelle, wie z.B. dem hier eingesetzten ode45 mit Runge-Kutta-Verfahren sollte man immer beginnen. Diese Verfahren erlauben beliebige Abtastraten und zeitkontinuierliche Systeme. Wenn alle Blöcke zeitdiskret sind, dann kann man die Simulation beschleunigen, in den man den *FixedStepDiscrete-Solver*

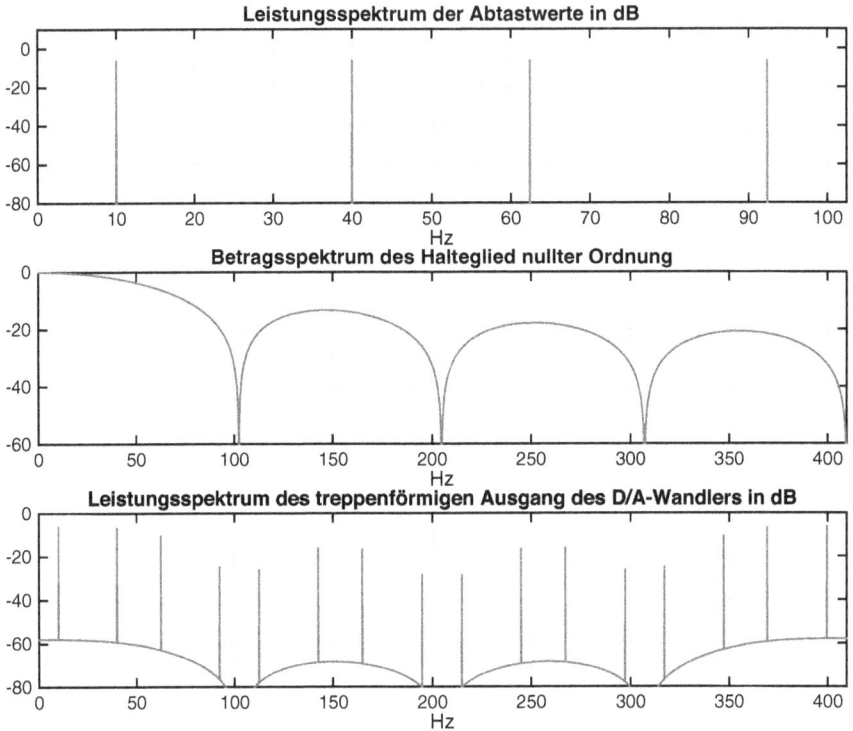

Abb. 1.83. Ergebnisse bei Kompensation des Verhaltens des Halteglieds nullter Ordnung (DA_wandler_spektr_2.m, DA_wandler_spektr2.slx)

verwendet. Hier müssen alle Abtastperioden Vielfache der kleinsten Abtastperiode des Modells sein. Man kann mit Halteglieder nullter Ordnung von einer kleinen Abtastperiode zu einer größeren wechseln aber nicht umgekehrt. Von einer größeren Abtastperiode zu einer kleineren kann man nicht direkt wechseln weil in dieser Art Simulation die Zwischenwerte für die größere Abtastperiode, die notwendig sind, fehlen.

Im Modell abtst_rate1.slx wird ein solcher Wechsel mit *Solver* ode45 exemplarisch gezeigt. Mit dem Modell abtst_rate2.slx, das in Abb. 1.84 dargestellt ist, wird gezeigt, wie man mit dem Block *Rate Transition* das Problem für *FixedStepDiscrete-Solver* löst. Mit diesen Block werden die nötigen Zwischenwirte erzeugt, wie in Abb. 1.85 dargestellt ist. Ganz oben ist das Eingangssignal des *Sine Wave* Generators dargestellt, das mit einer Abtastperiode $T_s/4$ zeitdiskretisiert ist. Zu dem Signal nach dem ersten Halteglied nullter Ordnung mit der größeren Abtastperiode T_s kommt man ohne andere Vorkehrungen mit einem weiteren Halteglied nullter Ordnung.

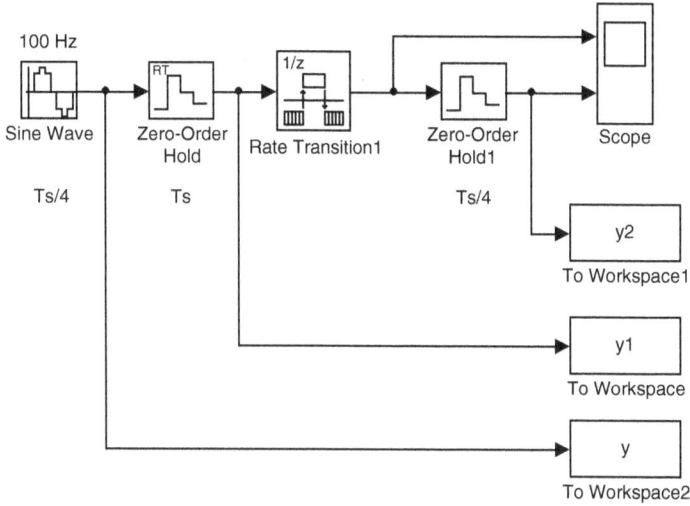

Abb. 1.84. Modell zur Untersuchung der Änderung der Abtastrate mit Halteglieder nullter Ordnung
(abtast_rate_1.m, abtast_rate1.slx, abtast_rate2.slx)

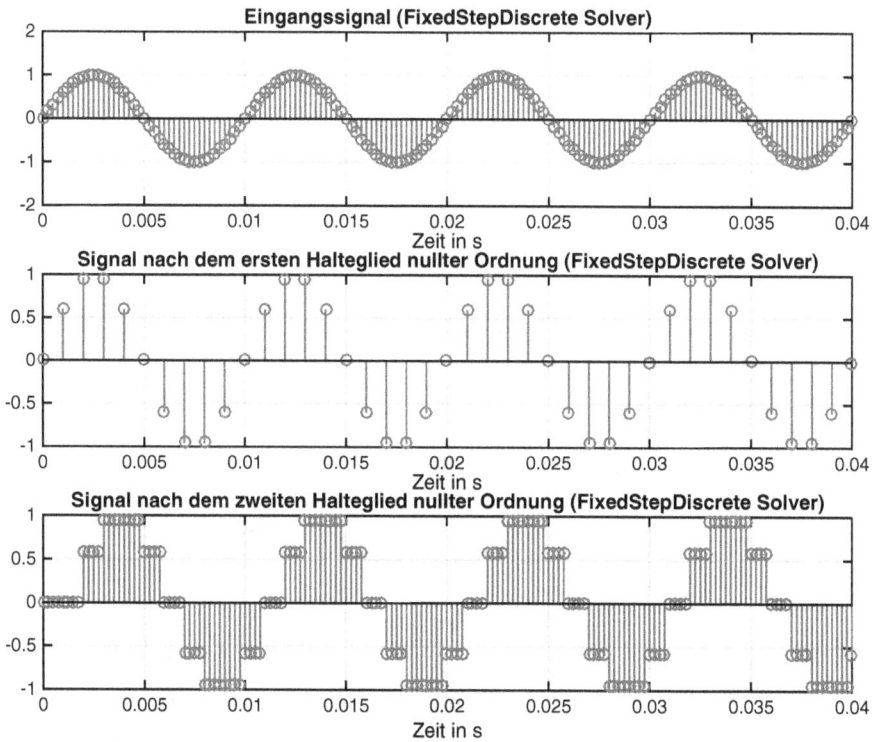

Abb. 1.85. Ergebnisse der Änderung der Abtastrate mit Halteglieder nullter Ordnung
(abtast_rate_1.m, abtast_rate2.slx)

Dagegen wird, um aus dieser Abtastperiode wieder zur kleineren Abtastperiode $T_s/4$ zu gelangen, der Block *Rate Transition* benötigt. Dieser fügt die nötigen Zwischenwerte hinzu, wie aus Abb. 1.85 hervorgeht (ganz unten).

Im Skript `abtast_rate_1.m` wird zuerst das Modell `abtst_rate1.slx` mit dem *Solver* `ode45` aufgerufen, der kein Block *Rate Transition* benötigt. Danach wird das Modell `abtst_rate2.slx` mit *FixedStepDiscrete-Solver* aufgerufen, in dem der Block *Rate Transition* enthalten ist. Die Ergebnisse beider Modelle sind gleich.

Die Senken *To Workspace* dieser Modelle sind für das Format *Time Series* initialisiert. Die Daten werden daraus folgendermaßen extrahiert:

```
t  = y.time;    % Signal des Sine Wave Blocks
y  = y.data;
t1 = y1.time;   % Signal nach dem ersten Zero-Order Hold
y1 = y1.data;
t2 = y2.time;   % Signal nach dem zweiten Zero-Order Hold1
y2 = y2.data;
```

In den Darstellungen werden dann direkt die Zeit und die Signale eingesetzt:

```
......
figure(2);    clf;
subplot(311), stem(t, y);
title('Eingangssignal (FixedStepDiscrete Solver)');
xlabel('Zeit in s');    grid on;
subplot(312), stem(t1,y1);
title(['Signal nach dem ersten Halteglied nullter Ordnung',...
       ' (FixedStepDiscrete Solver)']);
xlabel('Zeit in s');    grid on;
.....
```

1.5 Die DFT und die spektrale Leistungsdichte zufälliger Signale

Die Theorie der stochastischen Signale und Systeme und die Verfahren für die Schätzung der spektralen Leistungsdichten sind eine große Herausforderung, weil die zugrunde liegende Mathematik sehr anspruchsvoll ist [29, 38]. Mit Werkzeugen wie MATLAB und deren Erweiterungen und Toolboxen ist es möglich, die Algorithmen für die Analyse anschaulich und verständlich darzustellen und eine Grundlage für ihren Einsatz zu sichern.

1.5.1 Zufallsvariablen

In der Praxis sind die Signale nur selten deterministisch, meistens sind sie kombiniert mit Zufallssignale. Die letzteren können nicht direkt durch Gleichungen dargestellt werden.

Die Charakterisierung eines Zufallssignals erfolgt durch seine statistischen Eigenschaften: Wahrscheinlichkeitsdichte, Mittelwert, Varianz, Autokorrelation etc. In theoretischen Abhandlungen sind diese Größen deterministisch und auf die Menge aller Realisierungen eines Prozesses anwendbar.

In der Praxis müssen diese Größen durch Messungen geschätzt werden, die auf einer begrenzten Menge von Messdaten basieren. Weil die Schätzungen aus Zufallswerten stammen, sind sie selbst Zufallsvariablen. Daraus geht hervor, dass man nur wahrscheinliche Aussagen über die Schätzwerte machen kann und man ist bestrebt ihre Streuung auf ein Minimum zu bringen.

Wie bei den deterministischen Signalen ist auch hier eine Beschreibung im Zeit- und Frequenzbereich sehr wichtig. Die direkte Anwendung der Fourier-Transformation ist hier nicht geeignet, aber die Fourier-Transformation der Korrelationsfunktion, die theoretisch eine deterministische Größe ist, führt zu einem Spektrum in Form einer spektralen Leistungsdichte, die als Beschreibung in Frequenzbereich dienen kann [38].

Zunächst werden einige allgemeine elementare Aspekte der Zufallsvariablen beschrieben. Eine Zufallsvariable ist durch ihre Wahrscheinlichkeitsdichte (englisch *Probability Density Function* kurz PDF) definiert:

$$p_V(v) = \frac{d}{dv} P_V(v) \tag{1.182}$$

Mit $P_V(v)$ wurde die Wahrscheinlichkeit für v als Zufallsvariable und v als ein partikulärer Wert dieser Zufallsvariable bezeichnet, dass v $\leq$ v ist. Die Wahrscheinlichkeitsdichte $p_V(v)$ kann als Wahrscheinlichkeit angesehen werden, dass die Zufallsvariable v im Intervall v bis $v + dv$ liegt, geteilt durch dv. Daraus folgt:

$$P_V(v) = \int_{-\infty}^{v} p_V(x)dx \tag{1.183}$$

In vielen Fällen reichen der Mittelwert m_V und die Varianz σ_V^2 für die Beschreibung der Zufallsvariable aus:

$$m_V = E\{v\} = \int_{-\infty}^{\infty} v p_V(v)dv$$

$$\sigma_V^2 = E\{v - m_V\} = \int_{-\infty}^{\infty} (v - m_V)^2 p_V(v)dv \tag{1.184}$$

Die Erwartungswerte $E\{\}$ sind theoretisch deterministische Konstanten, die aber nicht genau mit begrenzten Datensätzen der Zufallsvariablen ermittelt werden können.

Als Beispiel für eine Zufallsvariable die mit dem Mittelwert und Varianz vollständig beschrieben wird, ist die normal- oder gaußverteilte Zufallsvariable. Sie dient vielmals als Modell für die Zufallsvariablen, die in der Natur vorkommen. Die

Begründung liegt in dem zentralen Grenzwertsatz [29, 38], der besagt, dass die Summe unendlich vieler, statistisch unabhängigen Zufallsvariablen gaußverteilt ist.

Die Wahrscheinlichkeitsdichte $p_V(v)$ dieser Zufallsvariablen ist:

$$p_V(v) = \frac{1}{\sigma_V\sqrt{2\pi}} e^{-(v-m_V)^2/(2\sigma_V^2)} \tag{1.185}$$

Sie wird abgekürzt durch $N(m_V, \sigma_V^2)$ gekennzeichnet. Die Faktoren in dieser Gleichung führen dazu, dass die Bedingung

$$P_V(v \le \infty) = \int\limits_{-\infty}^{\infty} p_V(v)dv = 1 \tag{1.186}$$

erfüllt ist.

Im Skript `normal_1.m` wird die Wahrscheinlichkeitsdichte einer Sequenz von Zufallszahlen, die mit der MATLAB-Funktion `randn` erzeugt wird, geschätzt. Man setzt dazu die Funktion `hist` ein, die die Häufigkeiten der Werte eines Vektors in einer vorgegebenen Anzahl von Intervallen ermittelt. Die Summe der Häufigkeiten muss gleich der Anzahl der Werte in der Probe sein. Jeder Wert des Vektors muss in irgendein Intervall fallen.

Die Häufigkeiten geteilt durch die Gesamtzahl der Werte ist eine Schätzung der Wahrscheinlichkeiten der Werte in jedem Intervall. Diese Schätzungen weiter geteilt durch die Größe der Intervalle, ergeben eine Schätzung der Wahrscheinlichkeitsdichte (PDF). Mit steigender Anzahl der Werte und der Intervalle nähert sich diese Schätzung der Wahrscheinlichkeitsdichte gemäß Gl. (1.185).

Die wichtigsten Zeilen des Skriptes `normal_1` sind:

```
% ------- Sequenz
n = 1000;                              % Anzahl der Werte in der Probe
mx = 2;                                % Mittelwert
varianz = 1;                           % Standardabweichung
x = sqrt(varianz)*randn(1,n) + mx;     % Sequenz (Probe)
% ------- Häufigkeiten
ni = 20;                               % Anzahl der Intervalle
[Hae, i] = hist(x, ni);                % Häufigkeiten in ni Intervallen
di = i(2) -i(1);                       % Größe der Intervalle
pdf_gs = (Hae/n)/di;                   % Geschätzte PDF
% ------- Die ideale PDF
dx = 0.1;
xid = mx-4*sqrt(varianz):dx:mx+4*sqrt(varianz); % Bereich für die
                                                % ideale PDF
pxid = (1/sqrt(varianz*2*pi))*exp(-(xid - mx).^2/(2*varianz));
......
```

In Abb. 1.86 ist oben die Sequenz dargestellt und unten die geschätzte und ideale Wahrscheinlichkeitsdichte gezeigt. Dem Skript kann man auch entnehmen, wie man aus der mit `randn` erzeugten Sequenz mit Mittelwert null und Varianz eins eine

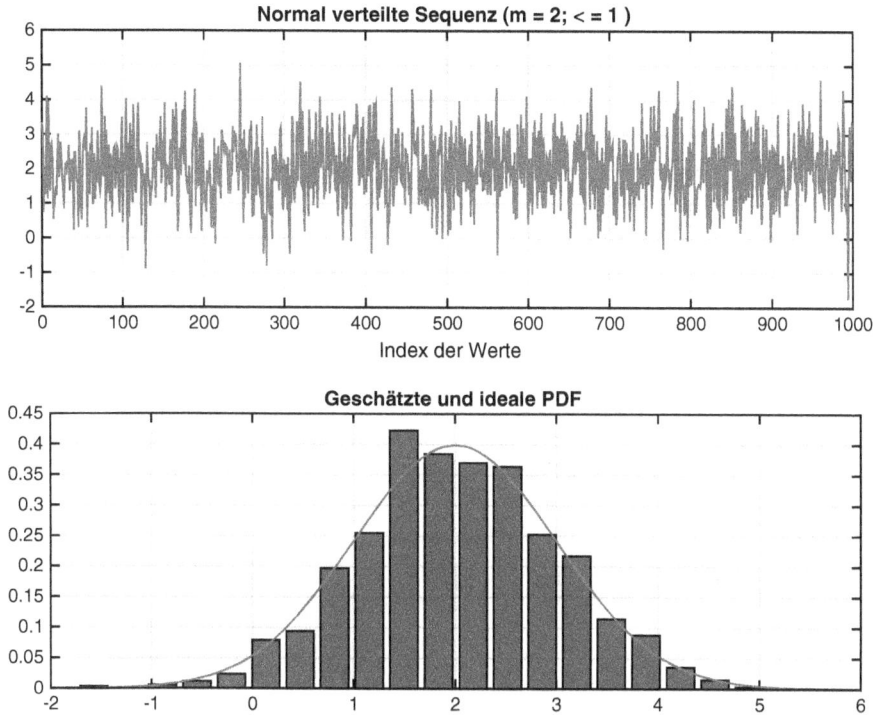

Abb. 1.86. a) Normal verteilte Sequenz b) Geschätzte und ideale Wahrscheinlichkeitsdichte (PDF) (`normal_1.m`)

beliebige Sequenz $N(m_V, \sigma_V^2)$ erzeugen kann. Man multipliziert die Sequenz mit der gewünschten Standardabweichung und addiert den gewünschten Mittelwert.

Die normalverteilte Sequenz mit Mittelwert null hat eine Eigenschaft die besagt, dass die Wahrscheinlichkeit der Werte, die im Betrag größer als drei mal die Standardabweichung sind, sehr klein ist und zwar kleiner als 0,05. Diese Erkenntnis wurde auch bei der Wahl des Bereichs der Zufallsvariable für die Darstellung der Wahrscheinlichkeitsdichte benutzt.

1.5.2 Nichtstationäre, stationäre und ergodische Zufallsprozesse

Ein Zufallsprozess besteht aus einer Schar von Zeitsignalen, die die Werte v_k zum Zeitpunkt k als Zufallsvariable haben. Im allgemeinen Fall ist die Wahrscheinlichkeitsdichte dieser Werte vom Zeitpunkt k abhängig. In vielen Fällen ist der Prozess stationär und die Wahrscheinlichkeitsdichte ist dieselbe für alle Momente k. Zusätzlich ist die gemeinsame Wahrscheinlichkeitsdichte (*joint* PDF) der Signale zum Zeitpunkt k und $k + m$ nur von m als Zeitabstand zwischen den Signalwerten abhängig [33].

Wenn man von der Schar des Prozesses nur eine Realisierung kennt, stellt sich die Frage, wie kann man dann die statistischen Eigenschaften (z.B. den Mittelwert oder Varianz) schätzen. Unter der Annahme, dass der Prozess stationär und zusätzlich ergodisch ist, kann man die statistischen Mitteilungen über die Schar auch aus Mitteilungen über die Zeit aus einer Realisierung berechnen [29].

Die Zeitmitteilung über eine Realisierung des stochastischen, stationären und ergodischen Prozesses ist z.B. für den Mittelwert durch

$$m_{\mathrm{V}} = \lim_{N \to \infty} \frac{1}{2N+1} \sum_{k=-N}^{N} v[k] \qquad (1.187)$$

gegeben. Ein ähnlicher Limes kann auch für die Varianz geschrieben werden:

$$\sigma_{\mathrm{V}}^2 = \lim_{N \to \infty} \frac{1}{2N+1} \sum_{k=-N}^{N} |v[k] - m_{\mathrm{V}}|^2 \qquad (1.188)$$

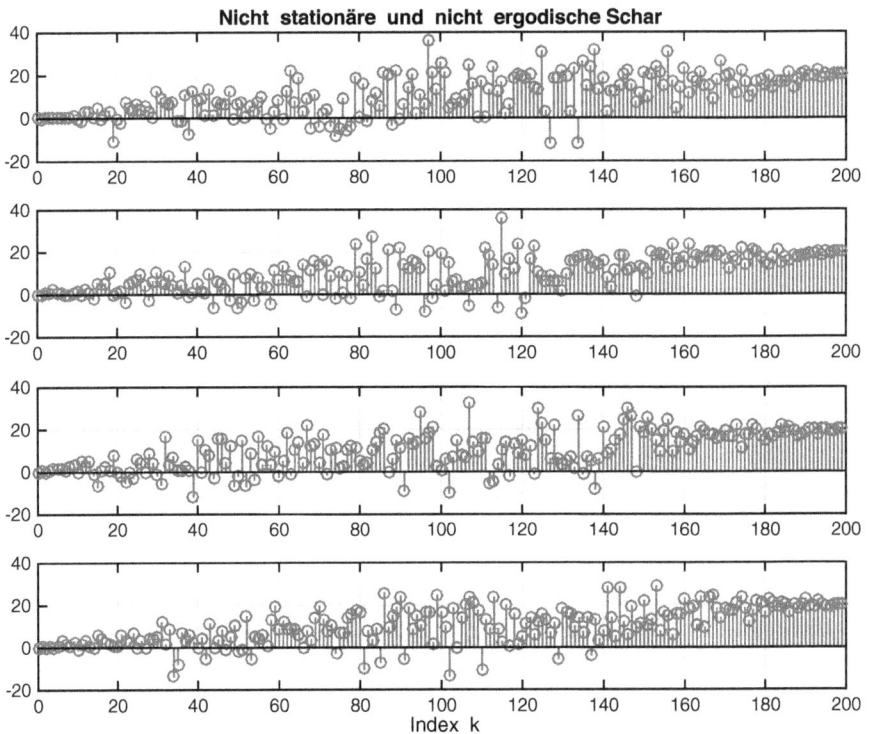

Abb. 1.87. Nicht stationäre und nicht ergodische Schar (`schar_1.m`)

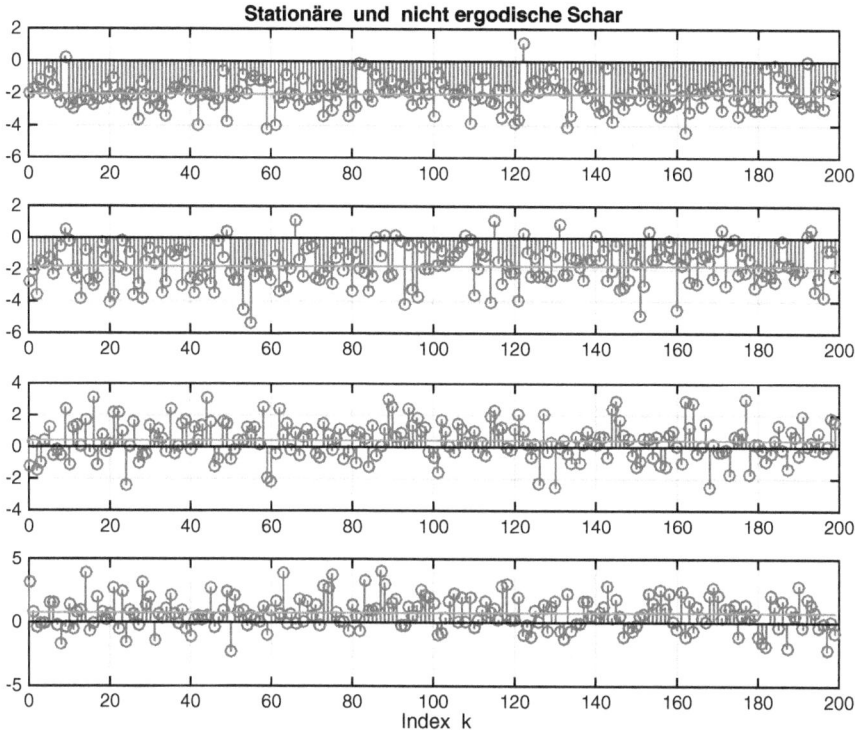

Abb. 1.88. Stationäre und nicht ergodische Schar (`schar_1.m`)

Abb. 1.87 zeigt eine Schar von vier Realisierungen eines Zufallsprozesses, der nicht stationär und nicht ergodisch ist. In Zeit (mit dem Index k) ändert sich sowohl die Varianz als auch der Mittelwert über die Schar.

In Abb. 1.88 ist ein Zufallsprozess dargestellt, der jetzt stationär aber nicht ergodisch ist. Die statistische Mittelwerte (Mittelwert und Varianz) über die Schar sind konstant, sie können aber nicht aus einer Realisierung in Zeit ermittelt werden.

Schließlich zeigt Abb. 1.89 einen Zufallsprozess, der sowohl stationär als auch ergodisch ist. Alle vier Realisierungen haben die gleichen Mittelwerte und die gleichen Varianzen. Die statistischen Mittelwerte über die Schar können auch aus einer Realisierung in Zeit ermittelt werden.

Um die Darstellungen anschaulich zu gestalten, sind nur vier Realisierungen angenommen, die wiederum nicht sehr groß sind. Die Darstellungen wurden mit dem Skript `schar_1.m` erzeugt. Die Parameter der Prozesse sind so gewählt, dass schon aus der Betrachtung der Darstellungen die Eigenschaften nicht stationär, stationär oder ergodisch ersichtlich sind.

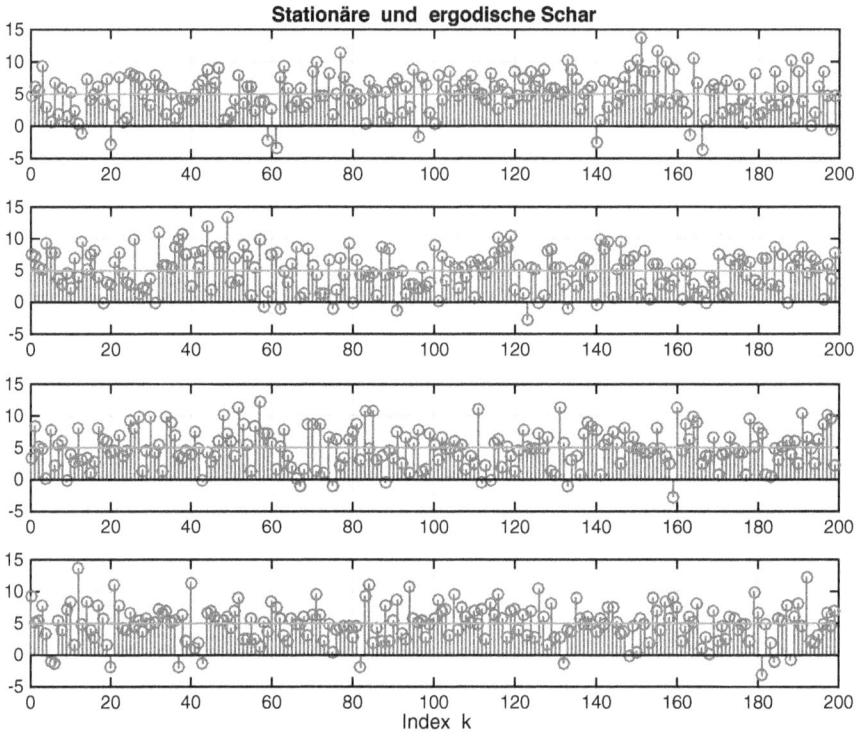

Abb. 1.89. Stationäre und ergodische Schar (`schar_1.m`)

1.5.3 Die spektrale Leistungsdichte zufälliger Signale und ihre Annäherung über die DFT

Es werden ergodische (implizit auch stationäre) Zufallssignale angenommen. Wenn $x(t)$ ein stationärer Zufallsprozess ist, dann ist seine Autokorrelationsfunktion $r_{xx}(\tau)$ durch

$$r_{xx}(\tau) = E\{x(t)^* x(t+\tau)\} \tag{1.189}$$

gegeben, wobei durch $E\{\}$ der statistische Erwartungswert bezeichnet wurde und $x(t)^*$ stellt die konjugiert Komplexe von $x(t)$ dar [38].

Die spektrale Leistungsdichte ist, über das Wiener-Khintchine-Theorem [38] die Fourier-Transformation dieser Autokorrelationsfunktion:

$$\Gamma_{xx}(f) = \int\limits_{-\infty}^{\infty} r_{xx}(\tau) e^{-j2\pi f\tau}\, d\tau \tag{1.190}$$

In der Praxis besitzt man gewöhnlich nur eine Realisierung des Prozesses, aus der man die spektrale Leistungsdichte schätzen will. Die richtige Autokorrelationsfunktion

$r_{xx}(\tau)$ kennt man nicht, aber man kann die mittlere Autokorrelationsfunktion $R_{xx}(\tau)$ über die Zeit für ergodische Prozesse durch

$$R_{xx}(\tau) = \frac{1}{2T_0} \int\limits_{-T_0}^{T_0} x(t) * x(t+\tau) dt \tag{1.191}$$

berechnen. Hier ist $2T_0$ das Beobachtungsintervall.

Für diese Prozesse führt der Limes

$$\lim_{T_0 \to \infty} R_{xx}(\tau) = \lim_{T_0 \to \infty} \frac{1}{2T_0} \int\limits_{-T_0}^{T_0} x^*(t) \, x(t+\tau) \, dt = r_{xx}(\tau) \tag{1.192}$$

zur Autokorrelationsfunktion. Die Fourier-Transformation der über die Zeit ermittelten Autokorrelationsfunktion $R_{xx}(\tau)$ ergibt eine Schätzung $S_{xx}(f)$ der spektralen Leistungsdichte:

$$\begin{aligned}
S_{xx}(f) &= \int\limits_{-T_0}^{T_0} R_{xx}(\tau) \, e^{-j2\pi f\tau} \, d\tau \\
&= \frac{1}{2T_0} \int\limits_{-T_0}^{T_0} \left[\int\limits_{-T_0}^{T_0} x^*(t) \, x(t+\tau) dt \right] e^{-j2\pi f\tau} \, d\tau \\
&= \frac{1}{2T_0} \left| \int\limits_{-T_0}^{T_0} x(t) \, e^{-j2\pi ft} \, dt \right|^2
\end{aligned} \tag{1.193}$$

Die tatsächliche spektrale Leistungsdichte $\Gamma_{xx}(\tau)$ ist jetzt der Erwartungswert von $S_{xx}(f)$, für $T_0 \to \infty$:

$$\begin{aligned}
\Gamma_{xx}(f) &= \lim_{T_0 \to \infty} E\{S_{xx}(f)\} \\
&= \lim_{T_0 \to \infty} E\left\{ \frac{1}{2T_0} \left| \int\limits_{-T_0}^{T_0} x(t) \, e^{-j2\pi ft} \, dt \right|^2 \right\}
\end{aligned} \tag{1.194}$$

Die Schätzung der spektralen Leistungsdichte $S_{xx}(\tau)$ kann über zwei Wege realisiert werden. Es wird zuerst die Autokorrelationsfunktion $R_{xx}(\tau)$ geschätzt und danach deren Fourier-Transformation berechnet oder direkt gemäß Gl. (1.193).

Es wird jetzt die Schätzung der spektralen Leistungsdichte aus einer Realisierung des Zufallsprozesses, der aus N Abtastwerten $x[kT_s], k = 0, 1, 2, \ldots, N-1$ besteht, untersucht. Man nimmt an, dass $f_s \geq 2f_{max}$ ist, wobei $f_s = 1/T_s$ die Abtastfrequenz ist und f_{max} stellt die höchste Frequenz des gemittelten Leistungsspektrums des Signals dar.

Die Schätzung der Autokorrelationsfunktion aus dieser begrenzten Anzahl von Abtastwerten kann auf verschiedene Arten durchgeführt werden [38]. Eine Möglichkeit ist:

$$R_{xx}[m] = \frac{1}{N} \sum_{k=0}^{N-m-1} x^*[k]\, x[k+m] \quad \text{für} \quad 0 \le m \le N-1$$

$$R_{xx}[m] = \frac{1}{N} \sum_{k=|m|}^{N-1} x^*[k]\, x[k+m] \quad \text{für} \quad m = -1, -2 \dots, 1-N \tag{1.195}$$

Der Limes für $N \to \infty$ führt zur Autokorrelationsfunktion:

$$\lim_{N \to \infty} E\{R_{xx}[m]\} = r_{xx}[m] \tag{1.196}$$

Weil auch die Varianz der Schätzung der Autokorrelation null für $N \to \infty$ wird, ist diese eine konsistente Schätzung.

Für reelle Signale bei denen $r_{xx}[m] = r_{xx}[-m]$ vereinfacht sich die Schätzung gemäß Gl. (1.195). Man muss nur die Summe für $m \ge 0$ berechnen. Zusätzlich, wenn $m_{max} \le N$ ist, werden mehrere solche Summen berechnet und dann gemittelt.

Die MATLAB-Funktion `xcorr` wird für die Schätzung der Autokorrelationsfunktion der Daten aus einem Vektor der Länge N mit Verspätungen m bis zu einem maximalen Wert $m_{max} \le N$ eingesetzt.

Die Anzahl der Werte in der Schätzung wird mit steigendem m kleiner und dadurch ist auch folgende Normierungsform sinnvoll:

$$R_{xx}[m] = \frac{1}{N-m} \sum_{k=0}^{N-m-1} x^*[k]\, x[k+m] \quad \text{für} \quad 0 \le m \le N-1$$

$$R_{xx}[m] = \frac{1}{N-|m|} \sum_{k=|m|}^{N-1} x^*[k]\, x[k+m] \quad \text{für} \quad m = -1, -2 \dots, 1-N \tag{1.197}$$

Die erste Form (gemäß Gl. (1.195)) erhält man in der Funktion `xcorr` mit der Option `'biased'` und die zweite Form (gemäß Gl. (1.197)) wird mit der Option `'unbiased'` vorgegeben.

Die Schätzung der spektralen Leistungsdichte über die Autokorrelation $r_{xx}[m]$ wird jetzt mit

$$S_{xx}(f) = T_s \sum_{m=-(N-1)}^{N-1} R_{xx}[m]\, e^{-j2\pi f m T_s} \tag{1.198}$$

berechnet. Der Faktor T_s entsteht durch die Annäherung des Integrals der spektralen Leistungsdichte gemäß Gl. (1.193) durch eine Summe.

Es ist üblich mit normierten Frequenzen die Gleichungen zu vereinfachen. Dazu wird die relative Frequenz

$$F = \frac{f}{f_s} = f T_s \tag{1.199}$$

eingeführt und für die spektrale Leistungsdichte wird folgende Form angenommen:

$$S_{xx}(F) = \sum_{m=-(N-1)}^{N-1} R_{xx}[m] e^{-j2\pi F m} \tag{1.200}$$

Die relative Frequenz F nimmt für $0 \le f \le f_s$ Werte im Bereich $0 \le F \le 1$ an. Später z.B. in der Verarbeitung konkreter Messdaten, für die man die Eigenschaften im Frequenzbereich mit absoluten Frequenzen ausdrücken muss, multipliziert man die Ergebnisse, die mit relativen Frequenzen ausgedrückt sind, mit T_s oder $1/f_s$.

Wenn man jetzt $R_{xx}[m]$ aus Gl. (1.195) hier einsetzt, kann diese Schätzung wie folgt geschrieben werden:

$$S_{xx}(F) = \frac{1}{N} \left| \sum_{k=0}^{N-1} x[k] e^{-j2\pi F\,k} \right|^2 = \frac{1}{N} |X(F)|^2 \tag{1.201}$$

Wobei $X(F)$ die Fourier-Transformation (DTFT) der Sequenz $x[k]$ ist. In absoluten Frequenzen in Hz multipliziert man das Ergebnis mit T_s:

$$S_{xx}(f) = T_s\, S_{xx}(F) = T_s \frac{1}{N} |X(F)|^2 = \frac{1}{(f_s/N)} \left[\frac{1}{N^2} |X(F)|^2 \right] \tag{1.202}$$

Man erkennt die Bildung der Dichte durch die Teilung mit f_s oder mit der Auflösung f_s/N der DFT, die später zur Annäherung der Funktion $X(F)$ eingesetzt wird.

Die Schätzung der spektralen Leistungsdichte gemäß Gl. (1.201) ist als Periodogramm (englisch *Periodogram*) bekannt. Man kann zeigen [38], dass diese Schätzung im Mittel einer mit Dreieckfenster (Bartlett-Fenster) gewichteten Autokorrelationsfunktion entspricht. Das Ergebnis ist eine geglättete (*smoothed*) Version der korrekten, spektralen Leistungsdichte die auch vom Leckeffekt wegen der begrenzten Anzahl von Daten beeinflusst ist.

Die Schätzung der Autokorrelationsfunktion mit $R_{xx}[m]$ ist eine konsistente Schätzung der wahren Funktion $r_{xx}[m]$. Im Mittel für $N \to \infty$ ist die Schätzung von $S_{xx}(F)$ auch asymptotisch erwartungstreu, die Varianz der Schätzung klingt aber nicht zu null ab und somit stellt sie keine konsistente Schätzung der spektralen Leistungsdichte dar.

Das ist der Grund für den Einsatz weiterer Verfahren zur Schätzung der spektralen Leistungsdichte. Bevor diese Verfahren untersucht werden, wird der Einsatz der DFT (oder FFT) zur Schätzung des Periodogramms besprochen.

Wenn N Abtastwerte vorhanden sind, kann auch eine DFT mit N Stützpunkten (Bins) für die Berechnung der Fourier-Transformation verwendet werden. Für das Periodogramm erhält man dann:

$$S_{xx}(f)\Big|_{f=k\,f_s/N} = S_{xx}[k] = T_s \frac{1}{N} \left| \sum_{n=0}^{N-1} x[nT_s]\, e^{-j2\pi nk/N} \right|^2$$

$$\frac{1}{(f_s/N)} \frac{1}{N^2} \left| \sum_{n=0}^{N-1} x[nT_s]\, e^{-j2\pi nk/N} \right|^2 = \frac{1}{(f_s/N)} \left| \frac{DFT_k}{N} \right|^2 \tag{1.203}$$

$$k = 0, 1, 2, \ldots, N-1 \quad \text{und} \quad n = 0, 1, 2, \ldots, N-1$$

Der Faktor T_s wird in den theoretischen Abhandlungen, die mit relativer Frequenz ausgedrückt sind, weggelassen und kann später hinzu genommen werden, um konkret die Einheit der spektralen Leistungsdichte z.B. in $Volt^2/Hz$ zu erhalten. Wenn der Faktor vorhanden ist, dann muss man für den Parseval-Satz bei der Integration (oder Summierung) der spektralen Leistungsdichte mit der Auflösung f_s/N der DFT multiplizieren. Ansonsten, ohne diesen Faktor, multipliziert man mit der relativen Auflösung $1/N$.

In der Praxis führt diese diskrete Schätzung im Frequenzbereich nicht zu einer guten Darstellung der kontinuierlichen Funktion $S_{xx}(f)$ der spektralen Leistungsdichte. Die Ergänzung der Daten mit Nullwerten bis zur Länge $L > N$ durch das sogenannte *Zero Padding* ergibt eine Schätzung für mehr Frequenzwerte, aber diese sind eine Interpolierung der ursprünglichen Werte und dadurch wird die Auflösung nicht erhöht. Diese kann nur durch einen größeren Datensatz (N größer) erhalten werden.

Das Welch-Verfahren [38, 49] ist ein sehr verbreitetes Verfahren zur Schätzung der spektralen Leistungsdichte. Dabei werden modifizierte Periodogramme gemittelt. In Abb. 1.90 ist gezeigt, wie man ein Datensatz in L Segmente der Größe N zerlegt, für den folgendes modifizierte Periodogramm $\tilde{S}_{xx}^{(i)}(F)$ berechnet wird:

$$\tilde{S}_{xx}^{(i)}(F) = \frac{1}{Np_w} \left| \sum_{k=0}^{N-1} x_i[k] w[k]\, e^{-j2\pi Fk} \right|^2 \tag{1.204}$$

Das Signal $x[k]$ wird mit einer Fensterfunktion $w[k]$ multipliziert, um den Leckeffekt zu vermindern. Der Normierungsfaktor p_w ist dabei die mittlere Leistung der Fensterfunktion:

$$p_w = \frac{1}{N} \sum_{k=0}^{N-1} w^2[k] \tag{1.205}$$

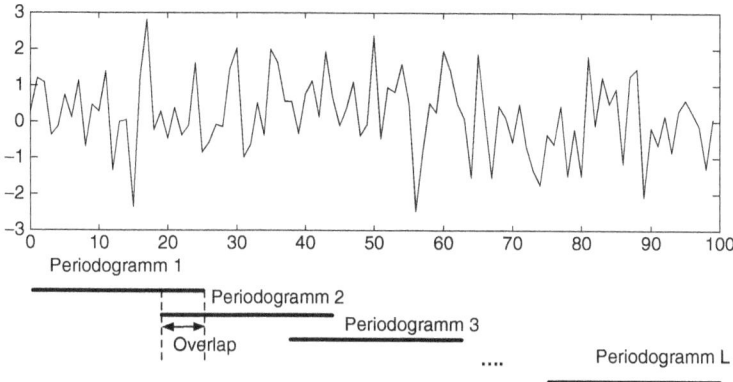

Abb. 1.90. Wahl der modifizierten Periodogramme für das Welch-Verfahren

Die spektrale Leistungsdichte nach Welch wird dann durch Mittelung dieser modifizierten Periodogramme erhalten:

$$S_{xx}(F) = \frac{1}{L} \sum_{i=0}^{L-1} \tilde{S}_{xx}^{(i)}(F) \tag{1.206}$$

Die Segmente können sich auch überlappen, so dass man mehr modifizierte Periodogramme für die Mittelung gewinnt. In der Literatur [38] wird gezeigt, dass bei 50 % Überlappung und Verwendung des Dreieckfensters die Varianz mit Faktor 9L/8 relativ zur einfachen Periodogramm-Methode reduziert wird.

In der Blackman-Turkey-Methode wird die geschätzte Autokorrelationsfunktion $R_{xx}[m]$ zuerst mit Fensterfunktion gewichtet und danach die Fourier-Transformation durch die DFT Annäherung berechnet. Die Erklärung für dieses Vorgehen ist einfach. Bei großen Verspätungen m der geschätzten Autokorrelation $R_{xx}[m]$, die schon in der Nähe der Länge der Sequenz N kommen, ist die Varianz der geschätzten Werte dieser Autokorrelation relativ groß, weil eine kleinere Menge von Daten $N - m$ in der Schätzung benutzt werden kann. Somit ist die Blackman-Tukey-Schätzung durch

$$S_{xx}(F) = \sum_{m=-(N-1)}^{N-1} R_{xx}[m]\, w[m] e^{-j2\pi Fm} \tag{1.207}$$

gegeben [38]. Die Fensterfunktion $w[m]$ der Länge $2N - 1$ ist für $|m| \geq N$ null.

Die Fensterfunktion $w[m]$ muss symmetrisch um $m = 0$ sein (ungerade Größe), um eine reelle Schätzung (ohne Imaginärteil) für die spektrale Leistungsdichte zu erhalten. Zusätzlich ist erwünscht, dass das Spektrum der Fensterfunktion nicht negativ wird. Diese Bedingung führt dazu, dass $S_{xx}(F) \geq 0$ für $|F| \leq 1/2$ ist, was sicherlich eine gewünschte Eigenschaft der geschätzten spektralen Leistungsdichte ist. Nicht alle Fensterfunktionen erfüllen diese Bedingung. So z.B. erfüllen die sehr verbreiteten Hanning- und Hammingfenster diese Bedingung nicht, trotz der guten Dämpfung der Seitenkeulen ihres Spektrums.

1.5.4 Beispiel für die Schätzung der spektralen Leistungsdicht mit Hilfe der DFT

Es wird ein Beispiel untersucht, in dem die spektrale Leistungsdichte eines Signals ermittelt wird, das man aus weißem Rauschen durch Tiefpassfilterung erhält. Die spektrale Leistungsdichte wird mit der Welch-Methode berechnet.

Ein zeitkontinuierlicher Zufallsprozess $x(t)$ wird als weißes Rauschen bezeichnet, wenn er eine konstante spektrale Leistungsdichte η (Watt/Hz) besitzt [29]:

$$S_{xx}(\omega) = \eta \quad \text{für} \quad -\infty \le \omega \le \infty \tag{1.208}$$

Abb. 1.91a zeigt die spektrale Leistungsdichte und die entsprechende Autokorrelationsfunktion des weißen Rauschens in Form einer Delta-Funktion. Es ist leicht zu verstehen, das dieser Prozess ideal und nicht real ist. Die mittlere Leistung oder Varianz (weil der Mittelwert null ist) als Integral der spektralen Leistungsdichte von $-\infty$ bis ∞ ist unendlich groß, was in der Realität nicht möglich ist.

Als bandbegrenztes weißes Rauschen wird ein Zufallsprozess bezeichnet, der in einem Frequenzbereich zwischen $-\omega_B$ und ω_B eine konstante spektrale Leistungsdichte besitzt, wie in Abb. 1.91b dargestellt.

Die entsprechende Autokorrelation wird durch die inverse Fourier-Transformation ermittelt:

$$R_{xx}(\tau) = \frac{1}{2\pi} \int_{-\omega_B}^{\omega_B} \eta e^{j\omega\tau} d\omega = \frac{\eta\omega_B}{\pi} \cdot \frac{\sin(\omega_B\tau)}{\omega_B\tau} \tag{1.209}$$

Die Nullstellen der Sinc-Funktion sind bei Vielfachen von π/ω_B. Mit der Bandbreite f_B in Hz sind diese bei Vielfachen von $1/(2f_B)$. Der Maximalwert der Autokorrelationsfunktion bei der Verspätung $m = 0$ entspricht der Leistung des Signals:

$$R_{xx}(0) = \int_{-\infty}^{\infty} x(\tau)^2 d\tau = \int_{-f_B}^{f_B} \eta df = 2\eta f_B = \eta\frac{\omega_B}{\pi} \tag{1.210}$$

Eine unkorrelierte zeitdiskrete Zufallssequenz entspricht unter bestimmten Bedingungen dem bandbegrenzten weißem Rauschen. In MATLAB kann man mit der Funktion **randn** unkorrelierte normalverteilte Zufallswerte mit Mittelwert null und Varianz eins erzeugen. Die Bandbreite ist von der Schrittweite der Simulation abhängig.

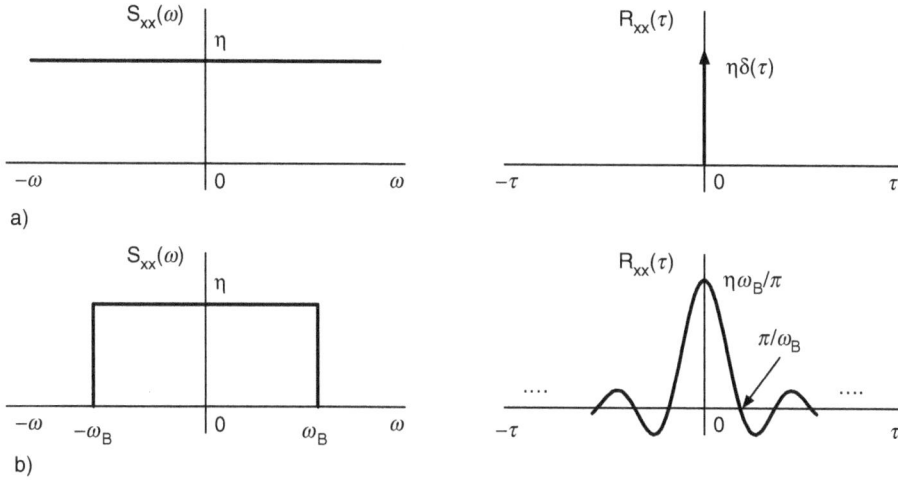

Abb. 1.91. a) Spektrale Leistungsdichte und Autokorrelation des weißen Rauschens
b) Spektrale Leistungsdichte und Autokorrelation des bandbegrenzten weißen Rauschens

Die mittlere Leistung (in Watt) einer Zufallssequenz ist unabhängig von der Schrittweite oder Abtastperiode. Mit kleineren Schrittweiten sind höhere Frequenzen im Signal vorhanden und die Leistung verteilt sich auf einen breiteren Frequenzbereich. Bei gegebener Varianz ist die spektrale Leistungsdichte in W/Hz (oder $Volt^2/Hz$) somit kleiner. Es besteht also eine Abhängigkeit der spektralen Leistungsdichte von der Schrittweite der Rauschsequenz.

Mit einer zeitdiskreten unkorrelierten normal verteilten Sequenz kann das kontinuierliche Rauschen mit konstanter spektraler Leistungsdichte bis zu einer Grenzfrequenz f_B erzeugt werden. Diese Grenzfrequenz f_B ist die halbe Abtastfrequenz $f_s/2$ der Sequenz. Sie muss das Abtasttheorem erfüllen und höher als die maximale charakteristische Frequenz des kontinuierlichen Systems sein. Im signifikanten Frequenzbereich des Systems ist dieses Signal dann weißes Rauschen.

Die Varianz σ_x^2 der unkorrelierten Sequenz $x[nT_s]$ ist gleich der gewünschten spektralen Leistungsdichte mal Abtastfrequenz f_s:

$$\sigma_x^2 = f_s\, S_{xx}(f) = S_{xx}(f)/T_s \tag{1.211}$$

Mit folgenden Anweisungen wird eine normalverteilte mittelwertfreie Rauschsequenz x der Dauer 100 s mit einer spektralen Leistungsdichte gleich 10 W/Hz bei gegebener Schrittweite von 0, 01 s erzeugt:

```
dt = 0.01;            t = 0:dt:100;
x = sqrt(10/dt)*randn(1, length(t));
```

Abb. 1.92. Simulink-Blöcke zur Erzeugung von unkorrelierten, normalverteilten Sequenzen

In Simulink sind mehrere Blöcke für die Erzeugung von unkorrelierten normalverteilten Sequenzen verfügbar, die in Abb. 1.92 dargestellt sind. Mit allen drei Blöcken kann man Sequenzen mit bestimmter Varianz und über die Abtastperiode (*Sample Time*) auch mit einer bestimmten spektralen Leistungsdichte erzeugen.

Nach dieser Einführung in der Erzeugung von unabhängigen, normalverteilten Sequenzen wird die Bestimmung der spektralen Leistungsdichte mit Hilfe der DFT mit dem Modell welch1.slx und Skript welch_1.m untersucht. Abb. 1.93 zeigt das Modell.

Aus dem Rauschgenerator *Random Number* der Varianz eins und Abtastperiode $T_S = 1/1000$ erhält man eine Sequenz mit einer spektralen Leistungsdichte vom $S_{xx}(f) = 1/1000$ Watt/Hz oder

$$S_{xx}^{dBW/Hz}(f) = 10\log_{10}(1/1000) = -30 \text{ dBW/Hz} \tag{1.212}$$

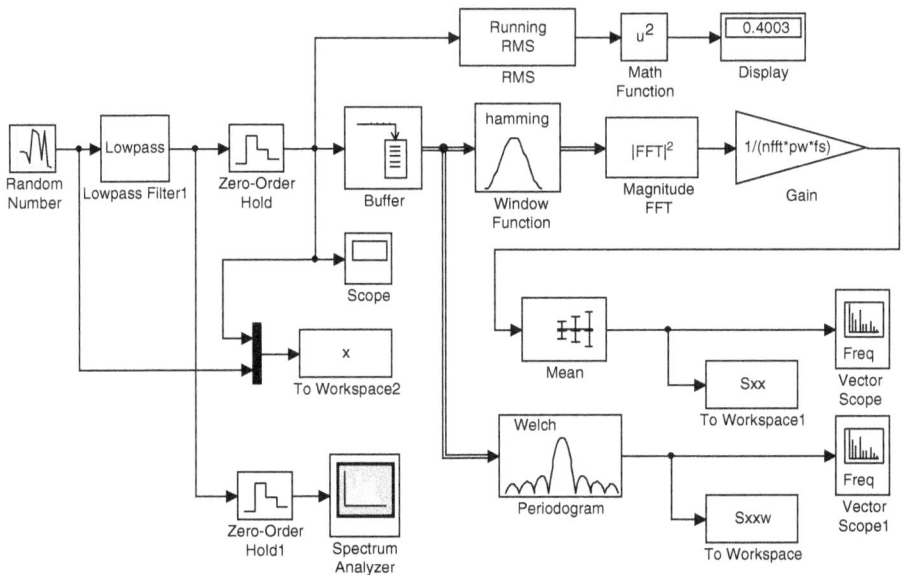

Abb. 1.93. Simulink-Modell, mit dem die Bestimmung der spektralen Leistungsdichte untersucht wird (welch_1.m, welch1.slx)

Diese nicht korrelierte Sequenz wird mit einem digitalen FIR-Tiefpassfilter (*Finite Impulse Response Filter*) gefiltert, so dass man ein Rauschsignal mit Leistung im Durchlassbereich des Filters erhält. Obwohl die digitalen Filter noch nicht behandelt wurden, sind die FIR-Filter leicht zu erklären. Ihr Ausgang wird durch folgende Gleichung berechnet:

$$y[nT_s] = c_0 x[nT_s] + c_1 x[(n-1)T_s] + \cdots + c_M x[(n-M)T_s] \tag{1.213}$$

Mit M ist die Ordnung des Filters gegeben und wie man sieht, ist das Filter durch $M + 1$ Koeffizienten $c_0, c_1, c_2, \ldots, c_M$ definiert. Diese Koeffizienten bestimmen die Art Tiefpass, Bandpass, etc. des Filters. Im Block *Lowpass Filter1* wird das Filter über die Angaben der Durchlassfrequenz, hier 200 Hz, des Anfangs des Sperrbereiches bei $200 \times 1,05 = 210$ Hz und die Dämpfung im Sperrbereich (*Stopband attenuation*) von 60 dB ermittelt.

Der Block *Zero-Order Block* ist eigentlich nicht mehr notwendig, da er mit derselben Abtastperiode T_s initialisiert ist. In der Senke *To Workspace2* wird das weiße Rauschen des Generators und das Rauschen nach der Filterung zwischengespeichert. In Abb. 1.94 sind Ausschnitte dieser Signale dargestellt.

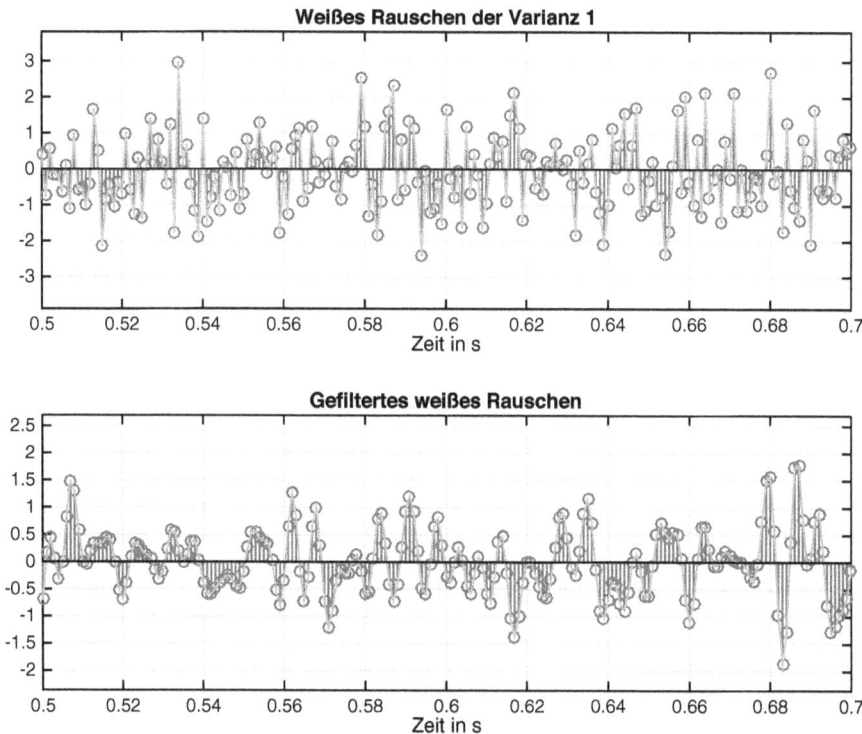

Abb. 1.94. Weise Rauschen und gefiltertes Rauschen (`welch_1.m`, `welch1.slx`)

Die Leistung des gefilterten Signals wird mit den Blöcken *RMS* (Effektivwert) und *Math Function* zum Quadrieren ermittelt und auf dem *Display* angezeigt. Bei einer Abtastfrequenz von $f_s = 1000$ Hz und Tiefpassfilter mit der Durchlassfrequenz von 200 Hz, erhält man eine Leistung von 2*200/1000 = 0,4 Watt, die auch angezeigt wird. Der Faktor 2 beruht auf der Art, wie man die spektrale Leistungsdichte berechnet hat und zwar 1 Watt des Rauschgenerators geteilt durch f_s. Die Leistung ist somit sowohl im ersten als auch in den zweiten gespiegelten Nyquist-Intervall verteilt, wenn man die spektrale Leistungsdichte im Bereich $0 \leq f \leq f_s$ annimmt. Das gilt auch für die spektrale Leistungsdichte im Bereich $-f_s/2 \leq f \leq f_s/2$.

Wenn man die spektrale Leistungsdichte nur für das erste Nyquist-Intervall berechnet als 1 Watt geteilt durch $f_s/2$, dann kann die Leistung des gefilterten Signals aus diesem Intervall berechnet werden: $1/(f_s/2) \times 200 = 0,4$ Watt.

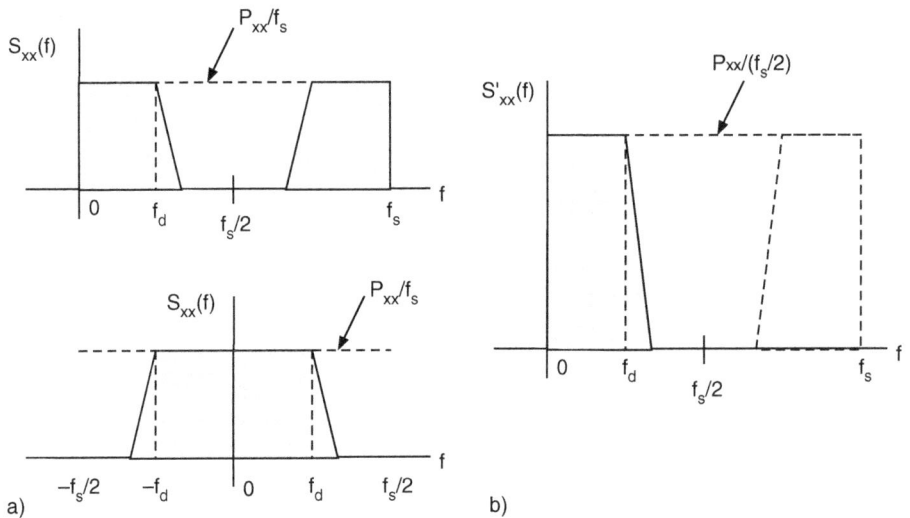

Abb. 1.95. Mögliche Definitionen der spektralen Leistungsdichte und die damit berechnete Leistung

In Abb. 1.95 ist der gezeigte Sachverhalt anschaulich skizziert. Im Fall der in Abb. 1.95a dargestellt ist, wurde die spektrale Leistungsdichte des Rauschgenerators durch Teilen dessen Leistung (oder Varianz) P_{xx} durch die Abtastfrequenz f_s berechnet. Dann muss die Leistung P_{yy} nach der Filterung mit der Durchlassfrequenz f_d aus der Summe der beiden Teilen der spektralen Leistungsdichte $S_{xx}(f)$ aus dem ersten Nyquist-Intervall (mit $0 \leq f \leq f_s/2$) und aus dem zweiten Nyquist-Intervall (mit $f_s/2 \leq f \leq f_s$) berechnet werden (Abb. 1.95a):

$$P_{yy} \cong 2f_d(P_{xx}/f_s) \tag{1.214}$$

Wenn aber die spektrale Leistungsdichte $S_{xx}(f)'$ durch Teilen der Leistung P_{xx} mit $f_s/2$ definiert ist (wie in Abb. 1.95b), dann erhält man das gleiche Ergebnis für die Leistung P_{yy} des gefilterten Rauschsignals wenn man die spektrale Leistungsdichte nur im ersten Nyquist-Intervall betrachtet.

Für reelle Signale wird diese zweite Möglichkeit oft verwendet. In der Kommunikationstechnik werden komplexe Signale eingesetzt, die in der DFT oder FFT nicht mehr die bekannten Symmetrien der reellen Signale besitzen und dadurch muss man mit dem ganzen Frequenzbereich bis f_s arbeiten.

Zurückkehrend zur Erläuterung des Modells sieht man, dass die Signalwerte mit dem Block *Buffer* in Blöcke der Größe $n_{fft} = 256$ zerlegt werden und danach werden die modifizierten Periodogramme gemäß Gl. (1.204) berechnet und gemittelt. Die mittlere Leistung der Fensterfunktion, hier in der Variable pw enthalten, wird gemäß Gl. (1.205) im Skript berechnet. Die Überlappung der Blöcke wird im *Buffer*-Block parametriert und realisiert.

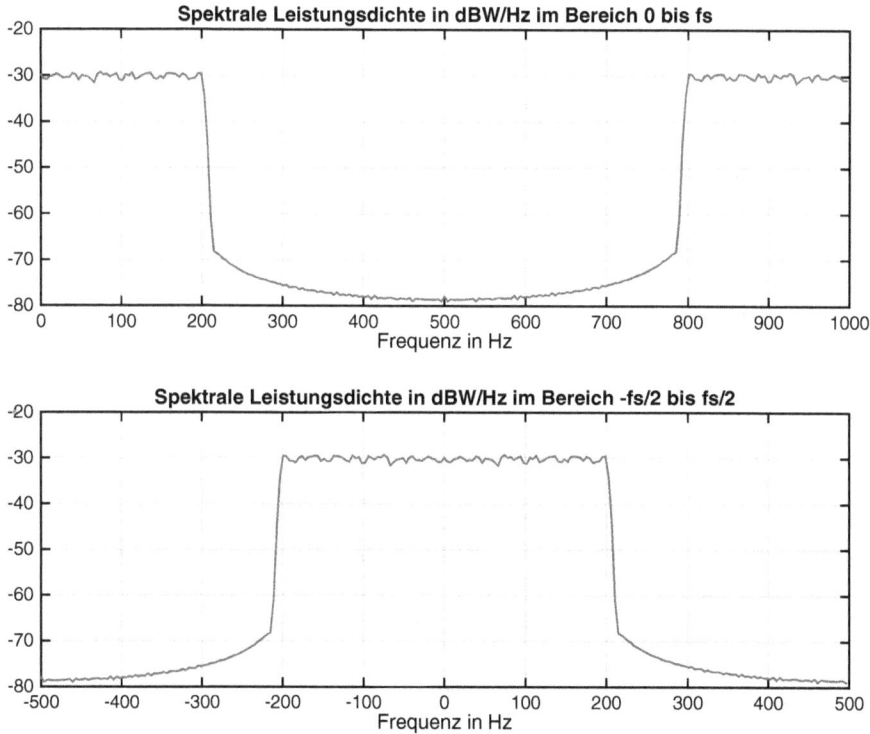

Abb. 1.96. Spektrale Leistungsdichte dargestellt im Bereich 0 bis f_s und im Bereich $-f_s/2$ bis $f_s/2$ (welch_1.m, welch1.slx)

In Abb. 1.96 ist die spektrale Leistungsdichte $S_{xx}(f)$ in dBW/Hz bezogen auf den ganzen Frequenzbereich bis f_s dargestellt. Die zweite Darstellung erhält man mit Hilfe der Funktion `fftshift`:

```
subplot(211), plot((0:nfft-1)*fs/nfft, 10*log10(Sxx));
title('Spektrale Leistungsdichte in dBW/Hz im Bereich 0 bis fs');
xlabel('Frequenz in Hz');      grid on;
subplot(212), plot((-nfft/2:nfft/2-1)*fs/nfft, 10*log10(fftshift(Sxx)));
title('Spektrale Leistungsdichte in dBW/Hz im Bereich -fs/2 bis fs/2');
xlabel('Frequenz in Hz');      grid on;
......
```

Im Modell wird die spektrale Leistungsdichte auch mit dem Block *Periodogram*, der für das Welch-Verfahren parametriert ist, ermittelt. Das Ergebnis ist identisch und ebenfalls identisch mit den Darstellungen auf den *Vector Scope* bzw. *Vector Scope1* und *Spectrum Analyser*.

1.5.5 Beispiel für die Schätzung der spektralen Leistungsdicht mit Hilfe der DFT über die Autokorrelationsfunktion

In diesem Beispiel wird die spektrale Leistungsdichte über die DFT der Autokorrelationsfunktion ermittelt. Es wird, ähnlich wie im vorherigen Fall, ein Rauschsignal, das aus weißem Rauschen mit einem FIR-Tiefpassfilter erhalten wurde, untersucht.

Im Skript `PSD_korrelation_1.m` wird zuerst die spektrale Leistungsdichte mit MATLAB-Funktionen und Befehlen berechnet und am Ende wird diese auch mit dem Simulink-Modell `PSD_korrelation1.slx` ermittelt. Das Skript beginnt mit der Generierung des weißen Rauschens $x[nT_s]$ mit einer gewünschten Varianz. Danach wird ein digitales FIR-Tiefpassfilter mit der Funktion `fir1` entwickelt, dessen Koeffizienten im Vektor `h` hinterlegt werden. Die Ordnung des Filters wurde relativ groß gewählt, um einen steilen Übergang vom Durchlass- in den Sperrbereich zu erhalten. Bei einer Abtastfrequenz von 1000 Hz mit einer Durchlassfrequenz relativ zur halben Abtastfrequenz von 0,4 erhält man eine absolute Durchlassfrequenz von 200 Hz. Mit der Funktion `filter` wird die gefilterte Sequenz $y[nT_s]$ erhalten:

```
......
% -------- Gefilterte Sequenz
nx = 10000;                    % Größe der Sequenz
varianz = 1;                   % Varianz des weißen Rauschens
randn('seed', 17937);          % Startwert für die Rauschgenerierung
x = sqrt(varianz)*randn(1,nx); % Rauschsequenz
h = fir1(256, 0.4);            % Impulsantwort (Koeffizienten) des FIR-Filters
y = filter(h,1,x);             % Gefiltertes Signal
ny = nx;
Ts = 1/1000;       fs = 1000;  % Abtastperiode und Abtastfrequenz
```

Danach wird die Autokorrelationsfunktion mit der Funktion `xcorr` berechnet und weiter mit der Fensterfunktion Bartlett gewichtet:

```
% -------- Autokorrelationsfunktion
max_lag = 50;   % Maximalwert für die Verspätung der Autokorrelation
%[Ryy,lag] = xcorr(y,max_lag, 'biased');  % Autokorrelationsfunktion
     % mit Fensterfunktion Bartlett gewichtet
[Ryy,lag] = xcorr(y,max_lag, 'unbiased');  % Autokorrelationsfunktion
     % ohen Fensterfunktion
nyy = length(Ryy);
Ryyw = Ryy.*bartlett(nyy)';  % Gewichtung der Autokorrelation
%Ryyw = Ryy.*hamming(nyy)';
.......
```

Abb. 1.97 zeigt oben die unabhängige Sequenz zusammen mit der gefilterte Sequenz und darunter die gewichtete Autokorrelationsfunktion der gefilterten Sequenz. Sie hat als Maximalwert die Leistung der gefilterten Sequenz, die gleich 0,4 Watt ist. Diese berechnet sich aus der spektralen Leistungsdichte bezogen auf f_s, die gleich $S_{xx}(f) = 1/1000$ Watt/Hz ist, multipliziert mit zwei mal die Bandbreite f_d des

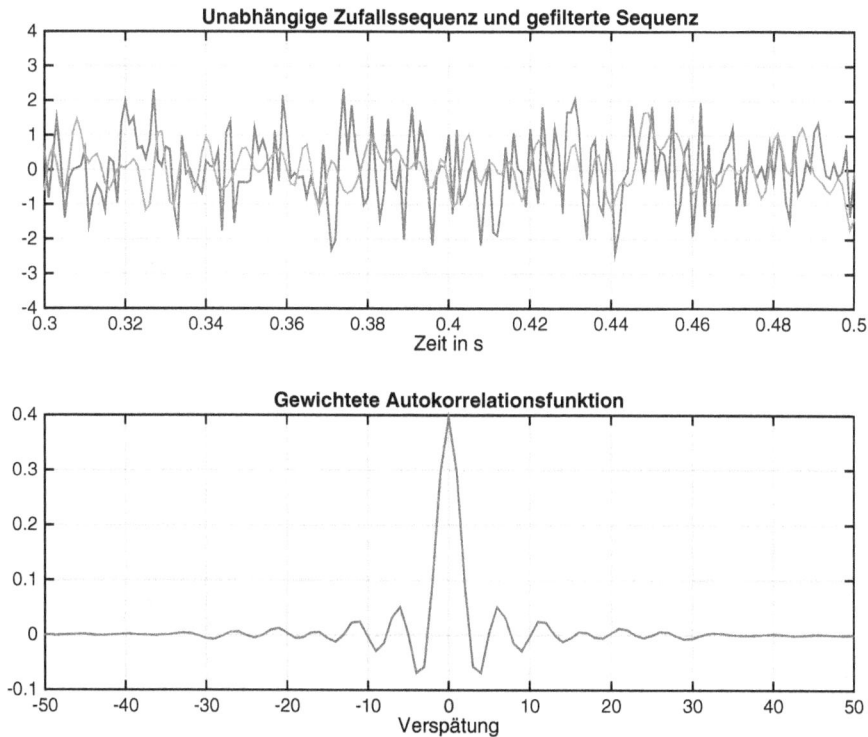

Abb. 1.97. a) Weißes Rauschen und gefiltertes Rauschen b) Autokorrelationsfunktion des gefilterten Rauschens (`PSD_korrelation_1.m`, `PSD_korrelation1.slx`)

Filters:

$$P_{yy} = S_{xx}(f)2f_d = \frac{1}{1000}2 \times 200 = 0{,}4 \text{ Watt} \tag{1.215}$$

Weiter wird im Skript die DFT der Autokorrelationsfunktion als spektrale Leistungs-dichte S_{yy} mit relativen Frequenzen $F = f/f_s$ ermittelt und dargestellt. Für absolute Frequenzen wird diese Dichte mit T_s multipliziert:

```
% -------- DFT der Autokorrelationsfunktion;
nfft = 2^(nextpow2(nyy));    % Anzahl Stützstellen (Bins) der FFT
Syy = abs(fft(Ryyw,nfft));   % Betrag der FFT der Autokorrelation
figure(2);    clf;
subplot(211), plot((0:nfft-1)/nfft, 10*log10(Syy));
title('Spektrale Leistungsdichte in dBW (relative Frequenz)');
xlabel('Relative Frequenz f/fs');    grid on;
subplot(212),plot((-nfft/2:(nfft/2-1))/nfft,10*log10(fftshift(Syy)));
title('Spektrale Leistungsdichte in dBW (relative Frequenz)');
xlabel('Relative Frequenz f/fs');    grid on;
axis tight;
figure(3);    clf;
.......
% -------- Parseval-Theorem
Pzeit = sum(Syy)/nfft,  % Leistung aus der spektralen Leistungsdichte
Pfreq = sum(y.^2)/ny,   % Leistung aus der Zeitfunktion
.....
```

In Abb. 1.98 ist die spektrale Leistungsdichte mit relativen Frequenzen in dBW/f_r dargestellt. Die spektrale Leistungsdichte der unabhängigen Sequenz $x[nT_s]$ ist für relative Frequenzen gleich 1 Watt /1 = 1 W/f_r und in dB gleich 0 dBW/f_r. Für absoluten Frequenzen wird diese noch mit T_s multipliziert und ergibt 0,001 W/Hz oder −30 dBW/Hz.

Im Skript wird dieselbe spektrale Leistungsdichte auch mit Hilfe des Modells PSD_korrelation1.slx, das in Abb. 1.99 dargestellt ist, ermittelt und dargestellt.

Im Modell sind auch die Größen der Signale entlang der Verbindungen des Modells gezeigt. So ist am Ausgang des *Buffer*-Blocks ein Vektor mit 64 Zeilen und einer Spalte angegeben. Der Block *XCORR* bildet aus den zwei Eingangsvektoren die symmetrische Autokorrelationsfunktion der Größe 2 × 64 − 1 = 127 gemäß Gl. (1.197), allerdings ohne Normierung. Die Normierung wird im Block *Gain1* mit der Variable lag_max = 64, die auch die Größe der Datenblöcke des *Buffer*-Blocks ist, durchgeführt. Derselbe Block *XCORR* kann für die Ermittlung der Kreuzkorrelation zweier Signale eingesetzt werden, daher die zwei Eingänge.

Die berechneten Autokorrelationsfunktionen der Datenblöcke werden mit dem Block *Mean1*, der als *Runing mean* (laufender Mittelwert) parametriert ist, gemittelt.

In der Senke *To Workspace*, die als Format der Daten mit *Structure* initialisiert ist, werden die Autokorrelationen zwischengespeichert und im Skript dargestellt:

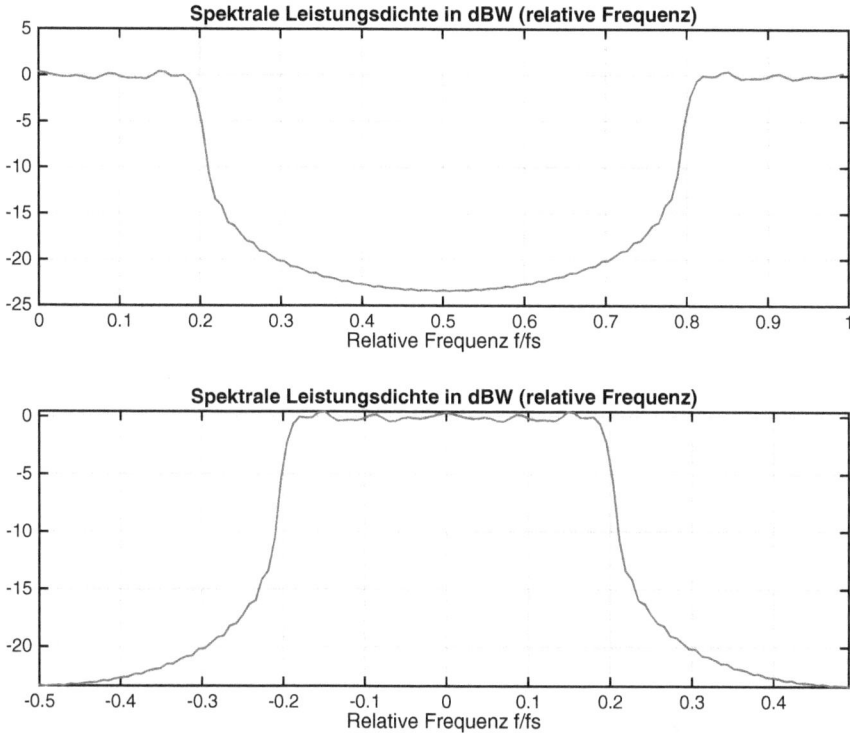

Abb. 1.98. Spektrale Leistungsdichte für relative Frequenzen $F = f/f_s$
(PSD_korrelation_1.m, PSD_korrelation1.slx)

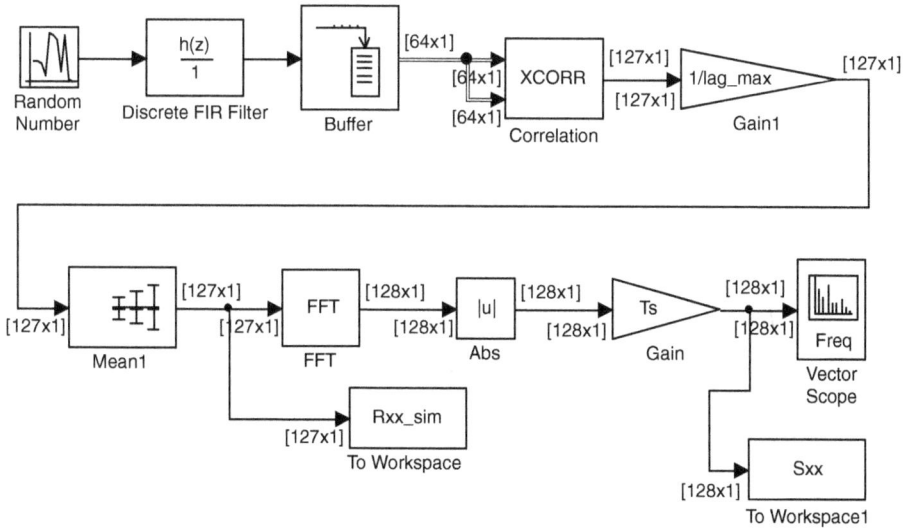

Abb. 1.99. Simulink-Modell zur Bestimmung der spektralen Leistungsdichte über die DFT der Autokorrelationsfunktion (PSD_korrelation_1.m, PSD_korrelation1.slx)

```
....
Rxx_sim = Rxx_sim.signals.values(:,:,end); % Autokorrelationsfunktion
....
```

Man erhält, wie erwartet, die gleiche Autokorrelationsfunktion, wie in Abb. 1.97 unten dargestellt. Auch ist die ermittelte spektrale Leistungsdichte über den Betrag der FFT der Autokorrelationsfunktion dieselbe.

Mit der FFT wird eine Autokorrelationsfunktion die verschoben in der Zeit ist, transformiert. Diese FFT unterscheidet sich von der Fourier-Transformation der um $\tau = 0$ symmetrische Autokorrelationsfunktion nur durch eine Phasenverschiebung, hat aber den gleichen Betrag.

Da in diesem Modell nur zeitdiskrete Signale benutzt werden ist auch der verwendete *Solver* einer mit fester Schrittweite:

```
....
options = simset('Solver', 'FixedStep');
sim('PSD_korrelation1',[0, Tsim],options); % Aufruf der Simulation
....
```

Dem Leser wird empfohlen das Modell zu ändern und weitere Experimente durchführen. So z.B. kann man hier auch einfach eine Fensterfunktion zur Gewichtung der Autokorrelationsfunktionen einsetzen. Auch mit der Größe der Datenblöcke kann man experimentieren.

2 Lineare zeitinvariante Systeme

2.1 Einführung

Die linearen zeitinvarianten Systeme kurz LTI-Systeme (*Linear Time Invariant*) und ihre Theorie sind ausführlich in der Literatur beschrieben [9, 18, 24, 35]. Ihr Verhalten kann in vielen Fällen analytisch ermittelt werden, was den Vorteil hat, dass der Einfluss der Parameter des Systems auf ihr Verhalten direkt bestimmt werden kann.

In der Signalverarbeitung sind, sowohl die zeitkontinuierlichen als auch die zeitdiskreten Systeme linear und man kann auf die umfangreiche vorhandene Theorie zurückgreifen. In diesen Abschnitt wird eine Einführung in die Theorie der LTI-Systeme gebracht, die zur Behandlung der weiteren Themen der Signalverarbeitung benötigt wird.

Die Sachverhalte werden zuerst intuitiv, meistens anhand von Bildern, eingeführt. Danach folgt eine nicht anspruchsvolle aber theoretisch exakte mathematische Behandlung und zuletzt werden Simulationen hauptsächlich mit Simulink durchgeführt. Die Simulink-Modelle sind anschaulich, leicht zu verstehen und ermöglichen kreativ durch Ändern der Modelle weitere Experimente durchzuführen.

2.2 Systeme und deren Klassifizierung

Ein System stellt ein mathematisches Modell eines physikalischen Prozesses dar, das die Verbindung zwischen einem oder mehreren Eingangssignalen (als Anregungen) und den Ausgangssignalen (als Antworten) beschreibt [20].

2.2.1 Systeme ohne und mit „Gedächtnis"

Bei einem System ohne Gedächtnis ist die Antwort zu einem Zeitpunkt nur vom Wert des Eingangssignals zum selben Zeitpunkt abhängig. Eine elektrische Schaltung, die nur Widerstände enthält kann als Beispiel dienen. Zwischen Strom und Spannung gibt es eine Beziehung der Form:

$$i(t) = \frac{u(t)}{R} \quad \text{oder} \quad u(t) = R\,i(t) \tag{2.1}$$

Bei einem System mit Gedächtnis ist der Zustand des Systems zeitabhängig. Das Ausgangssignal hängt nicht nur vom augenblicklichen Wert des Eingangssignals ab, sondern ist auch von den vergangenen und eventuell von den zukünftigen Werten abhängig. Als Beispiel kann die Spannung $u(t)$ einer Kapazität C abhängig vom Strom

$i(t)$ dienen, die mit Hilfe eines Integrals berechnet wird:

$$u(t) = \frac{1}{C} \int_{-\infty}^{t} i(\tau)d\tau = \frac{1}{C} \int_{-\infty}^{0} i(\tau)d\tau + \frac{1}{C} \int_{0}^{t} i(\tau)d\tau = u(0) + \frac{1}{C} \int_{0}^{t} i(\tau)d\tau \tag{2.2}$$

Mit $u(0)$ ist die Anfangsspannung des Kondensators bezeichnet.

Bei einem zeitdiskreten LTI-System definiert eine Beziehung der Form

$$y[nT_s] = \sum_{k=0}^{N-1} c_k \, x[(n-k)T_s] \quad \text{oder} \quad y[n] = \sum_{k=0}^{N-1} c_k \, x[n-k] \tag{2.3}$$

ein System mit Gedächtnis, weil der Ausgang auch von den vorherigen Werten des Eingangs abhängt.

2.2.2 Kausale und nicht kausale Systeme

Ein System ist *kausal*, wenn der Ausgang zu einem Zeitpunkt nur von den Eingangs-werten zu diesem und zu den vorhergehenden Zeitpunkten abhängt. Mit anderen Worten besagt die Kausalität, dass die Antwort eines Systems erst eintreten kann, nachdem die Ursache als Eingangssignal aufgetreten ist. Nur kausale Systeme sind physikalisch realisierbare Systeme.

Allerdings kann man in einer *Off-line*-Berechnung auch eine nicht kausale Beziehung annehmen. Als Beispiel ist in Abb. 2.1a unten die Impulsantwort eines kausalen Mittelwertfilters dargestellt, das erlaubt, den Ausgang über das Faltungsintegral schritthaltend (*On-line*) zu ermitteln. Dagegen kann man mit der Impulsantwort aus Abb. 2.1b unten die Mittelung nur rechnerisch durchführen, nachdem das Eingangs-signal zwischengespeichert wurde.

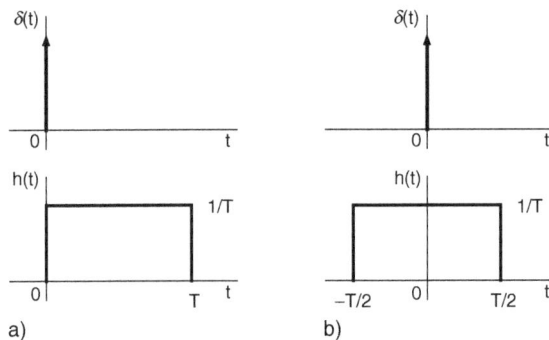

Abb. 2.1. a) Kausale Mittelungsimpulsantwort b) Nicht kausale Mittelungsimpulsantwort

2.2.3 Lineare Systeme

Ein System mit einer Transformation oder Abbildung von $x(t)$ zu $y(t)$ der Form

$$y(t) = \mathbf{T}x(t) \tag{2.4}$$

wird als linear bezeichnet, wenn folgende Bedingungen erfüllt sind:

1) Additivität: Wenn $\mathbf{T}x_1(t) = y_1(t)$ und $\mathbf{T}x_2(t) = y_2(t)$ dann muss

$$\mathbf{T}\{x_1(t) + x_2(t)\} = y_1(t) + y_2(t) \tag{2.5}$$

2) Homogenität: Wenn $\mathbf{T}x(t) = y(t)$ dann muss

$$\mathbf{T}\{\alpha x(t)\} = \alpha y(t) \tag{2.6}$$

für alle Signale $x(t)$ und jeden Skalar α sein.

Um ein lineares System zu definieren kann man die zwei Bedingungen zusammenfassen:

$$\mathbf{T}\{\alpha_1 x_1(t) + \alpha_2 x_2(t)\} = \alpha_1 y_1(t) + \alpha_2 y_2(t) \tag{2.7}$$

Diese Eigenschaft nennt man auch Superposition. Die Homogenität verlangt, dass bei einem linearen System ein Nulleingang auch einen Nullausgang ergibt.

Ähnliche Bedingungen kann man auch für zeitdiskrete Systeme schreiben.

2.2.4 Zeitinvariante Systeme

Wenn eine Zeitverschiebung des Eingangssignals die gleiche Verschiebung im Ausgangssignal bewirkt, spricht man von einem zeitinvarianten System:

$$\mathbf{T}\{x(t - \tau)\} = y(t - \tau) \quad \text{und ähnlich} \quad \mathbf{T}\{x[n - k]\} = y[n - k] \tag{2.8}$$

Der Wert τ kann ein beliebiger reeller Wert sein und k kann eine beliebige ganze Zahl sein. Für zeitinvariante Systeme ist somit die Form der Antwort unabhängig davon, wann das Eingangssignal als Anregung auftritt.

2.2.5 Stabile Systeme

Ein System ist BIBO (*Bounded-Input/Bounded-Output*) stabil, wenn ein begrenztes Eingangssignal ein begrenztes Ausgangssignal ergibt:

$$|x(t)| \leq k_1 \qquad \text{ergibt} \qquad |y(t)| \leq k_2 \tag{2.9}$$

Hier sind k_1, k_2 endliche reelle Konstanten. Bei einem instabilen System führt ein begrenztes Eingangssignal zu einem unbegrenzten Ausgangssignal.

2.3 Zeitkontinuierliche Systeme beschrieben durch Differentialgleichungen

Viele lineare zeitinvariante Systeme können mit linearen Differentialgleichungen mit konstanten Koeffizienten beschrieben werden. In der Signalverarbeitung sind die analogen Filter solche Systeme.

Eine Differentialgleichung der Ordnung N mit konstanten Koeffizienten kann wie folgt geschrieben werden:

$$\begin{aligned}
&a_N \frac{d^N y(t)}{dt^N} + a_{N-1} \frac{d^{N-1} y(t)}{dt^{N-1}} + a_{N-2} \frac{d^{N-2} y(t)}{dt^{N-2}} + \cdots + a_0 y(t) \\
&= b_M \frac{d^M x(t)}{dt^M} + b_{M-1} \frac{d^{M-1} x(t)}{dt^{M-1}} + b_{M-2} \frac{d^{M-2} x(t)}{dt^{M-2}} + \cdots + b_0 x(t)
\end{aligned} \tag{2.10}$$

Die Koeffizienten $a_k, k = 0, 1, 2 \ldots N$ und $b_k, k = 0, 1, 2 \ldots M$ sind reelle Konstanten. Die Ordnung N der Differentialgleichung bezieht sich auf die höchste Ableitung der Ausgangsvariable $y(t)$. Diese Differentialgleichung beschreibt ein physikalisch realisierbares System wenn $N \geq M$ ist.

Für eine Differentialgleichung der Ordnung N müssen auch N Anfangsbedingungen für die Ausgangsvariablen und ihre Ableitung bekannt sein:

$$y(0), \frac{dy(t)}{dt}\bigg|_{t=0}, \frac{d^2 y(t)}{dt^2}\bigg|_{t=0}, \ldots, \frac{d^{N-1} y(t)}{dt^{N-1}}\bigg|_{t=0} \tag{2.11}$$

Abb. 2.2 zeigt eine RLC-Reihenschaltung als analoges Tiefpassfilter, für die als Beispiel die Differentialgleichung ermittelt wird [16]. Diese wird die Verbindung der Eingangsspannung $u_g(t)$ mit der Ausgangsspannung $u_C(t)$ beschrieben. Aus

$$\begin{aligned}
u_g(t) &= i_L(t)R + L\frac{di_L(t)}{dt} + u_C(t) \\
i_L(t) &= C\frac{du_C(t)}{dt}
\end{aligned} \tag{2.12}$$

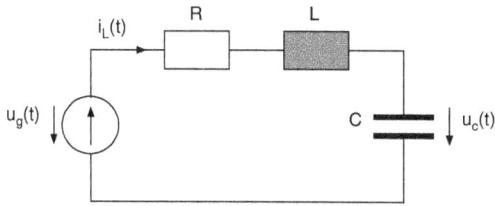

Abb. 2.2. RLC-Reihenschaltung

durch Einsetzen der zweiten in die erste Gleichung erhält man die gewünschte Differentialgleichung:

$$LC\frac{d^2u_c(t)}{dt^2} + RC\frac{du_c(t)}{dt} + u_c(t) = u_g(t) \tag{2.13}$$

Es ist eine lineare Differentialgleichung zweiter Ordnung mit folgenden zwei Anfangsbedingungen:

$$u_c(0), \quad \frac{du_c(t)}{dt}\bigg|_{t=0} = \frac{i_L(0)}{C} \tag{2.14}$$

Diese Anfangsbedingungen zeigen, dass der Strom der Induktivität und die Spannung der Kapazität Zustandsvariablen sind. Ihre Werte zu einem Zeitpunkt enthalten die gesamte Vorgeschichte der Schaltung und das weitere Verhalten ist nur von der Anregung und von diesen Werten bestimmt. In elektrischen Schaltungen sind die Ströme der Induktivitäten und die Spannungen der Kapazitäten die Zustandsvariablen einer Schaltung. Die Erklärung basiert auf der Tatsache, dass die magnetische Energie proportional zu den Strömen der Induktivitäten ist und die elektrische Energie proportional zu den Spannungen der Kapazitäten ist.

Jede Differentialgleichung der Form gemäß Gl. (2.10) kann in ein System von Differentialgleichungen erster Ordnung umgewandelt werden [9]. In einer Matrixform erhält man dann:

$$\frac{d\mathbf{x}(t)}{dt} = \mathbf{A}\mathbf{x}(t) + \mathbf{B}\mathbf{u}(t)$$
$$\mathbf{y}(t) = \mathbf{C}\mathbf{x}(t) + \mathbf{D}\mathbf{u}(t) \tag{2.15}$$

Hier ist $\mathbf{x}(t)$ der Zustandsvektor der Länge N, $\mathbf{y}(t)$ ist der Ausgangsvektor der Länge P und $\mathbf{u}(t)$ ist der Anregungsvektor der Länge L, in der Annahme, dass das System mehrere Eingangssignale hat.

Die quadratische Matrix $\mathbf{A}$ der Größe $N \times N$ und die Matrix $\mathbf{B}$ der Größe $N \times L$ definieren die Zustandsgleichung des Systems. Da nicht immer die gewünschten Variablen als Ausgänge die Zustandsvariablen sind, werden mit der zweiten algebraischen Gleichung (2.15) über die Matrix $\mathbf{C}$ der Größe $P \times N$ und Matrix $\mathbf{D}$ der Größe $P \times L$ die Ausgangsvariablen definiert. Diese Gleichung bildet die Ausgangsgleichung.

Für die oben gezeigte Schaltung erhält man für die Ableitungen der Zustandsvariablen folgende Form:

$$\begin{bmatrix} \dfrac{di_L(t)}{dt} \\ \dfrac{du_c(t)}{dt} \end{bmatrix} = \begin{bmatrix} -R/L & -1/L \\ 1/C & 0 \end{bmatrix} \cdot \begin{bmatrix} i_L(t) \\ u_c(t) \end{bmatrix} + \begin{bmatrix} 1/L \\ 0 \end{bmatrix} u_g(t) \qquad (2.16)$$

Die Matrizen $\mathbf{A}, \mathbf{B}$ sind leicht daraus zu erkennen. Wenn jetzt als Ausgangsgrößen die Spannung $u_R(t)$ auf dem Widerstand und die Spannung auf der Induktivität $u_L(t)$ angenommen werden, dann müssen diese mit Hilfe der Zustandsvariablen und der Eingangsspannung angegeben werden:

$$\begin{aligned} u_R(t) &= i_L(t)R \\ u_L(t) &= -i_L(t)R + u_g(t) - u_c(t) \end{aligned} \qquad (2.17)$$

Daraus lässt sich dann die Ausgangsgleichung ableiten:

$$\begin{bmatrix} u_R(t) \\ u_L(t) \end{bmatrix} = \begin{bmatrix} R & 0 \\ -R & -1 \end{bmatrix} \cdot \begin{bmatrix} i_L(t) \\ u_c(t) \end{bmatrix} + \begin{bmatrix} 0 \\ 1 \end{bmatrix} u_g(t) \qquad (2.18)$$

Diese Gleichung definiert jetzt die Matrizen $\mathbf{C}$ und $\mathbf{D}$.

In MATLAB kann eine Differentialgleichung der Form gemäß Gl. (2.10) mit Hilfe von zwei Vektoren, die die Koeffizienten a_k bzw. b_k enthalten, definiert werden. Daraus kann man mit dem Befehl tf2ss (*Transfer Function to State Space*) das Zustandsmodell für den Ausgang abhängig von der Anregung erhalten. Ein Zustandsmodell wird in MATLAB durch die vier Matrizen $\mathbf{A}, \mathbf{B}, \mathbf{C}, \mathbf{D}$ definiert. Einzelheiten und Beispiele werden später gezeigt.

2.3.1 Homogene Lösung

Die Lösung einer Differentialgleichung gemäß Gl. (2.10) wird in der Mathematik in zwei Anteile zerlegt [28]:

$$y(t) = y_h(t) + y_p(t) \qquad (2.19)$$

Mit $y_h(t)$ wird die homogene Lösung als Lösung der homogenen Differentialgleichung (ohne Anregung) bezeichnet:

$$a_N \frac{d^N y(t)}{dt^N} + a_{N-1} \frac{d^{N-1} y(t)}{dt^{N-1}} + a_{N-2} \frac{d^{N-2} y(t)}{dt^{N-2}} + \cdots + a_0 y(t) = 0 \qquad (2.20)$$

Sie beschreibt das Einschwingverhalten des Systems. Der Anteil $y_p(t)$ stellt die partikuläre Lösung dar, die durch die Anregung gegeben ist. Sie wird auch als forcierte Lösung bezeichnet.

Für die homogene Lösung wird folgender Lösungsansatz angenommen:

$$y_h(t) = Ce^{\lambda t} \tag{2.21}$$

Durch Einsetzen in die homogene Differentialgleichung erhält man die sogenannte charakteristische Gleichung:

$$a_N \lambda^N + a_{N-1} \lambda^{N-1} + a_{N-2} \lambda^{N-2} + \cdots + a_1 \lambda + a_0 = 0 \tag{2.22}$$

Es ist eine algebraische Gleichung des Grades N, die N Lösungen (Wurzeln) $\lambda_1, \lambda_2, \lambda_3, \ldots, \lambda_N$ besitzt. Angenommen, die Gleichung hat N verschiedene (nicht mehrfache) Wurzeln, dann ist die homogene Lösung durch

$$y_h(t) = C_1 e^{\lambda_1 t} + C_2 e^{\lambda_2 t} + C_3 e^{\lambda_3 t} + \cdots + C_N e^{\lambda_N t} \tag{2.23}$$

gegeben. Wenn eine Wurzel komplex ist, dann muss auch die dazu konjugiert komplexe Wurzel dabei sein. Diese Bedingung ergibt sich, weil für die charakteristische Gleichung reelle Koeffizienten angenommen wurden.

Die noch unbekannten Koeffizienten $C_1, C_2, \ldots, C_N$ werden mit Hilfe der N Anfangsbedingungen, die die gesamte Lösung (homogene plus partikuläre) erfüllen muss, bestimmt.

Ein komplexes Wurzelpaar

$$\lambda_1 = \sigma_1 + j\omega_1 \qquad \text{und} \qquad \lambda_2 = \sigma_1 - j\omega_1 \tag{2.24}$$

ergibt einen Term $y_{h1}(t)$ in der homogenen Lösung der Form:

$$y_{h1}(t) = C_1 e^{(\sigma_1 + j\omega_1)t} + C_2 e^{(\sigma_1 - j\omega_1)t} \tag{2.25}$$

Die Koeffizienten C_1, C_2 müssen auch konjugiert komplex sein, so dass $y_{h1}(t)$ reell ist:

$$C_1 = A_1 e^{j\phi_1} \qquad \text{und} \qquad C_2 = A_1 e^{-j\phi_1} \tag{2.26}$$

Der Parameter A_1 stellt den Betrag und ϕ_1 die Phase der komplexen Koeffizienten dar. Der Anteil in der homogenen Lösung wegen dieser zwei Wurzeln wird:

$$\begin{aligned} y_{h1}(t) &= A_1 e^{j\phi_1} e^{(\sigma_1 + j\omega_1)t} + A_1 e^{j\phi_1} e^{(\sigma_1 - j\omega_1)t} \\ &= 2A_1 e^{\sigma_1 t} \cos(\omega_1 t + \phi_1) \end{aligned} \tag{2.27}$$

Es ist eine Schwingung der Frequenz ω_1, der Amplitude $2A_1$ und Dämpfungsfaktor $|\sigma_1|/\omega_1$. Wenn $\sigma_1 < 0$ ist, dann ist die Schwingung gedämpft und klingt zu null ab. Umgekehrt, wenn $\sigma_1 > 0$ ist, dann entfacht sich diese Schwingung mit steigender Amplitude. Ein Wert $\sigma_1 = 0$ ergibt eine Schwingung mit konstanter Amplitude.

Die ursprünglichen Konstanten C_1, C_2 dieses Anteils der homogenen Lösung wurden durch die Parameter A_1 und ϕ_1 ersetzt.

Eine reelle Wurzel λ_i führt zu einen Anteil in der homogenen Lösung in Form einer Exponentialfunktion, steigend für $\lambda_i > 0$ und abklingend für $\lambda_i < 0$. Mit $\lambda_i = 0$ erhält man einen konstanten Anteil.

In Abb. 2.3 ist die Form des Anteils $y_{h1}(t)$ in der homogenen Lösung abhängig von der Platzierung eines konjugiert komplexen Paares von Wurzeln bzw. von der Platzierung einer reellen Wurzel in der komplexen Ebene dargestellt.

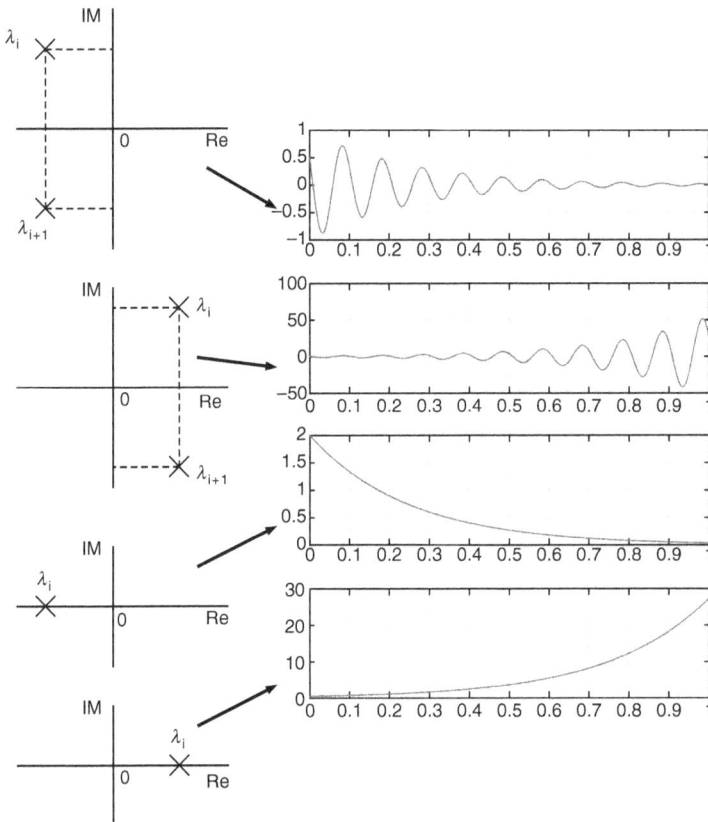

Abb. 2.3. Homogener Anteil abhängig von den Wurzeln der charakteristischen Gleichung

2.3.2 Stabilität der Systeme beschrieben durch Differentialgleichungen

Das System, das durch die Differentialgleichung (2.10) dargestellt wird, ist stabil, wenn die homogene Lösung in Zeit zu null abklingt. Das findet statt, wenn alle Wurzeln $\lambda_1, \lambda_2, \dots, \lambda_N$ der charakteristischen Gleichung in der linken Hälfte der komplexen Ebene liegen. Mit anderen Worten, wenn die Realteile aller Wurzeln negativ sind.

Wenn man eine mehrfache Wurzel λ_m der charakteristischen Gleichung erhält, z.B. eine m-fache, dann ergeben diese Wurzeln einen Anteil in der homogenen Lösung der Form:

$$e^{\lambda_m t}(C_1 + tC_2 + t^2 C_3 + \cdots + t^{m-1} C_m) \tag{2.28}$$

Mit einem Wert $\lambda_m < 0$ bleibt das System stabil, weil der Faktor $e^{\lambda_m t}$ rascher zu null abklingt als die steigenden Terme $tC_2 + t^2 C_3 + \cdots + t^{m-1} C_m$.

Für ein System beschrieben durch die Zustandsgleichung (2.15) (erste Gleichung) ist die homogene Lösung die Lösung der Differentialgleichung:

$$\frac{d\mathbf{x}(t)}{dt} = \mathbf{A}\mathbf{x}(t) \tag{2.29}$$

Es wird ein Lösungsansatz der Form

$$\mathbf{x}(t) = c_1 \mathbf{x}_1 e^{\lambda_1 t} + c_2 \mathbf{x}_2 e^{\lambda_2 t} + \cdots + c_N \mathbf{x}_N e^{\lambda_N t} \tag{2.30}$$

angenommen. Hier sind $\lambda_1, \lambda_2, \ldots, \lambda_N$ die Eigenwerte und $\mathbf{x}_1, \mathbf{x}_2, \ldots, \mathbf{x}_N$ sind die Eigenvektoren der Matrix $\mathbf{A}$ [18]. Die Eigenvektoren $\mathbf{x}_i$ bestimmen, wie die Anteile $e^{\lambda_i t}$ die einzelnen Zustandsvariablen beeinflusst. Es ist somit klar, dass zu einem konjugiert komplexen Paar von Eigenwerten auch zwei konjugiert komplexe Eigenvektoren gehören.

Jeder Term $c_i \mathbf{x}_i e^{\lambda_i t}$ muss die homogene Differentialgleichung (2.29) erfüllen. Das führt allgemein zu einer Gleichung der Form:

$$(\lambda \mathbf{I} - \mathbf{A})\mathbf{x} = 0 \tag{2.31}$$

Diese Gleichung besitzt eine nicht triviale Lösung, wenn die Determinante

$$|\lambda \mathbf{I} - \mathbf{A}| = 0 \tag{2.32}$$

null ist. Mit $\mathbf{I}$ wurde die Einheitsmatrix der Größe $N \times N$ bezeichnet. Wenn man die Determinante berechnet erhält man ein Polynom Grades N nach λ. Dieses Polynom gleich null gesetzt

$$p_N \lambda^N + p_{N-1} \lambda^{N-1} + \cdots + p_1 \lambda + p_0 = 0 \tag{2.33}$$

führt zu N Werten für λ. Das Polynom bildet die charakteristische Gleichung für das Zustandsmodell und die $\lambda_1, \lambda_2, \ldots, \lambda_N$ sind die Eigenwerte der Matrix $\mathbf{A}$. Jedem Eigenwert entspricht ein Eigenvektor $\mathbf{x}_1, \mathbf{x}_2, \ldots, \mathbf{x}_N$, denn man dann in die Lösung gemäß Gl. (2.30) einsetzen kann. Für ein stabiles System müssen die Realteile der Eigenwerte negativ sein, so dass alle Terme aus (2.30) für $t \to \infty$ zu null abklingen. Die Koeffizienten $c_1, c_2, \ldots, c_N$ der homogenen Lösung werden mit Hilfe der N Anfangsbedingungen für die gesamte Lösung, homogene- und partikuläre Lösung, ermittelt.

Ein mehrfacher Eigenwert wird ähnlich wie bei der einfachen Differentialgleichung gemäß Gl. (2.28) behandelt.

2.3.3 Partikuläre Lösung

Die partikuläre Lösung eines Systems $y_p(t)$ beschrieben durch die Differentialgleichung (2.10) ist von der Anregung abhängig. Zum Beispiel ist die partikuläre Lösung bei einer konstanten Anregung auch eine Konstante. Man ermittelt sie durch Einsetzen in die nichthomogene Differentialgleichung. Für eine Anregung in Form eines Polynoms in t wird für die partikuläre Lösung ein ähnliches Polynom angenommen. Durch Einsetzen werden die Koeffizienten des Polynoms ermittelt.

Exemplarisch wird die partikuläre Lösung für eine cosinusförmige Anregung berechnet. Für stabile Systeme führt das Verhalten bei dieser Anregung im stationären Zustand zu einer wichtigen Beschreibung des Systems und zwar zu dem Frequenzgang [18].

Als Anregung wird folgendes Signal angesetzt:

$$x(t) = \hat{x} \cos(\omega t + \varphi) \tag{2.34}$$

Es wird angenommen, dass die partikuläre Lösung $y_p(t)$ auch eine Schwingung derselben Frequenz ist und eine Amplitude $\hat{y}$ und eine Phasenverschiebung relativ zur Anregung gleich φ_y besitzt:

$$y_p(t) = \hat{y} \cos(\omega t + \varphi + \varphi_y) \tag{2.35}$$

Durch Einsetzen in die nicht homogene Differentialgleichung kann man prinzipiell die zwei Unbekannten der Lösung $\hat{y}$ und φ_y bestimmen. Das ist ein schwieriges Unterfangen, weil die Ableitungen zu Cosinus- und Sinusfunktionen führen. Einfacher ist es hier eine komplexe Hilfsfunktionen einzusetzen und die Anregung und die partikuläre Lösung als komplex anzunehmen:

$$x(t) \to \hat{x} e^{j(\omega t + \varphi)} \quad \text{und} \quad y_p(t) \to \hat{y} e^{j(\omega t + \varphi + \varphi_y)} \tag{2.36}$$

Die Ableitungen der Exponentialfunktionen führen wiederum zu Exponentialfunktionen und das vereinfacht die Identifikation der Unbekannten $\hat{y}$ und φ_y. Die komplexen Signale in die Differentialgleichung eingesetzt führen zu:

$$\begin{aligned}
a_N \hat{y} \, (j\omega)^N e^{j(\omega t + \varphi + \varphi_y)} + a_{N-1} \hat{y} \, (j\omega)^{N-1} e^{j(\omega t + \varphi + \varphi_y)} + \cdots + a_0 \hat{y} e^{j(\omega t + \varphi + \varphi_y)} \\
= b_M \hat{x} \, (j\omega)^M e^{j(\omega t + \varphi)} + b_{M-1} \hat{x} \, (j\omega)^{M-1} e^{j(\omega t + \varphi)} + \cdots + b_0 \hat{x} e^{j(\omega t + \varphi)}
\end{aligned} \tag{2.37}$$

Daraus folgt:

$$\frac{\hat{y}}{\hat{x}} e^{j\varphi_y} = \frac{b_M (j\omega)^M + b_{M-1}(j\omega)^{M-1} + \cdots + b_0}{a_N (j\omega)^N + a_{N-1}(j\omega)^{N-1} + \cdots + a_0} = H(j\omega) \qquad (2.38)$$

Die komplexe Funktion $H(j\omega)$ ist der so genannte komplexe Frequenzgang. Mit dessen Hilfe erhält man für die Unbekannten der partikulären Lösung die Form:

$$\hat{y} = \hat{y}(\omega) = |H(j\omega)| \, \hat{x} \qquad \text{und} \qquad \varphi_y = \varphi_y(\omega) = \text{Winkel}\{H(j\omega)\} \qquad (2.39)$$

Sowohl die Amplitude $\hat{y}$ als auch die Phasenverschiebung φ_y sind allgemein von der Frequenz der Anregung ω abhängig. Die partikuläre Lösung ist dann durch

$$y_p(t) = \hat{y}\cos(\omega t + \varphi + \varphi_y) = \hat{x}|H(j\omega)| \cos\big(\omega t + \varphi + \text{Winkel}\{H(j\omega)\}\big) \qquad (2.40)$$

gegeben.

Der Betrag des komplexen Frequenzgangs als Verhältnis der Amplitude des Ausgangs $\hat{y}$ zur Amplitude der Anregung $\hat{x}$ als Funktion von ω stellt den Amplitudengang dar und die Phasenverschiebung φ_y als Funktion von ω stellt den Phasengang dar. In stabilen Systemen, nachdem die homogene Lösung zu null abgeklungen ist, bleibt die partikuläre Lösung als Antwort.

Wenn man statt der Variablen $j\omega$ eine komplexe Variable s annimmt, dann stellt die Funktion

$$H(s) = \frac{Y(s)}{X(s)} = \frac{b_M s^M + b_{M-1} s^{M-1} + \cdots + b_0}{a_N s^N + a_{N-1} s^{N-1} + \cdots + a_0} \qquad (2.41)$$

eine Übertragungsfunktion dar, die man aus der Differentialgleichung durch die Laplace-Transformation mit Anfangsbedingungen gleich null erhält [9, 18]. Sie beschreibt die Übertragung von dem komplexen Eingang $X(s)$ zu dem komplexen Ausgang $Y(s)$ als Laplace-Transformierte der entsprechenden reellen Signale.

Das ist der Grund weshalb man den komplexen Frequenzgang $H(j\omega)$ vielmals auch als Übertragungsfunktion bezeichnet. Die Beschreibung eines Systems mit Hilfe der Übertragungsfunktion $H(s)$ wird in MATLAB *transfer function* kurz `tf` Beschreibung genannt.

Die Darstellung im Zustandsraum mit den Gleichungen (2.15) ist in MATLAB als *State Space* kurz `ss` Beschreibung bekannt. Mit dem Befehl `ss2tf` kann man ein Zustandsmodell, beschrieben durch die vier Matrizen **A, B, C, D**, in Übertragungsfunktionen von jedem Eingang zu jedem Ausgang transformieren. Mit zwei Eingängen und drei Ausgängen erhält man z.B. sechs Übertragungsfunktionen, die durch die Koeffizienten der Zähler und der Nenner dargestellt sind.

2.3.4 Lösung der Differentialgleichung der RLC-Reihenschaltung

Es wird jetzt die Lösung der Differentialgleichung der Schaltung aus Abb. 2.2 für eine cosinusförmige Anregung untersucht. Sie ist mit der Differentialgleichung (2.13) beschrieben, die hier nochmals gezeigt wird:

$$LC\frac{d^2u_C(t)}{dt^2} + RC\frac{du_C(t)}{dt} + u_C(t) = u_g(t) \quad \text{mit} \quad u_C(0), \frac{du_C(t)}{dt}\bigg|_{t=0} \tag{2.42}$$

Für die homogene Lösung wird zuerst die charakteristische Gleichung aufgestellt:

$$\lambda^2 + \frac{R}{L}\lambda + \frac{1}{LC} = 0 \tag{2.43}$$

Sie hat zwei Wurzel λ_1, λ_2:

$$\lambda_{1,2} = -\frac{R}{2L} \pm \sqrt{\left(\frac{R}{2L}\right)^2 - \frac{1}{LC}} \tag{2.44}$$

Diese können auch komplex sein, wenn $1/(LC) > (R/(2L))^2$ ist und ergeben dann einen periodischen Anteil in der homogenen Lösung mit einer Frequenz

$$\omega_0 = \sqrt{\frac{1}{LC} - \left(\frac{R}{2L}\right)^2} \tag{2.45}$$

und Dämpfungsfaktor:

$$\sigma = -\frac{R}{2L} \tag{2.46}$$

Das System ist stabil, weil die Realteile der Wurzeln der charakteristischen Gleichung negativ sind. Die homogene Lösung, in der Annahme komplexer Wurzeln ist dann:

$$u_{ch}(t) = \hat{u}_{ch}e^{\sigma t}\cos(\omega_0 t + \phi) \tag{2.47}$$

Die zwei Unbekannten $\hat{u}_{ch}, \phi$ werden mit Hilfe der zwei Anfangsbedingungen für die gesamte Lösung ermittelt.

Die partikuläre Lösung wird für die cosinusförmige Anregung

$$u_g(t) = \hat{u}_g\cos(\omega t + \phi_g) \tag{2.48}$$

mit Hilfe des komplexen Frequenzgangs oder der Übertragungsfunktion berechnet. Die Übertragungsfunktion ist hier sehr einfach:

$$H(j\omega) = \frac{1}{LC(j\omega)^2 + RC(j\omega) + 1} \tag{2.49}$$

Die partikuläre Lösung ist dann:

$$u_{cp}(t) = \hat{u}_g |H(j\omega)| \cos(\omega t + \phi_g + \text{Winkel}\{H(j\omega)\}) \tag{2.50}$$

Mit den Anfangsbedingungen für die gesamte Lösung werden dann die noch Unbekannten $\hat{u}_{ch}, \phi$ der homogenen Lösung berechnet:

$$u_c(0) = \hat{u}_{ch}\cos(\phi) + \hat{u}_g |H(j\omega)| \cos(\phi_g + \text{Winkel}\{H(j\omega)\})$$

$$\left.\frac{du_c(t)}{dt}\right|_{t=0} = \frac{d}{dt}\left\{u_{ch}(t) + u_{cp}(t)\right\}_{t=0} \tag{2.51}$$

Wie zu vermuten ist, wird dieses Gleichungssystem nicht so einfach zu lösen sein. Deshalb wird durch Simulation mit dem Modell RLC_reihe1.slx und dem Skript RLC_reihe_1.m die Lösung numerisch ermittelt. Im Skript werden die Parameter der Schaltung initialisiert und dann wird die charakteristische Gleichung gebildet und die Wurzeln berechnet:

```
% -------- Parameter der Schaltung
R = 50;        L = 0.01;        C = 0.1e-6;
ampl_ug = 2;      phi_ug = pi/3;
f_ug = 1000;                     % Frequenz der Anregung
% -------- Charakteristisches Polynom
charak_poly = [1, R/L, 1/(L*C)];
wurzeln = roots(charak_poly),
f0 = sqrt(1/(L*C))/(2*pi),        % Resonanzfrequenz
fch = abs(imag(wurzeln(1)))/(2*pi), % Eigenfrequenz
sigma = real(wurzeln(1));          % Dämpfungsfaktor
```

Die erhaltenen Wurzeln der charakteristischen Gleichung

```
wurzeln =
   1.0e+04 *
  -0.2500 + 3.1524i
  -0.2500 - 3.1524i
```

zeigen, dass die homogene Lösung periodisch mit einer Eigenfrequenz ist, die durch den Imaginärteil gegeben ist. Die Schaltung ist auch stabil, was aus dem negativen Realteil der Wurzeln hervorgeht.

Danach wird für zwei beliebige Konstanten C_1 und $C_2 = C_1^*$ gemäß Gl. (2.23) die homogene Lösung ermittelt und dargestellt:

```
% -------- Homogene Lösung
dt = 1/(f0*100);
t = 0:dt:10/f0;
C1 = 0.1+j*0.5;        C2 = 0.1-j*0.5;
uch = C1*exp(sigma*t).*exp(j*2*pi*fch*t) + ...
      C2*exp(sigma*t).*exp(-j*2*pi*fch*t);
figure(1);          clf;
plot(t, uch);
```

```
title(['Homogene Loesung für C1 = ',num2str(C1),';   C2 = C1*']);
xlabel('Zeit in s');   grid on;
```

Abb. 2.4 zeigt die homogene Lösung für $C_1 = 0, 1 + j0, 5$. Dem Leser wird empfohlen mit verschiedenen Werten dieser Konstanten das Skript zu starten und die Änderungen in der homogenen Lösung zu beobachten.

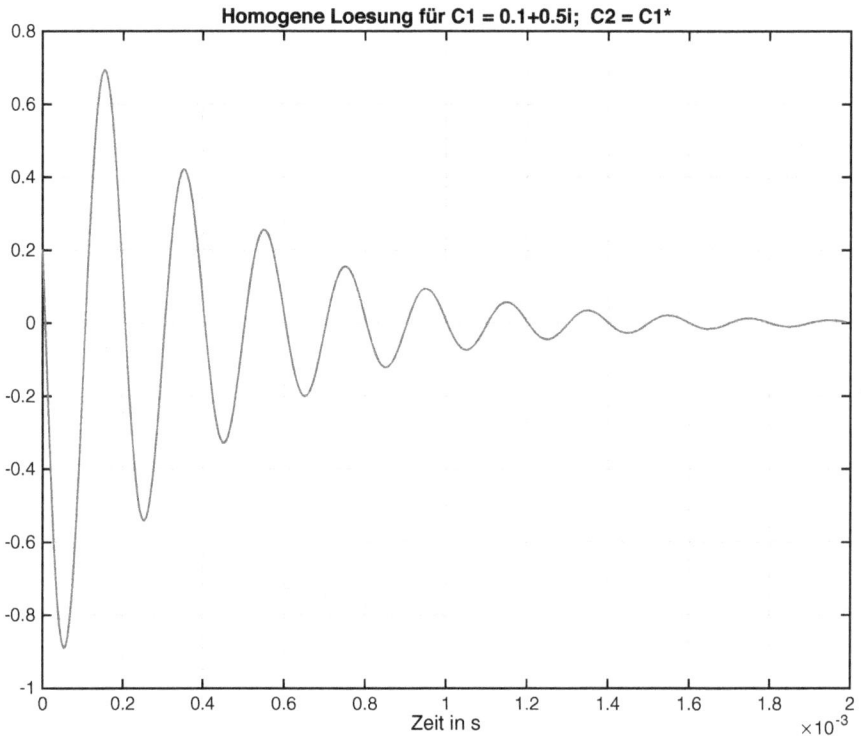

Abb. 2.4. Homogene Lösung (RLC_reihen_1.m, RLC_reihen1.slx)

Im Hinblick auf die Berechnung und Interpretierung der partikulären Lösung, wird weiter der komplexe Frequenzgang der Schaltung gemäß Gl. (2.38) ermittelt und dargestellt, wie in Abb. 2.5 gezeigt. Es wird die MATLAB-Funktion `freqs` eingesetzt. Sie erwartet als Argumente den Vektor b der Koeffizienten des Zählers und den Vektor a der Koeffizienten des Nenners:

```
% -------- Komplexer Frequenzgang
b = 1;     a = [L*C, R*C, 1];
[H,w] = freqs(b, a);
figure(2);     clf;
subplot(211), plot(w/(2*pi), abs(H));
```

```
title('Amplitudengang');    xlabel('Hz');
grid on;          hold on;      La = axis;
plot([f0, f0], [La(3), La(4)],'r');
hold off;
subplot(212), plot(w/(2*pi), angle(H)*180/pi);
title('Phasengang');     xlabel('Hz');    ylabel('Grad')
grid on;          hold on;      La = axis;
plot([f0, f0], [La(3), La(4)],'r');
hold off;
```

Oben in Abb. 2.5 ist der Amplitudengang gezeigt, der das Verhältnis der Amplitude der Spannung des Kondensators und der Amplitude der Anregung $\hat{u}_c/\hat{u}_g$ als Funktion von ω oder f beschreibt. Darunter ist der Phasengang als Phasenverschiebung der Spannung des Kondensators relativ zur Anregung ebenfalls als Funktion von ω dargestellt. Die Spannung der Anregung mit einer Frequenz von 1000 Hz wird praktisch durchgelassen ohne Phasenverschiebung. Mit vertikaler Linie ist die Resonanzfrequenz gekennzeichnet, etwas rechts von dem Höchstwert des Amplitudengangs.

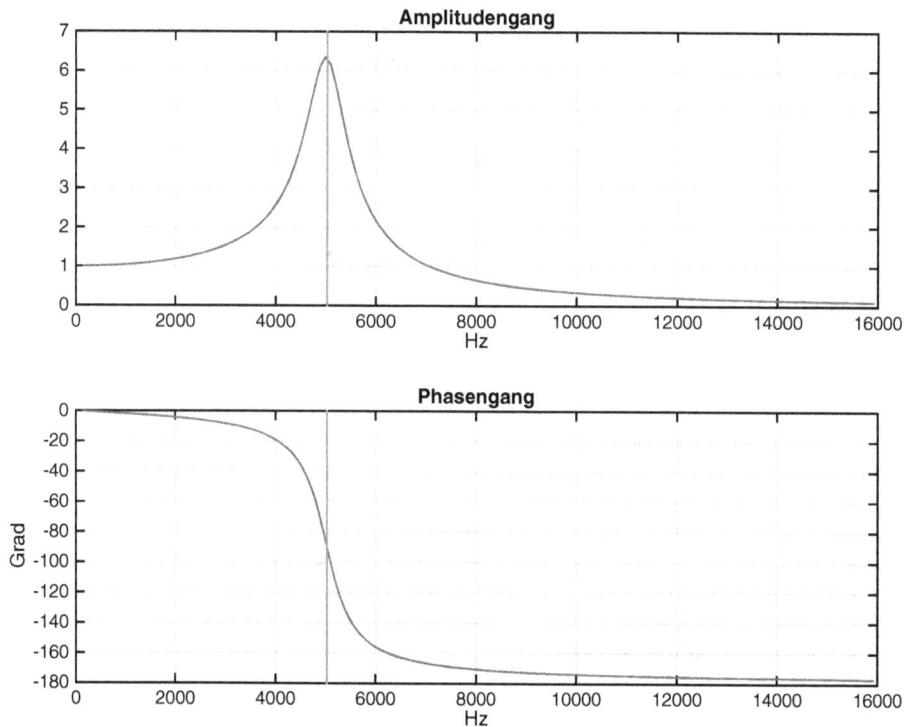

Abb. 2.5. Amplituden- und Phasengang der RLC-Reihenschaltung (RLC_reihen_1.m, RLC_reihen1.slx)

Weiter im Skript werden die Matrizen **A, B, C, D** hier bezeichnet durch `Az`, `Bz`, `Cz`, `Dz` gemäß Gl. 2.16 berechnet. Es werden dann die Eigenwerte und Eigenvektoren der Matrix **A** für eine Darstellung der homogenen Lösung des Zustandsmodells gemäß Gl. (2.30) berechnet:

```
% Zustandsmodell für Zustandsvariablen Strom i, Spannung uc
Az = [-R/L, -1/L;1/C, 0];        Bz = [1/L; 0];
Cz = eye(2,2);                   Dz = 0;
[eig_vektor, eig_werte] = eig(Az);
```

Man erhält folgende Eigenwerte und Eigenvektoren:

```
eig_werte =
   1.0e+04 *
  -0.2500 + 3.1524i    0.0000 + 0.0000i
   0.0000 + 0.0000i   -0.2500 - 3.1524i
>> eig_vektor
eig_vektor =
  -0.0002 + 0.0032i   -0.0002 - 0.0032i
   1.0000 + 0.0000i    1.0000 + 0.0000i
```

Die Eigenwerte als Diagonalelemente der Matrix `eig_werte` sind gleich den Wurzeln der charakteristischen Gleichung aus der Variable `wurzeln`. Sowohl die Eigenwerte als auch die Eigenvektoren (als Spalten der Matrix `eig_vektor`) sind konjugiert komplex.

Für Koeffizienten c_1, c_2 der homogenen Lösung gemäß Gl. (2.30) des Zustandsmodells, die gleich den Koeffizienten C_1, C_2 der homogenen Lösung gemäß Gl. (2.23) für die normale Differentialgleichung (2.10) gewählt werden, erhält man die gleiche homogene Lösung. Allerdings wird im Falle des Zustandsmodells auch der homogene Strom der Schaltung als Bestandteil des Zustandsvektors ermittelt, wie in Abb. 2.6 dargestellt:

```
.....
c1 = C1;      c2 = C2;
xh = c1*eig_vektor(:,1)*exp(eig_werte(1,1)*t) + ...
     c2*eig_vektor(:,2)*exp(eig_werte(2,2)*t);
figure(3);    clf;
subplot(211), plot(t, xh(1,:));
title(['Homogener Strom i für c1 = ',num2str(C1),';  c2 = C1*']);
xlabel('Zeit in s');    grid on;
subplot(212), plot(t, xh(2,:));
title(['Homogene Spannung uc für c1 = ',num2str(C1),';  c2 = C1*']);
xlabel('Zeit in s');    grid on;
```

Die untere Darstellung aus Abb. 2.6, die die homogene Spannung der Kapazität zeigt, ist gleich der Darstellung aus Abb. 2.4.

Die Gesamtlösung für die Differentialgleichung (2.10) wird numerisch durch Simulation mit dem Modell `RLC_reihen1.slx` ermittelt. Als Anregung wird ein sinusförmiges Signal angenommen. Das Modell ist in Abb. 2.7 dargestellt.

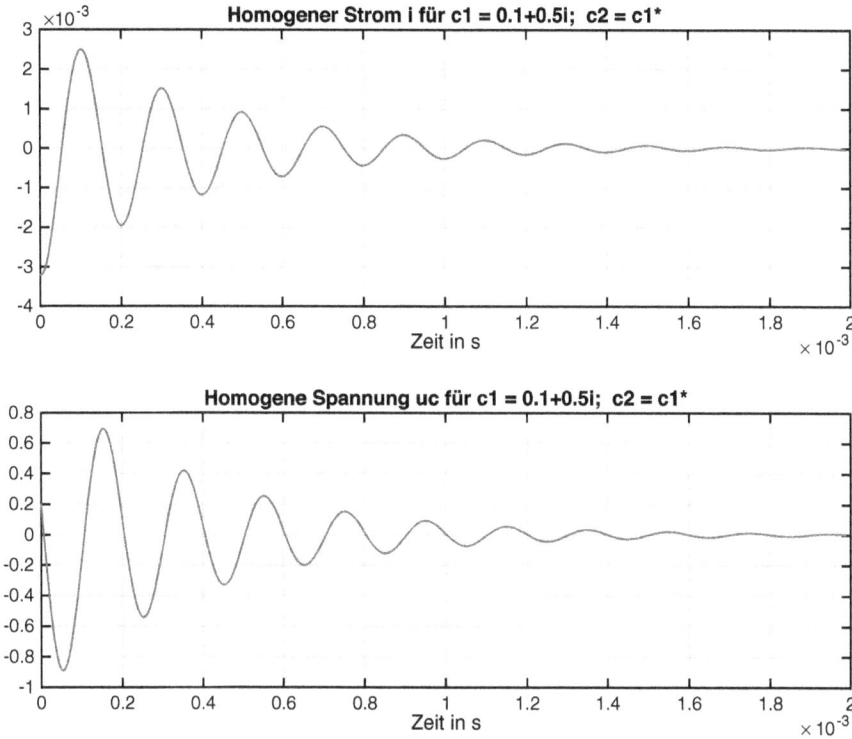

Abb. 2.6. Homogene Lösung für das Zustandsmodell (RLC_reihen_1.m, RLC_reihen1.slx)

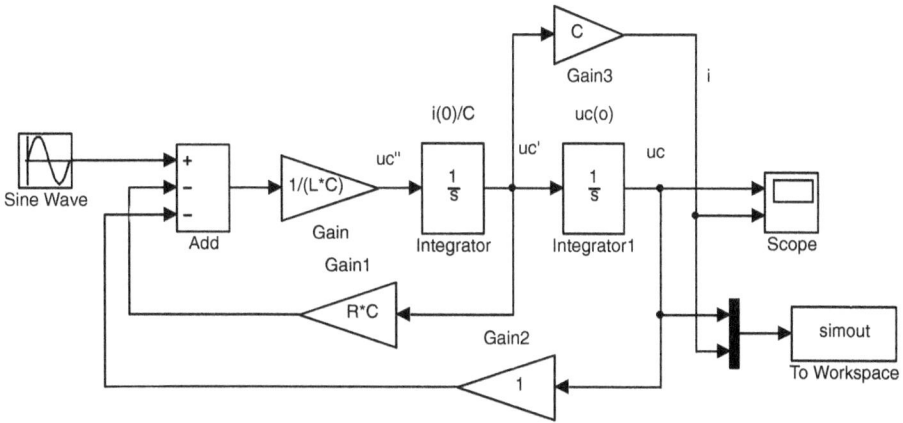

Abb. 2.7. Simulink-Modell zur Bestimmung der Gesamtlösung (homogene und partikuläre Lösung) (RLC_reihen_1.m, RLC_reihen1.slx)

Die zweite Ableitung der Spannung $\ddot{u}_C(t)$ aus Gl. 2.42 wird als bekannt angenommen

$$\frac{d^2 u_C(t)}{dt^2} = \frac{1}{LC}\left(-RC\frac{du_C(t)}{dt} - u_C(t) + u_g(t)\right) \tag{2.52}$$

und nach zwei Integratoren erhält man die erste Ableitung bzw. die Spannung $u_C(t)$. Mit der Anregung und den jetzt bekannten Größen am Ausgang der Integratoren wird die zweite Ableitung mit dem Block *Add* und *Gain* gebildet. Aus der ersten Ableitung der Spannung der Kapazität wird auch der Strom der Schaltung gemäß

$$i(t) = C\frac{du_C(t)}{dt} \tag{2.53}$$

gebildet. Der Aufruf der Simulation und die Darstellung der Spannung bzw. des Stroms geschieht mit folgenden Zeilen des Skripts:

```
% -------- Aufruf der Simulation mit Modell RLC_reihen1.slx
uc0 = -2;      i0 = 0;
Tsim = 0.005;
options = simset('Solver','ode45','MaxStep', (1/f0)/50);
sim('RLC_reihen1', [0, Tsim], options);
uc = simout.data(:,1);      i = simout.data(:,2);      t = simout.time;
figure(4);      clf;
subplot(211), plot(t, uc);
title(['Spannung des Kondensators mit uc(0) = ',num2str(uc0)]);
xlabel('Zeit in s');      grid on;
subplot(212), plot(t, i);
title(['Strom der Reihenschaltung mit i(0) = ',num2str(i0)]);
xlabel('Zeit in s');      grid on;
```

In Abb. 2.8 ist die Gesamtlösung sowohl für die Spannung der Kapazität als auch für den Strom der Reihenschaltung dargestellt. Man sieht das Einschwingen wegen der homogenen Lösung, die periodisch mit einer Frequenz von ca. 5000 Hz ist und größer als die Frequenz von 1000 Hz der Anregung ist.

Nach dem Einschwingen gelangt man in einen stationären Zustand, welcher der partikulären Lösung entspricht:

$$u_C(t) = \hat{u}_g|H(j\omega_g)|\cos(2\pi\omega_g t + \phi + \text{Winkel}\{H(j\omega_g)\}) \tag{2.54}$$

Hier sind ω_g die Kreisfrequenz, ϕ die Nullphase und $\hat{u}_g$ die Amplitude der Anregung. Mit $H(j\omega_g)$ ist der komplexe Frequenzgang der Schaltung für diese Kreisfrequenz der Anregung bezeichnet.

Im letzten Teil des Skriptes wird die gesamte Lösung mit Hilfe des Zustandsmodells ermittelt, das im Simulink-Modell `RLC_reihen2.slx` aus Abb. 2.9 nachgebildet ist. Das Modell wird ähnlich aufgebaut. Es wird angenommen, dass die Ableitung des

Spannung des Kondensators mit uc(0) = -2

Strom der Reihenschaltung mit i(0) = 0

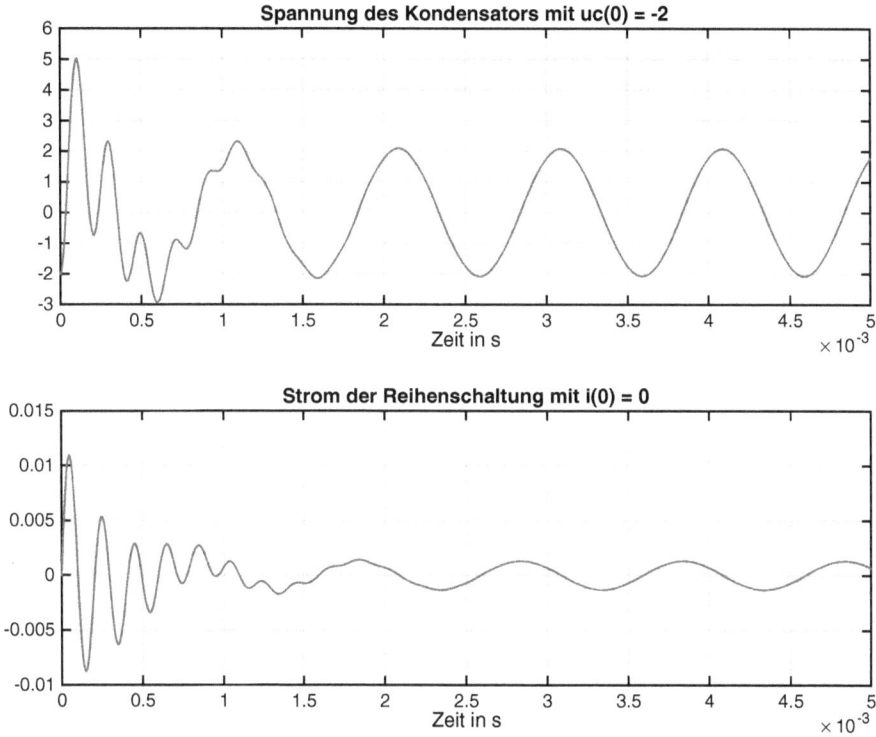

Abb. 2.8. Gesamtlösung (homogene und partikuläre Lösung) (RLC_reihen_1.m, RLC_reihen1.slx)

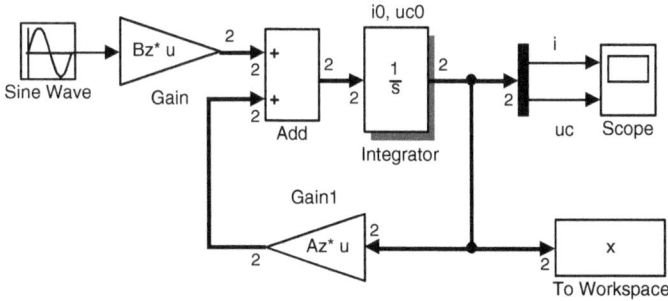

Abb. 2.9. Gesamtlösung über das Zustandsmodell der RLC-Schaltung (RLC_reihen_1.m, RLC_reihen2.slx)

Zustandsvektors $d\mathbf{x}(t)/dt = [di(t)/dt, duc(t)/dt]'$ bekannt ist und über den Integrator wird der Zustandsvektor erhalten $\mathbf{x}(t) = [i(t), uc(t)]'$.

Über die Rückkopplung mit dem *Gain1*-Block wird die Multiplikation des Zustandsvektors mit der Matrix **A** (hier Az) erhalten. Die Anregung multipliziert mit der Matrix **B** (hier Bz) wird der Rückkopplung im Block *Add* hinzuaddiert. Man bildet so die Gleichung nach:

$$\frac{d\mathbf{x}(t)}{dt} = \mathbf{A}\mathbf{x}(t) + \mathbf{B}u(t) \tag{2.55}$$

Hier ist **x** der Zustandsvektor bestehend aus dem Strom $i(t)$ und der Spannung $u_C(t)$, oder $\mathbf{x}(t) = [i(t), u_C(t)]'$. Der Integrator kann Vektoren bearbeiten und die Verbindungslinien, die Mehrvariablen führen, sind fett dargestellt. Der Aufruf wird durch folgende Zeilen realisiert:

```
% -------- Aufruf der Simulation mit Zustandsmodell RLC_reihen2.slx
uc0 = -2;        i0 = 0;
Tsim = 0.005;
options = simset('Solver','ode45','MaxStep', (1/f0)/50);
sim('RLC_reihen2', [0, Tsim], options);
i = x.data(:,1);        uc = x.data(:,2);        t = x.time;
figure(5);      clf;
.....
```

Man erhält, wie erwartet, dieselben Ergebnisse, die nicht mehr dargestellt werden.

Den Lesern wird empfohlen die Untersuchung zu erweitern, z.B. mit der Darstellung des Ausgangs (Spannung der Kapazität) zusammen mit der Anregung, um im stationären Zustand die Verhältnisse, die durch den Frequenzgang beschrieben sind (Abb. 2.5), zu verstehen. Mit einer Frequenz der Anregung näher an der Eigenfrequenz von 5000 Hz wird man feststellen, dass die Amplitude des Ausgangs größer als die der Anregung wird und eine Phasenverschiebung von 90 Grad entsteht. Die Anregung kann man mit einer Senke *To Workspace* auch zwischenspeichern.

2.3.5 Linearität und alternative Zerlegung der Lösung

Ein System beschrieben durch die Differentialgleichung (2.10) ist linear im Sinne der Definition aus Abschnitt 2.2 nur dann, wenn die Anfangsbedingungen null sind. Wenn die Anfangsbedingungen nicht null sind, kann man die Antwort $y(t)$ in eine alternative Form zerlegen [18, 20]:

$$y(t) = y_{zi}(t) + y_{zs}(t) \tag{2.56}$$

Der Anteil $y_{zi}(t)$ stellt die Antwort wegen den Anfangsbedingungen mit Anregung gleich null dar (*Zero-Input-Response*). Mit dem Anteil $y_{zs}(t)$ wird die Antwort auf die Anregung mit Anfangsbedingungen gleich null (*Zero-State-Response*) bezeichnet.

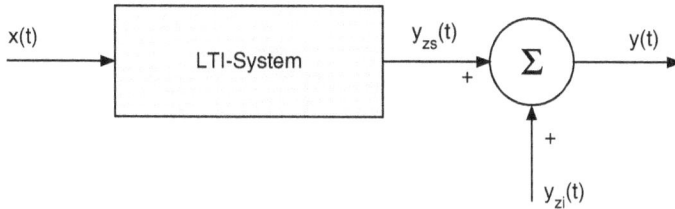

Abb. 2.10. Die Antwort $y_{zs}(t)$ mit Anregung und Anfangsbedingungen gleich null und die Antwort $y_{zi}(t)$ wegen Anfangsbedingungen ohne Anregung

Diese Antwort entspricht einem LTI-System und kann auch mit dem Faltungsintegral und der Impulsantwort berechnet werden. In Abb. 2.10 ist diese Zerlegung skizziert.

Bei der Ermittlung der $y_{zs}(t)$ Antwort muss auch eine homogene Lösung berechnet werden, die zum Gleichgewicht mit Anfangsbedingungen null führt. Für stabile Systeme bleibt nachdem das Einschwingen wegen der homogenen Lösung vorbei ist, ein stationärer Zustand, der der partikulären Lösung entspricht. Für sinus- oder cosinusförmige Anregung ist das Verhalten im stationären Zustand durch den komplexen Frequenzgang beschrieben.

Mit dem Skript `RLC_reihen_3.m` und Modell `RLC_reihen3.slx`, das in Abb. 2.11 dargestellt ist, wird die Simulation der alternativen Zerlegung der RLC-Reihenschaltung durchgeführt.

Ganz oben ist zum Vergleich die Schaltung der Lösung mit Anfangsbedingungen und Anregung direkt simuliert. Darunter ist die Antwort mit Anregung und ohne Anfangsbedingungen gebildet und ganz unten ist die Antwort ohne Anregung und mit Anfangsbedingungen erzeugt.

Am *Scope*-Block kann man sehen, dass die zwei Lösungen gleich sind. Die Anteile der Zerlegung sind in Abb. 2.12 dargestellt. Die Antwort mit Anregung und ohne Anfangsbedingungen zeigt auch ein Einschwingen, das einer homogenen Lösung mit Anfangsbedingungen null entspricht.

Die Antwort ohne Anregung mit Anfangsbedingungen ist dieselbe homogene Lösung nur für andere von null verschiedene Anfangsbedingungen.

Ausgehend von einem Zustandsmodell ist die Antwort für die Zustandsvariablen durch

$$\mathbf{x}(t) = e^{\mathbf{A}t}\mathbf{x}(0) + \int_0^t e^{\mathbf{A}(t-\tau)}\mathbf{B}\mathbf{u}(\tau)d\tau \tag{2.57}$$

gegeben [9, 35]. Diese Lösung entspricht der gezeigten, alternativen Zerlegung. Der erste Term stellt den Anteil im Zustandsvektor wegen des Anfangszustands $\mathbf{x}(0)$ ohne Anregung dar und das Integral ergibt den Anteil wegen der Anregung $\mathbf{u}(t)$

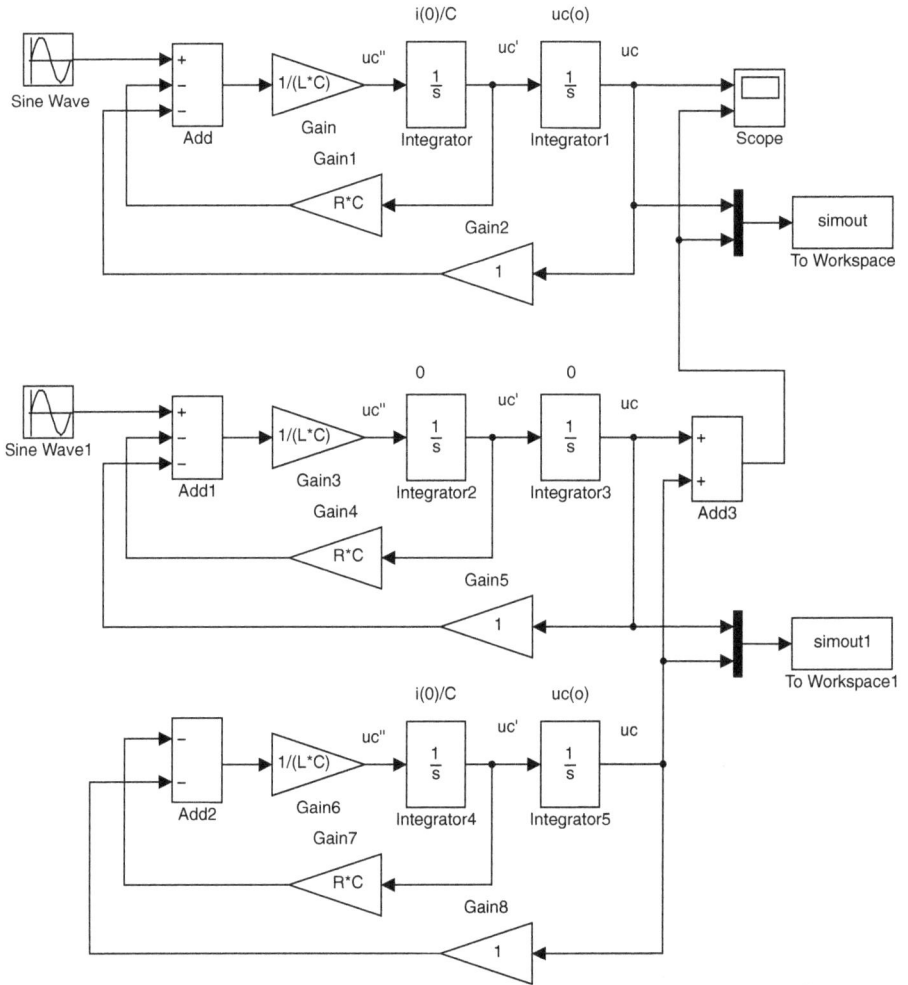

Abb. 2.11. Modell der alternativen Zerlegung für die RLC-Reihenschaltung (`RLC_reihen_3.m`, `RLC_reihen3.slx`)

mit Anfangszustand null. Das Integral entspricht einem Faltungsintegral, wobei die Impulsantwort die Exponentialfunktion ist.

Um zu verstehen, was die Matrix $e^{\mathbf{A}t}$ darstellt, wird diese Zeitfunktion in eine Taylor-Reihe entwickelt:

$$e^{\mathbf{A}t} = \mathbf{I} + \mathbf{A}t + \frac{\mathbf{A}^2 t^2}{2!} + \cdots + \frac{\mathbf{A}^n t^n}{n!} + \cdots \tag{2.58}$$

Sicher stellt sich hier die Frage der Konvergenz, die für relativ kleine Werte von t erfüllt ist. Wie rasch die Konvergenz sich einstellt hängt von den Eigenwerten der Matrix $\mathbf{A}$ ab.

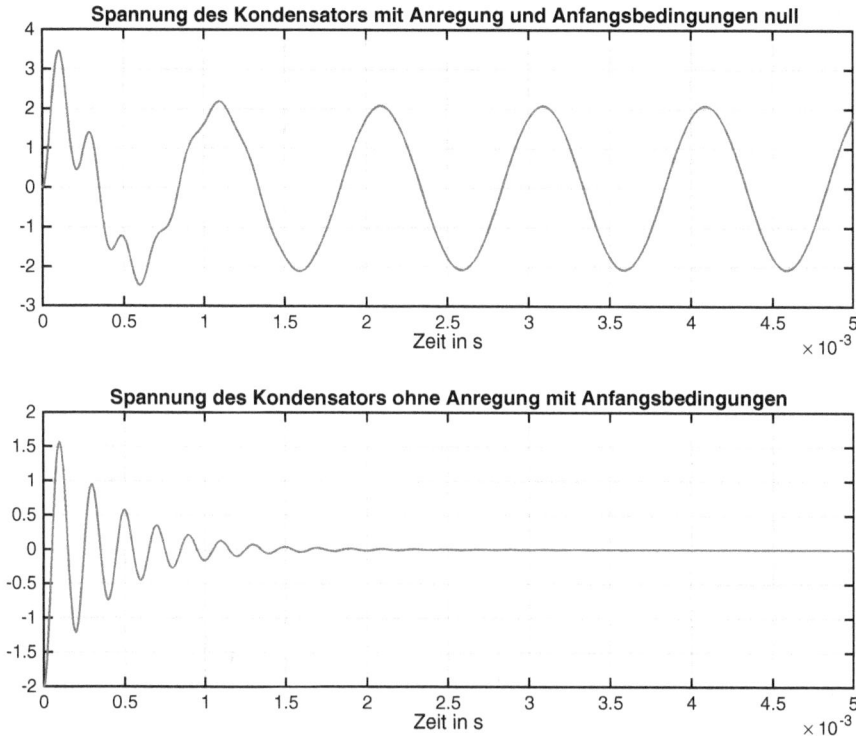

Abb. 2.12. Modell der alternativen Zerlegung für die RLC-Reihenschaltung (RLC_reihen_3.m, RLC_reihen3.slx)

Für Anregungen $\mathbf{u}(t) = \mathbf{u}(nT_s)$, die im Intervall $nT_s \leq t \leq (n+1)T_s$ mit $n = 0, 1, 2, \ldots$ konstant sind, kann man folgende Diskretisierung vornehmen:

$$\mathbf{x}((n+1)T_s) = e^{\mathbf{A}T_s}\mathbf{x}(nT_s) + \left(\int_{nT_s}^{(n+1)T_s} e^{\mathbf{A}((n+1)T_s - \tau)}\mathbf{B}d\tau \right) \mathbf{u}(nT_s) \qquad (2.59)$$

Die Matrix $e^{\mathbf{A}T_s}$ wird mit $\Phi(T_s)$ bezeichnet und die Matrix, die dem Integral entspricht, wird mit $\Delta(T_s)$ notiert:

$$\mathbf{x}((n+1)T_s) = \Phi(T_s)(nT_s) + \Delta(T_s)\mathbf{u}(nT_s) \qquad (2.60)$$

Für Werte der Intervalle T_s, die relativ klein im Vergleich zu den Zeitkonstanten des Systems sind, konvergiert die Taylor-Reihe für $e^{\mathbf{A}T_s}$ nach einigen Termen und man erhält eine gute Annäherung der Antwort auf kontinuierliche Anregungen, die in dieser Form diskretisiert werden.

Diese Lösung ist in MATLAB in der Funktion `lsim` aus der *Control System Toolbox* implementiert. Zusätzlich zu den zwei Matrizen **A, B** der Zustandsgleichung werden auch die Matrizen **C, D** der Ausgangsgleichung benötigt, so dass die Ausgangsvariablen aus den Zustandsvariablen berechnet werden. Weiter muss man den zeitdiskreten Vektor der Anregungen und den entsprechenden Vektor der Zeitintervalle angeben.

Mit dem Skript `RLC_reihen_4.m` wird exemplarisch gezeigt, wie man die Funktion `lsim` für diese Schaltung einsetzt:

```
......
% -------- Zustandsmodell für Zustandsvariablen
%           Strom i, Spannung uc
Az = [-R/L, -1/L;1/C, 0];      Bz = [1/L; 0];
Cz = eye(2,2);                 Dz = 0;
% -------- Gesamte Antwort über lsim-Funktion
fmax = max([f_ug, f0]);        Tmin = 1/fmax;
Ts = Tmin/100;                 Tsim = 0.005;
uc0 = -2;                      i0 = 0;
.....
```

Nachdem die Zustandsmatrizen berechnet sind, wird die Schrittweite T_s als $1/100$ der kleinsten Periode gewählt und die gleichen Anfangsbedingungen festgelegt. Danach wird die Anregungsspannung gebildet und das Zustandsobjekt `my_system` definiert:

```
% Anregung
t = 0:Ts:Tsim-Ts;              nt = length(t);
ug = ampl_ug*sin(2*pi*f_ug*t + phi_ug);
my_system = ss(Az, Bz, Cz, Dz);     % Zustandssystem
[y, t] = lsim(my_system, ug', t', [i0,uc0]);
i = y(:,1);      uc = y(:,2);
......
```

Es folgt der Aufruf der Funktion `lsim`, die als Argumente das `ss`-Objekt, die Anregung, die Zeit und die Anfangsbedingungen hat. Die Ergebnisse sind, wie erwartet die gleichen und werden hier nicht mehr gezeigt.

2.3.6 Die Impulsantwort und das Faltungsintegral für LTI-Systeme

Das Faltungsintegral wurde im Kapitel 1.3.6 eingeführt. Man kann die Antwort $y(t)$ auf eine beliebige Anregung $x(t)$ ausgehend vom Ruhezustand (Anfangsbedingungen null) mit Hilfe der Impulsantwort $h(t)$ ermitteln:

$$y(t) = \int_{-\infty}^{\infty} x(\tau)h(t-\tau)d\tau = \int_{-\infty}^{\infty} x(t-\tau)h(\tau)d\tau \qquad (2.61)$$

Die Impulsantwort $h(t)$ eines LTI-Systems, ist die Antwort des Systems auf eine Anregung in Form einer Delta-Funktion $\delta(t)$ ausgehend vom Ruhezustand. Eine Delta-Funktion unendlich groß und infinitesimal schmal kann man in der Realität nicht erzeugen und somit auch nicht für eine Simulation einsetzen.

Man kann aber ein Signal als Anregung annehmen, das als Grenzfunktion die Delta-Funktion ergibt. Die Antwort auf ein solches reales Signal muss nur durch der Fläche des Anregungssignals geteilt werden, um eine Annäherung der Impulsantwort zu erhalten. Die Pulsdauer der Anregung muss viel kleiner als die Zeitkonstanten oder Perioden der eventuellen periodischen Antwort sein. Wie kann man prüfen, ob die Dauer diese Bedingung erfüllt? Man wiederholt das Experiment z.B. mit einer Dauer die zwei mal kleiner ist und wenn die geschätzte Impulsantwort dieselbe bleibt, ist die Bedingung erfüllt.

Dieses Vorgehen wird mit Hilfe der gleichen RLC-Schaltung exemplarisch gezeigt. Für den Vergleich benötigt man aber die korrekte Impulsantwort der Schaltung, die auch durch Simulation, ohne dass eine Delta-Funktion nötig ist, ermittelt wird. Aus der Differentialgleichung mit Anregung in Form einer Delta-Funktion

$$LC\frac{d^2 u_C(t)}{dt^2} + RC\frac{du_C(t)}{dt} + u_C(t) = \delta(t) \tag{2.62}$$

erhält man durch einmal Integrieren für Anfangsbedingungen gleich null (gemäß der Definition der Impulsantwort):

$$LC\frac{du_C(t)}{dt} + RCu_C(t) + \int_{t=0}^{t} u_C(\tau)d\tau = 1 \tag{2.63}$$

Im Modell `impuls_antwort1.slx` wurde diese Form der Differentialgleichung für die Modellierung gebildet. Sie liefert die korrekte Impulsantwort für die Spannung des Kondensators und für den Strom der Reihenschaltung. Darunter ist das Modell der ursprünglichen Differentialgleichung angeregt durch einen Puls der Höhe 10 und der Dauer 10^{-5} s gezeigt. Die Antworten für die Spannung und für den Strom werden mit der Fläche des Pulses von $10 \cdot 10^{-5} = 10^{-4}$ normiert, um eine Annäherung der Impulsantworten zu erhalten. Die Ergebnisse sind identisch und die Annäherungen sind in Abb. 2.13 dargestellt.

Es wurde schon gezeigt (Gleichung 1.132), dass die Fourier-Transformation der Faltung im Zeitbereich zu einem Produkt der Fourier-Transformationen im Frequenzbereich führt:

$$Y(j\omega) = H(j\omega)\,X(j\omega)$$
$$\text{mit}\quad Y(j\omega) = \mathcal{F}\{y(t)\};\ X(j\omega) = \mathcal{F}\{x(t)\};\ H(j\omega) = \mathcal{F}\{h(t)\}; \tag{2.64}$$

Es ist leicht zu zeigen, dass $H(j\omega)$ als Fourier-Transformation der Impulsantwort gleichzeitig der komplexe Frequenzgang des Systems ist. Für eine sinus- oder

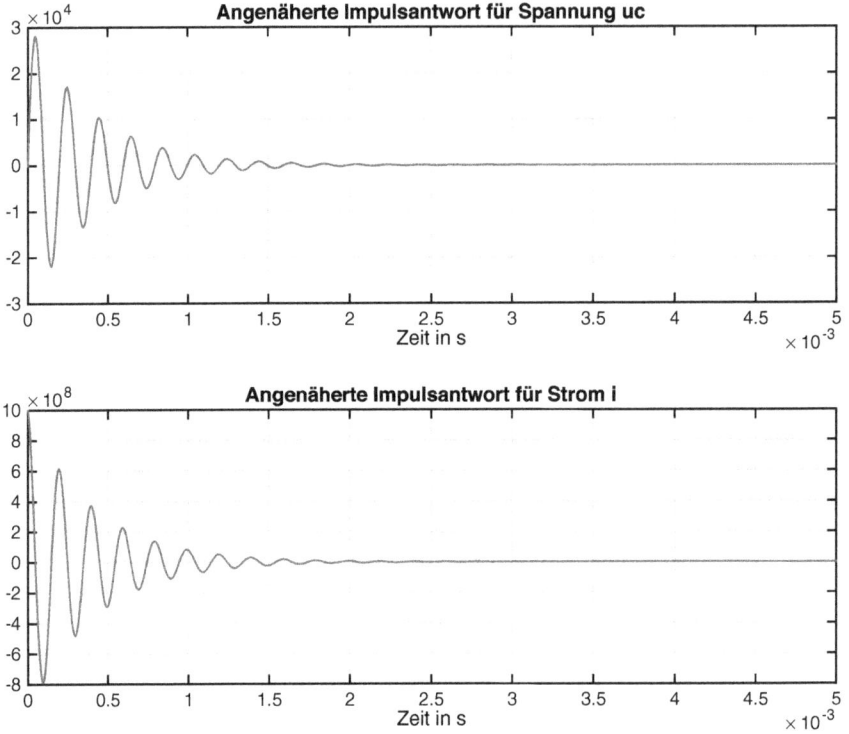

Abb. 2.13. Impulsantwort für die Spannung u_c und für den Strom i (impuls_antwort_1.m, impuls_antwort1.slx)

cosinusförmige Anregung $x(t)$ im stationären Zustand ist die Fourier-Transformation gemäß Gl. (1.94) gleich:

$$x(t) = \hat{x}\cos(\omega_0 t + \varphi)\mathcal{F}\{x(t)\} = \hat{x}\pi[e^{j\varphi}\delta(\omega - \omega_0) + e^{-j\varphi}\delta(\omega + \omega_0)]$$

$$x(t) = \hat{x}\sin(\omega_0 t + \varphi)\mathcal{F}\{x(t)\} = -j\hat{x}\pi[e^{j\varphi}\delta(\omega - \omega_0) - e^{-j\varphi}\delta(\omega + \omega_0)]$$

$$(2.65)$$

Die Fourier-Transformation der Antwort $Y(j\omega)$ für eine cosinusförmige Anregung wird dann:

$$Y(j\omega) = H(j\omega)\,X(j\omega)H(j\omega)\hat{x}\pi[e^{j\varphi}\delta(\omega - \omega_0) + e^{-j\varphi}\delta(\omega + \omega_0)]$$

$$= |H(j\omega)|\hat{x}\pi[e^{j(\varphi+\phi_H(\omega))}\delta(\omega - \omega_0) + e^{-j(\varphi+\phi_H(\omega))}\delta(\omega + \omega_0)] \qquad (2.66)$$

$$= |H(j\omega_0)|\hat{x}\pi[e^{j(\varphi+\phi_H(\omega_0))} + e^{-j(\varphi+\phi_H(\omega_0))}]$$

Das ist die Fourier-Transformation folgender cosinusförmiger Funktion:

$$y(t) = \hat{x}|H(j\omega_0)|\cos(\omega_0 t + \varphi + \phi_H(\omega_0)) = \hat{y}\cos(\omega_0 t + \varphi + \phi_H(\omega_0)) \qquad (2.67)$$

Für eine beliebige Frequenz ω der Anregung erhält man allgemein:

$$y(t) = \hat{x}|H(j\omega)|\cos(\omega t + \varphi + \phi_H(\omega)) = \hat{y}\cos(\omega t + \varphi + \phi_H(\omega)) \tag{2.68}$$

Der komplexe Frequenzgang $H(j\omega)$ als Fourier-Transformation der Impulsantwort ist für reelle LTI-Systeme durch

$$H(j\omega) = |H(j\omega)|e^{j\phi_H(\omega)} \text{ mit } |H(-j\omega)| = |H(j\omega)|, \quad \phi_H(-\omega) = -\phi_H(\omega)$$
$$H(j\omega)\delta(\omega - \omega_0) = H(j\omega_0) \tag{2.69}$$
$$H(j\omega)\delta(\omega + \omega_0) = H(-j\omega_0)$$

gegeben. Mit $\phi_H(\omega)$ wurde der Winkel der Funktion $H(j\omega)$ bezeichnet, der den Phasengang des komplexen Frequenzgangs darstellt. Das Verhältnis der Amplituden $\hat{y}/\hat{x}$ definiert den Amplitudengang $A(\omega)$ und beide Funktionen sind von ω abhängig:

$$H(j\omega) = |H(j\omega)|e^{j\phi_H(\omega)} = \frac{\hat{y}}{\hat{x}}e^{j\phi_H(\omega)} = A(\omega)e^{j\phi_H(\omega)} \tag{2.70}$$

Der Phasengang stellt die Phasenverschiebung des Ausgangssignals relativ zum Eingangssignal für ein sinus- oder cosinusförmiges Eingangssignal im stationären Zustand dar.

Der komplexe Frequenzgang kann über das Faltungsintegral

$$y(t) = \int_{-\infty}^{\infty} h(\tau)x(t-\tau)d\tau \tag{2.71}$$

auch ohne die Delta-Funktionen berechnet werden.

Im stationären Zustand kann man für eine cosinusförmige Anregung der Amplitude 2

$$x(t) = 2\cos(\omega t + \phi) = e^{j(\omega t + \phi)} + e^{-j(\omega t + \phi)} = x_1(t) + x_2(t) \tag{2.72}$$

die Antwort $y(t)$ des LTI-Systems der Impulsantwort $h(t)$ als Summe der Antworten auf die zwei komplexen Anteile der Anregung berechnen. Für den ersten Anteil erhält man:

$$y_1(t) = \int_{-\infty}^{\infty} h(\tau)e^{j(\omega(t-\tau) + \phi)}d\tau, \quad -\infty \leq t \leq \infty \tag{2.73}$$

Der Bereich für t signalisiert den stationären Zustand. Der konstante Term kann aus dem Integral herausgenommen werden und man erhält:

$$y_1(t) = e^{j(\omega t + \phi)}\int_{-\infty}^{\infty} h(\tau)e^{-j\omega\tau}d\tau = e^{j(\omega t + \phi)}H(j\omega) = x_1(t)H(j\omega) \tag{2.74}$$

Zu erkennen ist, dass die komplexe Funktion $H(j\omega)$ die Fourier-Transformierte der Impulsantwort ist und in diesem Kontext den komplexen Frequenzgang darstellt. Ähnlich ist die Antwort $y_2(t)$ auf den Anteil $x_2(t)$ durch

$$y_2(t) = e^{-j(\omega t + \phi)} \int_{-\infty}^{\infty} h(\tau) e^{j\omega\tau} d\tau = e^{-j(\omega t + \phi)} H(-j\omega) = x_2(t) H(-j\omega) \tag{2.75}$$

gegeben.

Die Summe der zwei Antworten wird zu:

$$y(t) = y_1(t) + y_2(t) = e^{j(\omega t + \phi)} H(j\omega) + e^{-j(\omega t + \phi)} H(-j\omega) \tag{2.76}$$

Wenn man die komplexe Funktion $H(j\omega)$ für eine reelle Impulsantwort gemäß Gl. (2.70) ausdrückt

$$H(j\omega) = |H(j\omega)| e^{j\phi_H(\omega)} \text{ und } |H(-j\omega)| = |H(j\omega)|, \quad \phi_H(-\omega) = -\phi_H(\omega) \tag{2.77}$$

erhält man:

$$\begin{aligned} y(t) &= |H(j\omega)| e^{j\phi_H(\omega)} e^{j(\omega t + \phi)} + |H(j\omega)| e^{-j\phi_H(\omega)} e^{-j(\omega t + \phi)} \\ &= 2|H(j\omega)| \left(e^{j(\omega t + \phi + \phi_H(\omega))} + e^{-j(\omega t + \phi + \phi_H(\omega))} \right) \\ &= 2|H(j\omega)| \, cos(\omega t + \phi + \phi_H(\omega)) = 2A(\omega) cos(\omega t + \phi + \phi_H(\omega)) \end{aligned} \tag{2.78}$$

Die Amplitude zwei wurde gewählt, um die Darstellung der cosinusförmigen Anregung mit der Euler-Formel zu vereinfachen und die Teilung mit zwei in den Beziehungen zu vermeiden. Wenn die Anregung eine beliebige Amplitude besitzt, dann ist die Amplitude der Antwort gleich dieser Amplitude mal $|H(j\omega)| = A(\omega)$. Die Phase der Antwort ändert sich mit einer zusätzlichen Phasenverschiebung der Größe $\phi_H(\omega)$.

Für reellwertige Signale genügt es, den komplexen Frequenzgang $H(j\omega)$ für $\omega \geq 0$ zu betrachten. Der Bereich für $\omega < 0$ ist die konjugiert Komplexe des Bereichs für $\omega \geq 0$ und ergibt keine zusätzliche Information. Für einige komplexe Signale aus der Nachrichtentechnik, wie die analytischen Signale [41], sind beide Bereiche wichtig.

Im Skript impuls_antwort_1.m wird am Ende der Frequenzgang der Schaltung gemäß Gl. (2.49) mit der Fourier-Transformation der Impulsantwort, die mit der DFT angenähert wird, verglichen:

```
.....
% -------- Komplexer Frequenzgang (Übertragungsfunktion)
% Annäherung der Fourier-Transformation der Impulsantwort
h = uc_puls;                        % oder h = uc;
nfft = 128;
Ts = Tsim/nfft;                     % Schrittweite für die Diskretisierung
hi = interp1(t,h,(0:nfft-1)*Ts);    % Diskretisierung der Impulsantwort
Hi = Ts*fft(hi);     nh = length(Hi); % FT Annäherung
```

```
% Korrekte übertragungsfunktion
b = 1;      a = [L*C, R*C, 1];
[H,w] = freqs(b, a, (0:nfft-1)*2*pi/(nfft*Ts));
figure(3);      clf;
subplot(211), plot(w/(2*pi),abs(H),(0:nh-1)/(Ts*nh),abs(Hi));
title('Amplitudengang und Betrag der FFT*Ts der Impulsantwort');
xlabel('Hz');      grid on;      La = axis;
axis([0, 1/Ts, -1, La(4)]);
subplot(212), plot(w/(2*pi),angle(H),(0:nh-1)/(Ts*nh),angle(Hi));
title('Phasengang und Winkel der FFT der Impulsantwort');
xlabel('Hz');      grid on;      La = axis;
axis([0, 1/Ts, La(3:4)]);
```

In Abb. 2.14 sind die Ergebnisse dargestellt. Die Annäherung der Fourier-Transformation der Impulsantwort über die FFT ist wegen der Periodizität der FFT nur bis zur halben Abtastfrequenz gültig. In diesem Bereich ist die Annäherung sehr gut, sowohl für den Amplitudengang als auch für den Phasengang.

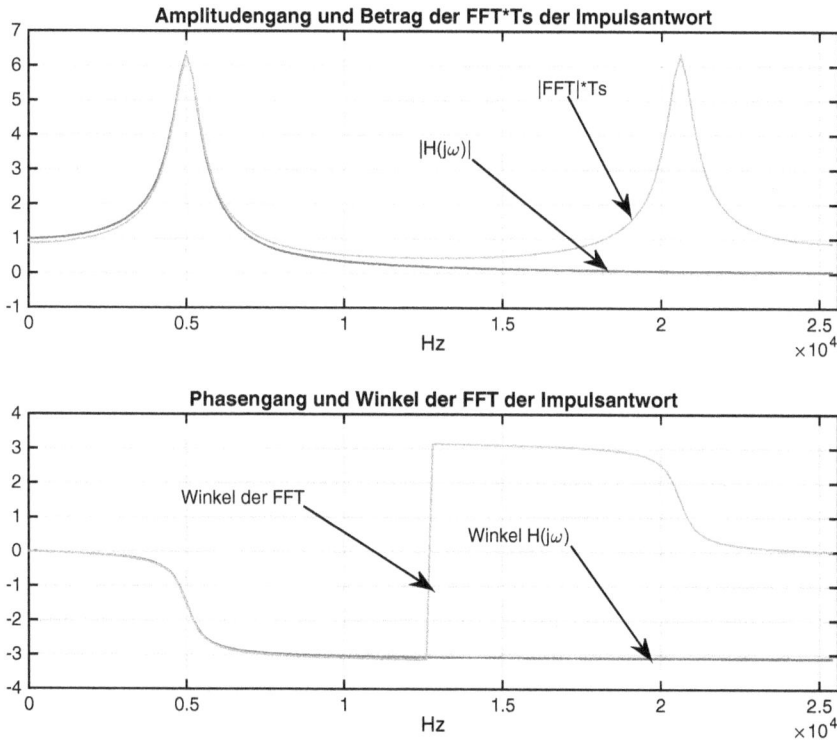

Abb. 2.14. Komplexer Frequenzgang und die Fourier-Transformation der Impulsantwort durch die FFT*Ts angenähert (impuls_antwort_1.m, impuls_antwort1.slx)

Die aus der kontinuierlichen Simulation hervorgegangene Impulsantwort mit variabler Schrittweite muss mit fixer Schrittweite zeitdiskretisiert werden, um die FFT einsetzen zu können. Das geschieht durch eine Interpolation mit der Funktion `interp1`. Der korrekte komplexe Frequenzgang wird mit der Funktion `freqs` für dieselben Frequenzwerte berechnet, wie für die FFT.

Mit dem Skript `impuls_antwort_2.m` und Modell `impuls_antwort2.slx` wird die gleiche Simulation mit dem *FixedStep Solver* durchgeführt. Man kann direkt die Daten mit der FFT bearbeiten, so als wären sie abgetastet. Mit folgenden Zeilen des Skripts ist der Aufruf Simulation realisiert:

```
clear;
.....
% -------- Parameter der Schaltung
R = 50;          L = 0.01;      C = 0.1e-6;
f0 = sqrt(1/(L*C))/(2*pi);   % Resonanzfrequenz
Ts = 1e-5;
% -------- Aufruf der Simulation mit Modell impuls_antwort2.slx
nfft = 256;
Tsim = Ts*nfft-Ts;
options = simset('Solver','ode4','FixedStep',Ts);
sim('impuls_antwort2', [0, Tsim], options);
.....
```

Die Dauer des Anregungspulses für die Annäherung der Impulsantwort ist jetzt zwei Schrittweite.

Im Skript `impuls_antwort_3.m` und dem Modell `impuls_antwort3.slx` wird die Übertragungsfunktion $H(j\omega)$ über das Verhältnis der Fourier-Transformation der Antwort geteilt durch die Fourier-Transformation der Anregung ermittelt. Die Fourier-Transformationen werden mit Hilfe der DFT- oder FFT Annäherungen berechnet:

$$H(j\omega) = \frac{Y(j\omega)}{X(j\omega)} \cong \frac{DFT\{y(t)\}}{DFT\{x(t)\}} \qquad (2.79)$$

Die Teilung verbirgt hier einige Schwierigkeiten, wenn der Nenner null wird. Man muss die Anregung so wählen, dass im sinnvollen Frequenzbereich für $H(j\omega)$ im ersten Nyquist-Intervall die $DFT\{x(t)\}$ keine Nullwerte enthält. In Abb. 2.15 ist dieser Sachverhalt skizziert.

In folgenden Zeilen wird aus der Antwort `uc` auf die Anregung mit einem Gausspuls `ug` die Übertragungsfunktion $H(j\omega)$ in `Hi` geschätzt.

```
....
% Annäherung der FT der Impulsantwort
Uc = fft(uc);          nh = length(Uc);  % FT Annäherungen
Ug = fft(ug_puls);
Hi = Uc./(Ug+eps).';                     % geschätzte Übertragungsfunktion
.....
```

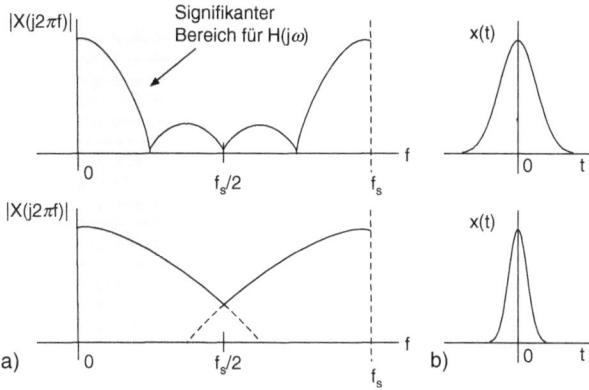

Abb. 2.15. $|DFT\{x(t)|\}$ für breite und schmale Anregungspulse

Die Anregung ist durch

```
. . . . .
ug_puls = exp(-(t-1e-3).^2/1e-10);
```

gebildet. Man kann die Dauer des Pulses über den Faktor der Exponentialfunktion, der jetzt `1e-10` ist, steuern. Der Puls ist zum Zeitpunkt von 1 ms (`1e-3`) verschoben. Im Verhältnis `Hi = Uc./(Ug+eps).'`; spielt diese Verschiebung keine Rolle.

In Abb. 2.16 sind die Beträge der FFT der Antwort und der Anregung für einen Puls, der keine Nullstelle im Nyquist-Intervall besitzt und zu einer guten Schätzung der Übertragungsfunktion führt, dargestellt.

In diesem Skript wird auch aus der Antwort zu einem Gausspuls die Impulsantwort geschätzt und danach über die DFT oder FFT daraus die Übertragungsfunktion ermittelt:

```
% -------- Geschätzter Frequenzgang aus der geschätzten Impulsantwort
hges = uc/(Ts*sum(ug_puls));        % Geschätzte Impulsantwort
delta_t = 1e-3;                     % Usprung des Gausspulses
Hges = Ts*fft(hges).*exp(j*w*delta_t).'; % Geschätzte Übertragungsfunktion
% mit Kompensation der Phasenverschiebung wegen des Puls-Ursprungs
. . . . .
```

Die Antwort `uc` wird auf die Fläche des Anregungspulses normiert, um die geschätzte Impulsantwort zu erhalten, die mit `delta_t = 1e-3` s verschoben ist. Weil eine Verschiebung im Zeitbereich eine Multiplikation im Frequenzbereich bedeutet

$$\mathcal{F}\{x(t-\Delta_t)\} = e^{-j\omega\Delta t}\mathcal{F}\{x(t)\}, \tag{2.80}$$

wird diese zusätzliche Phasenverschiebung mit `exp(j*w*delta_t)'` kompensiert. Das Ergebnis ist in Abb. 2.17 dargestellt.

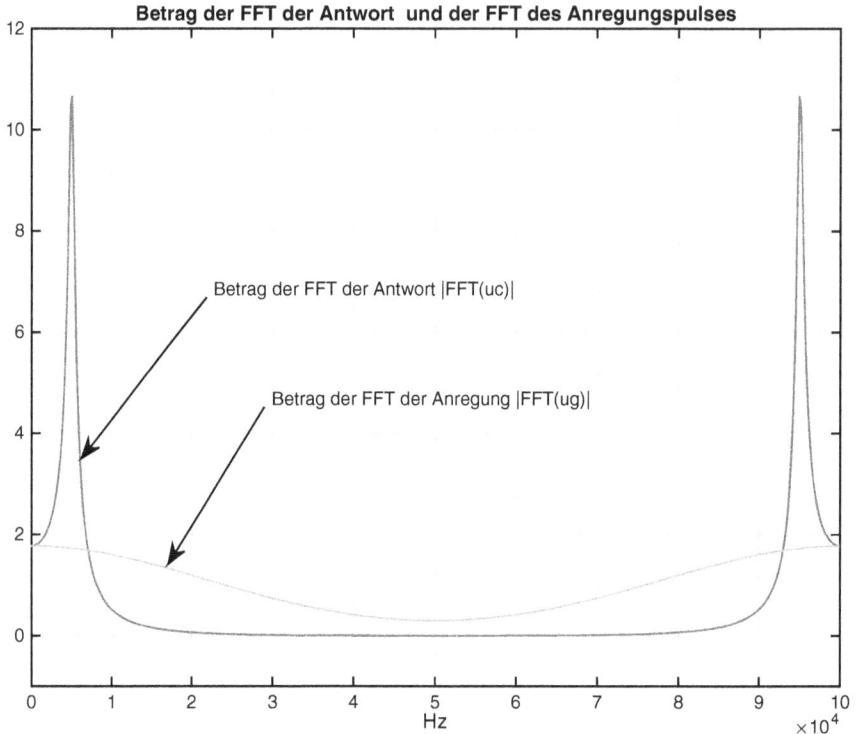

Abb. 2.16. $|DFT\{u_c(t)|\}$ und $|DFT\{u_g(t)|\}$ für den eingesetzten Anregungspuls
(impuls_antwort_3.m, impuls_antwort3.slx)

Über diesen Weg vermeidet man die Division mit der Fourier-Transformation der
Anregung, man muss aber die Bedingung für die Schätzung der Impulsantwort
bezüglich der Dauer der Pulsanregung einhalten.

2.3.7 Schätzung der Übertragungsfunktion eines mechanischen Systems

Die Signalverarbeitung spielt eine wichtige Rolle auch in den mechanischen
Bereichen wie Maschinenbau, Mechatronik etc. Als Beispiel wird eine Aufgabe der
Modal-Analyse [23] untersucht. Man will durch Messungen die Eigenfrequenzen und
die Schwingungsarten einer Struktur oder Maschine bestimmen.

Das System das untersucht wird ist in Abb. 2.18 dargestellt. Es ist stellvertre-
tend für mechanische Schwingungssysteme mit zwei Freiheitsgraden, wie z.B. die
Radaufhängung der Pkws.

Dieses System wird hier auch zur Erläuterung der Tilgung von Schwingungen
eingesetzt. Die Hauptmasse m_2 zusammen mit der Feder der Steifigkeit k_2 und

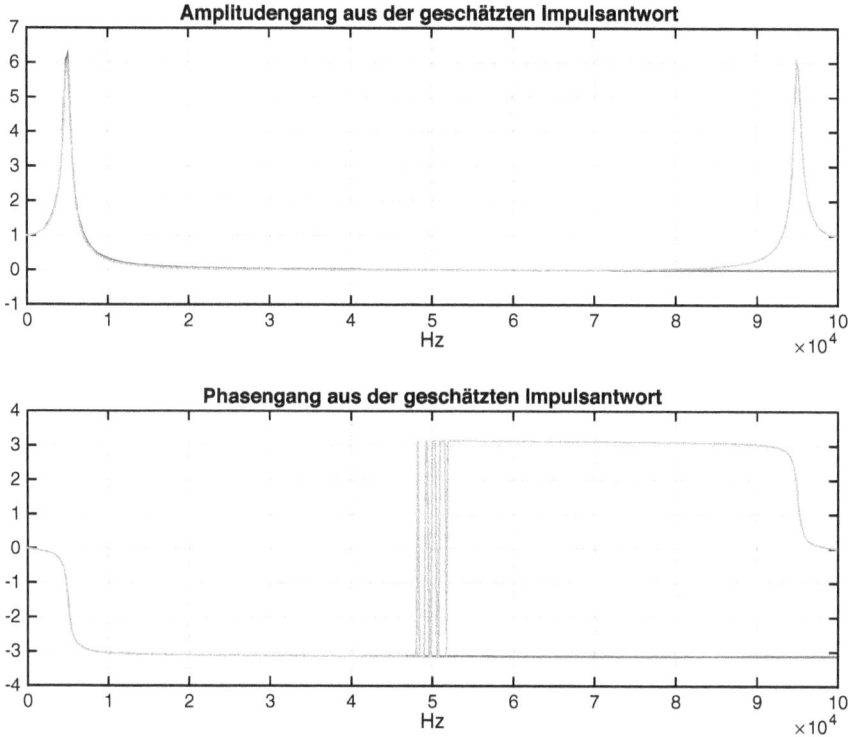

Abb. 2.17. Die geschätzte Übertragungsfunktion aus der geschätzten Impulsantwort (`impuls_antwort_3.m`, `impuls_antwort3.slx`)

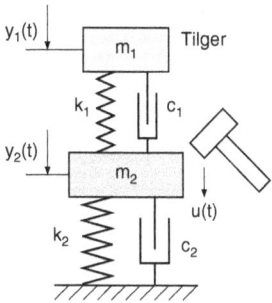

Abb. 2.18. Feder-Masse-System mit zwei Massen

Dämpfungsfaktor c_2 bildet ein Schwingungssystem dessen Schwingungen durch das Feder-Masse-System des Tilgers m_1, k_1, c_1 zu dämpfen sind [19].

Es wird die Übertragungsfunktion von der Anregungskraft $u(t)$ in Form eines Gausspulses bis zur Lage der Hauptmasse $y_2(t)$ berechnet, so als würde man diese durch eine Messung ermitteln. Mit der Simulation besteht auch die Möglichkeit, die Übertragungsfunktion von derselben Anregung bis zur Lage der Tilgermasse $y_1(t)$ zu bestimmen.

Die Differentialgleichungen für die Bewegungen $y_1(t), y_2(t)$ relativ zur statischen Gleichgewichtslage sind:

$$m_1 \ddot{y}_1(t) + c_1(\dot{y}_1(t) - \dot{y}_2(t)) + k_1(y_1(t) - y_2(t)) = 0$$
$$m_2 \ddot{y}_2(t) + c_2 \dot{y}_2 + c_1(\dot{y}_2(t) - \dot{y}_1(t)) + k_2 y_2(t) + k_1(y_2(t) - y_1(t)) = u(t)$$

(2.81)

Daraus wird ein Zustandsmodell gebildet, in der Annahme, dass die Lagen der Massen die Ausgangsvariablen sind. In mechanischen Systemen sind die Lagen der Massen und deren Geschwindigkeiten Zustandsvariablen. Die Begründung ist ähnlich wie in elektrischen Schaltungen. Die potentielle Energie ist proportional zu den Lagen der Massen und die kinetische Energie ist proportional zu den Geschwindigkeiten derselben Massen. Diese zwei Variablen zu einem Zeitpunkt beinhalten die ganze Vorgeschichte des Systems.

Es wird folgender Zustandsvektor, der auch der Ausgangsvektor ist, gewählt:

$$\mathbf{x}(t) = [\dot{y}_1(t), y_1(t), \dot{y}_2(t), y_2(t)]' \quad \text{und} \quad \dot{\mathbf{x}}(t) = [\ddot{y}_1(t), \dot{y}_1(t), \ddot{y}_2(t), \dot{y}_2(t)]' \quad (2.82)$$

Mit dieser Wahl erhält man dann das Zustandsmodell:

$$
\begin{bmatrix} \ddot{y}_1(t) \\ \dot{y}_1(t) \\ \ddot{y}_2(t) \\ \dot{y}_2(t) \end{bmatrix} =
\begin{bmatrix}
-\dfrac{c_1}{m_1} & -\dfrac{k_1}{m_1} & \dfrac{c_1}{m_1} & \dfrac{k_1}{m_1} \\
1 & 0 & 0 & 0 \\
\dfrac{c_1}{m_2} & \dfrac{k_1}{m_2} & -\dfrac{(c_1+c_2)}{m_2} & \dfrac{(k_1+k_2)}{m_2} \\
0 & 0 & 1 & 0
\end{bmatrix}
\begin{bmatrix} \dot{y}_1(t) \\ y_1(t) \\ \dot{y}_2(t) \\ y_2(t) \end{bmatrix} +
\begin{bmatrix} 0 \\ 0 \\ 1/m_2 \\ 0 \end{bmatrix} u(t) \quad (2.83)
$$

Daraus können die Matrizen $\mathbf{A}$ und $\mathbf{B}$ entnommen werden. Wenn der Ausgangsvektor gleich dem Zustandsvektor angenommen wird, dann ist die Matrix $\mathbf{C} = \mathbf{I}$ die 4×4 Einheitsmatrix und die Matrix $\mathbf{D} = [0, 0, 0, 0]'$.

Im Skript `modal_analyse_1.m` und Modell `modal_analyse1.m` ist dieses Experiment programmiert. Es beginnt mit der Bildung des Zustandsmodells:

```
% -------- Parameter des Feder-Masse-Systems
m2 = 5;      k2 = 10;              c2 = 0.3;
% Optimale Tilgerparameter nach Hartog
m1 = 2;       mu = m1/m2;          k1 = mu*k2/((1+mu)^2);
w1 = sqrt(k1/m1);                  c1 = 2*w1*m1*sqrt(3*mu/(8*(1+mu)^3));
% Ohne Tilger
%m1 = 2;      k1 = 0;              c1 = 0;
% -------- Zustandsmodell
```

```
A = [-c1/m1, -k1/m1, c1/m1, k1/m1;
     1 0 0 0;
     c1/m2, k1/m2, -(c1+c2)/m2 -(k1+k2)/m2;
     0 0 1 0];
B = [0, 0, 1/m2, 0]';    C = eye(4,4);    D = zeros(4,1);
[eig_vekt, lambda] = eig(A);    % Eigenvektoren und Eigenwerte
f1 = imag(lambda(1))/(2*pi),
f2 = imag(lambda(3))/(2*pi),
fmax = max([f1, f2]);    Tmin = 1/fmax;
.....
```

Die Parameter m1, c1, k1 können für eine optimale Tilgung nach Hartog [23] gewählt werden. Mit der Wahl k1 = 0, c1 = 0 wird das System ohne Tilger erhalten. Für die Matrix **A** werden weiter die Eigenwerte

```
diag(lambda)
ans =
  -0.1229 + 0.8888i
  -0.1229 - 0.8888i
  -0.2377 + 1.5743i
  -0.2377 - 1.5743i
```

und Eigenvektoren für das System mit optimalen Tilger ermittelt:

```
eig_vekt =
  Columns 1 through 3
  -0.0885 + 0.6399i  -0.0885 - 0.6399i  -0.4025 - 0.3274i
   0.7200 + 0.0000i   0.7200 + 0.0000i  -0.1656 + 0.2807i
  -0.0881 + 0.1446i  -0.0881 - 0.1446i   0.6692 + 0.0000i
   0.1731 + 0.0751i   0.1731 - 0.0751i  -0.0628 - 0.4156i
  Column 4
  -0.4025 + 0.3274i
  -0.1656 - 0.2807i
   0.6692 + 0.0000i
  -0.0628 + 0.4156i
```

Das System ist stabil, weil die Realteile der Eigenwerte negativ sind. Die zwei verschiedenen Imaginärteile ergeben die zwei Eigenfrequenzen des Systems f1, f2 in Hz.

Im Simulink-Modell aus Abb. 2.19 wird als Anregung ein Gausspuls am Eingang mit dem Block *From Workspace* angelegt. Der Puls wird im Skript erzeugt:

```
% Anregung mit Gausspuls
tau = 4;              % Verspätung für den Gausspuls
Tgauss = 0.1;         % Parameter für die Ausdehnung des Pulses
ug_puls = exp(-(t-tau).^2/Tgauss);
```

Das Zustandsmodell des Systems ist mit dem Block *State-Space* realisiert. Hier werden die vier Matrizen als Parameter eingegeben. Am Ausgang erhält man die vier Zustandsvariablen, die auch die Ausgangsvariablen sind. Mit den Matrizen selekt1, ..., selekt4 kann man die gewünschte Zustandsvariable extrahieren.

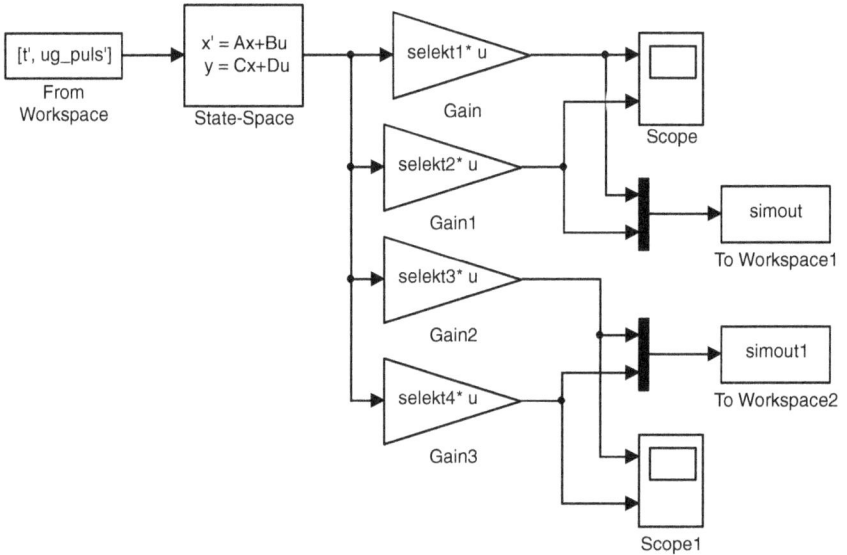

Abb. 2.19. Simulink-Modell des Feder-Masse-Systems (`modal_analyse_1.m`, `modal_analyse1.slx`)

Aus der Lage der Masse m_2, die mit $y_2(t)$ bezeichnet ist, wird die Impulsantwort h2 geschätzt und über die FFT angenäherte Fourier-Transformation der Impulsantwort wird eine Übertragungsfunktion H2 berechnet. Weil der Anregungspuls in Zeit verschoben ist, wird eine Korrektur der Phase der FFT vorgenommen:

```
exp(j*2*pi*(0:nh-1)*tau/(dt*nh))
```

Schließlich wird die Übertragungsfunktion H21 als Verhältnis der angenäherten Fourier-Transformationen der Antwort und der Anregung berechnet:

```
options = simset('Solver','ode4','FixedStep', dt);
sim('modal_analyse1', [0,Tsim-dt], options);
y2 = simout.data(:,1);          % Lage der Masse 2
v2 = simout.data(:,2);          % Geschwindigkeit der Masse 2
h2 = y2/(sum(ug_puls)*dt);      % Geschätzte Impulsantwort
nh = length(h2);
H2 = dt*fft(h2).*exp(j*2*pi*(0:nh-1)*tau/(dt*nh)).';
 % Übertragungsfunktion aus der Impulsantwort mit Phasenkorrektur
H21 = fft(y2)./(fft(ug_puls).'+eps); % Übertragungsfunktion Y(jw)/X(jw)
....
```

Abb. 2.20 zeigt die zwei geschätzten Frequenzgänge H2, H21 für das System ohne Tilgung. Dafür wurde die Zeile mit k1=0, c1=0 aktiviert, was dazu führt, dass die Masse

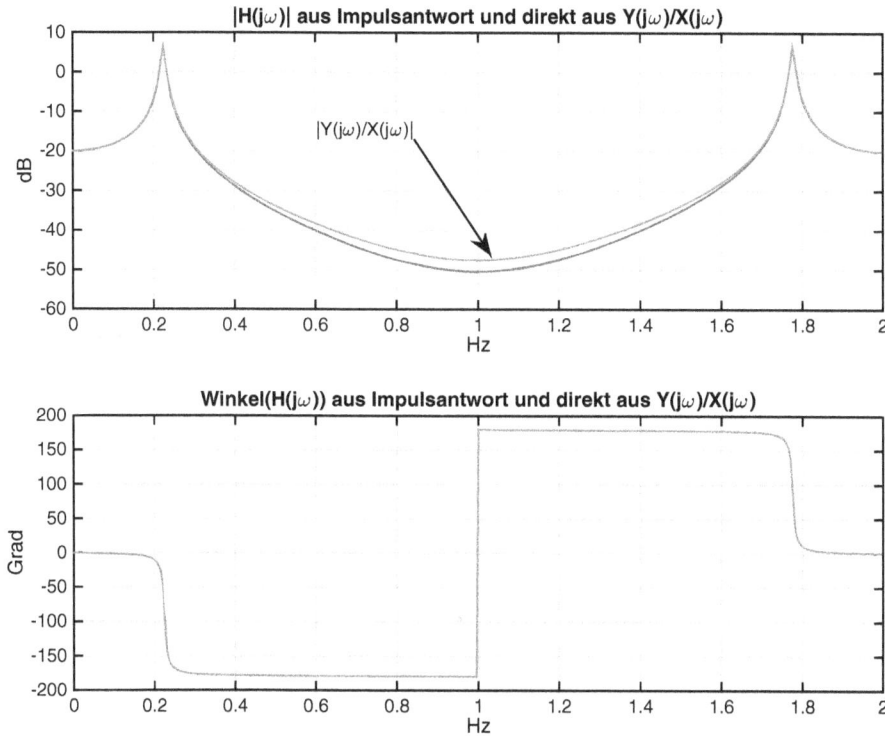

Abb. 2.20. Die Frequenzgänge für $H_2(j\omega) = \mathcal{F}\{h(t)\}$ und für $H_{21}(j\omega) = Y(j\omega)/X(j\omega)$ ohne Tilger (`modal_analyse_1.m`, `modal_analyse1.slx`)

m1 isoliert wird. Beide Schätzungen sind im signifikanten Teil des Frequenzbereichs gleich. Die Beträge sind in dB mit folgenden Zeilen im Skript dargestellt:

```
subplot(211), plot((0:nh-1)/(dt*nh), 20*log10(abs(H2)),...
    (0:nh-1)/(dt*nh), 20*log10(abs(H21)),'r');
title(['|H(j\omega)| aus Impulsantwort und direkt aus',...
                ' Y(j\omega)/X(j\omega)']);
xlabel('Hz');        grid on;
subplot(212), plot((0:nh-1)/(dt*nh), angle(H2),...
    (0:nh-1)/(dt*nh), angle(H21),'r');
title('Winkel(H(j\omega)) aus Impulsantwort und direkt aus',...
                ' Y(j\omega)/X(j\omega)']);
xlabel('Hz');        grid on;
```

Die Maximalwerte der Beträge in dB sind 6,3141 dB oder absolut 2,0687. Mit dem Tilger erwartet man eine Dämpfung der Schwingung, was im Frequenzgang sich durch einen kleineren Wert der Maximalwerte zeigen muss. Durch Deaktivierung der Zeile im

Skript, die die Masse m_1 isoliert, startet man die Untersuchung mit angeschlossenem Tilger.

In der Literatur [23] gibt es die Formeln für die optimale Wahl der Parameter des Tilgers:

$$k_1 = \mu \frac{k_2}{(1+\mu)^2} \qquad \text{mit} \quad \mu = \frac{m_1}{m_2}$$

$$c_1 = 2\omega_1 m_1 \sqrt{\frac{3\mu}{8(1+\mu)^3}} \quad \text{mit} \quad \omega_1 = \sqrt{\frac{k_1}{m_1}}$$

(2.84)

Im Skript sind diese Parameter mit folgenden Zeilen für die Simulation berechnet:

```
% Optimale Tilgerparameter nach Hartog
m1 = 2;      mu = m1/m2;      k1 = mu*k2/((1+mu)^2);
w1 = sqrt(k1/m1);             c1 = 2*w1*m1*sqrt(3*mu/(8*(1+mu)^3));
```

In Abb. 2.21 sind dieselben Frequenzgänge für das System mit Tilger dargestellt. Die Maximalwerte der Beträge sind jetzt −12,4926 dB oder absolut 0,2373. Das bedeutet einen Gewinn in dB von 6,3141 + 12,4926 = 18,8 dB oder absolut 2,0687/0,2373 = 8,7177.

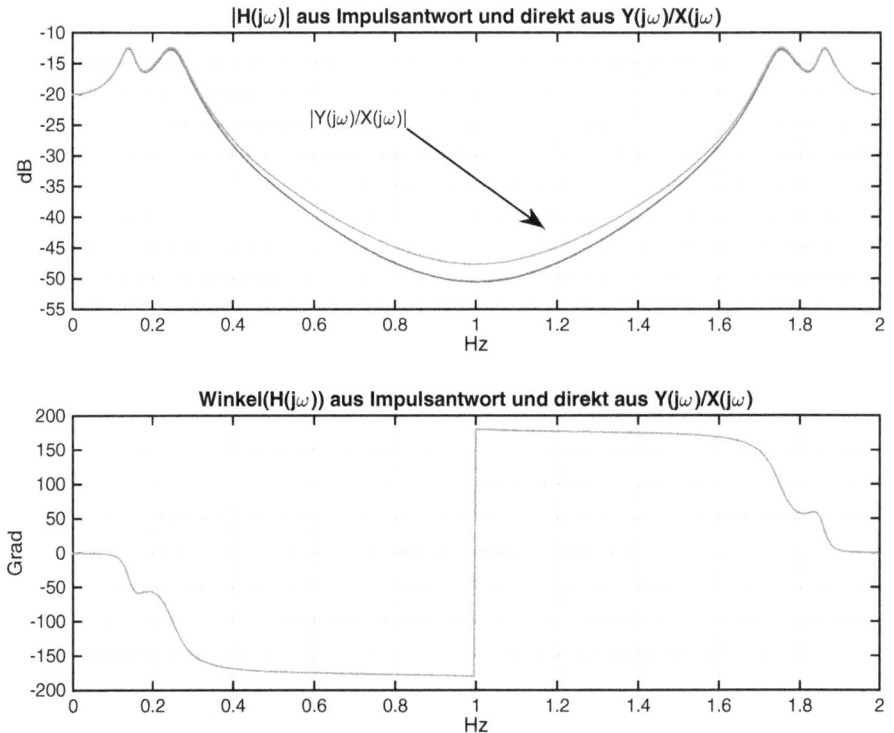

Abb. 2.21. Die Frequenzgänge für $H_2(j\omega) = \mathcal{F}\{h(t)\}$ und für $H_{21}(j\omega) = Y(j\omega)/X(j\omega)$ mit Tilger
(`modal_analyse_1.m`, `modal_analyse1.slx`)

Hinzu muss man noch die Tatsache berücksichtigen, dass die Dauer der Schwingung mit Tilger viel kürzer ist.

Der Leser kann das Skript erweitern, um den Effekt des Tilgers mit einer anderen Gütefunktion zu bewerten, wie z.B. die Energie der Schwingung der Hauptmasse ohne und mit Tilger.

Mit dem Skript werden auch andere Funktionen dieser Untersuchung dargestellt, wie z.B. die Schwingung der Hauptmasse, die hier nicht mehr gezeigt werden.

2.3.8 Einführung in die Laplace-Transformation

Die Laplace-Transformation wird traditionsmäßig in Verbindung mit linearen Systemen der Regelungstechnik, Mechanik, Signalverarbeitung etc. verwendet um Differentialgleichungen zu lösen [9, 24]. In der Gegenwart, in der man leistungsfähige Personal-Computer mit verschiedenen Software-Werkzeugen zur Lösung linearer und nichtlinearer Differentialgleichungen zur Verfügung hat, spielt die Laplace-Transformation eine geringere Rolle.

In diesem Buch wird die Laplace-Transformation hauptsächlich für eine kompakte Darstellung der LTI-Systeme eingesetzt, die auch in Simulink in einigen Blöcken verwendet wird. Die Funktion dieser Blöcke wird nicht über die Laplace-Transformation realisiert, sondern es wird die Differentialgleichung die dahinter steckt, numerisch gelöst.

Die Laplace-Transformation ist eine Integraltransformation, die jedem Signal im Zeitbereich eine komplexe Funktion zuordnet:

$$F(s) = \int_{-\infty}^{\infty} f(t)e^{-st}\,dt \qquad \text{mit} \qquad s = \sigma + j\omega \qquad (2.85)$$

Abgekürzt wird diese Transformation durch

$$\mathcal{L}\{f(t)\} \to F(s) \qquad (2.86)$$

symbolisiert.

Wie bei jeder Transformation müssen bestimmte Bedingungen erfüllt sein, damit das Integral existiert. Die Laplace-Transformation konvergiert, falls $f(t)$ in eine konvergierende Taylor-Reihe entwickelt werden kann und somit eine analytische Funktion ist [24, 45]. Einfach gesagt darf das Signal $f(t)$ für $t \to \infty$ nicht schneller wachsen, als die Exponentialfunktion $e^{-\sigma t}$ abklingt, wenn $F(s)$ für $\sigma > 0$ berechnet wird.

Für kausale Signale, die null für $t < 0$ sind, wird die so genannte einseitige Laplace-Transformation definiert:

$$F(s) = \int_0^\infty f(t)e^{-st}dt \qquad \text{mit} \qquad s = \sigma + j\omega \qquad (2.87)$$

Für die Signale die hier betrachtet werden und die Art des Einsatzes dieser Transformation ist die Konvergenz gesichert. Der Signalraum der Laplace-Transformation wird mit *Bildbereich* bezeichnet und im Weiteren wird die einseitige Transformation angenommen.

Bei den meisten analytischen Signalen kann die Laplace-Transformation mit Hilfe von Tabellen ermittelt werden, ohne dass man das Definitionsintegral berechnen muss. Ähnlich kann die inverse Laplace-Transformation ebenfalls mit Tabellen ermittelt werden.

In der Tabelle 2.1 sind einige Laplace-Transformationspaare gezeigt. Hinzu kommen noch die zwei Verschiebungsbeziehungen, die teilweise in der Tabelle schon angewandt wurden:

$$\mathcal{L}\{e^{at}f(t)\} = F(s-a) \qquad \text{und} \qquad \mathcal{L}\{u(t-a)f(t)\} = e^{-as}F(s) \qquad (2.88)$$

Es wurde $a > 0$ angenommen und $u(t)$ stellt den Einheitssprung dar:

$$u(t) = \begin{cases} 1 & \text{für} \quad t \geq 0 \\ 0 & \text{für} \quad t < 0 \end{cases} \qquad (2.89)$$

Zwei Theoreme sind ebenfalls wichtig. Das erste ist als Anfangswert-Theorem bekannt:

$$\begin{aligned} f(0) &= \lim_{s\to\infty} sF(s) \\ f'(0) &= \lim_{s\to\infty}(s^2F(s) - sf(0)) \\ f^N(0) &= \lim_{s\to\infty}(s^{N+1}F(s) - s^Nf(0) - s^{N-1}f'(0) - \cdots - sf^{(N-1)}(0)) \end{aligned} \qquad (2.90)$$

Mit dem Endwert-Theorem, wird der Endwert der Zeitfunktion aus deren Laplace-Transformation ermittelt:

$$\lim_{t\to\infty}(f(t)) = \lim_{t\to 0}(sF(s)) \quad \text{wenn} \quad \lim_{t\to\infty}(f(t)) \text{ existiert} \qquad (2.91)$$

Die Laplace-Transformation für LTI-Systeme wird mit Anfangsbedingungen $f(0), f'(0), \ldots$ gleich null berechnet.

Tabelle 2.1. Einige Laplace-Transformationspaare

Pos.	$f(t)$ für $t \geq 0$	$F(s)$
1	$u(t) = 1$	$\dfrac{1}{s}$
2	e^{at}	$\dfrac{1}{s-a}$
3	t^n	$\dfrac{n!}{s^{n+1}} \ (n = 0, 1, \ldots)$
4	$\sin(at)$	$\dfrac{a}{s^2 + a^2}$
5	$\cos(at)$	$\dfrac{s}{s^2 + a^2}$
6	$\sinh(at)$	$\dfrac{a}{s^2 - a^2}$
7	$\cosh(at)$	$\dfrac{s}{s^2 - a^2}$
8	$\sin^2(at)$	$\dfrac{2a^2}{s(s^2 + 4a^2)}$
9	$\cos^2(at)$	$\dfrac{s^2 + 2a^2}{s(s^2 + 4a^2)}$
10	$e^{-bt}\sin(at)$	$\dfrac{a}{(s+b)^2 + a^2}$
11	$e^{-bt}\cos(at)$	$\dfrac{s+b}{(s+b)^2 + a^2}$
12	$t\sin(at)$	$\dfrac{2as}{(s^2 + a^2)^2}$
13	$t\cos(at)$	$\dfrac{s^2 - a^2}{(s^2 + a^2)^2}$
14	$te^{-bt}\sin(at)$	$\dfrac{2a(s+b)}{[(s+b)^2 + a^2]^2}$
14	$te^{-bt}\cos(at)$	$\dfrac{(s+b)^2 - a^2}{[(s+b)^2 + a^2]^2}$
15	$\delta(t-a), \ a > 0$	e^{-as}
16	$u(t-a), \ a > 0$	$\dfrac{e^{-as}}{s}$
17	$f'(t)$	$sF(s) - f(0)$
18	$f''(t)$	$s^2 F(s) - sf(0) - f'(0)$

Die inverse Laplace-Transformation ist durch

$$f(t) = \frac{1}{2\pi j} \int_{c-j\infty}^{c+j\infty} F(s)e^{st}\,ds \tag{2.92}$$

definiert. Das Integral wird entlang des Wegs $s = \sigma + j\omega$ in der komplexen Ebene zwischen $c - j\infty$ und $c + j\infty$ evaluiert. Hier ist c eine beliebige reelle Zahl, für die der Weg $s = \sigma + j\omega$ in der Konvergenzregion von $F(s)$ liegt, [24].

Dieses Integral ist allgemein schwierig zu berechnen. Für LTI-Systeme wird hauptsächlich die inverse Laplace-Transformation mit Hilfe der gezeigten Tabelle ermittelt.

2.3.9 Laplace-Transformation der gewöhnlichen Differentialgleichungen

Es wird die Laplace-Transformation von LTI-Systemen ermittelt, die mit Hilfe von Differentialgleichungen gemäß Gl. (2.10) beschrieben werden:

$$
\begin{aligned}
a_N \frac{d^N y(t)}{dt^N} &+ a_{N-1} \frac{d^{N-1} y(t)}{dt^{N-1}} + a_{N-2} \frac{d^{N-2} y(t)}{dt^{N-2}} + \ldots a_0\, y(t) \\
&= b_M \frac{d^M x(t)}{dt^M} + b_{M-1} \frac{d^{M-1} x(t)}{dt^{M-1}} + b_{M-2} \frac{d^{M-2} x(t)}{dt^{M-2}} + \ldots b_0\, x(t)
\end{aligned}
\tag{2.93}
$$

Wenn man die Laplace-Transformation des Eingangs mit $X(s)$ und die des Ausgangs mit $Y(s)$ bezeichnet, dann ist die Laplace-Transformation dieser Differentialgleichung basierend auf den Eigenschaften Pos. 17, 18 aus Tabelle 2.1, die mehrfach angewandt werden, durch

$$
\begin{aligned}
Y(s) &\left(s^N a_N + s^{N-1} a_{N-1} + s^{N-2} a_{N-2} + \cdots + a_0 \right) \\
&= X(s) \left(s^M b_M + s^{M-1} b_{M-1} + s^{M-2} b_{M-2} + \cdots + b_0 \right)
\end{aligned}
\tag{2.94}
$$

gegeben. Die Anfangsbedingungen für LTI-Systeme, sind, wie schon gesagt, null anzunehmen.

Das Verhältnis der Transformierten des Ausgangs $Y(s)$ zur Transformierten des Eingangs $X(s)$ definiert die Übertragungsfunktion $H(s)$ des LTI-Systems:

$$
H(s) = \frac{Y(s)}{X(s)} = \frac{s^M b_M + s^{M-1} b_{M-1} + s^{M-2} b_{M-2} + \cdots + b_0}{s^N a_N + s^{N-1} a_{N-1} + s^{N-2} a_{N-2} + \cdots + a_0} = \frac{P(s)}{Q(s)}
\tag{2.95}
$$

Sie ist eine rationale Funktion in s mit einem Polynom $P(s)$ vom Grad M im Zähler und einem Polynom $Q(s)$ vom Grad N im Nenner. Für realisierbare Systeme muss $N \geq M$ sein.

Wenn man die Koeffizienten b_M und a_N ausklammert, kann der Zähler und Nenner mit Hilfe der Wurzeln der Polynome dargestellt werden:

$$
H(s) = \frac{P(s)}{Q(s)} = k \frac{(s - z_1)(s - z_2)(s - z_3) \ldots (s - z_M)}{(s - p_1)(s - p_2)(s - p_3) \ldots (s - p_N)}
\tag{2.96}
$$

Die Wurzeln des Zählers $z_1, z_2, \ldots, z_M$ sind die Nullstellen und die Wurzeln des Nenners $p_1, p_2, \ldots, p_N$ bilden die Polstellen der Übertragungsfunktion. Sie können auch komplex sein, treten aber dann in Form von konjugiert komplexen Paaren auf.

Wenn man die charakteristische Gleichung gemäß Gl. (2.22) ansieht,

$$
a_N \lambda^N + a_{N-1} \lambda^{N-1} + a_{N-2} \lambda^{N-2} + \cdots + a_1 \lambda + a_0 = 0
\tag{2.97}
$$

merkt man, dass die Pole der Übertragungsfunktion eigentlich die Wurzeln der charakteristischen Gleichung sind. Sie bestimmen somit die homogene Lösung der

Differentialgleichung, die das LTI-System repräsentiert und dadurch auch das Einschwingverhalten dieses Systems.

Für ein stabiles System müssen alle Pole in der linken komplexen Halbebene liegen. Nur so klingt die homogene Lösung mit der Zeit zu null ab.

Weil die Laplace-Transformation der Delta-Funktion $\delta(t)$ gemäß Pos. 15 aus der Tabelle 2.1 für $a = 0$ gleich eins ist, ist die Impulsantwort des Systems $h(t)$ die inverse Laplace-Transformierte der Übertragungsfunktion:

$$h(t) = \mathcal{L}^{-1}\{H(s)X(s)\} = \mathcal{L}^{-1}\{H(s)\} \quad \text{für} \quad X(s) = \mathcal{L}(\delta(t)) = 1 \qquad (2.98)$$

Mit Hilfe des Faltungsintegrals und der Impulsantwort kann die Antwort des Systems für Anfangsbedingungen null ermittelt werden. Für eine Gesamtlösung mit Anfangsbedingungen muss man noch die homogene Lösung hinzuaddieren.

In MATLAB ist die Übertragungsfunktion gemäß Gl. (2.95) als `tf` bekannt (*Transfer-Function*) und die Übertragungsfunktion gemäß Gl. (2.96) ist die *Zero-Pole-Gain*-Form, in der MATLAB-Syntax mit `zp` bezeichnet. Man kann aus einer Form die andere mit den Funktionen `tf2zp`, `zp2tf` erhalten. Die dritte Form der Darstellung von LTI-Systemen ist das Zustandsmodell, englisch *State-Space* und in MATLAB durch `ss` bezeichnet. Das bedeutet weitere Umwandlungsfunktionen: `ss2tf`, `ss2zp`, `tf2ss`, `zp2ss`.

2.3.10 Eigenschaften der Laplace-Transformation

Es werden einige Eigenschaften ohne Beweis angegeben. In der Literatur [24, 45] sind diese Eigenschaften bewiesen und ausführlich besprochen.

Die Laplace-Transformation ist eine lineare Operation:

$$ax(t) + bv(t) \longleftrightarrow aX(s) + bV(s) \quad \text{wobei} \quad X(s) = \mathcal{L}\{x(t)\}; \; V(s) = \mathcal{L}\{v(t)\} \qquad (2.99)$$

Für jede positive Zahl a gilt:

$$x(t-a) \quad \longleftrightarrow \quad e^{-as}X(s) \qquad a \geq 0 \qquad (2.100)$$

Ebenfalls für jede positive Zahl a ist:

$$x(at) \quad \longleftrightarrow \quad \frac{1}{a}X(\frac{s}{a}) \qquad a \geq 0 \qquad (2.101)$$

Für jede reelle oder komplexe Zahl a ist:

$$e^{at}x(t) \quad \longleftrightarrow \quad X(s-a) \qquad (2.102)$$

Die vorherige Eigenschaft ist hier für imaginäre Exponenten konkretisiert:

$$e^{\pm j\omega_0 t}x(t) \quad \leftrightarrow \quad X(s \mp j\omega_0) \tag{2.103}$$

Die Integration als inverse Operation der Ableitung führt zu:

$$\int_0^t x(\lambda)d\lambda \quad \leftrightarrow \quad \frac{1}{s}X(s) \tag{2.104}$$

Die Faltung (mit * gekenzeichnet) im Zeitbereich führt im Bildbereich der Laplace-Transformation zu einer Multiplikation und umgekehrt führt die Multiplikation im Zeitbereich zu einer Faltung im Bildbereich:

$$x(t)*v(t) \leftrightarrow X(s)V(s) \quad \text{und umgekehrt} \quad x(t)v(t) \leftrightarrow X(s)*V(s) \tag{2.105}$$

2.3.11 Die Laplace-Transformation und die Fourier-Transformation

Die Fourier-Transformation und ihre numerische Annäherung über die DFT oder FFT wurde im ersten Kapitel ausführlich besprochen. Hier wird kurz die Verbindung zwischen der Laplace- und Fourier-Transformation dargestellt [24]. Zu Beginn wird nochmals die Definition der Fourier-Transformation

$$F(j\omega) = \int_{-\infty}^{\infty} f(t)e^{-j\omega t}dt \tag{2.106}$$

und deren Inverse

$$f(t) = \frac{1}{2\pi}\int_{-\infty}^{\infty} F(j\omega)e^{j\omega t}d\omega \tag{2.107}$$

gezeigt.

Für die einseitige Laplace-Transformation beginnt das Integral bei null. Die Variable der Fourier-Transformation ist eine rein imaginäre Zahl $j\omega$ und die Laplace-Transformation setzt eine Variable ein, die auf der ganzen komplexen Ebene definiert ist $s = \sigma + j\omega$.

Die Fourier-Transformation ist für Funktionen die nur einseitig beschränkt sind (wie die Sprungfunktion) nicht definiert. Allgemein wird angenommen die Funktionen sein so, dass Konstanten k, c, T existieren und es gilt:

$$|f(t)| < ke^{ct} \quad \text{für} \quad t > T \tag{2.108}$$

Mit anderen Worten zeigt diese Bedingung, dass $e^{-ct}|f(t)|$ begrenzt ist. Wenn $c > 0$ genügend groß ist, geht die Funktion $e^{-ct}|f(t)|$ zu null für $t \to \infty$. Bezogen auf das Integral der Laplace-Transformation

$$F(s) = \int_0^\infty f(t)e^{-st}dt \tag{2.109}$$

bedeutet dies, dass der Realteil von s größer sein muss als die Realteile der Pole der Funktion $f(t)$, um die Konvergenz des Integrals zu sichern. Die Pole der Funktion sind die Werte der Variablen, die zu unendlichen Werte der Funktion führen.

Man kann forcieren, dass eine Funktion transformierbar ist, in dem man sie mit einem zusätzlichen Faktor multipliziert $e^{-\sigma t}f(t)$, so dass $\sigma > c$ ist und dass $ke^{-(\sigma-c)}$ zu null geht für $t \to \infty$.

Aus den Laplace-Transformationen der LTI-Systemen beschrieben durch Differentialgleichungen kann man die Fourier-Transformationen einfach durch Ersetzen von s durch $j\omega$ erhalten. Wie schon oft betont wurde, bei den LTI-Systemen beschrieben durch Differentialgleichungen werden die Anfangsbedingungen null angenommen. Die Fourier-Transformation beschreibt dadurch das Verhalten des Systems im stationären Zustand für eine sinus- oder cosinusförmige Anregung.

2.3.12 Berechnung der Übertragungsfunktionen elektrischer Schaltungen

In linearen elektrischen Schaltungen kann man für die Berechnung der Laplace-Transformation einfache Regeln definieren, die die Verbindung der Transformierten der Spannung mit der Transformierten des Stroms beschreiben.

Die Differentialgleichung welche die Spannung eines Kondensators der Kapazität C mit dessen Strom verbindet, ist:

$$u_C(t) = \frac{1}{C}\int_0^t i_C(\tau)d\tau + u_C(0) \tag{2.110}$$

Für $u_C(0) = 0$ wird mit Hilfe der Tabelle 2.1 folgende Beziehung zwischen der Transformierten $U_C(s)$ der Spannung und der Transformierten des Stroms $I_C(s)$ erhalten:

$$U_C(s) = \frac{1}{C} \cdot \frac{I_C(s)}{s} \quad \text{oder} \quad U_C(s) = \frac{1}{(sC)}I_C(s) \tag{2.111}$$

Man kann somit eine Impedanz $Z_C(s) = 1/(sC)$ definieren und damit wie in der Elektrotechnik (Wechselstromtechnik) arbeiten. Ähnlich erhält man für die Spannung einer Induktivität L:

$$u_L(t) = L\frac{di_L(t)}{dt} \quad \to \quad U_L(s) = (sL)I_L(s) \tag{2.112}$$

Auch für diese Komponente ergibt sich eine Impedanz $Z_L(s) = sL$. Wenn man s mit $j\omega$ ersetzt ($s = j\omega$), erhält man die Impedanzen der Wechselstromtechnik $Z_C(j\omega) = 1/(j\omega C)$ und $Z_L(j\omega) = j\omega L$.

Als Beispiel für die Bestimmung der Übertragungsfunktion einer Schaltung wird das passive Tiefpassfilter aus Abb. 2.22 benutzt. In der *Control System Toolbox* von MATLAB gibt es eine Menge Funktionen zur Untersuchung kontinuierlicher Systeme, die im Weiteren eingesetzt werden. Im Skript uebertragung_elektrisch_1.m wird die Übertragungsfunktion von der Spannung der Quelle $u_g(t)$ bis zur Ausgangsspannung $u_a(t)$ ermittelt und der Frequenzgang, die Impulsantwort und die Sprungantwort dargestellt.

Man kann, wie in der Elektrotechnik, ein Gleichungssystem mit den Variablen im Bildbereich der Laplace-Transformation aufbauen, aus dem die Abhängigkeit der Ausgangsspannung von der Eingangsspannung ermittelt wird. Danach wird das Verhältnis der Transformierten berechnet.

Im Skript uebertragung_elektrisch_1.m wird eine andere Lösung benutzt, die von der Ausgangsspannung ausgeht. Diese wird als eine Konstante gleich eins angenommen und dann rückwärts die Zwischenvariablen bis zum Eingang sehr leicht ermittelt:

```
% -------- Parameter der Schaltung
Rg = 100;                    % Widerstand der Quelle
L1 = 0.002;   C1 = 0.01e-6;  % Induktivitäten und
L2 = L1;      C2 = C1;       % Kapazitäten
R2 = 500;                    % Widerstand der Last
f0 = sqrt(1/(L1*C1))/(2*pi); % Resonanzfrequenz
% -------- Definition des Objekts tf (Transfer-Function)
s = tf('s');                 % Variable der Laplace-Transformation
Ua = 1;                      % Ausgangspannung
IL2 = Ua/R2 + Ua*(s*C2);     % Strom der Induktivität L2
Uc1 = IL2*(s*L2) + Ua;       % Spannung der Kapazität C1
IL1 = Uc1*(s*C1) + IL2;      % Strom der Induktivität L1
Ug = IL1*(Rg + s*L1) + Uc1;  % Eingangsspannung

H = Ua/Ug,                   % Übertragungsfunktion
get(H),
b = H.num{:};   a = H.den{:};
.....
```

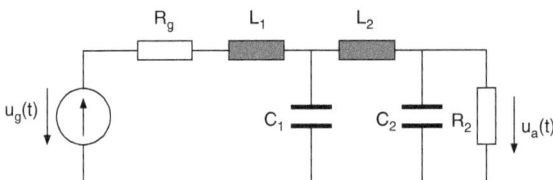

Abb. 2.22. Schaltung eines passiven Tiefpassfilters vierter Ordnung

Mit `s = tf('s')` wird die komplexe Variable der Laplace-Transformation als eine symbolische Variable definiert. Danach kann man die Impedanzen und Variablen im Bereich der Laplace-Transformation definieren und manipulieren.

Das Objekt *Transfer Function* H, das man erhält, hat die Eigenschaften die man mit `get(H)` sichtbar machen kann:

```
get(H)
              num: {[0 0 0 0 1]}
              den: {[4.0000e-22 1.0000e-16 6.4000e-11 1.0000e-05 1.2000]}
         Variable: 's'
          ioDelay: 0
       InputDelay: 0
      OutputDelay: 0
               Ts: 0
              .....
```

Die Koeffizienten des Zählers b und des Nenners a sind wegen der geschweiften Klammern Zellen und müssen entsprechend extrahiert werden. Mit

```
>> H
H =

                              1
    -----------------------------------------------------
    4e-22 s^4 + 1e-16 s^3 + 6.4e-11 s^2 + 1e-05 s + 1.2
    Continuous-time transfer function.
```

erhält man die Übertragungsfunktion in der üblichen Art dargestellt.

Mit Hilfe der Koeffizienten der Übertragungsfunktion kann man den Frequenzgang mit der Funktion **freqs** aus der *Signal Processing Toolbox* ermitteln:

```
% --------- Frequenzbereich für die Darstellung
fmin = f0/100;         fmax = f0*100;
p1 = round(log10(fmin));    p2 = round(log10(fmax));
f = logspace(p1,p2, 500);   w = 2*pi*f;
Hn = freqs(b,a, w);         % Komplexer Frequenzgang
figure(1);    clf;
subplot(211), semilogx(f, 20*log10(abs(Hn)));
title('Betrag der Übertragungsfunktion (Amplitudengang)');
xlabel('Hz');        ylabel('dB');        grid on;
subplot(212), semilogx(f, unwrap(angle(Hn))*180/pi);
title('Winkel der Übertragungsfunktion (Phasengang)');
xlabel('Hz');        ylabel('Grad');        grid on;
```

Es wird zuerst ein Frequenzbereich in der Umgebung der Resonanzfrequenz gewählt

```
f0 = sqrt(1/(L1*C1))/(2*pi);        % Resonanzfrequenz
```

und danach der komplexe Frequenzgang Hn ermittelt und wie in Abb. 2.23 dargestellt.

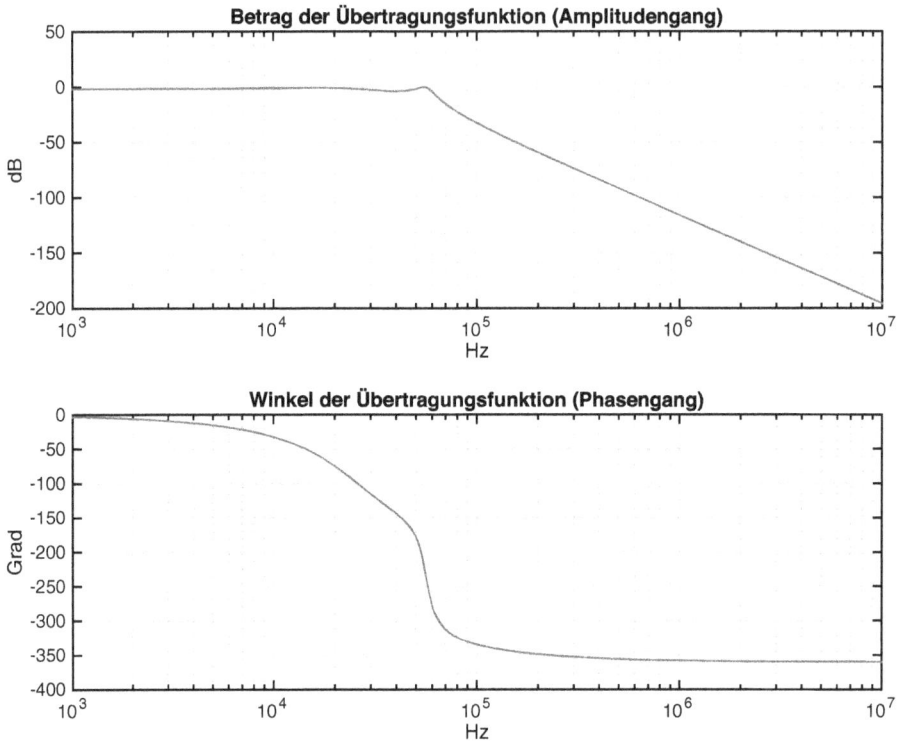

Abb. 2.23. Frequenzgang des Tiefpassfilters aus Abb. 2.22 (uebertragung_elektrisch_1.m)

In der erwähnten *Control System Toolbox* gibt es für solche Objekte wie H die Funktion
bode für die Bestimmung des Frequenzgangs, die exemplarisch im Skript eingesetzt
wird:

```
[mag, phi] = bode(H,w);  % mag = Betrag; phi = Grad; w = rad/s
figure(3);      clf;
subplot(211), semilogx(f, 20*log10(squeeze(mag)));
title('Betrag der Übertragungsfunktion (Amplitudengang)');
xlabel('Hz');      ylabel('dB');      grid on;
subplot(212), semilogx(f, squeeze(phi));
title('Winkel der Übertragungsfunktion (Phasengang)');
xlabel('Hz');      ylabel('Grad');      grid on;
```

Der Frequenzbereich, der in der Variablen w in rad/s enthalten ist, wird gleich dem
vorherigen gewählt. Das dreidimensionale Feld mag enthält den Betrag und das
dreidimensionale Feld phi enthält die Phase des komplexen Frequenzgangs. Es ist
dreidimensional weil die Funktion bode für MIMO-Systeme (*Multi-Input-Multi-Output*)

gedacht ist. Die ersten zwei Dimensionen sind für die Bestimmung des Eingangs und des Ausgangs und die dritte Dimension ist für die Werte des Betrags oder der Phase vorgesehen. Als Beispiel werden hier mit

```
>> mag
mag(:,:,1) = 0.8339
mag(:,:,2) = 0.8340
mag(:,:,3) = 0.8340
.....
```

die Beträge für die ersten drei Frequenzen erhalten. Die ersten zwei Indizes werden für das vorliegende *SISO*-System (*Single-Input-Multi-Output*) nicht gebraucht (*Singletone*) und werden für die Darstellung mit der Funktion `squeeze` entfernt. Man erhält, wie erwartet, dieselbe Darstellung, wie die aus Abb. 2.23.

Für das Objekt H erhält man mit den Funktionen `impulse` und `step` die Impulsantwort und die Sprungantwort des Filters:

```
Tfinal = 0.2e-3;
[h,timp] = impulse(H,Tfinal);        [sp,tstep] = step(H,Tfinal);
subplot(211), plot(timp, h);
title('Impulsantwort');      grid on;    axis tight;
subplot(212), plot(tstep, sp);
title('Sprungantwort');      grid on;    axis tight;
```

In Abb. 2.24 sind diese Eigenschaften des Filters dargestellt.

Eine andere Vorgehensweise besteht darin, zuerst die Differentialgleichungen für die Variablen (Ströme und Spannungen) zu ermitteln und dann über die Laplace-Transformationen diese in algebraischen Gleichungen umzuwandeln. Daraus kann man die gewünschte Übertragungsfunktionen berechnen.

Ein Zustandsmodell der Schaltung ergibt die Möglichkeit die MATLAB-Funktionen aus der *Control System Toolbox* einzusetzen und die Übertragungsfunktionen zu bestimmen. Es werden als Zustandsvariablen für diese Schaltung die Spannungen $u_{c1}(t)$, $u_{c2}(t)$ der Kapazitäten und die Ströme $i_{L1}(t)$, $i_{L2}(t)$ der Induktivitäten gewählt. Man muss jetzt die Differentialgleichungen erster Ordnung in den Zustandsvariablen plus Anregung schreiben. Sie dürfen keine andere Variablen enthalten:

$$C_2 \frac{du_{c2}(t)}{dt} = i_{L2}(t) - \frac{u_{c2}(t)}{R_2}$$

$$C_1 \frac{du_{c1}(t)}{dt} = i_{L1}(t) - i_{L2}(t)$$

$$L_1 \frac{di_{L1}(t)}{dt} = -i_{L1}(t)R_g + u_g(t) - u_{c1}(t)$$

$$L_2 \frac{di_{L2}(t)}{dt} = u_{c1}(t) - u_{c2}(t)$$

(2.113)

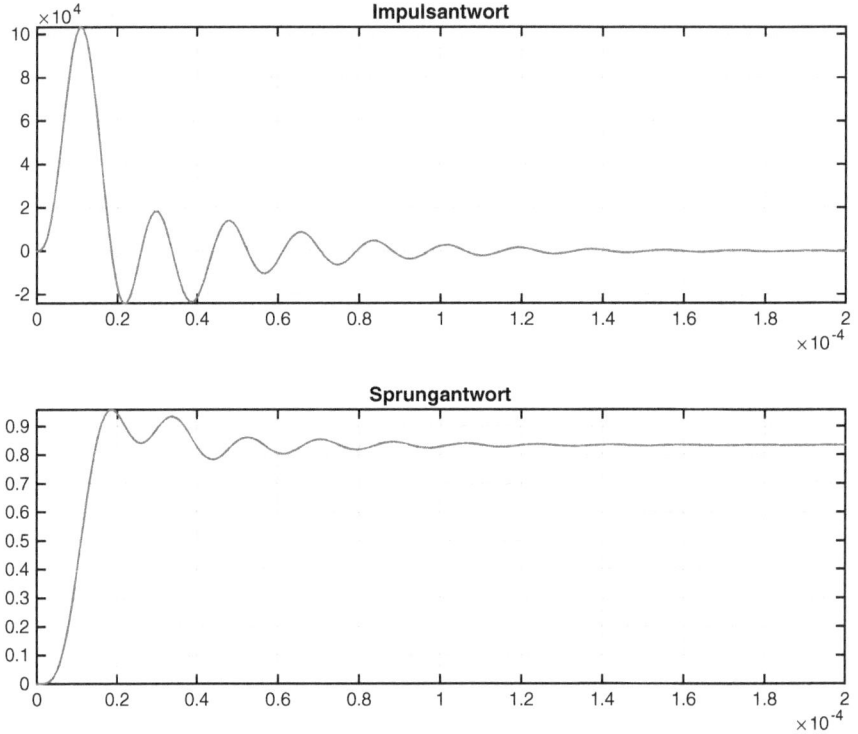

Abb. 2.24. Impulsantwort und Sprungantwort des Tiefpassfilters aus Ab. 2.22 (uebertragung_
elektrisch_1.m)

Daraus erhält man folgendes Zustandsmodell:

$$
\begin{bmatrix}
\dfrac{du_{c1}(t)}{dt} \\[2mm]
\dfrac{du_{c2}(t)}{dt} \\[2mm]
\dfrac{di_{L1}(t)}{dt} \\[2mm]
\dfrac{di_{L2}(t)}{dt}
\end{bmatrix}
=
\begin{bmatrix}
0 & 0 & \dfrac{1}{C_1} & -\dfrac{1}{C_1} \\[2mm]
0 & \dfrac{1}{C_2 R_2} & 0 & \dfrac{1}{C_2} \\[2mm]
-\dfrac{1}{L_1} & 0 & -\dfrac{Rg}{L_1} & 0 \\[2mm]
\dfrac{1}{L_2} & -\dfrac{1}{L_2} & 0 & 0
\end{bmatrix}
\cdot
\begin{bmatrix}
u_{c1}(t) \\[2mm]
u_{c2}(t) \\[2mm]
i_{L1}(t) \\[2mm]
i_{L2}(t)
\end{bmatrix}
+
\begin{bmatrix}
0 \\[2mm]
0 \\[2mm]
\dfrac{1}{L_1} \\[2mm]
0
\end{bmatrix}
u_g(t)
\qquad (2.114)
$$

Die Matrizen **A**, **B** des Zustandsmodells sind somit definiert. In der Annahme, dass die
Ausgangsvariablen die Zustandsvariablen sind, ist die Matrix **C** die 4×4 Einheitsmatrix und die Matrix **D** ist eine Matrix mit einer Spalte und vier Nullelementen.

Mit dem Skript uebertragung_zustand_1 werden einige Funktionen der *Control
System Toolbox* eigesetzt, um die Eigenschaften dieses Systems zu untersuchen. Am
Anfang wird die komplexe Variable s mit s = tf('s') definiert und die Parameter

des Systems festgelegt. Danach werden die Matrizen des Zustandsmodells berechnet und ein *State-Space*-Objekt definiert:

```
% Matrizen des Zustandsmodells
A = [0,0,1/C1,-1/C1;0,-1/(C2*R2),0,1/C2;...
      -1/L1, 0 -Rg/L1, 0; 1/L2, -1/L2, 0 0];
B = [0,0,1/L1,0]';
C = eye(4,4);    D = zeros(4,1);
[eig_vekt, eig_werte] = eig(A);
eig_werte = diag(eig_werte),
% Definieren eines Zustands-Systems
my_system = ss(A, B, C, D);    % Zustandssystem Objekt
.....
```

Es werden weiter die Eigenwerte und Eigenvektoren der Matrix **A** ermittelt. Wie erwartet erhält man für das System vierter Ordnung vier Eigenwerte in Form von zwei konjugiert komplexen Paaren, die zu einer periodischen homogenen Lösung führen. Die Realteile dieser Eigenwerte sind negativ und signalisieren somit ein stabiles System.

Aus einem Zustandsmodell

$$\dot{\mathbf{x}}(t) = \mathbf{A}\mathbf{x}(t) + \mathbf{B}\mathbf{u}(t)$$
$$\mathbf{y}(t) = \mathbf{C}\mathbf{x}(t) + \mathbf{D}\mathbf{u}(t) \tag{2.115}$$

wird mit der Laplace-Transformation ein algebraisches Gleichungssystem gebildet:

$$s\,\mathbf{X}(s) = \mathbf{A}\mathbf{X}(s) + \mathbf{B}\mathbf{U}(s) \quad \text{oder} \quad (s\mathbf{I} - \mathbf{A})\mathbf{X}(s) = \mathbf{B}\mathbf{U}(s)$$
$$\mathbf{Y}(s) = \mathbf{C}\mathbf{X}(s) + \mathbf{D}\mathbf{U}(s) \tag{2.116}$$

Daraus ergeben sich folgende Lösungen für die komplexen Variablen $\mathbf{X}(s)$, $\mathbf{Y}(s)$:

$$\mathbf{X}(s) = (s\mathbf{I} - \mathbf{A})^{-1}\mathbf{B}\mathbf{U}(s)$$
$$\mathbf{Y}(s) = \left(\mathbf{C}(s\mathbf{I} - \mathbf{A})^{-1}\mathbf{B} + \mathbf{D}\right)\mathbf{U}(s) \tag{2.117}$$

In der Annahme, dass die Ausgangsvariablen gleich den Zustandsvariablen sind, entfällt die zweite Gleichung in dieser Untersuchung. Im Skript wird mit

```
% -------- Übertragungsfunktionen
H = inv(s*eye(4,4) - A)*B,
```

die erste Gleichung zur Bestimmung der Übertragungsfunktionen vom Eingang zu den vier Zustandsvariablen ($[u_{(c1)}(t), u_{c2}(t), i_{L1}(t), i_{L2}(t)]$) verwendet. Man erhält folgende vier Übertragungsfunktionen:

```
H =

  From input to output...
               5e10 s^2 + 1e16 s + 2.5e21
   1:  -------------------------------------------------
        s^4 + 2.5e05 s^3 + 1.6e11 s^2 + 2.5e16 s + 3e21
```

```
                    2.5e21
    2:  -----------------------------------------------
        s^4 + 2.5e05 s^3 + 1.6e11 s^2 + 2.5e16 s + 3e21


            500 s^3 + 1e08 s^2 + 5e13 s + 5e18
    3:  -----------------------------------------------
        s^4 + 2.5e05 s^3 + 1.6e11 s^2 + 2.5e16 s + 3e21


                  2.5e13 s + 5e18
    4:  -----------------------------------------------
        s^4 + 2.5e05 s^3 + 1.6e11 s^2 + 2.5e16 s + 3e21
```

Continuous-time transfer **function**.

Die zweite entspricht der Übertragungsfunktion von der Anregung $u_g(t)$ bis zur Ausgangsspannung, die gleich der Spannung $u_{c2}(t)$ ist. Wenn man mit der Konstante des Zählers 2.5e21 das Nenner-Polynom teilt, erhält man die Übertragungsfunktion, die mit dem Skript uebertragung_elektrisch_1 berechnet wurde.

Für das Objekt H vom Typ *Transfer Function* und das Objekt my_system vom Typ *State Space* gibt es einige Funktionen, mit deren Hilfe man die Impulsantwort, die Sprungantwort und den komplexen Frequenzgang ermitteln und darstellen kann. Im Skript ist vorgesehen, einen Typ oder den anderen zu wählen. So z.B. kann man den komplexen Frequenzgang für den Ausgang am Kondensator C2 durch

```
[mag, phi] = bode(H, 2*pi*f);
% [mag, phi] = bode(my_system, 2*pi*f);
betrag = squeeze(mag(2,1,:));          % Amplitudengang für uc2
phase  = squeeze(phi(2,1,:));          % Phasengang für uc2
```

erhalten. Aus den dreidimensionalen Feldern mag, phi werden die Daten für den gewünschten Frequenzgang mit den ersten zwei Indizes extrahiert und in eindimensionale Felder für den Befehl plot mit der Funktion squeeze umgewandelt. Mit

```
figure(1);    clf;
bode(H);       % Vier Frequenzgänge werden dargestellt
% bode(my_system)
grid on;
```

werden alle vier Frequenzgänge dargestellt, mit je einer Darstellung für den Amplitudengang und einer für den Phasengang wie in Abb. 2.25 gezeigt.

Ähnlich werden die vier Impulsantworten für jeden Ausgang mit

```
figure(3);    clf;
impulse(H);
%impulse(my_system);
```

erhalten. Sie sind in Abb. 2.26 dargestellt.

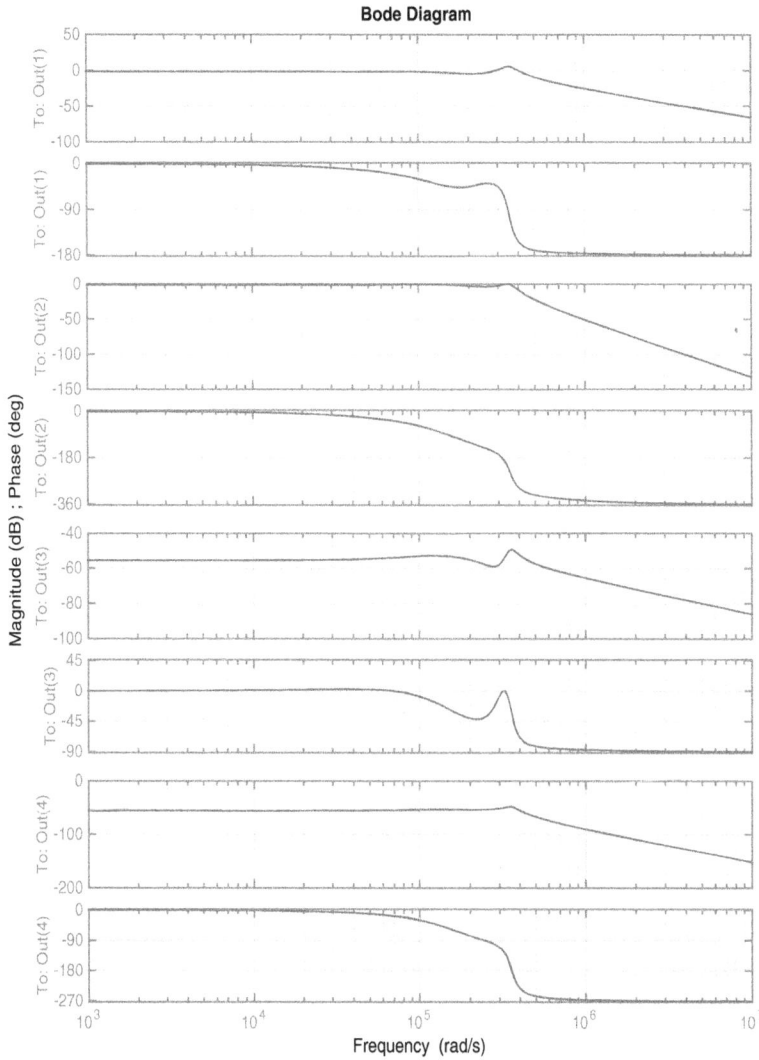

Abb. 2.25. Frequenzgänge des Tiefpassfilters aus Ab. 2.22 (`uebertragung_zustand_1.m`)

Die zweite Impulsantwort entspricht dem Ausgang des Tiefpassfilters und ist dieselbe wie in Abb. 2.24 oben gezeigt. Ähnlich können die Sprungantworten mit der Funktion `step` erhalten werden.

Mit der MATLAB-Funktion `ss2tf` kann man die Koeffizienten der Übertragungsfunktionen in einer Matrix für die Koeffizienten der Zähler und die Koeffizienten des gemeinsamen Nenners in einem Vektor erhalten:

```
[b, a] = ss2tf(A, B, C, D);
```

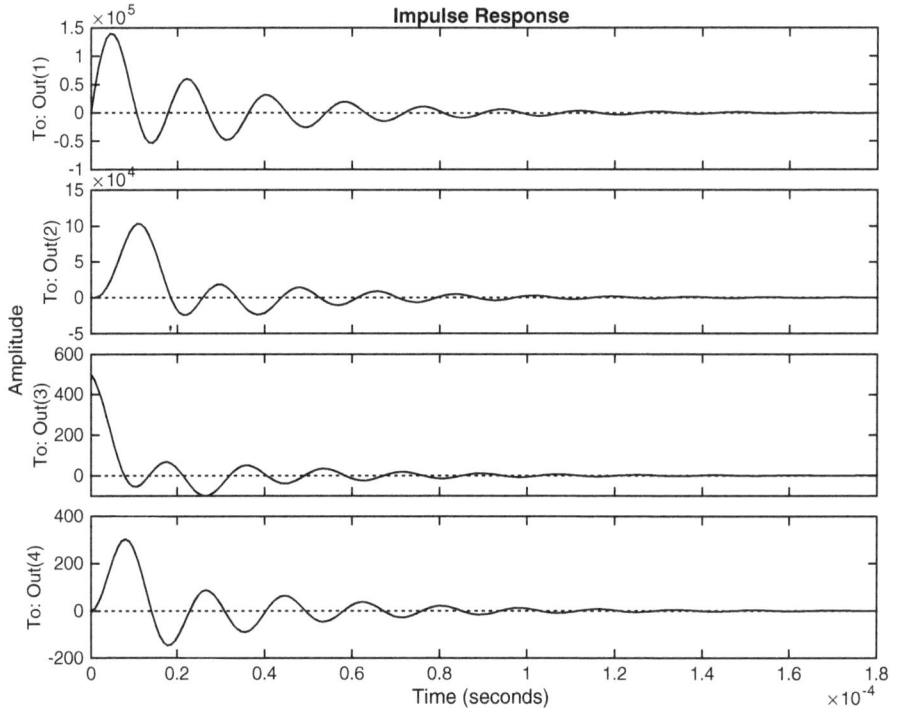

Abb. 2.26. Impulsantworten des Tiefpassfilters aus Ab. 2.22 (`uebertragung_zustand_1.m`)

Es werden folgende Werte erhalten:

```
>> b
b =         0          0   5.0000e+10   1.0000e+16   2.5000e+21
            0          0          0          0   2.5000e+21
            0   5.0000e+02   1.0000e+08   5.0000e+13   5.0000e+18
            0          0          0   2.5000e+13   5.0000e+18
>> a
a =   1.0000e+00   2.5000e+05   1.6000e+11   2.5000e+16   3.0000e+21
```

Alle Übertragungsfunktionen haben gleiche Polynome im Nenner.

2.3.13 Übertragungsfunktionen eines mechanischen Systems

In derselben Art wie beim Tiefpassfilter aus dem vorherigen Abschnitt kann man jedes Zustandsmodell benutzen, um die Übertragungsfunktionen zu erhalten. Es wird das mechanische System aus Abb. 2.18 untersucht ausgehend vom Zustandsmodell gemäß

Gl. (2.83) das hier nochmals wiederholt wird:

$$
\begin{bmatrix} \ddot{y}_1(t) \\ \dot{y}_1(t) \\ \ddot{y}_2(t) \\ \dot{y}_2(t) \end{bmatrix} = \begin{bmatrix} -\dfrac{c_1}{m_1} & -\dfrac{k_1}{m_1} & \dfrac{c_1}{m_1} & \dfrac{k_1}{m_1} \\ 1 & 0 & 0 & 0 \\ \dfrac{c_1}{m_2} & \dfrac{k_1}{m_2} & -\dfrac{(c_1+c_2)}{m_2} & \dfrac{(k_1+k_2)}{m_2} \\ 0 & 0 & 1 & 0 \end{bmatrix} \cdot \begin{bmatrix} \dot{y}_1(t) \\ y_1(t) \\ \dot{y}_2(t) \\ y_2(t) \end{bmatrix} + \begin{bmatrix} 0 \\ 0 \\ 1/m_2 \\ 0 \end{bmatrix} u(t) \quad (2.118)
$$

Die Parameter des Systems sind bekannt und werden nicht mehr kommentiert. Im Skript `uebertragung_mechanik_1.m` wird dieses System untersucht. Das Skript beginnt wie das Skript `modal_analyse_1.m` mit der Initialisierung der Parameter des Systems und Berechnung der Matrizen des Zustandsmodells. Danach wird das Objekt `my_system` vom Typ Zustandsmodell definiert und die Übertragungsfunktionen gemäß zweiter Gl. (2.117) berechnet:

```
% Definition eines Zustandssystems (ss-System)
my_system = ss(A, B, C, D);
% Übertragungsfunktionen für die Ausgänge
H = C*inv(s*eye(4,4)-A)*B + D,
.....
H =

  From input to output...
   1:  0
                    0.09447 s + 0.2041
   2:  -------------------------------------------------
       s^4 + 0.7213 s^3 + 3.457 s^2 + 1.006 s + 2.041


   3:  0
                  0.2 s^2 + 0.09447 s + 0.2041
   4:  -------------------------------------------------
       s^4 + 0.7213 s^3 + 3.457 s^2 + 1.006 s + 2.041

Continuous-time transfer function.
```

Es wurde angenommen, dass die Ausgangsvariablen die Lagen der Massen $y_1(t)$, $y_2(t)$ sind. Entsprechend wird die Matrix **C** gewählt. Nur die Übertragungsfunktionen für die gewählten Ausgänge werden berechnet. Folgende Zeilen des Skripts ergeben die Amplituden- und Phasengänge für die gewählten Ausgänge:

```
% -------- Komplexer Frequenzgang
f = logspace(-1, 1, 500);     w = 2*pi*f;
[mag, phi] = bode(H,w);
betrag1 = squeeze(mag(2,1,:));          % Amplitudengang für y1
```

```
phase1 = squeeze(phi(2,1,:));      % Phasengang
betrag2 = squeeze(mag(4,1,:));     % Amplitudengang für y2
phase2 = squeeze(phi(4,1,:));      % Phasengang
.....
```

In Abb. 2.27 sind die Frequenzgänge für den Ausgang $y_1(t)$ als Lage der Tilgermasse und für den Ausgang $y_2(t)$ als Lage der Hauptmasse dargestellt.

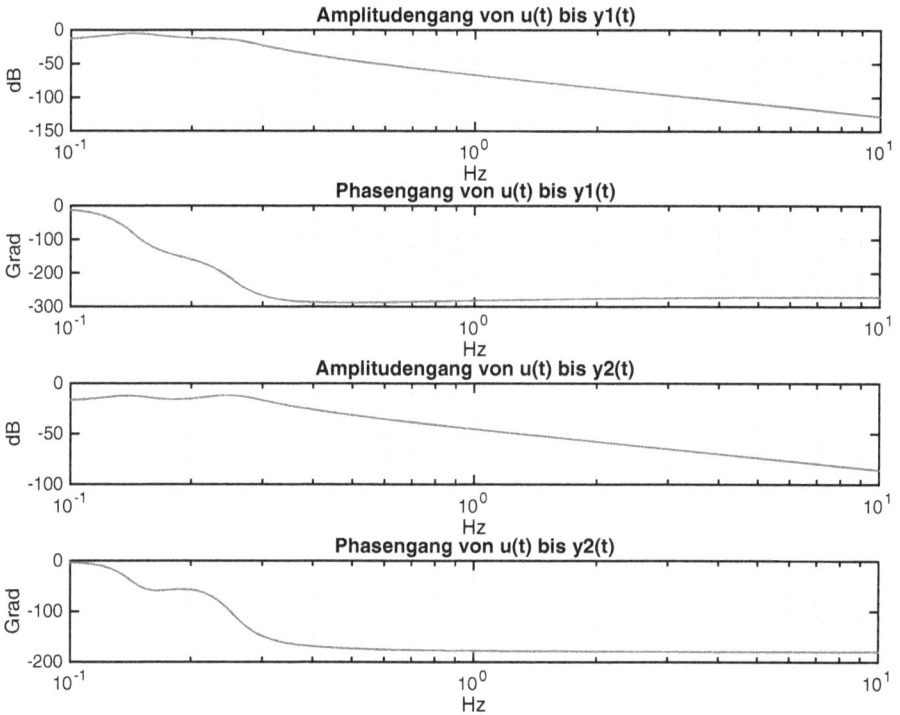

Abb. 2.27. Frequenzgänge für die Lagen der Massen (uebertragung_mechanik_1.m)

In diesen Darstellungen ist die Frequenzachse logarithmisch skaliert und deswegen unterscheidet sich graphisch der Frequenzgang für $y_2(t)$ vom gleichen Frequenzgang aus Abb. 2.21, bei dem die Frequenzachse linear ist.

Dieses Beispiel wird weiter exemplarisch für die Ermittlung der Impulsantworten mit Hilfe des Zustandsmodells benutzt, in der Form, die als Algorithmus der Funktion impulse dient. Es wird ein einziges Anregungssignal angenommen. Wenn mehrere Anregungen in einem Eingangsvektor vorhanden sind, muss man der Reihe nach das Vorgehen für jede Anregung wiederholen, wobei alle anderen Anregungen zu null gesetzt werden.

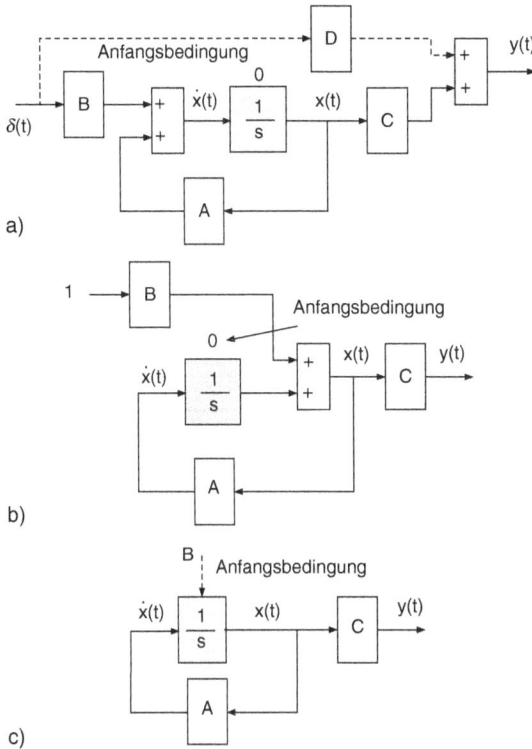

Abb. 2.28. Ermittlung der Impulsantwort mit einem Zustandsmodell (`uebertragung_mechanik_1.m`)

In Abb. 2.28 ist das Verfahren erläutert. Ganz oben ist das Zustandsmodell mit der Delta-Funktion als Anregung dargestellt. Wenn die Matrix **D** verschieden von null ist, dann überträgt sich die Anregung bis zum Ausgangsvektor und dieser enthält dann Delta-Funktionen. In einer numerischen Simulation kann man diese nicht darstellen und in der Funktion `impulse` wird dieser Anteil nicht berücksichtigt. In Abb. 2.28b ist die Delta-Funktion vom Eingang multipliziert mit der Matrix **B** und weiter durch den Integrator an dessen Ausgang übertragen dargestellt. Durch die Integration wandelt sich die Delta-Funktion in einen Sprung gleich eins um. Die Anfangsbedingungen der Integratoren aus Abb. 2.28a,b sind gleich null.

Die Addition aus Abb. 2.28b ist nichts anderes als eine Anfangsbedingung für den Integrator und ergibt somit die Struktur aus Abb. 2.28c. Der Integrator erhält jetzt die Anfangsbedingung **B**.

Das Modell `impuls_antw_zustand1.slx` ist genau wie die Struktur aus Abb. 2.28c aufgebaut und wird aus dem Skript `impuls_antw_zustand_1.m` aufgerufen. Es werden die Impulsantworten für die Lagen der Massen mit diesem Verfahren ermittelt und dargestellt, wie Abb. 2.29 gezeigt.

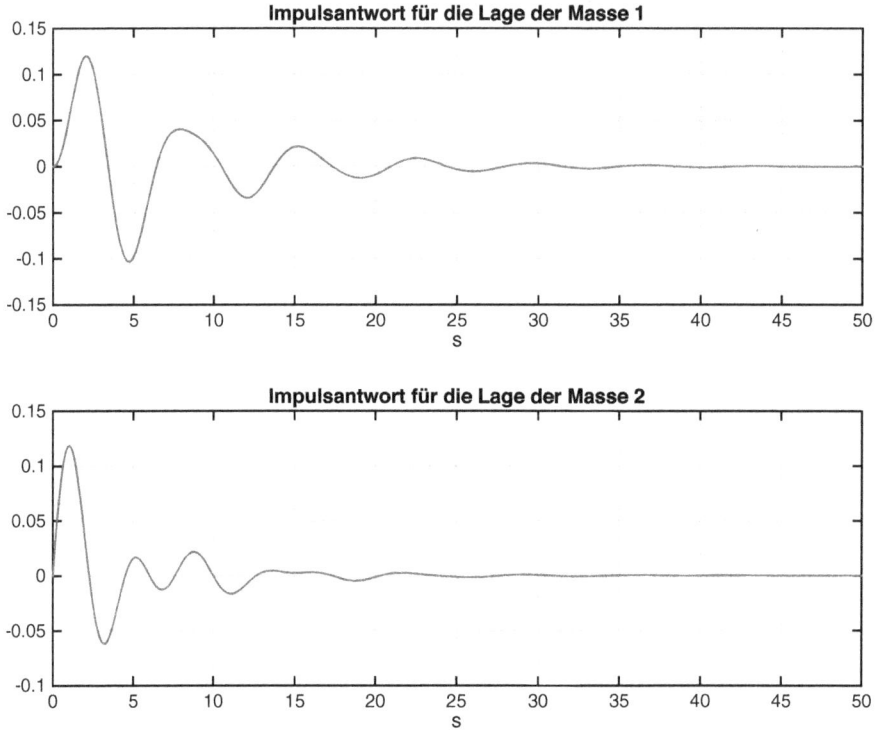

Abb. 2.29. Impulsantworten für die Lagen der Massen mit optimalem Tilger
(`impuls_antwort_zustand_1.m`, `impuls_antwort_zustand1.slx`)

Im Skript werden die Impulsantworten auch mit der Funktion `impulse` ermittelt und ebenfalls dargestellt. Wie erwartet, erhält man dieselben Verläufe.

Der Leser kann die Matrix **C** so ändern, dass auch für die anderen zwei Zustandsvariablen die Impulsantworten ermittelt werden. Man kann auch die Impulsantwort ohne Tilger mit `k1=0`, `c1=0` erhalten.

2.4 Analoge Filter

Analogen Filter sind elektrische Schaltungen, die man sehr gut als LTI-Systeme betrachten kann. Sie werden hauptsächlich durch ihren Frequenzgang beschrieben [39]. Dieser kann auch relativ leicht mit speziellen Geräten gemessen werden. Aus dem Frequenzgang können Schlussfolgerungen zum Verhalten der Filter für andere Signale als die periodischen im stationären Zustand, die den Frequenzgang definieren, gezogen werden.

Die elektronischen Schaltungen dieser Filter haben sich in den letzten Jahren grundsätzlich geändert. Man kann schwer große Widerstände und große Kapazitäten integrieren. Nur in der Leistungselektronik werden noch die klassischen Schaltungen mit Operationsverstärkern, Widerständen und Kondenstoren eingesetzt, weil diese im Vergleich zu den anderen Komponenten noch Platz auf den Leiterplatten haben.

In integrierten Schaltungen werden große Widerstände und große Kapazitäten mit so genannten geschalteten Kapazitäten nachgebildet [39]. Die Natur ist analog und für den gegenwärtigen Trend der Digitalisierung sind weiterhin analoge Filter an den Schnittstellen mit der Außenwelt notwendig.

2.4.1 Einführung

Die idealen Amplitudengänge der so genannten Standardfilter sind in Abb. 2.30 dargestellt. Es sind das Tiefpassfilter, kurz TP, das Hochpassfilter, kurz HP, das Bandpassfilter, kurz BP und das Bandsperrfilter kurz BS.

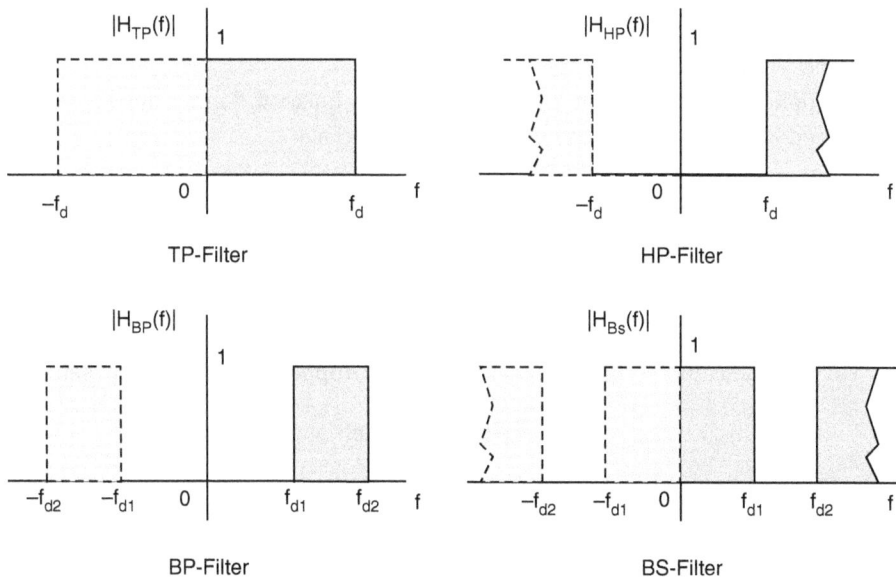

Abb. 2.30. Ideale Amplitudengänge der Standardfilter

Es sind die Amplitudengänge als Beträge der Fourier-Transformationen reeller Impulsantworten mit den Frequenzbereichen von $-\infty < f < \infty$ dargestellt. Für reelle Signale werden nur die Bereiche mit positiven Frequenzen benutzt. Die Durchlassfrequenzen bzw. Sperrfrequenzen sind aus den Darstellungen zu entnehmen.

Die idealen Phasengänge sind gleich null oder gleich einem linearen Verlauf, der durch den Ursprung führt. Der lineare Verlauf ist leicht zu begründen. Angenommen die Fourier-Transformation der Impulsantwort des Filters (der komplexe Frequenzgang) ist:

$$H(j\omega) = H_{id}(j\omega)\, e^{-j\omega\tau} \tag{2.119}$$

Hier ist $H_{id}(j\omega)$ der ideale komplexe Frequenzgang mit Nullphasengang und $\omega\tau$ stellt den zusätzlichen linearen Phasengang dar, dessen Einfluss man bestimmen möchte.

Es ist bekannt, gemäß Pos. 5 aus Tabelle 1.1 (Zeitverschiebung), dass die Multiplikation mit einer solchen Exponentialfunktion im Frequenzbereich eine Verschiebung im Zeitbereich bedeutet:

$$h(t) = h_{id}(t - \tau) \tag{2.120}$$

Der Ausgang eines Systems mit dem komplexen Frequenzgang gemäß Gl. (2.119), der über das Faltungsintegral berechnet wird (mit Anfangsbedingungen null), beinhaltet wegen der linearen Phase keine zusätzlichen Verzerrungen, sondern wird in Zeit nur verspätet.

Die praktischen, analogen Filter können einen linearen Verlauf der Phase nur annähernd besitzen. Mit der *Gruppenlaufzeit* definiert als

$$\tau_g(\omega) = -\frac{d\phi_H(\omega))}{d\omega} \tag{2.121}$$

wird die Steilheit des Phasenverlaufs charakterisiert. Hier ist $\phi_H(\omega)$ der Winkel der komplexen Funktion $H(j\omega)$ oder der Phasengang, gewöhnlich mit negativen Werten. Die Gruppenlaufzeit $\tau_g(\omega)$ wird für diese Fälle positiv.

Für einen linearen Verlauf der Phase muss die Gruppenlaufzeit konstant sein:

$$\tau_g = \text{eine Konstante} \tag{2.122}$$

Die *Phasenlaufzeit* definiert durch

$$\tau_v(\omega) = -\frac{\phi_H(\omega)}{\omega} \tag{2.123}$$

stellt die Zeitverschiebung einer sinusförmigen Anregung beim Durlaufen des LTI-Systems oder Filters dar. Bei einem linearen Verlauf des Phasengangs sind diese zwei Zeiten gleich $\tau_g(\omega) = \tau_v(\omega)$.

Es wird jetzt die Impulsantwort eines idealen Tiefpassfilters ermittelt, dessen Betrag der Fourier-Transformation der Impulsantwort in Abb. 2.30 (oben links) dargestellt ist. Der Winkel oder Phasengang wird mit einem Wert null angenommen.

Die Impulsantwort erhält man aus der inversen Fourier-Transformation des komplexen Frequenzgangs:

$$h(t) = \int\limits_{-f_d}^{f_d} e^{j2\pi ft} \, df = 2f_d \frac{e^{j2\pi f_d t} - e^{-j2\pi f_d t}}{2j(2\pi f_d t)} = 2f_d \frac{\sin(2\pi f_d t)}{2\pi f_d t} \qquad (2.124)$$

Das ist die Sinc-Funktion definiert für $-\infty < t < \infty$. Diese Impulsantwort kann nicht realisiert werden, weil sie unendliche Ausdehnung hat und weil sie nicht kausal ist ($h(t) \neq 0$ für $t < 0$). Sie klingt für $|t| \to \infty$ ab und man kann sich eine realisierbare Impulsantwort durch eine Begrenzung der Ausdehnung und durch eine Verschiebung der begrenzten Funktion in den Bereich $t \geq 0$ vorstellen.

Im Skript `analog_filter_1.m` werden diese Sachverhalte untersucht. Es wird zuerst eine Durchlassfrequenz von `fd = 20` Hz gewählt und der ideale Frequenzgang `Hid` definiert und dargestellt (Abb. 2.31 oben):

```
% -------- Idealer Frequenzgang eines Tiefpassfilters
fd = 20;                    % Durchlassfrequenz;
df = 2*fd/500;
f = -2*fd:df:2*fd-df;       nf = length(f);
Hid = zeros(1,nf);
Hid = 1*(f>=-fd & f<=fd);  % Ideale Übertragungsfunktion
figure(1);      clf;
subplot(311), plot(f, Hid);
title(['Idealer Betrag der Fourier-Transformation',...
    ' eines idealen Tiefpassfilters']);
xlabel('Hz');    grid on;
La = axis;    axis([La(1:2), 0, 1.2]);
```

Danach wird numerisch die inverse Fourier-Transformation, welche die Impulsantwort darstellt, ermittelt und zusammen mit der analytischen überlappt dargestellt, wie in Abb. 2.31 in der Mitte gezeigt.

```
% -------- Impulsantwort aus der inversen Fourier-Transformation
dt = 0.5/nf;
t = -0.5:dt:0.5;            nt = length(t);
hrek = zeros(1,nt);
for k = 1:nt
    hrek(k) = real(df*sum(Hid.*exp(j*2*pi*f*t(k))));
end;
subplot(312), plot(t, hrek);
title(['Analytische Impulsantwort und aus der inversen',...
    ' Fourier-Transformation']);
xlabel('s');    grid on;
% Analytische Impulsantwort
```

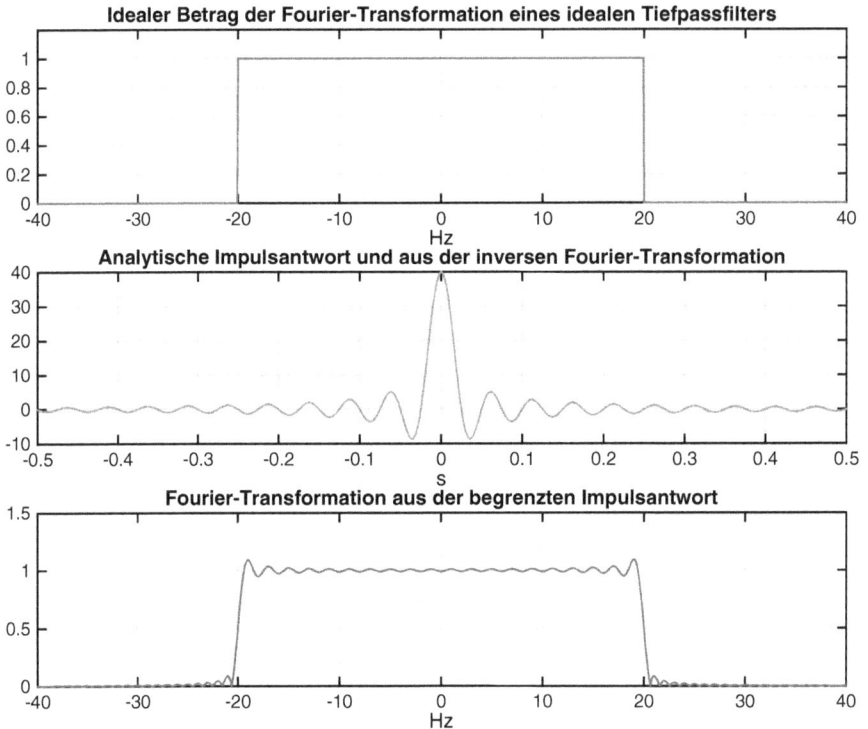

Abb. 2.31. Idealer Frequenzgang, Impulsantwort (aus der inversen Fourier-Transformation und analytisch) und die Fourier-Transformation der begrenzten Impulsantwort (analog_filter_1.m)

```
hana = 2*fd*sinc(2*fd*t);
hold on;    plot(t, hana, 'r');    hold off;
```

Schließlich wird die begrenzte Impulsantwort Fourier transformiert um zu sehen, welchen Einfluss die Begrenzung auf den Frequenzgang hat:

```
% -------- Fourier-Transformation aus der Impusantwort
Hrek = zeros(1,nf);
for k = 1:nf
   Hrek(k) = dt*sum(hrek.*exp(-j*2*pi*f(k)*t));
end;
subplot(313), plot(f, abs(Hrek))
title('Fourier-Transformation aus der begrenzten Impulsantwort')
xlabel('Hz');    grid on;
```

In Abb. 2.31 ganz unten ist die Fourier-Transformation dargestellt. Man sieht die Schwingungen an den steilen Flanken, die dem Gibbs-Effekt [45] entsprechen.

Die begrenzte nichtkausale Impulsantwort kann so verschoben werden, dass sie kausal wird, was dazu führt, dass ein linearer Phasengang hinzukommt. Leider kann man mit analogen Komponenten (Widerstände, Kapazitäten, Spulen und Operationsverstärker) eine solche Impulsantwort nicht erzeugen. Mit digitalen Filtern ist dies kein Problem, wie man später sehen wird.

Im Skript `analog_filter_2.m` ist die Impulsantwort eines idealen Bandpassfilters mit einer numerischen inversen Fourier-Transformation berechnet und dargestellt. Es wird dann aus der in der Ausdehnung begrenzten Impulsantwort die Fourier-Transformation ebenfalls numerisch ermittelt und gezeigt.

Die analogen Filter werden mit der Übertragungsfunktion, die man durch die Laplace-Transformation der Differentialgleichung (gemäß Gl. (2.95)) erhält, beschrieben:

$$H(s) = \frac{Y(s)}{X(s)} = \frac{s^M b_M + s^{M-1} b_{M-1} + s^{M-2} b_{M-2} + \cdots + b_0}{s^N a_N + s^{N-1} a_{N-1} + s^{N-2} a_{N-2} + \cdots + a_0} = \frac{P(s)}{Q(s)} \tag{2.125}$$

Wie schon gezeigt, ist sie eine rationale Funktion in s mit einem Polynom $P(s)$ vom Grad M im Zähler und einem Polynom $Q(s)$ vom Grad N im Nenner. Für realisierbare Systeme muss $N \geq M$ sein. Sie kann auch als

$$H(s) = \frac{P(s)}{Q(s)} = k \frac{(s - z_1)(s - z_2)(s - z_3) \ldots (s - z_M)}{(s - p_1)(s - p_2)(s - p_3) \ldots (s - p_N)} \tag{2.126}$$

geschrieben werden. Die Werte $z_1, z_2, \ldots, z_M$ bilden die Nullstellen der Übertragungsfunktion und die Werte $p_1, p_2, \ldots, p_N$ stellen die Pole der Übertragungsfunktion dar. Wenn eine Null- oder Polstelle komplex ist, dann muss auch deren konjugiert komplexer Wert dabei sein. Nur so erhält man für die Koeffizienten des Zählers und Nenners der Übertragungsfunktion reelle Werte. Die Pole sind auch die Wurzeln der charakteristischen Gleichung der Differentialgleichung, die zu dieser Übertragungsfunktion geführt hat und somit sind sie auch die Eigenwerte der Darstellung in Form eines Zustandsmodells.

Man kann aus einer Form die andere mit den Funktionen `tf2zp`, `zp2tf` erhalten. Den komplexen Frequenzgang erhält man durch $s = j\omega$ in den oben gezeigten Übertragungsfunktionen.

Die Annäherung der idealen Frequenzgänge der Filter mit solchen Übertragungsfunktionen ist ein mathematisches Problem, das auf verschiedene Arten gelöst wurde. Daraus sind verschiedene Filter-Typen entstanden [39], die alle in MATLAB in der *Signal Processing Toolbox* entwickelt werden können. Diese analogen Filter sind auch für die Entwicklung der digitalen IIR-Filter [34] sehr wichtig, ein Thema das später behandelt wird. Sie können in den Simulink-Blöcken des *DSP System Toolbox* entworfen und in Simulink-Modellen eingesetzt werden.

Bei der Entwicklung der Filter sind einige Parameter zur Spezifizierung notwendig. In Abb. 2.32 sind die wichtigsten Parameter des Amplitudengangs eines realen

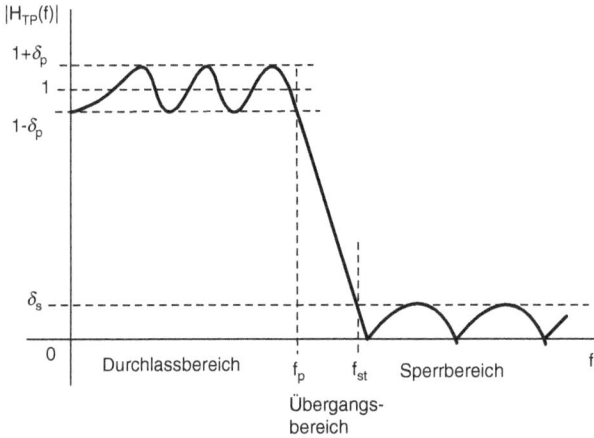

Abb. 2.32. Spezifikationsparameter für den Amplitudengang eines Tiefpassfilters

Tiefpassfilters dargestellt. Die Bezeichnungen sind den englischen Bezeichnungen, die in MATLAB benutzt werden, nachempfunden:

-   δ_p Welligkeitsabweichung (kurz Welligkeit) im Durchlassbereich (*Rippels deviation in passband*)
-   δ_s Dämpfungsabweichung (kurz Dämpfung) im Sperrbereich (*Stopband deviation*)
-   f_p Durchlassfrequenz (*Passband edge frequency*)
-   f_{st} Sperrfrequenz (*Stopband edge frequency*)

Die Parameter δ_p, δ_s sind oft in dB (decibels) anzugeben:

$$\delta_p^{dB} = -20 \log_{10}(1 - \delta_p) \quad \text{und} \quad \delta_s^{dB} = -20 \log_{10}(\delta_s) \tag{2.127}$$

Beide Definitionen ergeben positive Werte in dB für $\delta_p, \delta_s < 1$. Als Beispiel für $\delta_p = 0{,}1$ und $\delta_s = 10^{-3}$ erhält man $\delta_p^{dB} \cong 0{,}9$ dB und $\delta_s^{dB} = 60$ dB. Vielmals wird auch folgende Definition benutzt:

$$\delta_p^{dB} = -20 \log_{10}(1 - \delta_p) = 20 \log_{10}\left(\frac{1}{1 - \delta_p}\right) \cong 20 \log_{10}(1 + \delta_p) \quad \text{für} \quad \delta_p \ll 1 \tag{2.128}$$

Man kann sich ähnliche Parameter für die Spezifikation der restlichen Standardfilter ebenfalls vorstellen.

Gewöhnlich wird als Durchlassbereich ein Bereich definiert, bei dem sich der Amplitudengang mit höchstens -3 dB (absolut $1/\sqrt{2} = 0{,}707$) beim Übergang in den Sperrbereich ändert [39]. Wenn bei den Filtern mit Welligkeit im Durchlassbereich eine kleinere Welligkeit bei der Entwicklung gewählt wurde, wie z.B. 1 dB, dann wird der Durchlassbereich auch mit -1 dB (absolut $10^{-1/20} \cong 0{,}89$) verlassen.

Die Liste der Funktionen aus der *Signal Processing Toolbox*, die für den Entwurf der verschiedenen analogen Filtern dienen, ist:

```
bilinear Bilinear transform method for analog-to-digital conversion
besselap Bessel analog lowpass filter prototype
besself Bessel analog filter design
buttap  Butterworth filter prototype
butter  Butterworth filter design
cheb1ap Chebyshev Type I analog lowpass filter prototype
cheb2ap Chebyshev Type II analog lowpass filter prototype
cheby1  Chebyshev Type I filter design
cheby2  Chebyshev Type II filter design
ellip   Elliptic filter design
ellipap Elliptic analog lowpass filter prototype
freqs   Frequency response of analog filters
lp2bp   Transform lowpass analog filters to bandpass
lp2bs   Transform lowpass analog filters to bandstop
lp2hp   Transform lowpass analog filters to highpass
lp2lp   Change cutoff frequency for lowpass analog filter
```

Die erste Funktion `bilinear` dient der Umwandlung eines analogen Filters in ein digitales IIR-Filter und wird später näher untersucht. Die restlichen Funktionen dienen der Entwicklung üblicher Typen von analogen Filtern. Es gibt zwei Wege für diese Entwicklung. Man kann ein Prototyptiefpassfilter zuerst entwerfen, das man dann weiter in einen gewünschten Typ (HP, BP, BS) umwandeln kann. Die zweite Möglichkeit, ohne Tiefpassprototyp, führt direkt zum gewünschten Standardfilter. Man erkennt die entsprechende Funktionen dadurch, dass sie nicht mehr die Endung ap haben (wie z.B. `cheby1` statt `cheby1ap`).

Im Skript `analog_filter_3.m` wird exemplarisch gezeigt, wie man Tiefpassfilter vom Typ Bessel- und Chebyshev 1 ausgehend von einem Prototypfilter berechnen kann. Zuerst wird das Tiefpassprototypfilter berechnet über die Funktion `besselap`, die als Ergebnis die Nullstellen, Polstellen und den Verstärkerfaktor der Übertragungsfunktion (Format `zp`) liefert. Diese Parameter werden dann in das Format `tf` umgewandelt, das die Koeffizienten des Zählers und Nenners in den Vektoren `b`, `a` enthält:

```
clear;
% ------- Bessel Analogfilter über Prototyptiefpassfilter
nord = 6;              % Ordnung des Filters muss < 25
% Prototypfilter
[z,p,k] = besselap(nord); % Pol- und Nullstellen bzw. Gain k
[b,a] = zp2tf(z,p,k);    % Koeffizienten der Übertragungsfunktion
figure(1),    clf;
freqs(b,a);
title('Frequenzgang des Bessel-Tiefpassprototyps')
```

Anschliessend wird der Frequenzgang des Prototypfilters mit einer Durchlassfrequenz von 1 Rad/s dargestellt. Es folgt die Umwandlung dieses Filters in das gewünschte Tiefpassfilter mit Hilfe der Funktion `lp2lp` mit einer Durchlassfrequenz z.B. von 600 Hz.

Die Darstellung des Amplituden- und Phasengangs wird mit logarithmischer Skalierung der Frequenzachse realisiert und dafür wird ein Frequenzbereich von einigen Dekaden in der Umgebung der Durchlassfrequenz verwendet:

```
% ------- Umwandlung des Prototyps
fp = 600;         % Durchlassfrequenz 600 Hz
[bt1,at1] = lp2lp(b,a,2*pi*fp);
c1= round(log10(fp/100));   c2 = round(log10(fp*10));
f = logspace(c1,c2,500);
H1 = freqs(bt1,at1,2*pi*f);
figure(2);        clf;
subplot(311), semilogx(f, 20*log10(abs(H1)));
title(['Amplitudengang des Bessel-Filters für fp = ',num2str(fp), 'Hz'])
xlabel('Hz');     ylabel('dB (20 log(abs(H)))');
grid on;      hold on;
La = axis;    axis([La(1:3), 10]);
La = axis;
plot([fp, fp], [La(3), La(4)],'r');
subplot(312), semilogx(f, unwrap(angle(H1))*180/pi);
title(['Phasengang für fp = ',num2str(fp), 'Hz'])
xlabel('Hz');     ylabel('Grad');
grid on;
subplot(313), semilogx(f, 20*log10(abs(H1)));
title(['Ausschnitt für den Amplitudengang']);
xlabel('Hz');     ylabel('dB (20 log(abs(H)))');
grid on;      hold on;     La = axis;
axis([La(1:2), -20, 5]);  hold on;
plot([fp, fp], [La(3), La(4)],'r');
```

In Abb. 2.33 ist der Frequenzgang des Bessel-Filters mit der gewünschten Ordnung (hier 6) und der gewünschten Durchlassfrequenz von 600 Hz, die mit einer vertikalen Linie gekennzeichnet ist, dargestellt.

Die Steilheit des Übergangs vom Durchlassbereich in den Sperrbereich als Grenzwert ist bei allen Tiefpassfiltern -20 dB/Dekade mal die Ordnung des Filters, was hier $-6 \times 20 = -120$ dB/Dekade ergibt.

Ähnlich wird ein Chebyshev-Tiefpassfilter Typ I sechster Ordnung mit gleicher Durchlassfrequenz von 600 Hz berechnet. Als zusätzliches Argument verlangt die Funktion **cheb1ap** für die Berechnung des Prototyps, die gewünschte Welligkeit δ_p im Durchlassbereich in dB. Hier wurde ein relativ großer Wert von 3 dB gewählt, um die Welligkeit in den Darstellungen hervorzuheben:

```
% ------- Chebyshev Analogfilter über Prototyptiefpassfilter
nord = 6;                   % Ordnung des Filters muss < 25
well = 3;                   % Welligkeit im Durchlassbereich in dB
% Prototypfilter
[z,p,k] = cheb1ap(nord, well); % Pol- und Nullstellen bzw. Gain k
[b,a] = zp2tf(z,p,k);       % Koeffizienten der Übertragungsfunktion
......
```

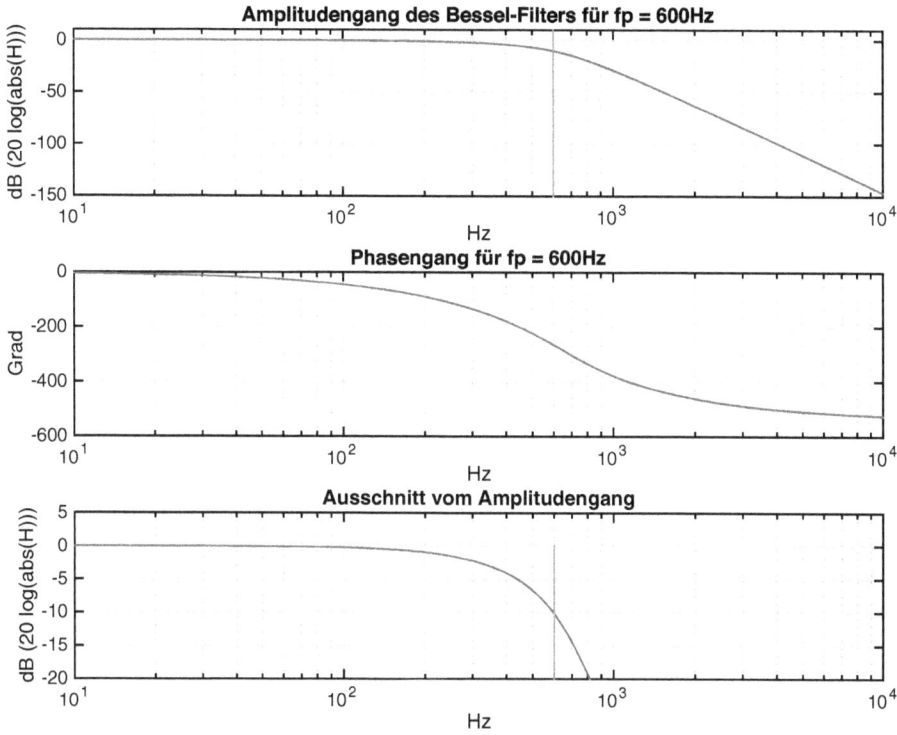

Abb. 2.33. a) Amplitudengang des Bessel-Filters b) Phasengang c) Ausschnitt vom Amplitudengang (analog_filter_3.m)

Der Rest der Entwicklung des Filters ist die des Besselfilters ähnlich und wird nicht mehr kommentiert.

In Abb. 2.34 ist der Frequenzgang des Chebyshev-Filters dargestellt. Man sieht die Welligkeit im Durchlassbereich von 3 dB, die dazu führt, dass bei der Frequenz null eine Verstärkung des Filters von −3 dB oder 0,707 vorliegt. Diese Verstärkung wird sich auf die Antwort auf ein Puls so auswirken, dass der Puls nicht die Höhe eins der Anregung erreicht, sondern nur 0,707.

Nachdem die zwei Filter entwickelt wurden, wird im Skript die Antwort der Filter auf einen rechteckigen Puls ermittelt und dargestellt, wie in Abb. 2.35 gezeigt. Es wird die Funktion lsim benutzt. Mit den Koeffizienten der Übertragungsfunktionen der Filter werden zwei Systeme vom Typ tf definiert (my_system1, my_system2), die in der Funktion lsim zusammen mit der Anregung in Form des Pulses u und die entsprechenden Zeitschritte aus t die Argumente dieser Funktion bilden:

```
% ------- Antwort auf einen Puls
dt = (1/fp)/10;              % Zeitschrittweite
t = 0:dt:0.1;          nt = length(t);
```

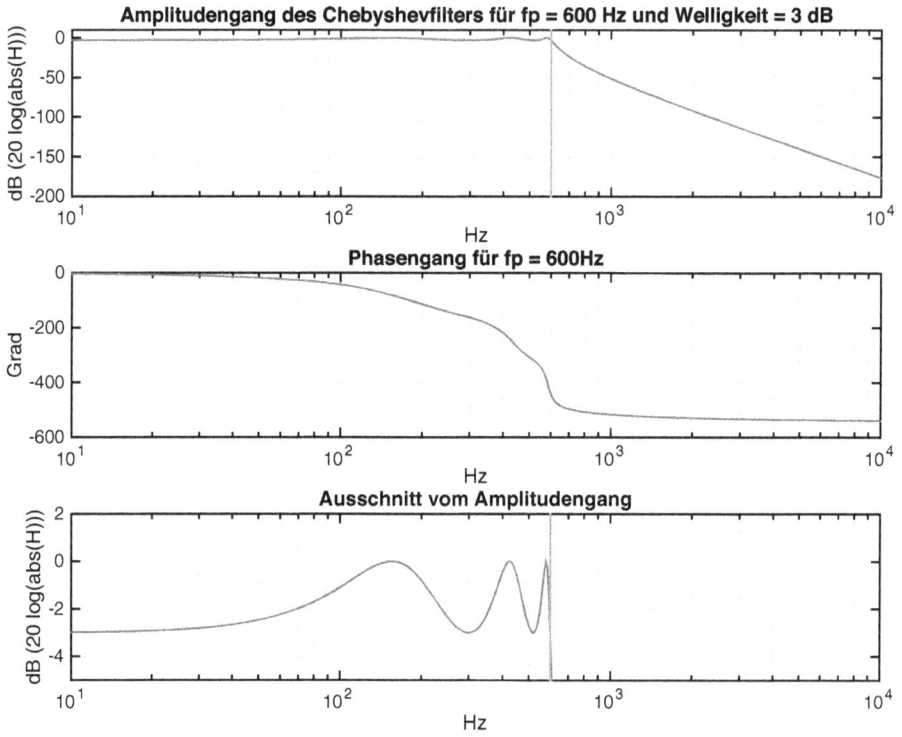

Abb. 2.34. a) Amplitudengang des Chebyshev-Filters Typ I b) Phasengang c) Ausschnitt vom Amplitudengang (`analog_filter_3.m`)

```
u = zeros(1,nt);                       % Puls initialisieren
tau = 0.05;                            % Dauer des Pulses
u = 1*(t>=0.02 & t<=tau+0.02);         % Puls beginnend bei 0.02
my_system1 = tf(bt1, at1);             % System für Bessel-Filter
my_system2 = tf(bt2, at2);             % System für Chebyshev-Filter
y1 = lsim(my_system1,u,t);             % Antwort des Bessel-Filters
y2 = lsim(my_system2,u,t);             % Antwort des Chebyshev-Filters
......
```

Wegen der Welligkeit von 3 dB ist die Antwort des Chebyshev-Filters, die in Abb. 2.35 dargestellt ist, nur 0,707 hoch. Zuletzt werden auch die Impulsantworten der zwei Filter mit der Funktion `impulse` ermittelt und dargestellt:

```
% ------- Impulsantworten
Timp = 0.02;     ti = 0:0.0001:Timp;
h1 = impulse(my_system1, ti);
h2 = impulse(my_system2, ti);
......
```

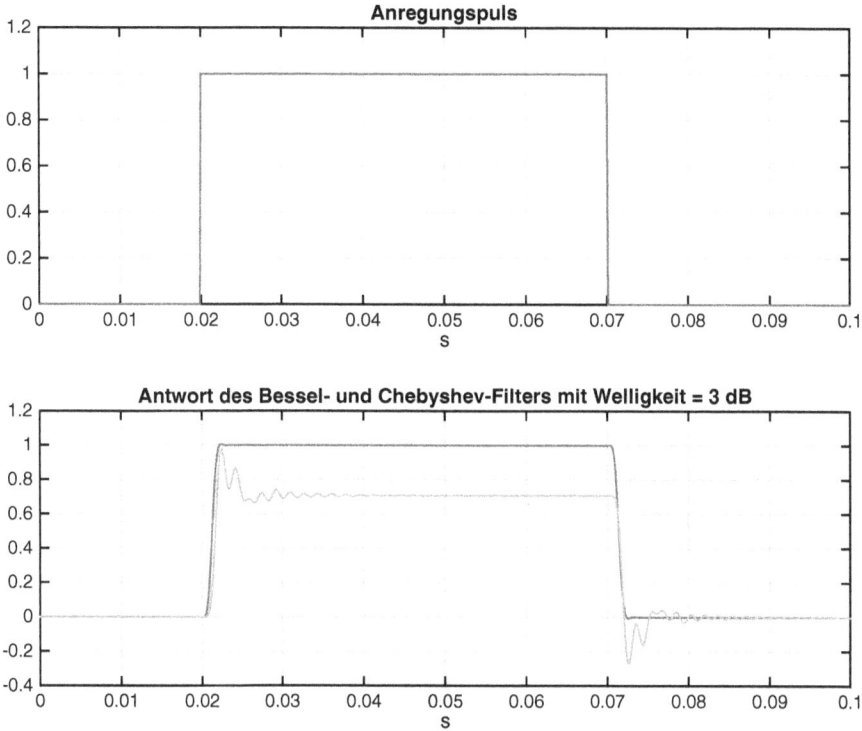

Abb. 2.35. Antwort des Bessel- und Chebyshev-Filters auf einen Puls (`analog_filter_3.m`)

Die Impulsantworten der Filter sind in Abb. 2.36 dargestellt, wobei das Chebyshev-Filter durch die Schwingungen erkennbar ist. Die Impulsantwort des Besselfilters ähnelt mehr der idealen Impulsantwort aus Abb. 2.31.

Mit dem Skript `analog_filter_4.m` werden ähnlich zwei weitere Typen von Tiefpassfiltern untersucht und zwar das Butterworth- und das Elliptische-Filter. Beim Elliptischen Filter wird die Welligkeit im Durchlassbereich δ_p^{dB} und die Dämpfung im Sperrbereich δ_s^{dB} als Argumente der Funktion `ellipap` verlangt.

Im Skript `analog_filter_5.m` ist exemplarisch gezeigt, wie man ein Tiefpassprototypfilter vom Typ Butterworth in ein Bandpassfilter mit Bandbreite von 600 Hz bis 800 Hz umwandelt. Die wichtigen Zeilen des Skripts sind:

```
% ------- Butterworth Prototyptiefpassfilter
nord = 6;                       % Ordnung des Filters muss < 25
[z,p,k] = buttap(nord);         % Pol- und Nullstellen bzw. Gain k
[b,a] = zp2tf(z,p,k);           % Koeffizienten der Übertragungsfunktion
.....
% ------- Umwandlung des Prototyps in ein Bandpassfilter
fp1 = 600;     fp2 = 800;       % Durchlassfrequenzen in Hz
f0 = sqrt(fp1*fp2);             % Mittenfrequenz
```

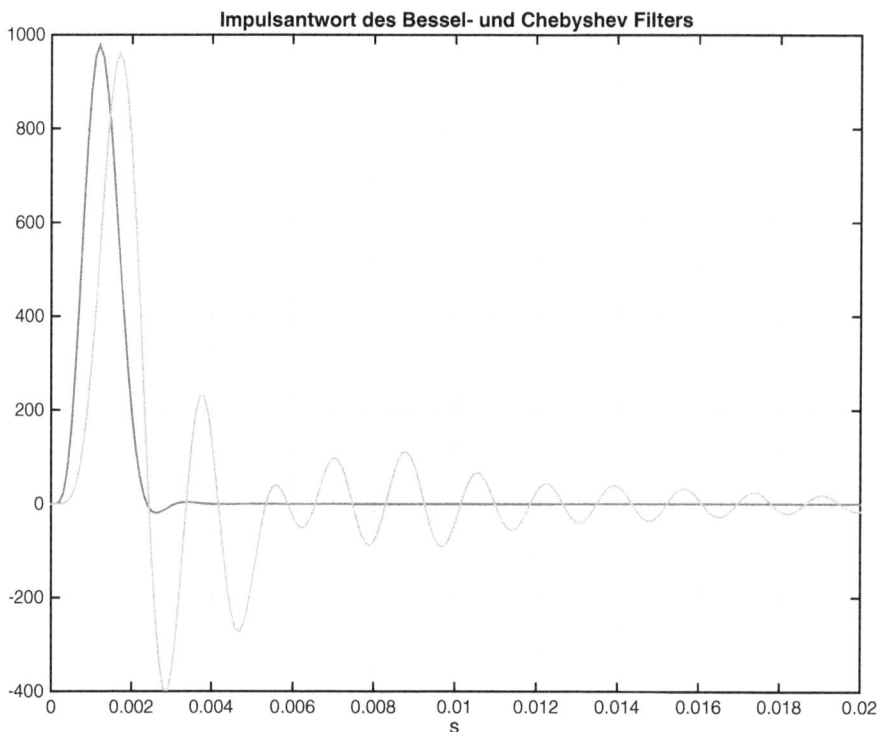

Abb. 2.36. Impulsantwort des Bessel- und Chebyshev-Filters (`analog_filter_3.m`)

```
bf = fp2-fp1;                    % Bandbreite
[bt1,at1] = lp2bp(b, a, 2*pi*f0, 2*pi*bf);
c1= round(log10(fp1/10));   c2 = round(log10(fp2*10));
f = logspace(c1,c2,500);
H1 = freqs(bt1,at1,2*pi*f);
.....
```

In Abb. 2.37 ist der Frequenzgang des Bandpassfilters dargestellt. Ganz unten ist der Durchlassbereich gezoomt dargestellt und man sieht, dass die Bandbreite von 600 Hz bis 800 Hz mit einer Abweichung von −3 dB relativ zur Mitte des Durchlassbereichs gegeben ist. Diese Abweichung ist üblich bei der Definition der Bandbreite auch bei Tiefpassfiltern [24].

Wenn man die Koeffizienten des Nenners der Übertragungsfunktion aus dem Vektor at1 betrachtet, wird man feststellen, dass es 13 Koeffizienten sind, was eine Ordnung von 12 bedeutet:

```
at1 =
  Columns 1 through 7
    1.0000e+00    4.8553e+03    1.2548e+08    4.7817e+11    6.2984e+15
                                              1.8478e+19    1.6220e+23
```

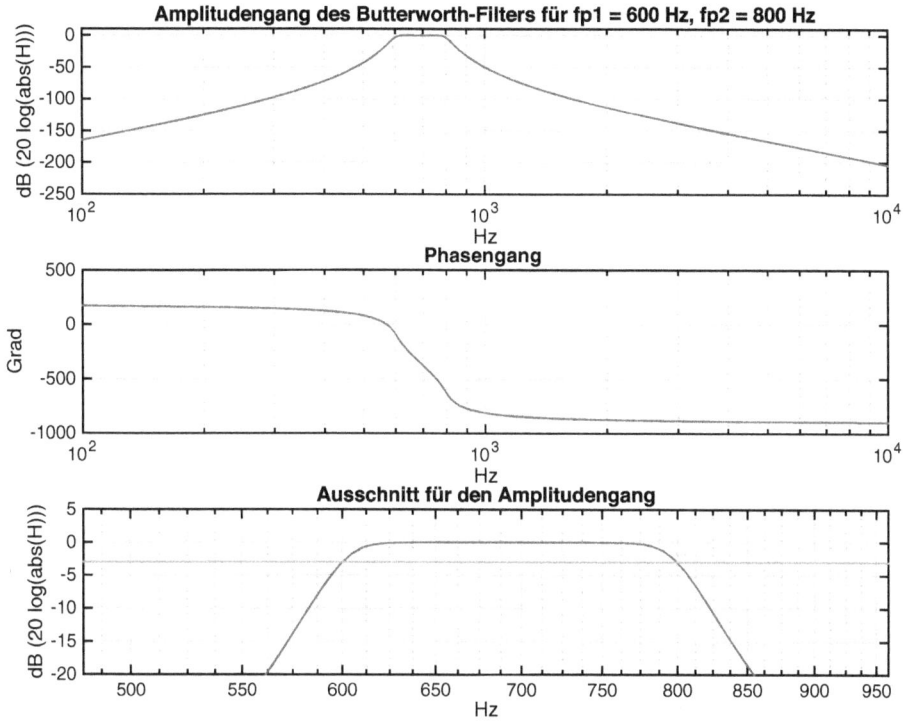

Abb. 2.37. Impulsantwort des Bessel- und Chebyshev-Filters Typ I (`analog_filter_5.m`)

```
Columns 8 through 13
  3.5015e+26    2.2617e+30    3.2538e+33    1.6181e+37    1.1864e+40
                                                          4.6303e+43
```

Die Übertragungsfunktion besitzt somit 12 Pole in Form von 6 konjugiert komplexen Paaren:

```
>> roots(at1)
ans =
  -1.8509e+02 + 4.9992e+03i        -1.8509e+02 - 4.9992e+03i
  -4.8963e+02 + 4.7976e+03i        -4.8963e+02 - 4.7976e+03i
  -6.2979e+02 + 4.4764e+03i        -6.2979e+02 - 4.4764e+03i
  -5.8403e+02 + 4.1511e+03i        -5.8403e+02 - 4.1511e+03i
  -3.9895e+02 + 3.9091e+03i        -3.9895e+02 - 3.9091e+03i
  -1.4015e+02 + 3.7854e+03i        -1.4015e+02 - 3.7854e+03i
```

Das bedeutet, dass man für ein Bandpassfilter der Ordnung n_{BP} ein Prototyptiefpassfilter der Ordnung $n_{TP} = n_{BP}/2$ wählen muss. Da die Ordnung n_{TP} eine ganze Zahl sein muss, wird die Ordnung n_{BP} immer gerade sein. Dasselbe geschieht auch bei den Bandsperrfiltern, die ebenfalls eine gerade Ordnung haben, die zwei mal die Ordnung des Tiefpassprototypfilters ist.

Die Steilheit des Amplitudengangs links vom Durchlassbereich hat einen Grenz-wert von 20 dB/Dekade mal $n_{BP}/2$ und rechts vom Durchlassbereich einen Grenzwert von -20 dB/Dekade mal $n_{BP}/2$.

Das Tiefpasschebyschev-Filter Typ II, das man über die Funktion `cheby2` be-rechnen kann, hat als Argument die Frequenz f_{st} bei der der Sperrbereich mit einer bestimmten Dämpfung beginnt. Die Ordnung des Filters ergibt dann die Durchlassfre-quenz. Diese Eigenschaft ist sehr geeignet für die Antialiasing-Filter, die man vor einer Analog-Digitalwandlung (kurz A/D-Wandlung) platzieren muss. Man kann leicht den Beginn des Sperrbereichs festlegen, der kleiner als die halbe Abtastfrequenz des Wandlers sein muss.

Im Skript `analog_cheby2.m` ist der Frequenzgang für ein solches Tiefpascheby-schev-Filter Typ II ermittelt und dargestellt:

```
% -------- Parameter des Prototypfilters
nord = 6;                  % Ordnung des Filters
Rs = 60;                   % Dämpfung im Sperrbereich
                           % (oder Welligkeit im Sperrbereich)
[z,p,k] = cheb2ap(nord,Rs); % Pol- und Nullstellen des Filters
[b,a] = zp2tf(z,p,k);      % Koeffizienten der Übertragungsfunktion
......
% -------- Umwandlung in ein gewünschten Tiefpassfilter
fs = 600;       % Beginn des Sperrbereichs (fs)
[bt, at] = lp2lp(b, a, 2*pi*fs);
c1= round(log10(fs/100));   c2 = round(log10(fs*10));
f = logspace(c1,c2,500);
H = freqs(bt,at,2*pi*f);    % Frequenzgang
figure(2);         clf;
subplot(211), semilogx(f, 20*log10(abs(H)));
title(['Amplitudengang des Chebyshev-Filters Typ 2 für fs = ',...
    num2str(fs), 'Hz'])
xlabel('Hz');      ylabel('dB (20 log(abs(H)))');
grid on;      hold on;
La = axis;       axis([La(1:3), 10]);
La = axis;
plot([fs, fs], [La(3), La(4)],'r');
subplot(212), semilogx(f, unwrap(angle(H))*180/pi);
title(['Phasengang für fs = ',num2str(fs), 'Hz'])
xlabel('Hz');      ylabel('Grad');
grid on;
```

Mit der Erfahrung der vorherigen Skripte sind die Programmzeilen leicht zu verstehen und werden nicht mehr kommentiert. In Abb. 2.38 ist der Frequenzgang dieses Filters dargestellt. Man erkennt den Beginn des Sperrbereichs mit einer Dämpfung von `Rs` = 60 dB bei der gewünschten Frequenz von f_{st} = 600 Hz.

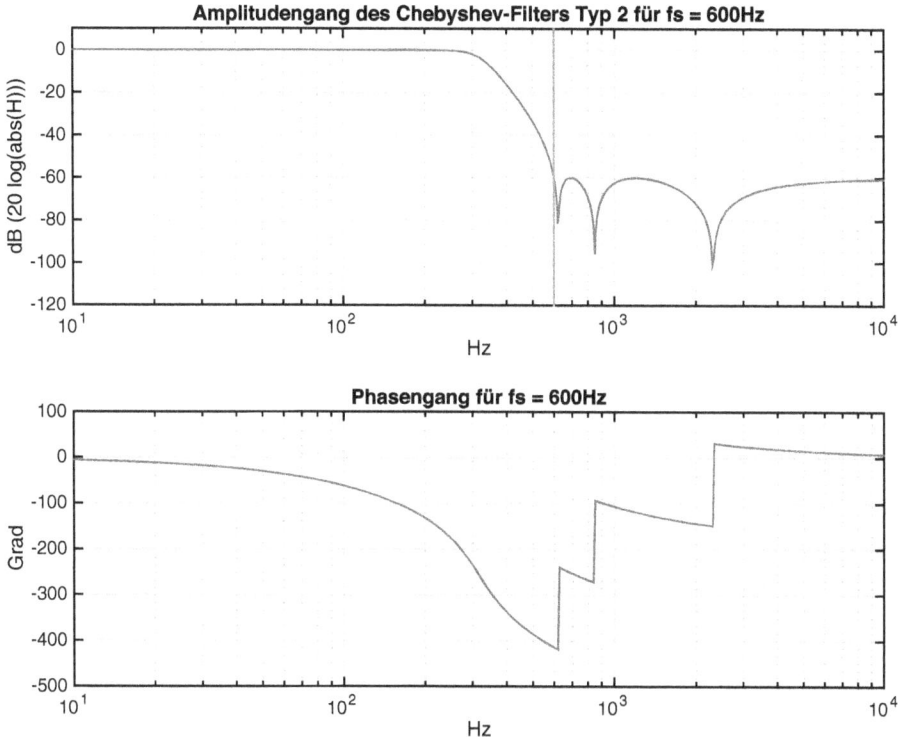

Abb. 2.38. Frequenzgang des Chebyshev-Filters Typ II (`analog_cheby2.m`)

2.4.2 Simulation eines Antialiasing-Filters

Mit dem Modell `anti_alias1.slx`, das aus dem Skript `anti_alias_1.m` aufgerufen ist, wird zuerst der Einsatz eines Chebyshev-Filters Typ II als Antialiasing-Filter untersucht. In Abb. 2.39a ist der Amplitudengang dieses Filters skizziert, das wie in Abb. 2.39b angenähert wird. Die Frequenz f_{st} zeigt den Beginn des Sperrbereichs mit einer Dämpfung im Sperrbereich von $\delta_s^{dB} = D_r^{dB}$.

Bei einem A/D-Wandler mit n_B Bits ist der Dynamikbereich D_r als Verhältnis des größten zum kleinsten darstellbaren Wertes gleich:

$$D_r = \frac{2^{n_B+1} - 1}{1} \qquad \text{oder in dB} \qquad D_r = 20\,log_{10}(2^{n_B+1} - 1) \qquad (2.129)$$

Um diesen Umfang des Wandlers voll auszuschöpfen muss man die Störungen außerhalb des ersten Nyquist-Bereichs mit Frequenzen $f > f_s/2$, die durch Verschiebung in den ersten Nyquist-Bereich die Nutzsignale stören, wenigstens mit Dr dämpfen. Eine Lösung ist in Abb. 2.39c skizziert. Man wählt $f_{st} = f_s/2$ und man sichert so, dass alle verschobene Störungen unter dem Pegel liegen, die den Dynamikbereich des

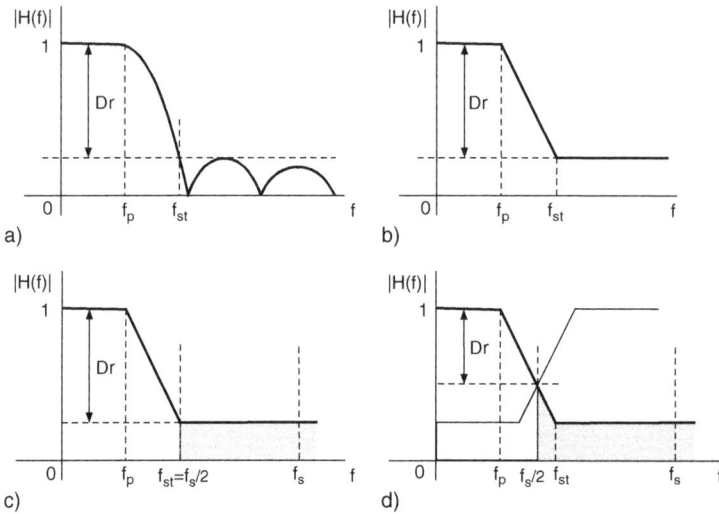

Abb. 2.39. a) Amplitudengang eines Tiefpassfilters Chebyshev Typ II b) Annäherung des Amplitudengangs c) Amplitudengang des antialiasing Filters mit $f_{st} = f_s/2$ d) Amplitudengang des antialiasing Filters mit $f_{st} > f_s/2$

Wandlers beeinflussen können. Die Störungen, die sich in den ersten Nyquist-Bereich verschieben können, sind in Abb. 2.39c stärker geschwärzt.

Die Durchlassfrequenz f_p ist von der Frequenz f_{st} und der Steilheit des Übergangs vom Durchlass- in den Sperrbereich abhängig. In dem Bereich bis f_p sollten die Nutzsignale liegen. Das sichert, dass keine Verzerrungen wegen des Amplitudengangs entstehen. Es können aber noch Verzerrungen wegen des Phasengangs, der nicht linear ist, entstehen. Wenn man diesen Bereich vergrößert, dann kann es zur Lage, die in Abb. 2.39d dargestellt ist, kommen. Die Störungen im Bereich $f_s/2 \le f \le f_{st}$ werden verschoben mit einer Stärke, die größer ist als die restlichen Störungen die durch den Sperrbereich des Filters gedämpft werden. Um den Dynamikbereich des Wandlers zu sichern, muss man die Dämpfung des Filters entsprechend vergrößern.

Bei einem Wandler mit 11 Bit ist der Dynamikbereich gleich $2^{11} - 1 = 2047$ oder 66 dB. Wenn man beim Wandler auch das Quantisierungsrauschen einbezieht, dann ist der Signalrauschabstand SNR (*Signal Noise Ratio*) gemäß Gl. (1.63) durch

$$SNR^{dB} = 6\,n_B + 1,8 = 61,8dB \tag{2.130}$$

gegeben. Eine Dämpfung der Störungen von ca. 60 dB, die durch Verschiebung im ersten Nyquist-Intervall erscheinen können, würde in diesem Fall ausreichen.

In Abb. 2.40 ist das Simulink-Modell der Untersuchung dargestellt. Es sind drei sinusförmige Eingangssignale als Nutzsignale vorgesehen. Sie sind mit Frequenzen und Amplituden so gewählt, dass sie die ersten Harmonischen eines rechteckigen

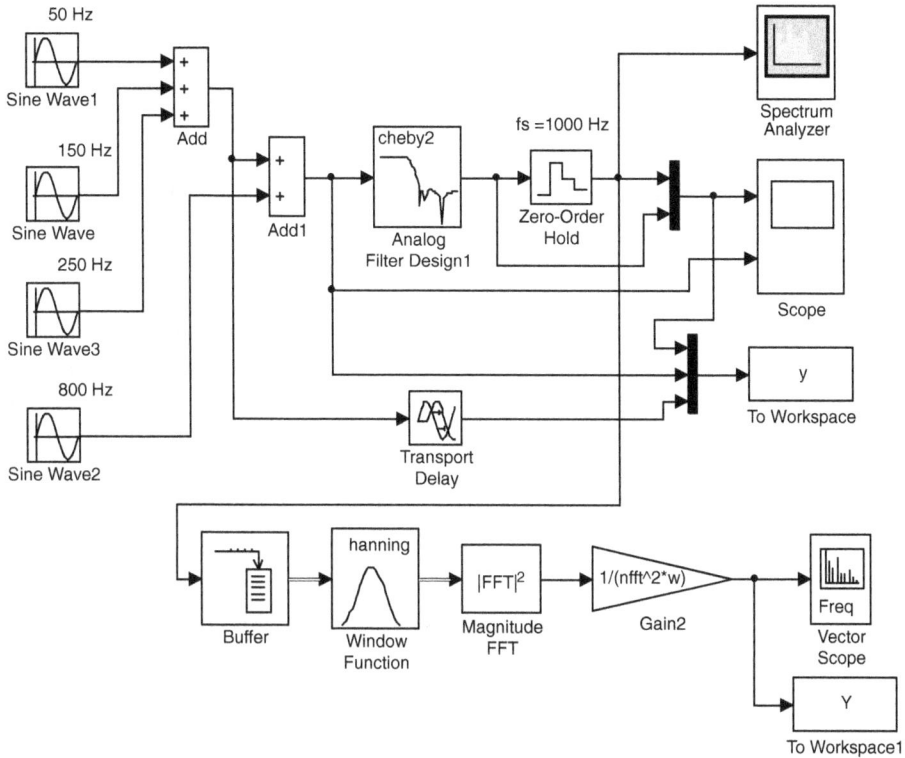

Abb. 2.40. Modell der Untersuchung des antialiasing Filters Chebyshev Typ II (`anti_alias_1.m`, `anti_alias1.slx`)

Signals darstellen, hier 50, 150 und 250 Hz bzw. Amplituden 1, 1/3 und 1/5. Bei einer Abtastfrequenz von 1000 Hz sind alle diese Signale im ersten Nyquist-Intervall und ergeben keine Verschiebung (*Aliasing*). Das vierte Signal der Frequenz 800 Hz liegt im zweiten Nyquist-Intervall und ergibt eine verschobene Störung der Frequenz $f_s - 800 = 200$ Hz.

Das Chebyshev-Filter Typ II ist mit einer Dämpfung im Sperrbereich von 60 dB bei einer Frequenz $f_{st} = f_s/2$ gewählt und somit entspricht der Amplitudengang des Filters der Form aus Abb. 2.39c. Im Skript `anti_alias_1.m` wird zuerst ein solches Filter entwickelt, um dessen Frequenzgang darzustellen, wie in Abb. 2.41 oben gezeigt. Bei der Frequenz $f_{st} = f_s/2 = 500$ Hz ist die Dämpfung des Filters 60 dB und hier beginnt der Sperrbereich.

Im Modell werden die drei Signale zuerst addiert und bilden das Nutzsignal. Zusätzlich wird das Signal, das verschoben wird ebenfalls addiert und zusammen dem Antialiasing-Filter zugeführt. Mit diesem Konstrukt hat man das Nutzsignal ohne Störung ebenfalls zur Verfügung.

Es folgt die Abtastung im Block *Zero-Order Hold* mit einer Abtastfrequenz von 1000 Hz. Das Leistungsspektrum des Signals nach der Abtastung ist mit dem Block *Spectrum Analyser* dargestellt. Zusätzlich wird dasselbe Spektrum mit der Blockkette unten ermittelt und mit dem *Vector Scope* ebenfalls dargestellt. Dieses Spektrum ist auch in der Senke *To Workspace1* zwischengespeichert, um es mit dem Skript darzustellen. Es muss eine Fensterfunktion für die Datenblöcke benutzt werden, sonst sieht man die stark gedämpfte und verschobene Störung bei 200 Hz nicht. Auch die Größe der Blöcke für die FFT ist aus denselben Grund relativ groß und zwar `nfft = 2048`.

Die Summe der vier Eingangssignale ist in Abb. 2.41 in der Mitte dargestellt. Man erkennt das Signal der Frequenz 800 Hz als Signal mit kleinster Periode. Darunter ist das zeitkontinuierliche Signal vom Ausgang des Filters und das zeitdiskrete Signal nach der A/D-Wandlung dargestellt. Die verschobene Störung ist stark gedämpft und in der Darstellung nicht mehr sichtbar.

Im Leistungsspektrum, das in Abb. 2.42 dargestellt ist, sieht man diese Störung bei 200 Hz (und 800 Hz). Um die Ergebnisse zu überprüfen, kann man die Leistung

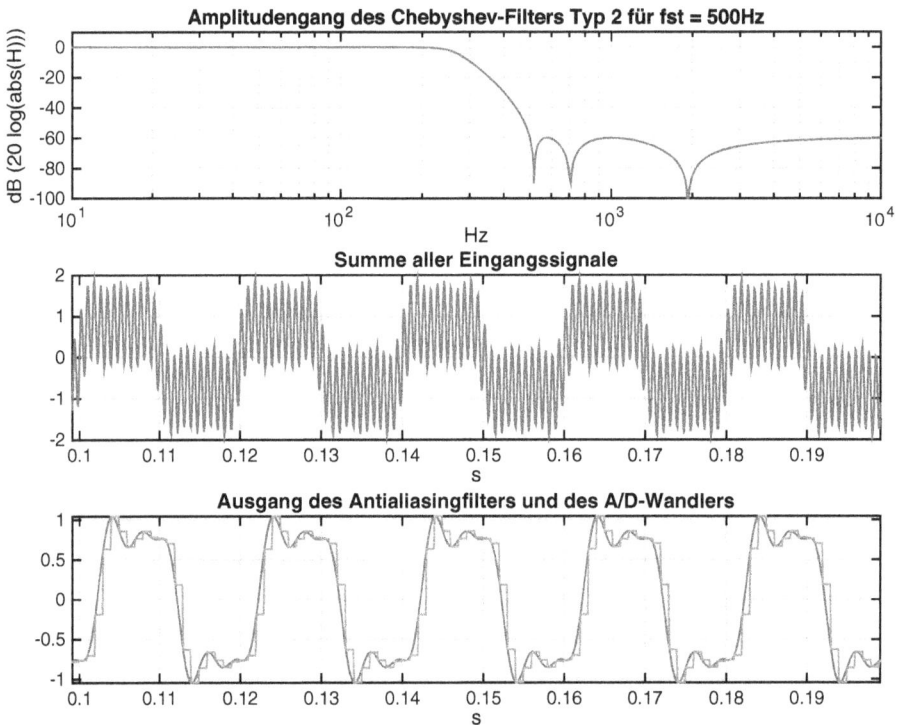

Abb. 2.41. Signale der Untersuchung des antialiasing Chebyshev Typ II Filters (`anti_alias_1.m`, `anti_alias1.slx`)

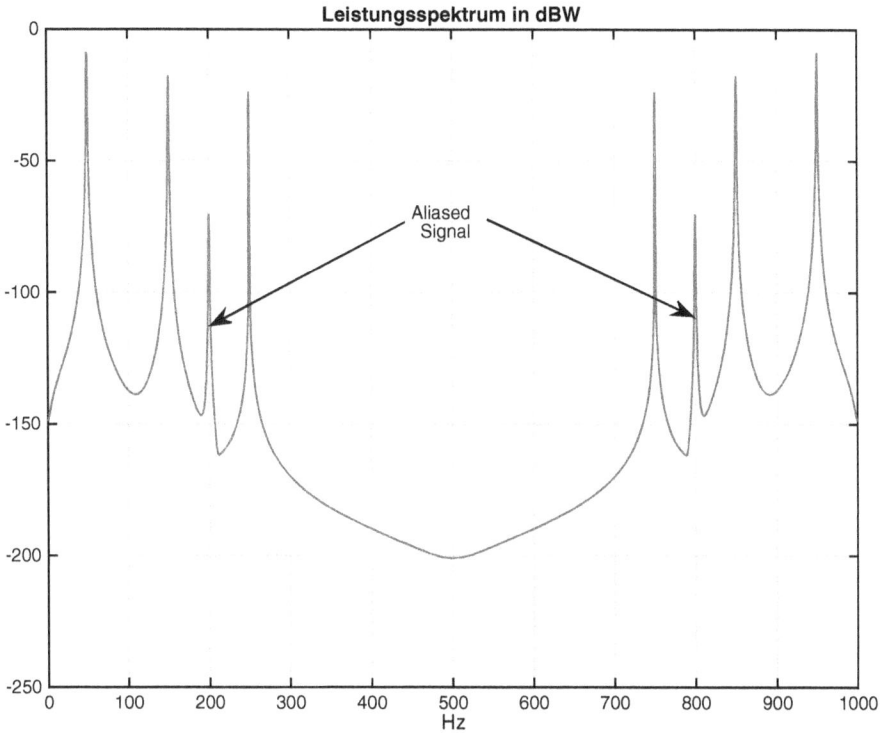

Abb. 2.42. Leistungsspektrum des Ausgangs des A/D-Wandlers mit antialiasing Chebyshev Typ II Filter (`anti_alias_1.m`, `anti_alias1.slx`)

der Signale nach dem Wandler im Zeitbereich mit der Leistung aus dem Spektrum vergleichen:

```
Pgesamt =  0.5690    % Aus dem Spektrum
Pzeit   =  0.5681    % Aus dem Zeitsignal
```

Die Leistung der drei Nutzsignale mit 1 Volt, 1/3 und 1/5 Volt Amplitude ist $0,5 + 0,0556 + 0,02 = 0,5756$. Die Leistung des verschobenen Signals ist 1000 mal kleiner (60 dB Dämpfung) und ist in dieser Bilanz nicht spürbar.

Wenn man den Amplitudengang des Filters (Abb. 2.41 oben) für die drei Nutzsignale der Frequenzen 50, 150, 250 Hz sichtet, stellt man fest, dass alle drei im Durchlassbereich des Filters liegen.

In Abb. 2.43 ist das Nutzsignal am Eingang des Filters zusammen mit dem Ausgangssignal des Filters dargestellt. Es sind starke Verzerrungen entstanden, die von dem nichtlinearen Phasengang des Filters verursacht werden.

Das Bessel-Filter besitzt eine beinahe lineare Phase im Durchlassbereich. Es hat aber einen flachen Übergang vom Durchlassbereich in den Sperrbereich und ergibt

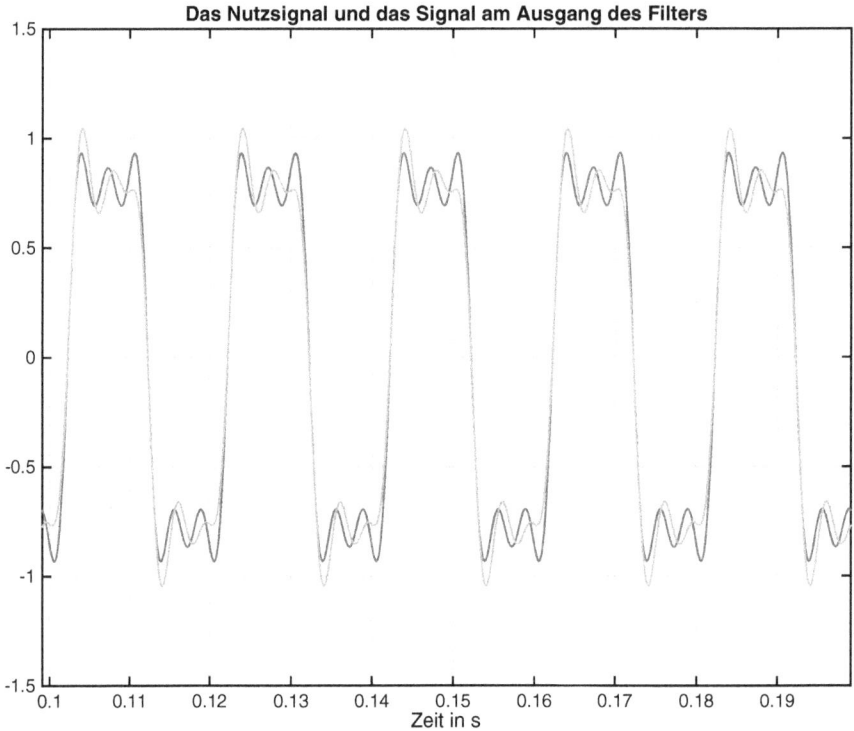

Abb. 2.43. Das Nutzsignal und das Ausgangssignal des Chebyshev Typ II Filters (`anti_alias_1.m`, `anti_alias1.slx`)

dadurch Amplitudenfehler. Ein Kompromiss zwischen den Chebyshev-Filtern und Bessel-Filtern stellt das Butterworth-Filter dar.

Im Modell `anti_alias2.slx` und Skript `anti_alias_2.m` wird der gleiche Fall mit einem Butterworth-Filter als antialiasing Filter untersucht.

In Abb. 2.44 ist das Nutzsignal, bestehend aus den drei Signalen der Frequenzen 50, 150, 250 Hz und Amplituden 1, 1/3, 1/5 und das Ausgangssignal des Filters mit allen Eingangssignalen inklusive des verschobenen Signals dargestellt. Jetzt ist die Verzerrung viel kleiner und nur mit der Zoom-Funktion der Darstellung sichtbar.

Die Nutzsignale werden mit dem Block *Transport Delay* durch Versuche so verspätet, dass man sie überlagert mit dem Ausgangssignal des Filters darstellen kann.

Im Modell `anti_alias3.slx` das aus dem Skript `anti_alias_3.m` aufgerufen wird, ist die Möglichkeit gezeigt, wie man einen Block *Transfer Function* für das Filter aus dem Skript initialisiert. So kann man verschiedene Filter direkt untersuchen, ohne den Filterblock neu zu initialisieren. Man muss nur die Koeffizienten des Zählers und des Nenners (wie z.B. `bt`, `at`) als Parameter angeben.

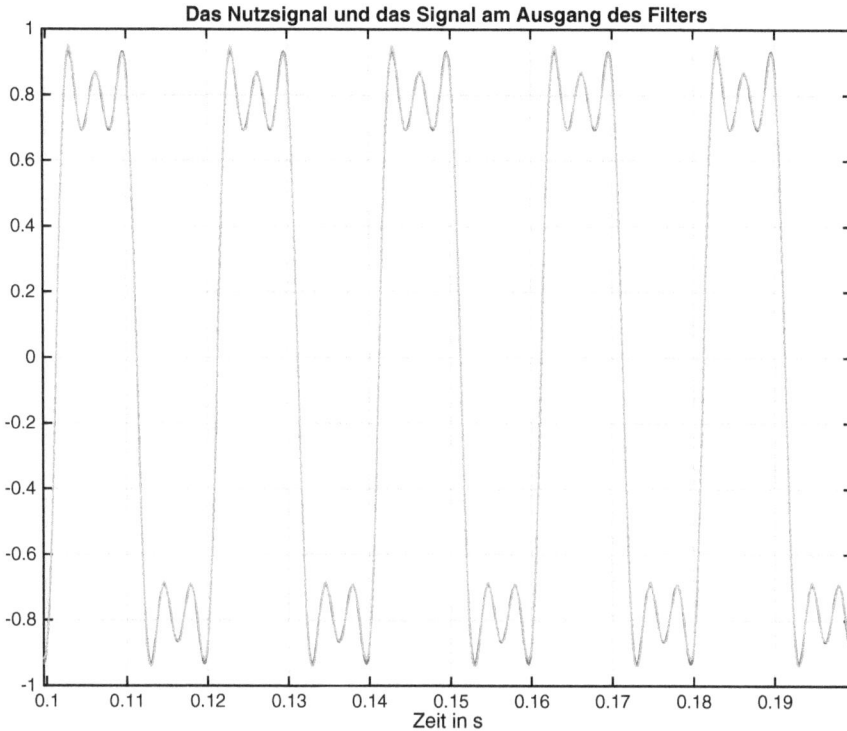

Abb. 2.44. Das Nutzsignal und das Ausgangssignal des Butterworth-Filters (anti_alias_2.m, anti_alias2.slx)

Man kann mit diesen Modellen weitere Untersuchungen durchführen. Als Beispiel kann man das dritte Signal mit einer Frequenz von f_{sig} = 1800 Hz nehmen, um zu sehen, dass es wieder zur Frequenz von $2f_s$ – 1800 = 200 Hz verschoben wird. Alle Signale der Frequenz $f_k = k\,f_s + f_{sig}, k = 0, \pm1, \pm2, \ldots$ ergeben dieselben Abtastwerte und somit auch dasselbe verschobene Signal. Für f_{sig} = 1200 Hz erhält man mit $k = -1$ die Frequenz $f_k = -200$ Hz, was ein Signal der Frequenz 200 Hz mit einer zusätzlichen Phasenverschiebung (siehe Kapitel 1.2.8) bedeutet.

Für andere Filter oder andere Ordnungen der Filter muss man durch Versuche und durch das Zoomen der Darstellung die nötige Verspätung der Nutzsignale schätzen, um den Wert im Block *Transport Delay* einzustellen und so eine korrekte Überlagerung mit dem Ausgang des Filters zu erhalten.

In [14, 17] sind die Verzerrungen der Analogfilter ausführlich untersucht und mit Simulationen in MATLAB/Simulink werden die Sachverhalte verständlich dargestellt. Hier sind auch die Verzerrungen der Bandpassfilter, die in der Nachrichtentechnik wichtig sind, beschrieben. Der Einfluss einer linearen Phase, die aber nicht durch den Ursprung verläuft, ist ebenfalls beschrieben.

2.4.3 Null- und Polstellen der Filter

In diesem Abschnitt werden die Null- und Polstellen der verschiedenen Filter untersucht, um einen Einblick in die Grundlagen der Theorie zu vermitteln. Mit Hilfe der Null- und Polstellen der Übertragungsfunktion wird der Frequenzgang des Filters gesteuert. Wenn man die Übertragungsfunktion

$$H(s) = \frac{P(s)}{Q(s)} = k\frac{(s-z_1)(s-z_2)(s-z_3)\ldots(s-z_M)}{(s-p_1)(s-p_2)(s-p_3)\ldots(s-p_N)} \tag{2.131}$$

als eine Funktion über die ganze komplexe Ebene der Variable $s = \sigma + j\omega$ betrachtet, dann ist der Betrag dieser Funktion eine „Gebirgslandschaft" mit Spitzen an Stellen der Pole $s = p_i$ und tiefen Senken an Stellen der Nullstellen $s = z_i$. Der Amplitudengang des Filters ergibt sich dann aus dem Schnitt dieser Landschaft mit einer vertikalen Ebene, die die imaginäre Achse enthält.

In Abb. 2.45 sind die Pol- und Nullstellen eines Hochpassfilters Typ Butterworth siebter Ordnung in der komplexen Ebene gezeigt. Die Pole, mit ‚x' gekennzeichnet,

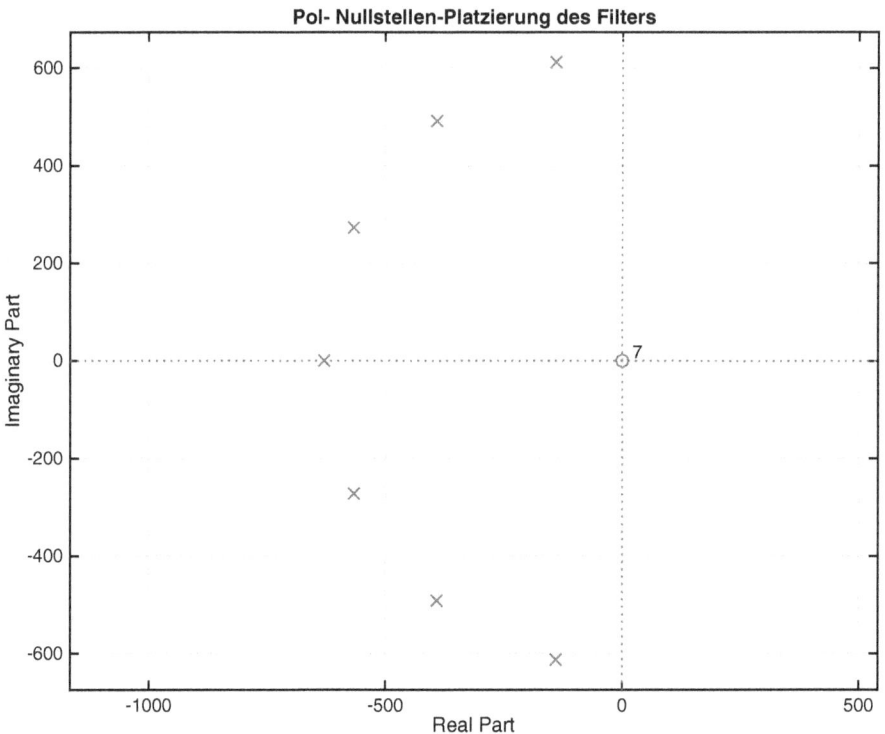

Abb. 2.45. Die Pol- und Nullstellen eines Hochpassfilters siebter Ordnung vom Typ Butterworth (`H_3dplot_kont_1.m`)

sind alle in der linken komplexen Ebene und signalisieren ein stabiles System. In diesem Fall sind sieben Nullstellen gleich null vorhanden, die mit ‚o' gekennzeichnet sind.

Abb. 2.46 zeigt die entsprechende Gebirgslandschaft für den Betrag der Übertragungsfunktion als Funktion von $s = \sigma + j\omega$. Man erkennt die Spitzen an Stellen der Pole und die Senke wegen der Nullstellen im Ursprung. Der Schnitt mit der vertikalen Ebene die durch die imaginäre Achse führt, bildet den Amplitudengang des Filters, der in Abb. 2.47 dargestellt ist.

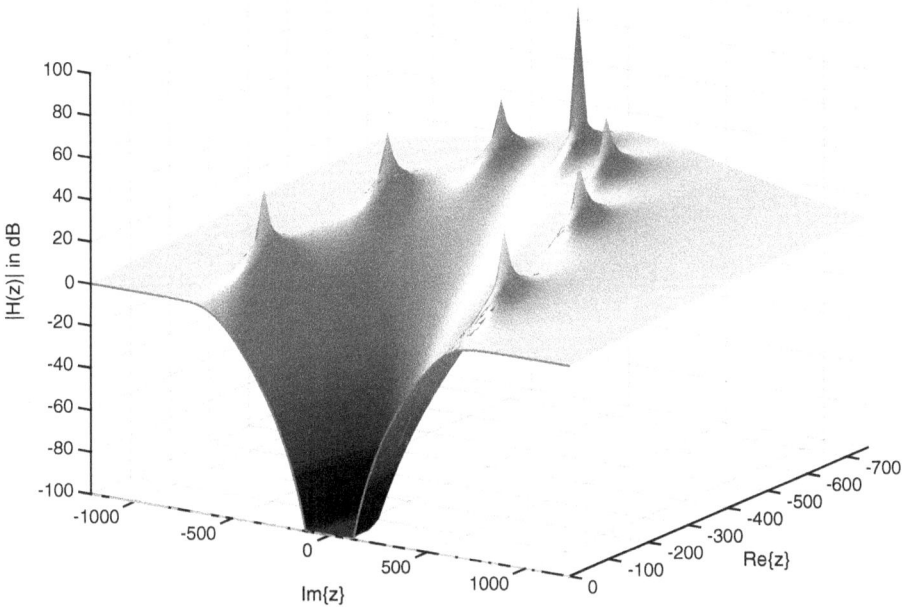

Abb. 2.46. „Gebirgslandschaft" für den Betrag der Übertragungsfunktion des Hochpassfilters siebter Ordnung vom Typ Butterworth (`H_3dplot_kont_1.m`)

Es ist jetzt klar, dass die Übertragungsfunktion des Hochpassfilters siebter Ordnung Typ Butterworth folgende Form hat:

$$H(s) = \frac{P(s)}{Q(s)} = \frac{s^7}{(s-p_1)(s-p_2)(s-p_3)\ldots(s-p_7)}$$
$$= \frac{s^7}{a_7 s^7 + a_6 s^6 + a_5 s^5 + \cdots + a_0} \quad \text{mit} \quad a_7 = 1 \tag{2.132}$$

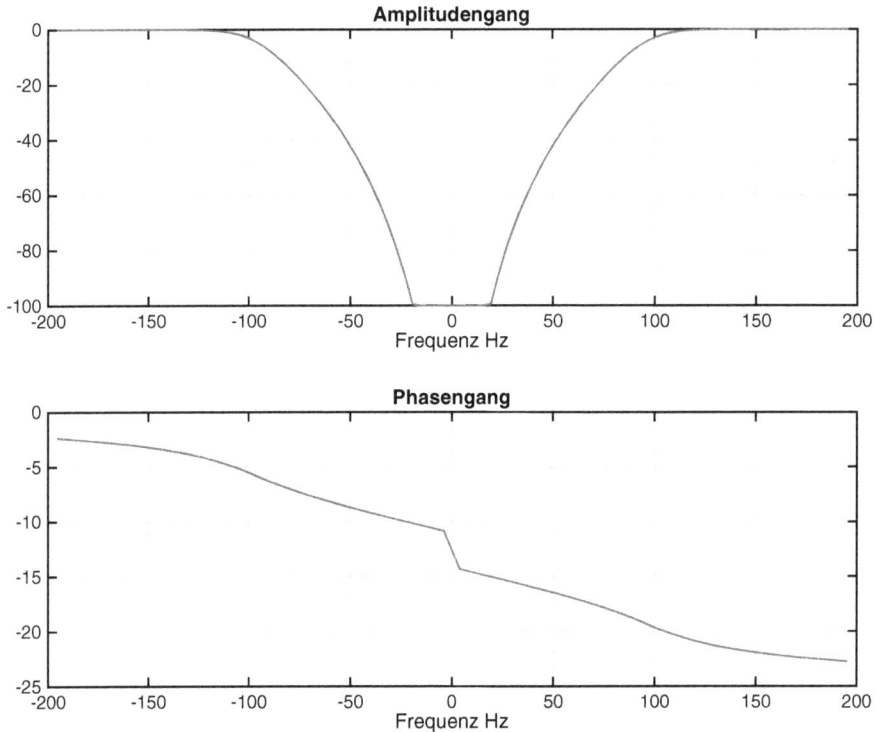

Abb. 2.47. Amplitudengang des Hochpassfilters siebter Ordnung vom Typ Butterworth
(`H_3dplot_kont_1.m`)

Für Frequenzen $s = j\omega$, $\omega \to \infty$ ist $H(s)|_{s=j\omega} = 1$ und man befindet sich im Durchlassbereich. Im entgegengesetzten Bereich mit $s = j\omega$, $\omega \to 0$ ist die Übertragungsfunktion durch

$$H(s)|_{s=j\omega} \cong \frac{j\omega^7}{a_0} \tag{2.133}$$

angenähert. Der Betrag in diesem Bereich in dB wird zu:

$$|H(j\omega)|^{dB} = 20\log_{10}\left(|H(j\omega)|\right) = 7 \times 20\log_{10}(\omega) - 20\log_{10}(a_0) \tag{2.134}$$

In logarithmischen Koordinaten, die in der Abszisse die Variable $x = \log_{10}(\omega)$ haben und als Funktion den Betrag $y = |H(j\omega)|^{dB}$ in dB ist, stellt diese Gleichung eine Gerade dar:

$$y = 7 \times 20x + q \quad \text{wobei} \quad q = -20\log_{10}(a_0) = Konstante \tag{2.135}$$

Die Steigung ist 7×20 dB/Dekade, weil die Variable $x = \log_{10}(\omega)$ die Einheit Dekaden hat $(x(10\omega) - x(\omega) = \log_{10}(10) = 1)$.

Diese Darstellungen werden mit dem Skript `H_3dplot_kont_1.m` erzeugt. Im Skript sind Aufrufe für verschiedene Filter vorgesehen:

```
% ------- Filterwahl
nord = 7;                        % Ordnung der Filter (2*nord für Bandpass)
delta_p = 1;                     % Welligkeit im Durchlassbereich in dB
delta_s = 60;                    % Dämpfung im Sperrbereich
% Elliptisches-Filter
[z,p,k] = ellip(nord, delta_p, delta_s, 2*pi*100,'s');          % Tiefpass
%[z,p,k] = ellip(nord, delta_p, delta_s, 2*pi*100,'high','s');  % Hochpass
%[z,p,k] = ellip(nord, delta_p, delta_s, 2*pi*[100,200],'s');   % Bandpass
% Butterworth-Filter
%[z,p,k] = butter(nord, 2*pi*100,'s');          % Tiefpass
%[z,p,k] = butter(nord, 2*pi*100,'high','s');   % Hochpass
%[z,p,k] = butter(nord, 2*pi*[100,200],'s');    % Bandpass
% Chebyschev-Filter
%[z,p,k] = cheby1(nord, delta_p, 2*pi*100,'s');          % Tiefpass
%[z,p,k] = cheby1(nord, delta_p, 2*pi*100,'high','s');   % Hochpass
%[z,p,k] = cheby1(nord, delta_p, 2*pi*[100,200],'s');    % Bandpass
% -------- Übertragungsfunktion
[b, a] = zp2tf(z,p,k);           % Koeffizienten des Zählers und Nenners
......
```

Wenn man das Skript für das Tiefpassfilter Typ Butterworth aufruft, wird man leicht feststellen, dass die Übertragungsfunktion die Form

$$H(s) = \frac{P(s)}{Q(s)} = k \frac{1}{(s-p_1)(s-p_2)(s-p_3)\ldots(s-p_7)}$$
$$= \frac{1}{a_7 s^7 + a_6 s^6 + a_5 s^5 + \cdots + a_0} \quad \text{mit} \quad a_0 = 1 \tag{2.136}$$

besitzt. Für $\omega \to 0$ ist der Betrag $|H(j\omega)| = 1$ und man befindet sich im Durchlassbereich. Dagegen erhält man für $\omega \to \infty$

$$|H(j\omega)| \cong \frac{1}{a_7 (\omega)^7} = \frac{(\omega)^{-7}}{a_7} \tag{2.137}$$

oder in dB:

$$|H(j\omega)|^{dB} \cong 20 \log_{10}(1/a_7) - 7 \times 20 \log_{10}(\omega) = q - 7 \times 20 \log_{10}(\omega) \tag{2.138}$$

Das ist eine Gerade mit einer Steigung von -7×20 dB/Dekade. Allgemein ist die Steigung im Übergangsbereich $-n_{ord}$ 20 dB/Dekade bei den Tiefpassfiltern und n_{ord} 20 dB/Dekade bei den Hochpassfiltern.

In Abb. 2.48 sind diese Ergebnisse für das Tiefpass- und Hochpassfilter Typ Butterworth skizziert. Auch für die anderen Typen von Filtern haben die Grenzen der Steigungen ähnliche Werte, wie der Leser sich mit den Amplitudengängen aus Abb. 2.33 und Abb. 2.34 z.B. überzeugen kann.

Alle weitere Filter werden im Skript mit den Funktionen ermittelt, die direkt ohne Tiefpassprototypen das gewünschte Filter berechnen. Abb. 2.49 zeigt die Pol- und

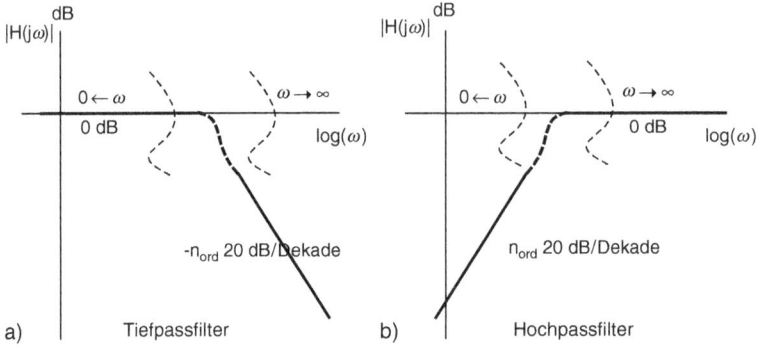

Abb. 2.48. Steigungen im Übergangsbereich für das Tiefpass- und Hochpassfilter Typ Butterworth

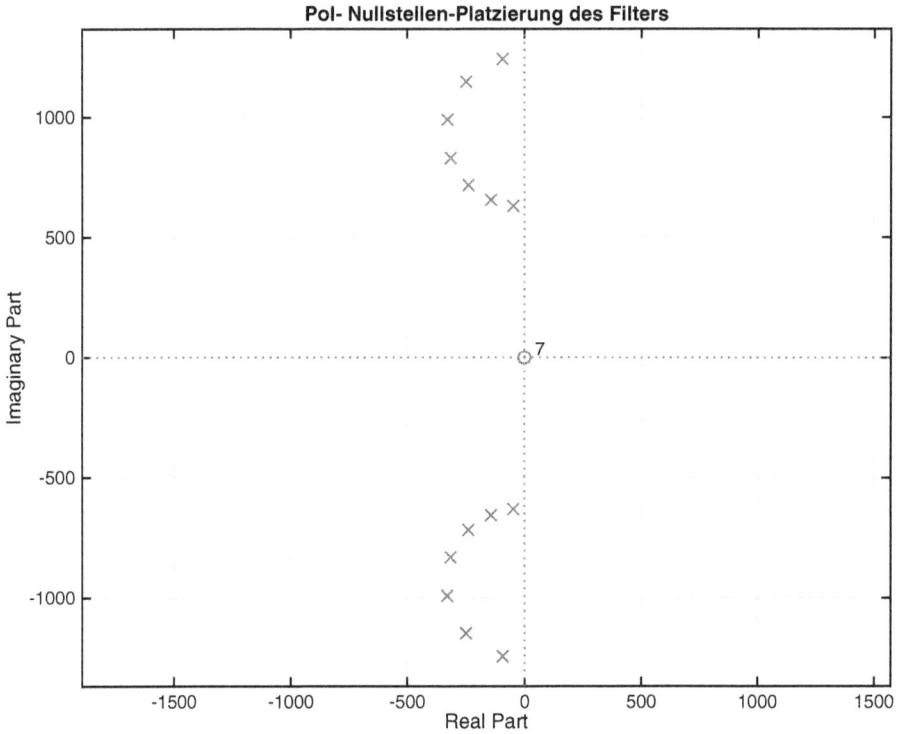

Abb. 2.49. Pol- und Nullstellen eines Bandpassfilters 14. Ordnung vom Typ Butterworth
(H_3dplot_kont_1.m)

Nullstellen eines Bandpassfilters vom Typ Butterworth der Ordnung $7 \times 2 = 14$. In der Umgebung der konjugiert komplexen Pole wird die Gebirgslandschaft nach oben gezogen, so dass hier der gewünschte Bandpasseffekt entsteht.

Die Butterworth-Filter, Bessel-Filter und Chebyschev-Filter Typ I werden auch als *All-Pole*-Filter bezeichnet, weil ihre Nullstellen den Wert null haben (wie bei den Hochpass- und Bandpassfiltern) oder unendlich groß sind (wie bei den Tiefpassfiltern). Unendlich groß bedeutet, dass sie keinen Einfluss auf die Gebirgslandschaft der Übertragungsfunktion haben.

Mit Hilfe der Nullstellen werden in den Elliptischen- und Chebyshev-Filter Typ II steilere Übergänge im Amplitudengang realisiert mit dem Nachteil eines Phasengangs, der sich stärker von einem linearen Verlauf unterscheidet. Eine Nullstelle in der Nähe einer Polstelle ergibt einen steilen Übergang, wie es in der Pol- Nullstellen Platzierung für das elliptische Tiefpassfilter siebter Ordnung aus Abb. 2.50 zu sehen ist.

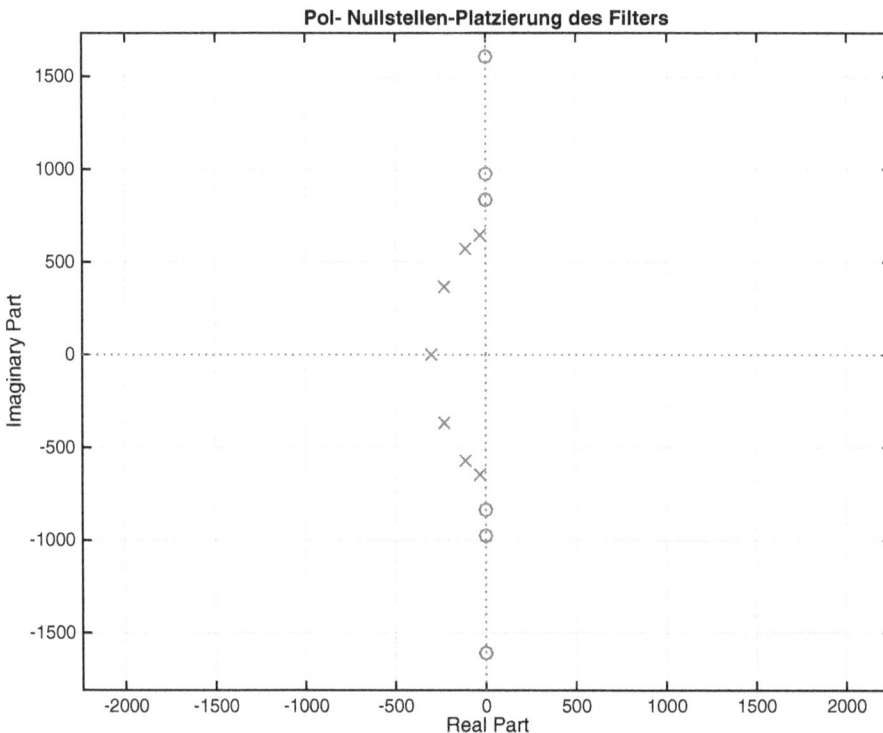

Abb. 2.50. Pol- und Nullstellen eines elliptischen Tiefpassfilters 7. Ordnung (H_3dplot_kont_1.m)

Der resultierte Frequenzgang ist in Abb. 2.51 dargestellt. Die „Einbrüche" im Amplitudengang sind durch die sechs Nullstellen verursacht und ergeben die

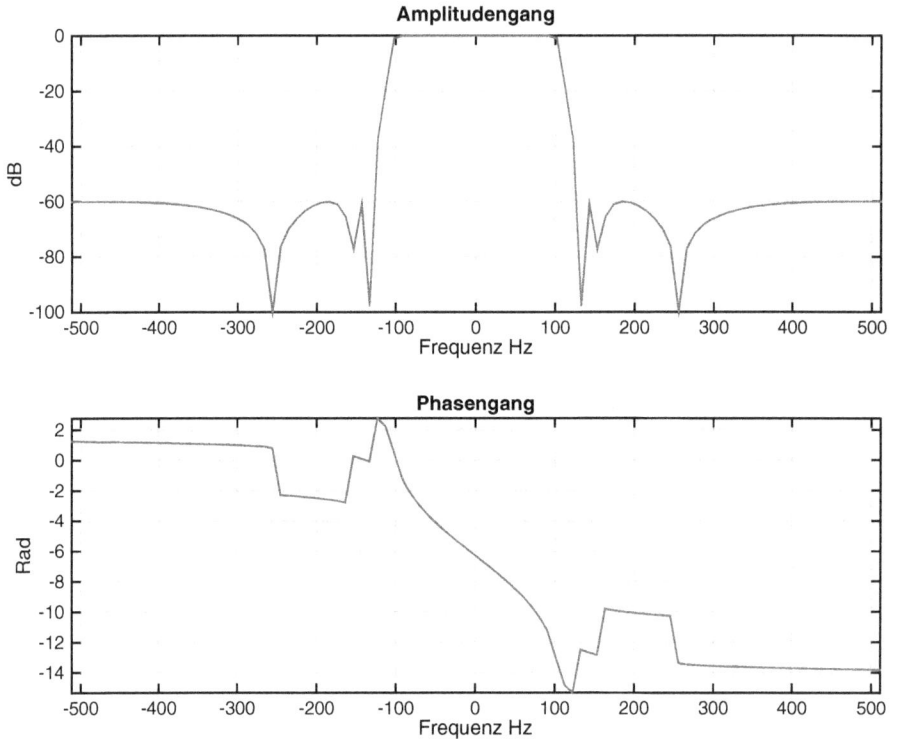

Abb. 2.51. Frequenzgang eines elliptischen Tiefpassfilters 7. Ordnung (H_3dplot_kont_1.m)

Welligkeit im Sperrbereich. Die sieben Polstellen als Wurzeln des Nennerpolynoms sind:

```
>> roots(a)
ans =
  -3.1344e+01 + 6.4620e+02i        -3.1344e+01 - 6.4620e+02i
  -1.1323e+02 + 5.7100e+02i        -1.1323e+02 - 5.7100e+02i
  -2.3020e+02 + 3.6674e+02i        -2.3020e+02 - 3.6674e+02i
  -3.0132e+02 + 0.0000e+00i
```

Die sechs Nullstellen als Wurzeln des Zählers sind:

```
>> roots(b)
ans =
   4.0856e-14 + 1.6069e+03i         4.0856e-14 - 1.6069e+03i
  -2.8422e-14 + 9.7527e+02i        -2.8422e-14 - 9.7527e+02i
   1.9185e-13 + 8.3535e+02i         1.9185e-13 - 8.3535e+02i
```

Es wird dem Leser überlassen eine ähnliche Untersuchung eines Chebyshev-Filters Typ II durchzuführen, um zu sehen, wie die Welligkeit im Durchlassbereich entsteht.

In der Literatur sind die Verfahren zur Entwicklung der analogen Filter ausführlich beschrieben [39]. Weil diese auch als Ausgangsfilter für die Entwicklung der digitalen, so genannten IIR-Filter verwendet werden, sind diese Verfahren auch in der Literatur der Digitalen-Signalvearbeitung beschrieben [34, 44].

2.5 Zeitdiskrete zeitinvariante Systeme

Die Darstellung der zeitdiskreten Signale wurde im Abschnitt 1.4.1 beschrieben. Man kann die zeitdiskreten Signale auch als zeitkontinuierliche Signale mit Hilfe der Delta-Funktionen darstellen. Das ist sehr nützlich, wenn man die Theorie der zeitkontinuierlichen Signale für die zeitdiskreten Signale anwenden möchte. Auch beim Übergang vom zeitkontinuierlichen in den zeitdiskreten Bereich oder umgekehrt ist diese Darstellung sehr wichtig.

Wenn man nur im zeitdiskreten Bereich bleibt, dann kann man die Abtastwerte mit Hilfe des Kornecker-Operators in der Zeit positionieren. Im Gegensatz zur Delta-Funktion ist dieser Operator mathematisch sehr einfach zu behandeln. Er ist einfach der Werte 1 für $nT_s = 0$, ansonsten 0. Direkt als Werte, die von der unabhängigen diskreten Zeit abhängig sind, ist die einfachste Darstellung die im Weiteren bevorzugt benutzt wird, wie z.B. $x[nT_s]$ oder einfach $x[n]$.

Die Rolle der Differentialgleichung bei zeitkontinuierlichen Systemen wird bei zeitdiskreten Systemen von der Differenzengleichung eingenommen.

2.5.1 Differenzengleichung für zeitinvariante zeitdiskrete Systeme

Eine lineare Differenzengleichung mit konstanten Koeffizienten der Ordnung N ist durch

$$\sum_{k=0}^{N} a_k y[n-k] = \sum_{k=0}^{M} b_k x[n-k] \quad \text{oder}$$

$$a_0 y[n] + a_1 y[n-1] + a_2 y[n-2] + \cdots + a_N y[n-N]$$

$$= b_0 x[n] + b_1 x[n-1] + b_2 x[n-2] + \cdots + b_M x[n-M] \tag{2.139}$$

gegeben [34, 36], Die reellen Koeffizienten a_k, b_k bestimmen das Verhalten des Systems. Die Ordnung der Differenzengleichung ist N und es gibt keine Restriktion was die Größe von M anbelangt.

Mit der Erfahrung von den zeitkontinuierlichen LTI-Systemen kann man hier von Anfang an bemerken, dass diese Differenzengleichung ein zeitdiskretes kausales LTI-System nur für Anfangsbedingungen gleich null darstellt.

Die rekursive Form, die den Ausgang $y[n]$ zum Zeitpunkt n abhängig von den vorherigen Ausgängen und Eingängen $y[n-k], x[n-k], k = 1, 2, \ldots$ beschreibt, ist:

$$y[n] = \frac{1}{a_0} \left\{ -\sum_{k=1}^{N} a_k y[n-k] + \sum_{k=0}^{M} b_k x[n-k] \right\} \tag{2.140}$$

Es ist jetzt klar, dass beim Start für $y[n]$ bei $n = n_0$ die vorherigen Werte

$$y[n_0 - 1], y[n_0 - 2], \ldots, y[n_0 - N] \quad \text{bzw.} \quad x[n_0 - 1], x[n_0 - 2], \ldots, x[n_0 - M]$$

bekannt sein müssen. Diese bilden die Anfangsbedingungen.

Auch hier kann man das LTI-System durch die Impulsantwort oder besser gesagt die Einheitspulsantwort, um den Unterschied zu den zeitkontinuierlichen Systemen hervorzuheben, beschreiben. Sie ist die Antwort auf einen Wert gleich eins bei $n = 0$ mit Anfangsbedingungen gleich null. Anders ausgedrückt ist die Einheitspulsantwort $h[n], n = 0, 1, 2, \ldots$ die Antwort auf $x[n] = \delta[n], n = 0, 1, 2, \ldots$ mit Anfangsbedingungen gleich null. Hier ist $\delta[n]$ der Kronecker-Operator und nicht die Delta-Funktion:

$$\delta[n] = \begin{cases} 1 & \text{für} \quad n = 0 \\ 0 & \text{für} \quad n \neq 0 \end{cases} \tag{2.141}$$

In Abb. 2.52 ist die Einheitspulsantwort $h[n]$ für ein kausales System dargestellt, mit $h[n] = 0$ für $n = -1, -2, -3, \ldots$ oder für $n < 0$. Die Einheitspulsantwort des allgemeinen Systems kann mit Hilfe der Gl. 2.140 ermittelt werden, bei der alle Koeffizienten durch a_0 geteilt sind, so als hätte man $a_0 = 1$. Sie ist unendlich lang und es ist lehrreich

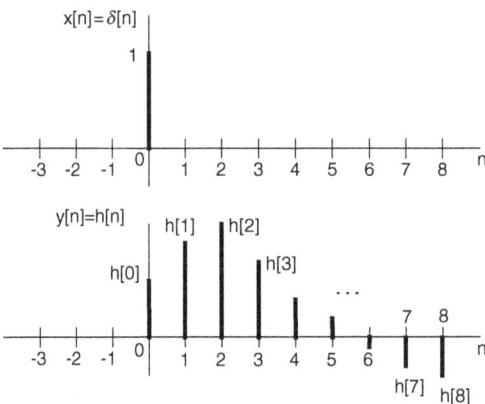

Abb. 2.52. Einheitspulsantwort eines zeitdiskreten kausalen LTI-Systems

einige Terme zu berechnen. Laut Definition sind die Anfangsbedingungen null:

$$h[0] = b_0 \quad \text{weil} \quad h[-1], h[-2], \ldots h[-N] = 0 \text{ sind}$$

$$h[1] = -a_1 h[0] + b_1$$

$$h[2] = -a_1 h[1] - a_2 h[0] + b_2$$

.....

$$h[M] = -a_1 h[M-1] - a_2 h[M-2] - \cdots - a_M h[0] + b_M \tag{2.142}$$

$$h[M+1] = -a_1 h[M] - a_2 h[M-1] - \cdots - a_{M+1} h[0]$$

.....

$$h[N] = -a_1 h[N-1] - a_2 h[N-2] - \cdots - a_N h[0]$$

.....

Es wurde angenommen, dass $M < N$.

Die allgemeine Gl. 2.140 beschreibt ein so genanntes ARMA-System (*Auto-Regressive-Moving-Average*). Wenn alle Koeffizienten $a_1, a_2, \ldots, a_N$ null sind und $a_0 = 1$, dann spricht man von einem MA-System (*Moving-Average*) und wenn die Koeffizienten $b_1, b_2, \ldots, b_M$ null sind und $b_0 \neq 0$ ist, erhält man ein AR-System (*Auto-Regressive*).

In der Signalverarbeitung ist ein ARMA-System ein IIR-Filter[1] mit einer unendlichen Einheitspulsantwort und das MA-System stellt ein FIR-Filter[2] dar. Die Beziehung Ausgang-Eingang für das FIR-Filter ist durch

$$y[n] = \sum_{k=0}^{M} b_k x[n-k] \tag{2.143}$$

gegeben. Es ist eine gute Übung zu zeigen, dass die Koeffizienten $b_0, b_1, \ldots, b_M$ die Werte der Einheitspulsantwort sind.

In MATLAB gibt es in der *Signal Processing Toolbox* die Funktion `filter` mit deren Hilfe die Impulsantwort berechnet werden kann. Die Funktion ermittelt die Antwort mit der allgemeinen rekursiven Gleichung 2.140 auf jede beliebige Eingangssequenz ausgehend von Anfangsbedingungen gleich null. Sie kann aber auch für beliebige Anfangsbedingungen aufgerufen werden. Für die Ermittlung der Einheitspulsantwort wird eine Eingangssequenz bestehend aus einem Wert eins und dem Rest mit Nullwerten angenommen. Die Länge dieser Sequenz oder Größe des Eingangsvektors soll größer als die geschätzte Länge der Einheitspulsantwort sein. Für IIR-Filter, die eine unendlich lange Einheitspulsantwort haben, stellt man diese Länge durch Versuche ein.

---

1 *Infinite-Impulse-Response*
2 *Finite-Impulse-Response*

Einheitspuls als Anregung

Einheitspulsantwort

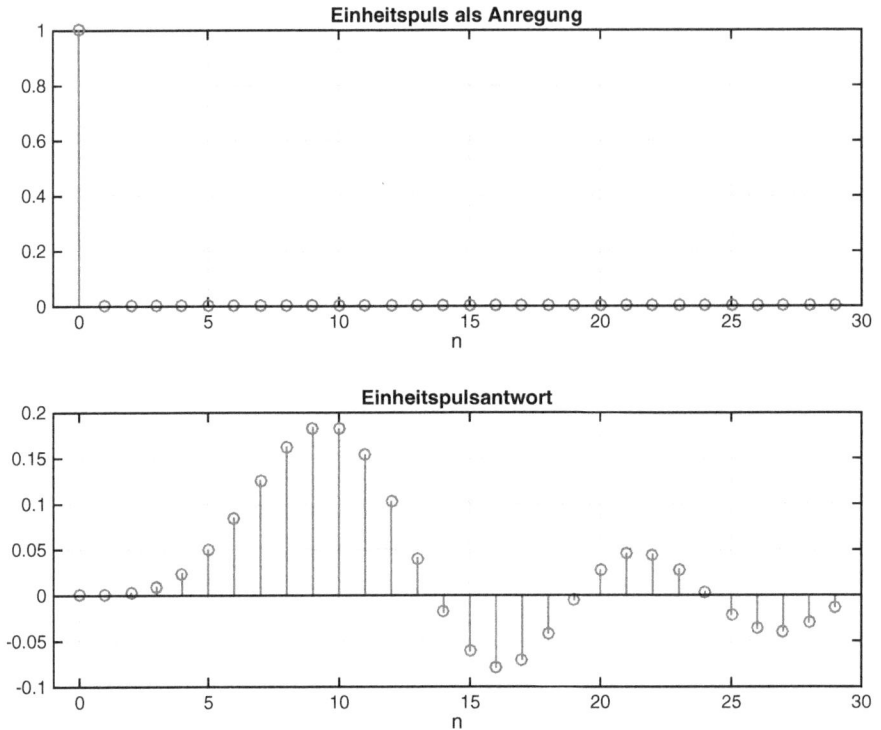

Abb. 2.53. Einheitpulsantwort eines IIR-Tiefpassfilters (impulsantwort_1.m)

Im Skript impulsantwort_1.m wird die Einheitspulsantwort eines IIR-Filters mit der Funktion filter ermittelt und dargestellt. Es wird ein digitales Chebyshev- oder Elliptisches-Filter zuerst berechnet und als Ergebnis erhält man die Koeffizienten der Darstellung durch eine Differenzengleichung in den Vektoren b,a:

```
% ------- Entwerfen des digitalen IIR-Filters
nord = 6;                       % Ordnung des Filters
fp = 0.1*2;                     % Relative Durchlassfrequenz
delta_p = 1;                    % Welligkeit im Durchlassbereich
delta_s = 60;                   % Dämpfung im Sperrbereich
[b,a] = cheby1(nord,delta_p,fp); % Ohne 's' das für analoge Filter ist
%[b,a] = ellip(nord,delta_p,delta_s,fp);
% ------- Impulsantwort mit filter-Funktion
nt = 30;
x = [1, zeros(1,nt-1)];         % Einheitspuls
h = filter(b,a,x);              % Einheitspulsantwort
.....
```

Danach wird der Eingangspuls im Vektor x gebildet und als Anregung in der Funktion filter benutzt. Die Antwort ist dann die Einheitspulsantwort des Filters, die in

Abb. 2.53 dargestellt ist. Durch Aktivieren der Zeile, in der das Elliptische Filter berechnet ist, erhält man die Einheitspulsantwort dieses Filters.

Aus der Einheitspulsantwort kann man durch Summieren die Antwort auf eine Sprungsequenz bestehend aus Werten gleich eins, die im Ursprung beginnen, berechnen:

$$s[n] = \sum_{k=0}^{n} h[k] \quad \text{mit} \quad n = 0, 1, 2, \dots \tag{2.144}$$

Es wurde eine kausale Einheitspulsantwort angenommen $h[k] = 0$ für $k < 0$. Die Faltungssumme und die Sprungantwort sind begrenzt, wenn die Stabilitätsbedingung des LTI-Systems für die Einheitspulsantwort gilt:

$$\sum_{k=-\infty}^{\infty} |h[k]| < \infty \tag{2.145}$$

Später wird eine Stabilitätsbedingung vorgestellt, die sich auf die Differenzengleichung, mit der man das LTI-System beschreibt, bezieht.

2.5.2 Die Faltungssumme

Im zeitdiskreten Bereich gibt es ähnlich dem Faltungsintegral die Faltungssumme. Sie wird über die Berechnung der Antwort eines zeitdiskreten LTI-Systems aus der Anregung $x[m]$ und der Einheitspulsantwort $h[m]$ (mit Anfangsbedingungen null) erklärt.

In Abb. 2.54a ist eine beliebige zeitdiskrete Sequenz $x[m]$ dargestellt. Man möchte den Anteil in der Antwort $y[n]$ wegen des Wertes $x[n - k]$ berechnen. Die kausale Einheitspulsantwort $h[m]$ (Abb. 2.54b) wird mit ihrem Ursprung an die Stelle $n - k$ verschoben und bildet die Sequenz $h[m + (k - n)]$, wie in Abb. 2.54c dargestellt.

Der Anteil des Wertes $x[n - k]$ in der Antwort $y[n]$ ist jetzt durch

$$x[n - k]\, h[m + (k - n)]|_{m=n} = x[n - k]h[k] \tag{2.146}$$

gegeben. Alle diese Anteile für $k = 0, 1, 2, \dots, \infty$ summiert, ergeben die Antwort $y[n]$:

$$y[n] = \sum_{k=0}^{\infty} x[n - k]h[k] \tag{2.147}$$

Für eine allgemeine nicht kausale Einheitspulsantwort ist die Faltungssumme durch

$$y[n] = \sum_{k=-\infty}^{\infty} x[n - k]h[k] \tag{2.148}$$

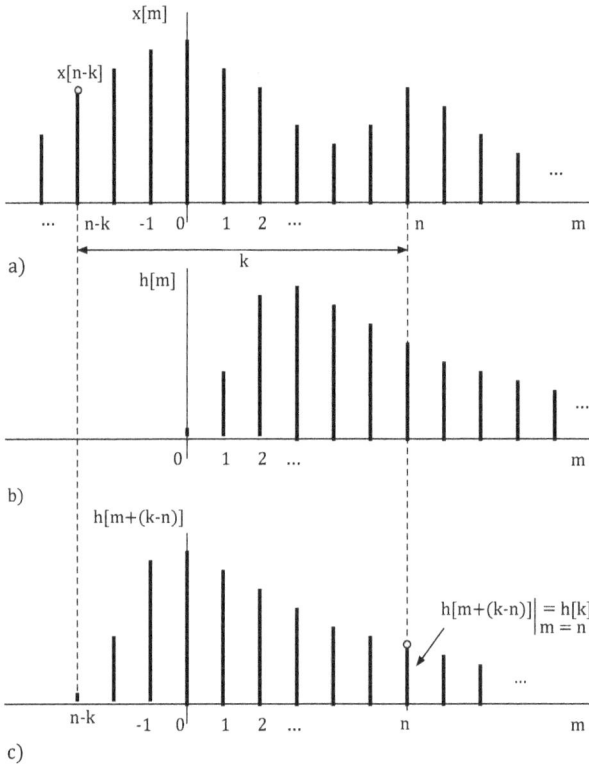

Abb. 2.54. Bildung des Anteils in $y[n]$ wegen des Pulses $x[n - k]$ über die kausale Einheitspulsantwort $h[m]$

berechnet. Über eine Variableänderung kann diese Summe auch als

$$y[n] = \sum_{k=-\infty}^{\infty} x[n]h[n-k] \tag{2.149}$$

geschrieben werden.

Für eine kausale Einheitspulsantwort ist diese Summe wie folgt zu berechnen:

$$y[n] = \sum_{k=-\infty}^{n} x[k]h[n-k] \tag{2.150}$$

Zwei beliebige Sequenzen der Länge M und L führen durch Faltung zu einer Sequenz der Länge $M + L - 1$.

Die DTFT als Fourier-Transformation für zeitdiskrete Sequenzen (die im Abschnitt 1.4.1 eingeführt wurde) kann für die DTFT der Antwort $y[n]$, die mit $Y(e^{j\omega T_s})$ bezeichnet ist, berechnet werden. Sie führt auf ein Produkt der DTFT der Anregung $x[n]$, durch $X(e^{j\omega T_s})$ bezeichnet und der DTFT der Einheitspulsantwort $h[n]$, die mit $H(e^{j\omega T_s})$ bezeichnet ist:

$$Y(e^{j\omega T_s}) = X(e^{j\omega T_s})\, H(e^{j\omega T_s}) \tag{2.151}$$

Die komplexe Funktion $H(e^{j\omega T_s})$ ist wie alle DTFTs eine kontinuierliche Funktion von ω periodisch mit der Periode $\omega_s = 2\pi/T_s$. Sie kann mit dem Betrag $|H(e^{j\omega T_s})|$ und dem Winkel $\varphi_H(\omega)$ dargestellt werden:

$$H(e^{j\omega T_s}) = |H(e^{j\omega T_s})|e^{j\varphi_H} \tag{2.152}$$

Für reelle Einheitspulsantworten gilt die bekannte Symmetrie:

$$H(e^{-j\omega T_s}) = H(e^{j\omega T_s})^* \quad \text{oder}$$
$$|H(e^{j\omega T_s})| = |H(e^{-j\omega T_s})|; \qquad \varphi_H(-\omega) = -\varphi_H(\omega) \tag{2.153}$$

Ohne auf aufwändige Beweisführung zurückzugreifen ist es klar, dass wenn $X(e^{j\omega T_s})$ die DTFT einer sinus oder cosinusförmigen Sequenz im stationären Zustand ist, z.B. $x[nT_s] = \hat{x}\,cos(\omega nT_s)$, dann ist auch $Y(e^{j\omega T_s})$ eine sinus- oder cosinusförmige Sequenz der gleichen Frequenz mit einer Amplitude $\hat{x}|H(e^{-j\omega T_s})|$ und eine zusätzliche Phasenverschiebung gleich $\varphi_H(\omega) = \text{Winkel}(H(e^{-j\omega T_s}))$:

$$x[nT_s] = \hat{x}\,cos(\omega nT_s)$$
$$y[nT_s] = \hat{x}|H(e^{-j\omega T_s})|\,cos(\omega nT_s + \varphi_H) \tag{2.154}$$

Somit stellt die komplexe Funktion $H(e^{j\omega T_s})$ den komplexen Frequenzgang für das zeitdiskrete LTI-System mit der Einheitspulsantwort $h[nT_s]$ dar.

Gleichung (2.151) wird vielmals zur Identifikation der Funktion $H(e^{j\omega T_s})$ aus den DTFTs der Anregung und der Antwort benutzt. Die DTFTs werden mit Hilfe der DFT oder FFT angenähert. Später wird mit einem Beispiel diese Möglichkeit untersucht.

2.5.3 Komplexer Frequenzgang aus der Differenzengleichung

Es wird ein reellwertiges kausales LTI-System angenommen, das mit einem cosinusförmigen Eingangssignal

$$x[nT_s] = 2\hat{x}\,cos(\omega nT_s) = \hat{x}\left(e^{j\omega nT_s} + e^{-j\omega nT_s}\right) \tag{2.155}$$

angeregt wird. Das System ist durch eine Differenzengleichung gemäß (2.139) dargestellt. Für das lineare System kann die Antwort als Summe der Antworten auf die zwei komplexen Terme des Eingangssignals ermittelt werden.

Es ist leicht zu akzeptieren dass die Antwort im stationären Zustand auch cosinusförmig ist, die ähnlich aus zwei komplexen Termen besteht:

$$y[nT_s] = 2\hat{y}\cos\left(\omega nT_s + \varphi_y(\omega)\right) = \hat{y}\left(e^{j(\omega nT_s + \varphi_y(\omega))} + e^{-(j\omega nT_s + \varphi_y(\omega))}\right) \qquad (2.156)$$

Die Antwort $y[nT_s]$ enthält jetzt zwei Unbekannte und zwar die Amplitude $\hat{y}$ und die zusätzliche Phase φ_y.

Durch Einführung des Anteils $\hat{x}e^{j\omega nT_s}$ und der entsprechenden Antwort $\hat{y}e^{-(j\omega nT_s + \varphi_y(\omega))}$ in die Differenzengleichung

$$a_0 y[n] + a_1 y[n-1] + a_2 y[n-2] + \cdots + a_N y[n-N]$$
$$= b_0 x[n] + b_1 x[n-1] + b_2 x[n-2] + \cdots + b_M x[n-M] \qquad (2.157)$$

erhält man:

$$\hat{y}e^{j\varphi_y(\omega)}e^{j\omega nT_s}\left(a_0 + a_1 e^{-j\omega T_s} + a_2 e^{-j\omega 2T_s} + \cdots + a_N e^{-j\omega NT_s}\right)$$
$$= \hat{x}e^{j\varphi_y(\omega)}e^{j\omega nT_s}\left(b_0 + b_1 e^{-j\omega T_s} + b_2 e^{-j\omega 2T_s} + \cdots + b_M e^{-j\omega MT_s}\right) \qquad (2.158)$$

Daraus resultiert:

$$\frac{\hat{y}}{\hat{x}}e^{j\varphi_y(\omega)} = \frac{b_0 + b_1 e^{-j\omega T_s} + \cdots + b_M e^{-j\omega MT_s}}{a_0 + a_1 e^{-j\omega T_s} + \cdots + a_N e^{-j\omega NT_s}} = H(e^{j\omega T_s}) \qquad (2.159)$$

Man kann jetzt die Unbekannten der Antwort, ohne dass man dieselbe Prozedur für den zweiten Anteil der Anregung wiederholt, ermitteln:

$$\hat{y} = \hat{x}|H(e^{j\omega T_s}| \qquad \text{und} \qquad \varphi_y(\omega) = \text{Winkel}(H(e^{j\omega T_s})) = \varphi_H(\omega) \qquad (2.160)$$

Der Betrag der komplexen Funktion bildet den Amplitudengang $|H(e^{j\omega T_s}| = A(\omega)$ und deren Winkel bildet den Phasengang $\varphi_y(\omega) = \varphi_H(\omega)$.

Da der komplexe Frequenzgang periodisch mit einer Periode gleich $\omega_s = 2\pi/T_s$ oder f_s für Frequenzen in Hz ist, wird er nur für eine Periode ermittelt und dargestellt. Die Periode kann zwischen $-\omega_s/2$ bis $\omega_s/2$ gewählt werden bzw. zwischen $-f_s/2$ und $f_s/2$ oder zwischen 0 und ω_s bzw. 0 und f_s.

Der Frequenzgang $H(e^{j\omega T_s})$ ist eine kontinuierliche periodische Funktion von ω die numerisch durch Diskretisierung einer Periode berechnet wird. Für n_{fft} Werte in der Periode mit $0 \leq \omega \leq \omega_s$ wird die Frequenz durch

$$\omega_k = k\frac{\omega_s}{n_{fft}} \qquad \text{mit} \qquad k = 0, 1, 2, \ldots, n_{fft} - 1 \qquad (2.161)$$

gewählt. Der Zähler und Nenner des Frequenzgangs gemäß Gl. (2.159), in der Annahme, dass $M = N$ ist, werden:

$$H_z(e^{j\omega T_s})|_{\omega=\omega_k} = \sum_{n=0}^{N} b_n e^{-jn\omega_k T_s} = \sum_{n=0}^{N} b_n e^{-j2\pi nk/n_{fft}}$$

$$H_n(e^{j\omega T_s})|_{\omega=\omega_k} = \sum_{n=0}^{N} a_n e^{-jn\omega_k T_s} = \sum_{n=0}^{N} a_n e^{-j2\pi nk/n_{fft}} \tag{2.162}$$

$$H(e^{j\omega T_s})|_{\omega=\omega_k} = \frac{H_z(e^{j\omega T_s})|_{\omega=\omega_k}}{H_n(e^{j\omega T_s})|_{\omega=\omega_k}} \qquad k = 0, 1, 2, \ldots, n_{fft} - 1$$

Um diese Berechnungen mit Hilfe der DFT oder FFT durchzuführen, muss man die Anzahl der Koeffizienten mit Nullwerte erweitern, so dass sie die Länge von n_{fft} erreichen. Die MATLAB-Funktion `fft` macht die Erweiterung automatisch z.B. mit dem Aufruf `fft(a, nfft)`. Es wurde angenommen, dass die Länge des Vektors a kleiner als die ganze Zahl `nfft` ist.

Im Skript `freqgang_1.m` wird zuerst der Frequenzgang eines IIR-Filters mit der Funktion `freqz` ermittelt und dargestellt:

```
......                    % In a, b sind die Koeffizienten des IIR-Filters
% ------- Frequenzgang des IIR-Tiefpassfilters
figure(1);      clf
nfft = 512;
freqz(b, a, nfft,'whole');   % Frequenzgang mit der Funktion freqz
```

Wenn im Aufruf der Funktion `freqz` das Argument `'whole'` weggelassen wird, dann wird der Frequenzgang nur in der ersten Hälfte der Periode (im ersten Nyquist-Intervall) dargestellt. In Abb. 2.55 ist der Frequenzgang gezeigt, der über den Aufruf der Funktion `freqz` ohne die Angabe von Ergebnisvariablen (wie im Skript) erhalten wird. Diese Funktion kann den Frequenzgang auch als Ergebnis liefern, um die Darstellung selbst zu gestalten. Die Abszisse ist in relativen Frequenzen nach einer MATLAB-Konvention skaliert und zwar $\omega/(\omega_s/2) = f/(f_s/2)$, so dass bei der Frequenz $\omega_s/2$ oder $f_s/2$ die relative Frequenz gleich eins ist. Entsprechend ist dann diese relative Frequenz gleich zwei für $\omega = \omega_s$ oder $f = f_s$.

Danach wird derselbe Frequenzgang mit Hilfe der DFT (oder FFT) für `nfft` Stützstellen berechnet und ebenfalls dargestellt. Die Frequenzachse ist in relativen Frequenzen $w = f/f_s$ skaliert, die man durch `w = (0:nfft-1)/nfft;` erhält:

```
figure(2);      clf
Hz = fft(b, nfft);        Hn = fft(a, nfft);
H = Hz./Hn;       % Frequenzgang mit der FFT (Elementweise Teilung)
w = (0:nfft-1)/nfft;
subplot(211),   plot(w, 20*log10(abs(H)));
title('Amplitudengang des IIR-Tiefpassfilters');
xlabel('Relative Frequenz \omega/\omega_s oder f/f_s');
ylabel('dB');         grid on;
subplot(212),   plot(w, unwrap(angle(H))*180/pi);
title('Phasengang des IIR-Tiefpassfilters');
xlabel('Relative Frequenz \omega/\omega_s oder f/f_s');
ylabel('Grad');       grid on;
```

In Abb. 2.56 sind zusammenfassend verschiedene Definitionen der relativen Frequenzen, die in der digitalen Signalverarbeitung verwendet werden, gezeigt. Ganz oben

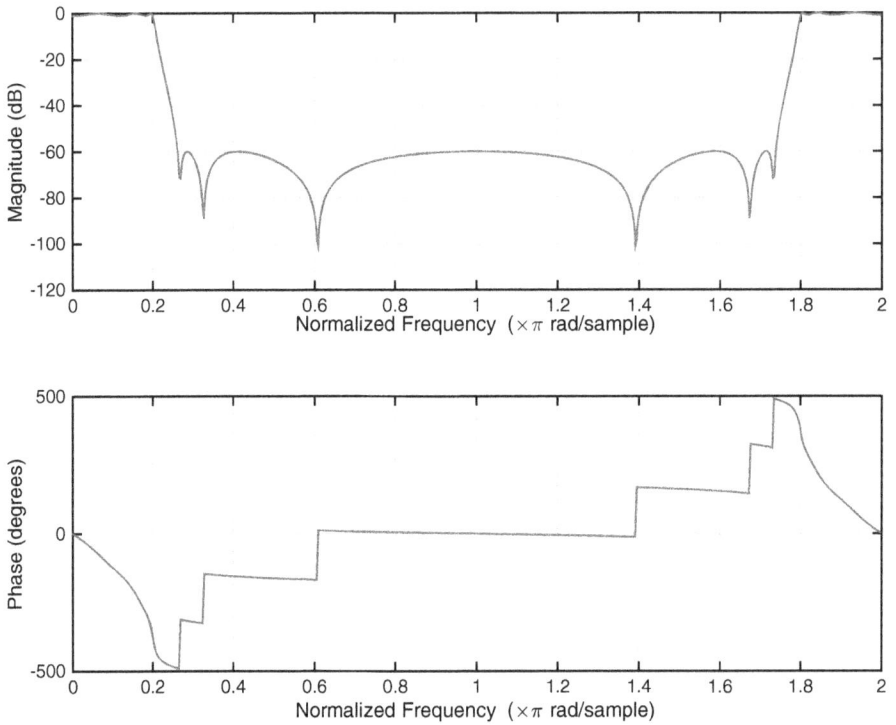

Abb. 2.55. Frequenzgang des IIR-Tiefpassfilters (`freqgang_1.m`)

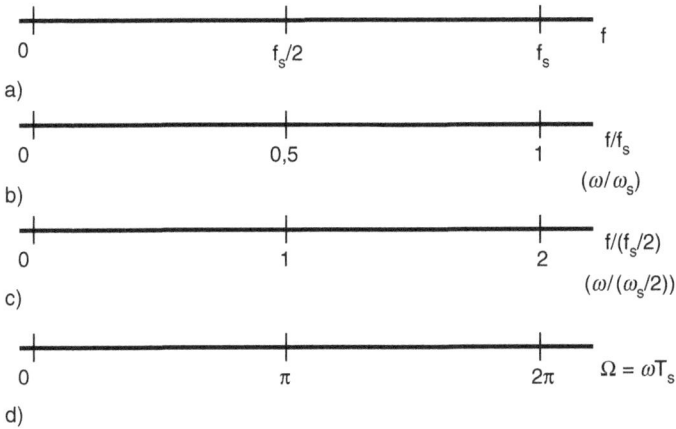

Abb. 2.56. Verschiedene Definitionen der relativen Frequenz

ist der absolute Frequenzbereich einer Periode dargestellt. Darunter in Abb. 2.56b ist die relative Frequenz bezogen auf die Abtastfrequenz f_s dargestellt. Weiter ist die MATLAB-Konvention angegeben, in der die relative Frequenz sich auf das erste

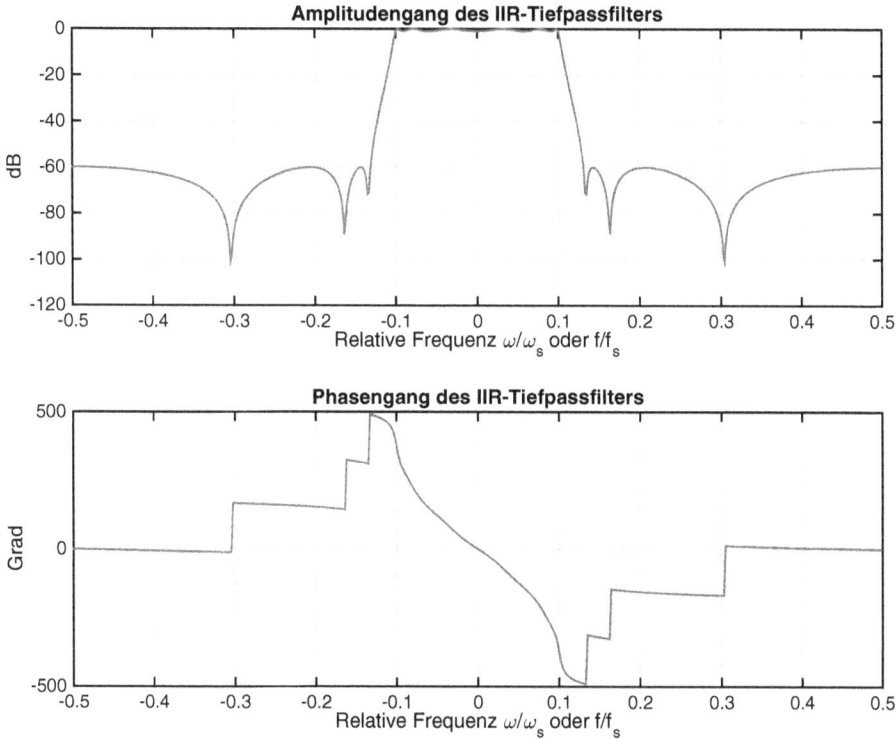

Abb. 2.57. Frequenzgang des IIR-Tiefpassfilters im Bereich $-0{,}5 \leq f/f_s \leq 0{,}5$ (freqgang_1.m)

Nyquist-Intervall oder $f_s/2$ bezieht. Ganz unten ist die relative Frequenz, die in der Literatur sehr oft benutzt wird, gezeigt. Sie ist ein bisschen verwirrend, weil sie eigentlich die Einheit eines Winkels hat.

In der letzten Darstellung (figure(3)) aus dem Skript ist der Frequenzgang in der Periode zwischen $-f_s/2 \leq f \leq f_s/2$ normiert relativ zur Abtastfrequenz dargestellt, wie in Abb. 2.57 gezeigt. Mit Hilfe der Funktion fftshift werden die Werte des Frequenzgangs für diese Periode neu sortiert:

```
figure(3);    clf;
subplot(211),  plot((-nfft/2:nfft/2-1)/nfft,...
    fftshift(20*log10(abs(H))));
title('Amplitudengang des IIR-Tiefpassfilters');
xlabel('Relative Frequenz \omega/\omega_s oder f/f_s');
ylabel('dB');      grid on;
subplot(212),  plot((-Nfft/2:nfft/2-1)/nfft, ...
    unwrap(fftshift(angle(H)))*180/pi);
title('Phasengang des IIR-Tiefpassfilters');
xlabel('Relative Frequenz \omega/\omega_s oder f/f_s');
ylabel('Grad');    grid on;
```

Der Amplitudengang wird hauptsächlich in dB als $20\ \log_{10}(|H(e^{j\omega T_s})|$ dargestellt. Dadurch wird ein sehr großer Wertebereich erfasst, der mit linearer Skalierung nicht möglich ist.

2.5.4 Homogene Lösung der Differenzengleichung

Die allgemeine Differenzengleichung (2.140)

$$y[n] = \frac{1}{a_0}\left\{ -\sum_{k=1}^{N} a_k\, y[n-k] + \sum_{k=0}^{M} b_k\, x[n-k] \right\}$$

stellt ein zeitdiskretes LTI-System nur für Anfangsbedingungen

$$y[n-1],\ y[n-2],\ \ldots, y[n-N],\ x[n-1],\ x[n-2],\ \ldots,\ x[n-M]$$

gleich null dar. Somit ist es auch hier sinnvoll eine Zerlegung der Antwort in einen Anteil $y_{zs}[n]$ für die Anregung und Anfangsbedingungen gleich null und einen Anteil $y_{zi}[n]$ für Eingang gleich null und Anfangsbedingungen von null verschieden durchzuführen.

In der Mathematik wird die Antwort in eine homogene Lösung $y_h[n]$ und eine partikuläre Lösung $y_p[n]$ unterteilt. Die homogene Lösung für eine Ordnung der Differenzengleichung N enthält N Konstanten, die mit Hilfe der Anfangsbedingungen für die Gesamtlösung (homogene plus partikuläre) ermittelt werden.

Der Anteil y_{zi} entspricht somit der homogenen Lösung für die Differenzengleichung mit Anfangsbedingungen ohne Anregung (ohne partikuläre Lösung). Im Anteil $y_{zs}[n]$, der ein LTI-System darstellt, ist auch die homogene Lösung mit dem Anteil vertreten, der die Anfangsbedingungen null für die gegebene Anregung erfüllt.

Die homogene Lösung der Differenzengleichung stellt das Eigenverhalten des Systems ohne Anregung dar und charakterisiert das System. Die homogene Differenzengleichung ist:

$$a_0\, y[n] + a_1\, y[n-1] + a_2\, y[n-2] + \cdots + a_N\, y[n-N] = 0 \tag{2.163}$$

Es wird eine Lösung der Form

$$y_h[n] = z^n \tag{2.164}$$

gesucht, wobei z eine reelle, eventuell auch komplexe Zahl ist. Sie hat noch nichts mit der z-Transformation zu tun, die eine ähnliche Variable in der Definition benutzt. Durch Einsetzen erhält man:

$$a_0\, z^n + a_1\, z^{n-1} + a_2\, z^{n-2} + a_N\, z^{n-N} = 0 \tag{2.165}$$

Nachdem man den Term z^n kürzt und die Gleichung mit z^N multipliziert, erhält man die charakteristische Gleichung für die zeitdiskrete Differenzengleichung:

$$a_0 \, z^N + a_1 \, z^{N-1} + a_2 \, z^{N-2} + a_N = 0 \tag{2.166}$$

Sie ergibt N Wurzeln z_1, $z_2, \ldots, z_N$, die reell oder komplex sein können. Die komplexen Wurzeln müssen immer als konjugiert komplexe Paare auftreten, wenn die Koeffizienten der charakteristischen Gleichung reell sind.

Für ein stabiles System muss die homogene Lösung zu null abklingen ($z_i^n \to 0$ für $n \to \infty$ und $i = 1, 2, \ldots, N$). Daraus ergibt sich die Bedingung für die Stabilität: alle Wurzeln müssen im Betrag kleiner als eins sein. Man sagt auch, dass alle Wurzeln im Einheitskreis der komplexen Ebene liegen müssen:

$$|z_i| < 1 \qquad i = 1, \, 2, \, 3, \, \ldots, \, N \tag{2.167}$$

Diese Bedingung ist der gezeigten Bedingung für die zeitdiskrete Impulsantwort oder Einheitspulsantwort gemäß (2.145) äquivalent.

Wenn eine Wurzel reell und im Betrag kleiner als eins ist, führt sie zu Anteile in der homogenen Lösung, die in Abb. 2.58a und b gezeigt sind. Die negative Wurzel ergibt positive Werte in der homogenen Lösung für gerade Werte von n und negative Werte für ungerade Werte n. Daher die alternierenden Werte in Abb. 2.58b.

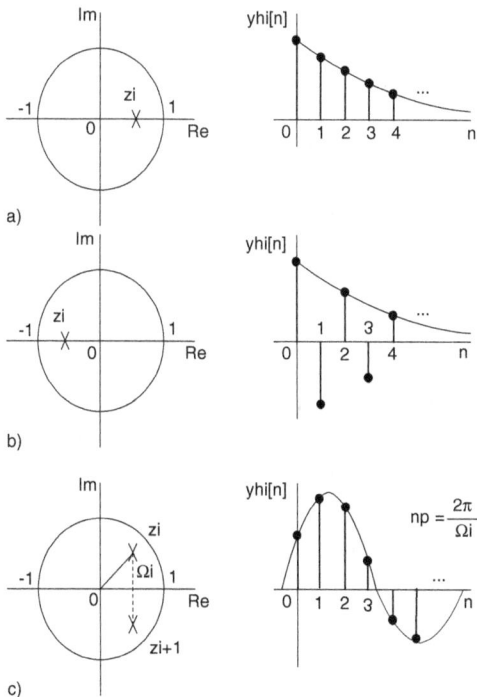

Abb. 2.58. Homogene Lösungen abhängig von den Wurzeln der charakteristischen Gleichung

Ein konjugiert komplexes Paar der Wurzel führt zu einen periodischen Anteil, wie in Abb. 2.58c gezeigt ist. Mit

$$z_i = r_i \, e^{j\Omega_i}, \qquad z_{i+1} = r_i \, e^{-j\Omega_i}, \tag{2.168}$$

wobei $0 < r_i \leq 1$ der Betrag des konjugiert komplexen Paares ist, wird der Anteil in der homogenen Lösung:

$$y_{hi}[n] = C_1 \, z_i^n + C_2 \, z_{i+1}^n \tag{2.169}$$

Die Koeffizienten C_1, C_2 müssen auch konjugiert komplex sein, wenn die charakteristische Gleichung reelle Koeffizienten besitzt. Es wird für diese Koeffizienten die Form

$$C_1 = C_i e^{j\phi_i} \qquad \text{und} \qquad C_2 = C_i e^{-j\phi_i} \quad C_i > 0 \tag{2.170}$$

angenommen. Daraus resultiert:

$$y_{hi}[n] = C_i e^{j\phi_i} \, r_i^n \, e^{j\Omega_i n} + C_i e^{-j\phi_i} \, r_i^n \, e^{-j\Omega_i n} = 2 \, C_i \, r_i^n \, \cos(\Omega_i \, n + \phi_i) \tag{2.171}$$

Diese Gleichung zeigt, dass zwei konjugiert komplexe Wurzeln zu einen periodischen Anteil in der homogenen Lösung der Differenzengleichung führen, deren Anteil abklingt, wenn die Wurzeln im Einheitskreis liegen ($0 < r_i < 1$).

Die Frequenz dieses Anteils ist dem Winkel $\Omega_i > 0$ der Wurzel (Abb. 2.58c) proportional. Diese relative Frequenz kann mit der Abtastperiode der zeitdiskreten Sequenz verbunden werden:

$$\Omega_i \, n = \omega_i \, n \, T_s = 2\pi f_i \, n \, T_s = 2\pi \frac{f_i}{f_s} n \tag{2.172}$$

oder

$$f_i = f_s \frac{\Omega_i}{2\pi} \qquad \text{mit} \qquad T_i = \frac{1}{f_i} = \frac{2\pi}{\Omega_i} T_s \qquad \text{und} \qquad n_p = \frac{T_i}{T_s} = \frac{2\pi}{\Omega_i} \tag{2.173}$$

Mit T_s wurde die Abtastperiode und mit $f_s = 1/T_s$ wurde die Abtastfrequenz bezeichnet. Die Frequenz f_i stellt die Frequenz des Anteils in Hz dar und $T_i = 1/f_i$ ist die entsprechende Periode in s. Die Anzahl der Abtastwerte in einer Periode ist im Mittel n_p. Nur wenn T_i/T_s eine ganze Zahl ist, enthalten die Perioden immer die gleiche Anzahl Abtastwerte.

Die noch unbekannten Werte C_i und und ϕ_i sind von den Anfangsbedingungen der Differenzengleichung abhängig, so dass die Anfangsbedingungen für die Gesamtlösung erfüllt sind.

Im Skript `homog_diskret_1.m` sind zwei konjugiert komplexe Wurzeln im Einheitskreis gewählt und ihr Anteil in der homogenen Lösung wird mit Hilfe einer Differenzengleichung zweiter Ordnung ermittelt:

```
. . . . .
clear;
```

```
% ------- Konjugiert komplexes Wurzelpaar
Omega = 0.7*pi/4;        % Winkel der Wurzeln
z1 = 0.9*exp(j*Omega);   % Wurzel der charakt. Gl.
z2 = conj(z1);
abs([z1,z2])             % Liegen sie im Einheitskreis ?
a = poly([z1,z2]);       % Charakteristische Gl.
% ------- Lösung mit Hilfe der Differenzengleichung
nyh = 50;                % Länge der Lösung
yh = zeros(1,nyh);
yh(1) = 0.5;             % Anfangsbedingungen y(n-2)
yh(2) = 1;               % y(n-1)
for k = 3:nyh
    yh(k) = (-a(2)*yh(k-1) - a(3)*yh(k-2))/a(1);
end;
figure(1);   clf;
stem(0:nyh-1, yh);            hold on;          plot(0:nyh-1, yh);
    hold off;
    title('Homogenen Lösung für ein konjugiert komplexes Wurzelpaar')
    xlabel('n');     grid on;
np = 2*pi/Omega         % Mittlere Periode
```

Abb. 2.59 zeigt diesen Anteil für beliebig gewählte Anfangsbedingungen. Man kann jetzt die Werte gemäß Gl. (2.173) schätzen. Im Skript ist schon der Wert $n_p = 11,4286$ ermittelt, der jetzt direkt geschätzt werden kann.

2.5.5 Zustandsmodelle für zeitinvariante zeitdiskrete Systeme

Es wird zuerst von einer Differenzengleichung der Ordnung N der Form

$$y[n] + a_1\, y[n-1] + a_2\, y[n-2] + \cdots + a_N\, y[n-N] = x[n] \tag{2.174}$$

ausgegangen.

Es ist bekannt, dass für $x[n]$ mit $n \geq 0$ die N Anfangswerte $y[-1]$, $y[-2]$, ..., $y[-N]$ vollständig und eindeutig die Antwort für $n \geq 0$ bestimmen. Das bedeutet, dass N Werte notwendig sind, um den Zustand des Systems zu jedem Zeitpunkt zu definieren. Es werden folgende Variablen $q_1[n]$, $q_1[n]$, ..., $q_N[n]$ als Zustandsvariablen gewählt:

$$
\begin{aligned}
q_1[n] &= y[n-N] \\
q_2[n] &= y[n-(N-1)] = y[n-N+1] \\
&\cdots \\
q_N[n] &= y[n-1]
\end{aligned}
\tag{2.175}
$$

Aus den Gleichungen (2.174) und (2.175) erhält man dann folgende Zustandsgleichung:

$$q_1[n+1] = q_2[n]$$
$$q_2[n+1] = q_3[n]$$
$$\dots$$
$$q_N[n+1] = -a_N\,q_1[n] - a_{N-1}\,q_2[n] -, \dots, -a_1\,q_N[n] + x[n]$$

(2.176)

Hinzu kommt noch die Ausgangsgleichung, die den Ausgang $y[n]$ abhängig von den Zustandsvariablen $q_1[n]$, $q_1[n]$, ..., $q_N[n]$ und vom Eingang $x[n]$ ergibt:

$$y[n] = -a_N\,q_1[n] - a_{N-1}\,q_2[n] -, \dots, -a_1\,q_N[n] + x[n]$$

(2.177)

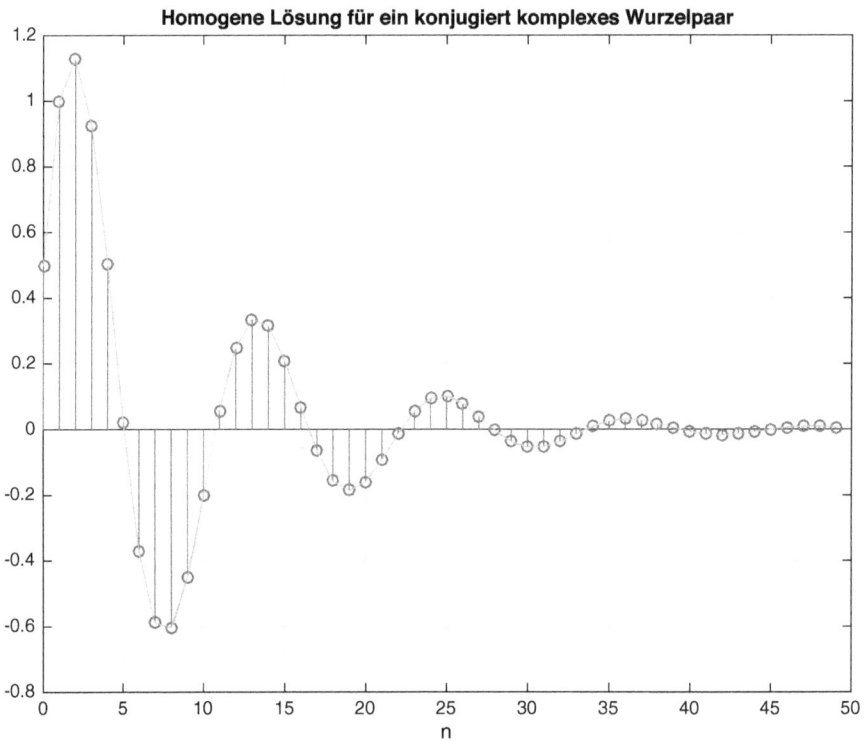

Abb. 2.59. Anteil in der homogenen Lösung für ein konjugiert komplexes Wurzelpaar (`homog_diskret_1.m`)

Wenn man die Zustandsvariablen im Vektor **q** zusammenfasst und die zwei Gleichungen des Zustandsmodells in einer Matrixform schreibt, erhält man:

$$\mathbf{q}[n+1] = \mathbf{A}\mathbf{q}[n] + \mathbf{B}x[n]$$
$$y[n] = \mathbf{C}\mathbf{q}[n] + dx[n] \tag{2.178}$$

Die Matrizen **A**, **B**, **C** und der Skalar d definieren das Zustandsmodell und sind leicht aus den vorherigen Gleichungen zu bestimmen:

$$\mathbf{C} = \begin{bmatrix} -a_N & -a_{N-1} & -a_{N-2} & \dots & -a_1 \end{bmatrix}, \qquad d = 1 \tag{2.179}$$

$$\mathbf{A} = \begin{bmatrix} 0 & 1 & 0 & \dots & 0 \\ 0 & 0 & 1 & \dots & 0 \\ \vdots & \vdots & \vdots & \ddots & \vdots \\ -a_N & -a_{N-1} & -a_{N-2} & \dots & -a_1 \end{bmatrix}, \qquad \mathbf{B} = \begin{bmatrix} 0 \\ 0 \\ \vdots \\ 1 \end{bmatrix} \tag{2.180}$$

Eine ähnliche Form erhält man für Systeme mit einer allgemeineren Differenzengleichung, die rechts auch die vorherigen Werte des Eingangssignals $x[n-1]$, $x[n-2]$, … enthält. Es gibt zeitdiskrete Zustandsmodelle für Systeme mit mehreren Eingängen und mehreren Ausgängen [45]. Die Größen der Matrizen ändern sich entsprechend.

Die Wurzeln der charakteristischen Gleichung für die Differenzengleichung sind die Eigenwerte der Matrix **A**. Die Ähnlichkeit mit der Umwandlung einer Differentialgleichung in ein Zustandsmodell ist offensichtlich, so dass man in MATLAB mit der gleichen Funktion `tf2ss` auch die zeitdiskreten Differenzengleichungen umwandeln kann. Man muss aber die Koeffizienten der Differenzengleichung mit gleicher Länge angeben, was mit Nullerweiterung immer möglich ist.

2.5.6 Die z-Transformation der Differenzengleichungen

Die z-Transformation ist ein weit verbreitetes Werkzeug zur Analyse von zeitdiskreten Sequenzen [24, 25]. Im Kontext dieses Buches wird die z-Transformation oft nur zur vereinfachten Darstellung der rationalen Übertragungsfunktionen $H(e^{j\omega T_s})$, die sich aus linearen Differenzengleichungen ergeben, benutzt.

Für eine Sequenz $x[nT_s]$ ist die z-Transformation durch folgende Summe definiert:

$$\mathcal{Z}\{x[nT_s]\} = X(z) = \sum_{n=-\infty}^{\infty} x[nT_s]\, z^{-n} \tag{2.181}$$

Hier ist $z = re^{j\omega T_s}$ eine komplexe Variable. Wenn $r = 1$ ist beschreibt diese Variable den Einheitskreis in der komplexen Ebene und die z-Transformation ist die DTFT der Sequenz, sofern die Summe für $r = 1$ konvergiert.

Für zeitdiskrete Sequenzen mit begrenzter Länge, wie sie im Weiteren benutzt werden und für Differenzengleichungen sind die Bedingungen für die Konvergenz dieser Summe immer erfüllt und werden nicht mehr diskutiert.

Zwei wichtige Eigenschaften werden bei der Darstellung der Differenzengleichungen über die z-Transformation benutzt:

1) Linearität: Wenn $X_1(z) = \mathcal{Z}(x_1[nT_s])$ und $X_2(z) = \mathcal{Z}(x_2[nT_s])$, dann ist

$$\mathcal{Z}(a\, x_1[nT_s] + b\, x_2[nT_s]) = a\, X_1(z) + b X_2(z) \tag{2.182}$$

2) Zeitverschiebung: Die z-Transformation einer zeitverschobenen Sequenz $x[(n-m)T_s]$ ist:

$$\mathcal{Z}\{x[(n-m)T_s]\} = z^{-m}X(z) \tag{2.183}$$

Die zweite Eigenschaft ergibt sich aus der Definition:

$$\mathcal{Z}\{x[(n-m)T_s]\} = \sum_{n=-\infty}^{\infty} x[(n-m)T_s]\, z^{-n} \quad \text{mit} \quad p = n - m \quad \text{wird}$$

$$\mathcal{Z}\{x[(n-m)T_s]\} = \sum_{p=-\infty}^{\infty} x[pT_s]\, z^{-m}z^{-p} = z^{-m}\sum_{p=-\infty}^{\infty} x[pT_s]z^{-p} = z^{-m}X(z) \tag{2.184}$$

Die z-Transformierte einer Differenzengleichung der Form

$$\sum_{k=0}^{N} a_k\, y[(n-k)T_s] = \sum_{k=0}^{M} b_k\, x[(n-k)T_s] \tag{2.185}$$

wird zu

$$Y(z)\sum_{k=0}^{N} a_k z^{-k} = X(z)\sum_{k=0}^{M} b_k z^{-k} \tag{2.186}$$

Die Übertragungsfunktion als Verhältnis der z-Transformierten des Ausgangs zur z-Transformierten des Eingangs wird damit zu:

$$H(z) = \frac{Y(z)}{X(z)} = \frac{\displaystyle\sum_{k=0}^{M} b_k z^{-k}}{\displaystyle\sum_{k=0}^{N} a_k z^{-k}} \tag{2.187}$$

Wenn alle Koeffizienten des Zählers gleich null sind mit Ausnahme von $b_0 = 1$ spricht man von einem AR-System (*Auto-Regressiv*-System):

$$H(z) = \frac{Y(z)}{X(z)} = \frac{1}{\displaystyle\sum_{k=0}^{N} a_k z^{-k}} \tag{2.188}$$

Im Bereich der Signalverarbeitung wird die Bezeichnung Allpol-System gebraucht. Im Falle dass alle Koeffizienten des Nenners null sind mit Ausnahme von $a_0 = 1$ erhält man ein MA-System (*Moving-Average*-System):

$$H(z) = \frac{Y(z)}{X(z)} = \sum_{k=0}^{N} b_k z^{-k} \tag{2.189}$$

Die FIR-Filter sind also MA-Systeme. Die Ordnung des MA-Systems ist N weil durch Multiplikation mit z^N im Zähler und Nenner erhält man ein Polynom im Zähler des Grades N in z und im Nenner einfach z^N. Dieser Nenner zeigt das hier N Pole gleich null sind und die Ordnung des Systems bestimmen.

Die allgemeine Übertragungsfunktion gemäß Gl. 2.187 stellt ein ARMA-System (*Auto-Regressiv-Moving-Average*-System) dar. Dadurch sind die IIR-Filter auch ARMA-Systeme.

Im nächsten Abschnitt wird gezeigt, dass man mit $z = e^{j\omega T_s}$ die DTFT der Sequenzen erhält und $H(z)$ geht in den komplexen Frequenzgang über $H(z) \rightarrow H(e^{j\omega T_s})$.

2.5.7 Frequenzgang für LTI-Systeme beschrieben durch Differenzengleichungen

Es wird jetzt nochmals gezeigt, wie man ausgehend von der Differenzengleichung eines LTI-Systems gemäß Gl. (2.140)

$$\sum_{k=0}^{N} a_k\, y[(n-k)T_s] = \sum_{k=0}^{M} b_k\, x[(n-k)T_s] \qquad \text{oder}$$

$$y[nT_s] = \frac{1}{a_0}\left\{ -\sum_{k=1}^{N} a_k\, y[(n-k)T_s] + \sum_{k=0}^{M} b_k\, x[(n-k)T_s] \right\}$$

zum komplexen Frequenzgang gelangt.

Wenn man hier beide Seiten Fourier-transformiert (DTFT) und dabei die Eigenschaft Pos. 2 aus Tabelle 1.3 beachtet

$$\mathcal{F}\{y[(n-k)T_s]\} = e^{-j\omega k T_s}\, Y(e^{j\omega T_s}), \tag{2.190}$$

so erhält man:

$$\sum_{k=0}^{N} a_k\, e^{-j\omega k T_s}\, Y(e^{j\omega T_s}) = \sum_{k=0}^{M} b_k\, e^{-j\omega k T_s}\, X(e^{j\omega T_s}) \tag{2.191}$$

Daraus wird der komplexe Frequenzgang ermittelt:

$$H(e^{j\omega T_s}) = \frac{Y(e^{j\omega T_s})}{X(e^{j\omega T_s})} = \frac{\displaystyle\sum_{k=0}^{M} b_k\, e^{-j\omega k T_s}}{\displaystyle\sum_{k=0}^{N} a_k\, e^{-j\omega k T_s}} \quad \text{oder} \quad H(e^{j\omega T_s}) = H(z)\Big|_{z=e^{j\omega T_s}} \tag{2.192}$$

Die Übertragungsfunktion $H(z)$ nimmt folgende Form an, wenn $N = M$:

$$H(z) = \frac{Y(z)}{X(z)} = \frac{\displaystyle\sum_{k=0}^{N} b_k\, z^{-k}}{\displaystyle\sum_{k=0}^{N} a_k\, z^{-k}} = \frac{b_0}{a_0} \cdot \frac{(z-z_1)(z-z_2)\ldots(z-z_N)}{(z-p_1)(z-p_2)\ldots(z-p_N)} \tag{2.193}$$

Hier sind die Werte $z_1, z_2, \ldots, z_N$ die Nullstellen der Funktion $H(z)$. Wenn die Variable z diese Werte annimmt, dann ist die Funktion $H(z)$ null. Die Werte $p_1, p_2, \ldots, p_N$ bilden die Polstellen der Übertragungsfunktion, die unendlich groß wird, wenn die

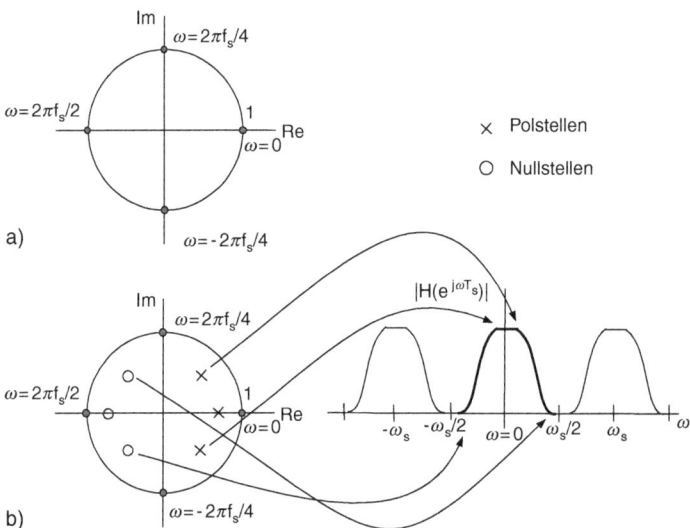

Abb. 2.60. a) Die Variable $z = e^{j\omega T_s}$ in der komplexen Ebene b) Platzierung der Pole und Nullstellen für ein Tiefpassfilter

Pol- Nullstellen–Platzierung des Filters

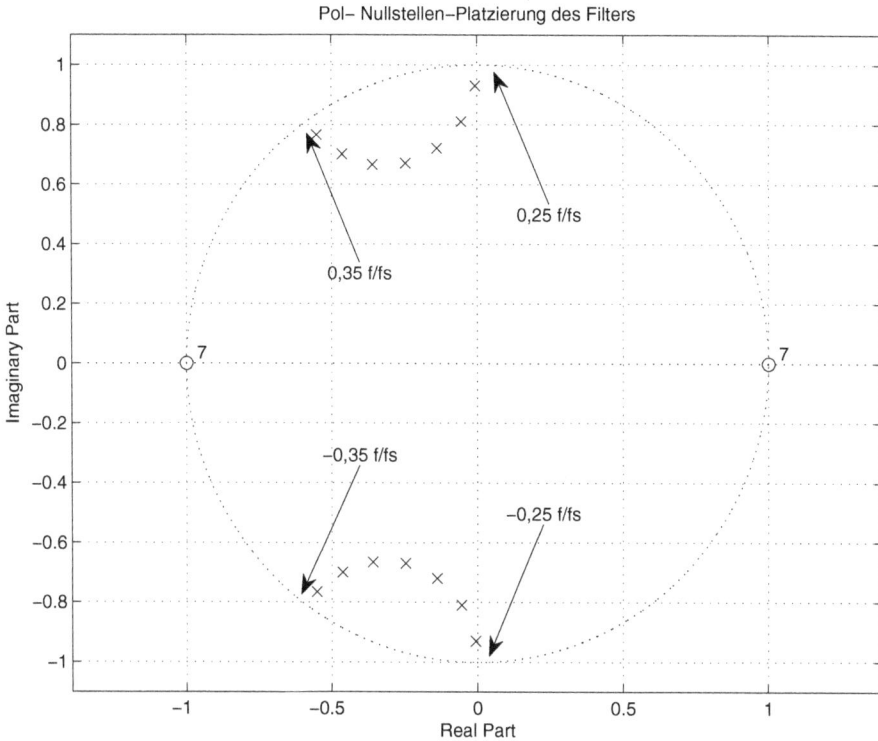

Abb. 2.61. Die Pol- Nullstellenplatzierung für ein elliptisches IIR-Bandpassfilter (`H_3plot_diskr_1.m`)

Variable z diese Werte annimmt. Die Anzahl der Pole N bestimmt auch die Ordnung des Systems.

Wenn $M \neq N$ ist, z.B. $M > N$, dann wird die Funktion $H(z)$ wie folgt geschrieben:

$$H(z) = \frac{Y(z)}{X(z)} = \frac{\displaystyle\sum_{k=0}^{M} b_k \, z^{-k}}{\displaystyle\sum_{k=0}^{N} a_k \, z^{-k}} \cdot \frac{z^M}{z^M} = \frac{b_0 z^M + b_1 z^{M-1} + \cdots + b_M}{(a_0 z^N + b_1 z^{N-1} + \cdots + a_N) z^{M-N}} \qquad (2.194)$$

Es gibt M Nullstellen und M Polstellen, wobei davon $M - N$ Polstellen gleich null sind. Ähnlich kann man den Fall $N > M$ betrachten. Dann erhält man N Pole und N Nullstellen von denen $N - M$ gleich null sind.

Für reelle Koeffizienten der Differenzengleichung müssen die Null- und Polstellen, wenn sie komplex sind, in Form von konjugiert komplexen Paaren vorkommen.

Die komplexe Variable $z = r e^{j\omega T_s}$ kann die ganze komplexe Ebene durchlaufen und bildet für den Betrag der Funktion $H(z)$ eine „Gebirgslandschaft" mit tiefen „Tälern" an den Stellen der Nullstellen und hohen „Spitzen" an den Polstellen.

Die Werte $z = e^{j\omega T_s}$ beschreiben den Einheitskreis ($r = 1$) und somit ist der komplexe Frequenzgang durch die allgemeine Funktion $H(z)$ für $z = e^{j\omega T_s}$ entlang des Einheitskreises gegeben. Der Frequenzgang entspricht dem Schnitt der „Gebirgslandschaft" mit einem Zylinder mit Radius eins.

Das Frequenzverhalten des zeitdiskreten Systems kann durch die Platzierung der Null- und Polstellen in der komplexen Ebene beeinflusst werden. Abb. 2.60a zeigt den Einheitskreis in der komplexen Ebene der Variable $z = r\, e^{j\omega T_s}$ für $0 \le \omega \le \omega_s$ und $r = 1$. Mit den Polen im ersten und vierten Quadranten wird die Gebirgslandschaft in der Umgebung der Frequenz $|\omega| = 0$ nach oben gezogen und mit den Nullstellen im dritten und vierten Quadranten wird dieselbe in der Umgebung der Frequenz $|\omega| = \omega_s/2$ nach unten gezogen. Der Schnitt mit dem Zylinder, dessen Radius eins ist, ergibt dann einen Frequenzgang mit einem Betrag, der in Abb. 2.60b skizziert ist.

Die Pole müssen für ein stabiles System im Einheitskreis liegen. Die Nullstellen können auch außerhalb liegen. Wenn auch die Nullstellen im Einheitskreis liegen, ist das System als minimalphasiges System definiert [25, 38].

Abb. 2.61 zeigt als Beispiel die Platzierung der Pole und Nullstellen für ein elliptisches Bandpassfilter mit einer Bandbreite von $0,25f/f_s$ bis $0,35f/f_s$. Wenn man die Pole zählt, sind es $2 \times 7 = 14$ Pole in Form von 7 konjugierten komplexen Paaren und ergeben eine Ordnung des Filters gleich 14. Es gibt 7 Nullstellen bei $f/f_s = 0$ und weitere 7 Nullstellen bei $f/f_s = 0,5$.

3 Digitale Filter

In der digitalen Signalverarbeitung spielen die Filter eine wichtige Rolle und deswegen wird ein ganzes Kapitel dieser Thematik gewidmet. Beinahe jede Anwendung enthält digitale Filter, die besondere Eigenschaften im Vergleich zu den analogen Filter besitzen. So z.B. können FIR-Filter mit linearem Phasengang entwickelt werden, so dass keine zusätzlichen Verzerrungen wegen der Phase vorkommen. Leider benötigen diese Filter eine hohe Ordnung und somit einen relativ großen Aufwand im Vergleich zu den IIR-Filtern. Diese realisieren steile Übergänge vom Durchlass- in den Sperrbereich mit viel weniger Koeffizienten. In Anwendungen bei denen die Verzerrungen wegen der Phase keine so große Rolle spielen, werden diese Filter eingesetzt.

In der Literatur der digitalen Signalverarbeitung [34–36, 50] sind die Verfahren zur Entwicklung der digitalen Filter ausführlich dargestellt. Mit Hilfe von Werkzeugen wie MATLAB/Simulink kann man für eine Anwendung die verschiedenen Typen von Filtern testen, ohne sich in allen mathematischen Feinheiten der Verfahren zu vertiefen. Das beschleunigt die Entwicklung einerseits und andererseits ermöglicht es für die Lehre Beispiele zu untersuchen, die weit über die einfachen Übungen gehen, die in den Vorlesungen per Hand gelöst werden können.

Eine ausgezeichnete Quelle für die Thematik der digitalen Filter mit MATLAB ist der Text „Digital Filters with MATLAB" von Ricardo A. Losada, der in der Entwicklung bei MathWorks im Bereich der Signalverarbeitung und Kommunikation tätig ist. Dieser Text kann aus dem Internet heruntergeladen werden http://www.mathworks. com/matlabcentral/fileexchange/19880-digital-filters-with-matlab.

Simulink und die so genannten *Blocksets* als Erweiterungen von MATLAB, werden in der Literatur zur Signalverarbeitung jedoch wenig behandelt. Gerade diese Erweiterungen eröffnen neue Wege sowohl in der Vermittlung der Thematik als auch insbesondere in der industriellen Entwicklung [14, 15]. Simulink-Modelle kann man beispielsweise automatisch in Programme für verschiedene Mikrocontroller oder Digitale Signalprozessoren (kurz DSP[1]) umwandeln und so die Entwicklungs- und Implementierungszeiten von Algorithmen der Signalverarbeitung beachtlich verkürzen. Auch die automatische Erstellung von VHDL[2]-Programmen ist aus den Simulink-Modellen möglich.

Filter werden heutzutage fast ausschließlich mit Hilfe von Software-Paketen entwickelt. Über komfortable Menüs werden die gewünschten Eigenschaften eingegeben und auf Knopfdruck erhält man die Koeffizienten der Filter. Zusätzlich können der Frequenzgang, die Gruppenlaufzeit, die Sprung- oder Einheitspulsantwort und

---

1 *Digital Signal Processor*
2 *Very High Speed Integrated Circuit Hardware Description Language*

andere Eigenschaften des Filterentwurfs dargestellt werden. Damit kann man beurteilen, inwieweit der Entwurf die Sollvorgaben einhält. Man gelangt so mit wenigen Iterationsschritten zum Ziel und kann oftmals auch gleich den C- oder Assemblercode für die Implementierung auf dem verwendeten DSP generieren [3].

Wenn nun der Filterentwurf in der Praxis so einfach geworden ist, so stellt sich die Frage, ob die Beschäftigung mit der Theorie der Filter einerseits und mit Simulationsmethoden andererseits überhaupt noch notwendig ist. Die Antwort darauf ist nach wie vor ein klares „ja". Grundkenntnisse werden für den Entwurf schon allein deshalb benötigt, weil die Vielzahl der Parameter, die die Programme zum Filterentwurf anbieten, nicht beliebig eingestellt werden können. Weiterhin muss man durch Simulationen mit realen oder künstlich generierten Signalen untersuchen, ob das entworfene Filter tatsächlich die gewünschte Funktion erfüllt. Selten sind die Signale der Anwendungen sinusförmige Signale im stationären Zustand, so dass man mit Hilfe des Frequenzgangs direkt aussagen könnte, ob das Filter geeignet ist. Über Simulationen, wie sie hier gezeigt werden, kann man die Spezifikationen für die Filter mit der Anwendung in Einklang bringen und danach die Filter entwickeln lassen. Unerwünschte Überraschungen sind so leichter zu vermeiden.

Für den Entwurf digitaler Filter stehen in der Produktfamilie von MATLAB die Funktionen der *Signal Processing Toolbox* und die Funktionen der *DSP System Toolbox* zur Verfügung. Die letztere enthält auch die Blocksets zur Simulation der Filter in Simulink.

Die Funktionen der *Signal Processing Toolbox* liefern ihre Ergebnisse grundsätzlich als Fließkommazahlen in doppelter Genauigkeit[3] (*double precision*). In der Praxis wird man jedoch selten über Prozessoren verfügen, die doppelte Genauigkeit unterstützen, verbreitet sind Festkommazahlen (*fixed-point*) oder Fließkommazahlen mit einfacher Genauigkeit[4] (*single precision*). Die Rundung der Filterkoeffizienten auf Fließkommazahlen mit einfacher Genauigkeit oder auf Festkommazahlen für die Filter die mit Hilfe der *Signal Processing Toolbox* entwickelt wurden, verändert jedoch die Eigenschaften der Filter, so dass es wünschenswert ist, bereits beim Entwurf das Format der Koeffizienten zu berücksichtigen. Hier hilft die *DSP System Toolbox*, die zusätzliche Verfahren zum Entwurf digitaler Filter enthält und an die Belange der industriellen Entwicklung angelehnt ist. Es können sowohl die Daten als auch die Koeffizienten der Filter mit Fest- oder Gleitkommazahlen dargestellt werden und auch die arithmetischen Operationen können realitätsnah nachgebildet werden.

---

3 Die Zahlen werden mit 64 Bit dargestellt, wobei 52 Bit für die Mantisse, 11 Bit für den Exponenten und 1 Bit für das Vorzeichen verwendet werden.

4 Diese Zahlen werden mit 32 Bit dargestellt, wobei 23 Bit für die Mantisse, 8 Bit für den Exponenten und 1 Bit für das Vorzeichen verwendet werden.

3.1 Einführung in digitale Filter

Ein diskretes Filter wird durch folgende Übertragungsfunktion in der komplexen Variablen z^{-1} der z-Transformation beschrieben [24]:

$$H(z) = \frac{b_0 + b_1 z^{-1} + b_2 z^{-2} + \cdots + b_M z^{-M}}{1 + a_1 z^{-1} + a_2 z^{-2} + \cdots + a_N z^{-N}} \tag{3.1}$$

Im Vergleich zur Differenzengleichung gemäß Gl. (2.139) bzw. (2.140), aus der die z-Transformation abgeleitet wird, ist hier eine Differenzengleichung mit $a_0 = 1$ angenommen. Wenn man den Zähler und den Nenner mit z^N multipliziert und danach die Polynome des Zählers und Nenners mit Hilfe ihrer Nullstellen ausdrückt, erhält man die Übertragungsfunktion in Null-Polstellen-Form, wie schon in Gl. (2.193) gezeigt wurde:

$$H(z) = b_0 \frac{(z - z_1)(z - z_2)\ldots(z - z_N)}{(z - p_1)(z - p_2)\ldots(z - p_N)} \tag{3.2}$$

Durch $z_1, z_2, \ldots, z_N$ und $p_1, p_2, \ldots, p_N$ werden die Null- bzw. Polstellen der Übertragungsfunktion bezeichnet. Die Anzahl N der Pole des Systems bezeichnet man als Ordnung des Systems. Hier wurde angenommen, dass $M = N$ ist.

Die Koeffizienten des Zählers und Nenners der Gl. (3.1) oder die Null- bzw. Polstellen der Gl. (3.2), in MATLAB jeweils in Vektoren gespeichert, bilden die Parameter für die Beschreibung der diskreten Filter.

Bei einer Übertragungsfunktion mit reellen Koeffizienten sind die Null- und Polstellen in Gl. (3.2) entweder reell oder paarweise konjugiert komplex. Gruppiert man die konjugiert komplexen Null- und Polstellenpaare, so kann man Gl. (3.2) auch als Produkt von Teilsystemen schreiben, wobei die Übertragungsfunktionen der Teilsysteme Polynome vom Grad null, eins oder zwei im Zähler und eins oder zwei im Nenner haben:

$$H(z) = \prod_{i=1}^{l} H_i(z) \tag{3.3}$$

mit

$$H_i(z) = \frac{b_{i0} + b_{i1} z^{-1} + b_{i2} z^{-2}}{1 + a_{i1} z^{-1} + a_{i2} z^{-2}} \tag{3.4}$$

Die Teilsysteme sind Systeme der Ordnung höchstens zwei und man bezeichnet sie als Abschnitte zweiter Ordnung (englisch: *Second Order Sections*). Es ist vorteilhaft, ein System als eine Kettenschaltung von Abschnitten zweiter Ordnung zu realisieren, da man große Flexibilität in der Kombination der Pole und Nullstellen zu Teilsystemen hat und so die Empfindlichkeit gegenüber Parameterungenauigkeiten gut kontrollieren kann. Diese Methode wird nicht nur in der digitalen Signalverarbeitung, sondern auch bei der Realisierung analoger Filter häufig angewandt.

Der Gl. (3.1) entspricht im Zeitbereich eine Differenzengleichung der Form:

$$y[nT_s] = -a_1 y[(n-1)T_s] - a_2 y[(n-2)T_s] - \cdots - a_N y[(n-N)T_s]$$
$$+ b_0 x[nT_s] + b_1 x[(n-1)T_s)] + \cdots + b_M x[(n-M)T_s] \tag{3.5}$$

Dabei sind $y[nT_s]$ und $x[nT_s]$ die Abtastwerte des Ausgangs- bzw. des Eingangssignals zum Zeitpunkt nT_s mit T_s als Abtastperiode. Es ist eine kausale Differenzengleichung, weil der laufende Ausgang von den vorherigen Ausgängen und dem laufenden Eingang bzw. den vorherigen Eingängen abhängt.

In der *Control System Toolbox* werden die zeitdiskreten Systeme mit der Variablen z statt z^{-1} der z-Transformation dargestellt, die dann folgende Bedeutung hat:

$$zX(z) \to x[(n+1)T_s] \quad \text{und} \quad z^k X(z) \to x[(n+k)T_s] \tag{3.6}$$

Die Übertragungsfunktionen für diese *Toolbox* werden dann durch

$$H(z) = \frac{b_0 z^M + b_1 z^{M-1} + b_2 z^{m-2} + \cdots + b_M z^0}{z^N + a_1 z^{N-1} + a_2 z^{N-2} + \cdots + a_N z^0} \tag{3.7}$$

dargestellt. Für ein kausales System muss hier der Grad des Polynoms im Zähler M kleiner oder gleich dem Grad des Polynoms im Nenner N sein. Um die Funktionen der *Control System Toolbox* mit dieser Konvention zu benutzen muss man die zeitdiskreten Systeme in der Konvention der Signalverarbeitung mit gleicher Anzahl Koeffizienten im Zähler und Nenner darstellen. Das kann man immer mit Hilfe von Nullkoeffizienten erhalten.

Somit ist z.B. die Übertragungsfunktion eines FIR-Filters

$$H(z) = \frac{1 + 0.9z^{-1} + 0.81z^{-2} + 0.729z^{-3}}{1} = \frac{z^3 + 0.9z^2 + 0.81z^1 + 0.729}{z^3 + 0z^2 + 0z^1 + 0} \tag{3.8}$$

durch folgende zwei Vektoren darzustellen:

```
zaehler = [1, 0.9, 0.81, 0.729];    nenner = [1, 0, 0, 0];
```

Mit dieser Darstellung können jetzt auch die Funktionen der *Control System Toolbox* verwendet werden. Für die Funktionen der Signalverarbeitungskonvention kann der Vektor der Koeffizienten des Nenners einfach mit nenner = 1 gewählt werden.

Bei IIR-Filtern, die im Zähler und Nenner Polynome in der Variablen z^{-1} gleichen Grades enthalten, können die Koeffizienten direkt in Vektoren übertragen werden. So ist z.B. das IIR-Filter

$$H(z) = \frac{0.0206 + 0.0285z^{-1} + 0.0464z^{-2} + 0.0464z^{-3} + 0.0285z^{-4} + 0.0206z^{-5}}{1 - 2.4928z^{-1} + 3.2869z^{-2} - 2.4498z^{-3} + 1.0465z^{-4} - 0.1997z^{-5}} \tag{3.9}$$

in MATLAB/Simulink durch folgende Vektoren dargestellt:

```
b = [0.0206    0.0285    0.0464    0.0464    0.0285    0.0206];
a = [1.0000   -2.4928    3.2869   -2.4498    1.0465   -0.1997];
```

Mit dem Aufruf

```
abschnitte = tf2sos(b,a);
```

wird die Übertragungsfunktion in ein Produkt von Abschnitten zweiter (*Second Order Sections*) und eventuell erster Ordnung zerlegt. In den Abschnitten werden den Polstellen die ihnen am nahe liegendensten Nullstellen zugeordnet, um die Empfindlichkeit gegenüber Parameterungenauigkeiten möglichst klein zu halten.

Das Feld `abschnitte` enthält in jeder Zeile in den ersten drei Elementen die Koeffizienten des Zählers und in den nachfolgenden drei Elementen die Koeffizienten des Nenners eines Abschnitts:

```
abschnitte =
    0.0206     0.0206          0     1.0000    -0.5205          0
    1.0000     0.6039     1.0000     1.0000    -0.9953     0.4680
    1.0000    -0.2219     1.0000     1.0000    -0.9770     0.8199
```

Für das vorliegende Beispiel enthält die erste Zeile die Koeffizienten eines Abschnitts erster Ordnung und die folgenden zwei Zeilen enthalten die Koeffizienten zweier Abschnitte zweiter Ordnung:

$$H(z) = \left(\frac{0.0206 + 0.0206z^{-1}}{1 - 0.5205z^{-1}}\right) \left(\frac{1 + 0.6039z^{-1} + z^{-2}}{1 - 0.9953z^{-1} + 0.4680z^{-2}}\right)$$
$$\left(\frac{1 - 0.2219z^{-1} + z^{-2}}{1 - 0.9770z^{-1} + 0.8199z^{-2}}\right) \tag{3.10}$$

Die Beschreibung im Zustandsraum für ein zeitkontinuierliches SISO-System[5] ist durch eine vektorielle Differentialgleichung (System von Differentialgleichungen erster Ordnung) und eine algebraische Gleichung gegeben [24] und wurde in dem vorhergehenden Kapitel beschrieben. Im Falle zeitdiskreter SISO-Systeme wird die Differentialgleichung zu einer Differenzengleichung, so dass im Zustandsraum [38] die Beschreibung durch folgende Matrizengleichungen (2.178), die in Abschnitt 2.5.5 abgeleitet wurden, erfolgt:

$$\mathbf{q}[n + 1] = \mathbf{A}\mathbf{q}[n] + \mathbf{B}x[n]$$
$$y[n] = \mathbf{C}\mathbf{q}[n] + dx[n] \tag{3.11}$$

Hier bilden die Vektoren $\mathbf{q}[nT_s] = \mathbf{q}[n]$ den Zustandsvektor, der Skalar $y[nT_s] = y[n]$ den Ausgang und der Skalar $x[nT_s] = x[n]$ stellt den Eingang dar. Die erste Gleichung aus (3.11) ist die sogenannte Zustandsgleichung (eine Differenzengleichung) und die zweite Gleichung ist die Ausgangsgleichung (eine algebraische Gleichung).

Die vier gezeigten Formen zur Beschreibung eines zeitdiskreten Filters und zwar als Übertragungsfunktion mit Koeffizienten des Zählers und Nenners (`tf`), als Beschreibung mit Null- und Polstellen (`zp`), oder mit Abschnitten erster und zweiter

---

5 *Single Input Single Output*

Ordnung (`sos`) und schließlich im Zustandsraum (`ss`) reagieren unterschiedlich empfindlich auf numerische Fehler in den Parametern. Am stabilsten ist die Zustandsdarstellung gemäß Gl. (3.11), gefolgt von der Darstellung mit Null- und Polstellen (Gl. (3.2)).

Am empfindlichsten ist die Darstellung als Übertragungsfunktion (Gl. (3.1)). Das erklärt auch, weshalb einige Funktionen zum Entwerfen der Filter von verschiedenen Formen ausgehen.

MATLAB stellt Funktionen zur Verfügung, mit deren Hilfe eine Darstellungsform in eine andere umgewandelt werden kann, wie z.B. `ss2tf` und `tf2ss`, die eine Zustandsbeschreibung in Übertragungsfunktionsform und umgekehrt wandelt. Ähnlich sind die weiteren Möglichkeiten: `ss2zp` und `zp2ss`, `tf2zp` und `zp2tf`, `tf2sos` und `sos2tf`, `zp2sos` und `sos2zp`.

Da diese Funktionen zur Umwandlung der Darstellungsform eines Systems mit Koeffizienten von Polynomen hantieren, ist es völlig unerheblich, ob diese Koeffizienten ein Polynom in s, und damit die Übertragungsfunktion eines zeitkontinuierlichen Systems, oder ein Polynom in z^{-1} und damit die Übertragungsfunktion eines zeitdiskreten Systems darstellen. Diese Funktionen sind also sowohl für zeitkontinuierliche als auch für zeitdiskrete Systeme anwendbar. Es gilt allerdings die Konvention, dass die Zähler- und Nennerpolynome formal denselben Grad haben müssen, in MATLAB also durch Vektoren gleicher Länge dargestellt werden und die Koeffizienten müssen in fallender Reihenfolge der Potenzen in die Vektoren eingetragen werden.

Zum Entwurf von IIR- oder FIR-Filtern stehen in MATLAB die *Signal Processing Toolbox* und die *DSP System Toolbox* zur Verfügung. In der *Signal Processing Toolbox* sind die ursprünglichen Funktionen zum Filterentwurf dieser Software enthalten, die mit objektorientierten neuen Funktionen ergänzt sind.

Die *DSP System Toolbox* enthält Funktionen die vom Anfang an objektorientiert entwickelt wurden, um sie so leichter für die Erweiterungen der Software in Hinblick auf den industriellen Hardware-Einsatz anzupassen. In dieser Toolbox sind auch viele Blöcke für die Signalverarbeitung mit Simulink enthalten. Wohl bemerkt, in der Grundausstattung von Simulink gibt es auch Blöcke zur Signalverarbeitung, die mit Parametern, die man z.B. mit MATLAB-Funktionen ermittelt, parametriert werden können.

Abb. 3.1 zeigt die idealen Amplitudengänge der grundlegenden Arten (standard) digitaler Filter; a) Tiefpassfilter, b) Hochpassfilter c) Bandpassfilter und d) Bandsperrfilter. Die Frequenzen (Durchlass- und Sperrfrequenzen) müssen im ersten Nyquist-Intervall im Frequenzbereich $0 < f < f_s/2$ definiert sein in der Annahme, dass die zu bearbeitende Signale das Abtasttheorem erfüllen.

In der MATLAB-Konvention der Signalverarbeitung werden die relative Frequenzen bezogen auf $f_s/2$ angegeben (Abb. 2.56). Dadurch sind die relativen Frequenzen für die charakteristischen Frequenzen der Filter im Bereich 0 bis 1.

Der komplexe Frequenzgang als DTFT der Einheitspulsantwort ist periodisch mit der Periode ω_s in rad/s oder f_s in Hz. Die inverse DTFT des komplexen Frequenzgangs

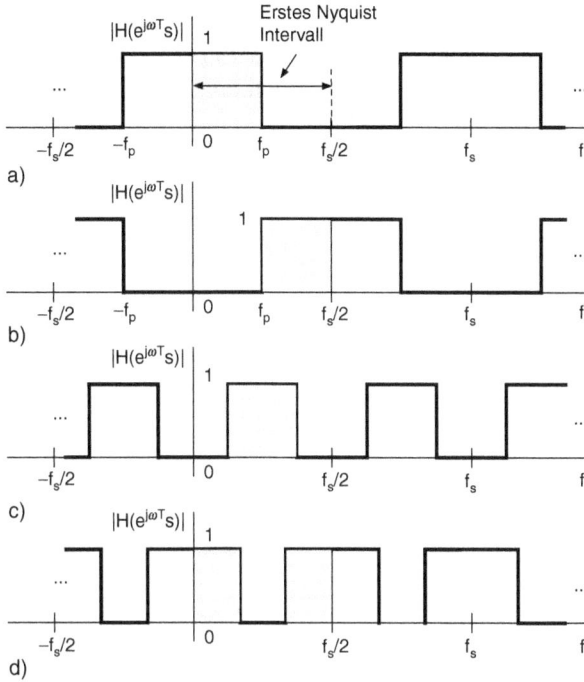

Abb. 3.1. Die idealen Amplitudengänge der standard digitalen Filter

ergibt die Einheitspulsantwort. Als Beispiel wird folgender idealer Frequenzgang für das Tiefpassfilter in der Periode von $-f_s/2$ bis $f_s/2$ angenommen:

$$H_{TP}(e^{j\omega T_s}) = \begin{cases} 1 & \text{für} \quad |f| < f_p \quad \text{mit} \quad f_p < f_s/2 \\ 0 & \text{für} \quad f_p \leq |f| \leq f_s/2 \end{cases} \tag{3.12}$$

Die inverse DTFT ergibt dann die entsprechende Einheitspulsantwort:

$$h_{id}[nT_s] = \frac{1}{f_s} \int\limits_{-f_s/2}^{f_s/2} H_{TP}(e^{j2\pi f T_s}) e^{j2\pi f n T_s} df = \left(\frac{2f_p}{f_s}\right) \frac{\sin(2\pi n f_p/f_s)}{2\pi n f_p/f_s} \tag{3.13}$$

$$n = -\infty, \ldots, -2, -1, 0, 1, 2, \ldots, \infty$$

Die Hülle der idealen Einheitspulsantwort ist eine $\sin(x)/x$-Funktion (oder kurz sinc-Funktion) mit Nullstellen bei:

$$n = kf_s/(2f_p); \quad k = \pm 1, \pm 2, \ldots, \pm\infty \tag{3.14}$$

Diese Einheitspulsantwort ist aus zwei Gründen nicht realisierbar. Sie ist nicht kausal und sie hat eine unendliche Ausdehnung im Zeitbereich. In der Praxis kann man sie nur annähernd realisieren, indem man ihre zeitliche Ausdehnung symmetrisch um den Ursprung $n = 0$ begrenzt und durch eine Verschiebung zu positiven Zeitindizes kausal macht (Abb. 3.2).

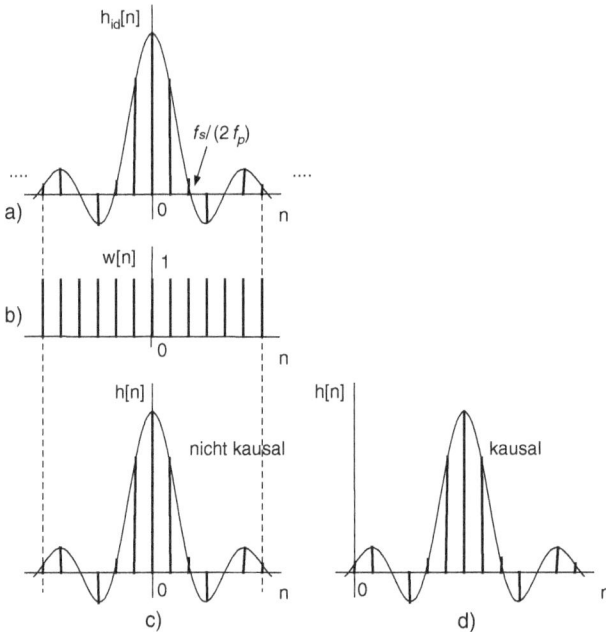

Abb. 3.2. Erzeugung einer realisierbaren kausalen Einheitspulsantwort aus der idealen Einheitspulsantwort

In Abb. 3.2a ist die ideale Einheitspulsantwort gemäß Gl. (3.13) dargestellt. Die symmetrische Begrenzung ergibt sich aus der Multiplikation der idealen Einheitspulsantwort $h_{id}[n]$ mit der Fensterfunktion $w[n]$, die in Abb. 3.2b gezeigt ist:

$$h[n] = \sum_{n=-n_{max}}^{n=n_{max}} h_{id}[n]w[n] \qquad (3.15)$$

Durch Verschiebung zu positiven Indizes der begrenzten Einheitspulsantwort (Abb. 3.2c) erhält man eine kausale Einheitspulsantwort (Abb. 3.2d). Die Ähnlichkeit mit den Ausführungen aus Kapitel 2.4 (Analoge Filter) bzw. 2.4.1 ist offensichtlich.

Aus Abb. 3.2a geht hervor, dass wenn $L = (1/2)f_s/f_p \geq 2$ eine ganze Zahl ist, dann fällt die erste Nullstelle der Hülle der Einheitspulsantwort und die Vielfachen dieser Zahl auf ganze Indizes. Die Werte der Einheitspulsantwort für diese Indizes sind null. So ist z.B. für $L = 2$ jeder zweite Wert der Einheitspulsantwort gleich null. Die entsprechende Bandbreite dieses FIR-Filters ist $f_p/f_s = 1/4$ oder $f_p/(f_s/2) = 1/2$. Sie ist die Hälfte des ersten Nyquist-Intervalls zwischen 0 und $f_s/2$ ($0 \le f \le f_s/2$). Diese Filter werden dadurch auch Halbband-FIR-Filter (*Half Band FIR-Filter*) bezeichnet. Für andere Werte für $L > 2$ als ganze Zahl werden sie Nyquist-Filter genannt.

Mit folgenden MATLAB-Zeilen kann man diese Eigenschaft leicht überprüfen:

```
L = 4;                 nord = 128;
h = fir1(nord, 1/L);
figure(1);    clf;
stem(0:nord, h);
.....
```

Von den nord+1=129 Koeffizienten sind nord/L = 32 Koeffizienten gleich null. Auch mit den Optimierungsverfahren zur Entwicklung von FIR-Filtern (die später dargestellt werden) können in MATLAB Nyquist-Filter berechnet werden:

```
L = 5;          nord = 84;
ds = 80;          % Dämpfung im Sperrbereich
f = fdesign.nyquist(L,'N,Ast',nord, ds);
h = design(f,'kaiserwin');
stem(0:nord, h.numerator);
```

Die Einheitspulsantwort des idealen Hochpassfilters mit einem komplexen Frequenzgang gemäß Abb. 3.1b kann ähnlich berechnet werden. Aus

$$h_{id}[n] = \frac{1}{f_s} \int\limits_{-f_s/2}^{-f_p} e^{j2\pi fnT_s}\, df + \frac{1}{f_s} \int\limits_{f_p}^{f_s/2} e^{j2\pi fnT_s}\, df \tag{3.16}$$

erhält man:

$$h_{id}[n] = \frac{\sin(n\pi)}{n\pi} - \left(\frac{2f_p}{f_s}\right)\frac{\sin(2\pi f_p nT_s)}{2\pi f_p nT_s}\, df = \delta[n] - \left(\frac{2f_p}{f_s}\right)\frac{\sin(2\pi f_p nT_s)}{2\pi f_p nT_s} \tag{3.17}$$

$$n = -\infty,\ldots,-2,-1,0,1,2,\ldots,\infty$$

Der erste Term $\sin(n\pi)/(n\pi)$ ist gleich eins für $n = 0$ und sonst immer null, daher der Kronecker-Operator $\delta[n]$ im Endergebnis. Der zweite Term ist die ideale Einheitspulsantwort des Tiefpassfilters mit relativer Durchlassfrequenz $2f_p/f_s$ (MATLAB-Konvention) gemäß Gl. (3.13) mit Minusvorzeichen.

In Abb. 3.3 ist dieses Ergebnis skizziert. Die noch nicht begrenzte und nicht kausale Einheitspulsantwort wird durch eine Multiplikation mit einem symmetrischen Fenster begrenzt und danach durch eine Verschiebung kausal gemacht.

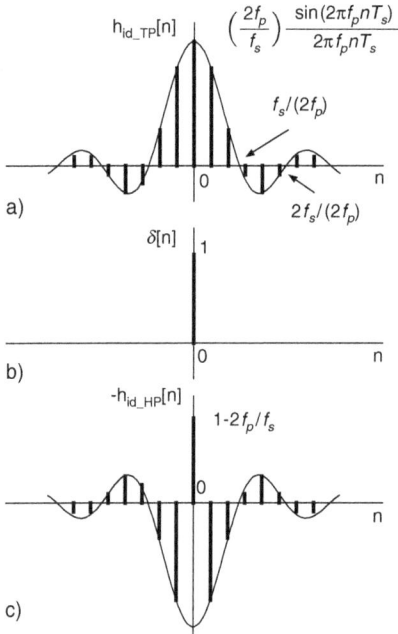

$h_{id\_TP}[n]$ $\left(\dfrac{2f_p}{f_s}\right)\dfrac{\sin(2\pi f_p n T_s)}{2\pi f_p n T_s}$

$f_s/(2f_p)$

$2f_s/(2f_p)$

a)

$\delta[n]$ 1

b)

$-h_{id\_HP}[n]$ $1-2f_p/f_s$

c)

Abb. 3.3. Bildung der Einheitspulsantwort des idealen Hochpassfilters

Im Skript `ideale_filter_1.m` sind die gezeigten Sachverhalte programmiert. Es wird zuerst die ideale begrenzte Einheitspulsantwort des Tiefpassfilters zusammen mit der Hülle in Form der sinc-Funktion berechnet und dargestellt:

```
.....
% ------- Parameter der Filter
fs = 1000;                       % Abtastfrequenz
Ts = 1/fs;                       % Abtastperiode
fp_r = 1/5;                      % Relative zu fs Durchlass-Frequenz
fp_rm = 2*fp_r;                  % Relativ zur fs/2
n_m = 17;                        % Ausdehnung der sinc-Funktion 2*n_m+1
% ------- Ideale begrenzte Einheitspulsantwort TP
n = -n_m:n_m;                    % ungerade Zahl
n_huelle = -n_m:n_m/100:n_m;     % Index für die Hülle der sinc-Funktion
h_idTP = fp_rm*sinc(n*fp_rm);    % Ideale Begrenzte Einheitspulsantwort
h_idTP_h = fp_rm*sinc(n_huelle*fp_rm);
figure(1);     clf;
subplot(211), stem(n, h_idTP);
hold on;  plot(n_huelle, h_idTP_h, 'r');
title('Begrenzte Einheitspulsantwort des TP');
xlabel('Indizes n');      grid on;
```

Danach wird numerisch die DTFT der Einheitspulsantwort im Bereich von $-f_s$ bis f_s ermittelt und ebenfalls dargestellt:

```
% ------- DTFT numerisch angenähert
df = fs/200;
f = -fs:df:fs;          nf = length(f);  % Frequenzbereich für die DTFT
H_TP = zeros(1,nf);
for k = 1:nf
    H_TP(k) = sum(h_idTP.*exp(-j*2*pi*f(k)*n*Ts));
end;
subplot(212), plot(f, abs(H_TP));
title(['DTFT der begrenzten Einheitspulsantwort des TP-Filters ',...
    'fs = ', num2str(fs),' Hz']);
xlabel('Hz');        grid on;
.....
```

Abb. 3.4 zeigt oben die begrenzte sinc-Funktion als Einheitspulsantwort und darunter ihre DTFT. Man sieht die starke Welligkeit im Durchlassbereich, die wegen der Begrenzung der Ausdehnung durch das Rechteckfenster entsteht. Ähnlich wird im

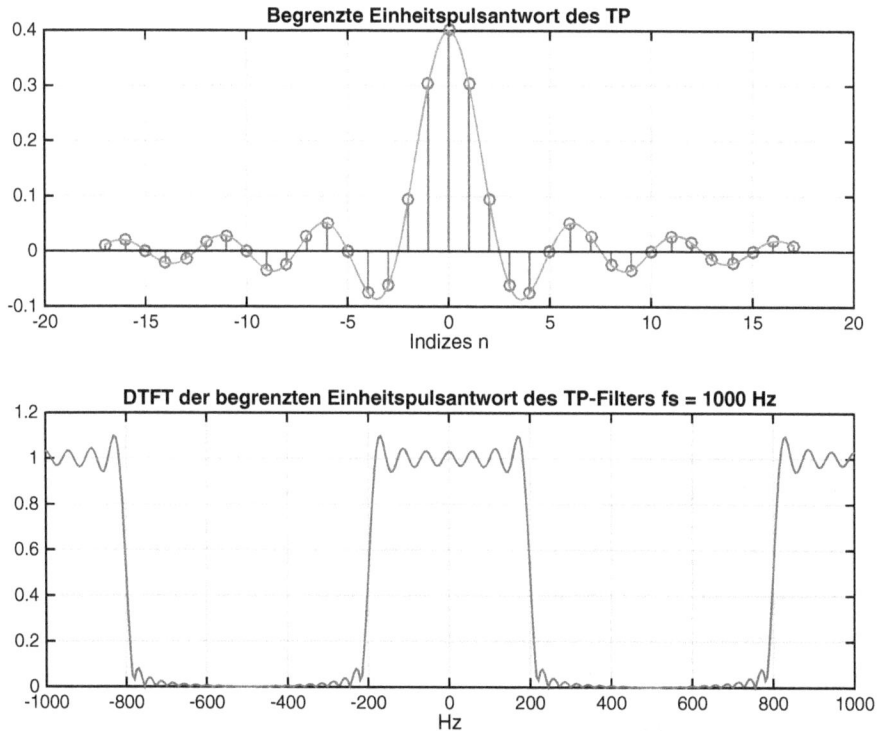

Abb. 3.4. Begrenzte sinc-Funktion als Einheitspulsantwort des Tiefpassfilters und ihre DTFT (ideale_filter_1.m)

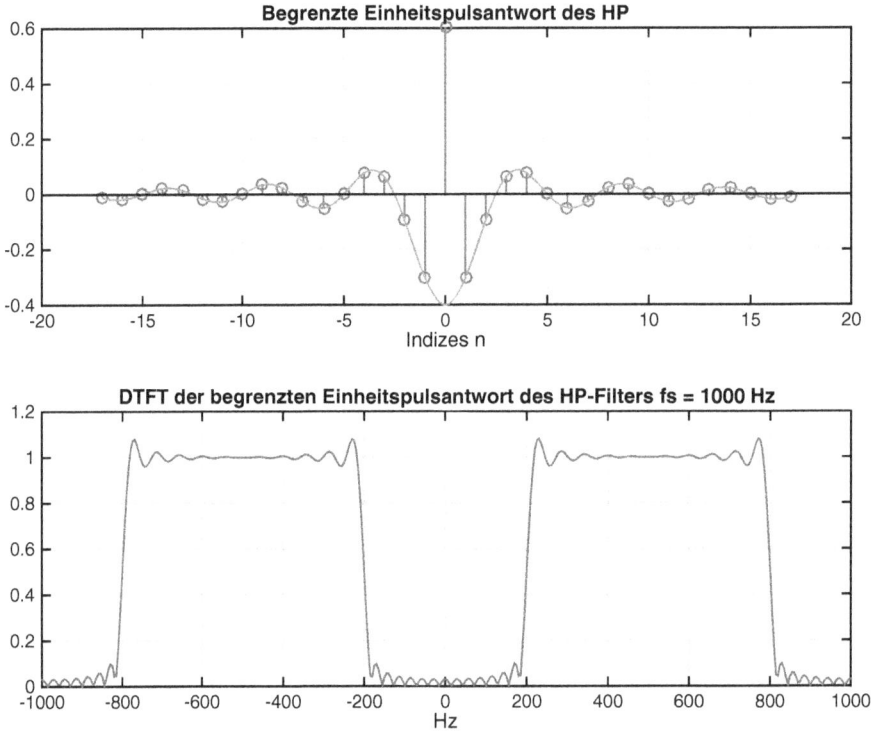

Abb. 3.5. Begrenzte sinc-Funktion und die Einheitspulsantwort des Hochpassfilters bzw. ihre DTFT (`ideale_filter_1.m`)

Skript die begrenzte Einheitspulsantwort des idealen Hochpassfilters berechnet und danach die entsprechende DTFT ermittelt. Abb. 3.5 zeigt dieselben Ergebnisse für dieses Hochpassfilter.

Die Multiplikation mit der rechteckigen Fensterfunktion zur Begrenzung der Einheitspulsantwort im Zeitbereich, führt zu einer Faltung im Frequenzbereich zwischen dem idealen Frequenzgang und der DTFT der Fensterfunktion. Es wird weiter gezeigt, dass die DTFT der rechteckigen Fensterfunktion starke Nebenkeulen besitzt, die durch die Faltung zu der Welligkeit im Amplitudengang führen. Mit Fensterfunktionen die nicht so starke Nebenkeulen besitzen ist die Welligkeit viel kleiner.

Im Skript `fenster_funktion_1.m` werden die DTFTs des rechteckigen Fensters mit dem Hamming- und Hann-Fenster verglichen. Die Familie der so genannten *Generalised-Cosine*-Fenster ist durch folgende Funktion definiert:

$$w[n] = A - B\cos\left(2\pi\frac{n}{K-1}\right) + C\cos\left(4\pi\frac{n}{K-1}\right) \tag{3.18}$$

Dabei ist K die Länge des Fensters und A, B, C sind Parameter. Das Hann-Fenster erhält man für $A = 0,5$; $B = 0,5$; $C = 0$.

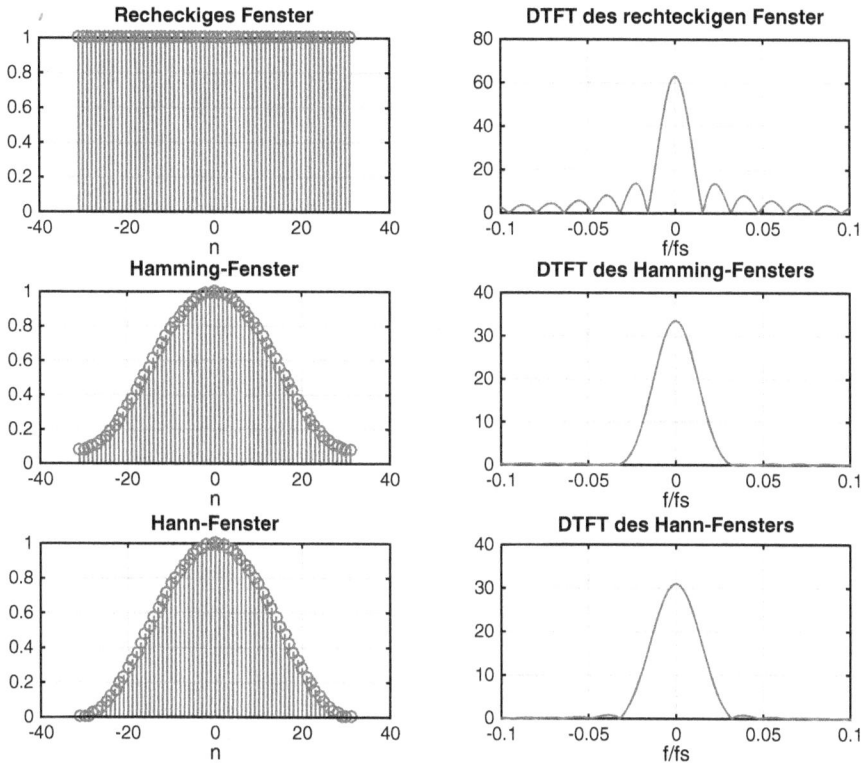

Abb. 3.6. Fenster-Funktionen und ihre DTFT mit linearen Koordinaten (`fenster_funktion_1.m`)

In Abb. 3.6 sind links die Fenster-Funktionen für eine Länge $N = 63$ dargestellt und rechts sind die entsprechende DTFTs mit linearen Koordinaten gezeigt. Die Nebenkeulen des rechteckigen Fensters sind deutlich zu sehen. Ein besserer Vergleich ergibt sich, wenn man die Beträge der DTFTs in dB darstellt, wie in Abb. 3.7 zu sehen ist.

Das Skript enthält einige Kniffe für die Erzeugung der gezeigten Darstellungen, die interessant sein können:

```
% ------- Parameter der Fensterfunktion
N = 63;                         % Größe der Fensterfunktion (hier ungerade Zahl)
nw = -(N-1)/2:(N-1)/2;          % Index der Fensterfunktion
w1 = ones(N,1);                 % Rechteckfenster
w2 = hamming(N);                % Hamming-Fenster
w3 = hann(N);                   % Han-Fenster
w = [w1,w2,w3];                 % Matrix mit den Fensterfunktionen als Spalten
nfft = 1024;                    % Gitter für die DTFT (nfft >> N)
W = fft(w,nfft);
figure(1);    clf;
subplot(321), stem(nw, w1);
title('Recheckiges Fenster');      xlabel('n');  grid on;
```

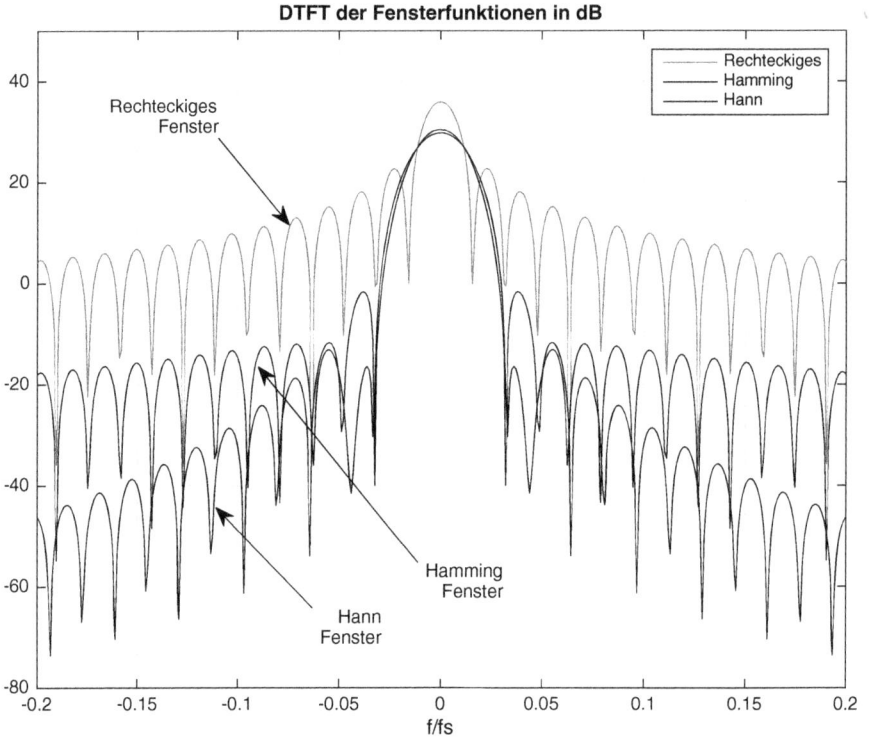

Abb. 3.7. Die Beträge der DTFTs der Fenster-Funktionen in dB (`fenster_funktion_1.m`)

```
subplot(323), stem(nw, w2);
title('Hamming-Fenster');          xlabel('n');  grid on;
subplot(325), stem(nw, w3);
title('Hann-Fenster');             xlabel('n');  grid on;
subplot(322), plot((-nfft/2:nfft/2-1)/nfft, abs(fftshift(W(:,1))));
La = axis;  axis([-0.1, 0.1, La(3:4)]);
title('DTFT des rechteckigen Fenster'); xlabel('f/fs');  grid on;
subplot(324), plot((-nfft/2:nfft/2-1)/nfft, abs(fftshift(W(:,2))));
La = axis;  axis([-0.1, 0.1, La(3:4)]);
title('DTFT des Hamming-Fensters');    xlabel('f/fs');  grid on;
subplot(326), plot((-nfft/2:nfft/2-1)/nfft, abs(fftshift(W(:,3))));
La = axis;  axis([-0.1, 0.1, La(3:4)]);
title('DTFT des Hann-Fensters');       xlabel('f/fs');  grid on;
figure(2);    clf;
plot((-nfft/2:nfft/2-1)/nfft,...
  [20*log10(fftshift(abs(W(:,1)))), 20*log10(fftshift(abs(W(:,2))))...
   20*log10(fftshift(abs(W(:,3))))]);
La = axis;  axis([-0.2, 0.2, -80, 50]);
title('DTFT der Fensterfunktionen in dB'); xlabel('f/fs'); grid on;
legend('Rechteckiges','Hamming','Hann');
```

```
% ------- Überprüfung der Ergebnisse mit dem Parseval-Theorem
i = 1;                      % Wahl eines Fensters i = 1,2,3
W(:,2)'*W(:,2)/nfft,        % Leistung aus dem Frequenzbereich
sum(w(:,2).^2),             % Leistung des Fensters aus dem Zeitbereich
```

Am Ende des Skripts werden mit dem Parseval-Theorem gemäß Gl. (1.147)

$$\sum_{n=-\infty}^{\infty} |x[nT_s]|^2 = T_s \int_{-f_s/2}^{f_s/2} |X(e^{j2\pi fT_s})|^2 df \cong \frac{1}{n_{fft}} \sum_{k=0}^{n_{fft}-1} |X(e^{2\pi k/n_{fft}})|^2$$

die Ergebnisse überprüft. Hier ist n_{fft} die Größe der FFT mit der man die DTFT annähert. Sie muss viel größer als die Größe der Fenster-Funktion sein ($n_{fft} \gg N$).

Im Skript `ideale_filter_1_1.m` wird das Tiefpass- und Hochpassfilter, die im Skript `ideale_filter_1.m` untersucht wurden, ähnlich dargestellt, mit dem Unterschied, dass hier die Einheitspulsantwort mit dem Hanning-Fenster gewichtet wird. Die Welligkeit der DTFT als komplexer Frequenzgang ist jetzt viel kleiner und nur mit der Zoom-Funktion in der Darstellung, z.B. des Amplitudengangs des Tiefpsassfilters aus Abb. 3.8, sichtbar.

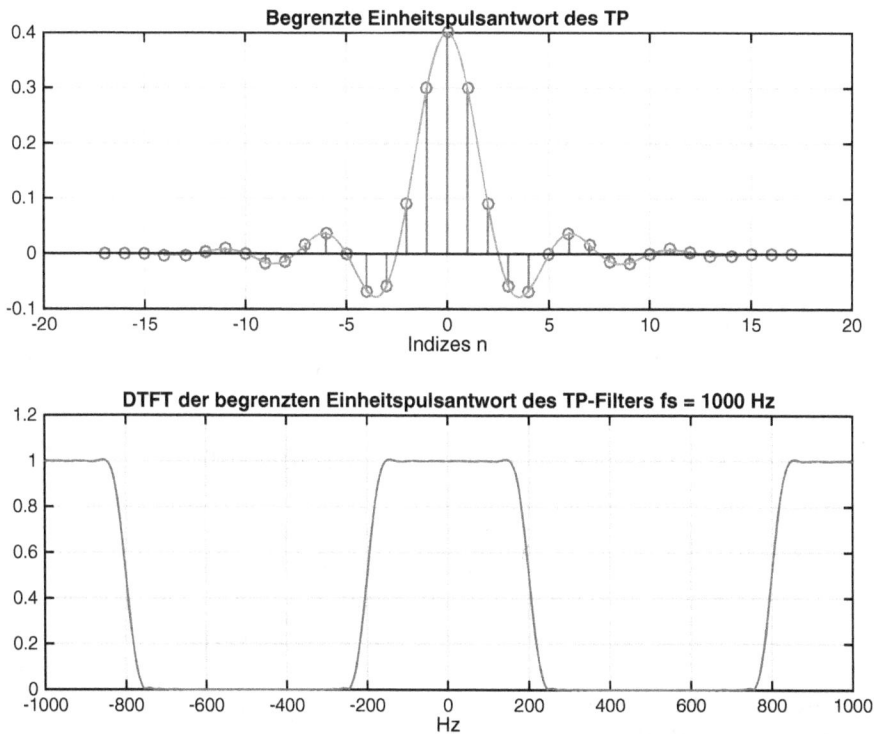

Abb. 3.8. Mit Hanning-Fenster gewichtete sinc-Funktion als Einheitspulsantwort des Tiefpassfilters und der Betrag ihrer DTFT als Amplitudengang (`ideale_filter_1_1.m`)

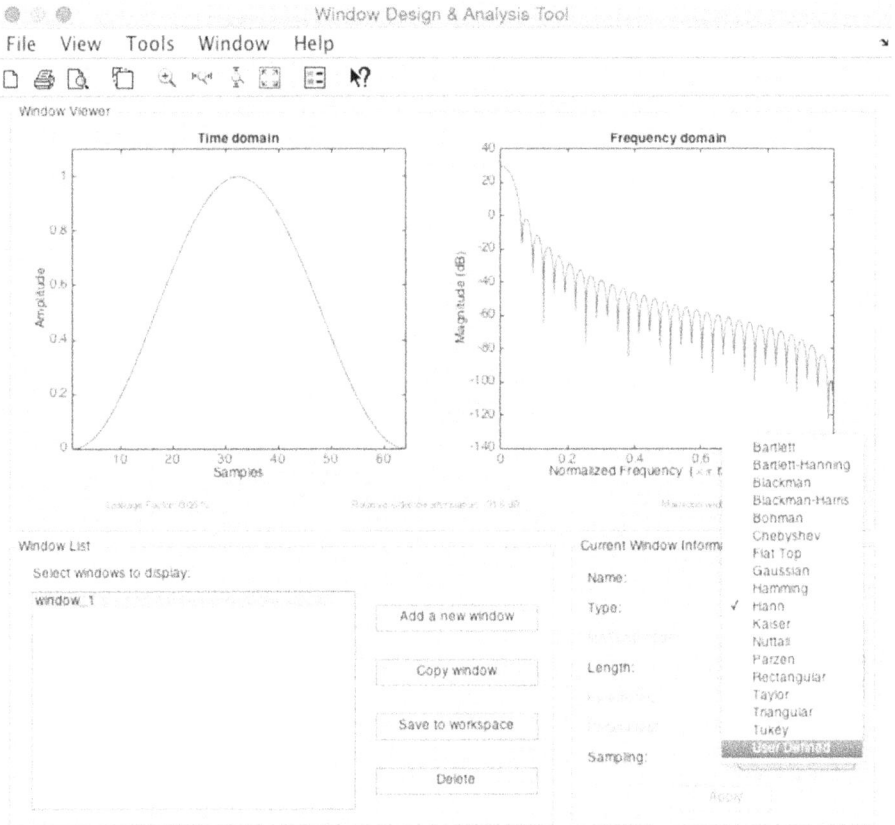

Abb. 3.9. Das ‚*wintool*' zur Untersuchung der Fensterfunktionen

Mit `wintool` kann man das Werkzeug *Window Design and Analysis Tool* aus der *Signal Processing Toolbox* öffnen (Abb. 3.9) und alle vorhandene Fenster-Funktionen untersuchen.

Dem Leser wird empfohlen die idealen Einheitspulsantworten für die anderen grundlegenden (standard) digitalen Filter, die in Abb. 3.1 dargestellt sind, zu ermitteln und darzustellen.

Aus diesen idealen Einheitspulsantworten wird dann mit einer Fenster-Funktion die Ausdehnung begrenzt und mit einer Verschiebung wird daraus ein kausales Filter erzeugt. Das ist eine der Methoden FIR-Filter zu entwerfen. Bei den FIR-Filtern sind die Koeffizienten durch die Werte der Einheitspulsantwort gegeben.

In den Skripten `ideale_filter_2.m` und `ideale_filter_3.m` sind die Einheitspulsantworten für das ideale Bandpass- und Bandstoppfilter numerisch über die DFT bzw. inverse DFT ermittelt und dargestellt.

3.2 Entwurf und Analyse der FIR-Filter mit linearen Phasengang

Man kann die FIR-Filter so entwickeln, dass man einen linearen Phasengang erhält. Sie haben den Vorteil, dass sind immer stabil sind, da ihre Pole im Ursprung der komplexen Ebene liegen [36]. Durch die rasante Entwicklung der gegenwärtigen Hardware, sowohl was die Geschwindigkeit als auch die Komplexität anbelangt, sind diese Filter im Vergleich zu den IIR-Filter im Vormarsch. Als Beispiel werden im professionellen Audiobereich bei Abtastfrequenzen von 48 kHz FIR-Filter der Ordnung 4096 eingesetzt [26].

Ein FIR-Filter wird im Zeitbereich durch folgende Differenzengleichung beschrieben:

$$y[nT_s] = b_0\, x[nT_s] + b_1\, x[(n-1)T_s] + \cdots + b_N\, x[(n-N)T_s]$$
$$= \sum_{k=0}^{N} b_k\, x[(n-k)T_s] \tag{3.19}$$

Die Koeffizienten $b_0, b_1, \ldots, b_N$ sind gleichzeitig die Werte der Einheitspulsantwort und die Koeffizienten des Zählerpolynoms der Übertragungsfunktion. Der Zeilen- oder Spaltenvektor mit diesen Koeffizienten

```
b = [b0,b1,b2, ...,bN];
```

beschreibt das Filter in der Konvention der Signalverarbeitung. Das Nennerpolynom eines FIR-Filters in derselben Konvention ist eins, so dass in den MATLAB-Funktionen, die auch für die IIR-Filter verwendet werden, kann als Nennerpolynom die Zahl 1 angegeben werden, wie z.B. in dem Aufruf der Funktion `freqz` zur Ermittlung oder Darstellung des komplexen Frequenzgangs:

```
[H,w] = freqz{b, 1, 'whole');
```

Mit der Option `'whole'` wird angegeben, dass der Frequenzgang im Bereichen $f = 0$ bis $f = f_s$ und nicht nur im ersten Nyquist-Intervall von $f = 0$ bis $f = f_s/2$ ermittelt und eventuell dargestellt werden soll.

Ein FIR-Filter hat einen linearen Phasengang, wenn die Koeffizienten des Filters symmetrisch

$$b[n] = b[N-n] \quad \text{für} \quad n = 0, 1, 2, \ldots, N \tag{3.20}$$

oder antisymmetrisch sind:

$$b[n] = -b[N-n] \quad \text{für} \quad n = 0, 1, 2, \ldots, N \tag{3.21}$$

Weil die Länge der Einheitspulsantwort oder die Anzahl der Koeffizienten gerade oder ungerade sein kann, gibt es vier Typen von FIR-Übertragungsfunktionen mit linearer Phase. In Abb. 3.10 sind die Einheitspulsantworten dieser vier Typen skizziert [34]. Typ I erhält man mit einer geraden Filterordnung N, was eine ungerade Anzahl

b[n]   Typ I
N = 12

0 1 2 3 ...   12
n
Symmetrie
Zentrum

b[n]   Typ II
N = 11

0 1 2 3 ...   11
n
Symmetrie
Zentrum

b[n]   Typ III
N = 12
b[6]=0

0 1 2 3 ...   12
n
Symmetrie
Zentrum

b[n]   Typ IV
N = 11
Symmetrie
Zentrum

0 1 2 3 ...   11
n

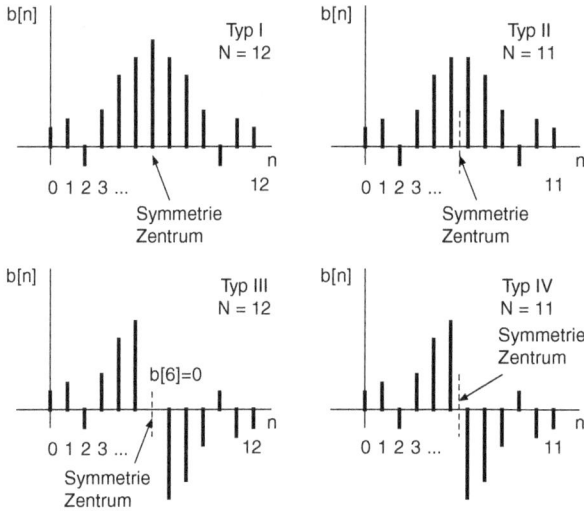

Abb. 3.10. Die vier Typen von FIR-Filtern mit linearem Phasengang

der Koeffizienten bedeutet, die symmetrisch sind. Für ungerade Ordnung N und $N + 1$ symmetrische Koeffizienten ergibt sich Typ II. Der Typ III hat N gerade und antisymmetrische Koeffizienten. Hier ist immer $b[N/2] = 0$. Schließlich erhält man den Typ IV, wenn N ungerade ist und die Koeffizienten antisymmetrisch sind.

Die Koeffizientensymmetrien führen dazu, dass die Filtertypen Einschränkungen für den Frequenzgang bei den beiden besonderen Frequenzen $f = 0$ und $f = f_s/2$ haben. Zusammenfassend kann man Tiefpassfilter nur mit Typ I und Typ II realisieren. Hochpassfilter nur mit Typ I und IV, während Bandpassfilter mit jedem Typ möglich sind. Tabelle 3.1 fast die Einschränkungen der vier FIR-Filtertypen zusammen. Die

Tabelle 3.1. Einschränkungen des Frequenzgangs von FIR-Filtern mit linearer Phase

Filter-Typ	Filter-Ordnung	Symmetrie der Koeffizienten	H(0)	H(fs/2)
Typ I	N gerade	$b_k = b_{N-k}$, $k = 0, \ldots, N/2 + 1$	Keine Einschränkung	Keine Einschränkung
Typ II	N ungerade	$b_k = b_{N-k}$, $k = 0, \ldots, (N-1)/2$	Keine Einschränkung	$H(f_s/2) = 0$
Typ III	N gerade	$b_k = -b_{N-k}$, $k = 1, \ldots, N/2 - 1$	$H(0) = 0$	$H(f_s/2) = 0$
Typ IV	N ungerade	$b_k = -b_{N-k}$, $k = 1, \ldots, (N-1)/2$	$H(0) = 0$	Keine Einschränkung

MATLAB-Funktionen berücksichtigen diese Einschränkungen und umgehen sie. Mit Warnungen und durch eine Erhöhung der Ordnung wird das passende FIR-Filtertyp berechnet:

```
>> b = fir1(11, 0.2, 'high'),
Warning: Odd order symmetric FIR filters must have a gain of zero at the
Nyquist frequency. The order is being increased by one.
```

Es wurde eine Ordnung gleich 11 (mit 12 Koeffizienten) im Befehl angegeben und ein Hochpassfilter Typ II gewünscht. Die Ordnung wurde auf 12 erhöht, was einem Hochpassfilter Typ I entspricht.

Es wird jetzt gezeigt, wie die lineare Phase für symmetrische Koeffizienten der FIR-Filter Typ I entsteht [34]. Mit einer kleineren Ordnung $N = 8$ soll das exemplarisch erläutert werden. Die Übertragungsfunktion als z-Transformierte ist:

$$H(z) = b_0 + b_1 z^{-1} + b_2 z^{-2} + b_3 z^{-3} + b_4 z^{-4} + b_5 z^{-5} + b_6 z^{-6} + b_7 z^{-7} + b_8 z^{-8} \qquad (3.22)$$

Wegen der Symmetrie der Koeffizienten

$$b_0 = b_8, \ b_1 = b_7, \ b_2 = b_6 \ \text{und} \ b_3 = b_5 \qquad (3.23)$$

kann die Übertragungsfunktion wie folgt geschrieben werden:

$$\begin{aligned} H(z) &= b_0(1 + z^{-8}) + b_1(z^{-1} + z^{-7}) + b_2(z^{-2} + z^{-6}) + b_3(z^{-3} + z^{-5}) + b_4 z^{-4} \\ &= z^{-4}\{b_0(z^4 + z^{-4}) + b_1(z^3 + z^{-3}) + b_2(z^2 + z^{-2}) + b_3(z + z^{-1}) + b_4\} \end{aligned} \qquad (3.24)$$

Man erhält den komplexen Frequenzgang durch $z = e^{j\omega T_s}$ und mit der Euler-Formel wird:

$$\begin{aligned} H(e^{j\omega T_s}) &= e^{-j4\omega T_s}\{2b_0\cos(4\omega T_s) + 2b_1\cos(3\omega T_s) + 2b_2\cos(2\omega T_s) \\ &\quad + 2b_3\cos(\omega T_s) + b_4\} = e^{-j(N/2)\omega T_s}\tilde{H}(\omega T_s) \end{aligned} \qquad (3.25)$$

Die reelle Funktion $\tilde{H}(\omega T_s)$ kann positive und negative Werte annehmen und bildet die so genannte Nullphasen-Antwort (*Zero-Phase Response*) des Filters. Ihr Betrag bildet den Amplitudengang. Der Phasengang $\varphi(\omega)$, durch den Exponent $-(N/2)\omega T_s$ gegeben, ist eine lineare Funktion von ω. Die Gruppenlaufzeit als Ableitung dieser Phase mit Minusvorzeichen wird:

$$\tau(\omega) = -\frac{d\varphi(\omega)}{d\omega} = \frac{N}{2}T_s = Konstante \ \text{oder} \ \tau(\omega)/T_s = \frac{N}{2} \qquad (3.26)$$

Die Gruppenlaufzeit ist eine Konstante gleich mit $N/2$ Abtastperioden und das ist die Anzahl der Abtastperioden die benötigt wird, um die nicht kausale Einheitspulsantwort symmetrisch um $n = 0$ in eine kausale Einheitspulsantwort durch Verschiebung zu umwandeln.

Für diese Filter von Typ I mit N gerade gilt allgemein:

$$\tilde{H}(\omega) = b_{N/2} + 2 \sum_{n=1}^{N/2} b_{\frac{N}{2}-n} \cos(\omega n T_s)$$

$$\varphi(\omega) = -\frac{N}{2} \omega T_s + \beta \qquad (3.27)$$

$$\text{wobei } \beta = 0 \text{ oder } \beta = \pi \text{ ist}$$

Man kann zeigen [34], dass für Typ II mit N ungerade allgemein gilt:

$$\tilde{H}(\omega) = 2 \sum_{n=1}^{(N+1)/2} b_{\frac{N+1}{2}-n} \cos(\omega(n-1/2)T_s)$$

$$\varphi(\omega) = -\frac{N}{2} \omega T_s + \beta \qquad (3.28)$$

$$\text{wobei } \beta = 0 \text{ oder } \beta = \pi \text{ ist}$$

Im Skript `FIR_Filter_Typ` werden zwei FIR-Tiefpassfilter vom Typ I und Typ II untersucht. Am Anfang werden die Ordnungen einmal gerade und dann ungerade gewählt und mit der Funktion `fir1` die Filter entworfen. Diese Funktion gewichtet mit einem Fenster die ideale Einheitsprungantwort, die im Falle der Tiefpassfilter die sinc-Funktion ist. Die relative Frequenz nach der MATLAB-Konvention wurde 0,2 gewählt und das bedeutet eine relative Frequenz bezogen auf die Abtastfrequenz gleich 0,1. Die entsprechenden Zeilen des Skripts sind:

```
N1 = 32;     n1 = 0:N1;          % Ordnung; Indizes Einheitspulsantwort
fr = 0.2;                        % Relative Frequenz f/(fs/2)
b1 = fir1(N1, fr, hamming(N1+1)); % Filter Entwurf mit fir1
N2 = 33;     n2 = 0:N2;          % Ordnung; Indizes Einheitspulsantwort
b2 = fir1(N2, fr, hamming(N2+1)); % Filter Entwurf mit fir1
....
```

Abb. 3.11 zeigt die zwei Einheitspulsantworten, aus denen man die Gruppenlaufzeit ermitteln kann. Die Gruppenlaufzeit ist für den Typ I $\tau/T_s = N/2 = 16$ Abtastperioden und für den Typ II $\tau/T_s = N/2 = 16,5$ Abtastperioden. Im Skript werden weiter die Frequenzgänge im ersten Nyquist-Intervall mit der Funktion `freqz` berechnet und dargestellt:

```
.....
% ------ Frequenzgang über freqz
nfft = 512;      % nfft >> N1, N2
[H1, w1] = freqz(b1,1,nfft);
[H2, w2] = freqz(b2,1,nfft);
figure(2);    clf;
subplot(221), plot(w1/(2*pi), 20*log10(abs(H1)));
title('Amplitudengang des FIR-Filters Typ I');
xlabel('f/fs');    grid on;
```

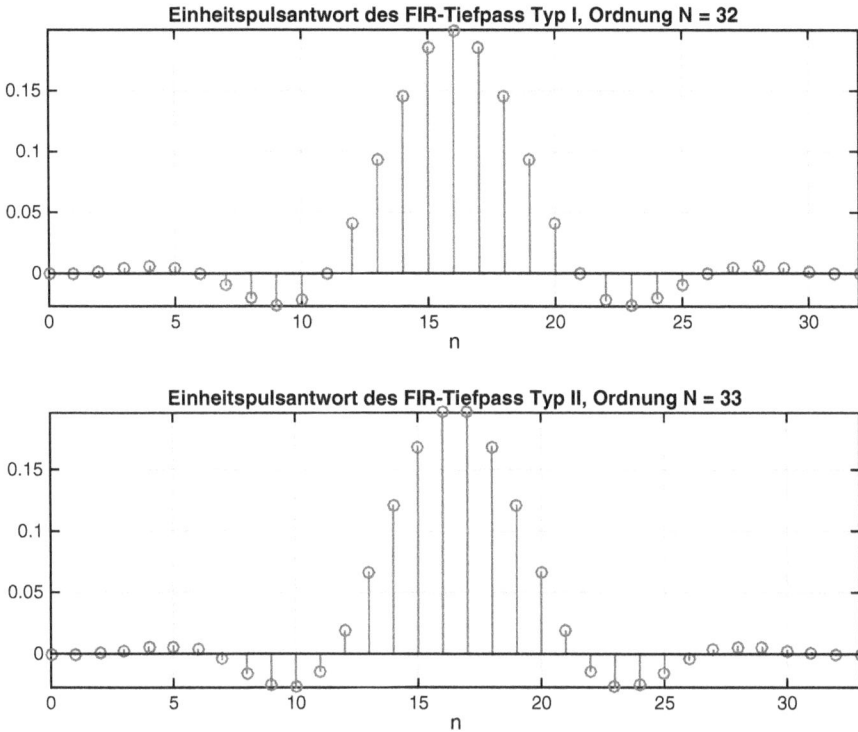

Abb. 3.11. Die zwei Einheitspulsantworten der FIR-Filter Typ I und Typ II (FIR_Filter_Typ.m)

```
subplot(223), plot(w1/(2*pi), unwrap(angle(H1)));
title('Phasengang des FIR-Filters Typ I');
xlabel('f/fs');     grid on;
subplot(222), plot(w2/(2*pi), 20*log10(abs(H2)));
title('Amplitudengang des FIR-Filters Typ II');
xlabel('f/fs');     grid on;
subplot(224), plot(w2/(2*pi), unwrap(angle(H2)));
title('Phasengang des FIR-Filters Typ II');
xlabel('f/fs');     grid on;
```

In Abb. 3.12 sind oben die Amplitudengänge in dB und unten die Phasengänge der Filter dargestellt. Im Durchlassbereich ist die Phase linear:

$$\varphi(\omega) = -\omega T_s \frac{N}{2} \quad \text{oder} \quad \varphi(f) = -2\pi f T_s \frac{N}{2} \tag{3.29}$$

Mit dieser Formel kann man z.B. die Phase bei der relativen Frequenz $fT_s = f/f_s = 0.1$ für das Filter vom Typ I schätzen:

$$\varphi(f)|_{f/f_s=0,1} = -2\pi(f/f_s)\frac{N_1}{2} = -2\pi 0,1 \times 16 = 10,0531 \tag{3.30}$$

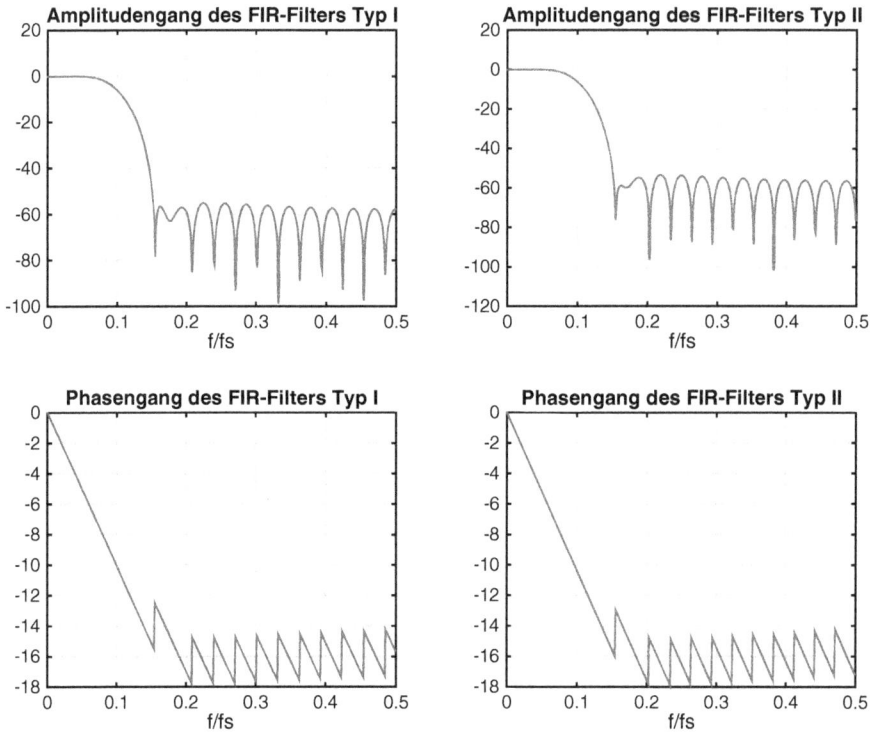

Abb. 3.12. Die Amplituden- und Phasengänge der FIR-Filter Typ I und Typ II (`FIR_Filter_Typ.m`)

Dieser Wert kann aus dem Phasengang mit der Zoom-Funktion gelesen werden. Weil die Ordnung $N_1 = 32$ des Filters vomTyp I annähernd gleich der Ordnung $N_2 = 33$ des Filters vom Typ II ist, wird der Wert der Phase für den Filter vom Typ II ähnlich groß:

$$\varphi(f)|_{f/f_s=0,1} = -2\pi(f/f_s)\frac{N_2}{2} = -2\pi 0,1 \times 16,5 = 10,3673 \tag{3.31}$$

In derselben Art kann man die lineare Phase für die anderen Typen III und IV von Filtern begründen und ermitteln [34]. Als Beispiel für ein Filter vom Typ III mit $N = 8$ und Symmetrie der Koeffizienten gemäß Abb. 3.10 und Tabelle 3.1

$$b_0 = -b_8; \quad b_1 = -b_7; \quad b_2 = -b_6; \quad b_3 = -b_5; \quad b_4 = 0 \tag{3.32}$$

erhält man eine Übertragungsfunktion:

$$H(z) = z^{-4}\{b_0(z^4 - z^{-4}) + b_1(z^3 - z^{-3}) + b_2(z^2 - z^{-2}) + h_3(z - z^{-1})\} \tag{3.33}$$

Daraus ergibt sich folgender komplexer Frequenzgang:

$$H(e^{j\omega T_s}) = e^{-j4\omega T_s} e^{-j\pi/2} \{2b_0\sin(4\omega T_s) + 2b_1\sin(3\omega T_s)$$

$$+ 2b_2\sin(2\omega T_s) + 2b_3\sin(\omega T_s)\} \tag{3.34}$$

$$\varphi(\omega) = -4\omega T_s + \frac{\pi}{2} + \beta, \qquad \beta = 0 \text{ oder } \beta = \pi$$

Dieses Ergebnis kann leicht verallgemeinert werden:

$$H(e^{j\omega T_s}) = je^{-j\omega N/2}\tilde{H}(\omega) \text{ wobei } \tilde{H}(\omega) = 2\sum_{n=1}^{N/2} b_{\frac{N}{2}-n}\sin(\omega n T_s)$$

$$\varphi(\omega) = -\frac{N}{2}\omega T_s + \frac{\pi}{2} + \beta, \qquad \beta = 0 \text{ oder } \beta = \pi \tag{3.35}$$

Im Skript `FIR_Filter_Typ_1.m` wird ein FIR-Hochpassfilter Typ I mit der Funktion `fir1` berechnet und seine Eigenschaften dargestellt, wie in Abb. 3.13 gezeigt.

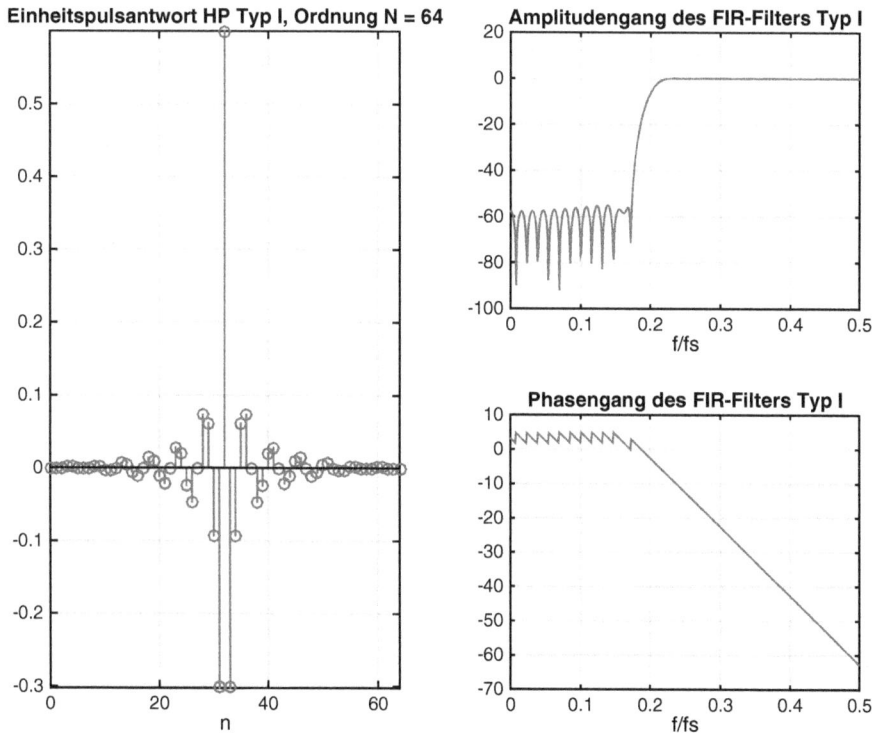

Abb. 3.13. Die Einheitspulsantwort und der Amplituden- bzw. Phasengang des FIR-Hochpassfilters Typ I (`FIR_Filter_Typ_1.m`)

Der Phasengang ist linear, geht aber nicht durch den Ursprung. Die Gruppenlaufzeit kann wie zuvor aus der Steilheit des Phasengangs geschätzt werden. Für die relative Frequenz von 0,2 ist die Phase −2,5 Rad und für die Frequenz von 0,4 ist die Phase −42,725. Das bedeutet eine Steilheit $(−42,725 + 2,5)/(0,4 − 0,2) = −40,225/(0,2) = −201,125$ rad/(f/f_s). Durch Teilen mit 2π erhält man die Gruppenlaufzeit in Abtastperioden $201,125/(2\pi) = 32,010$ statt 32.

Mit dem Skript FIR_Filter_Typ_2.m wird ein FIR-Filter vom Typ IV als Differenzierer (*Differentiator*) untersucht. Die ungerade Ordnung von 33 bedeutet ein Filter mit 34 Koeffizienten. Die Einheitspulsantwort und der Frequenzgang sind in Abb. 3.14 dargestellt. Ein zeitkontinuierlicher Differenzierer hat folgenden idealen Frequenzgang:

$$H(j\omega) = j\omega \tag{3.36}$$

Das bedeutet eine Phasenverschiebung gleich $\pi/2$ und einen linearen von ω abhängigen Amplitudengang. Für Signale, die das Abtasttheorem erfüllen, bedeutet dies ein

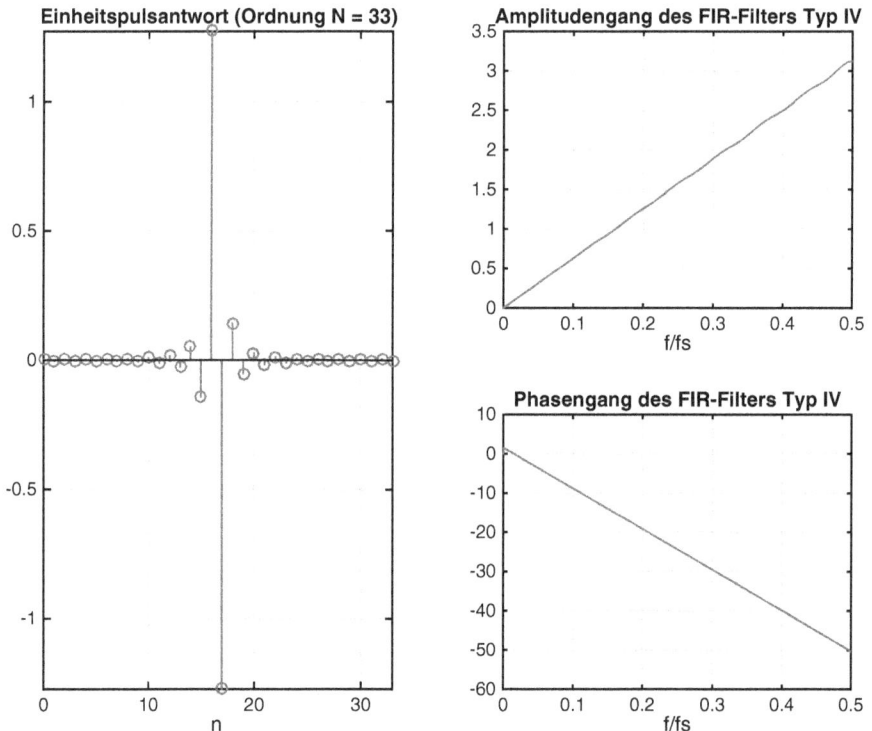

Abb. 3.14. Die Einheitspulsantwort und der Amplituden- bzw. Phasengang des FIR-Differentiators Typ IV (FIR_Filter_Typ_2.m)

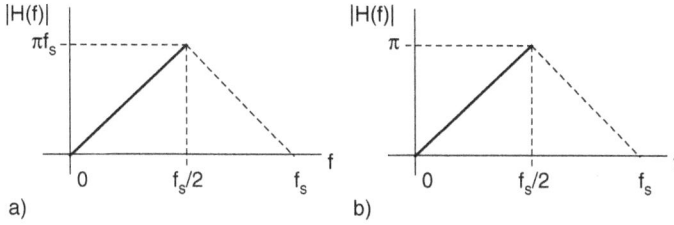

Abb. 3.15. Amplitudengänge für einen Differenzierer

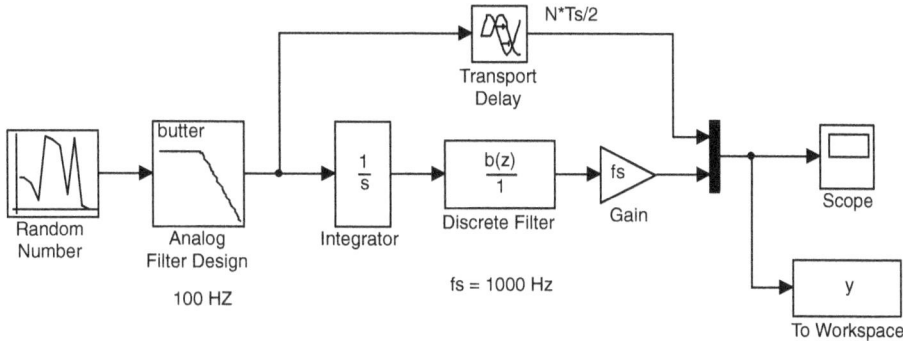

Abb. 3.16. Ableitung eines Zufallssignals mit einem FIR-Differenzierer (`sensor_diff_1.m`, `sensor_diff1.slx`)

Amplitudengang:

$$|H(e^{j2\pi f})| = |H(f)| = 2\pi f \tag{3.37}$$

Für $f = f_s/2$ erhält man dann einen Wert von πf_s, wie in Abb. 3.15a dargestellt. Man kann aber eine Kennlinie wie in Abb. 3.15b allgemein realisieren und weiter mit einem Verstärkungsfaktor gleich f_s die gewünschte Kennlinie nachbilden.

Ein Experiment mit dem Skript `sensor_diff_1.m` und dem Modell `sensor_diff1.slx` soll die gezeigten Sachverhalte verständlich erläutern.

Es wird ein zeitkontinuierliches bandbegrenztes Zufallssignal integriert und danach mit einem FIR-Filter differenziert. Im idealen Fall muss jetzt das zeitdiskrete Ausgangssignal des FIR-Differenzierers das abgetastete ursprüngliche Zufallssignal am Eingang des Integrators sein.

Das Simulink-Modell ist in Abb. 3.16 dargestellt. Das Zufallssignal mit sehr großer Bandbreite (hier 5000 Hz) aus dem Block *Random Number* wird mit einem Analog-Tiefpassfilter auf einer Bandbreite von 100 Hz begrenzt. Es folgt ein Integrator, mit dem dieses Signal integriert wird. Das FIR-Filter als Differenzierer zusammen mit dem Faktor f_s aus dem Block *Gain* sollte das abgetastete Signal vom Eingang des

Integrators nachbilden. Das FIR-Filter erzeugt eine Verspätung gleich der Ordnung des Filters geteilt durch zwei. Um die Signale überlappt darzustellen muss man das zeitkontinuierliche Signal am Eingang des Integrators ebenfalls verspäten. Das Modell ist ein *Mixed*-Modell, das sowohl zeitkontinuierliche als auch zeitdiskrete Blöcke enthält.

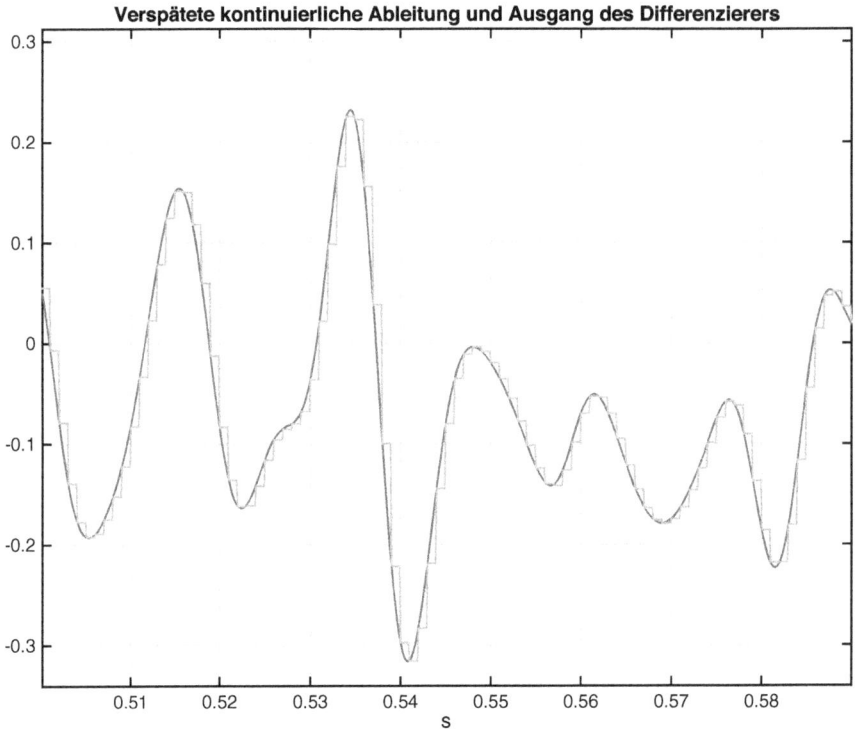

Abb. 3.17. Zeitkontinuierliche Ableitung und über ein FIR-Differenzierer rekonstruierte Ableitung (`sensor_diff_1.m`, `sensor_diff1.slx`)

In Abb. 3.17 sind diese zwei Signale überlappt dargestellt und wie man sieht ist die Ableitung mit dem FIR-Differenzierer sehr gut. Das FIR-Filter wurde im Skript mit den gleichen Parametern entwickelt wie im Skript `FIR_Filter_Typ_2.m` und hat die Eigenschaften, die in Abb. 3.14 dargestellt sind:

```
.....
% -------- Parameter des FIR-Differenzierers
fs = 1000;     Ts = 1/fs;    % Abtastfrequenz, Abtastperiode
% FIR-Filter
N = 33;                      % Ordnung des Filters (Typ IV)
```

```
b = firpm(N,[0,0.5]*2, [0, pi], 'differentiator');
nfft = 512;
[H,w] = freqz(b,1,nfft);     % Frequenzgang
.....
```

Ein idealer Differenzierer hat einen Phasengang gleich $\pi/2$. Das FIR-Filter als Differenzierer hat einen Phasengang gleich $\pi/2$ plus die lineare Phase wegen der Verschiebung der Einheitspulsantwort um $N/2$, wobei N die Ordnung des Filters ist. Somit ist der Phasengang des Filters gleich:

$$\varphi(2\pi f) = \frac{\pi}{2} - 2\pi f T_s \frac{N}{2} \tag{3.38}$$

In der Berechnung des Frequenzgangs mit der Funktion `freqz` wurde die komplexe Funktion H mit $n_{fft} = 512$ Werten im Bereich $0 \le f \le f_s/2$ ermittelt. Die Frequenz w wurde mit derselben Anzahl von Werten im Bereich 0 bis π gewählt und stellt die relative Frequenz ωT_s dar.

Für diese frequenzdiskrete Darstellung mit $\Delta f = (f_s/2)/n_{fft}$ ist der Phasengang im ersten Nyquist-Intervall durch

$$\varphi(2\pi f)|_{f=nf_s/(2n_{fft})} = \frac{\pi}{2} - 2\pi n f_s T_s/(2n_{fft})\frac{N}{2} = \frac{\pi}{2} - 2\pi n/(2n_{fft})\frac{N}{2} \tag{3.39}$$

$$\text{mit } n = 0, 1, 2, \ldots, n_{fft} - 1$$

gegeben. Mit folgender Zeile wird im Skript der lineare Teil der Phase entfernt, um zu zeigen, dass sie $\pi/2$ ist:

```
% ------- Überprüfen der Phase von pi/2
phi_komp = unwrap(angle(H')) + 2*pi*(0:nfft-1)/(2*nfft)*N/2;
```

Wie erwartet erhält man eine durchgehende Phase von $\pi/2$.

Im Skript `FIR_Filter_Typ_21.m` wird ein FIR-Filter als Differenzierer vom Typ III mit einer geraden Ordnung untersucht. Weil bei diesem Typ $H(f_s/2) = 0$ ist, kann man nicht den gesamten Bereich bis $f_s/2$ benutzen. Die Eckpunkte für die Frequenz und für den Amplitudengang, die im Befehl `firpm` benötigt werden, sind jetzt:

```
N1 = 34;      n1 = 0:N1;      % Ordnung; Indizes Einheitspulsantwort
f = [0, 0.45, 0.47, 0.5]*2;   % Frequenzbereich (MATLAB-Konvention)
m = [0, pi, 0, 0];            % Eckpunkte des Amplitudengangs
b1 = firpm(N1,f,m,'d');
b1 = b1.*hamming(N1+1)';      % Mindert die Welligkeit
```

In der Praxis möchte man nur in einem bestimmten Frequenzbereich die Signale differenzieren und im Rest bis $f_s/2$ eventuelle Störungen unterdrücken. Im Skript `FIR_Filter_Typ_3.m` wird solch ein FIR-Filter berechnet und untersucht. Für die Eckpunkte der Frequenz und des Amplitudengangs werden folgende Werte gewählt:

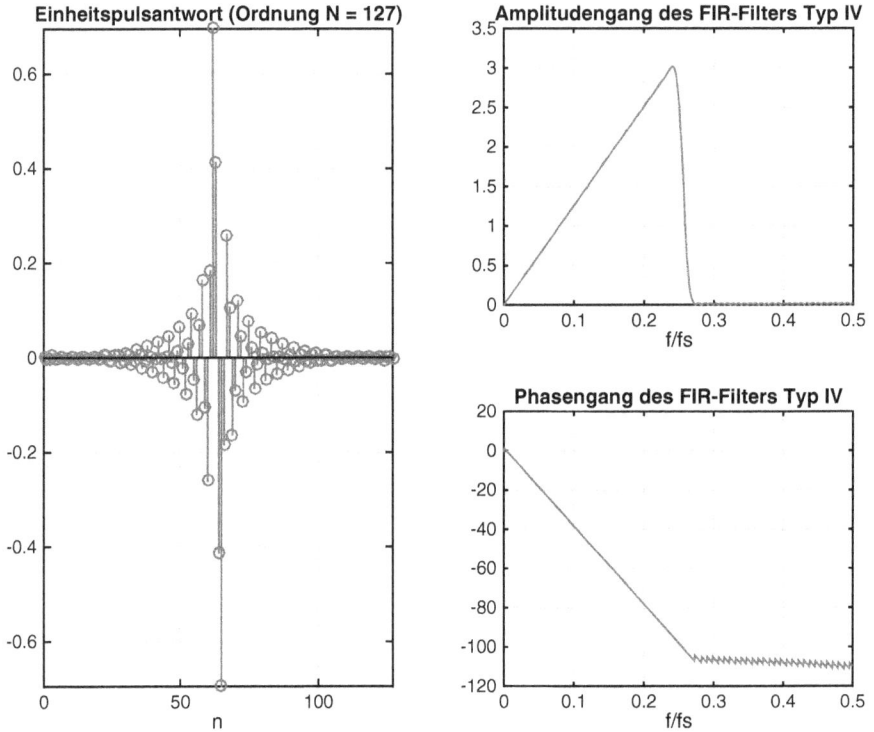

Abb. 3.18. FIR-Differenzierer mit Sperrbereich (FIR_Filter_Typ_21.m)

```
% -------- Parameter der Filter
N1 = 127;     n1 = 0:N1;    % Ordnung; Indizes Einheitspulsantwort
f = [0, 0.25 0.26 0.5]*2;   % Frequenzbereich (MATLAB-Konvention)
m = [0, pi, 0, 0];          % Eckpunkte des Amplitudengangs
b1 = firpm(N1,f,m,'d');
b1 = b1.*hamming(N1+1)';    % Mindert die Welligkeit
```

Die Eigenschaften des Filters sind in Abb. 3.18 dargestellt. Die Ordnung des Filters wurde etwas höher gewählt, um eine gute Unterdrückung der Signale im Sperrbereich zu erhalten.

Die Frequenzbereiche im Befehl firpm können mit verschiedenen ‚Wichtigkeiten‘ versehen werden:

```
b1 = firpm(N1,f,m,[1 10],'d');   % Der Sperrbereich ist 10 mal
                                 % wichtiger
```

In dieser Form ist der Sperrbereich von $f/f_s = 0,26$ bis $f/f_s = 0,5$ zehn mal wichtiger als der Differenzierbereich von $f/f_s = 0$ bis $f/f_s = 0,25$. Man erhält so eine bessere Dämpfung im Sperrbereich.

3.2.1 Entwurf der FIR-Filter mit linearer Phase über das Fensterverfahren

Es gibt prinzipiell drei Verfahren zum Entwurf von FIR-Filtern:
1. Das erste Verfahren geht von den idealen Einheitspulsantworten der standard Fiter aus, die man analytisch bestimmen kann und die sich von $-\infty$ bis ∞ ausdehnen bzw. nicht kausal sind. Durch eine Fensterfunktion wird die Ausdehnung begrenzt und mit einer Verschiebung in den Bereich der positiven Indizes wird eine kausale Einheitspulsantwort gebildet.
2. Im zweiten Verfahren wird der ideale oder gewünschte Frequenzgang einer Periode abgetastet und mit Hilfe einer inversen DFT (oder FFT) wird die Einheitspulsantwort ermittelt. Danach wird auch hier die Einheitspulsantwort mit einer Fensterfunktion gewichtet, um die Welligkeit im Spektrum wegen der in der Ausdehnung begrenzten Einheitspulsantwort zu mindern.
3. In der letzten Kategorie werden Optimierungsverfahren eingesetzt, die zur Minimierung eines Fehlers, der zwischen dem idealen und realisierbaren Amplitudengang definiert ist. Der Phasengang ist linear wegen der Symmetrie oder Antisymmetrie der Koeffizienten.

In der Literatur werden die Einheitspulsantworten der FIR-Filter mit $h[n]$, $n = 0, 1, 2, \ldots, N$ bezeichnet und diese Bezeichnung wird weiter statt $b[n]$, $n = 0, 1, 2, \ldots, N$ auch benutzt.

Der einfachste Weg FIR-Filter zu erhalten besteht darin, die ideale Einheitspulsantwort symmetrisch zu begrenzen. Diese Begrenzung minimiert den mittleren quadratischen Fehler definiert durch:

$$\epsilon^2 = \frac{1}{2\pi} \int\limits_{--\omega_s/2}^{\omega_s/2} |H_d(e^{j\omega T_s}) - H(e^{j\omega T_s})|^2 \, d\omega = \sum_{n=-\infty}^{\infty} (h_d[n] - h[n])^2 \qquad (3.40)$$

Hier ist $H_d(e^{j\omega T_s})$ der ideale gewünschte Frequenzgang und $H(e^{j\omega T_s})$ ist seine Annäherung. Die ideale Einheitspulsantwort ist $h_d[n]$ und $h[n]$ ist ihre Annäherung. Der mittlere quadratische Fehler ist minimiert, wenn:

$$h[n] = h_d[n], \qquad 0 \leq n \leq N \qquad (3.41)$$

Hier ist N die Ordnung des Filters mit $N + 1$ Koeffizienten. Diese Begrenzung führt zu nichtakzeptablen Welligkeiten, wie in den Beispielen im Skript `ideale_filter_1.m` im Abschnitt 3.1 gezeigt wurde.

Die Begrenzung mit Fenster-Funktion $w[n]$ im Zeitbereich wirkt im Frequenzbereich auf $H(e^{j\omega T_s})$ über die Faltung der DTFT der zwei Sequenzen, gemäß Tabelle 1.3

Position 6:

$$h[n] = h_d[n]w[n] \rightarrow H(e^{j\omega_0 T_s}) = \frac{T_s}{2\pi} \int\limits_{--\omega_s/2}^{\omega_s/2} H_d(e^{j\omega_0 T_s})W(e^{j(\omega-\omega_0)T_s})d\omega \qquad (3.42)$$

Da die DTFTs periodisch sind, ist dies eine zirkuläre Faltung [36]. Wegen der Welligkeit der DTFT der Fensterfunktion erhält man aus der idealen $H_d(e^{j\omega_0 T_s})$ eine DTFT mit Welligkeit. Die DTFT des rechteckigen Fensters der Länge $N + 1$ für ein FIR-Filter der Ordnung N ist durch

$$W(e^{j\omega T_s}) = \sum_{n=0}^{N} e^{-j\omega n T_s} \qquad (3.43)$$

gegeben. Das ist die Summe einer geometrischen Reihe mit $q = e^{-j\omega T_s}$ als Quotient, Summe die man mit der Formel

$$\sum_{n=0}^{N} \frac{1 - q^{N+1}}{1 - q} \qquad (3.44)$$

berechnen kann:

$$W(e^{j\omega T_s}) = \frac{1 - e^{-j\omega(N+1)T_s}}{1 - e^{-j\omega T_s}} = e^{-j\omega N T_s/2} \frac{\sin(\omega T_s(N+1)/2)}{\sin(\omega T_s/2)} \qquad (3.45)$$

Man erkennt hier den Dirichlet-Kern $\sin((N+1)x)/\sin(x)$ [36], für den im MATLAB die Funktion `diric` vorhanden ist.

Im Skript `zirk_faltung_1.m` wird die zirkuläre Faltung der DTFT des idealen Tiefpassfilters und der DTFT der rechteckigen Fenster-Funktion untersucht:

```
. . . . .
% -------- Parameter
fs = 1000;      Ts = 1/fs;          % Abtastfrequenz, Abtastperiode
fp = 200;                           % Durchlassfrequenz TP Hz
df = fs/1000;
f = -fs/2:df:fs/2;   nf = length(f); % Frequenzbereich einer Periode
N = 32;                             % Ordnung des TP-Filters (N+1) Koeffizienten
                                    % oder (N+1) Werte für die Fensterfunktion
% -------- Idealer TP
H = zeros(1, nf);
p = find(f>-fp & f<fp);
H(p) = 1;
```

Es wird zuerst der ideale Frequenzgang des Tiefpassfilters im Bereich der Periode zwischen $-f_s/2$ bis $f_s/2$ definiert. Danach wird die DTFT der Fenster-Funktion mit Ursprung bei einer beliebigen Frequenz, hier `f0 = 180` Hz berechnet und zusammen mit dem idealen Frequenzgang dargestellt. Abb. 3.19 zeigt links diese zwei Funktionen.

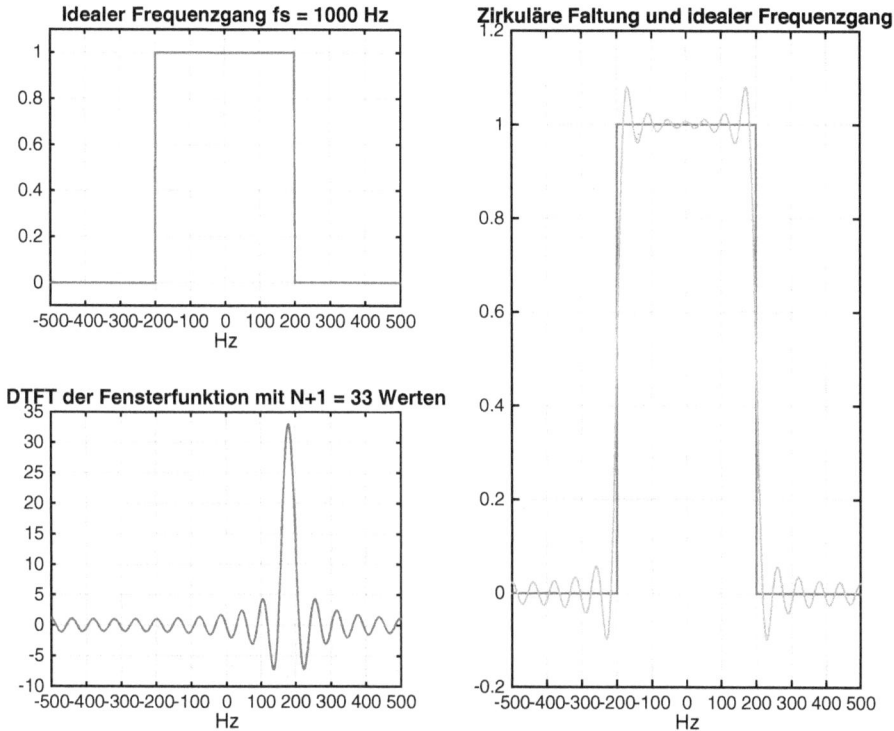

Abb. 3.19. Die zirkuläre Faltung der DTFT des idealen Tiefpassfilters und der DTFT der rechteckigen Fenster-Funktion (zirk_faltung_1.m)

```
f0 = 180;          % Position der DTFT der Fenster-Funktion
figure(1);    clf;
subplot(221), plot(f, H);
title(['Idealer Frequenzgang fs = ',num2str(fs),' Hz']);
xlabel('Hz');     grid on; La = axis;   axis([La(1:2), -0.1, 1.1])
W = (N+1)*diric(2*pi*(f-f0)*Ts, N+1); % DTFT der Fensterfunktion
subplot(223), plot(f,W);
title(['DTFT der Fensterfunktion mit N+1 = ',num2str(N+1),'Werten']);
xlabel('Hz');     grid on;
```

Die Summe der Multiplikation der Werte dieser zwei Funktionen als Annäherung des Integrals gemäß Gl. (3.42) ergibt die zirkuläre Faltung an der Stelle f_0. Im Skript wird dann für alle möglichen Werte f_0 die zirkuläre Faltung berechnet und zusammen mit dem idealen Frequenzgang rechts in Abb. 3.19 dargestellt:

```
% -------- Zirkuläre Faltung
Hr = zeros(1,nf);
for k = 1:nf
    f0 = f(k);                       % Verschiebung der DTFT der Fensterfunktion
```

```
    W = (N+1)*diric(2*pi*(f-f0)*Ts, N+1); % DTFT der Fensterfunktion
    Hr(k) = sum(H.*W)*df/fs;              % Faltungswert bei F0
end;
subplot(122), plot(f,H);  hold on;  plot(f, Hr);
hold off;
title('Zirkuläre Faltung und idealer Frequenzgang');
xlabel('Hz');     grid on;
```

Rechts im Bild sieht man den Effekt der Begrenzung der idealen Einheitspulsantwort durch das rechteckige Fenster in Form der Welligkeit im Durchlass- und Sperrbereich.

Für die restlichen weiteren grundlegenden Filter (Standardfilter) aus Abb. 3.1 kann man die idealen Impulsantworten aus der Literatur entnehmen [21] und ähnliche Experimente programmieren. In den Gleichungen (3.13) und (3.17) wurden die idealen Einheitspulsantworten für die FIR-Tiefpass- und Hochpassfilter ermittelt und die Effekte der rechteckigen Fensterfunktionen dargestellt.

Die Einheitspulsantwort für den idealen FIR-Bandpassfilter ist [21]:

$$h_{id}[n] = \frac{\sin(2\pi f_{p2} n T_s)}{\pi n} - \frac{\sin(2\pi f_{p1} n T_s)}{\pi n} \tag{3.46}$$
$$n = -\infty, \ldots, -2, -1, 0, 1, 2, \ldots, \infty$$

Hier sind die Frequenzen f_{p1} und f_{p2} die zwei Durchlassfrequenzen des idealen FIR-Bandpassfilters in Hz.

Die Einheitspulsantwort des idealen FIR-Bandsperrfilters mit den zwei Stoppfrequenzen f_{s1} und f_{s2} ist:

$$h_{id}[n] = \begin{cases} \delta[n] - 2\pi(f_{s2} - f_{s1})T_s & \text{für} \quad n = 0 \\ \frac{\sin(2\pi f_{s1} n T_s)}{\pi n} - \frac{\sin(\pi f_{s2} n T_s)}{\pi n} & \text{für} \quad |n| > 0 \end{cases} \tag{3.47}$$

Im Skript `ideale_filter_4.m` wird dieses FIR-Sperrfilter untersucht. Es wird die Einheitspulsantwort gemäß der vorherigen Gleichung begrenzt, so als würde man ein rechteckiges Fenster benutzen und danach wird der Frequenzgang mit der MATLAB-Funktion `freqz` ermittelt. Dabei muss diese Funktion mit einer viel größeren Anzahl `nfft` >> `N` von Werten als die Anzahl der Koeffizienten N aufgerufen werden:

```
.....
% ------- Parameter
fs = 1000;    Ts = 1/fs;  % Abtastfrequenz und Abtastperiode
fs1 = 100;     fs2 = 200;  % Sperrfrequenzen
N = 64;        % Ordnung des Filters;(N+1 Koeffizienten
% ------- Die begrenzte Einheitspulsantwort
n = -N/2:N/2;
hid = sin(2*pi*fs1*n*Ts)./(pi*n) - sin(2*pi*fs2*n*Ts)./(pi*n);
hid(N/2+1) = 1-2*(fs2-fs1)*Ts;
figure(1);    clf;
subplot(121), stem(n, hid);
```

```
title(['Einheitspulsantwort des BS-FIR-Filters N = ',...
    num2str(N)]);    xlabel('n');    grid on;
% ------- Frequenzgang mit freqz
nfft = 512;    % nfft muss viel größer als N sein
[H,w] = freqz(hid,1,nfft);
subplot(222), plot(w/(2*pi), abs(H));
title('Amplitudengang des Filters');
xlabel('f/fs');    grid on;
subplot(224), plot(w/(2*pi), unwrap(angle(H)));
title('Phasengang des Filters');
xlabel('f/fs');    grid on;
```

Die Funktion `freqz` setzt die DFT oder FFT ein und wenn `nfft` = N erhält man einen Frequenzgang der dem idealen entspricht, dargestellt mit N Frequenzstützstellen. Nur mit `nfft` >> N werden die Welligkeiten zwischen diesen Stützstellen sichtbar.

Abb. 3.20 zeigt die Ergebnisse: links die symmetrisch begrenzte Einheitspulsantwort und rechts den Frequenzgang. Der Phasengang ist im Durchlassbereich linear mit

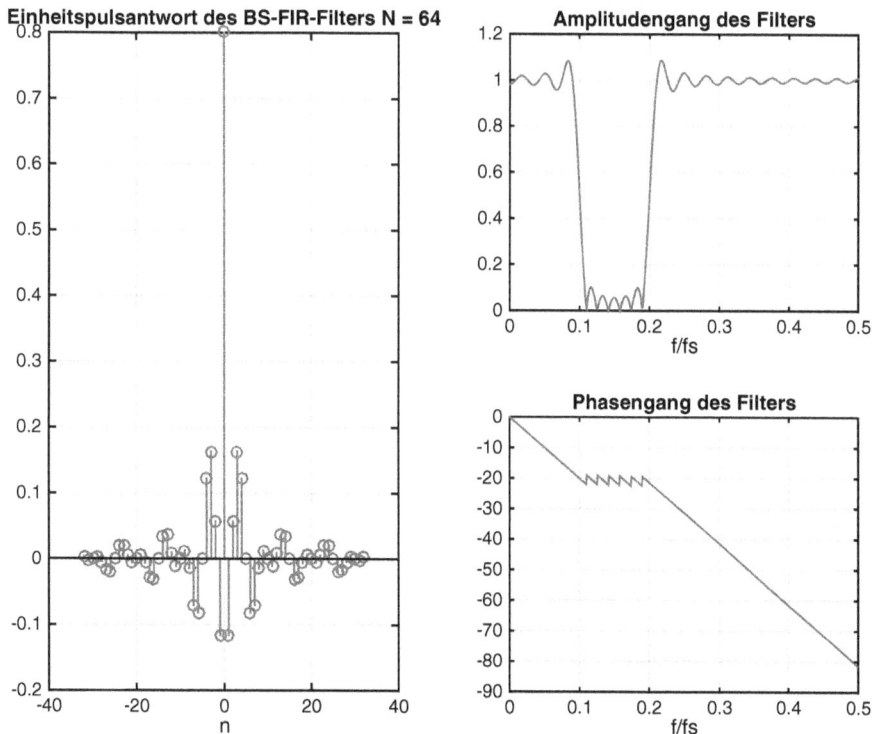

Abb. 3.20. Die Eigenschaften der mit rechteckigen Fenster begrenzten Einheitspulsantwort des FIR-Bandsperrfilters (`ideale_filter_4.m`)

einer Gruppenlaufzeit, die durch die Verschiebung der Einheitspulsantwort entsteht, um diese kausal zu bilden.

Im letzten Teil des Skriptes wird das gleiche Filter mit der Funktion fir1 ermittelt und die gleichen Eigenschaften dargestellt, wie in Abb. 3.21 gezeigt. Es wird eine Hamming-Fensterfunktion benutzt:

```
.....
% ------- Das gleiche Filter mit fir1 entwickelt
h = fir1(N, [fs1, fs2]*2/fs, 'stop', hamming(N+1));  % fir1 Funktion
.....
```

Aus der Darstellung des Amplitudengangs sieht man nur mit der Zoom-Funktion die verbleibenden Welligkeiten. Weil die Ordnung des Filters mit $N = 64$ relativ klein ist, sind auch die Flanken der Übergänge nicht sehr steil. Die Amplitudengänge der FIR-Filter ohne und mit Hamming-Fenster, die über die Funktion fir1 berechnet wurden, kann man am besten in der Darstellung mit logarithmischer Achse in dB vergleichen, wie in Abb. 3.22 gezeigt.

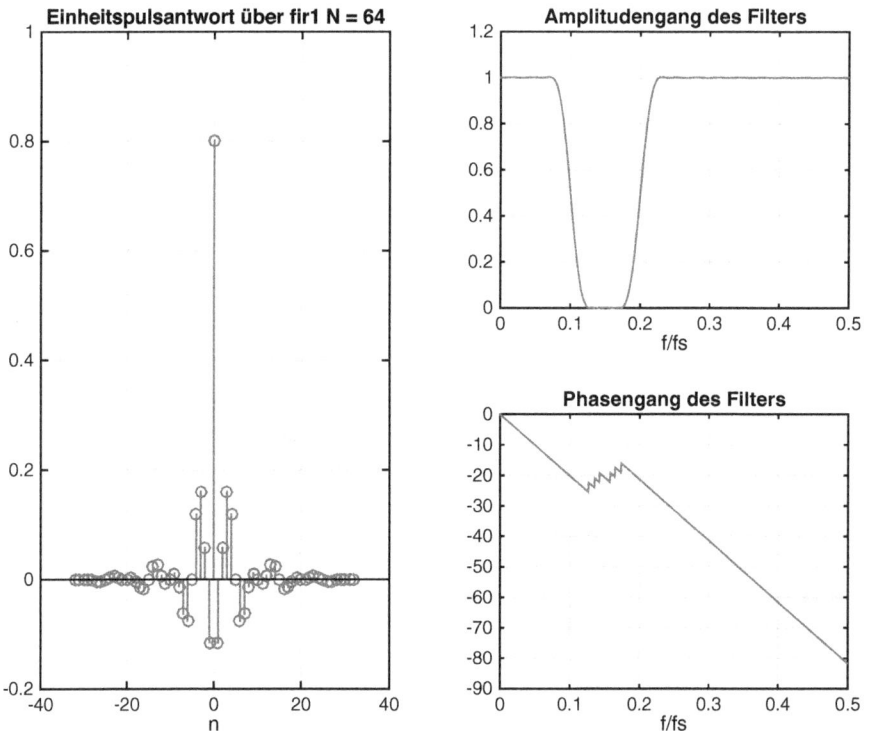

Abb. 3.21. Die Eigenschaften des FIR-Filters entwickelt mit der Funktion fir1 und Hamming-Fenster (ideale_filter_4.m)

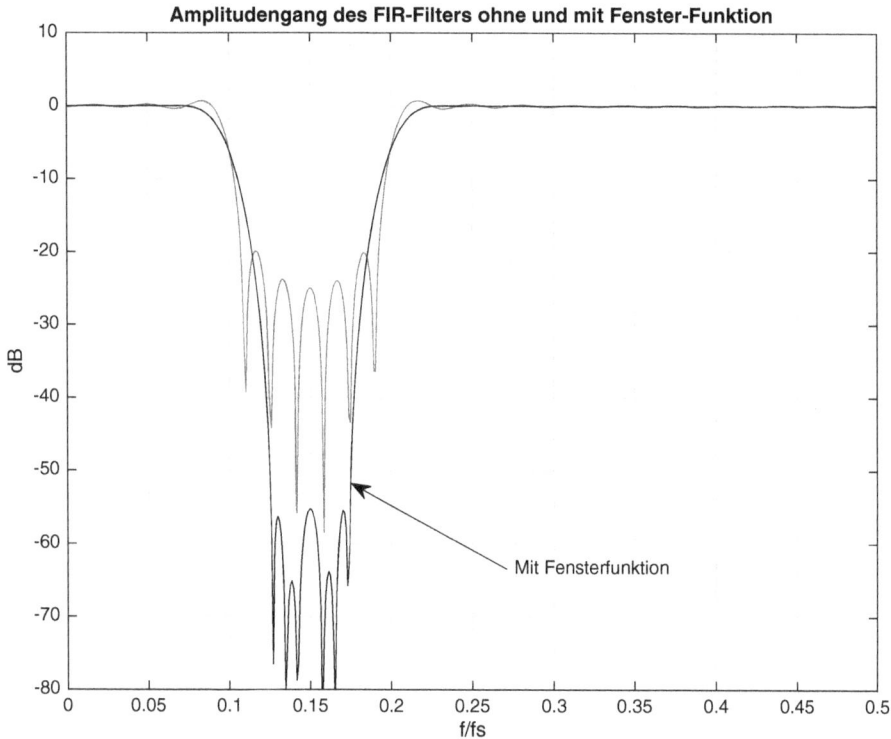

Abb. 3.22. Amplitudengang des Filters mit Rechteck- und mit Hamming-Fenster
(ideale_filter_4.m)

Mit der Fensterfunktion ist die Welligkeit im Durchlassbereich kleiner, der Übergang vom Durchlass- in den Sperrbereich und umgekehrt ist aber nicht so steil. Die Dämpfung im Sperrbereich ist mit dem Hamming- Fenster viel besser.

Der Leser kann den Aufruf auch mit anderen Fenster-Funktionen durchführen und den Einfluss sichten. Das Kaiser-Fenster [36] hat auch einen einstellbaren Parameter, mit dem man experimentieren kann. Mit einer höheren Ordnung sollte man das Filter ebenfalls untersuchen.

3.2.2 Entwurf der FIR-Filter durch Abtastung des gewünschten Frequenzgangs

Der gewünschte ideale Frequenzgang mit Nullphasengang wird mit $N + 1$ Abtastwerten dargestellt, wobei N die Ordnung des zu entwerfenden Filters ist. Aus diesen Abtastwerten wird dann über eine inverse DFT (oder FFT) die Einheitspulsantwort des Filters ermittelt. Mit einer Fensterfunktion wird diese Einheitspulsantwort gewichtet, um im Frequenzgang die Welligkeiten zu mindern.

Im Skript `abtast_fir_1.m` wird exemplarisch ein FIR-Tiefpassfilter mit dieser Methode entwickelt und untersucht. Es wird zuerst der ideale Frequenzgang definiert und danach mit `ifft` die Einheitspulsantwort ermittelt. Wegen der DFT ist diese nicht symmetrisch zusammengesetzt und man muss mit der Funktion `fftshift` diese neu formieren. Danach wird der Frequenzgang für die so erhaltene in der Ausdehnung begrenzte Einheitspulsantwort mit der Funktion `freqz` ermittelt und zusammen mit den Abtastwerten des idealen Frequenzgangs dargestellt. In dieser Funktion muss man viel mehr Stützpunkte `nfft` als die Ordnung des Filters N wählen:

```
% ------- Parameter
fs = 1000;      Ts = 1/fs;  % Abtastfrequnez, Abtastperiode
fp = 200;       % Durchlassfrequenz;
N = 64;         % Ordnung des Filters (N+1 Filter-Koeffizienten)
n = 0:N;        % Abtaststützstellen für die ifft
n1 = round(1.1*fp/(fs/N)); % Abtastwerte im ersten Nyquist Intervall
Hid_2 = [ones(1,n1),zeros(1,N/2-n1+1)]; % Erstes Nyquist-Intervall
Hid = [Hid_2, fliplr(Hid_2(2:end))];   % 0 <= f < fs
% ------- Ideale begrenzte Einheitspulsantwort aus der inversen DFT
hid = ifft(Hid);    % Einheitspulsantwort (muss reell sein)
hid = fftshift(hid);
nfft = 512;
[H,w] = freqz(hid,1,nfft,'whole');  % Frequenzgang
figure(1);      clf;
subplot(311), stem(n/(N+1), Hid);
title('Idealer abgetasteter Frequenzgang');
xlabel('f/fs');     grid on;
hold on; plot((0:nfft-1)/nfft, abs(H));   hold off;
subplot(312), stem(-N/2:N/2, hid);
title(['Einheitspulsantwort hid des BP-Filters über die ifft ']);
grid on; axis tight;
subplot(313), stem(n/(N+1), Hid);
title('Idealer abgetasteter Frequenzgang (Ausschnitt)');
xlabel('f/fs');     grid on;
hold on; plot((0:nfft-1)/nfft, abs(H));   hold off;
La = axis;    axis([0, 0.3, La(3:4)]);
```

Abb. 3.23 zeigt oben die Abtastwerte des idealen Amplitudengangs zusammen mit dem Amplitudengang der sich aus der Einheitspulsantwort ergibt. In der Mitte ist die symmetrisch zusammengesetzte Einheitspulsantwort dargestellt. Ganz unten ist ein Ausschnitt des abgetasteten und des ermittelten Amplitudengangs dargestellt, um besser den resultierenden Amplitudengang im Vergleich zu den idealen abgetasteten Amplitudengang hervorzuheben.

Weiter wird im Skript die Einheitspulsantwort mit einem Hamming-Fenster gewichtet und für diese neue Einheitspulsantwort der Frequenzgang mit der Funktion

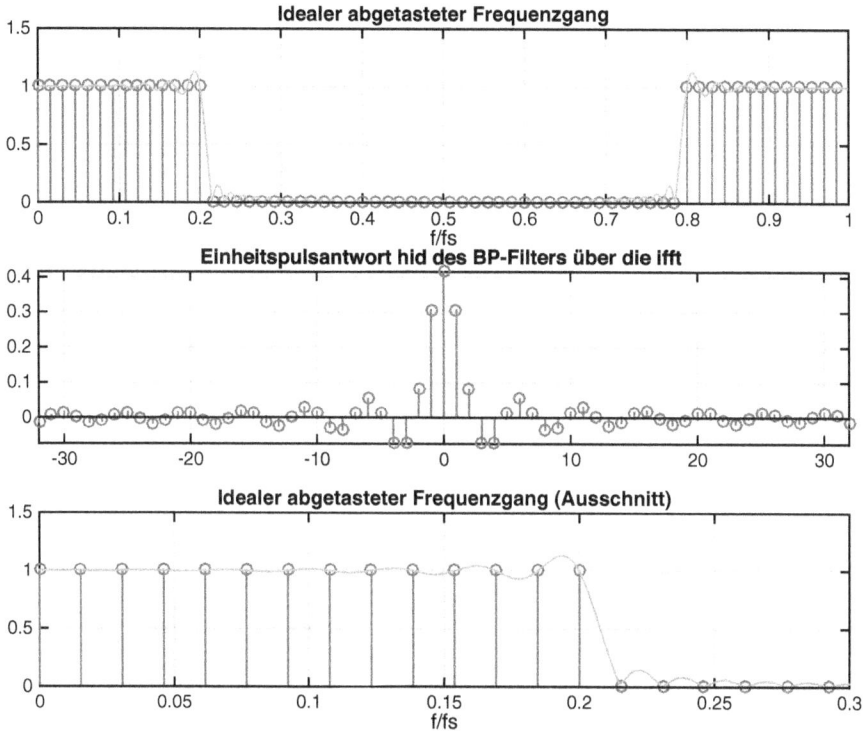

Abb. 3.23. Amplitudengang des Filters ohne und mit Hamming-Fenster über fir1-Funktion (abtast_fir_1.m)

`freqz` ermittelt und dargestellt:

```
. . . . . . .
% ------- Gewichten der symmetrischen hid mit Fenster-Funktion
hidn = hid.*hamming(N+1)';
% ------- Frequenzgang mit freqz
nfft = 512;            % nfft >> N
[Hn,w] = freqz(hidn, 1, nfft, 'whole');
figure(2);    clf;
subplot(121), stem(-N/2:N/2, hidn);
title('hid gewichtet mit Hamming-Fenster');
xlabel('n');    grid on;    axis tight;
subplot(222), plot(w/(2*pi), abs(Hn));
title('Amplitudengang des FIR-TP');
xlabel('f/fs');    grid on;
subplot(224), plot(w/(2*pi), unwrap(angle(Hn)));
title('Phasengang des FIR-TP');
xlabel('f/fs');    grid on;
% ------- Darstellung der Amplitudengänge in dB
figure(3);    clf;
```

```
plot(w/(2*pi),[20*log10(abs(H)), 20*log10(abs(Hn))]);
title('Amplitudengang des FIR-Filters ohne und mit Fenster-Funktion');
xlabel('f/fs');      ylabel('dB');     grid on;
La = axis;    axis([La(1:2), -80, 10]);
```

In der Darstellung mit logarithmischer Achse in dB sind die Unterschiede der Amplitudengänge besser hervorgehoben, wie in Abb. 3.24 dargestellt. Mit der Zoom-Funktion der Darstellung kann man den Bereich in der Umgebung des Durchlassbereichs näher beurteilen.

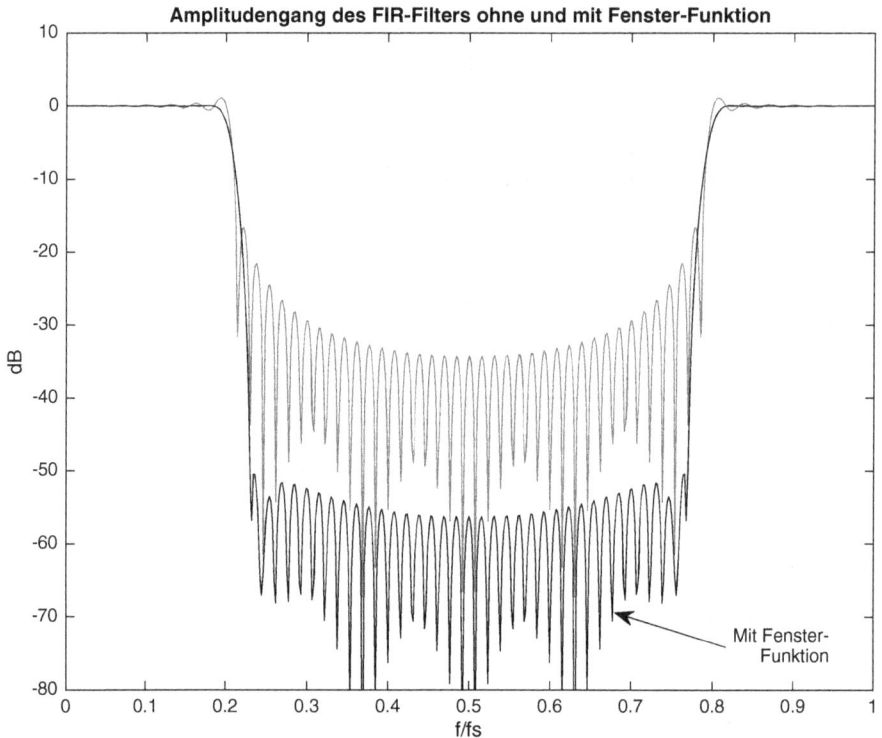

Abb. 3.24. Amplitudengang des Filters mit Rechteck- und mit Hamming-Fenster in dB (abtast_fir_1.m)

Die Gestaltung des abgetasteten Amplitudengangs mit einem Zwischenwert beim Übergang von Durchlassbereich in den Sperrbereich, wie in Abb. 3.25 oben gezeigt, verbessert die Dämpfung im Sperrbereich und mindert die Welligkeit im Durchlassbereich. Das geht aus Abb. 3.25 unten hervor. Die Steilheit des Übergangs ist natürlich nicht mehr so groß.

Im Skript abtast_fir_3.m wird dasselbe Filter mit der MATLAB-Funktion fir2 ermittelt und die Einheitsimpulsantwort bzw. der Frequenzgang dargestellt. Für diese

Idealer abgetasteter Frequenzgang

Amplitudengang des FIR-Filters mit Zwischenwert ohne und mit Fenster-Funktion

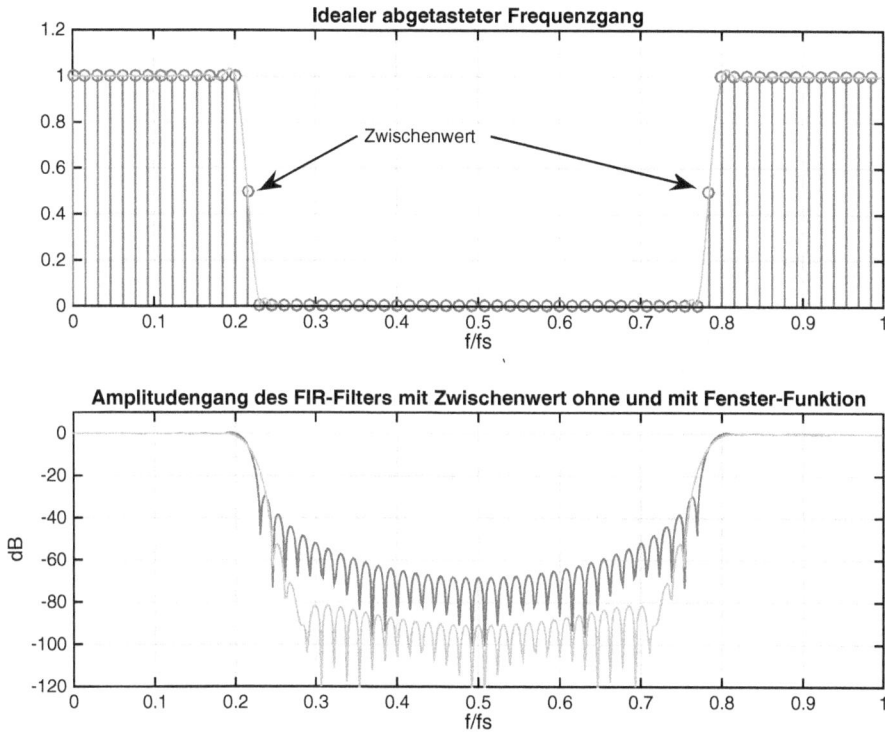

Abb. 3.25. Amplitudengang des Filters mit Zwischenwert mit Rechteck- und mit Hamming-Fenster in dB (abtast_fir_2.m)

Funktion muss man die Eckpunkte des gewünschten Amplitudengangs in zwei Vektoren festlegen.

In einem Vektor f werden die Frequenzen für die Eckpunkte und in einem zusätzlichen Vektor m werden die Werte des Amplitudengangs der Eckpunkte angegeben:

```
% ------- Ideale begrenzte Einheitspulsantwort mit fir2
f = [0, fp, 1.01*fp, fs/2]*2/fs;        % Eckpunkte für die Frequenz
%f = [0, fp, fp, fs/2]*2/fs;
m = [1, 1, 0, 0];                        % Eckpunkte für den Amplitudengang
hid = fir2(N, f, m, hamming(N+1));       % Einheitspulsantwort
nfft = 512;
[H,w] = freqz(hid,1,nfft,'whole');
......
```

Im Skript abtast_fir_4.m wird ein FIR-Filter mit zwei Durchlassbereichen mit der Funktion fir2 entwickelt und untersucht:

```
% ------- Parameter
fs = 1000;      Ts = 1/fs;  % Abtastfrequnez, Abtastperiode
fp1 = 100;      fp2 = 200;  % Durchlassband 1
```

```
fp3 = 300;      fp4 = 400;  % Durchlassband 2
N = 128;                    % Ordnung des Filters (N+1 Filter-Koeffizienten)
% ------- Ideale begrenzte Einheitspulsantwort mit fir2 ermittelt
f = [0, fp1, fp1, fp2, fp2, fp3, fp3, fp4, fp4 fs/2]*2/fs;
m = [0,  0,   1,   1,   0,   0,  0.1, 0.1,  0,  0];
% Eckpunkte für die Frequenz und für den Amplitudengang
hid = fir2(N, f, m, hamming(N+1));    % Einheitspulsantwort
nfft = 512;
[H,w] = freqz(hid,1,nfft,'whole');
.....
```

Die Eckpunkte für die Frequenzen können doppelt angegeben werden, mit einem Wert
z.B. für den Durchlassbereich und demselben für den nachfolgenden Sperrbereich.
Abb. 3.26 zeigt die Ergebnisse. Weil die Einheitspulsantwort praktisch viele Werte
gleich null besitzt, könnte man dieselben Ergebnisse mit einer kürzeren Einheitspulsantwort erhalten. Mit 20 Werte weniger links und rechts würde man dann eine
Ordnung des Filters von 80 erhalten. Der Leser kann das Skript mit diesem Wert für N
aufrufen und die Ergebnisse vergleichen.

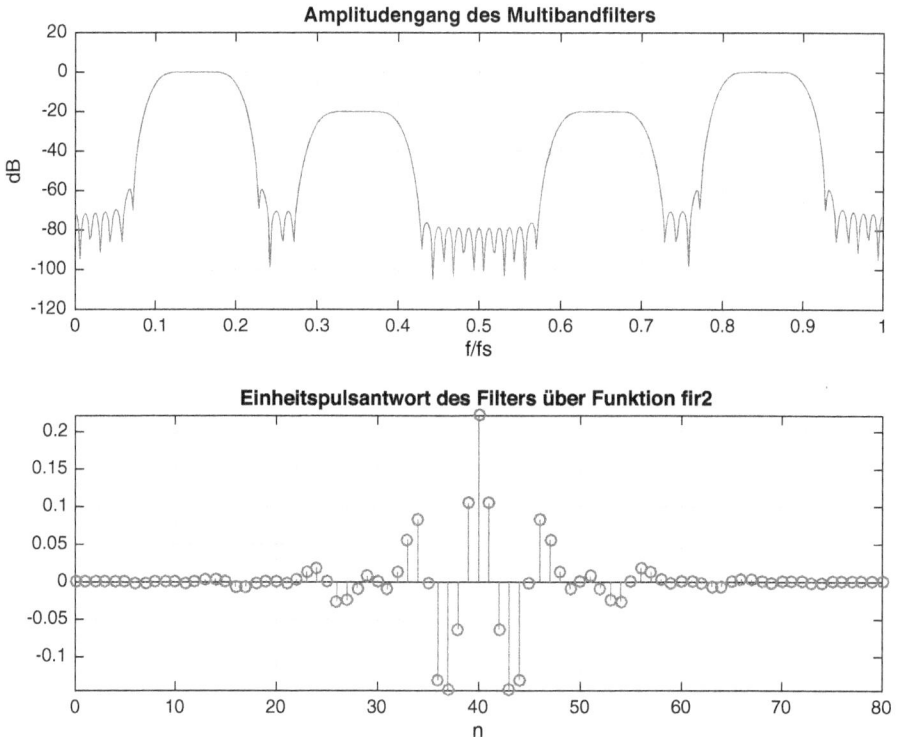

Abb. 3.26. Amplitudengang des Filters mit zwei Durchlassbereiche und die entsprechende
Einheitspulsantwort (abtast_fir_4.m)

3.2.3 FIR-Filterentwurf basierend auf iterativen Optimierungstechniken

Hier sind die Verfahren gemeint, bei denen ein iterativer Optimierungsalgorithmus eingesetzt wird, um den Fehler zwischen dem gewünschten Frequenzgang und dem realisierten zu minimieren [21, 34].

Angenommen $|H(e^{j\omega T_s})|$ stellt den Amplitudengang des zu entwerfenden Filters dar, so dass ein gewünschter Amplitudengang $D(\omega)$ angenähert wird. Man muss iterativ die Koeffizienten des Filters ermitteln, um die Differenz zwischen $|H(e^{j\omega T_s})|$ und $D(\omega)$ für alle Werte von ω im Bereich $0 \le \omega \le \omega_s/2$ zu minimieren. Gewöhnlich wird die Differenz als gewichtete Fehlerfunktion $\delta(\omega)$ definiert:

$$\delta(\omega) = P(\omega)\Big(|H(e^{j\omega T_s})| - D(\omega)\Big) \tag{3.48}$$

Hier ist $P(\omega)$ eine vom Anwender spezifizierte Gewichtungsfunktion. Eine gewöhnlich eingesetzte Zielfunktion ist das Tschebyshev- oder Minimax-Kriterium, in dem der Höchstwert des Betrags der Fehlerfunktion $\delta(\omega)$ minimiert wird:

$$\varepsilon = \max\Big|_{0\le\omega\le\omega_s/2}|\delta(\omega)| \tag{3.49}$$

Eine zweite Zielfunktion ist das kleinste p-Fehler Kriterium, das folgende Funktion minimiert:

$$\varepsilon = \sum_{i=1}^{L}\Big[P(\omega_i)\Big(|H(e^{j\omega_i T_s})| - D(\omega_i)\Big)\Big]^p \tag{3.50}$$

Hier sind $\omega_i, i = 1, 2, \ldots, L$ bestimmte gut gewählte Frequenzwerte und p ist eine positive ganze Zahl. Man kann zeigen, dass für große Werte von L und $p \to \infty$, dieses Kriterium die Minimax-Lösung annähert. Für $p = 2$ erhält man das Kriterium des kleinsten quadratischen Fehlers, das häufig in der Praxis benutzt wird.

In der *Signal Processing Toolbox* gibt es mehrere Funktionen die auf solchen Optimierungsverfahren basieren:

```
firls Least square linear-phase FIR filter design
fircls Constrained least square, FIR multiband filter design
fircls1 Constrained least square, lowpass and highpass, linear phase,
           FIR filter design
firpm Parks-McClellan optimal FIR filter design
firpmord Parks-McClellan optimal FIR filter order estimation
```

In den ersten drei Funktionen wird der mittlere quadratische Fehler minimiert und in der vierten Funktion wird das Minimax-Kriterium benutzt. In dieser Funktion wird der Algorithmus von *Parks-McClellan* zur Berechnung der Koeffizienten des Filters basierend auf der iterativen Prozedur des Remez-Algorithmus eingesetzt [8, 34]. Mit der letzten Funktion kann man die Argumente (Ordnung des Filters, Frequenz- und

Amplitudeneckpunkte etc.) automatisch ermitteln, basierend auf Spezifikationen des Amplitudengangs, wie z.B. jene die in Abb. 2.32 dargestellt sind.

Diese Filter werden durch ihre Eigenschaft auch *equiripple*-Filter genannt, weil sie gleiche Welligkeit im gesamten Durchlassbereich und ebenfalls gleiche Welligkeit oder Dämpfung im Sperrbereich besitzen.

Als Beispiel für diese Kategorie von FIR-Filtern wird ein Multibandpassfilter entwickelt und untersucht. Die Funktion `firpm` hat in der einfachsten Form folgende Argumente:

```
h = firpm(N, f, m, wt, 'ftyp');
```

Mit N wurde die Ordnung bezeichnet und die Vektoren `f` und `m` enthalten die Eckpunkte des gewünschten Frequenzgangs mit einige Besonderheiten. Die Elemente der Vektoren müssen paarweise Bänder beschreiben und somit müssen sie immer gerade Zahlen sein. In Abb. 3.27 sind drei solche Bänder definiert. Die entsprechenden Vektoren für die Frequenzen und Amplitudengangswerte sind:

```
f = [0 0.3, 0.35, 0.75, 0.8 1];
m = [2.5, 2.5, 3.5, 3.5, 0, 0];
```

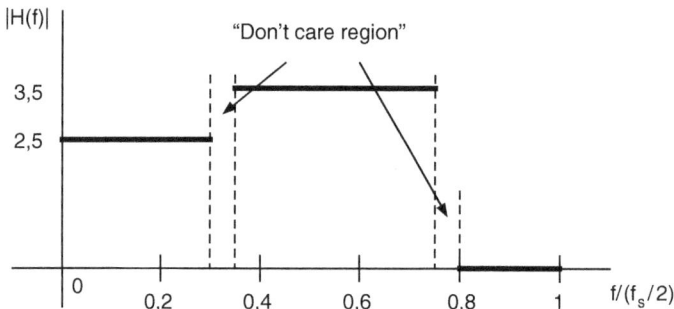

Abb. 3.27. Amplitudengang definiert mit drei Bänder

Zwischen den Bändern bildet man zwei nicht zu beachtenden Regionen (*Don't care region*), die die Übergänge von einem zum nächsten Band bilden. Diese dürfen nicht sehr groß sein, weil hier die Optimierung große Fehler ergeben kann. Bei den Optimierungsverfahren muss man zum Schluß immer das Ergebnis überprüfen z.B. mit der Funktion `freqz`.

Für ein Tiefpassfilter mit relativer Frequenz $f_p/(f_s/2) = 0,3$ (nach der MATLAB-Konvention) würde man folgende Vektoren wählen:

```
f = [0, 0.3, 0.32, 1];
m = [1,  1,   0,   0];
```

Es gibt hier eine nicht zu beachtenden Übergangsregion von $f/(f_s/2) = 0,3$ bis $f/(f_s/2) = 0,32$. Für eine gewählte Ordnung N wird bei einer breiteren Übergangsregion die Dämpfung besser. Steile Übergänge führen zu kleineren Dämpfungen und stärkerer Welligkeit.

Im Skript `fir_pm_1.m` werden zwei FIR-Tiefpassfilter mit folgenden Eckpunkten für die Frequenzen entwickelt:

```
% -------- Parameter des Filters
fp = 0.2;       % Relative Durchlassfrequenz (fp/fs)
N = 64;         % Ordnung des Filters
f1 = [0, fp, 1.05*fp, 0.5]*2;  % Relative Eckfrequenzen
f2 = [0, fp, 1.2*fp, 0.5]*2;   % Relative Eckfrequenzen
m = [1, 1, 0, 0];
% -------- Entwicklung der Filter
h1 = firpm(N,f1,m);         h2 = firpm(N,f2,m);
[H1, w] = freqz(h1,1);      [H2, w] = freqz(h2,1);
.....
```

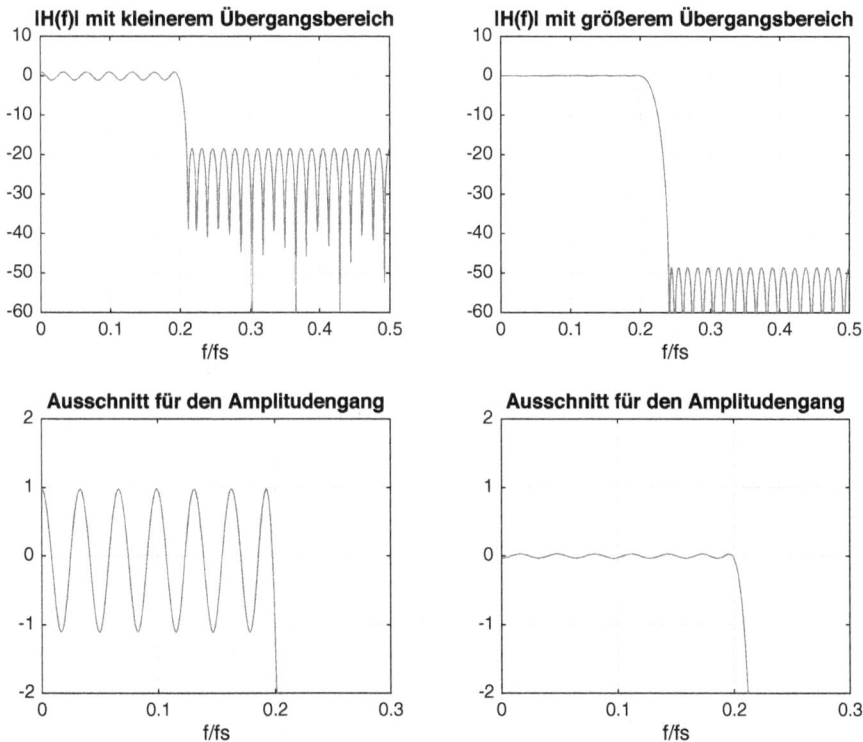

Abb. 3.28. Amplitudengänge der FIR-Tiefpassfilter mit zwei verschiedenen Größen der Übergangsbereiche (`fir_pm_1.m`)

Das erste Filter hat einen kleineren Übergangsbereich (steilere Flanke) und das zweite einen viel größeren Übergangsbereich. Abb. 3.28 zeigt die Amplitudengänge dieser Filter. Wie man sieht, besitzt das zweite Filter eine viel kleinere Welligkeit im Durchlassbereich von ca. 0,1 dB und eine Dämpfung im Sperrbereich von ca 50 dB. Im Vergleich dazu besitzt das erste Filter eine Welligkeit im Durchlassbereich von 1 dB und eine Dämpfung im Sperrbereich von nur ca. 20 dB. Beide Filter haben dieselbe Ordnung, hier relativ niedrig gewählt, so dass man die Unterschiede in den Darstellungen besser sieht.

Beim Einsatz der Funktion `firpm` kann man die Argumente des Aufrufs mit der Funktion `firpmord` abhängig von Spezifikationen bestimmen. Im Skript `fir_pm_2.m` wird exemplarisch dieser Weg gezeigt:

```
% -------- Parameter des Filters
dp = 0.1;              % Welligkeit im Durchlassbereich in dB
dpabs = 10^(dp/20)-1;  % Absolute Welligkeit
ds = 60;               % Dämpfung im Sperrbereich
dsabs = 10^(-ds/20);
fp = 0.2;      % Relative Durchlassfrequenz (fp/fs)
f = [fp, 1.1*fp]*2;    % Relative Eckfrequenzen
a = [1, 0];
dev = [dpabs, dsabs];
[n, f0, a0, wi] = firpmord(f,a,dev);
% -------- Entwicklung der Filter
h = firpm(n, f0, a0, wi);
[H, w] = freqz(h,1);
.....
```

Die zwei Vektoren f und a für die Funktion `firpmord` spezifizieren den gewünschten Amplitudengang, wobei die Anzahl der Frequenzen gleich der Anzahl der Amplituden mal zwei minus zwei sein muss. Das bedeutet, dass die Anzahl der Frequenzen eine gerade Zahl ist. Zusätzlich müssen sie steigende Zahlen im Bereich 0 bis 1 (MATLAB-Konvention) sein. Bei einem Tief- oder Hochpassfilter ist die Wahl relativ einfach. Für das Tiefpassfilter wird der Übergang angegeben:

```
f = [fp, 1.1*fp]*2;                a = [1, 0];
```

Ähnlich für das Hochpassfilter:

```
f = [0.95*fp, fp]*2;               a = [0, 1];
```

Die Steilheit der Übergänge spielt eine große Rolle und man kann mit den Faktoren (1,1 bzw. 0,95) experimentieren. Im Vektor dev müssen die absoluten Werte für die Welligkeit und Dämpfung enthalten sein. Diese werden mit Hilfe der Gleichungen (2.127), (2.128) ermittelt.

Abb. 3.29 zeigt das Ergebnis. Die Ordnung des Filters wurde durch die Funktion `firpmord` bestimmt und die Spezifikationen bezüglich der Welligkeit im

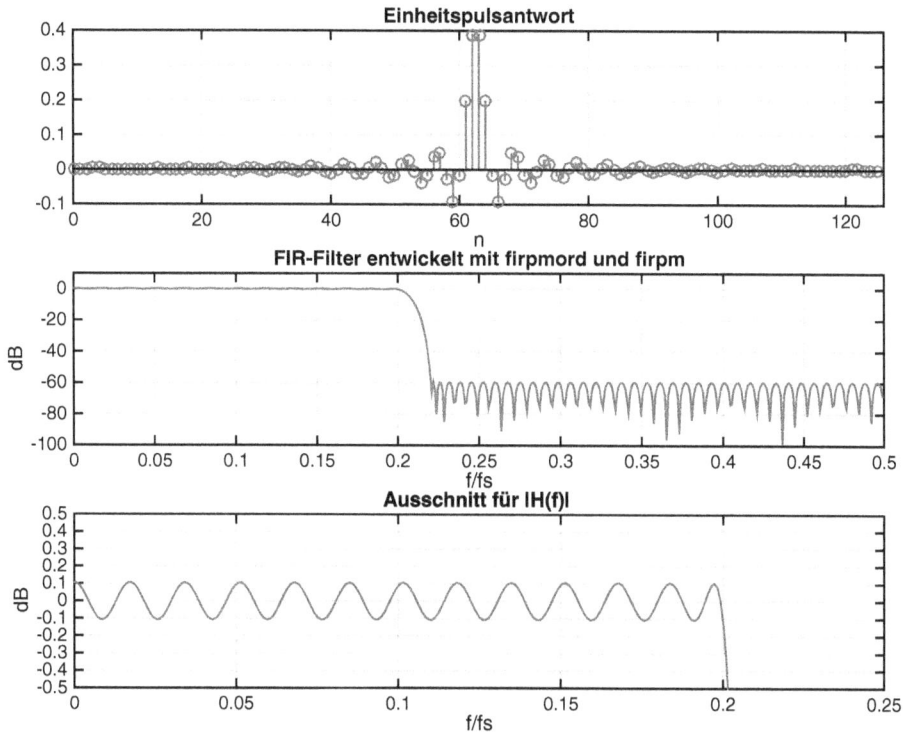

Abb. 3.29. Einheitspulsantwort und Amplitudengang eines FIR-Tiefpassfilters ermittelt mit der Funktion firpmord und firpm (fir_pm_2.m)

Durchlassbereich von 0,1 dB und die Dämpfung im Sperrbereich von 60 dB sind eingehalten.

Die Wahl der Vektoren f und a für die Funktion firpmord ist für andere Filter als die Tiefpass- oder Hochpassfilter nicht so einfach zu erklären. Deswegen wird im Skript fir_pm_3.m ein Bandpassfilter mit der Funktion firpmord bzw. firpm entwickelt:

```
% -------- Parameter des Filters
dp = 0.1;                      % Welligkeit im Durchlassbereich in dB
dpabs = 10^(dp/20)-1;          % Absolute Welligkeit
ds = 60;                       % Dämpfung im Sperrbereich
dsabs = 10^(-ds/20);           % Absolute Dämpfung
fp = 0.1;       fp1 = 0.3;     % Relative Durchlassfrequenzen (fp/fs)
f = [0.95*fp, fp, fp1, 1.02*fp1]*2;   % Relative Eckfrequenzen
%f = [0.95*fp, fp, fp1, 1.05*fp1]*2;  % Relative Eckfrequenzen
a = [0, 1, 0];
dev = [dsabs, dpabs, dsabs];
[n, f0, a0, wi] = firpmord(f,a,dev);
% -------- Entwicklung des Filters
```

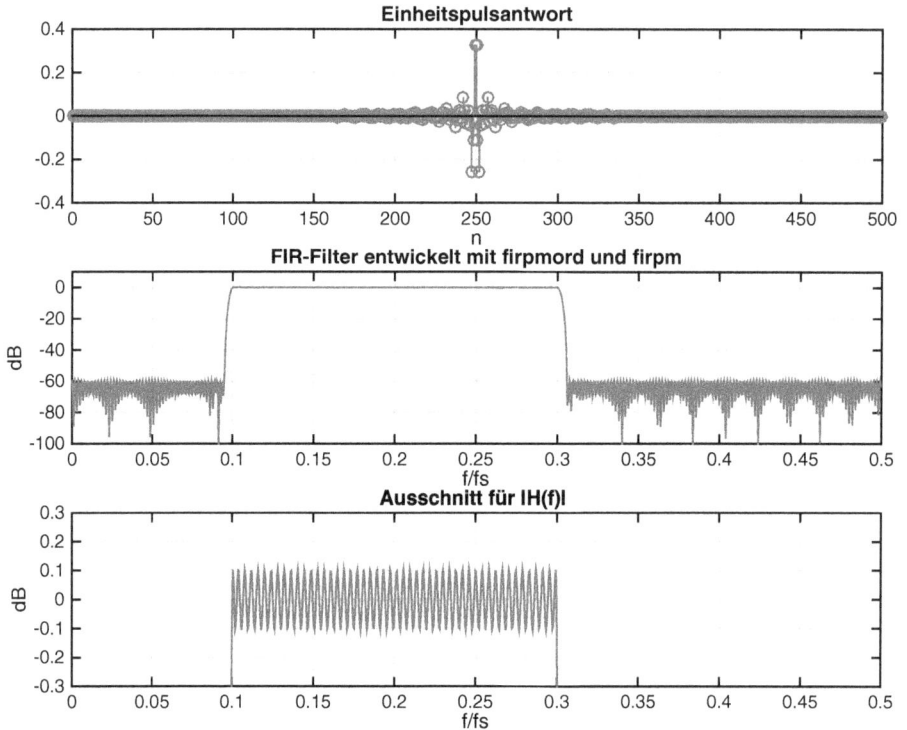

Abb. 3.30. Einheitspulsantwort und Amplitudengang eines FIR-Bandpassfilter ermittelt mit der Funktion firpmord und firpm (`fir_pm_2.m`)

```
h = firpm(n, f0, a0, wi);
[H, w] = freqz(h,1,1024);
.....
```

In Abb. 3.30 sind die Ergebnisse gezeigt. Die Spezifikationen für die Welligkeit im Durchlassbereich von 0,1 dB bzw. Dämpfung im Sperrbereich von 60 dB sind erfüllt. Es war aber sehr mühsam, die Größe der Übergänge zu finden, die zu keinen Fehlern in den Übergangsbereichen (*Don't care region*) am Anfang und am Ende des Durchlassbereichs geführt haben. Mit dem Vektor f der als Kommentar ausgewiesen ist und der sich nur geringfügig vom eingesetzten unterscheidet, erhält man größere Fehler. Hier sollte der Leser weitere Experimente durchführen.

Im Skript `fir_ls_1.m` wird das gleiche Bandpassfilter mit Hilfe der Funktion **firls** entwickelt und untersucht. Für diese Funktion sind die Vektoren, die die Eckpunkte des gewünschten Amplitudengangs sehr einfach zu wählen:

```
fp = 0.1;                                % Relative Durchlassfrequenzen (fp/fs)
fp1 = 0.3;
f = [0, 0.95*fp, fp, fp1, 1.02*fp1, 0.5]*2;  % Relative Eckfrequenzen
```

```
a = [0, 0, 1, 1, 0, 0];                    % Eckwerte für den Amplitudengang
% -------- Entwicklung des Filters
wi = [10, 1, 10];                          % Wichtigkeiten der Bänder
n = 400;                                   % Ordnung des Filters
h = firls(n, f, a, wi);
[H, w] = freqz(h,1,1024);
.....
```

Auch hier muss man ein wenig experimentieren um die gewünschte maximale Welligkeit von ca. 0,1 dB im Durchlassbereich und die Dämpfung im Sperrbereich von 60 dB zu erreichen. Man kann die Ordnung des Filters ändern, die Wichtigkeitswerte im Vektor `wi` und auch die Übergangsbereiche. Abb. 3.31 zeigt die Endergebnisse, die nach einigen Versuchen erhalten wurden.

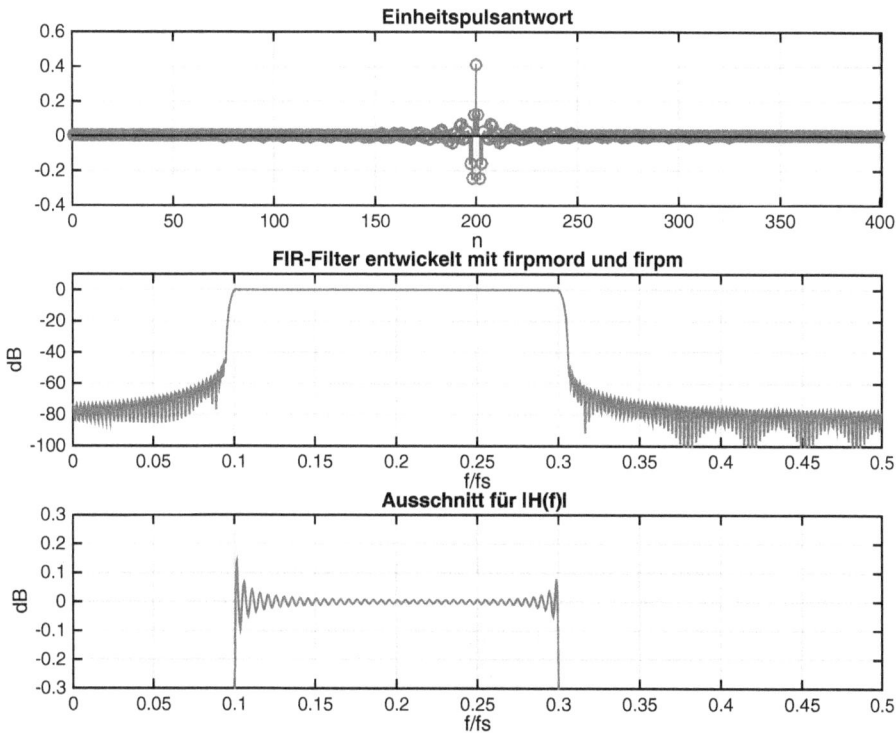

Abb. 3.31. Einheitspulsantwort und Amplitudengang eines FIR-Bandpassfilters ermittelt mit der Funktion firls (`fir_ls_1.m`)

In der *DSP System Toolbox* gibt es ebenfalls Funktionen zur Entwicklung von Filtern. Sie sind objektorientiert aufgebaut und mit Argumenten, die man sehr leicht versteht.

Es wird exemplarisch ein FIR-Bandpassfilter entworfen, um zu zeigen, wie man mit diesen Funktionen arbeitet.

Im Skript `design_1.m` werden am Anfang die charakteristischen Frequenzen des Filters `fs1`, `fp1`, `fp2`, `fs2` und die Welligkeit im Durchlassbereich `dp` bzw. die Dämpfung im Sperrbereich `ds` gewählt. Der erste Übergang ist zwischen `fs1`,`fp1` und der zweite Übergang ist zwischen `fp2`,`fs2`:

```
% -------- Parameter des Filters
fs1 = 0.1*2;     % Erste Sperrfrequenz (MATLAB-konv.)
fp1 = 0.11*2;    % Erste Durchlassfrequenz
fp2 = 0.3*2;     % Zweite Durchlassfrequenz
fs2 = 0.31*2;    % Zweite Sperrfrequenz
dp = 0.1;        % Welligkeitabweichung im Durchlassbereich in dB
ds = 60;         % Dämpfung im Sperrbereich
```

Danach wird das Filter spezifiziert:

```
% -------- Spezifizierungsobjekt
d = fdesign.bandpass('Fst1,Fp1,Fp2,Fst2,Ast1,Ap,Ast2',...
    fs1, fp1, fp2, fs2, ds, dp, ds);
```

Mit

```
>> d
d =        Response: 'Bandpass'
      Specification: 'Fst1,Fp1,Fp2,Fst2,Ast1,Ap,Ast2'
        Description: {7x1 cell}
  NormalizedFrequency: true
             Fstop1: 0.2
             Fpass1: 0.22
             Fpass2: 0.6
             Fstop2: 0.62
             Astop1: 60
              Apass: 0.1
             Astop2: 60
```

erhält man den Inhalt des Objekts `d`, welches nur den gewünschten Amplitudengang definiert. In der Dokumentation der Funktion `fdesign.bandpass` sind noch viele andere Sätze von möglichen Parametern, die man wählen kann, angegeben.

Mit folgenden Aufruf erhält man die Typen von FIR- oder IIR-Filtern, die man weiter für den eigentlichen Entwurf wählen kann:

```
>> designmethods(d)
Design Methods for class
        fdesign.bandpass (Fst1,Fp1,Fp2,Fst2,Ast1,Ap,Ast2):
butter
cheby1
cheby2
ellip
equiripple
kaiserwin
```

Die ersten vier Typen, sind IIR-Filter und nur die letzten zwei sind FIR-Filter mit linearer Phase. Im Skript wird weiter der Typ `equiripple` gewählt und mit der Funktion `design` wird das Filter berechnet:

```
% Filter Entwurf
Hd = design(d,'equiripple');  % Ermittlung der Einheitspulsantwort
```

Was die Struktur `Hd` enthält, erfährt man mit:

```
>> Hd
 Hd =    FilterStructure: 'Direct-Form FIR'
             Arithmetic: 'double'
              Numerator: [1x279 double]
     PersistentMemory: false
```

Die Einheitspulsantwort des Filters wird mit

```
hd = Hd.numerator;        nhd = length(hd); % Einheitspulsantwort
```

extrahiert. Man kann jetzt mit

```
freqz(Hd); % Overloaded Method, die das Filter Visualization Tool
% öffnet (oder mit fvtool(Hd))
```

einer Bedienoberfläche (*Graphic User Interface*) genannt *Filter Visualization Tool* öffnen und alle Eigenschaften des Filters wie Amplitudengang, Phasengang, Einheitspulsantwort etc. sichten.

Es geht aber auch klassisch mit der Funktion `freqz`:

```
[H, w] = freqz(hd,1);
figure(1);       clf;
subplot(121), stem(0:nhd-1, hd);
title('Einheitspulsantwort');   xlabel('n');
axis tight;    grid on;
subplot(222), plot(w/(2*pi), 20*log10(H));
title('Amplitudengang');    xlabel('f/fs');   grid on;
subplot(224), plot(w/(2*pi), 20*log10(H));
title('Durchlassbereich (Ausschnitt)');    xlabel('f/fs');   grid on;
La = axis;     axis([La(1:2), -0.1, 0.1]);
```

Abb. 3.32 zeigt die Eigenschaften dieses Filters und man sieht, dass die Spezifikationen erfüllt sind. Die Welligkeitsabweichung von 0,1 dB ergibt sich aus der Differenz von $0,05 - (-0.05) = 0.1$ dB.

Mit einer anderen Spezifikation

```
% -------- Spezifikation mit Ordnung des Filters
nord = 256;
d = fdesign.bandpass('N,Fst1,Fp1,Fp2,Fst2,Ap',...
    nord, fs1, fp1, fp2, fs2, dp);
% Mögliche Filtertypen
designmethods(d),    % Mögliche Filtertypen (IIR oder FIR)
```

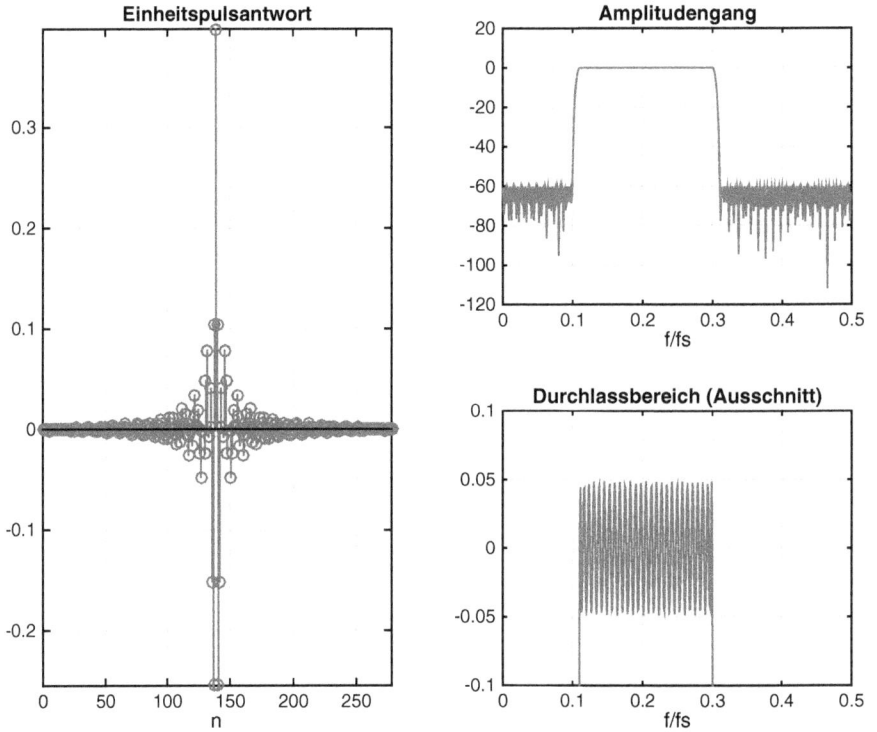

Abb. 3.32. Einheitspulsantwort und Amplitudengang eines FIR-Bandpassfilters ermittelt mit der Funktion fdesign.bandpass und design (fdesign_1.m)

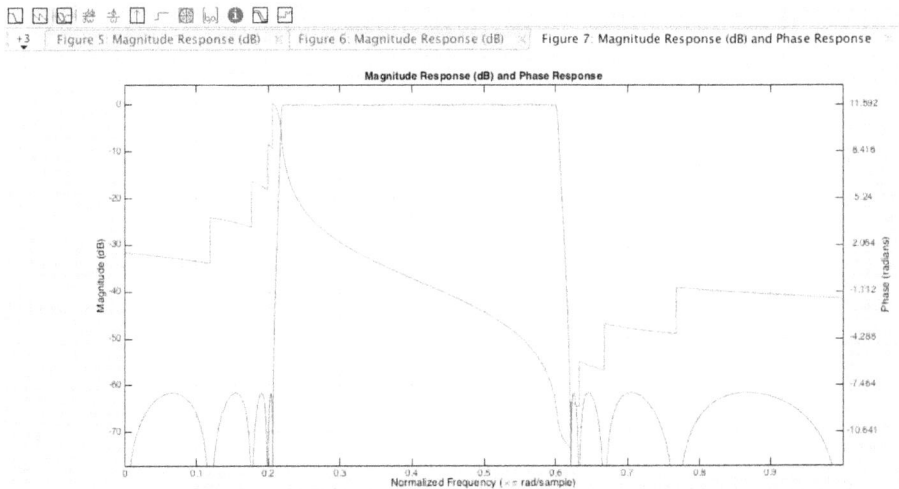

Abb. 3.33. Amplituden- und Phasengang des IIR-Bandpassfilters ermittelt mit der Funktion fdesign.bandpass und design (fdesign_1.m)

bei der man die Ordnung des Filters wählen will, erhält man als mögliche Filtertypen nur das IIR-Elliptische-Filter. Sicher ist die Ordnung dafür viel zu groß und man muss durch Versuche die minimale Ordnung finden.

Mit einer Ordnung des IIR-Filters von 18 erhält man die gewünschte Eigenschaften, außer der linearen Phase, wie man in Abb. 3.33 sehen kann. Die Ordnung 18 bedeutet 19 Koeffizienten für den Zähler und gleich viele für den Nenner der Übertragungsfunktion des IIR-Filters. Insgesamt sind es somit 2*19 = 38 Multiplikationen bei jedem Schritt durchzuführen, eine Zahl die viel kleiner ist als die 279 Multiplikationen (wegen der 279 Koeffizienten) die bei dem FIR-Filter notwendig sind.

Wenn man keine lineare Phase benötigt, dann sind IIR-Filter viel günstiger. Bei dem so entwickelten IIR-Filter ist die Welligkeit im Durchlassbereich ebenfalls gleich 0.1 dB. Man kann sie mit der Zoom-Funktion in der Darstellung mit `fvtool` sehen.

3.3 Der Einfluss der Welligkeit digitaler FIR-Filter

Es ist klar, dass die Welligkeit im Durchlassbereich eines digitalen Filters zu zusätzlichen Fehlern führt. Somit stellt sich die Frage, wie groß darf die Welligkeit z.B. für ein FIR-Filter im Durchlassbereich sein? In Anwendungen, wie bei einem Audio-Sigma-Delta A/D-Wandler sind für das FIR-Filter Welligkeiten von 0,001 bis 0,005 dB und Dämpfung von 120 dB gewünscht, was zu Filtern mit 1024 Koeffizienten und 24 Bit Auflösung geführt hat. Für eine Abtastfrequenz von 48 kHz bedeutet dies, dass 1024 Multiplikationen in 1/48000 = 20 μs zu bewältigen sind, was eine enorme Leistung der Elektronik darstellt.

Die Fehler wegen der Welligkeit im Durchlassbereich müssen in Relation zu den Fehlern, die in der Anwendung vorkommen, gestellt werden. Wenn die zeitdiskreten Daten z.B. von einem A/D-Wandler mit einer bestimmten Auflösung hervorgehen, dann darf das nachfolgende Filter der Signalverarbeitung nicht größere Fehler hinzufügen.

Es wird diese Thematik mit einem System bestehend aus einem A/D-Wandler gefolgt von einem FIR-Tiefpassfilter mit Welligkeit im Durchlassbereich durch Simulation untersucht. Zuerst werden kurz die Eigenschaften eines A/D-Wandlers als Quantisierer dargestellt.

Abb. 3.34 zeigt die Kennlinie $y = f(x)$ eines Quantisierers mit 3 Bit und einem Eingangsbereich zwischen x_{min} und x_{max}. Es resultiert eine Quantisierungsstufe q der Größe:

$$q = \frac{x_{max} - x_{min}}{2^{n_B}} \qquad (3.51)$$

Mit n_B wurde die Anzahl der Bit des Quantisierers bezeichnet. Wenn man mit Q die Zustände des Quantisierers als ganze binäre Zahlen zwischen 0 und 7 bezeichnet (zwischen 000 und 111), dann erhält man die entsprechenden Werte des Ausgangs

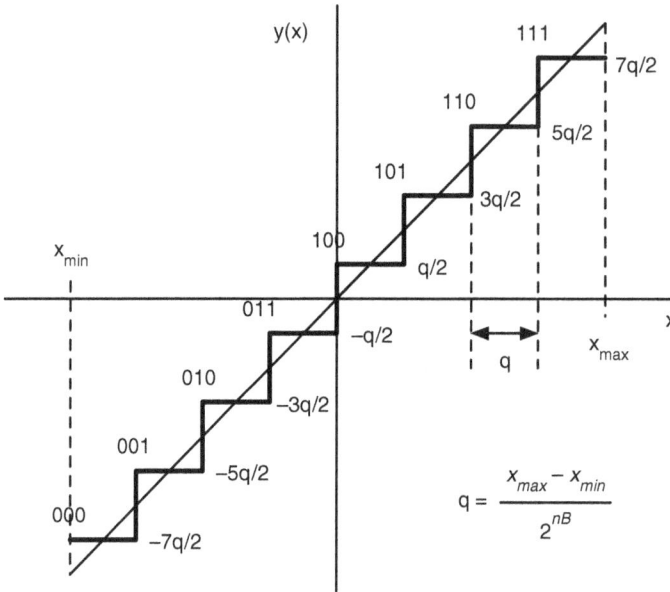

Abb. 3.34. Quantisierungskennlinie eines A/D-Wandlers mit 3 Bits

durch:

$$y(x) = \left(Q - \frac{7}{2}\right)q \tag{3.52}$$

Als Beispiel für $Q = 2$ ist dann der zugehörige Ausgangswert $-3q/2$. Der größte Fehler des Quantisierers im Betrag ist $q/2$. Für ein zufälliges gleichmäßig verteiltes Eingangssignal zwischen x_{min} und x_{max} erhält man eine mittlere Leistung des Fehlers von [26]:

$$P_q = \frac{q^2}{12} \tag{3.53}$$

Wenn die Anzahl der Bit größer als 8 ist, bleibt dieses Ergebnis auch für deterministische Signale oder anders verteilte Zufallssignale im gezeigten Bereich weiterhin annähernd gültig. In der Simulation wird dieses Ergebnis überprüft.

Im Skript `ripple_21.m`, welches das Modell `ripple_21.slx` aufruft, wird ein bandbegrenztes Zufallssignal mit einem Quantisierer im Wertebereich diskretisiert und danach mit einem FIR-Tiefpassfilter mit Welligkeit im Durchlassbereich gefiltert. Das Modell ist in Abb. 3.35 dargestellt. Aus dem Rauschgenerator-Block *Band-Limited White Noise* wird mit dem Filter aus dem Block *Discrete Filter* ein auf 100 Hz bandbegrenztes Zufallssignal gebildet.

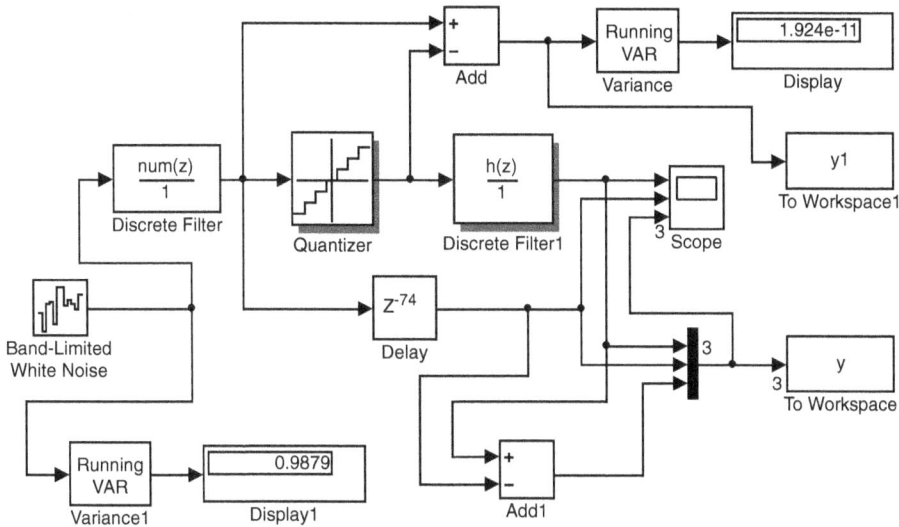

Abb. 3.35. Simulink-Modell der Untersuchung der Fehler wegen der Welligkeit im Durchlassbereich eines FIR-Filters (`ripple_21.m`, `ripple21.slx`)

Die Simulation ist komplett diskret mit einer Abtastfrequenz von 1000 Hz parametriert. Dadurch erzeugt der Rauschgenerator ein Zufallssignal der Bandbreite 500 Hz ($f_s/2$), die dann weiter auf 100 Hz reduziert wird. Durch die Parametrierung des Rauschgenerators sichert man eine Varianz oder mittlere Leistung von eins. Diese wird über die Blöcke *Variance1* und *Display1* während der Simulation überprüft. Wie man in der Darstellung des Modells sieht, wird ein Wert von 0,9879 ermittelt.

Der Block *Quantizer* simuliert den D/A-Wandler mit n_B = 16 Bit und einer Quantisierungsstufe $q = 1/(2^{n_B})$. Über die Blöcke *Add*, *Variance* und *Display* wird die mittlere Leistung des Quantisierungsfehlers des Wandlers ermittelt. Gemäß Gl. (3.53) müsste man einen Wert $P_q = q^2/12 = 1,9403 \times 10^{-11}$ erhalten. Der angezeigte Wert von $1,924 \times 10^{-11}$ ist diesem Wert sehr nahe.

Das FIR-Filter mit Welligkeit im Durchlassbereich aus dem Block *Discrete Filter1* wird im Skript mit folgenden Zeilen entwickelt:

```
% -------- Parameter des Systems
fs = 1000;              % Abtastfrequenz
Ts = 1/fs;              % Abtastperiode
nbit = 16;              % Anzahl Bit des A/D-Wandlers
% -------- FIR-Filter-Entwurf
fp = 100*2/1000;        % Relative Durchlassfrequenz (MATLAB-Konv.)
fst = 120*2/1000;       % Relative Sperrfrequenz
dp = 0.1;               % Welligkeit im Durchlassbereich in dB
ds = 60;                % Dämpfung im Sperrbereich
%typ = 'equiripple';
```

```
nord = 148;              % Gerade Ordnung
d = fdesign.lowpass('N,Fp,Fst,Ap',nord,fp,fst,dp);
hd = design(d,'equiripple');    h = hd.Numerator;
[H, w] = freqz(h,1);
[Hw,w] = freqz(h,1,'whole');
```

Mit einer Darstellung der Einheitspulsantwort und des Amplitudengangs wird der Entwurf überprüft. Es wird die Ordnung des Filters als gerade Zahl (nord =148) gewählt, so dass man die Verspätung des Filters im Block *Delay* parametrieren kann und die korrekte Differenz für den Gesamtfehler des Quantisierers und des Filters mit dem Block *Add1* erhält.

Für die Simulation wird im Skript das FIR-Tiefpassfilter aus dem Block *Discrete Filter* mit der Funktion fir1 berechnet und dann die Simulation gestartet:

```
% -------- Parameter für die Simulation
hTP = fir1(128, 0.2);                    % Tiefpassfilter für das Eingangssignal
Tsim = 10;
t = [0:Ts:Tsim-Ts];      nt = length(t);
yd = zeros(nt);
options = simset('Solver','FixedStepDiscrete','FixedStep',Ts);
sim('ripple21',[0,Tsim-Ts], options);
yf = var(y.data(nt*0.1:end,3));          % Ohne Einschwingen
yq = var(y1.data(nt*0.1:end,1));
yd = y.data(:,3);
yeing = y.data(:,2);
```

Die Daten aus den Senken *To Workspace* werden weiter benutzt, um die mittlere Leistung des Quantisierers und die gesamte mittlere Leistung des Quantisierers zusammen mit dem Filter zu ermitteln. Dabei wird der Anfang der entsprechenden Signale, der das Einschwingen enthält, weggelassen. Die Senken *To Workspace* sind mit dem Format *Timeseries* parametriert. Die Variablen sind dann Strukturen, aus denen man die Signale extrahieren muss. So besitzt z.B. die Variable y folgende Struktur:

```
>> y
  timeseries
  Common Properties:
          Name: ''
          Time: [10000x1 double]
       TimeInfo: [1x1 tsdata.timemetadata]
          Data: [10000x3 double]
       DataInfo: [1x1 tsdata.datametadata]
```

Durch Ändern der Variablen dp, die die Welligkeit im Durchlassbereich darstellt, kann man die Abhängigkeit der Varianz des Gesamtfehlers bestimmen. Für einige Werte von dp sind die Ergebnisse in Tabelle 3.2 dargestellt:

Tabelle 3.2. Varianz des Gesamtfehlers abhängig von der Welligkeit im Durchlassbereich

Well. dp in dB	1	0,1	0,01	0,001	0,0001
Fehlervarianz	$4,04.10^{-4}$	$2,08.10^{-5}$	$3,22.10^{-6}$	$6,44.10^{-7}$	$1,64.10^{-7}$

Wie erwartet wird die Varianz des Gesamtfehlers kleiner mit fallenden Werten der Welligkeit, bleibt aber relativ groß im Vergleich zu der Varianz des Fehlers des Quantisierers, die konstant bleibt mit einem Wert von ca. 2×10^{-11}.

3.3.1 Das Vor- und Nachecho wegen der Welligkeit im Durchlassbereich eines FIR-Tiefpassfilters

Die Welligkeit im Amplitudengang stellt eine Schwingung dar. Aus der inversen Fourier-Transformation ergeben sich im Zeitbereich zwei Impulse, die den Hauptimpuls flankieren, der aus der inversen Fourier-Transformation des idealen Wertes von eins des Durchlassbereichs resultiert. Der erste dieser zwei zusätzlichen Impulse bewirkt ein Vorecho und der zweite ein Nachecho, die man am besten in der Sprungantwort des Filters sieht.

Mit dem Skript `ripple_22.m` werden die Echoerscheinungen untersucht. Zuerst wird ein künstlicher Amplitudengang mit Welligkeit im Durchlassbereich erzeugt:

```
% Künstlicher Amplitudengang
nfft = 1000;
H1 = [0.25*cos(2*pi*(0:fix(nfft*0.45))/20)+1,...
      1.e-3*ones(1,fix(nfft*0.05))];
H1 = [H1, fliplr(H1(2:end-1))];
neff = length(H1),
```

Danach wird die entsprechende Einheitspulsantwort für diesen Amplitudengang mit Hilfe der inversen DFT ermittelt. Über die Funktion `fftshift` wird diese als kausale Einheitspulsantwort neu zusammengefasst. Weiter wird dann die Sprungantwort als Antwort des Filters auf eine konstante Eingangssequenz `ones(1,1000)` berechnet:

```
% Die entsprechende Einheitspulsantwort
h1 = real(ifft(H1));      h1 = fftshift(h1);
% Die Sprungantwort
sp = filter(h1,1,ones(1,1000));
....
```

Abb. 3.36 zeigt ganz oben den künstlich erzeugten Amplitudengang mit einer starken Welligkeit im Durchlassbereich. Darunter ist die entsprechende Einheitspulsantwort mit linearer und mit logarithmischer Skalierung dargestellt. Man sieht jetzt die

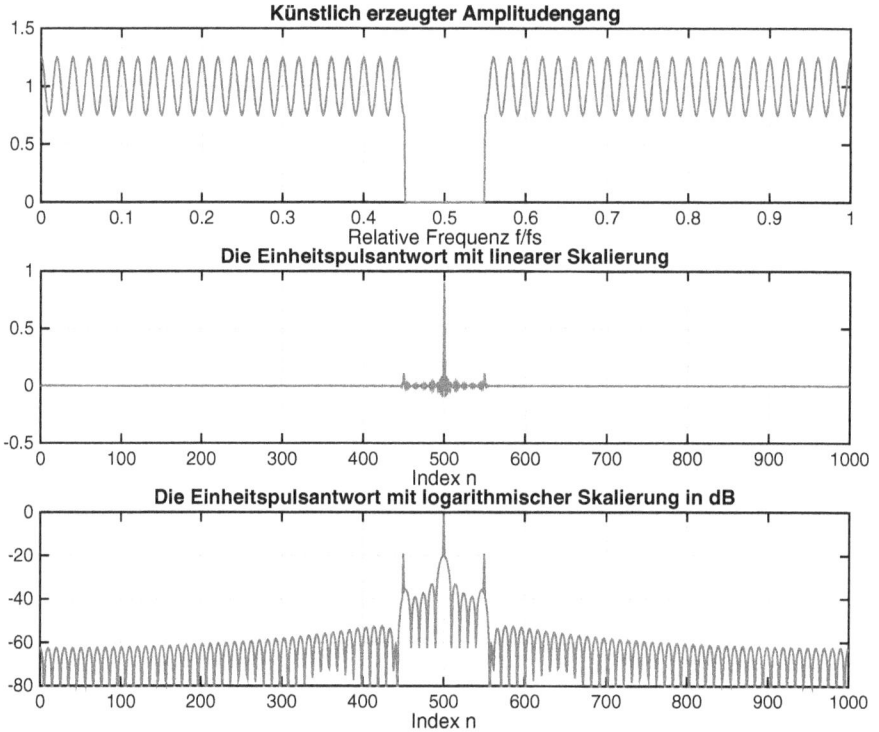

Abb. 3.36. Künstlich erzeugter Amplitudengang mit Welligkeit und die entsprechende Einheitspulsantwort (`ripple_22.m`)

zwei Impulse, die das Vor- und Nachecho ergeben. Die Stärke dieser Pulse ist von der Amplitude der Welligkeit gegeben und die Stelle relativ zum Hauptimpuls ist von der Frequenz der Welligkeit abhängig. Bei einer relativen Frequenz der Welligkeit von 0.02 ist der Abstand im Zeitbereich zum Hauptimpuls gleich ±50 Abtastwerte.

In Abb. 3.37 ist die Sprungantwort dargestellt und wegen der sehr starken Welligkeit ist der Effekt des Vor- und Nachechos klar ersichtlich. Die Faltung mit dem ersten zusätzlichen Impuls führt zu dem ersten kleinen Sprung. Danach folgt der Sprung wegen des Hauptimpulses mit den typischen Gibbs Schwingungen. Weiter erhält man noch einen Sprung wegen des zweiten zusätzlichen Impulses. Der Endwert ist viel größer als der erwartete Sprung von eins.

Mit Hilfe der Skizze aus Abb. 3.38 wird qualitativ die Entstehung der Echos in der Einheitspulsantwort erläutert. Auf der linken Seite sind die Frequenzbereiche und rechts die Zeitbereiche verschiedener Etappen dargestellt. Abb. 3.38a zeigt links die Konstante eins die mit einer Schwingung der Periode T_f und Amplitude d_p überlagert ist. Im Zeitbereich ergibt die inverse Fourier-Transformation drei Delta-Funktionen.

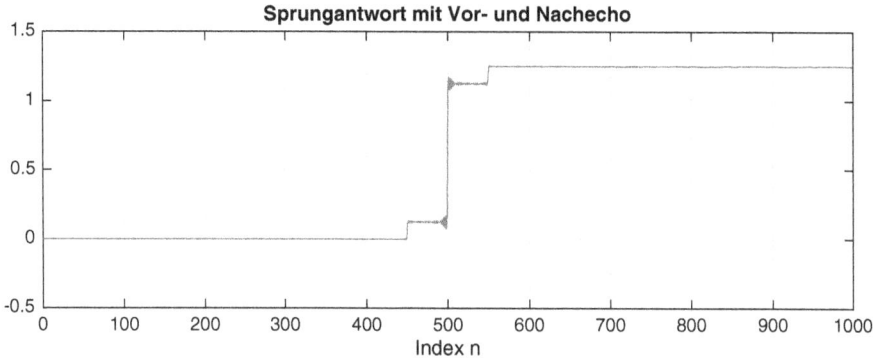

Abb. 3.37. Sprungantwort des Filters mit Welligkeit (`ripple_22.m`)

Bei $t = 0$ erscheint die Delta-Funktion wegen der Konstante eins und bei $t = \pm 1/T_f$ erscheinen die Delta-Funktionen wegen der Schwingung.

Die inverse Fourier-Transformation der Fensterfunktion $W(f)$ ergibt eine sinc-Funktion mit der ersten Nullstelle bei $1/f_w$, wie in Abb. 3.38b rechts gezeigt ist.

Die Multiplikation mit der Fensterfunktion $W(f)$ extrahiert den Amplitudengang $|X_w(f)|$ aus Abb. 3.38c links. Die Multiplikation im Frequenzbereich führt zu einer Faltung im Zeitbereich, die dann zum Signal $x(t) * w(t)$ führt. Mit $*$ ist hier die Faltung gemeint. Dieses Signal jetzt abgetastet mit der Delta-Sequenz der Abtastperiode T_s aus Abb. 3.38d rechts ergibt schließlich die gesuchte Einheitspulsantwort $h[nT_s]$ mit Echopulse, wie in Abb. 3.38e rechts gezeigt.

Der Multiplikation der Abtastung im Zeitbereich führt im Frequenzbereich zu einer Faltung zwischen den Delta-Funktionen $S(f)$ und der Funktion oder Spektrum $X_w(f)$, die als Ergebnis den typischen Frequenzgang eines zeitdiskreten Tiefpassfilters mit Durchlassfrequenz f_w darstellt. Es wurde angenommen, dass $f_s/2 > f_w$ ist.

Bei Welligkeit im Durchlassbereich mit Werten zwischen 0,0001 bis 0,1 dB sind in den normalen Entwürfen die Echoimpulse in einer linearen Darstellung der Einheitspulsantwort nicht sichtbar.

In Abb. 3.39 ist die Einheitspulsantwort eines FIR-Tiefpassfilters mit 1 dB Welligkeit im Durchlassbereich linear und logarithmisch skaliert dargestellt. Das Filter wurde mit der Funktion `fdesign` berechnet. Bei dieser starken Welligkeit sieht man in der logarithmischen Skalierung die Echos. Der Abstand zum Höchstwert ist $\pm 1/0,03 \cong$ 33 Abtastintervalle.

Auch in der Sprungantwort, die in Abb. 3.40 dargestellt ist, sieht man bei dieser relativ großen Welligkeit von 1 dB die Effekte des Vor- und Nachechos. Der Sprung wurde bei Index 200 angelegt, um besser diese Effekte zu identifizieren. Die

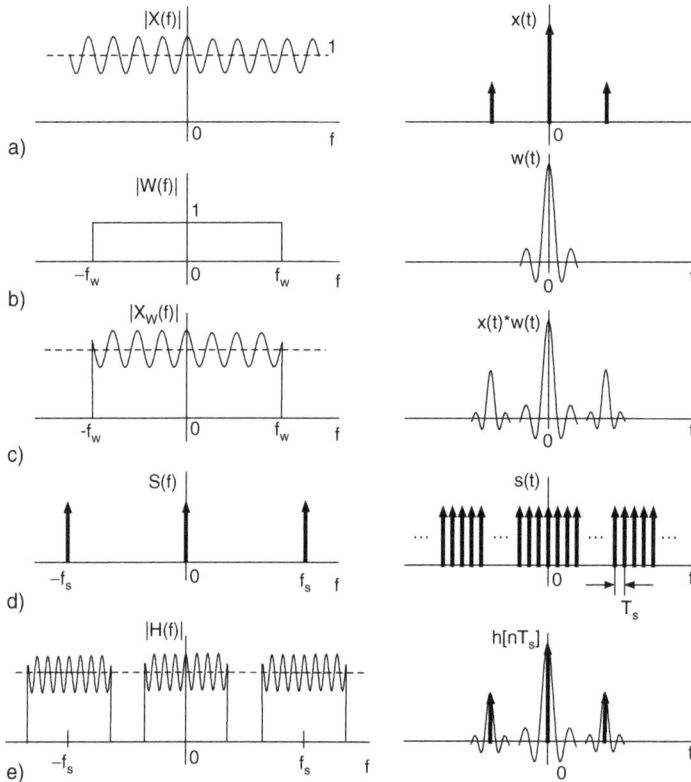

Abb. 3.38. Die Einheitspulsantwort mit Echos wegen der Welligkeit im Durchlassbereich

gezeigten Darstellungen (Abb. 3.39, 3.40) wurden mit Hilfe des Skripts `ripple_23.m` erhalten:

```
% -------- Parameter des Systems
fs = 1000;              % Abtastfrequenz
Ts = 1/fs;              % Abtastperiode
% -------- FIR-Filter-Entwurf
fp = 100*2/1000;        % Relative Durchlassfrequenz (MATLAB-Konv.)
fst = 130*2/1000;       % Relative Sperrfrequenz
dp = 1;                 % Welligkeit im Durchlassbereich in dB
%dp = 0.1;              % Welligkeit im Durchlassbereich in dB
ds = 80;                % Dämpfung im Sperrbereich
typ = 'equiripple';
d = fdesign.lowpass('Fp,Fst,Ap,Ast',fp,fst,dp,ds);
hd = design(d,'equiripple');    h = hd.Numerator;
nord = length(h)-1;
[H, w] = freqz(h,1);
```

Einheitspulsantwort des FIR-Tiefpassfilters mit Welligkeit = 1 dB

Einheitspulsantwort mit logarithmischer Skalierung (dB)

Vorecho

Nachecho

n

Amplitudengang des FIR-Tiefpassfilters (Ausschnitt)

←—0,03—→

Relative Frequenz f/fs

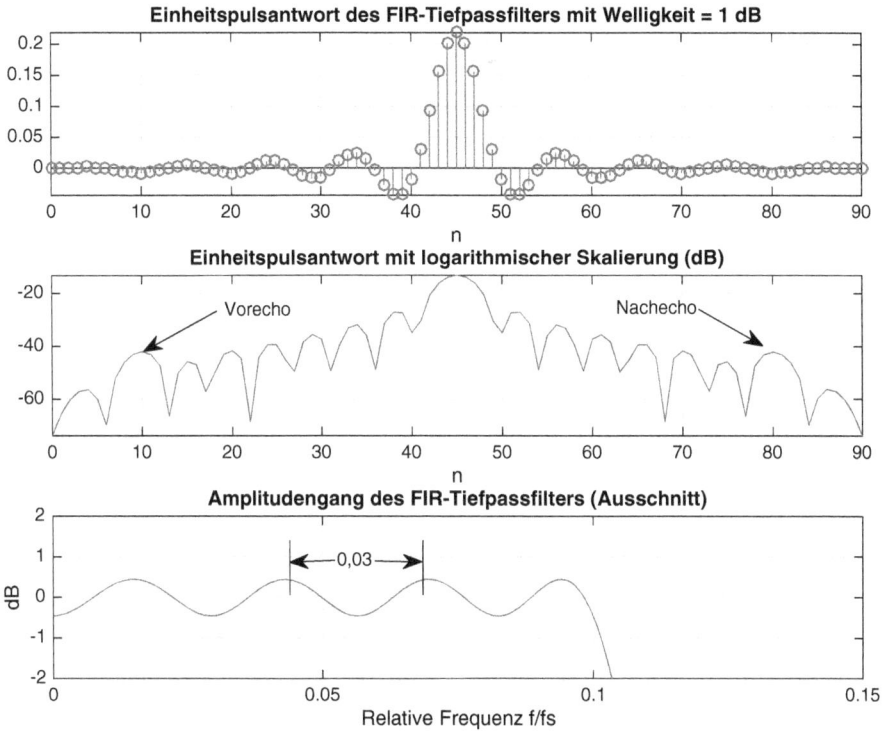

Abb. 3.39. Die Einheitspulsantwort mit Echos wegen der Welligkeit im Durchlassbereich für ein Filter entwickelt mit fdesign (`ripple_23.m`)

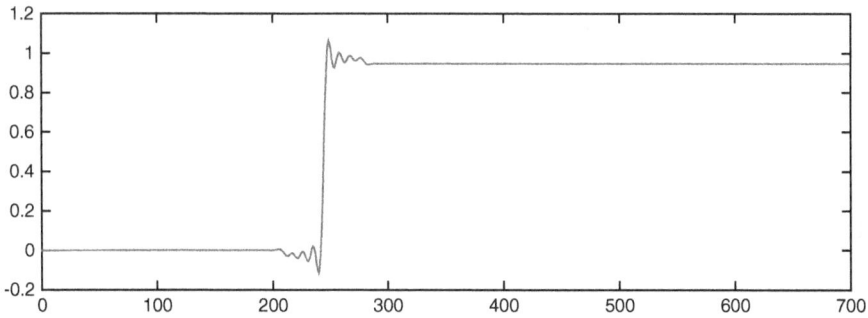

Abb. 3.40. Sprungantwort des Filters mit 1 dB Welligkeit entwickelt mit fdesign (`ripple_23.m`)

```
figure(1);    clf;
subplot(311);    stem(0:nord, h);
title(['Einheitspulsantwort des FIR-Tiefpassfilters mit Welligkeit = ',...
    num2str(dp),' dB']);
xlabel('n');    grid on;    axis tight;
```

```
subplot(312);    plot(0:nord, 20*log10(h));
title(['Einheitspulsantwort mit logarithmischer Skalierung (dB)']);
xlabel('n');    grid on;    axis tight;
subplot(313);    plot(w/(2*pi), 20*log10(abs(H)));
title('Amplitudengang des FIR-Tiefpassfilters (Ausschnitt)');
xlabel('Relative Frequenz f/fs');    grid on;
axis([0,0.15,-2, 2]);    ylabel('dB');
% ------- Sprungantwort
sp = filter(h,1,[zeros(1,200), ones(1,500)]);
figure(2);    clf;
subplot(211); plot(0:700-1, sp);
```

Bei einer Welligkeit unter 0,1 dB sieht man in den Darstellungen kein Vor- und Nachecho mehr. Für Fehler mit Varianzen im Bereich von 10^{-7} bis 10^{-11} sind aber diese Effekte spürbar und führen zu Gesamtfehlern, die in der Simulation mit `ripple_21.m` gemessen wurden und in der Tabelle 3.2 gezeigt sind.

3.4 FIR-Filter mit inversem Sinc-Verhalten

Eine spezielle Art FIR-Filter sind die Filter mit linearer Phase und mit inverser Sinc-Funktion als Amplitudengang. In der *DSP System Toolbox* gibt es mehrere Funktionen für die Entwicklung solcher Filter. Exemplarisch wird im Skript `inv_sinc_1.m` und dem Modell `inv_sinc1.slx` ein solches Filter untersucht. Diese Filter dienen der Kompensation des Amplitudengangs eines D/A-Wandlers, der mit einem Halteglied nullter Ordnung modelliert wird und damit sinc-Charakter hat.

Der Frequenzgang des Halteglieds nullter Ordnung gemäß Gl. (1.173) und Abb. 1.76 führt zu einer Verzerrung der Amplituden der Signale aus dem ersten Nyquist Intervall mit $0 \le f < f_s/2$. Um diese Verzerrung zu kompensieren, kann man ein digitales FIR-Filter mit linearer Phase vor dem Wandler (Halteglied nullter Ordnung) einsetzen.

Im Abschnitt 1.4.4 bzw. Gl. (1.180) wurde ein einfaches FIR-Filter zweiter Ordnung als FIR-Filter mit inversem Sinc-Verhalten mit einer Übertragungsfunktion

$$H(z) = \frac{-1 + 18z^{-1} - 1z^{-2}}{16} \tag{3.54}$$

eingesetzt. Im Skript werden der Frequenzgang des Halteglieds nullter Ordnung im ersten Nyquist Intervall und der Frequenzgang dieses einfachen FIR-Filters berechnet. Das elementweise Produkt zwischen dem Frequenzgang des Halteglieds nullter Ordnung und dem Frequenzgang des FIR-Filters ergibt dann den kompensierten Frequenzgang:

```
% ------ Frequenzgang des Halteglieds nullter Ordnung
fs = 1000;        Ts = 1/fs;
nfft = 1024;      df = fs/nfft;
f = -fs/2:df:fs/2-df;
H = exp(-j*pi*f*Ts).*sinc(f*Ts);  % Frequenzgang des Halteglieds
    % nullter Ordnung geteilt durch Ts
% ------ Einfaches Kompensationsfilter der Ordnung 2
h = [-1, 18, -1]/16;              % Koeffizienten des Kompensationsfilters
z = exp(j*2*pi*f*Ts);
Hk = polyval(h,z)./(z.^2);        % Frequenzgang des Kompensationsfilters
figure(1);      clf;
plot(f/fs, abs(H));      hold on;
plot(f/fs, abs(Hk));
plot(f/fs, (abs(H).*abs(Hk)));
title(['Amplitudengang des Halteglieds nullter Ordnung,'...
    ' des Kompensationsfilters und das Ergebnis']);
xlabel('Relative Frequenz f/fs'); grid on;
.....
```

Amplitudengang des Halteglieds nullter Ordnung, des Kompensationsfilters und das Ergebnis

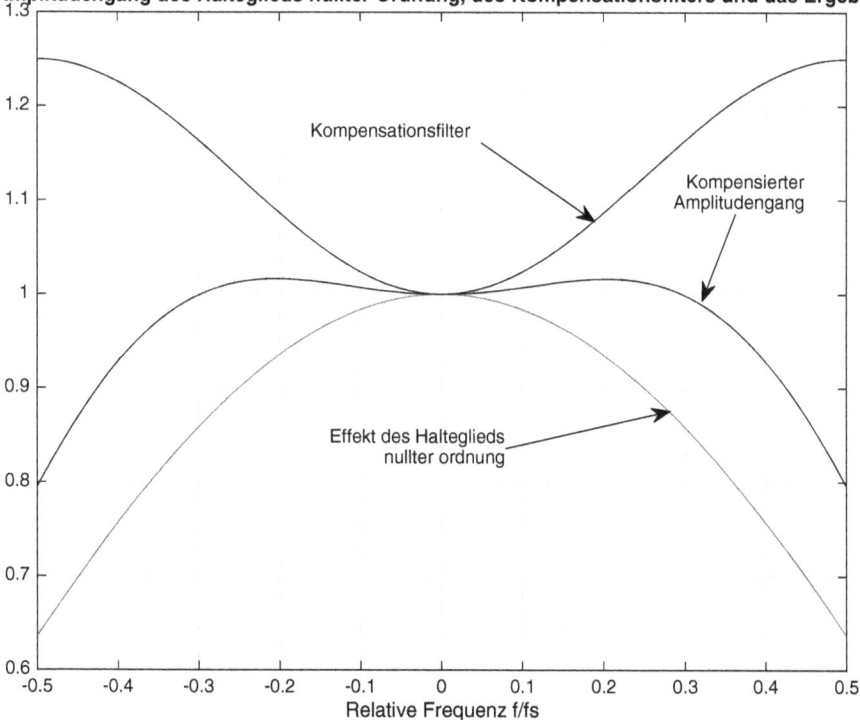

Abb. 3.41. Amplitudengang des Halteglieds nullter Ordnung, des Kompensationsfilters und des Ergebnisses der Multiplikation (`inv_sinc_1.m`)

Abb. 3.41 zeigt die Amplitudengänge des Halteglieds nullter Ordnung, des Kompensationsfilters und der resultierende, kompensierte Amplitudengang. Die Kompensation ist bei weitem nicht ideal, hat aber den Vorteil, dass das Kompensationsfilter nur 3 Koeffizienten benötigt. Die Multiplikation mit den zwei Koeffizienten −1/16 ist sehr einfach mit ganzzahligen Abtastwerten zu realisieren. Sie bedeutet eine Verschiebung des Kommapunktes um 4 Stellen nach links.

Eine bessere Kompensation erhält man mit Filter höherer Ordnung. Im Skript wird auch so eine Untersuchung durchgeführt mit einem FIR-Filter der Ordnung 50. Das Filter wird mit folgenden Zeilen im Skript mit Hilfe der Funktion `fdesign.isinclp` berechnet:

```
% ------- Inverses sinc-Filter der Ordnung 50
fp = 0.4*2;    fst = 0.45*2;
dp = 0.001;    dst = 40;        nord = 50;
d = fdesign.isinclp('N,Fp,Fst',nord,fp,fst);
hd = design(d,'SincFrequencyFactor',0.5,'SincPower',1);
hd = hd.numerator;
%hd = firceqrip(50,0.8,[0.01 0.01],'invsinc',[0.42 1.5]);
figure(4);    clf;
[Hd, w] = freqz(hd,1,'whole');% Es werden 512 Werte für H, w  berechnet
f = (-256:255)/512;
H = exp(-j*pi*f).*sinc(f);
plot((-256:255)/512, fftshift(abs(Hd)));    hold on;
plot((-256:255)/512, abs(H));
plot((-256:255)/512, abs(H)'.*fftshift(abs(Hd)));
title(['Amplitudengang des Halteglieds nullter Ordnung,'...
    ' des Kompensationsfilters und das Ergebnis']);
xlabel('Relative Frequenz f/fs');    grid on;
```

Man kann auch die Funktion `firgrip` benutzen, eine Option die im Skript auch vorgesehen ist. Man erhält die Amplitudengänge, die in Abb. 3.42 dargestellt sind. Wie man sieht wurde die Kompensation im Bereich von 0 bis $f/f_s = 0,4$ durch die Wahl des Durchlassbereichs von 0,8 (MATLAB-Konvention) erhalten.

Die Simulation der Kompensation wird mit Hilfe des Modells aus Abb. 3.43 durchgeführt. Es werden zwei analoge sinusförmige Signale im kompensierten Frequenzbereich mit Frequenzen 100 Hz und 300 Hz und Amplituden gleich eins gewählt. Diese werden dann weiter mit $f_s = 1000$ Hz mit Hilfe des Blocks *Zero-Order Hold* abgetastet. Sie bilden die zeitdiskreten Abtastwerte, die vor der D/A-Wandlung dem Kompensationsfilter zugeführt werden. Den D/A-Wandler muss man sich als Halteglied nullter Ordnung vorstellen.

Mit Hilfe der zweiten Abtastung mit dem Block *Zero-Order Hold1* werden alle Signale des *Mux*-Blocks mit einer Abtastfrequenz, die 10 mal größer als f_s ist, abgetastet. Man erhält somit in den Abtastperioden T_s weitere 10 Werte und kann die Spektren für die treppenförmigen Signale ermitteln. Auch die analogen Signale werden mit dieser hohen Abtastfrequenz sehr gut aufgelöst. Die Verspätungen, die mit

Amplitudengang des Halteglieds nullter Ordnung, des Kompensationsfilters und das Ergebnis

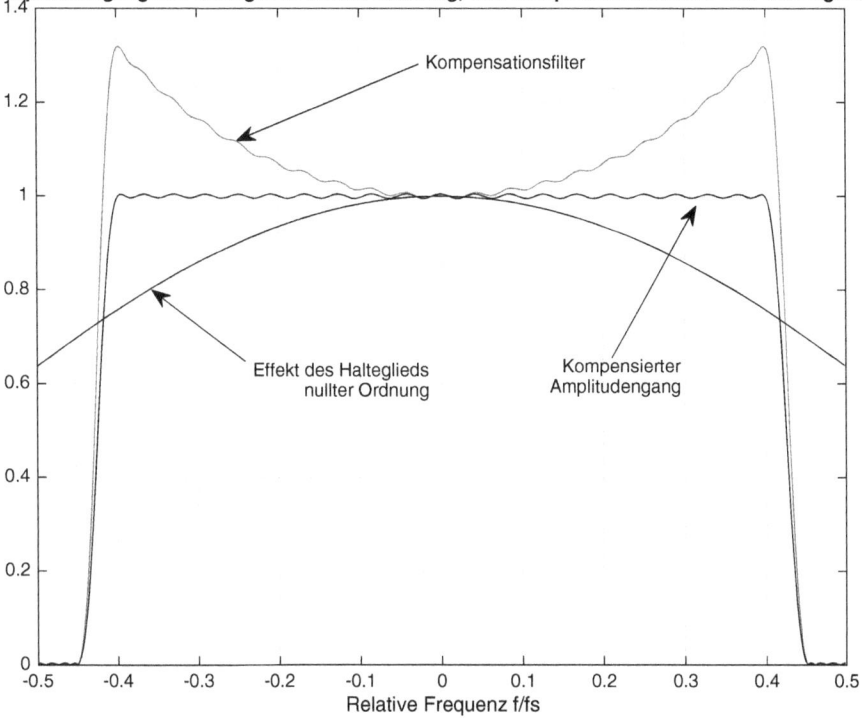

Abb. 3.42. Amplitudengang des Halteglieds nullter Ordnung, des Kompensationsfilters und das Ergebnis der Kompensation (inv_sinc_1.m, inv_sinc1.slx)

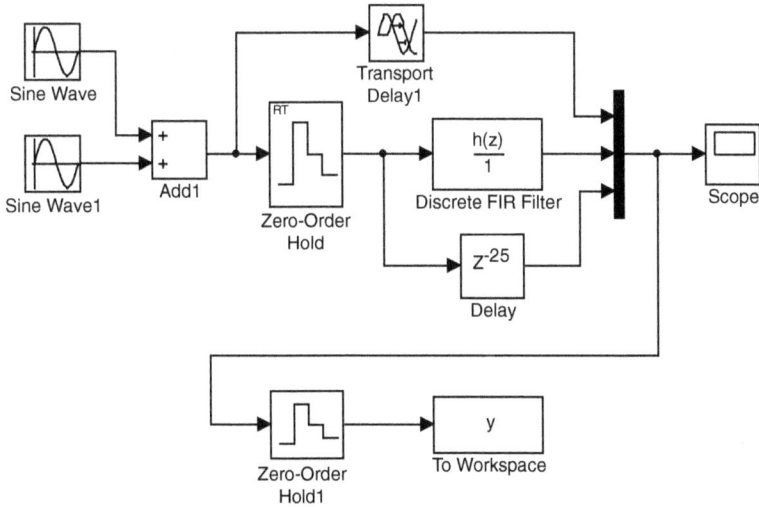

Abb. 3.43. Modell der Simulation des Kompensationsfilters (inv_sinc_1.m, inv_sinc1.slx)

Analoger Eingang, Abtastwerte und Ausgang des Kompensationsfilters

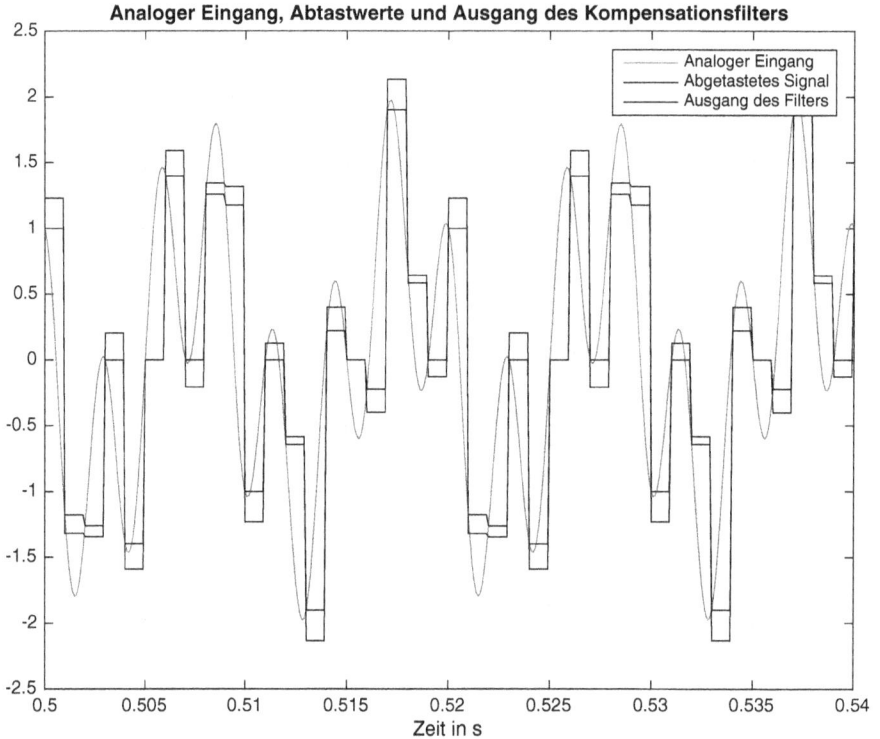

Abb. 3.44. Analoges Signal, abgetastetes Signal und Ausgang des Kompensationsfilters (`inv_sinc_1.m`, `inv_sinc1.slx`)

den Blöcken *Transport Delay1* und *Delay* eingefügt wurden, dienen der Ausrichtung der Signale, um sie korrekt überlagert darzustellen.

In Abb. 3.44 ist ein Ausschnitt der Signale aus der Senke *to Workspace* dargestellt. Die Abtastwerte nach dem *Zero-Order Hold*-Block sind direkt durch das analoge Signal (als Summe der zwei Eingangssignale) gegeben und leicht zu erkennen. Die darüberliegenden treppenförmigen Signale sind die Ausgänge des Kompensationsfilters. Wie man sieht sind die zusätzlichen Anteile dieses Filters ganz beträchtlich.

Mit folgenden Zeilen des Skripts werden die Amplitudenspektren der Signale ermittelt und danach dargestellt:

```
% ------ Aufruf der Simulation
Tsim = 1;        delta = nord/2;      h = hd;
sim('inv_sin1', [0, Tsim]);
t = y.time;
y1 = y.Data(:,1);                    % Analoger Eingang
y2 = y.Data(:,2);                    % Ausgang des Filters
y3 = y.Data(:,3);                    % Abgetastetes Signal
.....
```

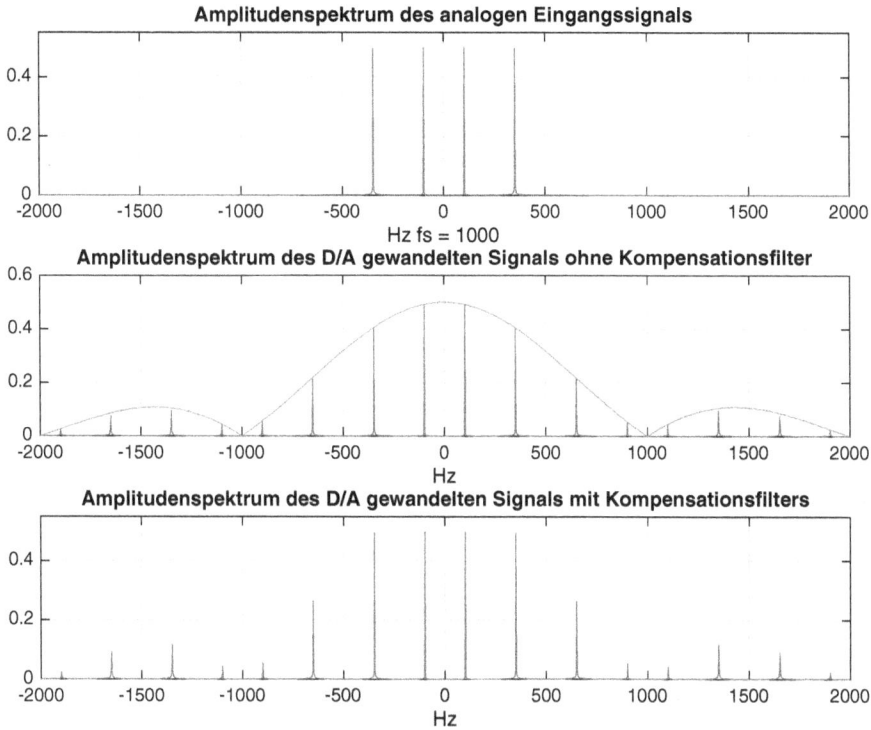

Abb. 3.45. Amplitudenspektrum des analogen Signals, des Ausgangs des Halteglieds nullter Ordnung ohne Kompensationsfilter und des D/A gewandelten Signals mit Kompensationsfilter (inv_sinc_1.m, inv_sinc1.slx)

```
% ------- Amplitudenspektrum FFT/N
ys = y.Data(nord*100:end,:);            % Ohne Einschwingen
nY = length(ys(:,1));   Y = fft(ys,nY)/nY;  % Amplitudenspektrum FFT/N
.....
```

Abb. 3.45 zeigt diese Spektren; ganz oben das Amplitudenspektrum der zwei analogen Signale der Amplituden eins. Im Spektrum sieht man die Linien der Größe 0,5 bei 100 respektiv 300 Hz. Darunter ist das Spektrum des D/A gewandelten Signals zusammen mit der Hülle des Amplitudengangs des Halteglieds nullter Ordnung dargestellt. Im Intervall bis $f_s/2 = 500$ Hz sieht man die verzerrte Linien der 100 und 300 Hz Signale. Oberhalb der Frequenz $f_s/2 = 500$ Hz bis $f_s = 1000$ Hz erscheinen die Spiegelungen wegen der Abtastung ebenfalls gewichtet mit derselben Hülle.

Ganz unten ist das Spektrum der D/A gewandelten Signale mit Kompensation dargestellt, die jetzt wieder eine Amplitude von eins haben, erkennbar durch die Werte von 0,5 der Linien.

Für die Kompensation mit dem einfachen Filter der Ordnung zwei sind ähnliche Darstellungen im Skript berechnet und dargestellt, die aber hier nicht mehr gezeigt werden. Die Kompensation, wie aus Abb. 3.41 zu vermuten ist, ist nicht so gut wie für das aufwändigere Filter der Ordnung 50. Bei der Implementierung des letzteren mit 51 Koeffizienten bedeutet das, dass 51 Multiplikationen in jeder Abtastperiode benötigt werden. Dagegen ist bei dem einfachen Filter praktisch nur eine Multiplikation mit dem Koeffizienten 18/16 notwendig.

3.5 Hilbert-FIR-Filter

Die Hilbert-Transformation im zeitkontinuierlichen Bereich entspricht einer Impulsantwort $h(t)$, die durch

$$h(t) = \frac{1}{\pi\, t} \tag{3.55}$$

gegeben ist. Die Faltung dieser Impulsantwort mit dem Eingangssignal ergibt das Hilbert gefilterte Signal $y(t)$:

$$y(t) = x(t) * \frac{1}{\pi\, t} \tag{3.56}$$

Die Fourier-Transformation der Impulsantwort als komplexer Frequenzgang des Hilbert-Filters ist [34, 38]:

$$H(f) = -j\,\text{sign}(f) \qquad \text{oder} \qquad H(j\omega) = -j\,\text{sign}(\omega) \tag{3.57}$$

Die Faltung im Zeitbereich führt zu einer Multiplikation im Frequenzbereich:

$$Y(f) = X(f)(-j\text{sign}(f)) \qquad \text{oder} \qquad Y(j\omega) = X(j\omega)(-j\,\text{sign}(\omega)) \tag{3.58}$$

Im zeitdiskreten Bereich ist die Einheitspulsantwort des Hilbert-Filters durch die inverse Fourier-Transformation (inverse DTFT) des komplexen Frequenzgangs gegeben:

$$h[nT_s] = \int\limits_{-f_s/2}^{f_s/2} H(f)e^{2\pi f n T_s}\, df = \frac{1}{2\pi} \int\limits_{-\omega_s/2}^{\omega_s/2} H(j\omega)e^{\omega n T_s}\, d\omega$$

$$h[nT_s] = h[n] = \frac{1-\cos(\pi n)}{\pi n} = \begin{cases} 0 & \text{für n gerade} \\ \dfrac{2}{\pi n} & \text{für n ungerade} \end{cases} \tag{3.59}$$

Sie ist unendlich ausgedehnt und nicht kausal. Durch Begrenzung der Länge und durch Verschiebung erhält man eine kausale Einheitspulsantwort. Die Verschiebung im Zeitbereich führt zu einer zusätzlichen linearen Phasenverschiebung im Frequenzbereich.

Das FIR-Hilbert-Filter Typ III mit gerader Ordnung und ungerader Symmetrie der Koeffizienten hat den Vorteil, dass jeder zweite Koeffizient gemäß Gl. (3.59) null ist. Dieser Filtertyp hat aber $H(0) = 0$ und $H(f_s/2) = 0$. Dadurch kann man das korrekte Verhalten des Hilbert-Filters im ersten Nyquist-Intervall nur in einem Bereich nutzen, der diese Frequenzen nicht enthält.

Bevor eine Simulation mit einem FIR-Hilbert-Filter beschrieben wird, werden die Grundlagen der Simulation erläutert. Es wird gezeigt, wie man ein komplexes Signal erzeugt, das Anteile nur für $f > 0$ oder $f < 0$ besitzt und es wird eine Anwendung derartigen Signals darstellt. Das komplexe Signal besteht aus zwei Signalen ein Signal für den Realteil und ein Signal für den Imaginärteil. Die rechnerischen Eigenschaften des komplexen Signals werden weiter benutzt um ein Signal mit bestimmter Funktionalität zu erhalten.

Das komplexe sogenannte analytische Signal $u(t)$ ist durch

$$u(t) = x(t) + j\, x_h(t) \tag{3.60}$$

definiert [38]. Hier ist $x_h(t)$ die Hilbert-Transformation des Signals $x(t)$. Das Filter, das aus $x(t)$ das Signal $x_h(t)$ erzeugt, wird als ideal angenommen mit einem komplexen Frequenzgang der Form gemäß Gl. (3.57):

$$H(f) = -j\, \text{sign}(f) \tag{3.61}$$

Die Amplitudenspektren $|X(f)|$ und $|X_h(f)|$ von $x(t)$ und $x_h(t)$ sind gleich, nur die Phasenspektren unterscheiden sich durch eine zusätzliche Phasenverschiebung von $-\pi/2$ für $f > 0$ und $\pi/2$ für $f \le 0$, wie in Abb. 3.46a, b dargestellt ist.

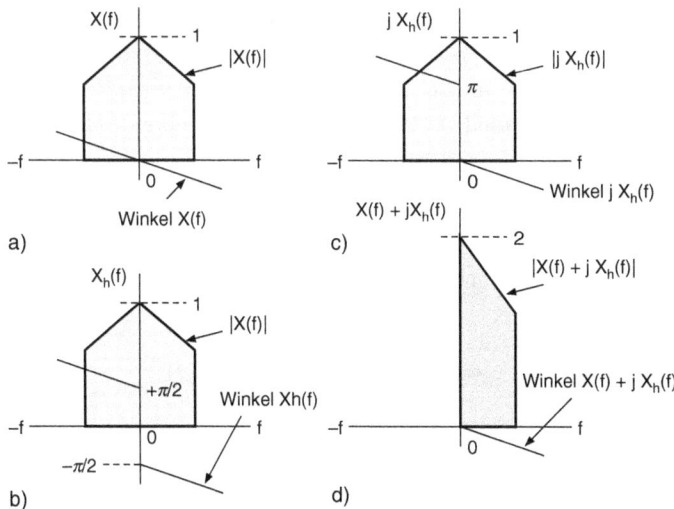

Abb. 3.46. Spektrum des analytischen Signals

Im komplexen analytischen Signal wird die Hilbert-Transformierte $x_h(t)$ mit j multipliziert, was sich im Spektrum dieser Komponente durch eine zusätzliche Phasenverschiebung von $\pi/2$ im ganzen Frequenzbereich, von $-\infty$ bis ∞ widerspiegelt. Dadurch erhält der linke Teil des Spektrums von $j\,X_h(f)$ eine zusätzliche Phasenverschiebung von π und der rechte Teil erhält den ursprünglichen Phasenverlauf von $X(f)$, wie in Abb. 3.46c gezeigt ist.

Das Spektrum $X(f) + jX_h(f)$ enthält die linke Seite nicht mehr, weil die Komponenten des Spektrums von $X(f)$ und $j\,X_h(f)$ für $f < 0$ gegenphasig sind und sich in der Summe aufheben. Man erhält so für das komplexe analytische Signal ein einseitiges Spektrum, das in Abb. 3.46d dargestellt ist.

Wenn das analytische Signal durch die Summe $x(t) - j\,x_h(t)$ gebildet wird, dann belegt sein Spektrum nur den Bereich $f < 0$ und ist null für $f \geq 0$.

Allgemein kann man mit einem komplexen Signal Spektren erzeugen, die nicht mehr die Symmetrien der reellen Signale besitzen. Das analytische Signal ist ein Beispiel dafür. Man spricht von einer komplexen Hülle $u(t)$ als komplexes Signal der Form:

$$u(t) = a(t)e^{\theta(t)} = x_p(t) + j\,x_q(t) \tag{3.62}$$

Der Anteil $x_p(t)$ bildet die Inphasekomponente und $x_q(t)$ stellt die Quadraturkomponente dar, die bei dem analytischen Signal die Hilbert-Transformierte der Inphasekomponente ist. Diese Komponenten sind gewöhnlich Basisbandsignale in der Umgebung von $f = 0$. Durch Modulation mit einem Träger höherer Frequenz f_0 erhält man dann ein Bandpasssignal.

Das analytische Signal als spezielle komplexe Hülle ermöglicht Amplituden-Modulierte-Bandpasssignale (kurz AM-Signale) zu erhalten, die nur das obere oder untere Seitenband belegen also Einseitenbandsignal (*Single-Side-Band Signal*). Aus einer komplexen Hülle $u(t)$ mit den zwei Quadraturkomponenten $x_p(t)$ und $x_q(t)$ wird zuerst ein komplexes Bandpasssignal durch Multiplikation mit einem komplexen Träger erzeugt. Danach wird nur der Realteil verwendet, um ein reelles Bandpasssignal zu erzeugen. Der komplexe Träger $y_t(t)$ wird durch

$$y_t(t) = \cos(2\pi f_0 t) + j\,\sin(2\pi f_0 t) = e^{j2\pi f_0 t} \tag{3.63}$$

ausgedrückt. Nach der Multiplikation mit der komplexen Hülle erhält man einen Realteil der Form:

$$s(t) = R_e\{u(t)e^{j2\pi f_0 t}\} = x_p(t)\cos(2\pi f_0 t) - x_q(t)\sin(2\pi f_0 t) \tag{3.64}$$

Das Spektrum des Bandpasssignals $S(f)$ als Fourier-Transformierte des Signals $s(t)$ wird:

$$S(f) = \int_{-\infty}^{\infty} s(t)e^{j2\pi f_0 t} dt = \int_{-\infty}^{\infty} Re\{u(t)e^{j2\pi f_0 t}\}e^{j2\pi ft} dt \tag{3.65}$$

Der Realteil einer komplexen Größe ζ kann durch

$$Re\{\zeta\} = \frac{1}{2}(\zeta + \zeta^*) \tag{3.66}$$

ausgedrückt werden und die Fourier-Transformation wird dann:

$$S(f) = \frac{1}{2} \int_{-\infty}^{\infty} [u(t)e^{j2\pi f_0 t} + u^*(t)e^{-j2\pi f_0 t}]e^{-j2\pi ft} dt \tag{3.67}$$

$$= \frac{1}{2}\left[U(f - f_0) + U^*(-f - f_0\right]$$

Hier ist $U(f)$ die Fourier-Transformation der komplexen Hülle $u(t)$. Dieses Ergebnis zeigt, dass das Spektrum $S(f)$ des reellen Bandpasssignals $s(t)$ durch eine Summe der verschobenen Spektren des komplexen Signals $u(t)$ (komplexe Hülle) gegeben ist.

Abb. 3.47 zeigt die Bildung des einseitigen Spektrums $S(f)$ des reellen Bandpasssignals $s(t)$ aus dem Spektrum $U(f)$ des komplexen analytischen Signals $u(t) = x(t) + j\, x_h(t)$. Das Spektrum des Bandpasssignals besitzt jetzt wieder die Symmetrie des Spektrums eines reellen Signals.

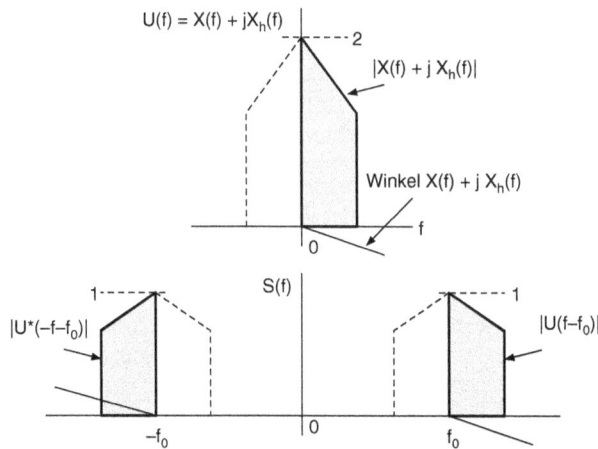

Abb. 3.47. Spektrum des analytischen Signals und des entsprechenden Bandpasssignals

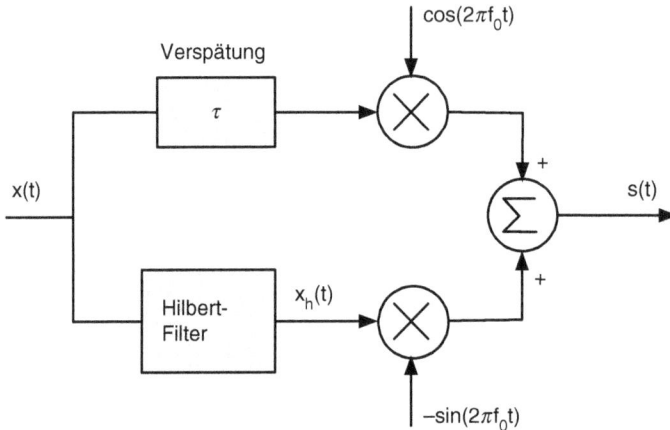

Abb. 3.48. Erzeugung eines SSB-Bandpasssignals mit Hilfe des analytischen Signals

In Abb. 3.48 ist gemäß Gl. (3.64) die Erzeugung des einseitigen Bandpasssignals skizziert. Die Inphasekomponente, die dem Eingangssignal hier entspricht (der obere Pfad), muss mit der Verspätung des kausalen Hilbert-Filters auch verspätet werden, so dass die zwei Pfade zeitlich korrekt zusammengesetzt werden.

Im Skript `hilbert_filter_1.m` und Simulink-Modell `hilbert_filter1.slx` wird die Bildung eines analytischen Signals gezeigt und es werden die verschiedenen Spektren ermittelt und dargestellt. Zuerst wird das Hilbert-Filter mit der Funktion `design.hilbert` ermittelt und die Eigenschaften dargestellt, wie in Abb. 3.49 gezeigt:

```
% -------- Parameter des Systems
fs = 1000;      Ts = 1/fs;    % Abtastfrequenz und Periode
% -------- Entwicklung des Hilbert-Filters
nord = 64;                     % Gerade Ordnung
Tw = 0.2;                      % 'Transition' Band
d = fdesign.hilbert(nord, Tw);
hd = design(d, 'equiripple'); %  Filterkoeffizienten in hd.numerator
nfft = 512;
[Hd, w] = freqz(hd.numerator, 1, nfft);
......
```

Mit der Zoom-Funktion der Darstellung kann man sehen, dass jeder zweite Koeffizient des Filters null ist. Der Amplitudengang ist korrekt gleich eins in einem Bereich der nicht die Frequenzen $f = 0$ und $f = f_s/2$ enthält.

Die Darstellung des Phasengangs enthält nur die Phase von $-\pi/2$ weil der lineare Teil wegen der Verschiebung, um eine kausale Einheitspulsantwort zu erhalten, kompensiert wurde:

```
phase = unwrap(angle(Hd)) + (pi*nord*(0:nfft-1)/(2*nfft))';
....
```

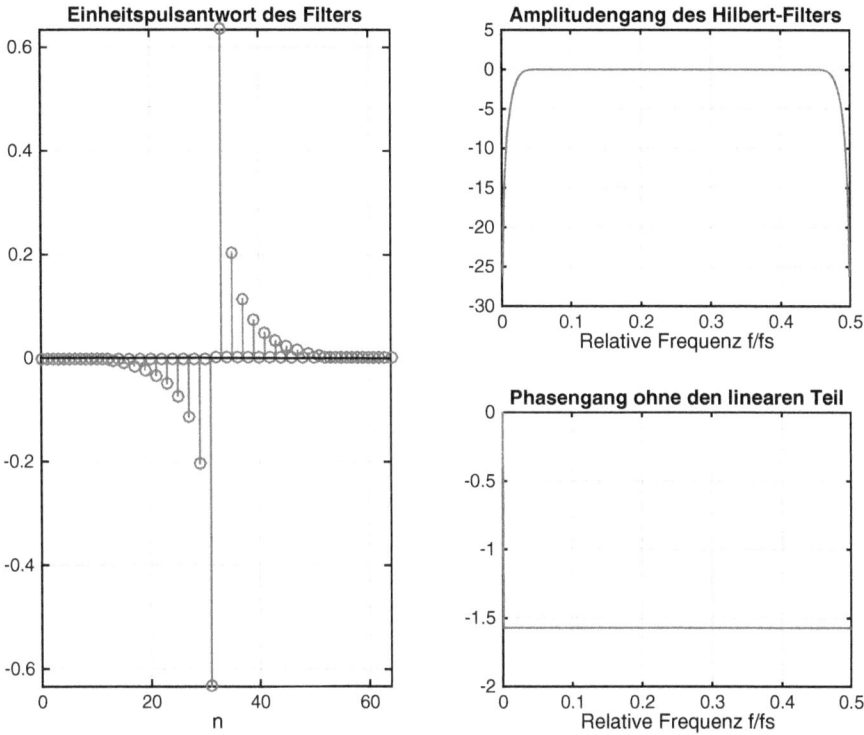

Abb. 3.49. Einheitspulsantwort und Frequenzgang des Hilbert-Filters mit dem Phasengang ohne dem linearen Teil wegen der Verschiebung (`hilbert_filter_1.m`, `hilbert_filter1.slx`)

Der zweite Term stellt die lineare Kompensationsphase dar. Die Funktion `freqz` berechnet den komplexen Frequenzgang des Hilbert-Filters im Bereich $0 \leq f < f_s/2$ mit n_{fft} Werten:

$$f = \Delta f \cdot n = \left(\frac{f_s/2}{n_{fft}}\right) n \quad \text{mit} \quad n = 0, 1, 2, \ldots, n_{fft} - 1 \tag{3.68}$$

Die zusätzliche lineare Phase wegen der Verschiebung der Einheitspulsantwort mit $\tau = (n_{ord}/2)T_s$ bildet sich wie folgt:

$$\varphi(\omega) = -\omega\tau \;\rightarrow\; \varphi(f) = -2\pi f \frac{n_{ord}}{2} T_s = -\pi f\, T_s n_{ord} = -\pi f_r n_{ord}$$
$$f_r = f/f_s = \frac{n}{2n_{fft}} \qquad \text{mit} \quad n = 0, 1, 2, \ldots, n_{nfft} \tag{3.69}$$

Für die Kompensation wird diese mit positivem Vorzeichen hinzuaddiert. Hier ist $f_r = f/f_s = f\,T_s$ die relative Frequenz, n_{ord} ist die Ordnung des Filters (gerade Zahl) und n_{fft} ist die Anzahl der Werte des Frequenzgangs im Bereich $0 \leq f_r < 0,5$.

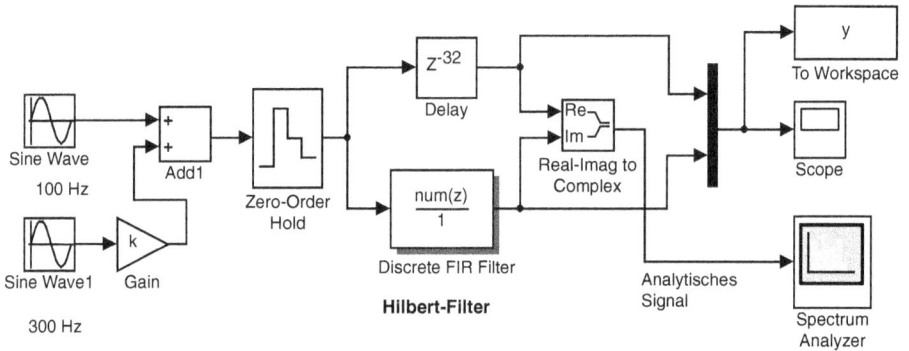

Abb. 3.50. Simulink-Modell in dem ein analytisches Signal untersucht wird (`hilbert_filter_1.m`, `hilbert_filter1.slx`)

Abb. 3.50 zeigt das Simulink-Modell dieser Untersuchung. Als Eingangssignale werden zwei sinusförmige Signale, die im korrekten Bereich des Hilbert-Filters liegen, eingesetzt. Mit dem *Gain*-Faktor k kann man die Simulation auch mit nur einem Eingangssignal starten, um die Phasenverschiebung des Hilbert-Filters für sinusförmige Signale zu untersuchen.

Nach der Abtastung im *Zero-Order Hold*-Block wird das Eingangssignal im oberen Pfad mit der gleichen Verspätung, die auch das kausale Hilbert-Filter hat, verzögert.

Der Ausgang des Hilbert-Filters zusammen mit dem verspäteten Eingangssignal werden rechnerisch als komplexes Signal mit Hilfe des Blocks *Real-Imag to Complex* zusammengesetzt und als analytisches Signal dem *Spectrum Analyser* zugeführt.

Die zwei Signale kann man am *Scope* sichten und sie werden mit der Senke *To Workspace* zwischengespeichert.

In Abb. 3.51 sind die Amplitudenspektren der Signale dargestellt. Ganz oben ist das Spektrum des verspäteten Eingangssignals und darunter das Spektrum des Ausgangssignals des Hilbert-Filters. Sie zeigen die typischen Symmetrien des Spektrums eines reellwertigen Signals. Ganz unten ist dann das Spektrum des komplexen analytischen Signals dargestellt, das aus den zwei reellwertigen Signalen gebildet wird. Es wird als rechnerisch bezeichnet, weil man physikalisch kein komplexes Signal sich vorstellen kann.

Die Verläufe sind im Frequenzbereich von $0 \leq f/f_s < 1$ dargestellt. Mit Hilfe der Funktion `fftshift` kann man sie auch für den Bereich $-0,5 \leq f/f_s < 0,5$ umwandeln, so wie das Spektrum des analytischen Signals am *Spectrum Analyser* dargestellt wird.

Im Skript `hilbert_filter_2.m` und Modell `hilbert_filter2.slx` (Abb. 3.52) ist eine ähnliche Untersuchung eines analytischen Signals durchgeführt, wobei das Eingangssignal ein bandbegrenztes Zufallssignal ist.

Aus einem *Random Number*-Block werden normalverteilte Zufallssignale, mit großer Bandbreite wegen der Abtastrate, die zehn mal größer als die Abtastrate die in der restlichen Untersuchung ist, entnommen. Diese werden dann mit einem

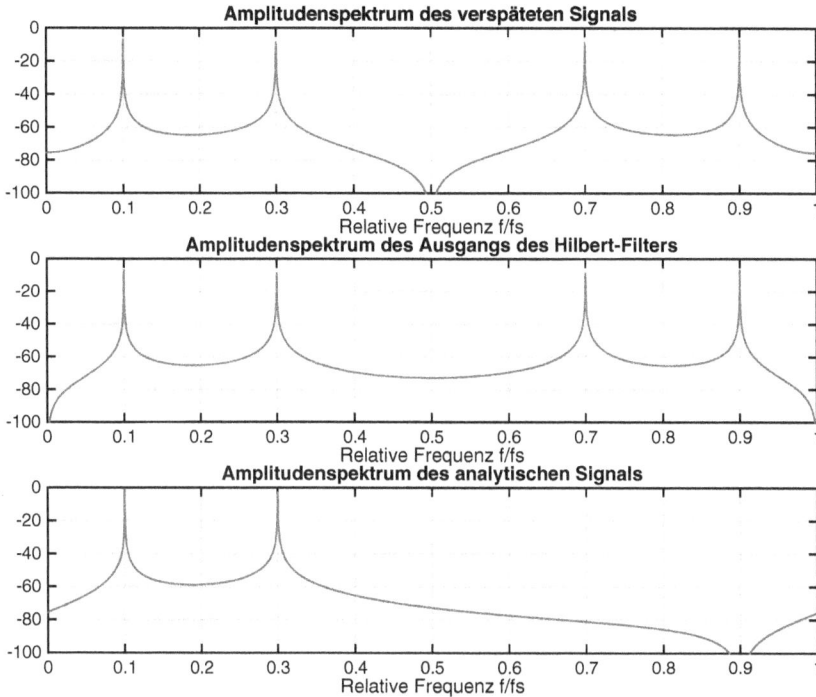

Abb. 3.51. Amplitudenspektren des Eingangssignals, des Ausgangs des Hilbert-Filters und des analytischen Signals (`hilbert_filter_1.m, hilbert_filter1.slx`)

analogen elliptischen Filter zwischen 100 Hz und 300 Hz bandbegrenzt. Mit dem Block *Variance*, der als *Running variance* parametriert ist, wird am *Display* die Varianz ermittelt und angezeigt. Die Varianz der Zufallsquelle ist im Block *Random Number* auf eins festgelegt.

Nach dem Filter wird das Signal mit der Abtastperiode T_s abgetastet und danach werden mit dem gleichen Hilbert-Filter aus der vorherigen Untersuchung die zwei Anteile des analytischen Signals gebildet. Nach der Simulation werden die spektralen Leistungsdichten der Signale berechnet:

```
% ------ Aufruf der Simulation
Tsim = 10;                        % Simulationsdauer
delta = nord/2;                   % Verspätung für die Ausrichtung der Signale
k = 1;                            % Zwei Eingangssignale
sim('hilbert_filter2', [0, Tsim]);  % Simulationsaufruf
t = y.time;
y1 = y.Data(:,1);                 % Verspätetes Signal
y2 = y.Data(:,2);                 % Ausgang des Hilbert-Filters
% -------- Spektrum des analytischen Signals
ys = y.Data(nord*10:end,:);       % Daten ohne Einschwingen
nfft = 256;
```

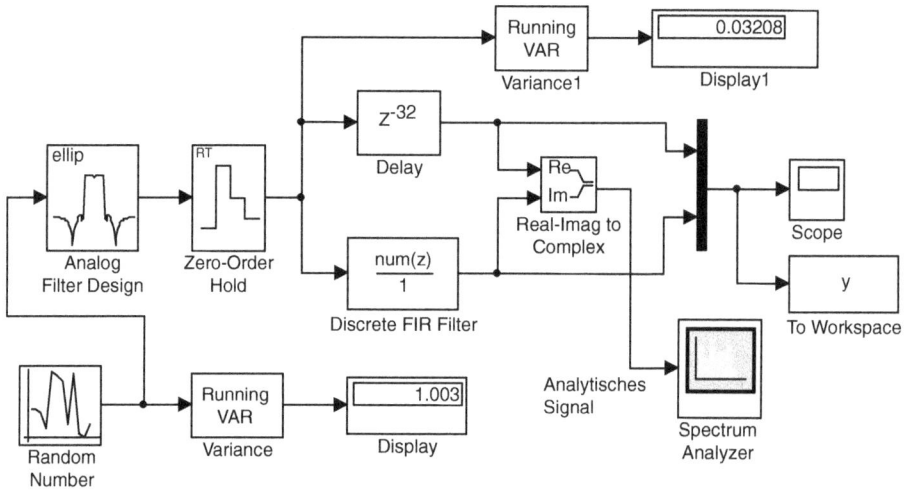

Abb. 3.52. Simulink-Modell in dem ein analytisches Signal aus bandbegrenztem Rauschen untersucht wird (`hilbert_filter_2.m, hilbert_filter2.slx`)

```
Yanal = pwelch((ys(:,1)+j*ys(:,2)), hamming(nfft),50,nfft,fs);
Y1 = pwelch((ys(:,1)+j*eps), hamming(nfft),50,nfft,fs);
Y2 = pwelch((ys(:,2)+j*eps), hamming(nfft),50,nfft,fs);
.....
```

In Abb. 3.53 sind logarithmisch in dB die spektralen Leistungsdichten der zwei Signale und des daraus gebildeten analytischen Signals in dB dargestellt. Die Spektren sind im Bereich zwischen $-f_s/2$ bis $f_s/2$ gezeigt. Dem Leser wird empfohlen die Zeilen des Skripts für diese Darstellung zu sichten, um zu verstehen, wie man die Funktion **fftshift** einsetzen muss. In den Funktionen **pwelch**, die zur Berechnung der spektralen Leistungsdichten eingesetzt wurden, ist auch die Abtastfrequenz als Argument angegeben. Das führt dazu, dass die spektralen Leistungsdichten (`Yanal`, `Y1`, `Y2`) in Watt/Hz geliefert werden.

Die dargestellten Werte sind eine Gelegenheit sich mit dem Begriff der spektrale Leistungsdichte vertrauter zu machen. Die mittlere Leistung oder die Varianz des mittelwertfreien Eingangsrauschens von 1 Watt und Abtastperiode $T_s/10$ ergibt eine spektrale Leistungsdichte von $S = 1/(10 \cdot f_s) = 10^{-4}$ Watt/Hz $(1/T_s = f_s = 1000 Hz)$. Für die Bandbreite des analogen Filters von 100 Hz bis 300 Hz führt das zu einer Varianz nach dem Filter von $10^{-4} \cdot 200 = 0,02$ Watt. Da das analoge Filter nicht ideal ist, wird die Leistung nach dem Filter und Abtaster mit *Zero-Order Hold* gemessen und am *Display1* angezeigt; 0,03208 Watt.

In dBW/Hz berechnet erhält man für die spektrale Leistungsdichte $S^{dBW/Hz} = 10\log_{10}(10^{-4}) = -40$ dBW/Hz, was man in der Darstellung mit der Zoom-Funktion für die zwei oberen Spektren aus Abb. 3.53 feststellen kann. Die Leistung des analytischen Signals, das aus zwei Signale besteht, ist gleich der doppelte Leistung des Eingangssignals. Die spektrale Leistungsdichte für den Frequenzbereich des analytischen Signals $100Hz \leq f \leq 300Hz$ ist somit $S_{anal} = 2 \cdot 0{,}02/200 = 2 \cdot 10^{-4}$ Watt/Hz oder in dBW/Hz $S_{anal}^{dBW/Hz} = 10\log_{10}(2 \cdot 10^{-4}) = -36{,}989$ dBW/Hz. Dieser Wert ist mit der letzten Darstellung aus Abb. 3.53 ebenfalls nachprüfbar.

Das Parseval-Theorem, besagt, dass die mittlere Leistung, die man aus dem Zeitbereich ermittelt, mit der mittleren Leistung, die man aus dem Frequenzbereich berechnet, gleich sein müssen, dient der Überprüfung der Ergebnisse. Im Skript ist die spektrale Leistungsdichte P_{sd} der zwei Signale mit Y1, Y2 bezeichnet und die des analytischen Signals mit Yanal notiert. Die Zeilen im Skript mit denen man diese Bedingung überprüft sind:

```
std(y1)^2,          % Varianz des Eingangssignals
sum(Y1)*fs/256,     % Mittlere Leistung aus der spektralen Leistungsdichte
sum(Y2)*fs/256,     % Mittlere Leistung aus der spektralen Leistungsdichte
sum(Yanal)*fs/256,  % Mittlere Leistung aus der spektralen Leistungsdichte
```

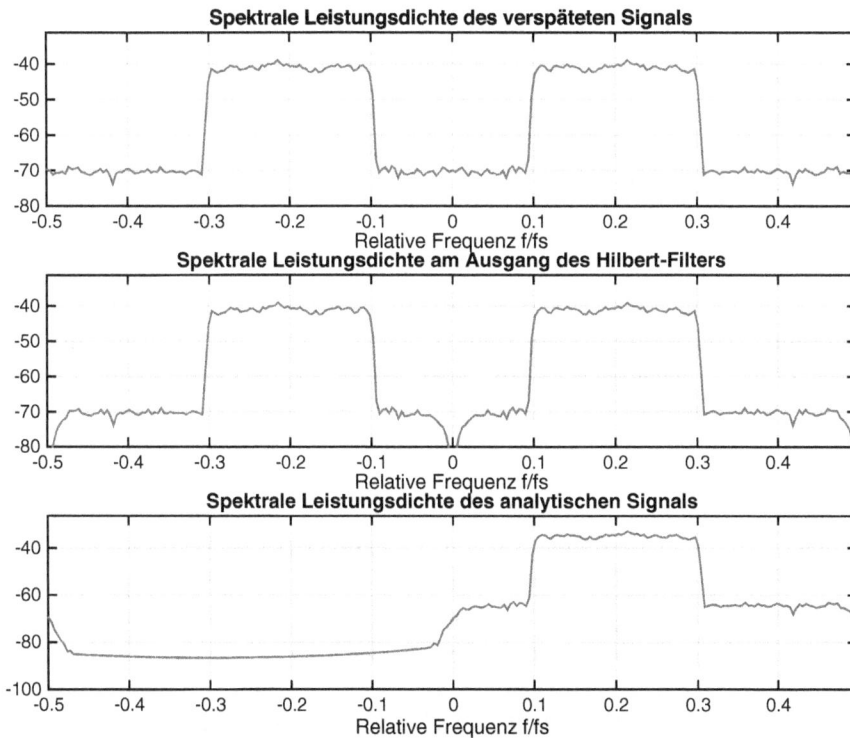

Abb. 3.53. Spektrale Leistungsdichte der zwei Signale und des daraus gebildeten analytischen Signals in dB (hilbert_filter_2.m, hilbert_filter2.slx)

In der ersten Zeile wird die mittlere Leistung des Signals aus dem Zeitbereich berechnet und in den anderen Zeilen sind die mittleren Leistungen aus den spektralen Leistungsdichten ermittelt. Man erhält folgende korrekte Ergebnisse:

```
Mittlere Leistung aus dem Zeitverlauf
ans =      0.0320
Mittlere Leistung aus der spektralen Leistungsdichte Y1
ans =      0.0322
Mittlere Leistung aus der spektralen Leistungsdichte Y2
ans =      0.0322
Mittlere Leistung aus der spektralen Leistungsdichte Yanal
ans =      0.0645
```

Die Funktion `pwelch` berechnet die spektrale Leistungsdichte für reelle Signale im Bereich $0 \le f < f_s/2$ und für komplexe Signale im Bereich $0 \le f < f_s$. Um die gleichen Bereiche auch für die zwei reellen Signale zu erhalten, werden diese als komplex mit einem sehr kleinen imaginären Teil `eps` definiert:

```
Y1 = pwelch((ys(:,1)+j*eps), hamming(nfft),50,nfft,fs);
Y2 = pwelch((ys(:,2)+j*eps), hamming(nfft),50,nfft,fs);
```

Im Skript werden die spektralen Leistungsdichten auch linear dargestellt in Watt/Hz. Man muss aber die Simulationsdauer größer nehmen (z.B. 100 s) um die Streuung der Spektren zu minimieren. Erwartet sind die spektralen Leistungsdichten von 10^{-4} Watt/Hz bzw. $2 \cdot 10^{-4}$ Watt/Hz, die annähernd in Abb. 3.54 erhalten wurden.

3.5.1 Simulation einer Übertragung mit SSB-Modulation

Es wird eine Übertragung mit Einseitenband (SSB-Modulation)[6] simuliert um die Sachverhalte, die im vorherigen Abschnitt beschrieben sind, verständlicher zu begleiten. Zuerst werden die Schwierigkeiten der Simulation von Systemen, in denen Basisband- und Bandpasssignale gleichzeitig vorkommen, kurz erläutert.

Angenommen das Signal im Basisband hat eine maximale Frequenz von $f_m = 1000$ Hz. Der Träger im Bandpassbereich hat eine nicht sehr großer Frequenz von $f_0 = 1$ MHz. Wenn man die Schrittweite der Simulation so wählt, dass in der Periode der Trägerfrequenz wenigsten zwei Abtastwerte (gemäß Abtasttheorem) vorhanden sind, dann ist diese Abtastperiode sehr klein für das Basisbandsignal. Angenommen man wählt die Abtastfrequenz gleich 5 MHz, was einer Periode von $T_{s0} = 1/(5 \cdot 10^6)$ s entspricht. Für das Basisbandsignal von 1 kHz sind es dann $n = 10^{-3}/(0{,}2 \cdot 10^{-6}) = 5000$ Schritte in einer Periode. Das führt dazu, dass für einige Perioden des Basisbandsignals viele Abtastwerten vorkommen und dadurch die Simulation viel zu langsam wird.

----

6 *Single-Side-Band*

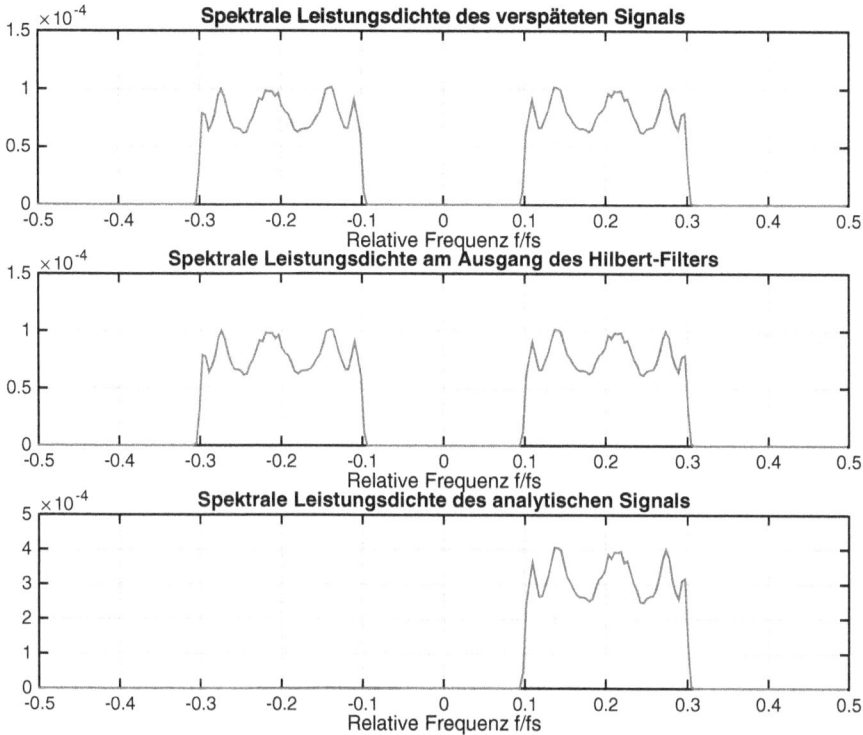

Abb. 3.54. Spektrale Leistungsdichte der zwei Signale und des daraus gebildeten analytischen Signals (`hilbert_filter_2.m`, `hilbert_filter2.slx`)

Für diese „didaktische" Simulation wird eine Abtastfrequenz von 1 kHz für das Basisbandsignal und eine Schrittweite für die Simulation gewählt, die einer Abtastfrequenz von 50 kHz entspricht. Die Trägerfrequenz von $f_0 = 10$ kHz ist kleiner als 25 kHz und erfüllt die Bedingung des Abtasttheorems.

Das Simulink-Model `hilbert_filter3.slx`, das parametriert und aus dem Skript `hilbert_filter_3.slx` aufgerufen wird, ist in Abb. 3.55 dargestellt. Als Eingangssignal kann weißes Rauschen oder ein sinusförmiges Signal gewählt werden.

Aus dem weißen Rauschen wird mit dem analogen Filter aus dem Block *Analog Filter Design* ein bandbegrenztes Zufallssignal zwischen 100 Hz und 400 Hz gebildet. Es folgt die Abtastung mit 1 kHz Abtastfrequenz mit Hilfe des Blocks *Zero-Order Hold*.

Weiter werden die zwei Anteile des analytischen Signals, wie schon bekannt, erzeugt. Das verspätete Eingangssignal wird mit der Inphase $\cos(2\pi f_0 t)$ des Trägers multipliziert und der Ausgang des Hilbert-Filters wird mit der Quadraturphase $-\sin(2\pi f_0 t)$ des Trägers multipliziert. Die Summe gemäß Abb. 3.48 bildet dann das Einseitenband-Signal $y(t)$:

$$y(t) = x(t)\cos(2\pi f_0 t) - x_h(t)\sin(2\pi f_0 t) \tag{3.70}$$

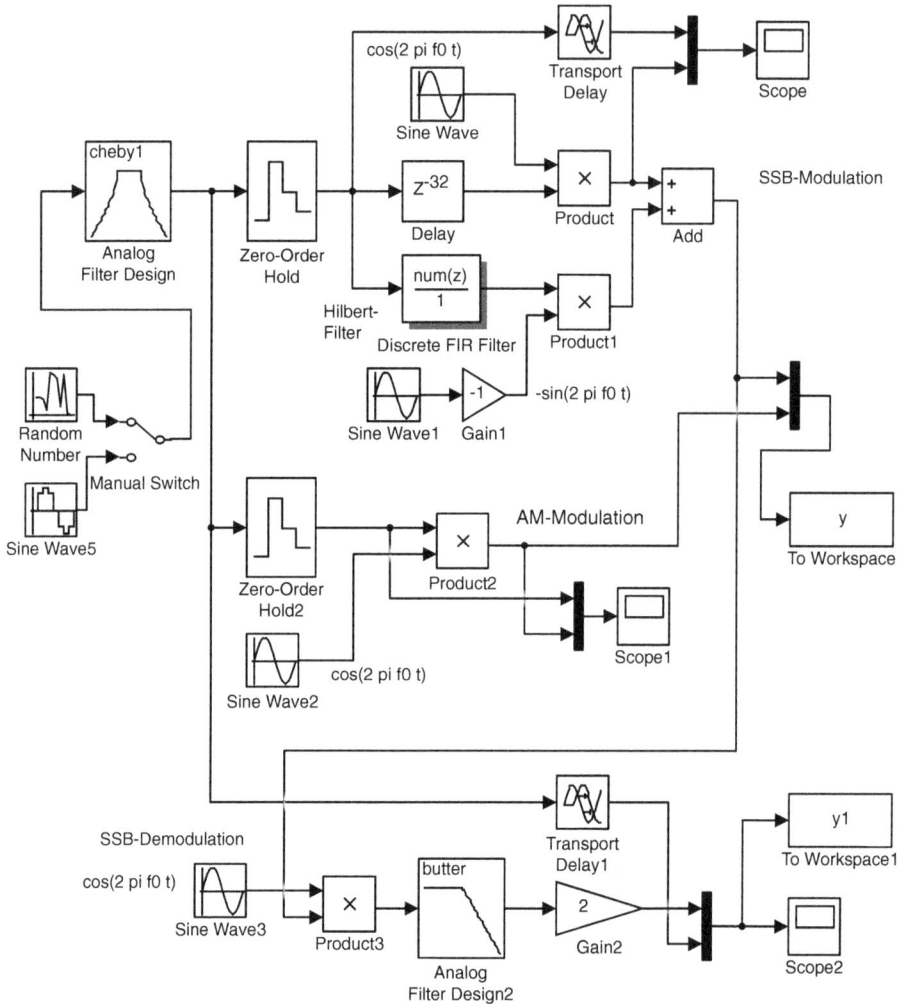

Abb. 3.55. Simulink-Model einer Übertragung mit Einseitenband-Modulation
(hilbert_filter_3.m, hilbert_filter3.slx)

Hier ist $x(t)$ das Eingangssignal und $x_h(t)$ ist das Hilbert gefilterte Eingangssignal, korrekt in der Zeit ausgerichtet. Die Demodulation ist im unteren Teil des Modells dargestellt. Das Einseitenband-Signal wird mit der Inphase des Trägers multipliziert und dann tiefpassgefiltert:

$$y(t)\cos(2\pi f_0 t) = x(t)\cos^2(2\pi f_0 t) - x_h(t)\cos(2\pi f_0 t)\sin(2\pi f_0 t)$$
$$= \frac{1}{2}x(t)(1 + \cos(2 \cdot 2\pi f_0 t)) - \frac{1}{2}x_h(t)(\sin(0) + \sin(2 \cdot 2\pi f_0 t))$$

$$(3.71)$$

Die Anteile der doppelten Frequenz werden mit dem Tiefpassfilter unterdrückt und es bleibt:

$$\overline{y(t)\cos(2\pi f_0 t)} = \frac{1}{2}x(t) \tag{3.72}$$

Der Strich symbolisiert die Wirkung des Tiefpassfilters. Es wurde angenommen, dass man beim Empfänger das Trägersignal mit korrekter Frequenz und Nullphase zur Verfügung hat. Dafür wird beim Sender ein relativ kleiner Anteil des Trägers hinzugefügt. Beim Empfänger wird dieser extrahiert und zur Demodulation verwendet.

Im mittleren Bereich des Modells wird zum Vergleich die AM-Modulation (Amplituden-Modulation) mit unterdrücktem Träger gebildet, die zu einem Bandpasssignal mit beiden Seitenbänder führt. Aus dem Signal im Zeitbereich

$$y_{AM}(t) = x(t)\cos(2\pi f_0 t) \tag{3.73}$$

erhält man die Fourier-Transformation durch Faltung:

$$Y_{AM}(f) = X(f) * \frac{1}{2}\left(\delta(f - f_0) + \delta(f + f_0)\right) \tag{3.74}$$

Das Spektrum $X(f)$ des reellen Signals $x(t)$ besitzt die typische Symmetrie mit $X(-f) = X^*(f)$ und führt somit dazu, dass das Spektrum des modulierten Signals $Y_{AM}(f)$ beide Seitenbänder besitzt, wie in Abb. 3.56 gezeigt ist.

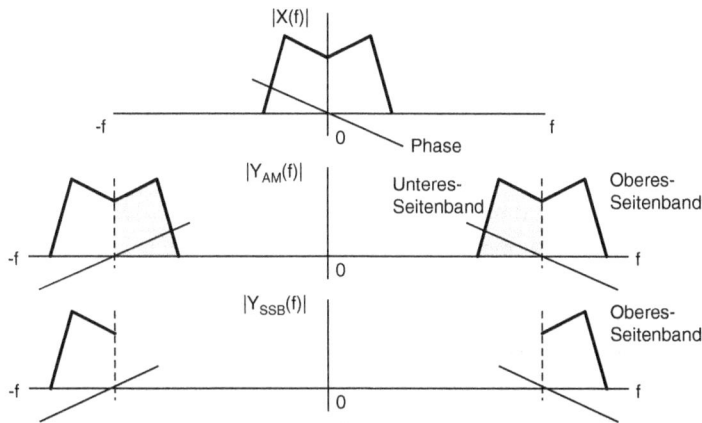

Abb. 3.56. Spektrum des AM- und des Einseitenband-Signals

In Abb. 3.57 ist oben die spektrale Leistungsdichte des AM-Signals und darunter die des Einseitenband-Signals dargestellt. Die Spektren haben dieses Erscheinungsbild weil das Eingangssignal mit einer Abtastfrequenz von 1000 Hz abgetastet ist und

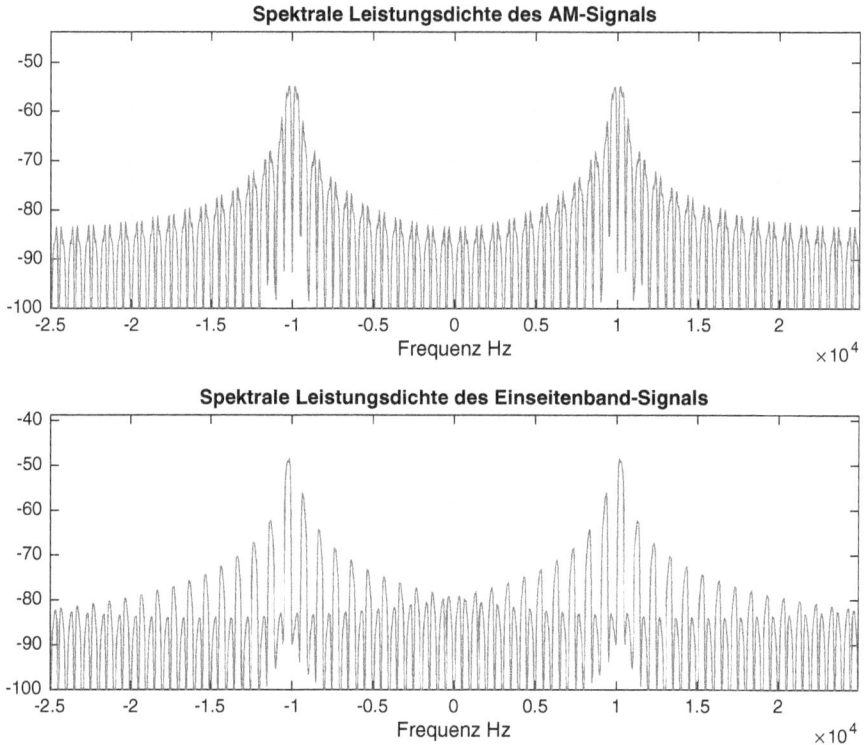

Abb. 3.57. Spektrale Leistungsdichte des AM- und SSB-Signals (hilbert_filter_3.m, hilbert_filter3.slx)

zwischen den Abtastwerten das Signal konstant bleibt, wegen des Halteglieds nullter Ordnung.

Abb. 3.58 zeigt die Umgebung um die Trägerfrequenz von f_0 = 10 kHz, so dass man besser die zwei Bänder des AM-Signals und das eine obere Band des SSB-Signals sieht.

Mit Hilfe der Abb. 3.59 wird gezeigt, wie man zu dem Spektrum des mit Halteglied nullter Ordnung abgetasteten AM-Signal, das in Abb. 3.57 bzw. Abb. 3.58 dargestellt ist, gelangt. In ähnlicher Weise kann man dann die Bildung des Spektrums des SSB-Signals aus den gleichen Abbildungen verstehen.

Ganz oben in Abb. 3.59a ist ein bandbegrenztes Signal und dessen Spektrum dargestellt. Durch Abtastung mit der Abtastperiode T_s = $1/f_s$ erhält man das periodisch wiederholte Spektrum aus Abb. 3.59c. Die Faltung mit der Impulsantwort $h(t)$ des Halteglieds nullter Ordnung ergibt das treppenförmige Signal $x_a(t)$ aus Abb. 3.59e links. Im Frequenzbereich entspricht der Faltung eine Multiplikation des periodischen Spektrums mit dem Frequenzgang des Halteglieds nullter Ordnung in Form einer sinc-Funktion (Abb. 3.59d). Das Ergebnis ist in Abb. 3.59e rechts dargestellt.

Spektrale Leistungsdichte des AM-Signals (Ausschnitt)

Spektrale Leistungsdichte des Einseitenband-Signals (Ausschnitt)

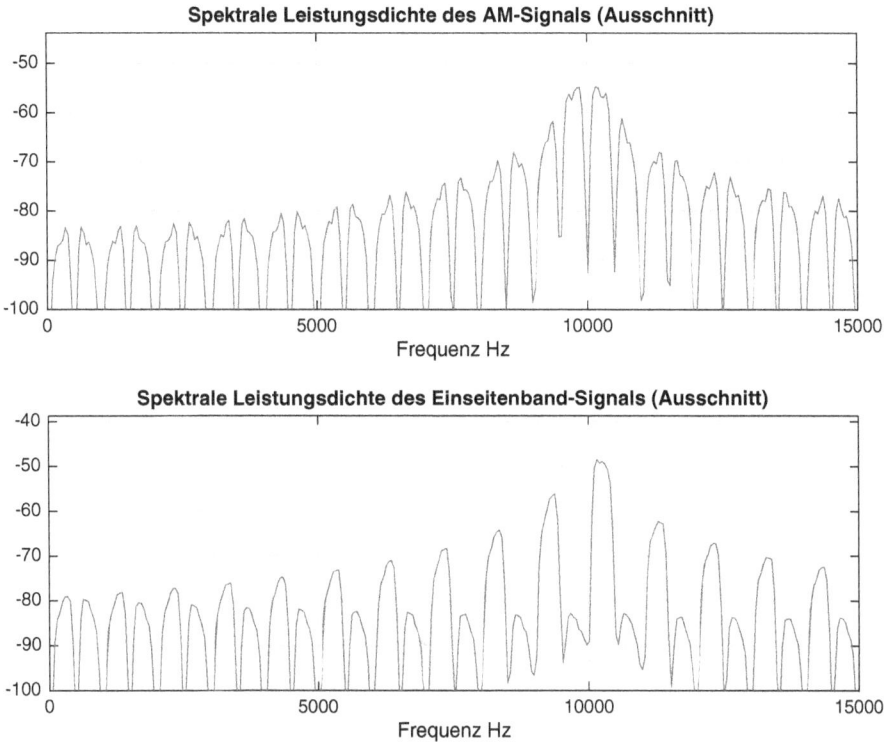

Abb. 3.58. Spektrale Leistungsdichte des AM- und Einseitenband-Signals (Ausschnitt)
(`hilbert_filter_3.m, hilbert_filter3.slx`)

Das Trägersignal $x_t(t)$ aus Abb. 3.59f links ist mit einer Frequenz f_0, die viel größer als die Abtastfrequenz des Basisbandsignals ist $f_0 \gg f_s$, gewählt. Im Frequenzbereich besteht das Spektrum aus zwei Delta-Funktionen bei f_0 und $-f_0$, wie in Abb. 3.59f rechts dargestellt.

Die Multiplikation des Trägersignals mit dem treppenförmigen Signal $x_a(t)$ ergibt das AM-modulierte Signal $x_{AM}(t)$ und die Faltung des Spektrums aus Abb. 3.59e rechts mit den zwei Delta-Funktionen führt schliesslich zum Spektrum aus Abb. 3.59g rechts. Für $f_0 = 10000$ Hz und $f_s = 1000$ Hz erhält man 10 Nullstellen $f_0 - k f_s, k = 1, 2, \ldots, 10$ bis zur Frequenz null. Ähnlich wiederholen sich solche Nullstellen auch für $f_0 + k f_s, k = 1, 2, \ldots, 10$ bis zur halben Frequenz der Schrittweite der Simulation von 50000 Hz.

Die Frequenz von 50000 Hz ist die Abtastfrequenz für den Rauschgenerator *Random Number* und für den Generator des sinusförmigen Eingangs *SinusWave5*. Diese

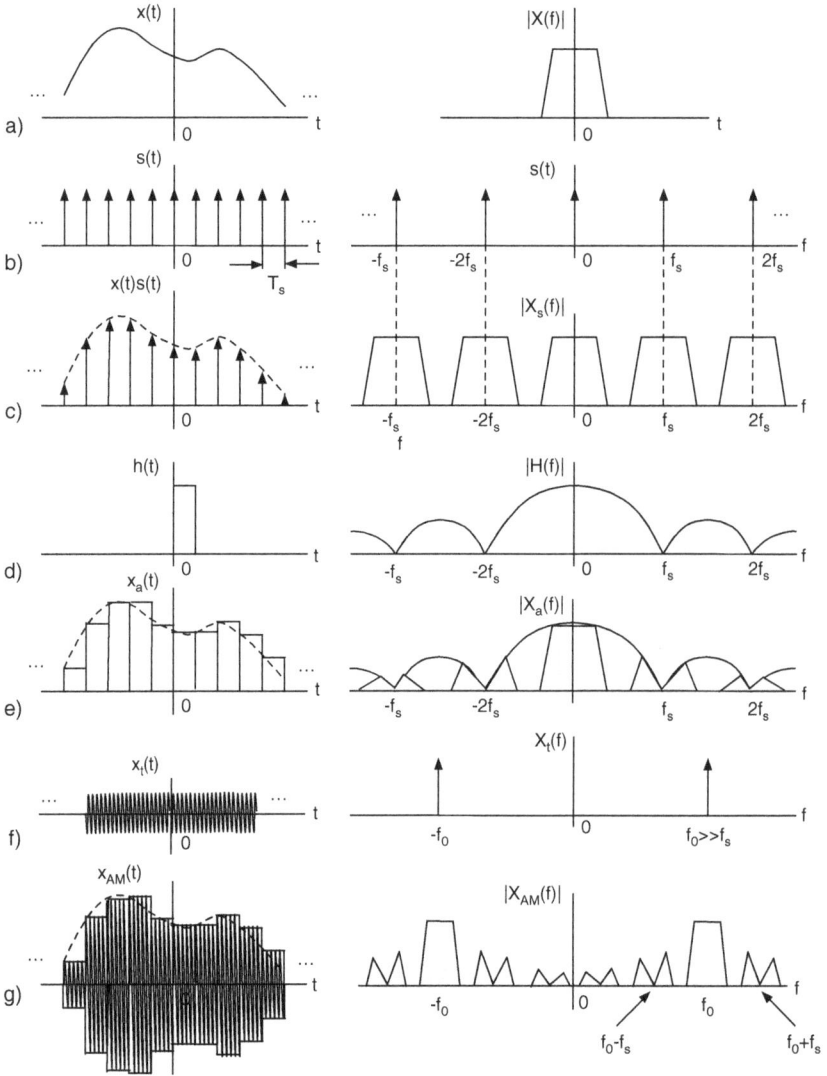

Abb. 3.59. Spektrale Leistungsdichte des mit Halteglied nullter Ordnung abgetasteten AM-Signals

Frequenz ergibt dann die Schrittweite der Simulation und führt dazu, dass auch die zeitkontinuierlichen Signale als abgetastete Signale betrachtet werden können und die Funktionen, die die DFT einsetzen (wie z.B. `pwelch`), direkt zu verwenden sind.

Wenn die Abtastung mit Halteglied nullter Ordnung (*Zero-Order Hold2*) für das AM-Signal weggelassen wird, so als hätte man eine analoge AM-Modulation, dann erhält man ein Spektrum bestehend aus nur zwei Bereichen für $f > 0$ und zwei Bereichen für $f < 0$ bei f_0 und $-f_0$, wie in Abb. 3.60 dargestellt.

Spektrale Leistungsdichte des AM-Signals

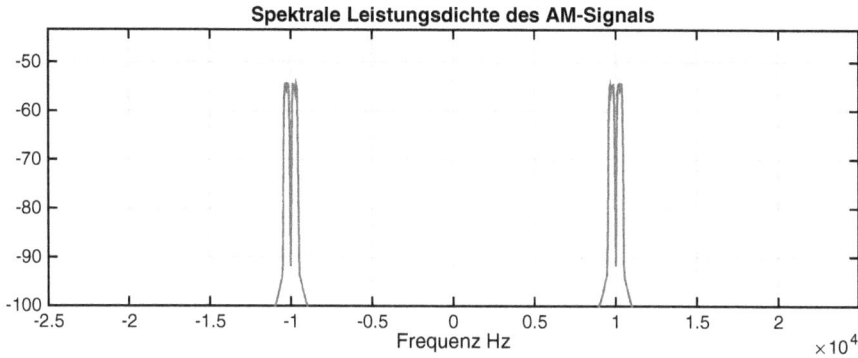

Abb. 3.60. Spektrale Leistungsdichte des analogen AM-Signals (ohne Abtastung des Basisbandsignals) (`hilbert_filter_3.m`, `hilbert_filter3.slx`)

Sendesignal und demoduliertes Einseitenband-Signal

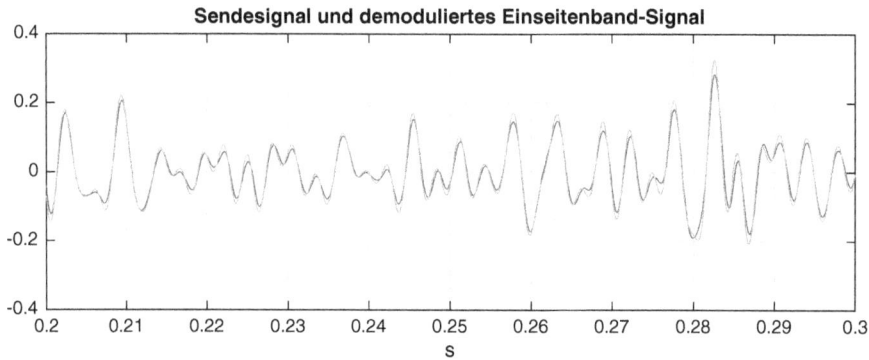

Abb. 3.61. Eingangssignal und demoduliertes Einseitenband-Signal (`hilbert_filter_3.m`, `hilbert_filter3.slx`)

Im Simulink-Modell sind auch einige *Scope*-Blöcke vorhanden, um wichtige Signale zu beobachten. So z.B. kann man auf *Scope1* das AM-Signal beobachten, das der Darstellung aus Abb. 3.59g links entspricht. Man kann weitere zusätzliche *Scope*-Blöcke oder Senken vorsehen, um gewünschte Signale zu beobachten.

In Abb. 3.61 sind das Eingangssignal und das demodulierte SSB-Signal, zeitlich mit Hilfe der Verspätung im Block *Transport Delay1* ausgerichtet, dargestellt. Diese Signale können auch auf dem *Scope2* während der Simulation gesichtet werden.

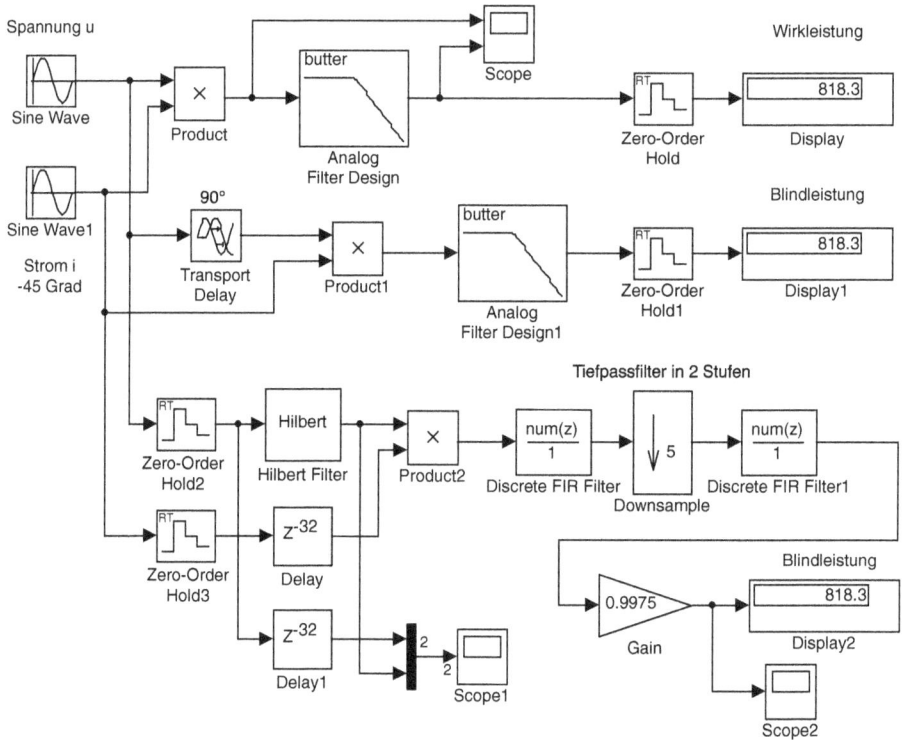

Abb. 3.62. Simulink-Modell zur Bestimmung der Blindleistung mit Hilbert-Filter (`blind_leistung1.slx`)

3.5.2 Hilbert-Filter in der Energietechnik

In http://cache.freescale.com/files/32bit/doc/app_note/AN4265 sind einige Algorithmen für die Messung energetischer Kenngrößen, wie z.B. die Blindleistung, präsentiert. Dafür wird eine Phasenverschiebung der Spannung mit $-\pi/2$ über ein Hilbert-Filter benutzt.

Im Modell `blind_leistung1.slx`, das in Abb. 3.62 gezeigt ist, wird eine Simulation zur Messung der Blindleistung dargestellt. Das Modell wird direkt initialisiert und jede Änderung muss in den Blöcken des Modells vorgenommen werden.

Es ist bekannt [16], dass für sinusförmige Spannungen und Ströme im stationären Zustand die Wirkleistung durch

$$P = \frac{1}{T}\int_0^T u(t)i(t)dt = \frac{1}{T}\int_0^T \hat{u}\cos(2\pi ft + \varphi_u)\hat{i}\cos(2\pi ft + \varphi_i)dt \qquad (3.75)$$

gegeben ist. Einfache mathematische Operationen führen auf:

$$P = \frac{1}{2T} \int\limits_0^T \hat{u}\,\hat{\imath}[\cos(\varphi_u - \varphi_i) + \cos(2 \cdot 2\pi ft + \varphi_u + \varphi_i)]dt$$

$$= \frac{\hat{u}}{\sqrt{2}}\frac{\hat{\imath}}{\sqrt{2}}\cos(\varphi) = U_{eff}I_{eff}\cos(\varphi) \qquad \varphi = \varphi_u - \varphi_i$$

(3.76)

Der zweite Term mit doppelter Frequenz integriert über eine Periode ist gleich null. Hier sind $u(t), i(t)$ die momentanen Werte der Spannung und des Stroms und U_{eff}, I_{eff} deren Effektivwerte. Mit T wurde die Periode bezeichnet und φ_u, φ_i sind die Nullphasen oder die Winkeln der Zeiger dieser sinusförmigen Variablen in einer komplexen Ebene dargestellt.

Ähnlich ist das Endergebnis für die Blindleistung erhalten:

$$Q = \frac{1}{T} \int\limits_0^T u(t - \tau)i(t)dt = \frac{\hat{u}}{\sqrt{2}}\frac{\hat{\imath}}{\sqrt{2}}\sin(\varphi) = U_{eff}I_{eff}\sin(\varphi) \qquad \varphi = \varphi_u - \varphi_i \qquad (3.77)$$

Die Verspätung τ im Modell entspricht einer Phasenverschiebung von $-\pi/2$ bei der Frequenz von 50 Hz. Aus $\theta = \omega\tau$ mit $\theta = \pi/2$ und $\omega = 2\pi f$ erhält man für τ:

$$\tau = \frac{1}{4f} = \frac{1}{200} \quad \text{für} \quad f = 50\,Hz \qquad (3.78)$$

Im Modell wird das Produkt der Spannung und des Stroms gebildet und das gezeigte Integral über eine Periode ist äquivalent mit dem Mittelwert dieses Produktes. Im oberen Teil des Modells wird die Wirk- und Blindleistung analog ermittelt. Der Mittelwert des Produktes wird mit Hilfe von analogen Filtern mit sehr niedriger Durchlassfrequenz extrahiert, danach abgetastet und angezeigt. Mit Hilfe des Blocks *Transport Delay* wird die Spannung mit $-\pi/2$ phasenverschoben.

Darunter ist die zeitdiskrete Realisierung dargestellt. Hier wird die abgetastete Spannung mit Hilfe eines Hilbert-Filters mit $-\pi/2$ phasenverschoben. Der abgetastete Strom wird mit der Verzögerung des Hilbert-Filters zeitkorrekt zugeordnet und dann mit der phasenverschobenen Spannung am Ausgang des Hilbert-Filters multipliziert. Der Mittelwert wird mit Hilfe eines Tiefpassfilters bestehend aus zwei FIR-Filtern erhalten. Das erste Filter mit Durchlassfrequenz 50 Hz dämpft nicht genügend die doppelte Frequenz am Ausgang des Produktblocks. Es folgt eine Dezimierung (die später erläutert wird) und das zweite Filter mit Durchlassfrequenz 10 Hz ergibt die gewünschte Dämpfung der Frequenz 100 Hz.

Mit dem Faktor des Verstärkers aus dem *Gain*-Block wird ein systematischer Fehler der zeitdiskreten Realisierung kompensiert, so dass man denselben Wert, wie die analoge Lösung liefert, erhält. Die Werte die angezeigt werden in Abb. 3.62

entsprechen einer Phasenverschiebung $\varphi = \pi/4$ und dadurch ist die Wirk- und Blindleistung gleich.

Im Simulink-Modell `blind_leistung2.slx` ist für die zeitdiskrete Realisierung ein IIR-Tiefpassfilter statt der zweistufigen FIR-Filterung eingesetzt. Die Aufwanders-parsnis ist sehr groß. In der FIR-Realisierung benötigen die zwei Filter mit je einer Ordnung von 128, 2(128+1) Multiplikationen. In der Lösung mit IIR-Filter sind nur 12 Multiplikationen notwendig. Das IIR-Filter hat 5 Pole und 5 Nullstellen und eine Dämpfung von 80 dB bei 50 Hz, so dass die doppelte Frequenz von 100 Hz gut gedämpft ist.

3.6 Entwurf und Analyse der IIR-Filter

3.6.1 Einführung

Ein großer Nachteil der FIR-Filter besteht darin, dass sie eine große Ordnung benötigen, um bestimmte Spezifikationen zu erfüllen. Wenn man die Welligkeit im Durchlassbereich konstant wählt, dann steigt die Ordnung eines FIR-Filters invers proportional mit der Größe des Übergangs vom Durchlass- in den Sperrbereich. Mit Hilfe einer Rückführung, so dass der laufende Ausgang auch von den vorherigen Ausgängen abhängt, kann man die Spezifikationen mit kleinerer Ordnung des Filters erfüllen.

Die Rückführung führt dann zu einer Einheitspulsantwort, die nicht zu null ab-klingt, somit unendlich lang ist und führt so zum Namen *Infinit-Impuls-Response*-Filter oder Rekursiv-Filter.

Der klassische Entwurf der zeitdiskreten IIR-Filter geht von den analogen Filtern aus, für die analytische Lösungen vorhanden sind [21]. Mit Hilfe von Transforma-tionen, wie die bilineare Transformation wird dann der analoge Entwurf in den zeitdiskreten Bereich umgewandelt.

Um ein zeitdiskretes Äquivalent einer zeitkontinuierlichen Differentialgleichung über eine numerische Integration zu erhalten, werden folgende Integrationstechniken eingesetzt:

$$\dot{x}(n) \cong \frac{x[n+1] - x[n]}{T_s} \qquad \text{Vorwärts gerichtete Rechteckregel}$$

$$\dot{x}(n+1) \cong \frac{x[n+1] - x[n]}{T_s} \qquad \text{Rückwärts gerichtete Rechteckregel} \qquad (3.79)$$

$$\frac{\dot{x}(n) + \dot{x}(n+1)}{2} \cong \frac{x[n+1] - x[n]}{T_s} \qquad \text{Trapez-Regel}$$

Diese Operationen können direkt auf die Übertragungsfunktionen im Laplace-Bildbereich angewandt werden, um die z-Transformationen im zeitdiskreten Bereich zu erhalten:

$$s \to \frac{z-1}{T_s} \qquad \text{Vorwärts gerichtete Rechteckregel}$$

$$sz \to \frac{z-1}{T_s} \qquad \text{Rückwärts gerichtete Rechteckregel} \qquad (3.80)$$

$$\frac{s+sz}{2} \to \frac{z-1}{T_s} \qquad \text{Trapez-Regel}$$

Die Gleichungen führen dann auf:

$$s \to \frac{z-1}{T_s} \qquad \text{Vorwärts gerichtete Rechteckregel}$$

$$s \to \frac{z-1}{zT_s} \qquad \text{Rückwärts gerichtete Rechteckregel} \qquad (3.81)$$

$$s \to \frac{2}{T_s} \cdot \frac{z-1}{z+1} \qquad \text{Trapez-Regel oder bilineare Transformation}$$

Hier ist T_s die Schrittweite der numerischen Integration oder die Abtastperiode. Die bilineare Transformation oder Tustin-Transformation kann für die Signalverarbeitung, die im zeitdiskreten Bildbereich der z-Transformation mit der Variable z^{-1} statt z arbeitet, wie folgt geschrieben werden:

$$s \to \frac{2}{T_s} \cdot \frac{1-z^{-1}}{1+z^{-1}} \qquad (3.82)$$

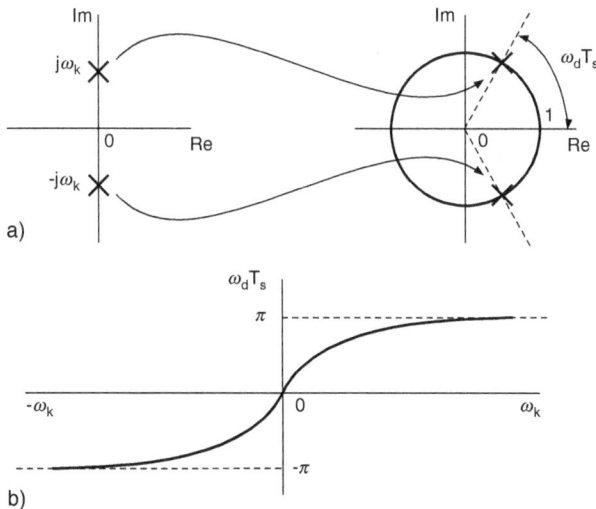

Abb. 3.63. Abbildung der Frequenzen des zeitkontinuierlichen auf die Frequenzen des zeitdiskreten Systems

Daraus kann man auch die Transformation der Frequenzen aus dem kontinuierlichen in den zeitdiskreten Bereich ableiten. Mit $s = j\omega_k$ und $z = e^{j\omega_d T_s}$ erhält man:

$$j\omega_k = \frac{2}{T_s} \cdot \frac{1 - e^{-j\omega_d T_s}}{1 + e^{-j\omega_d T_s}} = \frac{2}{T_s} \cdot \frac{e^{-j\omega_d T_s/2}}{e^{-j\omega_d T_s/2}} \cdot \frac{e^{j\omega_d T_s/2} - e^{-j\omega_d T_s/2}}{e^{j\omega_d T_s/2} + e^{-j\omega_d T_s/2}} \quad \text{oder}$$

$$\omega_k = \frac{2}{T_s} \tan\left(\frac{\omega_d T_s}{2}\right) = \frac{2}{T_s} \tan\left(\frac{2\pi f_d T_s}{2}\right) = \frac{2}{T_s} \tan\left(\frac{\pi f_{dr}}{2}\right)$$

(3.83)

Mit ω_k und $\omega_d = 2\pi f_d$ wurden die Frequenzen in Rad/s für den zeitkontinuierlichen bzw. zeitdiskreten Bereich bezeichnet. Die Frequenz f_d ist in Hz und $f_{dr} = f_d\, T_s = f_d/f_s$ ist die zur Abtastfrequenz relative Frequenz.

Abb. 3.63a,b zeigt wie sich die Frequenzen des zeitkontinuierlichen Bereichs entlang der Imaginärachse $-\infty \leq \omega_k \leq \infty$ auf die Frequenzen des zeitdiskreten Bereichs $-\pi \leq \omega_d T_s \leq \pi$ entlang des Einheitskreises mit Radius eins gemäß Gl. (3.83) abbilden.

3.6.2 Klassischer Entwurf der IIR-Filter

Die Etappen des klassischen Entwurfs sind:
1) Es wird ein zeitkontinuierliches Tiefpassprototyp-Filter $H_{LP}(s)$ ermittelt.
2) Die charakteristischen Frequenzen des IIR-Filters, wie z.B. die Durchlassfrequenz ω_{dp}, werden in Frequenzen des gewünschten analogen Filters mit Hilfe der Gleichung (3.83) umgewandelt. Man muss hier schon eine Abtastfrequenz bzw. Abtastperiode T_s gewählt haben.
3) Mit Hilfe einer Transformation wird jetzt das analoge Tiefpassprototyp-Filter in das analoge gewünschte Filter umgewandelt. Das gewünschte Filter kann ein anderer Typ von Filter, z.B. Bandpassfilter, sein. Die Umwandlungsverfahren sind ausführlich in der Literatur beschrieben [4, 39].
4) Es wird dann die Übertragungsfunktion dieses Filters zeitdiskretisiert, gewöhnlich mit Hilfe der bilinearen Transformation gemäß Gleichung (3.81).

Für jede Etappe gibt es MATLAB-Funktionen, die im nächsten Beispiel eingesetzt werden. Es soll ein IIR-Bandpassfilter mit Spezifikationen, die im Skript IIR_filter_1.m enthalten sind, berechnet werden:

```
% ------- Parameter des IIR-Bandpassfilters
fp1 = 0.25;    fp2 = 0.3;    % Relative zu fs Durchlassfrequenzen
dp = 1;                      % Welligkeit im Durchlassbereich
ds = 60;                     % Dämpfung im Sperrbereich
nord = 5;                    % Ordnung des Prototyp Tiefpass-Filters
```

In der ersten Etappe wird das analoge Prototypfilter entwickelt. Dafür stehen in MATLAB für die üblichen Typen von Filtern Butterworth, Chebyschev I, Chebyschev II, Elliptisch und Bessel die entsprechenden Funktionen zur Verfügung (buttap, `cheb1ap`, `cheb2ap`, `ellipap`, `besselap`). In diesem Beispiel wurde als Typ das Elliptische-Filter gewählt:

```
% ------- Entwicklung des analogen Prototypfilters
[z,p,k] = ellipap(nord, dp, ds); % Null- und Polstellen des Filters
[b,a] = zp2tf(z,p,k);            % Koeffizienten der Übertragungsfunktion
n = 500;
[H_LP,w] = freqs(b,a,n);         % Frequenzgang für n Frequenzwerte
figure(1);    clf;
subplot(221), semilogx(w, 20*log10(abs(H_LP)));
title('Amplitudengang des Tiefpassfilters');
xlabel('Rad/s');    ylabel('dB');    grid on;
subplot(223), semilogx(w, unwrap(angle(H_LP)));
title('Phasengang des Tiefpassfilters');
xlabel('Rad/s');    ylabel('Rad');    grid on;
```

Weiter wird das analoge Bandpassfilter über eine Transformation Tiefpassfilter zu Bandpassfilter, die mit der Funktion `lp2bp` durchgeführt wird, ermittelt. Dazu werden die Frequenzen dieses analogen Bandpassfilters gemäß Gleichung (3.83) berechnet (*prewarping*). Wenn man den Frequenzgang des IIR-Filters mit relativen Frequenzen beschreiben will, kann man für die Abtastperiode T_s den Wert eins nehmen:

```
% ------- Entwicklung des analogen Bandpassfilters
Ts = 1;                          % Für relative Frequenzen
wkp1 = (2/Ts)*tan(pi*fp1);       % Prewarping der Frequenz fp1
wkp2 = (2/Ts)*tan(pi*fp2);       % Prewarping der Frequenz fp2
w0 = sqrt(wkp1*wkp2);    B = wkp2-wkp1; % Mittefreq. und Bandbreite
[b1,a1] = lp2bp(b,a,w0, B);      % Transformation Tiefpass-zu-Tiefpass
n = 1000;
[H_BP,w1] = freqs(b1,a1,n);   % Frequenzgang für n Frequenzwerte
subplot(222), semilogx(w1, 20*log10(abs(H_BP)));
title('Amplitudengang des Bandpassfilters');
xlabel('Rad/s');    ylabel('dB');    grid on;
subplot(224), semilogx(w1, unwrap(angle(H_BP)));
title('Phasengang des Bandpassfilters');
xlabel('Rad/s');    ylabel('Rad');    grid on;
```

Bei dieser Transformation erhält man für das Bandpassfilter eine Ordnung, die doppelt so groß wie die Ordnung des Prototyptiefpassfilters ist. In Abb. 3.64 ist links der Frequenzgang des analogen Prototyptiefpassfilters und rechts die des analogen Bandpassfilters dargestellt.

Schließlich wird mit Hilfe der bilinearen Transformation das IIR-Bandpassfilter aus dem analogen Bandpassfilter berechnet und der Frequenzgang dargestellt, wie in Abb. 3.65 gezeigt:

```
% ------- Umwandlung in ein zeitdiskreten IIR-Filter
[b2, a2] = bilinear(b1, a1, 1/Ts); % Biliniare Transformation
figure(2);    clf;
subplot(211), plot(w2/(2*pi), 20*log10(abs(H_dBP)));
```

```
title('Amplitudengang des IIR-Filters');
xlabel('f/fs');    ylabel('dB');    grid on;
La = axis;        axis([La(1:2), -100, La(4)]);
subplot(212), plot(w2/(2*pi), unwrap(angle(H_dBP)));
title('Phasengang des IIR-Filters');
xlabel('f/fs');    ylabel('Rad');      grid on;
```

Mit der Zoom-Funktion der Darstellungen kann man den Durchlassbereich vergrößert sichten und die Welligkeit im Durchgangsbereich und die Dämpfung im Sperrbereich überprüfen. Mit der gewählten Ordnung des Prototyp-Tiefpassfilters werden bestimmte Übergangsbereiche erhalten. Eine größere Ordnung führt bei der Einhaltung der Welligkeit und Dämpfung zu steileren Übergängen.

Der Leser sollte auch mit anderen Werten für die Abtastperiode T_s und mit einer Darstellung des Frequenzgangs des IIR-Bandpassfilters mit absoluten Frequenzen die Untersuchung wiederholen.

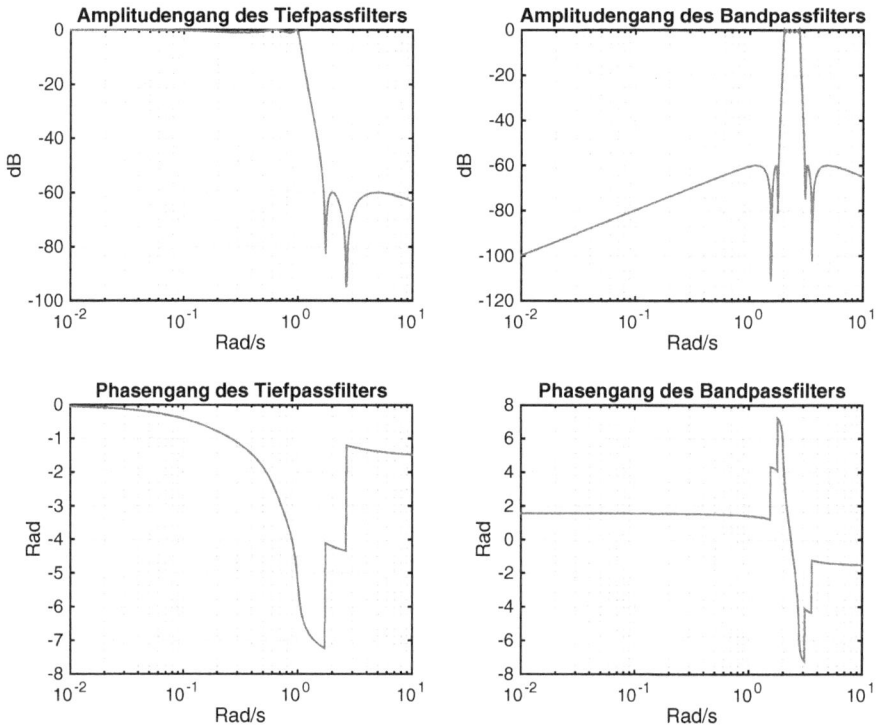

Abb. 3.64. Frequenzgang des analogen Prototyptiefpassfilters und des analogen Bandpassfilters (IIR_filter_1.m)

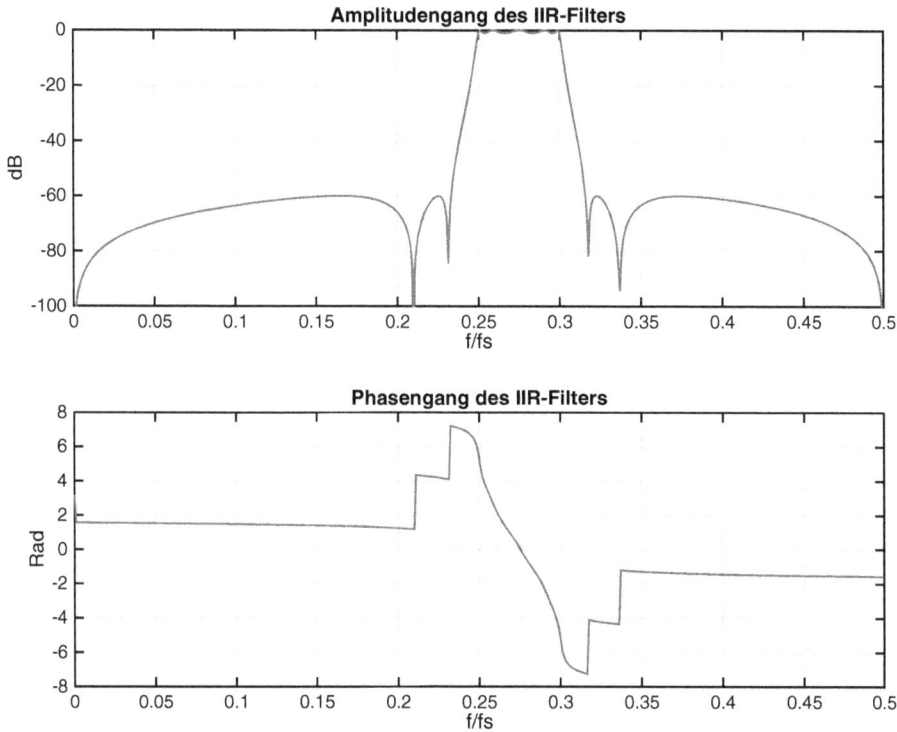

Abb. 3.65. Frequenzgang des IIR-Bandpassfilters (IIR_filter_1.m)

In der *Signal Processing Toolbox* gibt es auch Funktionen (butter, cheby1, cheby2, ellip), die diese Etappen enthalten und direkt den Entwurf der IIR-Filter ermöglichen. Für Bessel-Filter gibt es keine zeitdiskrete Lösung in MATLAB. Im Skript IIR_filter_2.m ist exemplarisch der Einsatz der Funktion ellip für die Berechnung des gleichen Bandpassfilters gezeigt

```
.....
fp1 = 0.25;    fp2 = 0.3;    % Relative zu fs Durchlassfrequenzen
dp = 1;         % Welligkeit im Durchlassbereich
ds = 60;        % Dämpfung im Sperrbereich
nord = 5;       % Ordnung des Filters
% ------- Entwicklung desIIR-Filters
[z,p,k] = ellip(nord, dp, ds, [fp1, fp2]*2); % Null- Polstellen
[b,a] = zp2tf(z,p,k);      % Koeffizienten der Übertragungsfunktion
.....
```

Wie erwartet erhält man das gleiche Ergebnis.

Mit den Funktionen buttord, cheb1ord, cheb2ord, ellipord kann man für gegebenen Spezifikationen die minimalen Ordnungen der Filter ermitteln.

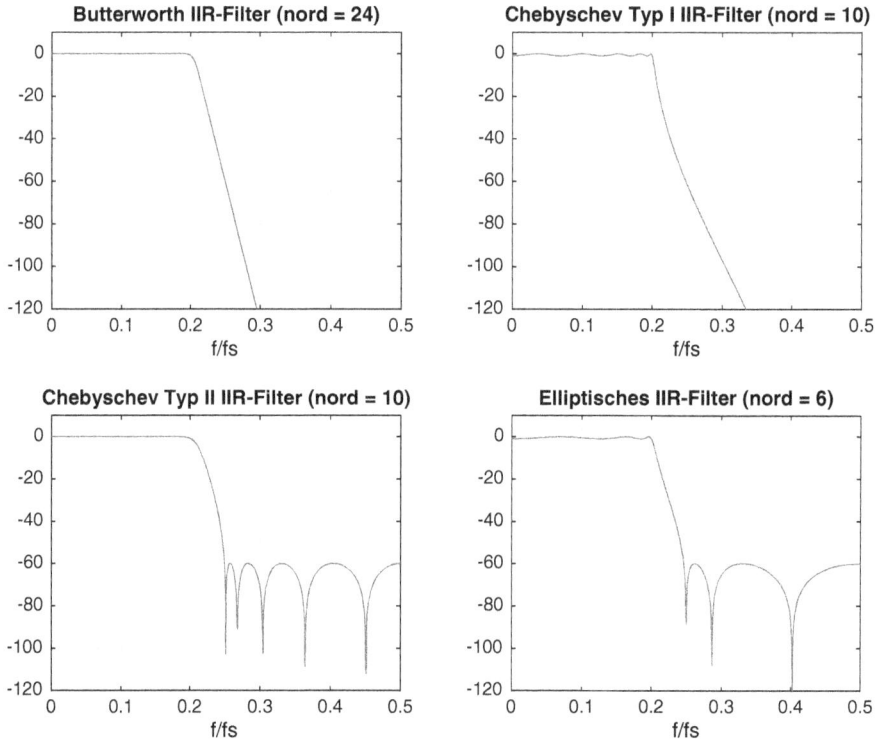

Abb. 3.66. Amplitudengänge der IIR-Tiefpassfilter (`IIR_filter_3.m`)

Im Skript `IIR_filter_3.m` sind IIR-Tiefpassfilter verschiedener Typen mit der gleichen Spezifikation entwickelt worden. In Abb. 3.66 sind die Amplitudengänge der Filter dargestellt. Das Butterworth-Filter mit flachem Amplitudengang im Durchlassbereich und ohne Welligkeit im Sperrbereich benötigt die größte Ordnung, hier 24, um die Spezifikationen zu erfüllen.

Die kleinste Ordnung von nur 6 erhält man mit dem elliptischen Filter, das Welligkeit im Durchlass- und Sperrbereich besitzt. Das Chebyschev Typ I Filter hat Welligkeit nur im Durchlassbereich und das Filter vom Typ Chebyschev Typ II besitzt Welligkeit nur im Sperrbereich.

Im Skript `IIR_filter_3.m` werden schließlich die Gruppenlaufzeiten der IIR-Tiefpassfilter mit der Funktion **grpdelay** ermittelt und dargestellt, wie in Abb. 3.67 gezeigt. Die flachste Gruppenlaufzeit zeigt das Butterworth-Filter, was schon von dem analogen Butterworth-Filtern bekannt ist.

Zu den gezeigten Funktionen aus der *Signal processing Toolbox* muss zur Entwicklung der digitalen Filter die Funktion **designfilt** erwähnt werden. Ein Beispiel für den Aufruf zur Entwicklung eines Tiefpassfilters ist:

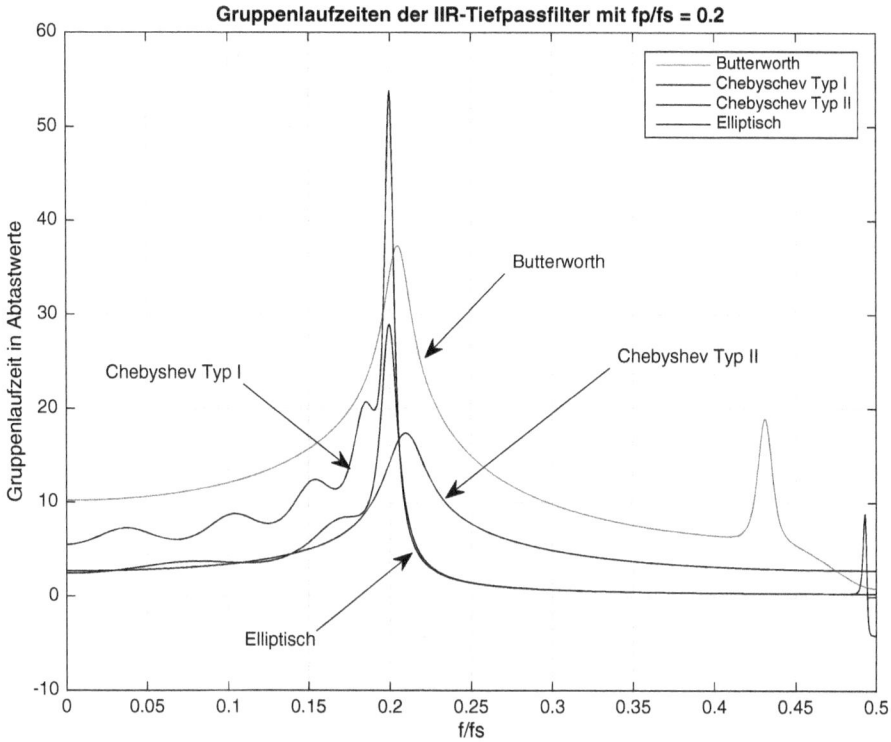

Abb. 3.67. Gruppenlaufzeiten der IIR-Tiefpassfilter (`IIR_filter_3.m`)

```
H_TP = designfilt('lowpassiir','FilterOrder',6, ...
        'PassbandFrequency',40e3,'PassbandRipple',0.2, ...
        'SampleRate',200e3);        % Tiefpassfilter Objekt
fvtool(H_TP);        % Visualisierung des Frequenzgangs
dataIn = randn([1000 1]);        dataOut = filter(H_TP,dataIn);
```

Mit

```
H_TP =
 digitalFilter with properties:
    Coefficients: [3x6 double]
    Specifications:
    FrequencyResponse: 'lowpass'
      ImpulseResponse: 'iir'
           SampleRate: 200000
          FilterOrder: 6
    PassbandFrequency: 40000
       PassbandRipple: 0.2000
         DesignMethod: 'cheby1'
```

erhält man die Eigenschaften des IIR-Filters Chebyschev Typ I. Das Filter wird aus drei Abschnitten zweiter Ordnung bestehen, deren Koeffizienten durch den Aufruf

```
>> H_TP.Coefficients
ans =
    0.3298    0.6596    0.3298    1.0000   -0.5035    0.8328
    0.1951    0.3902    0.1951    1.0000   -0.7618    0.5482
    0.0674    0.1349    0.0674    1.0000   -1.0791    0.3509
```

angezeigt werden. Jede Zeile dieser Matrix enthält drei Koeffizienten für den Zähler und drei Koeffizienten für den Nenner der Übertragungsfunktion jedes Abschnittes. Die vielen Optionen für die Funktion `designfilt` sind aus der MATLAB-Dokumentation zu entnehmen.

Auch in der *DSP System Toolbox* gibt es eine Funktion `fdesign` zur Entwicklung digitaler FIR- oder IIR-Filter. Als Beispiel für den Einsatz dieser Funktion, wird im Skript `fdesign_1.m` ein FIR- und IIR-Filter mit den gleichen Spezifikationen entwickelt:

```
% ------- Parameter der Filter
fp = 0.2*2;                      % Durchlassfrequenz MATLAB-Konv.
fst = 0.22*2;                    % Sperrfrequenz MATLAB-Konv
dp = 1;                          % Welligkeit im Durchlassbereich
ds = 60;                         % Dämpfung im Sperrbereich
% ------- Entwicklung des FIR- und IIR-Filters
d = fdesign.lowpass('Fp,Fst,Ap,Ast',fp, fst, dp, ds);
H_FIR = design(d,'equiripple'); % FIR-Filter
info(H_FIR),
designmethods(d),
H_IIR = design(d,'ellip');      % IIR-Filter
info(H_IIR),
% ------- Frequenzgänge
nfft = 1024;
[H1,w] = freqz(H_FIR);          % Frequenzgang FIR-Filter
[H2,w] = freqz(H_IIR);          % Frequenzgang IIR-Filter
figure(1);    clf;
subplot(211), plot(w/(2*pi), [20*log10(abs(H1)),20*log10(abs(H2))]);
title('Amplitudengänge FIR- und IIR');
xlabel('f/fs');   grid on;   ylabel('dB');
La = axis;    axis([La(1:2), -100, 10]);
subplot(212), plot(w/(2*pi), [20*log10(abs(H1)),20*log10(abs(H2))]);
title('Ausschnitt Amplitudengänge FIR- und IIR');
xlabel('f/fs');   grid on;   ylabel('dB');
La = axis;    axis([0, 0.25, -2, 2]);
```

Mit `info(H_FIR)` erhält man Informationen über das entwickelte FIR-Filter:

```
Discrete-Time FIR Filter (real)
-------------------------------
Filter Structure  : Direct-Form FIR
Filter Length     : 101
```

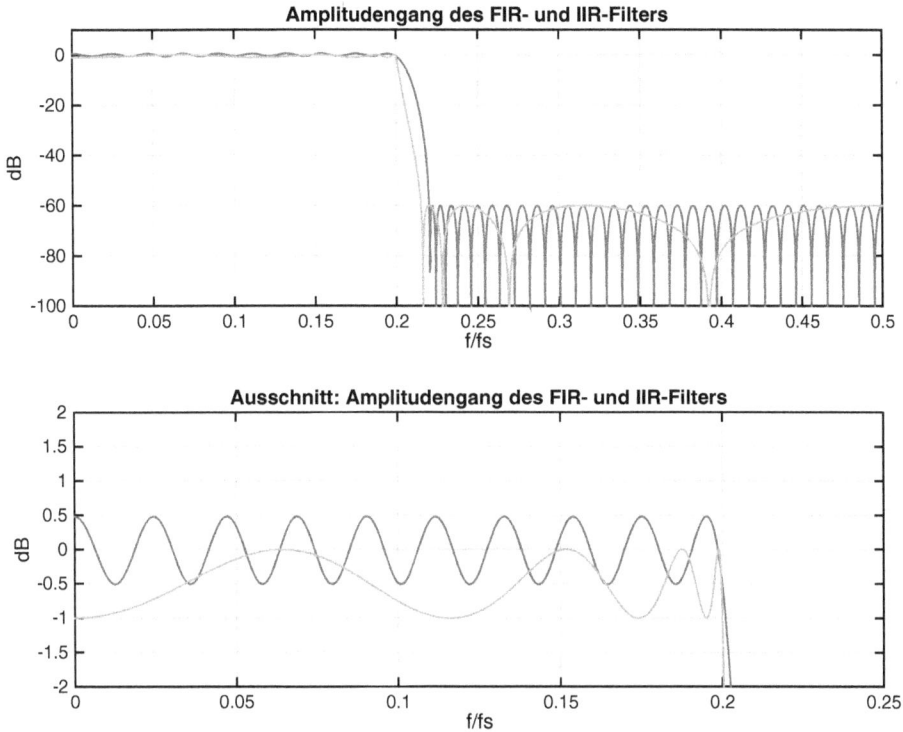

Abb. 3.68. Amplitudengang des FIR- und des IIR-Tiefpassfilters (`fdesign_2.m`)

```
Stable          : Yes
Linear Phase    : Yes (Type 1)
```

Ähnlich ergibt `info(H_IIR)` die Informationen über das IIR-Filter:

```
Discrete-Time IIR Filter (real)
-------------------------------
Filter Structure    : Direct-Form II, Second-Order Sections
Number of Sections  : 4
Stable              : Yes
Linear Phase        : No
```

Es besteht aus 4 Abschnitten zweiter Ordnung mit einer Gesamtzahl von 4 x 6 = 24 Koeffizienten. Im Vergleich zu dem FIR-Filter mit 101 Koeffizienten bedeutet dies einen viel kleineren Aufwand. Die Koeffizienten der Filter kann man aus den Filterobjekten H_FIR bzw. H_IIR extrahieren. In Abb. 3.68 sind die Frequenzgänge des FIR- und des IIR-Filters dargestellt.

3.6.3 IIR-Filterentwurf direkt im Frequenzbereich

Für den Entwurf der IIR-Filter gibt es ähnliche Verfahren wie bei den FIR-Filtern, die direkt im Frequenzbereich ein Fehlerkriterium minimieren. Man kann auch hier das Minimax-Kriterium gemäß Gleichung (3.49) oder das p-Fehler Kriterium gemäß Gleichung (3.50) anwenden. Es kann gezeigt werden, dass das elliptische IIR-Filter ein optimales Filter gleicher Welligkeit (*equiripple*) ist.

Die Optimierungsverfahren haben den Vorteil, dass man IIR-Filter entwerfen kann mit unterschiedlichem Grad des Polynoms im Zähler und im Nenner. Mit der Funktion **fdesign** aus der *DSP System Toolbox* werden Optimierungsverfahren benutzt.

Im Skript **fdesign_3.m** werden zwei IIR-Tiefpassfilter mit dieser Funktion entwickelt. Im ersten Teil des Skripts wird ein IIR-Tiefpassfilter 8. Grades für den Zähler und 6. Grades für den Nenner berechnet:

```
% ------- Parameter der Filter
fp = 0.2*2;         % Durchlassfrequenz MATLAB-Konv.
fst = 0.25*2;       % Sperrfrequenz MATLAB-Konv
Nb = 8;             % Grad des Polynoms im Zähler
Na = 6;             % Grad des Polynoms im Nenner
% ------- Entwicklung des FIR- und IIR-Filters
d = fdesign.lowpass('Nb,Na,Fp,Fst',Nb,Na,fp,fst);
designmethods(d),
H_IIR = design(d,'iir','Wpas',1,'Wstop',25);   % IIR-Filter
info(H_IIR),
....
```

Mit `'Wpas'`, `'Wstop'` sind die „Wichtigkeiten' der zwei Bereiche festgelegt, die in dem Optimierungsverfahren benötigt werden.

Die Informationen über das Filterobjekt H_IIR sind:

```
Discrete-Time IIR Filter (real)
-------------------------------
Filter Structure    : Direct-Form II, Second-Order Sections
Number of Sections  : 4
Stable              : Yes
Linear Phase        : No
```

Es wurde eine Filterstruktur bestehend aus 4 Abschnitten zweiter Ordnung entwickelt. Die Koeffizienten der Abschnitte können aus dem Objekt H_IIR entnommen werden:

```
H_IIR =

        FilterStructure: 'Direct-Form II, Second-Order Sections'
             Arithmetic: 'double'
               sosMatrix: [4x6 double]
             ScaleValues: [0.677014724707493;1;1;1;1]
     OptimizeScaleValues: true
       PersistentMemory: false
```

Mit

```
>> H_IIR.sosMatrix
ans =
     0.0928    0.0922    0.0922    1.0000   -0.4763    0.2006
     1.7865    0.0573    1.7865    1.0000   -0.4638    0.8776
     0.1725    0.3075    0.1615    1.0000         0         0
     1.0964    0.3481    1.0953    1.0000   -0.5020    0.5877
```

erhält man die Koeffizienten der Abschnitte. Der dritte Abschnitt besitzt nur einen Koeffizienten im Nenner gleich eins.

Im zweiten Teil des Skripts wird zum Vergleich dasselbe Filter mit Grad 8 für den Zähler und Nenner ermittelt. Die Informationen zu diesem Filter können ähnlich aus dem Filterobjekt H_IIR1 extrahiert werden. In Abb. 3.69 sind die Frequenzgänge der zwei Filter dargestellt.

Mit der Funktion `iirlpnorm` können weitere optimale IIR-Filter entwickelt werden. Der gewünschte Amplitudengang wird mit zwei Vektoren der Eckpunkte definiert.

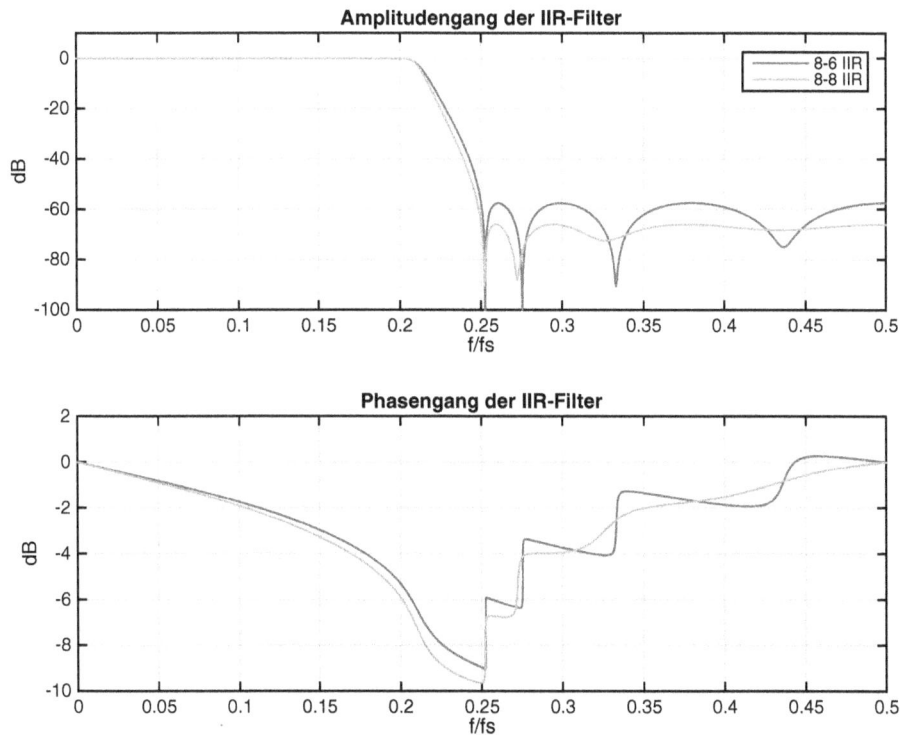

Abb. 3.69. Frequenzgänge der IIR-Filter mit Grad 8/6 und Grad 8/8 für die Polynome im Zähler und Nenner (`fdesign_3.m`)

3.7 Strukturen digitaler Filter

Es werden einige grundlegende Strukturen für FIR- und IIR-Filter präsentiert [38]. Sie sind eine gute anschauliche Darstellung der Filter, aus denen man den Aufwand für die verschiedenen Implementierungen versteht. Wie erwartet, kann man bei FIR-Filtern mit linearer Phase wegen der Symmetrie der Koeffizienten sparsame Strukturen aufbauen, die weniger Multiplikationen benötigen.

Die Strukturen der speziellen Filter, wie z.B. die der Polyphase-Filter, werden nach deren Einführung im nächsten Kapitel dargestellt. Es werden zuerst die Strukturen der grundlegenden FIR-Filter und danach die der IIR-Filter präsentiert.

3.7.1 Die direkte Form der FIR-Filter

Es wird von der allgemeinen Gleichung der Beziehung Eingang/Ausgang eines FIR-Filters der Ordnung N mit $N+1$ Koeffizienten ausgegangen, die ohne der Abtastperiode T_s geschrieben wird:

$$y[n] = b_0 x[n] + b_1 x[n-1] + \cdots + b_N x[n_N] = \sum_{k=0}^{N} b_k x[n-k] \tag{3.84}$$

In Abb. 3.70a ist die erste direkte Form für ein FIR-Filter mit $N = 4$ dargestellt. In der englischen Literatur und Dokumentation der MATLAB-Software wird diese Form als *tappet delay line* oder *transversal filter* bezeichnet.

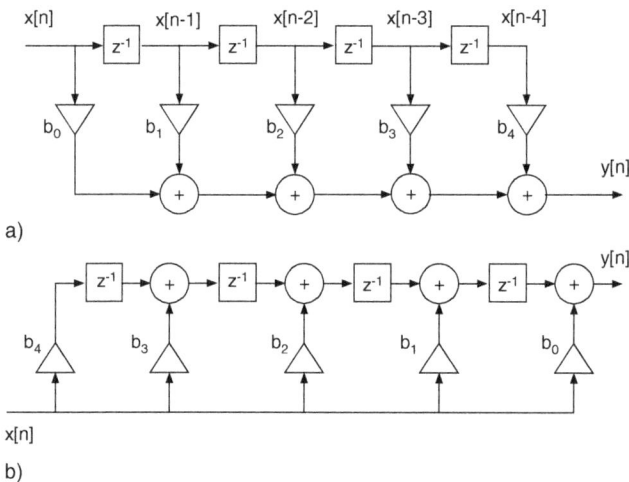

Abb. 3.70. Direkte Form der FIR-Filter

Eine zweite Form ist in Abb. 3.70b gezeigt. Der Term $b_1 x[n]$ wird durch die letzte Verzögerung z^{-1} in $b_1 x[n-1]$ transformiert und danach korrekt dem Term $b_0 x[n]$ addiert. Ähnlich werden auch die restlichen Terme verzögert und addiert.

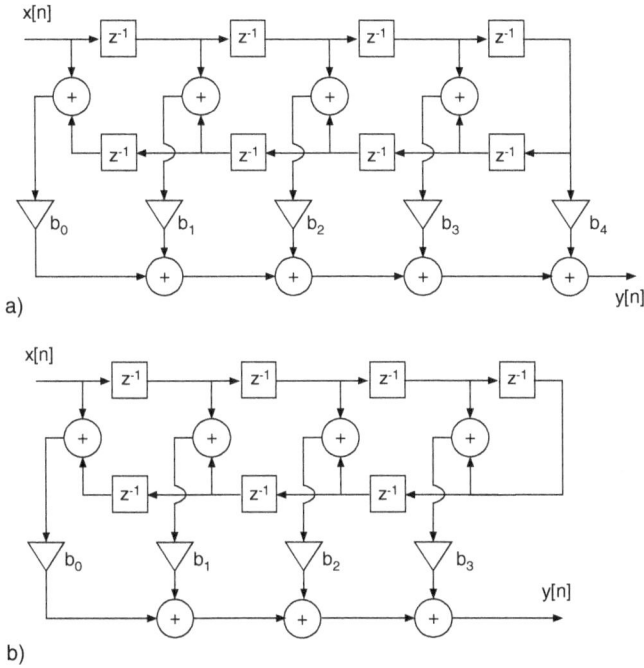

Abb. 3.71. Strukturen für FIR-Filter mit linearer Phase a) Typ I b) Typ II

3.7.2 Strukturen für FIR-Filter mit linearer Phase

Bei FIR-Filtern der Ordnung N gerade mit $N + 1$ symmetrischen Koeffizienten

$$b_n = b_{N-n}, \quad n = 0, 1, 2, \ldots, N/2 - 1 \tag{3.85}$$

die dann zu linearer Phase führen, kann man die Anzahl der notwendigen Multiplikationen im Vergleich zu der direkten Form verkleinern.

Als Beispiel wird ein FIR-Filter Typ I (gemäß Tabelle 3.1) der Ordnung $N = 8$, das durch folgende Übertragungsfunktion gegeben ist, angenommen:

$$H(z) = b_0 + b_1 z^{-1} + b_2 z^{-2} + b_3 z^{-3} + b_4 z^{-4} + b_5 z^{-5} + b_6 z^{-6} + b_7 z^{-7} + b_8 z^{-8} \tag{3.86}$$

Wegen der Symmetrie der Koeffizienten kann man diese Übertragungsfunktion in folgender Form schreiben:

$$H(z) = b_0(1 + z^{-8}) + b_1(z^{-1} + z^{-7}) + b_2(z^{-2} + z^{-6}) + b_3(z^{-3} + z^{-5}) + b_4 z^{-4} \qquad (3.87)$$

Für diese Form kann jetzt die Struktur aus Abb. 3.71a realisiert werden. Statt 9 Multiplikationen für die direkte Form benötigt man hier nur 5 Multiplikationen.

Eine ähnliche Zerlegung kann man für das Typ II FIR-Filter erhalten. Als Beispiel soll ein FIR-Filter der Ordnung $N = 7$ mit 8 Koeffizienten in der direkten Form dienen:

$$H(z) = b_0(1 + z^{-7}) + b_1(z^{-1} + z^{-6}) + b_2(z^{-2} + z^{-5}) + b_3(z^{-3} + z^{-4}) \qquad (3.88)$$

Diese Zerlegung führt zur Struktur, die in Abb. 3.71b dargestellt ist. Die direkte Form würde 8 Multiplikationen benötigen und mit dieser Struktur sind nur 4 Multiplikationen notwendig. Ähnliche Ersparnisse ergeben sich auch für FIR-Filter Typ III und Typ IV mit antisymmetrischen Einheitspulsantworten.

3.7.3 Strukturen für IIR-Filter

Ein IIR-Filter der Ordnung N besitzt eine Übertragungsfunktion, die man so schreiben kann, dass sie $2N + 1$ eindeutige Koeffizienten besitzt. Das ergibt dann $2N + 1$ Multiplikationen und $2N$ Additionen mit je zwei Eingängen für die Implementierung. Als Beispiel wird folgende Übertragungsfunktion eines IIR-Filters dritter Ordnung betrachtet [38]:

$$H(z) = \frac{Y(z)}{X(z)} = \frac{p_0 + p_1 z^{-1} + p_2 z^{-2} + p_3 z^{-3}}{1 + d_1 z^{-1} + d_2 z^{-2} + d_3 z^{-3}} \qquad (3.89)$$

Sie kann durch eine Kaskade von zwei Filterabschnitten implementiert werden:

$$H(z) = \frac{W(z)}{X(z)} \cdot \frac{Y(z)}{W(z)} = H_1(z) H_2(z) \qquad (3.90)$$

Die Abschnitte sind durch folgende Übertragungsfunktionen dargestellt:

$$\begin{aligned} H_1(z) &= P(z) = p_0 + p_1 z^{-1} + p_2 z^{-2} + p_3 z^{-3} \\ H_2(z) &= \frac{1}{D(z)} = \frac{1}{1 + d_1 z^{-1} + d_2 z^{-2} + d_3 z^{-3}} \end{aligned} \qquad (3.91)$$

Der erste Abschnitt mit der Übertragungsfunktion $H_1(z)$ stellt ein FIR-Filter dar und kann wie in Abb. 3.72 auf der linken Seite implementiert werden. Der Abschnitt mit der Übertragungsfunktion $H_2(z)$ führt zu folgender Differenzengleichung:

$$y[n] = w[n] - d_1 y[n-1] - d_2 y[n-2] - d_3 y[n-3] \qquad (3.92)$$

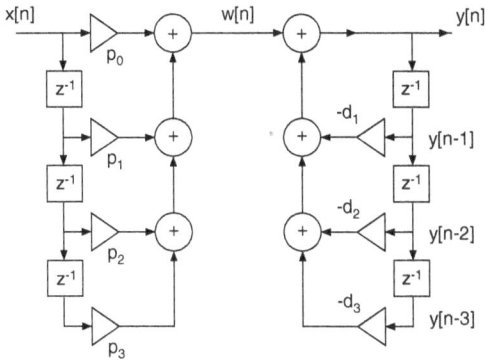

Abb. 3.72. Die direkte Form I für IIR-Filter

Sie ist in Abb. 3.72 rechts nachgebildet. Die Struktur gemäß dieser Abbildung ist als direkte Form I bekannt. In der Implementierung können die Additionen zusammengefasst werden.

Eine gute Übung für den Leser ist zu beweisen, dass die Struktur aus Abb. 3.73 dieselbe Übertragungsfunktion für das gesamte IIR-Filter darstellt. Sie ist als transponierte Form I Struktur bekannt.

In Abb. 3.74 sind die so genannten Form II bzw. transponierte Form II Strukturen für das gleiche IIR-Filter dargestellt.

Für IIR-Filter wird in MATLAB oft die Form `sos` (*Second Order Sections*) als Realisierung geliefert. Daraus kann man auch die übliche Übertragungsfunktion mit dem Befehl `sos2tf` erhalten.

Die `sos` Form stellt die Übertragungsfunktion des Filters als Produkt von Übertragungsfunktionen zweiter und eventuell erster Ordnung dar.

Abb. 3.75 zeigt als Beispiel die Struktur eines IIR-Filters dritter Ordnung mit der Übertragungsfunktion

$$H(z) = p_0 \left(\frac{1 + b_{11}z^{-1}}{1 + a_{11}z^{-1}} \right) \left(\frac{1 + b_{12}z^{-1} + b_{22}z^{-2}}{1 + a_{12}z^{-1} + a_{22}z^{-2}} \right) \tag{3.93}$$

zerlegt in einen Abschnitt erster und einen Abschnitt zweiter Ordnung.

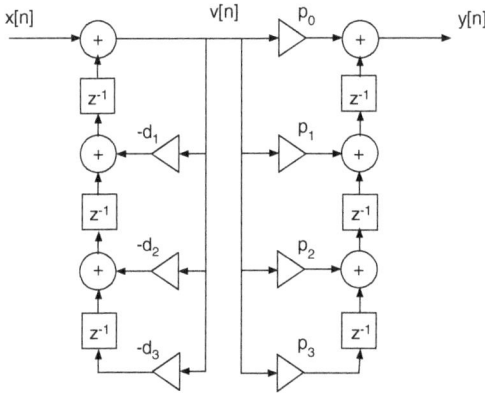

Abb. 3.73. Die direkte transponierte Form I für IIR-Filter

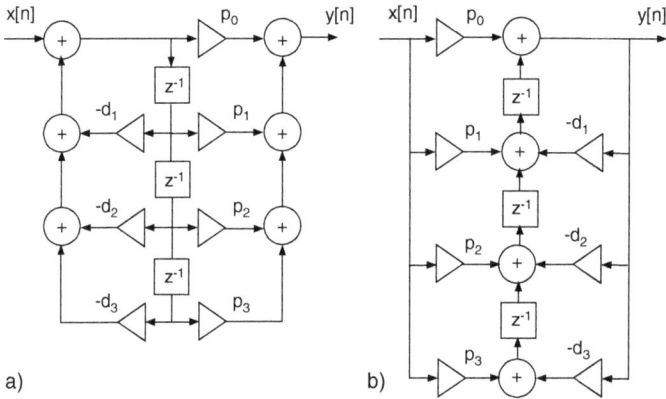

a)

b)

Abb. 3.74. Die direkte Form II und transponierte Form II für IIR-Filter

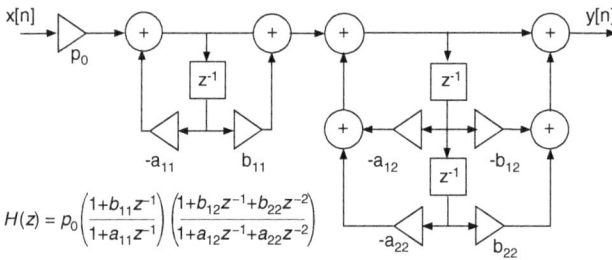

$$H(z) = p_0 \left(\frac{1+b_{11}z^{-1}}{1+a_{11}z^{-1}} \right) \left(\frac{1+b_{12}z^{-1}+b_{22}z^{-2}}{1+a_{12}z^{-1}+a_{22}z^{-2}} \right)$$

Abb. 3.75. Realisierung eines IIR-Filters dritter Ordnung als Kaskadenschaltung von Filter erster und zweiter Ordnung

Mit

```
>> d = fdesign.highpass('n,fp,ap',5,200,.4,1000);
hd = design(d,'cheby1');
```

wird ein Hochpassfilter vom Typ Chebyschev I berechnet und über

```
>> hd.sosMatrix
ans =
  Columns 1 through 4
    1.0000e+00  -2.0000e+00   1.0000e+00   1.0000e+00
    1.0000e+00  -2.0000e+00   1.0000e+00   1.0000e+00
    1.0000e+00  -1.0000e+00            0   1.0000e+00
  Columns 5 through 6
   -5.9919e-01   8.0239e-01
    4.5073e-02   3.8508e-01
    3.0594e-01            0
```

erhält man die Eigenschaft `sosMatrix` des Filterobjekts hd. Diese Matrix stellt folgende Übertragungsfunktion dar:

$$H(z) = \left(\frac{1 - 2z^{-1} + 1z^{-2}}{1 - 0,59919z^{-1} + 0,80239z^{-2}} \right) \left(\frac{1 - 2z^{-1} + 1z^{-2}}{1 + 0,045073z^{-1} + 0,38508z^{-2}} \right)$$
$$\left(\frac{1 - z^{-1}}{1 + 0,30594z^{-1}} \right) \tag{3.94}$$

Die sos-Matrix kann man in eine *Transfer Function*-Art umwandeln:

```
[bt, at] = sos2tf(hd.sosMatrix);
```

Wenn man den Frequenzgang mit diesen Koeffizienten über `freqz`(bt, at) darstellt, wird man sehen, dass die Verstärkung im Durchlassbereich nicht eins ist. Man muss noch die Abschnitte mit den Faktoren, die man in der Eigenschaft hd.`ScaleValues` erhält, multiplizieren:

```
>> hd.ScaleValues
ans =
   6.0040e-01
   3.3500e-01
   3.4703e-01
   1.0000e+00
```

Der Aufruf **freqz**(hd) zeigt den Frequenzgang mit der Verstärkung eins im Durchlassbereich, weil die Faktoren im Filterobjekt hd berücksichtigt werden.

Durch eine Partialbruchzerlegung kann man eine Übertragungsfunktion in eine Summe von Übertragungsfunktionen erster und zweiter Ordnung zerlegen. Die Terme erster Ordnung gehen von den reellen Polen aus und die Terme zweiter Ordnung werden durch konjugiert komplexe Polpaare erhalten. Dadurch ergibt sich eine Struktur von parallel geschalteten Übertragungsfunktionen erster und zweiter Ordnung. Bei den IIR-Filtern ungerader Ordnung ist eine Übertragungsfunktion

Amplitudengang der sos- und tf-Filterstruktur

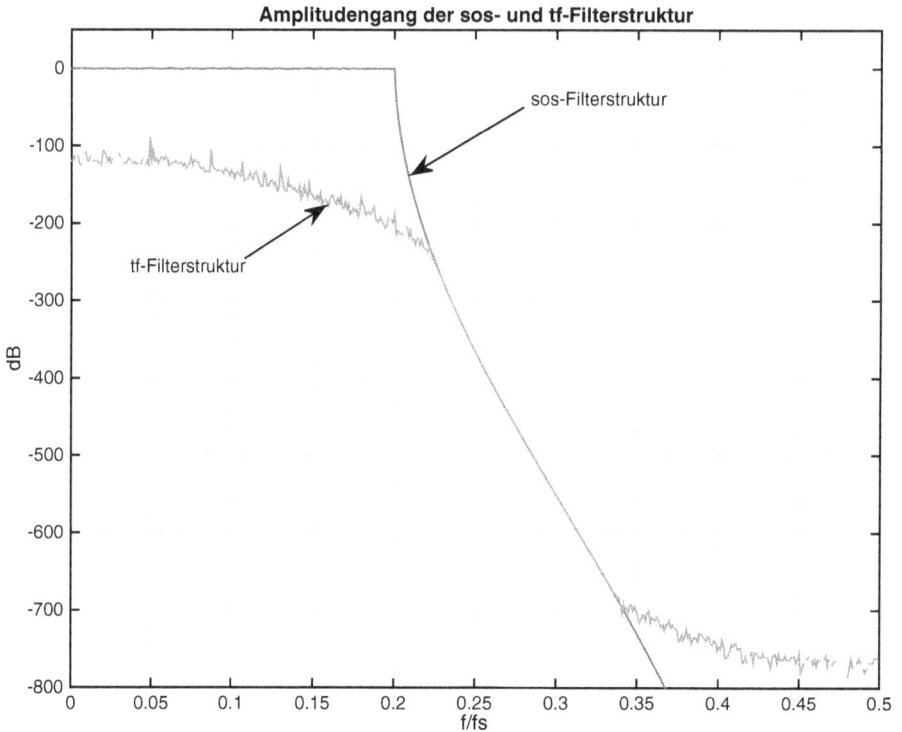

Abb. 3.76. Amplitudengang der sos- und tf-Filterstruktur (`sos_tf_1.m`)

erster Ordnung parallel zu mehreren Übertragungsfunktionen zweiter Ordnung in der Struktur vorhanden.

Die Funktionen zur Entwicklung von IIR-Filtern liefern allgemein das Ergebnis in Form von sos-Matrizen. Die sos-Strukturform ist im Vergleich zur Übertragungsform viel stabiler gegen numerische Fehler. Wenn man aus der sos-Matrixform die Übertragungsfunktion berechnet, oder über die Funktion `sos2tf` ermittelt, dann werden die Koeffizienten der Übertragungsfunktion durch Faltung der Koeffizienten der Abschnitte zweiter Ordnung gebildet. Die Faltung kann zu signifikanten Rundungsfehlern führen, auch wenn man doppelte Genauigkeit der Koeffizienten voraussetzt. Die Fehler entstehen hauptsächlich bei der Addition von sehr großen mit sehr kleinen Werten.

Dieses Problem verschärft sich mit der steigenden Ordnung der IIR-Filter, weil man so immer mehr Faltungen benutzen muss. Bei den Filtern niedriger Ordnung muss man nicht auf die sos-Form zurückgreifen. Für die Implementierung bleiben aber die Abschnitte zweiter Ordnung auch in diesem Fall sehr wichtig.

Ein kleines Beispiel, das im Skript `sos_tf_1.m` programmiert ist, soll das besser verdeutlichen:

```
% -------- Entwicklung eines IIR-Filters Typ Chebyschev I
fp = 0.2*2;              % Durchlassfrequenz (MATLAB-Konv.)
fst = 0.205*2;           % Stopfrequenz
%fst = 0.215*2;          % Stopfrequenz
dp = 0.5;                % Welligkeit im Durchlassbereich
ds = 100;                % Dämpfung im Sperrbereich
Hf = fdesign.lowpass('Fp,Fst,Ap,Ast',fp,fst,dp,ds);
Hc = design(Hf, 'cheby1');
[b,a] = tf(Hc);          % Umwandlung in tf-Form
nord = length(a)-1,      % Ordnung des Filters
% -------- Frequenzgänge der sos- und tf-Form
[H1,w1] = freqz(Hc);     % Frequenzgang der sos-Struktur
[H2,w2] = freqz(b,a);    % Frequenzgang der tf-Struktur
figure(1);    clf;
plot(w1/(2*pi), 20*log10(abs(H1)));
hold on;  plot(w2/(2*pi), 20*log10(abs(H2)), 'r');
hold off;  La = axis;    axis([La(1:2), -800, 50]);
title('Amplitudengang der sos- und tf-Filterstruktur');
xlabel('f/fs');    ylabel('dB');       grid on;
```

In Abb. 3.76 ist der Amplitudengang der sos- und tf-Filterstruktur dargestellt. Die numerischen Fehler, die bei der Umwandlung der sos-Matrix in die Koeffizienten der Übertragungsfunktion entstanden sind, verfälschen den Frequenzgang des Filters stark. Die Ordnung des resultierenden Filters ist relativ hoch (`nord = length(a)` `-1=52`), hauptsächlich wegen des sehr steil gewünschten Übergangs vom Durchlassbereich in den Sperrbereich. Sicherlich werden solche extreme Eigenschaften selten verlangt und man arbeitet gewöhnlich mit IIR-Filtern, mit einer Ordnung die kleiner als ca. 20 bis 30 ist.

Wenn man diese Spezifikation entschärft, z.B. mit `fst = 0.215*2;`, dann entstehen Unterschiede in einem Bereich der Dämpfung, der praktisch keine Rolle spielt. Der Leser sollte hier mit verschiedenen Parametern experimentieren.

3.8 IIR Allpass-Filter

Die Übertragungsfunktion eines IIR-Filters $H(z)$ mit Amplitudengang gleich eins

$$|H(e^{j\omega T_s})| = 1, \qquad \text{für alle} \quad \omega \tag{3.95}$$

ist als Allpass-Übertragungsfunktion bekannt. Es hat in der Signalverarbeitung viele Anwendungen [38]. Eine kausale Allpass-Übertragungsfunktion der Ordnung N mit reellen Koeffizienten hat folgende Form:

$$H_N(z) = \pm \frac{d_N + d_{N-1}z^{-1} + \cdots + d_1 z^{-N+1} + z^{-N}}{1 + d_1 z^{-1} + \cdots + d_{N-1}z^{-N+1} + d_N z^{-N}} \tag{3.96}$$

Wenn man das Nennerpolynom dieser Übertragungsfunktion durch $D_N(z)$ bezeichnet, dann kann die Übertragungsfunktion $H_N(z)$ wie folgt ausgedrückt werden:

$$H_N(z) = \pm \frac{z^{-N}D_N(z^{-1})}{D_N(z)} \tag{3.97}$$

Um zu zeigen, dass $|H_N(e^{j\omega T_s}| = 1$ für alle ω ist, wird zuerst $H_N(z^{-1})$ gebildet:

$$H_N(z^{-1}) = \pm \frac{z^N D_N(z^1)}{D_N(z^{-1})} \tag{3.98}$$

Das Produkt $H_N(z)H_N(z^{-1})$ ist unabhängig von z gleich eins:

$$H_N(z)H_N(z^{-1}) = \frac{z^{-N}D_N(z^{-1})}{D_N(z)} \cdot \frac{z^N D_N(z^1)}{D_N(z^{-1})} = 1 \tag{3.99}$$

Daraus folgt:

$$H_N(e^{j\omega T_s})H_N(e^{-j\omega T_s}) = |H_N(e^{j\omega T_s})|^2 = 1 \tag{3.100}$$

Wenn ein Pol der Übertragungsfunktion $H_N(z)$ gleich $re^{j\phi}$ ist, dann besitzt die Übertragungsfunktion eine Nullstelle der Form $(1/r)e^{-j\phi}$. Die Pol- und Nullstellen eines Allpass-Filters zeigen eine Spiegelsymmetrie bezüglich des Einheitskreises in der komplexen Ebene der Variable z.

Im Skript `allpass_1.m` wird eine Übertragungsfunktion eines Allpass-Filters aus den Pol- und Nullstellen, die die gezeigte Symmetrie erfüllen, ermittelt und die Pol- und Nullstellen in der komplexen Ebene dargestellt.

3.8.1 Kompensation der nichtlinearen Phase eines IIR-Filters mit Hilfe eines Allpass-Filters

Eine einfache Anwendung der Allpass-Filter besteht darin, die nichtlineare Phase eines IIR-Filters annähernd zu kompensieren. Es wird eine Kaskaden-Anordnung, wie

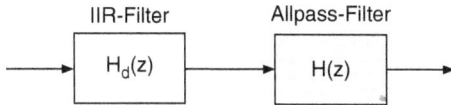

Abb. 3.77. IIR-Filter und das Allpass-Kompensationsfilter

in Abb. 3.77 dargestellt, verwendet. Das zu entzerrende IIR-Filter ist mit $H_d(z)$ und das Allpass-Kompensationsfilter ist mit $H(z)$ bezeichnet. Eigentlich wird die Gruppenlaufzeit mit einem Allpass-Filter, das mit der Funktion iirgrpdelay entwickelt wird, kompensiert.

Im Skript grp_komp_1.m wird das Allpass-Filter entwickelt und untersucht:

```
% -------- IIR-Tiefpassfilter das entzerrt wird
fr = 0.2*2;          % Relative Frequenz MATLAB-konv.
nord = 6;            % Ordnung des Filters
dp = 0.1;            % Welligkeit im Durchlassbereich dB
ds = 60;             % Dämpfung im Sperrbereich dB
hd = fdesign.lowpass('N,Fp,Ap,Ast',nord,fr,dp,ds);
Hd = design(hd,'ellip');
%fvtool(Hd)
% ------- Entzerrungsallpassfilter
f = 0:0.001:fr;      % Frequenzen für den Durchlassbereich
g = grpdelay(Hd,f,2); % Es wird nur der Durchlassbereich entzerrt
Gd = max(g)-g;       % Die Kompensationsgruppenlaufzeit
nord_g = 8;          % Ordnung des Allpass-Kompensationsfilters
[be, ae] = iirgrpdelay(nord_g, f, [0,fr], Gd);
                     % Allpass-Kompensationsfilter
.....
```

Zuerst wird das elliptische IIR-Tiefpassfilter mit der Funktion design.lowpass bzw. design ermittelt. Danach wird mit der Funktion grpdelay die Gruppenlaufzeit g des IIR-Filters im Durchlassbereich von 0 bis fr berechnet. Der Wert 2 stellt im Befehl die relative Abtastfrequenz gemäß der MATLAB-Konvention dar. Im Gd ist danach die zur Kompensation erforderliche Gruppenlaufzeit enthalten.

Schließlich wird das Allpass-Kompensationsfilter mit der Funktion iirgrpdelay berechnet. Die Koeffizienten des Zählers und Nenners sind in den Vektoren be,ae enthalten. Das Ergebnis der Kompensation ist in Abb. 3.78 rechts dargestellt. Links ist der Frequenzgang des elliptischen Filters gezeigt und rechts ist der Frequenzgang der Kaskade bestehend aus dem IIR-Filter und dem Allpass-Kompensationsfilter dargestellt. Man sieht die annähernd lineare Phase im Durchlassbereich, die dann einer annähernd konstanten Gruppenlaufzeit entspricht.

Im Skript wird auch die Einheitspulsantwort der Kaskade ermittelt und dargestellt. Die Koeffizienten der Übertragungsfunktion der Kaskade werden durch Faltung der Koeffizienten des IIR-Filters und des Kompensationsfilters ermittelt:

```
bgesamt = conv(bd, be);    agesamt = conv(ad, ae);
```

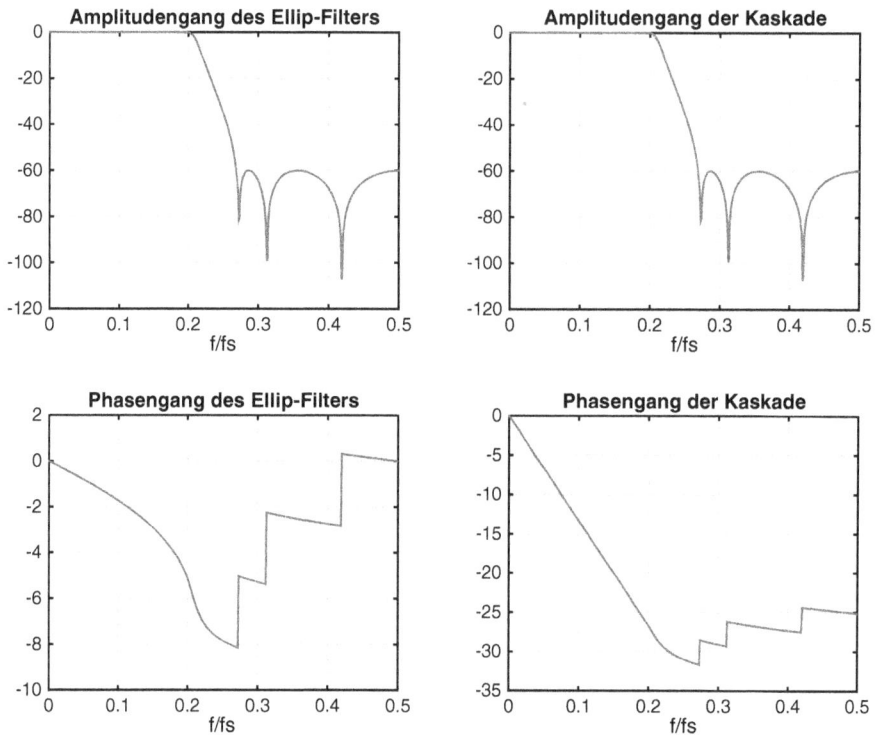

Abb. 3.78. Frequenzgang des elliptischen IIR-Tiefpassfilters und der Kaskade mit Allpass-Kompensationfilter (`grp_komp_1.m`)

Danach wird mit der Funktion `filter` die Antwort auf einen Eingangsvektor, bestehend aus einem Puls mit Wert eins gefolgt von 100 Nullwerten, als Einheitspulsantwort berechnet und dargestellt. Abb. 3.79 zeigt diese Einheitspulsantwort. Sie nähert sich der Einheitspulsantwort eines FIR-Filters mit symmetrischen Koeffizienten an und hat dadurch eine annähernd lineare Phase.

Mit der Funktion `firpmord` kann man die Ordnung für geschätzte gleiche Eigenschaften eines FIR-Filters ermitteln:

```
[n,fo,ao,w] = firpmord([0.2 0.27], [1 0], [0.005 1e-3]),
```

Man erhält eine Ordnung $N = 79$, die in der Struktur für symmetrische Koeffizienten 40 Multiplikationen bedeutet. Das kompensierte Filter besitzt die Ordnung $Nk = 14$ (`agesamt-1`) und somit sind hier $2 \times 15 = 30$ Multiplikationen notwendig.

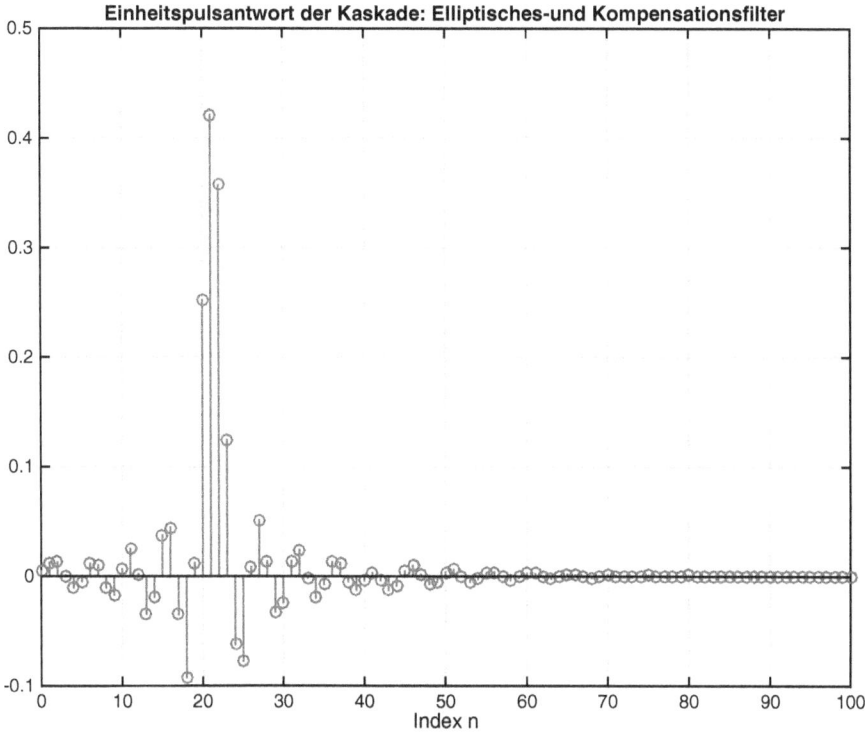

Abb. 3.79. Einheitspulsantwort der Kaskade mit Allpass-Kompensationsfilter (`grp_komp_1.m`)

3.8.2 Zerlegung eines IIR-Filters in zwei Allpass-Filter

Ein IIR-Filter kann in eine parallelen Struktur von zwei Allpass-Filtern zerlegt werden [38]. Diese Zerlegung hat den Vorteil, dass sie weniger Multiplikationen als die Abschnitte zweiter Ordnung benötigt.

Die Idee besteht darin, ein Filter der Übertragungsfunktion $H(z)$ als Summe zweier Allpass-Filter mit Übertragungsfunktionen $A_0(z)$ bzw. $A_1(z)$ darzustellen:

$$H(z) = \frac{1}{2}\left(A_0(z) + A_1(z)\right) \tag{3.101}$$

Diese Zerlegung kann unter bestimmten Voraussetzungen durchgeführt werden [30]. Es ist bekannt, dass das Butterworth, das Chebyschev und das elliptische Filter diese Bedingungen erfüllen und sie können somit in diese Form zerlegt werden.

Im Skript `all_pass_zerlegung_1.m` wird eine Zerlegung für ein elliptisches IIR-Filter untersucht. Am Anfang wird das elliptische Filter berechnet und als Implementierung die Option `'cascadeallpass'` gewählt:

```
% ------- Entwurf des Filters, das zerlegt wird
Hf = fdesign.lowpass('N,F3dB,Ap,Ast',5,0.1*2,1,60);
He = design(Hf,'ellip','FilterStructure','cascadeallpass');
[b1,a1] = tf(He.stage(1).stage(1));    % Allpass A0(z)
[b2,a2] = tf(He.stage(1).stage(2));    % Allpass A1(z)
% ------- Frequenzgänge
[H1,w1] = freqz(b1,a1);                % Frequenzgang Allpass 1
.....
[H2,w2] = freqz(b2,a2);                % Frequenzgang Allpass 2
.....
```

Die Struktur des Filterobjekts `He` ist:

```
>> He
He =
      FilterStructure: Cascade
             Stage(1): Parallel
                     Stage(1): Cascade Minimum-Multiplier Allpass
```

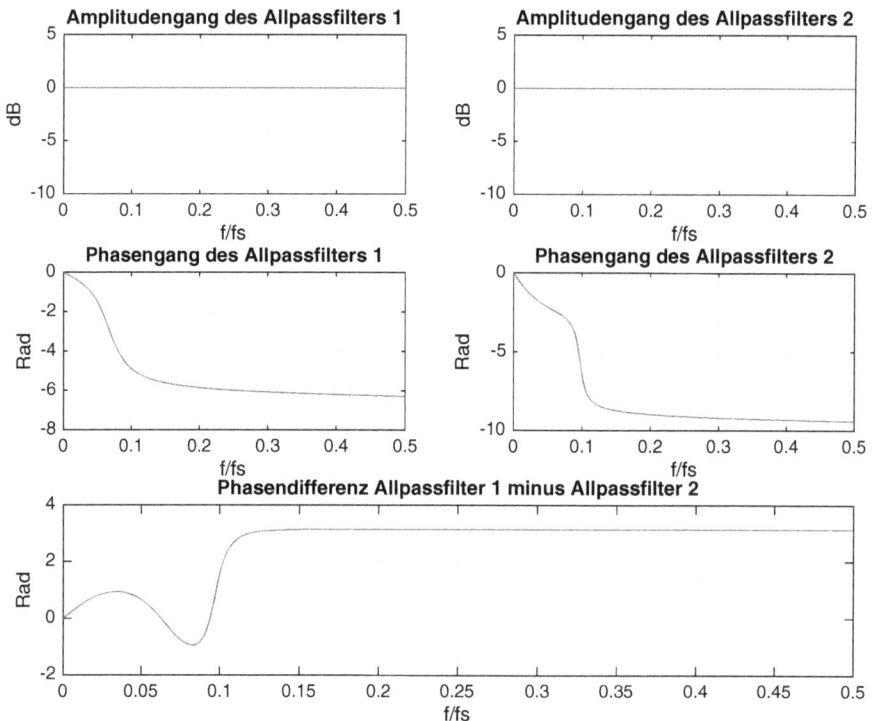

Abb. 3.80. Frequenzgänge der Allpass-Filter (`all_pass_zerlegung_1.m`)

Pol- Nullstellen IIR-Filter

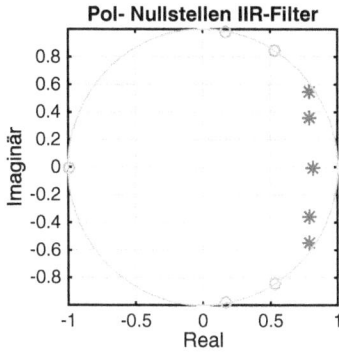

Pol- Nullstellen Allpass-Filter 1

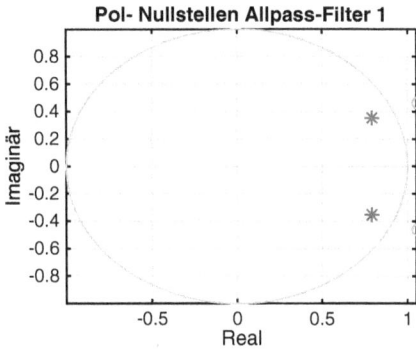

Pol- Nullstellen Allpass-Filter 2

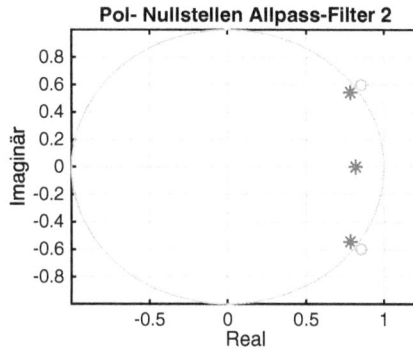

Abb. 3.81. Pol- Nullstellung Platzierung für das elliptische- und der zwei Allpass-Filter (`grp_komp_1.m`)

```
                    Stage(2): Cascade Minimum-Multiplier Allpass
            Stage(2): Scalar
   PersistentMemory: false
```

Das eine Allpass-Filter wird aus dieser Struktur mit

```
He.stage(1).Stage(1)
```

extrahiert und ähnlich auch das zweite Allpass-Filter.

Die Übertragungsfunktion der parallelen Implementierung wird mit

```
% -------- Frequenzgang der parallelen Allpass-Struktur
H = (H1+H2)/2;                       % Komplexer Frequenzgang
figure(2);   clf;
subplot(211), plot(w2/(2*pi), 20*log10(abs(H)));
title('Amplitudengang der parallelen Struktur');
xlabel('f/fs');     ylabel('dB');     grid on;
La = axis;   axis([La(1:3), 10]);
subplot(212), plot(w2/(2*pi), unwrap(angle(H)));
title('Phasengang der parallelen Struktur');
xlabel('f/fs');     ylabel('dB');     grid on;
```

ermittelt. In Abb. 3.80 sind die Frequenzgänge der zwei Allpass-Filter dargestellt. Ganz unten wird die Differenz der Phasengänge der zwei Allpass-Filter dargestellt. Der Sperrbereich ergibt sich aus der Phasendifferenz gleich π, die dazu führt, dass aus der Addition eigentlich eine Subtraktion wird.

Die Pol- und Nullstellen des elliptischen und der Allpass-Filter werden über folgende Zeilen des Skripts berechnet

```
[zHe, pHe, kHe] = zpk(He);      % Pol- Nullstellen des IIR-Filters
z1 = roots(b1); p1 = roots(a1);% Pol-Nullstellen des Allpass-Filters 1
z2 = roots(b2); p2 = roots(a2);% Pol-Nullstellen des Allpass-Filters 2
.....
```

und danach dargestellt, wie in Abb. 3.81 gezeigt.

In der Darstellung der Pol- Nullstellen des elliptischen Filters sieht man die fünf Nullstellen, die auf dem Einheitskreis liegen. Die Polstellen der Allpass-Filter sind gleich der Pole des elliptischen Filters und die Nullstellen sind, wie in Abschnitt 3.8 gezeigt, spiegelsymmetrisch. Sie liegen nicht mehr auf dem Einheitskreis. Die parallele Struktur der Allpass-Filter ist dadurch nicht mehr so empfindlich, in Bezug auf die Fehler, die bei der Quantisierung der Koeffizienten der Filter auftreten.

3.9 *Lattice*- oder Gitter-Strukturen

Die *Lattice*-Strukturen [38, 43], deutsch Gitterstrukturen genannt, werden häufig in der Sprachkodierung, für Prädiktionsfilter, in der spektralen Schätzung, in der Bildverarbeitung, in der Rauschunterdrückung etc. angewandt. Sie haben einige Vorteile im Vergleich zu den vorher gezeigten Strukturen, hauptsächlich durch eine bessere Robustheit gegen numerische Probleme wegen der Quantisierung der Filterkoeffizienten.

Es wird zuerst eine Gitter-Struktur für ein MA- oder FIR-System vorgestellt und eine Anwendung aus der Sprachkodierung mit einem Prädiktionsfilter untersucht. Weiter wird dann eine Gitter-Struktur für IIR-Filter gezeigt.

3.9.1 Gitter-Struktur für ein MA-System

Eine Voraussage $\hat{x}[n]$ für eine stationäre korrelierte Zufallssequenz kann man mit Hilfe der vorherigen Werte $x[n-1], x[n-2], \ldots, x[n-m]$ schätzen:

$$\hat{x}[n] = -a_m(1)x[n-1] - a_m(2)x[n-2] - \cdots - a_m(m)x[k-m]$$
$$= -\sum_{k=1}^{m} a_m(k)x[n-k] \tag{3.102}$$

Der Fehler der Voraussage $y[n]$ ist dann:

$$y[n] = x[n] - \hat{x}[n] = x[n] + \sum_{k=1}^{m} a_m(k)x[n-k] \qquad (3.103)$$

Diese Gleichung zeigt, dass das Prädiktions-Fehlerfilter ein FIR-Filter mit $a_m(0) = 1$ und Ordnung m ist.

Angenommen die Ordnung des Filters ist $m = 1$. Das führt zu:

$$y[n] = x[n] + a_1(1)x[n-1] \qquad (3.104)$$

Diesen Ausgang kann man mit einer einzigen Stufe einer Gitter-Struktur erhalten, die in Abb. 3.82a dargestellt ist. Beide Eingänge werden mit $x[n]$ angeregt und der gewünschte Ausgang $y[n]$ wird vom oberen Pfad entnommen. Dieser ist dann gleich dem aus Gl. 3.104, wenn man $K_1 = a_1(1)$ setzt. Der Parameter K_1 in der Gitter-Struktur wird als Reflektionsfaktor (*Reflection-Coefficient*) bezeichnet [38].

Für ein FIR-Filter zweiter Ordnung ist der Fehlerausgang $y[n]$ durch

$$y[n] = x[n] + a_2(1)x[n-1] + a_2(2)x[n-2] \qquad (3.105)$$

gegeben. Mit der Bildung einer Kaskade von zwei Gitterstufen, wie in Abb. 3.82b gezeigt ist, kann man denselben Fehlerausgang erhalten. Die Signale der Gitterstufen werden in den zwei Pfaden mit $f_i[n]$ bzw. $g_i[n]$ mit $i = 0, 1, 2, \ldots, m$ bezeichnet. Die Ausgänge der ersten Stufe sind:

$$\begin{aligned} f_1[n] &= x[n] + K_1 x[n-1] \\ g_1[n] &= K_1 x[n] + x[n-1] \end{aligned} \qquad (3.106)$$

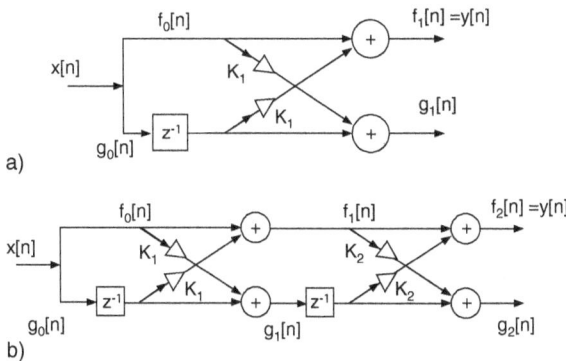

Abb. 3.82. a) Gitter-Struktur in einer Stufe b) Gitter-Struktur in zwei Stufen

Die Ausgänge der zweiten Stufe sind ähnlich mit Hilfe der Abb. 3.82b zu erhalten:

$$f_2[n] = f_1[n] + K_2 g_1[n-1] = y[n]$$
$$g_2[n] = K_2 f_1[n] + g_1[n-1]$$

(3.107)

Durch Einsetzen der Signale aus Gl. (3.106) in Gl. (3.107) erhält man:

$$\begin{aligned} f_2[n] &= x[n] + K_1 x[n-1] + K_2 \big[K_1 x[n-1] + x[n-2]\big] \\ &= x[n] + K_1(1+K_2)x[n-1] + K_2 x[n-2] = y[n] \\ &= x[n] + a_2(1)x[n-1] + a_2(2)x[n-2] \end{aligned}$$

(3.108)

Die Gleichstellung der Koeffizienten führt zu:

$$a_2(2) = K_2 \qquad a_2(1) = K_1(1+K_2)$$

(3.109)

oder

$$K_2 = a_2(2) \qquad K_1 = \frac{a_2(1)}{1 + a_2(2)}$$

(3.110)

Die Reflektionsfaktoren K_1 und K_2 der Gitter-Struktur mit zwei Stufen kann man aus den Koeffizienten der Implementierung in direkter Form der Gl. (3.105) berechnen.

Das Gitter-Filter ist durch folgenden rekursiven Gleichungen beschrieben:

$$\begin{aligned} f_0[n] &= g_0[n] = x[n] \\ f_m[n] &= f_{m-1}[n] + K_m g_{m-1}[n-1] \qquad m = 1, 2, \ldots, M-1 \\ g_m[n] &= K_m f_{m-1}[n] + g_{m-1}[n-1] \qquad m = 1, 2, \ldots, M-1 \end{aligned}$$

(3.111)

Der Ausgang der Stufe $(M-1)$ des Filters entspricht dem Ausgang eines FIR-Filters der Ordnung $(M-1)$:

$$y[n] = f_{M-1}[n]$$

(3.112)

Abb. 3.83 zeigt ein Gitter-Filter mit $(M-1)$-Stufen in Form eines Blockdiagramms zusammen mit einer Stufe, die die Beziehungen gemäß der letzten zwei Gleichungen (3.111) darstellt.

Der obere Pfad stellt ein FIR-Gitterfilter dar, mit einem Ausgang $f_{m-1}[n]$ der Stufe m, das einem FIR-Filter

$$f_m[n] = \sum_{k=0}^{m} a_m(k)x[n-k] \qquad a_m(0) = 1$$

(3.113)

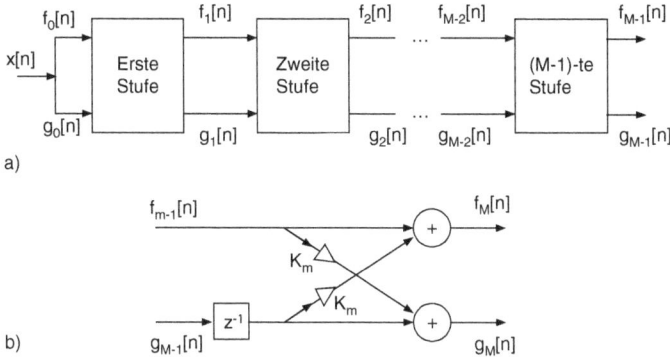

Abb. 3.83. Gitter-Filter mit (M-1) Stufen

äquivalent ist. Diese Beziehung stellt eine Faltungssumme dar und ihre z-Transformation ist dann:

$$F_m(z) = A_m(z)X(z) \quad \text{mit}$$
$$A_m(z) = 1 + a_m(1)z^{-1} + a_m(2)z^{-2} + \cdots + a_m(m)z^{-m} \tag{3.114}$$

Daraus folgt:

$$A_m(z) = \frac{F_m(z)}{X(z)} \tag{3.115}$$

Der zweite Ausgang der Gitter-Struktur $g_m[n]$ kann auch als eine Faltungssumme ausgedrückt werden. Dafür werden neue Koeffizienten $b_m(k)$ eingeführt. Die Filterkoeffizienten, die die Gitter-Struktur für $f_1[n]$ ergeben, sind $[1, K_1] = [1, a_1(1)]$ und die Koeffizienten für $g_1[n]$ sind $[K_1, 1] = [a_1(1), 1]$ genau in umgekehrter Reihenfolge. Das wiederholt sich auch für die Koeffizienten der Gitter-Struktur mit zwei Stufen:

$$\begin{aligned} g_2[n] &= K_2 f_1[n] + g_1[n-1] \\ &= K_2 \left[x[n] + K_1 x[n-1] + K_1 x[n-1] + x[n-2] \right] \\ &= K_2 x[n] + K_1(1+K_2)x[n-1] + x[n-2] \\ &\times a_2(2)x[n] + a_2(1)x[n-1] + x[n-2] \end{aligned} \tag{3.116}$$

Die Filterkoeffizienten, die $g_2[n]$ ergeben, sind $[a_2(2), a_2(1), 1]$ und die Filterkoeffizienten, die $f_2[n]$ ergeben, sind gemäß Gl. (3.108) in umgekehrter Reihenfolge $[1, a_2(1), a_2(2)]$.

Allgemein ist der Ausgang $g_m[n]$ der m-ten Stufe der Gitter-Struktur ähnlich durch folgende Faltungssumme

$$g_m[n] = \sum_{k=0}^{m} b_m(k)x[n-k] \tag{3.117}$$

gegeben. Die Koeffizienten $b_m[n]$ dieses Filters für den Ausgang $g_m[n]$ sind mit den Koeffizienten $a_m[n]$ für den Ausgang $y[n]$ wie folgt verbunden:

$$b_m(n) = a_m(m - k), \qquad k = 0, 1, 2, \ldots, m \quad \text{mit} \quad b_m(m) = 1 \tag{3.118}$$

Aus Gl. (3.117)

$$g_m[n] = b_m(0)x[n] + b_m(1)x[n - 1] + \cdots + b_m(m)x[n - m], \qquad b_m(m) = 1 \tag{3.119}$$

kann man den Wert $x[n - m]$ extrahieren:

$$x[n - m] = g_m[n] - \sum_{k=0}^{m-1} b_m(k)x[n - k] = g_m[n] + \hat{x}[n - m] \tag{3.120}$$

Die negative Summe in dieser Gleichung kann jetzt als Rückwärtsschätzung (*Backward Prediction*) des Wertes $x[n - m]$ betrachtet werden und führt dazu, dass $g_m[m]$ als Fehler dieser Schätzung anzunehmen ist:

$$g_m[n] = x[n - m] - \hat{x}[n - m] = \sum_{k=0}^{m} b_m(k)x[n - k], \qquad b_m(m) = 1 \tag{3.121}$$

Die Faltungssumme gemäß Gl. (3.117) führt im Bildbereich der z-Transformation auf

$$G_m(z) = B_m(z)X(z) \tag{3.122}$$

oder

$$B_m(z) = \frac{G_m(z)}{X(z)} \tag{3.123}$$

wobei $B_m(z)$ die Übertragungsfunktion des FIR-Filters mit den Koeffizienten $b_m(k)$ ist:

$$B_m(z) = \sum_{k=0}^{m} b_m(k)z^{-k} \tag{3.124}$$

Weil $b_m(k) = a_m(m - k)$ ist (Gl. (3.118)) erhält man:

$$B_m(z) = \sum_{k=0}^{m} a_m(m - k)z^{-k} = \sum_{l=0}^{m} a_m(l)z^{l-m}$$
$$= z^{-m} \sum_{l=0}^{m} a_m(l)z^{l} = z^{-m} A_m(z^{-1}) \tag{3.125}$$

Diese Beziehung zeigt, dass die Nullstellen des FIR-Filters mit Übertragungsfunktion $B_m(z)$ die Kehrwerte der Nullstellen der Übertragungsfunktion $A_m(z)$ sind.

Ausgehend von den Gleichungen (3.111) im Zeitbereich erhält man im Bildbereich der z-Transformation folgende Beziehungen:

$$F_0(z) = G_0(z) = X(z)$$

$$F_m(z) = F_{m-1}(z) + K_m z^{-1} G_{m-1}(z) \qquad m = 1, 2, \ldots, M - 1 \qquad (3.126)$$

$$G_m(z) = K_m F_{m-1}(z) + z^{-1} G_{m-1}(z) \qquad m = 1, 2, \ldots, M - 1$$

Durch Teilung mit $X(z)$ erhält man weiter folgende Zusammenhänge zwischen den Polynomen $A_m(z)$, $A_{m-1}(z)$, bzw. $B_m(z)$, $B_{m-1}(z)$ und den Koeffizienten der Gitter-Struktur K_m:

$$A_0(z) = B_0(z) = 1$$

$$A_m(z) = A_{m-1}(z) + K_m z^{-1} B_{m-1}(z) \qquad m = 1, 2, \ldots, M - 1 \qquad (3.127)$$

$$B_m(z) = K_m A_{m-1}(z) + z^{-1} B_{m-1}(z) \qquad m = 1, 2, \ldots, M - 1$$

In einer Matrixform ausgedrückt ergibt sich:

$$\begin{bmatrix} A_m(z) \\ B_m(z) \end{bmatrix} = \begin{bmatrix} 1 & K_m \\ K_m & 1 \end{bmatrix} \cdot \begin{bmatrix} A_{m-1}(z) \\ z^{-1} B_{m-1}(z) \end{bmatrix} \qquad (3.128)$$

Diese Gleichung kann auch in folgender Form geschrieben werden:

$$\begin{bmatrix} A_{m-1}(z) \\ z^{-1} B_{m-1}(z) \end{bmatrix} = \frac{1}{1 - K_m^2} \begin{bmatrix} 1 & -K_m \\ -K_m & 1 \end{bmatrix} \cdot \begin{bmatrix} A_m(z) \\ B_m(z) \end{bmatrix} \qquad (3.129)$$

Ausgehend von diesen Beziehungen können FIR-Filter, die in direkter Form dargestellt sind, in die Gitter-Strukturform und umgekehrt umgewandelt werden. Man beginnt mit $A_M(z), B_M(z)$ und $K_M = a_M(M)$ und berechnet die Polynome kleineren Grades bis auf $A_1(z), B_1(z)$ und entsprechend K_1. Der rekursive Vorgang bei diesen Berechnungen scheitert, wenn ein Koeffizient $|K_m| = 1$ auftritt. Das ist ein Zeichen, dass im Polynom $A_{m-1}(z)$ eine Wurzel auf dem Einheitskreis liegt. Diese Wurzel kann man als Faktor ausklammern und die Berechnungen dann fortsetzen.

In der Literatur gibt es Beschreibungen der entsprechenden Algorithmen inklusive MATLAB-Programmen [34]. Im Weiterem werden direkt die Funktionen der MATLAB-Software für diese Umwandlungen eingesetzt. Mit der Funktion `tf2latc` wird die direkte FIR-Form in die Gitterform umgewandelt und mit der Funktion `latc2tf` wird die umgekehrte Umwandlung durchgeführt.

Es gibt auch Funktionen, die die Koeffizienten beider Formen liefern, wie z.B. die Funktion `levinson`, die im nächsten Abschnitt eingesetzt wird.

3.9.2 Gitter-Struktur für ein FIR-Prädiktionsfilter

Es wird ein Beispiel für ein FIR-Prädiktionsfilter vorgestellt, das aus der direkten Form in die Gitterform umgewandelt wird.

In Abb. 3.84 ist ein Blockschema des voraussage Prädiktionsexperimentes dargestellt. Mit einem Rauschgenerator wird ein unabhängiges Zufallssignal $z[n]$ der Varianz eins generiert. Über ein FIR-Tiefpassfilter mit der Einheitspulsantwort $h[n]$ wird daraus ein korreliertes Signal $x[n]$ erzeugt. Die Korrelationsfunktion $r_{xx}[n]$ dieses Signals ist durch

$$r_{xx}[n] = \sigma^2(h[n] * h[-n]) \tag{3.130}$$

gegeben [33]. Hier bedeutet ($*$) die Faltung und $\rho[n] = (h[n] * h[-n])$ ist die deterministische Autokorrelation der Einheitspulsantwort des Filters. Mit σ^2 wurde die Varianz der unabhängigen Sequenz $z[n]$ bezeichnet.

Im Skript `lattice_11.m` ist das Experiment programmiert und die Einheitspulsantwort `hn` bzw. die Autokorrelationsfunktion `Rx` berechnet und dargestellt, wie in Abb. 3.85 gezeigt.

Die Varianz der korrelierten Sequenz ist:

```
var_x = 0.3998
```

Sie müsste gleich dem Höchstwert der Autokorrelationsfunktion aus der Darstellung sein, der gleich 0,375 ist. Mit einer längeren Sequenz nähert sich die geschätzte Varianz der Sequenz diesem idealen Wert.

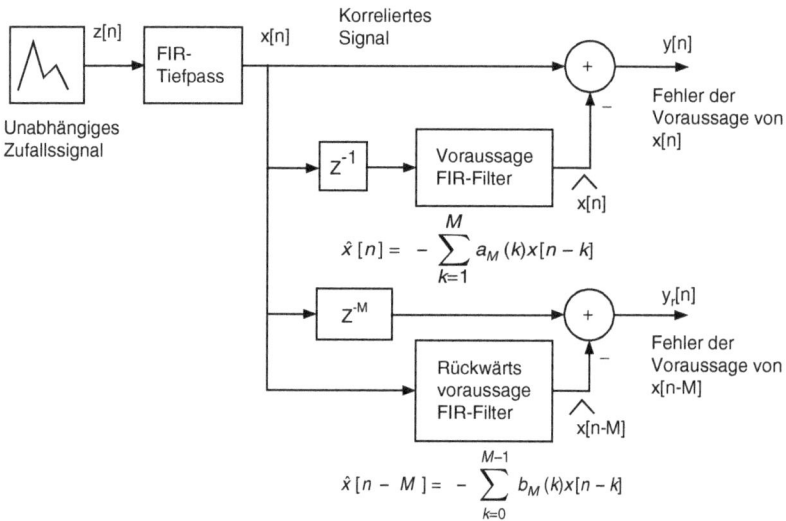

Abb. 3.84. Prädiktionsexperiment

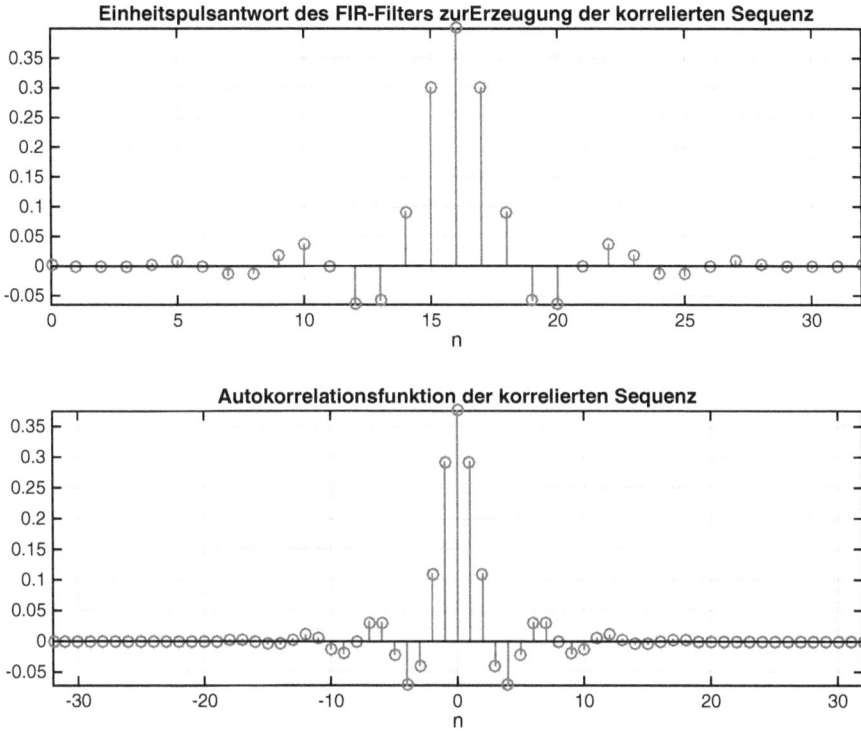

Abb. 3.85. a) Einheitspulsantwort des FIR-Filters zur Erzeugung der korrelierten Sequenz b) die Autokorrelationsfunktion der korrelierten Sequenz (`lattice_11.m`)

Mit Hilfe der Autokorrelationsfunktion $r_{xx}[m]$ der gefilterten Sequenz wird das optimale FIR-Filter für die Schätzung des Prädiktionsfilters ermittelt. Dafür muss man die so genannte normale Schätzungsgleichung oder Yule-Walker Gleichung lösen [38, 46]:

$$\begin{bmatrix} r_{xx}[0] & r_{xx}[-1] & r_{xx}[-2] & \ldots & r_{xx}[-M] \\ r_{xx}[1] & r_{xx}[0] & r_{xx}[-1] & \ldots & r_{xx}[-M+1] \\ \vdots & \vdots & \vdots & \ldots & \vdots \\ r_{xx}[M] & r_{xx}[M-1] & r_{xx}[M-2] & \ldots & r_{xx}[0] \end{bmatrix} \begin{bmatrix} 1 \\ a_M(1) \\ \vdots \\ a_M(M) \end{bmatrix} = \begin{bmatrix} \sigma_x^2 \\ 0 \\ \ldots \\ 0 \end{bmatrix} \quad (3.131)$$

Das Levinson-Verfahren ist ein effizientes Verfahren zur Lösung dieser Gleichung, das die Symmetrie der Autokorrelationsmatrix ausnutzt. Für die reelle korrelierte Sequenz $x[n]$ sind die Korrelationswerte $r_{xx}[n]$ symmetrisch um $n = 0$ also $r_{xx}[n] = r_{xx}[-n]$ (siehe Abb. 3.85 unten). Die Matrix ist eine Toeplitz-Matrix [38].

In MATLAB gibt es die Funktion `levinson` mit deren Hilfe dieses Gleichungssystem gelöst wird. Die Zeile im Skript, die diese Funktion aufruft, ist:

```
....
[a, e, kl] = levinson(rxx(33:end)); % Koeffizienten des Prädiktionsfilters
....
```

Hier stellen `rxx(33:end)` die Werte der Autokorrelationsfunktion für positive Verspätungen inklusive für die Verspätung null dar. Geliefert werden die Koeffizienten des FIR-Filters für den Schätzfehler $y[n]$ von $x[n]$ basierend auf den vorherigen Werten

$$x[n-1], x[n-2], \dots, x[n-M]$$

gemäß Gl. (3.103) und für die Prädiktion $\hat{x}[n]$ gemäß Gl. (3.102):

$$y[n] = x[n] - \hat{x}[n] = \sum_{k=0}^{M} a_M(k)x[n], \qquad a_M(0) = 1$$

$$\text{wobei} \tag{3.132}$$

$$\hat{x}[n] = -\sum_{k=1}^{M} a_M(k)x[n-k]$$

In folgenden Zeilen werden diese Größen im Skript ermittelt:

```
....
f = filter(a,1,x);              % Voraussagefehler für x[n]
ypred = filter(-a(2:end),1,x);  % Vorausgesagte Sequenz x[n]
....
```

Hier steht f für den Fehlerausgang $y[n]$ und `ypred` steht für den prädizierten Wert $\hat{x}[n]$.

Die Funktion `levinson` liefert im Skalar e noch die Varianz des Fehlers der Prädiktion und gleichzeitig in `kl` die Koeffizienten der Gitter-Struktur. Es wird ein Wert e = $9{,}0198e^{-4}$ geliefert und aus der Zeitsequenz f erhält man einen Wert:

```
var_f = var(f);
var_f = 0.0010
```

Die Koeffizienten des FIR-Filters der Rückwärtsprädiktion von $x[n-M]$ werden einfach aus den Koeffizienten a in umgekehrter Reihenfolge ermittelt:

```
b = fliplr(a);                  % Koeffizienten des rückwärts
    % Prädiktion FIR-Filters für x[n-M]
```

Der Fehler der Rückwärtsschätzung g und die Rückwärtsschätzung `yrev_pred` von $x[n-M]$ berechnet sich gemäß Gl. (3.119), (3.120), (3.121) durch:

```
g = filter(b,1,x);                % Voraussagefehler für x[n-M]
yrev_pred = filter(-b(1:end-1),1,x); % Vorausgesagte Sequenz x[n-M]
```

Im Skript `latice_11.m` wird eine Darstellung erzeugt die ganz oben die Koeffizienten a ($a_M(k), k = 0, 1, 2, \ldots, M$) enthält, darunter sind die Koeffizienten b ($b_M(k), k = 0, 1, 2, \ldots, M$) gezeigt und schließlich ganz unten sind die Reflektionsfaktoren (*Reflection*-Koeffizienten) $K_m, m = 1, 2, \ldots, M$ der Gitter-Struktur dargestellt. Die Koeffizienten der Gitter-Struktur kann man auch mit der Funktion `tf2latc` ermitteln:

```
k = tf2latc(a);   % Berechnung der Koeffizienten der Gitter-Struktur
```

Diese sind im Rahmen sehr kleiner numerischer Fehler gleich den Koeffizienten `k1`, die mit der Funktion `levinson` ermittelt wurden.

Abb. 3.86 zeigt einige der Signale, die im Skript berechnet werden. Ganz oben ist die korrelierte Sequenz $x[n]$ dargestellt. Darunter ist die prädizierte Sequenz $\hat{x}[n]$ gezeigt und ganz unten ist der Fehler der Voraussage $x[n] - \hat{x}[n]$ dargestellt. Diese zwei Signale wurden zuerst durch eine Verspätung mit einem Schritt an dem Signal $\hat{x}[n]$ ausgerichtet, um den Fehler durch Differenz korrekt zu berechnen. Der Fehler, berechnet als Variable `f=filter(a,1,x)`, ist dem mit der Differenz berechneten Fehler gleich.

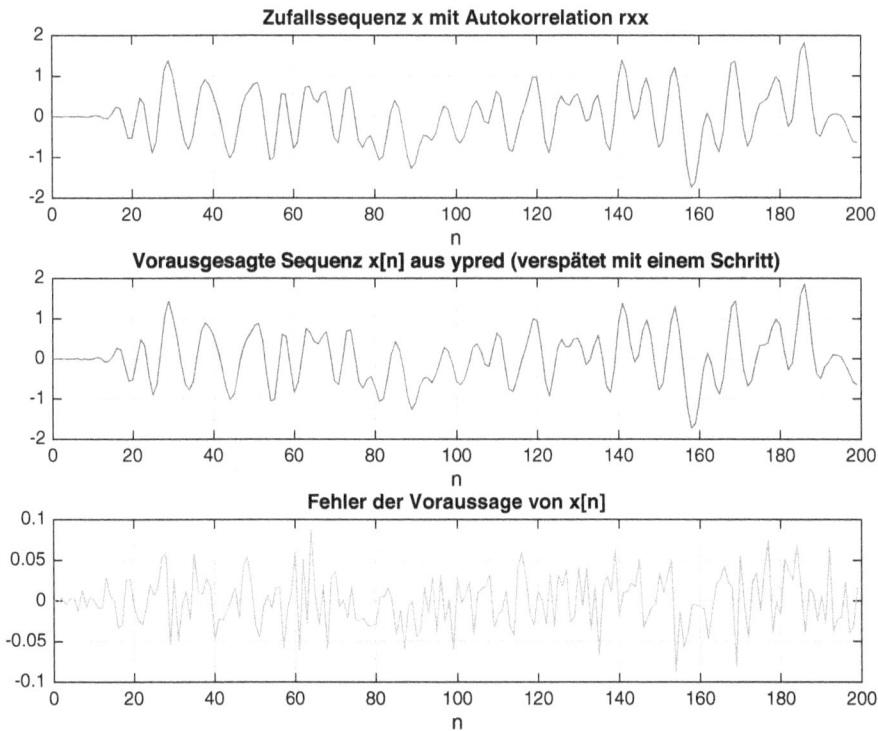

Abb. 3.86. a) Zufallssequenz $x[n]$ mit Autokorrelationsfunktion $r_{xx}[k]$ b) Vorausgesagte Sequenz für $x[n]$ c) Fehler der Voraussage (`lattice_11.m`)

Ähnliche Signale werden auch für die Schätzung der Voraussage von $x[n-M]$ im Skript ermittelt und dargestellt (hier nicht mehr gezeigt).

Mit der MATLAB-Funktion `latcfilt` kann man direkt die Koeffizienten der Gitter-Struktur benutzen um die Signale der zwei Pfade dieser Struktur zu ermitteln:

```
[f,g] = latcfilt(k,x);
```

Es sind die Fehler der Voraussage von $x[n]$ in `f` bzw. der Voraussage von $x[n-M]$ in `g`.

3.9.3 Gitter-Struktur für IIR-Filter

Es wird von einer Übertragungsfunktion eines IIR-Filters der Form

$$H(z) = \frac{\displaystyle\sum_{k=0}^{M} b_M(k) z^{-k}}{1 + \displaystyle\sum_{k=1}^{N} a_N(k) z^{-k}} = \frac{1}{1 + \displaystyle\sum_{k=1}^{N} a_N(k) z^{-k}} \cdot \sum_{k=0}^{M} b_M(k) z^{-k} \qquad (3.133)$$

mit $N \geq M$ ausgegangen. In Abb. 3.87 ist die Gitter-Struktur nach [38] dargestellt. Mit der Erfahrung aus dem vorherigen Abschnitt ist die Beweisführung aus dieser Literaturquelle leicht nachvollziehbar. Die Struktur bestehend aus dem oberen Pfad von links nach rechts und dem Rückführungspfad von rechts nach links stellt die Gitter-Struktur für den ersten Faktor aus der Zerlegung in Gl. (3.133) dar, der eine Übertragungsfunktion eines *Allpol*-Filters darstellt. Die Summe

$$y[n] = \sum_{m=0}^{N} v_m g_m[n] \qquad (3.134)$$

ergibt dann den Ausgang $y[n]$ des Filters. Es wurde angenommen, dass $M = N$ ist. Zu bemerken sei, dass $g_{m+1}[n]$ nicht der verspätete Wert von $g_m[n]$ ist, wie man klar aus der Darstellung der Gitter-Struktur aus Abb. 3.87 sehen kann. Als Beispiel ist:

$$g_2[n] = K_2 f_1[n] + g_1[n-1] \qquad (3.135)$$

In diesem Fall besitzt die Gitter-Struktur zwei Sätze von Parametern $K_m, m = 1, 2, \ldots, N$ und $v_m, m = 0, 1, 2, \ldots, N$.

Im Skript `lattice_1.m` werden für ein IIR-Filter die Parameter der Gitter-Straktur mit Hilfe der Funktion `tf2latc` ermittelt und mit der Funktion `latcfilt` wird ein Zufallssignal gefiltert. Das Ergebnis der Filterung mit den Parametern der Übertragungsfunktion und mit der Gitterstruktur ist, wie erwartet, gleich:

```
nord = 6;
[b,a] = ellip(nord,1,60,0.2*2);   % tf-Parameter
.....
```

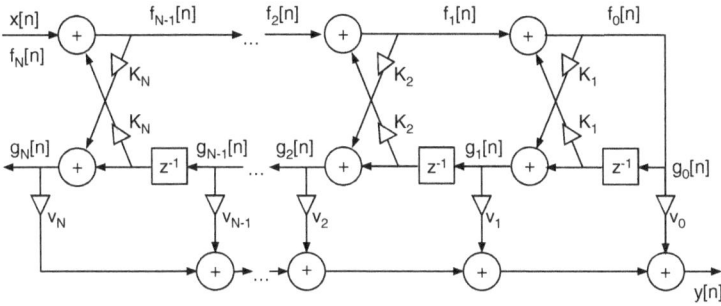

Abb. 3.87. Gitter-Struktur für IIR-Filter

```
[k,v] = tf2latc(b,a);        % Emittlung der Lattice-Parameter
.....
yd = filter(b,a,x);          % Filterung mit tf-Parameter
ylatc = latcfilt(k,v,x);     % Filterung mit Lattice-Parameter
.....
```

Die gezeigte Gitter-Struktur benötigt ein Minimum an Speicherplatz aber nicht ein Minimum an Multiplikationen. Diese ist aber die wegen ihrer Modularität und der Robustheit gegenüber den Effekten, die durch die begrenzte Auflösung bei der Implementierung im Festkommaformat auftreten, die meist gebrauchte Gitterstruktur. Sie wird in vielen Anwendungen der Sprachverarbeitung, der adaptiven Filterung und der geophysikalischen Signalverarbeitung eingesetzt.

3.10 Nullphase-Filter

Ein Nullphase-Filter ist ein spezielles Filter mit linearer Phase, bei dem der Phasengang eine Steilheit gleich null besitzt [30], https://ccrma.stanford.edu/~jos/fp/Zero_Phase_Filters_Even_Impulse.html. Die reelle Einheitspulsantwort $h[n]$ eines Nullphase-Filters ist eine gerade Funktion mit:

$$h[n] = h[-n], \quad \text{für} \quad n = -\infty, \cdots -3, -2, -1, -0, 1, 2, 3 \ldots \infty \qquad (3.136)$$

Wie man sieht muss die Einheitspulsantwort symmetrisch um den Index null sein.

Ein Nullpass-Filter kann nicht kausal sein, mit Ausnahme des trivialen Falls $h[n] = c\delta[n]$. Es ist klar, dass man solche Filter nur „off-line" für gespeicherte Signale einsetzen kann. Es gibt allerdings viele Anwendungen in denen die Signale vorhanden sind und man diese Filter benutzen kann.

Die DTFT der Einheitspulsantwort der Nullphase-Filter ist reell und gerade. Das ergibt sich aus der Berechnung der DTFT:

$$H(e^{j\omega T_s}) = DTFT\{h[n]\} = \sum_{n=-\infty}^{\infty} h[n]e^{j\omega n T_s}$$

$$= \sum_{n=-\infty}^{\infty} h[n]\cos(\omega n T_s) - j\sum_{n=-\infty}^{\infty} h[n]\sin(\omega n T_s)$$

(3.137)

Die zweite Summe ist wegen der ungeraden Sinus-Funktion und der geraden Einheitspulsantwort gleich null und somit bleibt:

$$H(e^{j\omega T_s}) = DTFT\{h[n]\} = \sum_{n=-\infty}^{\infty} h[n]\cos(\omega n T_s)$$

(3.138)

Der Frequenzgang $H(e^{j\omega T_s})$ eines Nullphase-Filters ist reell und eine gerade Funktion von ω. Ein reeller Frequenzgang kann positiv und negativ sein und somit hat der Phasengang die Phase null, wenn der Frequenzgang positiv ist und die Phase π, wenn er negativ ist.

Bei einem FIR-Filter mit linearer Phase und gerader Ordnung n_{ordn} ist die Verspätung, die das Filter realisiert, bekannt und zwar ist sie $n_{ordn}/2$. Sie kann somit benutzt werden um die Nullphase-Antwort zu bestimmen, indem man die Verspätung entfernt.

Im Skript `zerophase_0.m` wird die Antwort eines normalen kausalen FIR-Filters mit linearer Phase in die Antwort des nichtkausalen Nullphase-Filters umgewandelt. Die Verspätung wird aus der Antwort des kausalen Filters entfernt. Als Eingangssignal wird ein Sprung, der bei Index 40 auftritt, benutzt:

```
% -------- Parameter des kausalen FIR-Filters
nord = 64;      % Ordnung des Filters
fp = 0.2*2;     % TP-Filter mit Durchlassfrequenz (MATLAB-Konvention)
h = fir1(nord, fp);  % Einheitspulsantwort des Tiefpass FIR-Filters
% -------- Sprungsignal und Antwort
x = [zeros(1,40), ones(1,100)];  % Sprungsignal
nx = length(x);
y = filter(h,1,x);               % Kausale Antwort
yz = [y(nord/2:end), zeros(1,nord/2-1)]; % Entfernung
   % der Verspätung mit nord/2 des Filters
.....
```

In Abb. 3.88 ist ganz oben das Sprungsignal dargestellt, in der Mitte ist die kausale Antwort des FIR-Filters der Ordnung 64 gezeigt und ganz unten ist die Nullphase-Antwort dargestellt, die aus der kausalen Antwort durch Entfernung der Verspätung erzeugt wird. Man sieht die nichtkausale Antwort einfach durch die Tatsache, dass diese vor der Ursache (dem Sprung) beginnt.

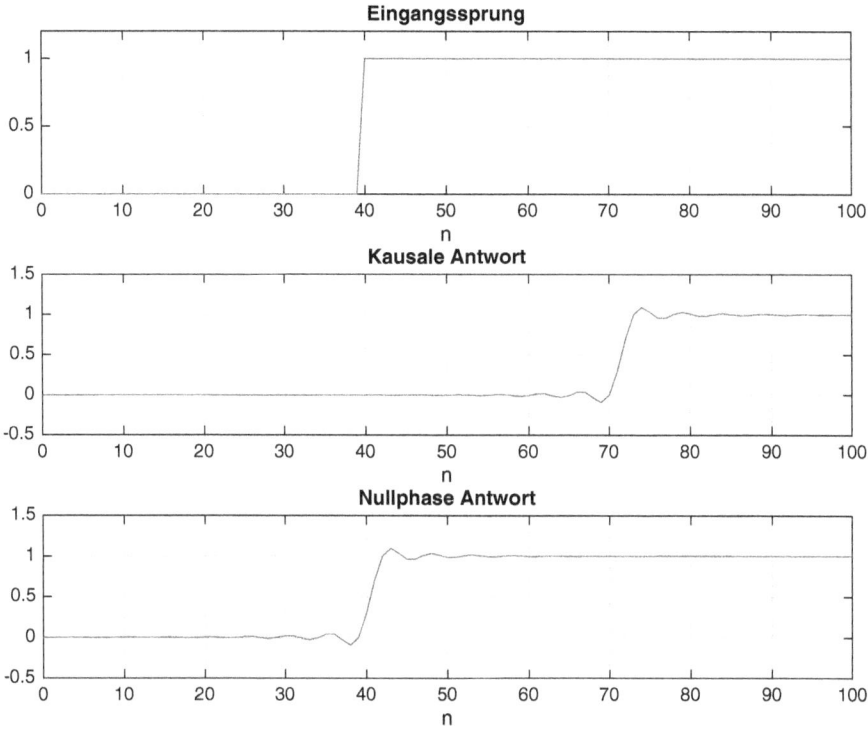

Abb. 3.88. a) Eingangssprung b) Kausale Antwort des FIR-Filters c) Nullphase-Antwort (zerophase_0.m)

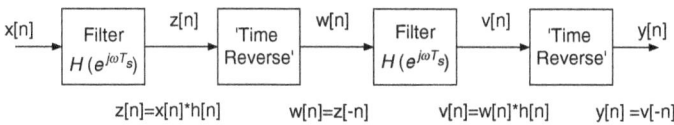

Abb. 3.89. Nullphase-Filterung mit einem beliebigen kausalen Filter

Für beliebige Filter inklusive IIR-Filter mit nichtlinearer Phase kann man auch eine Nullphase-Filterung mit der Anordnung aus Abb. 3.89 erhalten.

Es ist bekannt, dass die DTFT einer Sequenz die in der Zeit gespiegelt wurde (*Time Reversed*) gleich der konjugiert Komplexen der DTFT der ursprünglichen Sequenz ist [7]:

$$\text{Wenn} \quad x[n] \xrightarrow{\;DTFT\;} X(e^{j\omega T_s}) \qquad \text{dann} \qquad x[-n] \xrightarrow{\;DTFT\;} X^*(e^{j\omega T_s}) \qquad (3.139)$$

Der erste Schritt in der Anordnung aus Abb. 3.89 besteht aus einer einfachen kausalen Filterung mit dem Frequenzgang $H(e^{j\omega T_s})$. Die DTFT der Sequenz $z[n]$ ist jetzt:

$$Z(e^{j\omega T_s}) = H(e^{j\omega T_s})X(e^{j\omega T_s}) \tag{3.140}$$

Die Sequenz $z[n]$ wird danach in der Zeit gespiegelt, um daraus die Sequenz $w[n] = z[-n]$ zu erhalten. Die entsprechende DTFT ist dann:

$$W(e^{j\omega T_s}) = Z^*(e^{j\omega T_s}) = H^*(e^{j\omega T_s})X^*(e^{j\omega T_s}) \tag{3.141}$$

Die Sequenz $w[n]$ wird weiter kausal mit dem gleichen Filter gefiltert. Die DTFT der resultierten Sequenz $v[n]$ ist:

$$V(e^{j\omega T_s}) = H(e^{j\omega T_s})W(e^{j\omega T_s}) = |H(e^{j\omega T_s})|^2 X^*(e^{j\omega T_s}) \tag{3.142}$$

Schließlich wird die Sequenz $v[n]$ in der Zeit gespiegelt, um den Nullphase-Ausgang $y[n]$ zu erhalten, der jetzt folgende DTFT besitzt:

$$Y(e^{j\omega T_s}) = V^*(e^{j\omega T_s}) = |H(e^{j\omega T_s})|^2 X(e^{j\omega T_s}) = G(e^{j\omega T_s})X(e^{j\omega T_s}) \tag{3.143}$$

Der Frequenzgang $G(e^{j\omega T_s}) = |H(e^{j\omega T_s})|^2$ der die DTFT der Eingangssequenz $x[n]$ und die DTFT der Ausgangssequenz $y[n]$ verbindet, erfüllt die Bedingung für ein Nullphasen-Filter, er ist reell und in diesem Fall immer positiv. Für eine Nullphase-Filterung mit z.B. 60 dB Dämpfung im Sperrbereich muss der Frequenzgang des Filters $H(e^{j\omega T_s})$ nur eine Dämpfung von 30 dB haben. Für eine Welligkeit im Durchlassbereich von 1 dB muss dann das Filter eine kleinere Welligkeit von 0,5 dB haben.

Das Filter mit dem Frequenzgang $H(e^{j\omega T_s})$ kann beliebig sein (FIR oder IIR) und muss keine lineare Phase besitzen.

In MATLAB gibt es die Funktion `filtfilt`, die nach diesem Schema eine Nullphase-Filterung durchführt. Diese Filterung kann auch sehr einfach programmiert werden. Die Spiegelung einer Sequenz wird mit der Funktion `fliplr` durchgeführt.

Im Skript `zerophase_1.m` wird eine kausale Filterung mit einem FIR-Tiefpassfilter mit gerader Ordnung und linearer Phase in eine Nullphase-Filterung umgewandelt, weil man in diesem Fall genau die Verspätung des kausalen Filters kennt. Man möchte ein EKG-Signal mit Nullphase filtern, um die korrekte Zeitzuordnung beizubehalten. Es wird ebenfalls die Funktion `filtfilt` eingesetzt, um die Ergebnisse zu vergleichen.

Sie können nicht 100 % gleich sein, weil diese Funktion einen Frequenzgang ergibt, der dem Quadrat des Frequenzgangs des Filters entspricht. Die Ergebnisse sind in Abb. 3.90 dargestellt. Ganz oben ist die EKG-Sequenz ohne Rauschanteil gezeigt. Darunter ist dieselbe Sequenz mit Rauschen dargestellt. Die kausale Filterung mit dem FIR-Filter mit linearer Phase ist als nächstes gezeigt. Ganz unten sind die

Nullphase gefilterten Signale, einmal durch Entfernung der Verspätung des kausal gefilterten Signals und einmal das Signal, das durch die Funktion `filtfilt` ermittelt wird, überlappt dargestellt. Mit der Zoom-Funktion der Darstellung kann man die minimalen Unterschiede dieser zwei Signale beobachten.

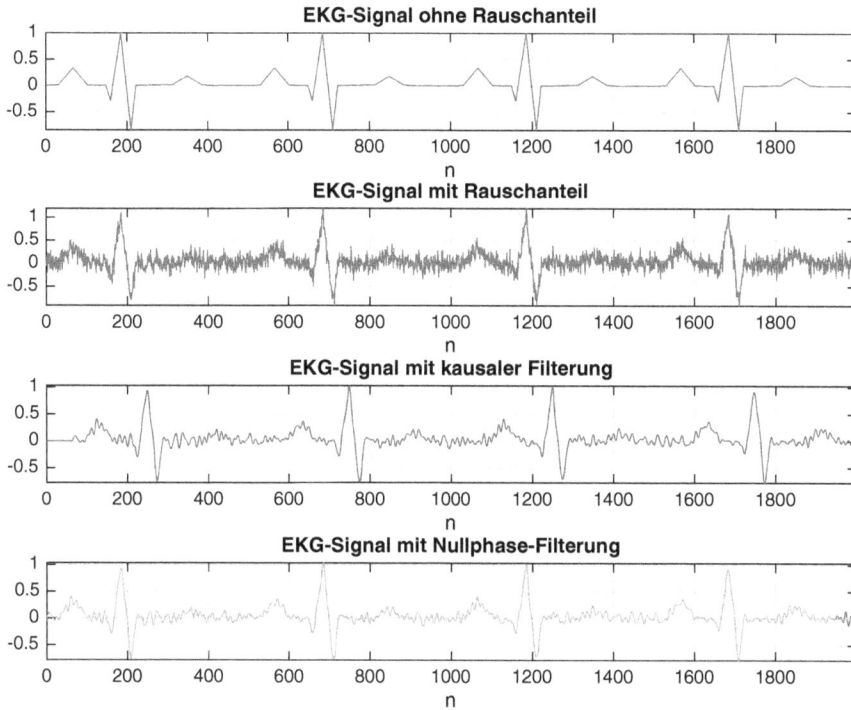

Abb. 3.90. a) EKG-Sequenz b) EKG-Sequenz mit Rauschanteil c) Kausale Filterung mit FIR-Tiefpassfilter d) Nullphase-Filterung (`zerophase_1.m`)

Mit dem Skript werden auch andere Ergebnisse dargestellt, wie z.B. die spektralen Leistungsdichten der Signale, mit deren Hilfe man die Durchlassfrequenz des Filters bestimmen kann. Ein vergrößerter Ausschnitt einer Periode der EKG-Signale ist ebenfalls dargestellt, um die Unterschiede der zwei Nullphasen-Ergebnisse zu zeigen.

Im Skript `zerophase_2.m` wird dieselbe EKG-Sequenz mit einem IIR-Filter mit Nullphase gefiltert. Hier kann man nicht mehr so leicht schätzen, welche Verspätung das kausale IIR-Filter bringt, um es dann zu entfernen. Es bleibt nur die Möglichkeit mit der Funktion `filtfilt` die Nullphase-Filterung durchzuführen:

```
....
% -------- Kausale Filterung des EKG-Signals
nord = 128;
[b,a] = ellip(6,1,60,0.15);
```

```
y = filter(b,a,xn);
% -------- Filterung mit filtfilt
yz = filtfilt(b,a,xn);
....
```

In MATLAB gibt es die Funktion `zerophase`, mit deren Hilfe man den Nullphase-Frequenzgang für alle Arten von Filtern ermitteln kann.

3.11 Das Savitzky-Golay-Glättungsfilter

Das Savitzky-Golay-Filter ist ein mathematisches Glättungsfilter das häufig in der Signalverarbeitung eingesetzt wird. Es wurde erstmals 1964 von Abraham Savitzky und Marcel J. E. Golay beschrieben [51]. Im Wesentlichen wird eine polynomiale Regression (N-ten Grades) über einer Serie von N+1 Werten verwendet, um einen geglätteten Wert für jeden Punkt zu bestimmen. Ein Vorteil des Savitzky-Golay-Filters ist, dass anders als bei anderen Glättungsfiltern, Anteile von hohen Frequenzen nicht einfach abgeschnitten werden, sondern in die Berechnung mit einfließen. Dadurch zeigt das Filter ausgezeichnete Eigenschaften bezüglich der relativen Maxima, Minima und Streuung.

Das Filter wurde ursprünglich für den Einsatz in der Spektroskopie zur Unterdrückung des Rauschanteils gedacht. Das Filter wird inzwischen nicht nur für eine Polynomialglättung sondern auch für die Bestimmung von geglätteten Ableitungen benutzt.

In Abb. 3.91 ist das Prinzip des Filters erläutert. In der Umgebung des laufenden Indizes n_0 der Sequenz $x[n]$ wird ein Interpolationspolynom ermittelt und als Ausgang wird der Wert $y[n_0]$ genommen. Danach wird mit einem Schritt weiter die Umgebung neu interpoliert und ein neuer Ausgangswert für $n_0 + 1$ ermittelt.

In der Darstellung aus Abb. 3.91 ist eine symmetrische Umgebung mit $MR = ML$ dargestellt. Am Anfang und am Ende einer Sequenz ist es sicher sinnvoll, die Umgebung unsymmetrisch zu wählen.

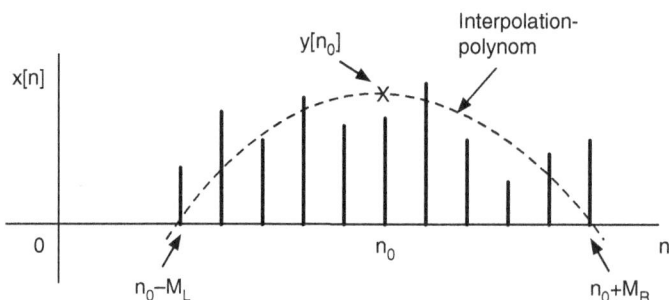

Abb. 3.91. Das Prinzip des Savitzky-Golay-Glättungsverfahrens

In der Literatur [37] ist gezeigt, dass diese Vorgehensweise mit Hilfe von FIR-Filtern zu implementieren ist. Für den mittleren Teil einer Sequenz wird ein symmetrisches FIR-Filter benutzt und für den Anfang bzw. Ende der Sequenz werden nicht symmetrische FIR-Filter eingesetzt.

Im Skript `sgolay_0.m` ist das FIR-Filter für eine nicht symmetrische Umgebung mit $ML = 2$ und $MR = 5$ und Grad des Interpolationspolynoms $N = 4$ ermittelt:

```
% ------- Parameter
MR = 5;                          % Anzahl der Stützstellen rechts
ML = 2;                          % Anzahl der Stützstellen links
N = 4;                           % Grad des Interpolationspolynoms
% ------- Einheitspulsantwort des Filters
xi = [zeros(1,ML), 1, zeros(1,MR)]; % Einganspuls
a = polyfit(-ML:MR,xi,N);        % Koeffizienten des Interpolations-
       % polynoms
y = polyval(a, -ML:MR);
ydicht = polyval(a,-ML:0.1:MR);
h = fliplr(y);                   % Einheitspulsantwort des FIR-Filters
.....
```

In `xi` ist ein Puls gleich eins als Eingang mit der Umgebung von ML Nullwerten links und MR Nullwerten rechts enthalten. Mit der Funktion `polyfit` werden die Koeffizienten des Interpolationspolynoms in `a` berechnet. Danach werden in `y` die interpolierte Werte für die Indizes von `-ML` bis `MR` ermittelt. Mit einer dichteren Abszisse (`-ML:0.1:MR`) wird ein praktisch kontinuierliches Interpolationspolynom in `ydicht` berechnet.

Abb. 3.92 zeigt ganz oben den zu interpolierenden Einheitspuls, darunter die interpolierte Werte zusammen mit dem kontinuierlichen Interpolationspolynom und schließlich ganz unten die Einheitspulsantwort des FIR-Filters für den Ausgang bei $n = 0$. Die Faltung, die bei einer Filterung angewandt wird spiegelt die Einheitspulsantwort und deswegen wird die Einheitspulsantwort durch Spiegelung der Interpolationswerte erhalten.

Der Leser kann z.B. eine symmetrische Umgebung wählen und sehen, dass man ein symmetrisches FIR-Filter erhält. Man kann auch eine nicht symmetrische Umgebung auf der anderen Seite wählen und beobachten, wie sich das Filter ändert.

In MATLAB wird mit der Funktion `sgolay` eine Matrix der Größe ((ML+MR)+1)× ((ML+MR)+1) mit FIR-Filtern in den Zeilen geliefert, wobei die ersten (ML+MR)/2 Filter für den Transienten-Teil am Ende einer Sequenz vorgesehen sind und die letzten (ML+MR)/2 Filter sind für den Transienten-Teil am Anfang einer Sequenz gedacht. Die mittlere Zeile ist das symmetrische FIR-Filter für den inneren Bereich der Sequenz.

Die Filterung einer Sequenz kann mit der MATLAB-Funktion `sgolayfilt` durchgeführt werden. Der exemplarische Einsatz dieser Funktion ist im Skript `sgolay_1.m` dargestellt:

```
clear;
% ------- Entwerfen der SG-Filter mit sgolay Funktion
```

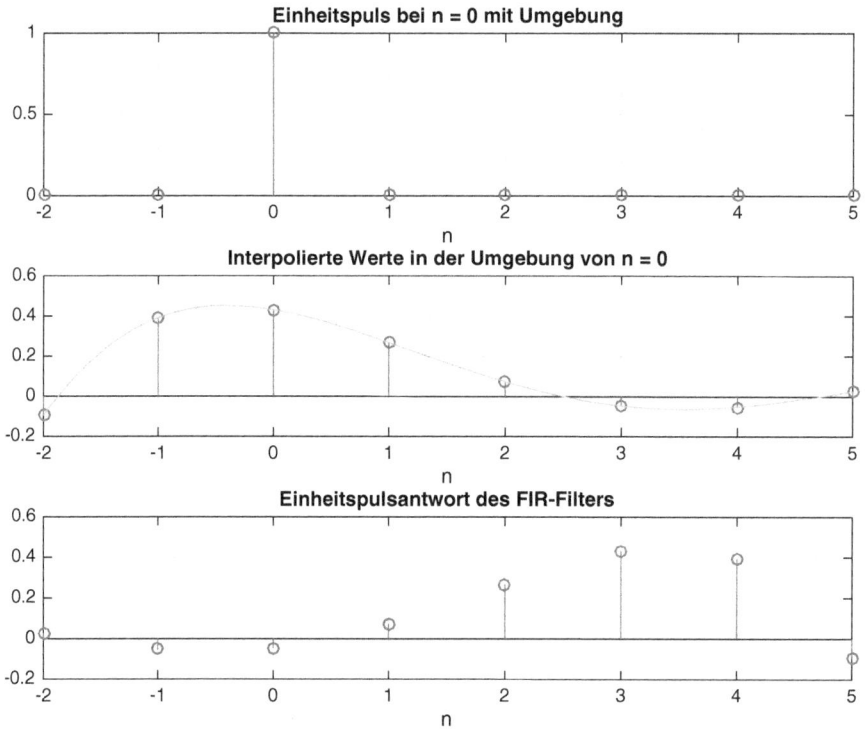

Abb. 3.92. Einheitspulsantwort des Savitzky-Golay-FIR-Filters (`sgolay_0.m`)

```
k = 3;          % Grad des Interpolationspolynoms (N)
f = 9;          % f ist die Länge der FIR-Filter (MR+ML+1)
b = sgolay(k,f); % Matrix f x f mit FIR-Filtern in den Zeilen
......
```

Die Filterung einer Sequenz aus Einserwerten mit Rauschant wird durch

```
randn('seed', 123987);
n = 50;
x = ones(1,n)+0.1*randn(1,n);
y = sgolayfilt(x,k,f);
......
```

erhalten. Wie man sieht, muss man für die Filterung nicht vorher die Matrix b berechnen, sie wird implizit berechnet und verwendet.

Wenn man so ein Filter für eine bestimmte Hardware programmieren möchte, muss man wissen, wie man mit den FIR-Filtern aus der Matrix b die Filterung realisiert. Im Skript wird zusätzlich der Einsatz der Filter aus der Matrix b gezeigt. In Abb. 3.93 sind die neun Filter der Matrix dargestellt (ML+MR+1=f=9). Links sind die ersten vier für den Transienten-Teil am Anfang der Sequenz und rechts sind die letzten vier Filter

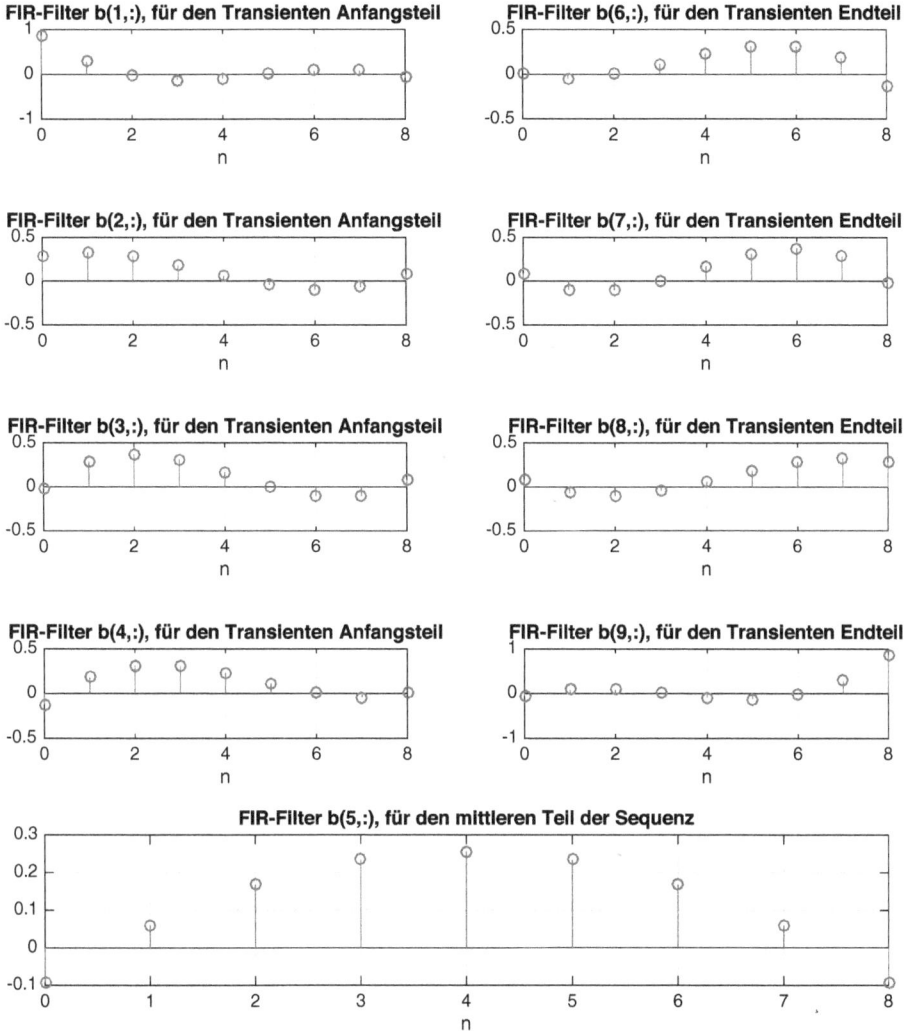

Abb. 3.93. Die FIR-Filter für eine Savitzky-Golay-Filterung mit MR+ML+1 = 9 (`sgolay_1.m`)

für den Transienten-Teil am Ende der Sequenz dargestellt. Das mittlere symmetrische Filter für den inneren Teil der Sequenz ist ganz unten dargestellt. Das FIR-Filter `b(9,:)` ist das horizontal gespiegelte FIR-Filter `b(1,:)` und das wiederholt sich für die anderen Filtern auch:

```
b(9,:) = fliplr(b(1,:));
b(8,:) = fliplr(b(2,:));
b(7,:) = fliplr(b(3,:));
b(6,:) = fliplr(b(4,:));
```

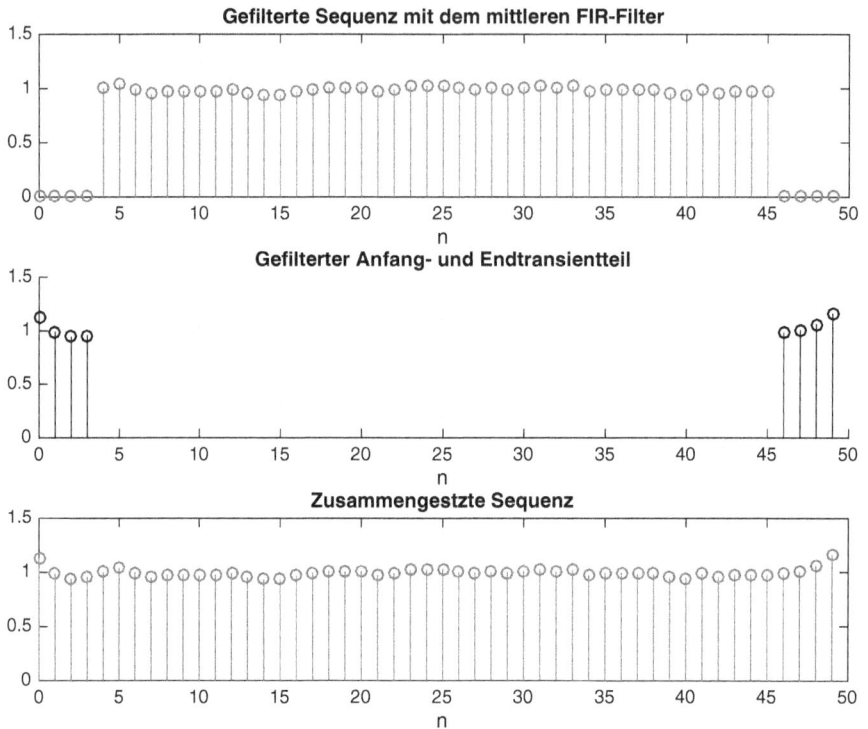

Abb. 3.94. Die Savitzky-Golay-Filterung mit den Filtern aus der Matrix b (`sgolay_1.m`)

In Abb. 3.94 ist oben das Ergebnis der Filterung des mittleren Teils der Sequenz mit dem Filter b(5,:) dargestellt. Darunter sind die Transienten-Teile dargestellt, die mit den Filtern b(1,:), b(2,:), b(3,:), b(4,:) für das Ende und b(6,:), b(7,:), b(8,:), b(9,:) für den Anfang der Sequenz berechnet wurden. Ganz unten ist die Zusammensetzung dieser Teile dargestellt, die man auch direkt mit der Funktion `sgolayfilt` erhält.

In folgenden Zeilen des Skripts werden diese Teile berechnet und in der Darstellung platziert:

```
% -------- Filterung mit den FIR-Filtern aus Matrix b
y5 = filter(b(5,:),1,x);   % Filterung mit b(5,:)
figure(3);    clf;
subplot(311);
stem(0:n-1, [zeros(1,4),y5(9:end),zeros(1,4)]);
title('Gefilterte Sequenz mit dem mittleren FIR-Filter');
xlabel('n');    grid on;
hold on;
subplot(312);
title('Gefilterter Anfang- und Endtransientteil');
```

```
xlabel('n');    grid on;
hold on;
% ------- Transienter-Teil vorne
y1 = dot(fliplr(b(9,:)),x(1:9));        % Berechnen des ersten
stem(0, y1,'o','k');                    % Wertes des Transienten-Teils
y2 = dot(fliplr(b(8,:)),x(1:9));        % Berechnen des zweiten
stem(1, y2,'o','k');                    % Wertes des Transienten-Teils
y3 = dot(fliplr(b(7,:)),x(1:9));        % Berechnen des dritten
stem(2, y3,'o','k');                    % Wertes des Transienten-Teils
y4 = dot(fliplr(b(6,:)),x(1:9));        % Berechnen des vierten
stem(3, y4,'o','k');                    % Wertes des Transienten-Teils
% ------- Transienter-Teil am Ende
y12 = dot(fliplr(b(1,:)),x(end-8:end));% Berechnen des letzten
stem(n-1, y12,'o','k');                 % Wertes des Transienten-Teils
y22 = dot(fliplr(b(2,:)),x(end-8:end));% Berechnen des vorletzten
stem(n-2, y22,'o','k');                 % Wertes des Transienten-Teils
y32 = dot(fliplr(b(3,:)),x(end-8:end));% ......
stem(n-3, y32,'o','k');
y42 = dot(fliplr(b(4,:)),x(end-8:end));
stem(n-4, y42,'o','k');
hold off;
ysg = [y1, y2, y3, y4, y5(9:end),...
    y42, y32, y22, y12];                % Zusammengefasste Teile
subplot(313), stem(0:n-1,ysg);          % ---------
title('Zusammengestzte Sequenz');
xlabel('n');    grid on;
```

Es ist leicht in diesen Skriptzeilen zu verfolgen, wie man die Transienten-Teile berechnet und wie man den gefilterten mittleren Bereich korrekt positioniert.

3.11.1 Glättung eines Spektrums mit dem Savitzky-Golay Filter

Es wird die Glättung eines typischen Spektrums untersucht, um die Vorteile dieses Filters zu zeigen. Im Skript sgolay_2.m ist diese Untersuchung programmiert. Zuerst wird ein typisches Spektrumbild künstlich erzeugt:

```
%-------- Signal in Form eines Spektogramms
nl = 1000;
x = 0:nl-1;
x0 = [200, 500, 650, 750, 850, 950];    % Stellen der Spektrallinien
alpha = [0.0002, 0.0006, 0.0018, 0.054, 0.108, 0.324];
                                        % Steilheit der Linien
nk = length(x0);
y = zeros(1,nl);
for k = 1:nk,                           % Bildung des Spektrums
    y = y + 1./(1+((x-x0(k)).^2)*alpha(k));
end;
noise = 0.02;                           % Varianz des Rauschens
```

```
yr = y + sqrt(noise)*randn(1,nl);        % Spektrum mit Rauschanteil
....
```

Man kann die Form der Maxima des Spektrums über die Steilheit gestalten. Die Varianz des Rauschanteils wird mit der Variablen `noise` gewählt. Danach wird das Savitzky-Golay Filter mit der Funktion `sgolayfilt` eingesetzt, um die Rauschanteile zu glätten:

```
%------- Savitzky-Golay-Filter
k = 3;                      % Grad des Interpolationspolynoms
f = 17;                     % MR+ML+1 Länge des Filters (ungerade Zahl)
yf = sgolayfilt(yr,k,f);    % Filterung mit Savitzky-Golay Filter
.....
```

In Abb. 3.95 sind oben die Spektren ohne Rauschanteil und mit Rauschanteil dargestellt und darunter ist das Spektrum ohne Rauschanteil zusammen mit dem gefilterten Spektrum gezeigt. Dieses Spektrum ist in der Funktion schon korrekt positioniert, so dass man das Ergebnis gut bewerten kann.

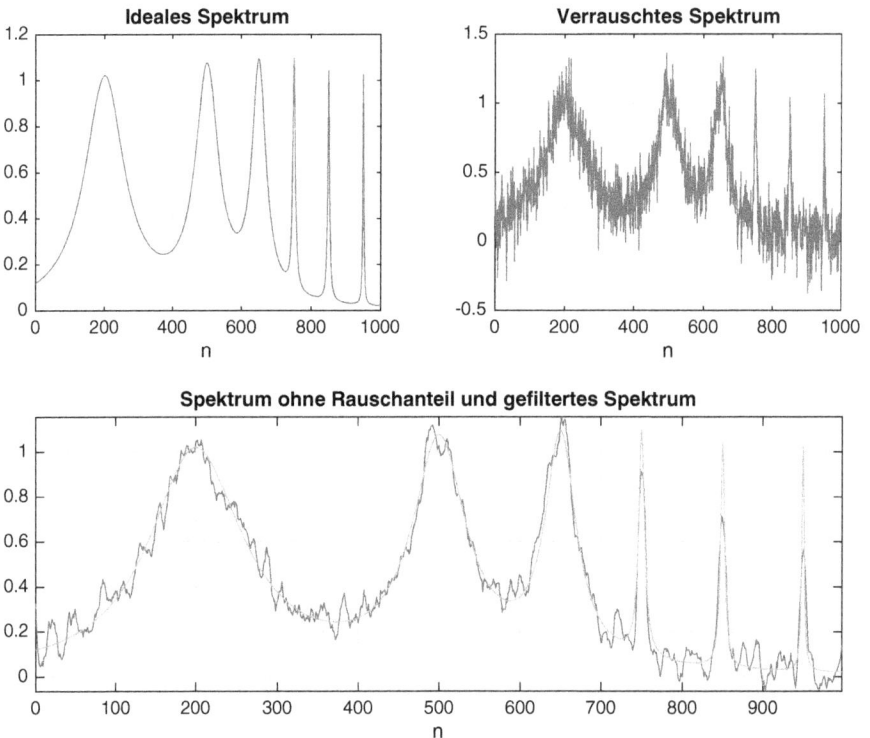

Abb. 3.95. Glättung eines Spektrums mit Savitzky-Golay Filter (`sgolay_2.m`)

Hier gibt es eine Menge Möglichkeiten zum Experimentieren z.B. mit dem Grad des Interpolationspolynoms, der die Länge des Filters ergibt.

Die MATLAB-Funktion `sgolay` liefert eine Matrix mit den FIR-Filtern und kann auch eine zweite Matrix liefern in der Filter als Spalten zur Berechnung der Ableitungen einer Sequenz enthalten sind, basierend ebenfalls auf dem Interpolationspolynom. Als Beispiel sind mit

```
[b, g] = sgolay(k,f); % Filtermatrix in b und Ableitungsfilter in g
......
```

in der Matrix b die schon bekannten FIR-Filter als Zeilen zur Glättung enthalten. In der Matrix g sind als Spalten die Filter zur Berechnung der Ableitungen enthalten. Die Anzahl p dieser Filter ist gleich der Ordnung k des Interpolationspolynoms plus eins. Jede Spalte $i, i = 1, 2, \ldots, p$ dient der Berechnung der Ableitung der Ordnung $i - 1$. Die erste Spalte $g(:,1)$, für die Ableitung der Ordnung null, ist das mittlere FIR-Glättungsfilter.

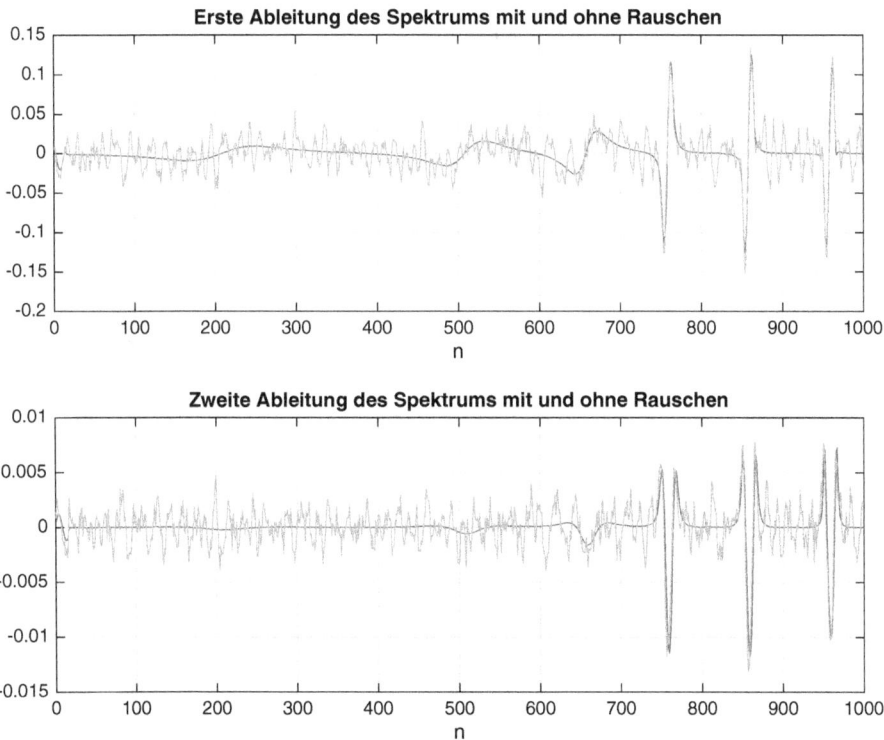

Abb. 3.96. Mit Savitzky-Golay Filter berechneten Ableitungen des Spektrums (`sgolay_2.m`)

Mit folgenden Zeilen des Skripts werden die Ableitungen erster und zweiter Ordnung für das Spektrum ohne und mit Rauschanteile berechnet:

```
yabl1 = filter(g(:,2),1,y);   % Erste Ableitung des Spektrums ohne Rauschen
yabl1r = filter(g(:,2),1,yr); % Erste Ableitung des Spektrums mit Rauschen
yabl2 = filter(g(:,3),1,y);   % Zweite Ableitung des Spektrums ohne Rauschen
yabl2r = filter(g(:,3),1,yr); % Zweite Ableitung des Spektrums mit Rauschen
.....
```

In Abb. 3.96 sind diese Ableitungen dargestellt. Der Rauschanteil im Spektrum ist für die Ermittlung der Ableitungen noch immer relativ groß. Man kann die Varianz des Rauschens noch reduzieren und dann die Ableitungen für das Spektrum ohne und mit Rauschanteilen vergleichen.

Mit $f = 33$ als Länge der Filter erhält man eine bessere Interpolierung und eine viel bessere Glättung des Spektrums. Auch eine größere Ordnung des Interpolationspolynoms (z.B. $k=4$) führt zu einer besseren Unterdrückung des Rauschanteils. In Abb. 3.97 sind die Einheitspulsantworten der zwei Filter für die Berechnung der

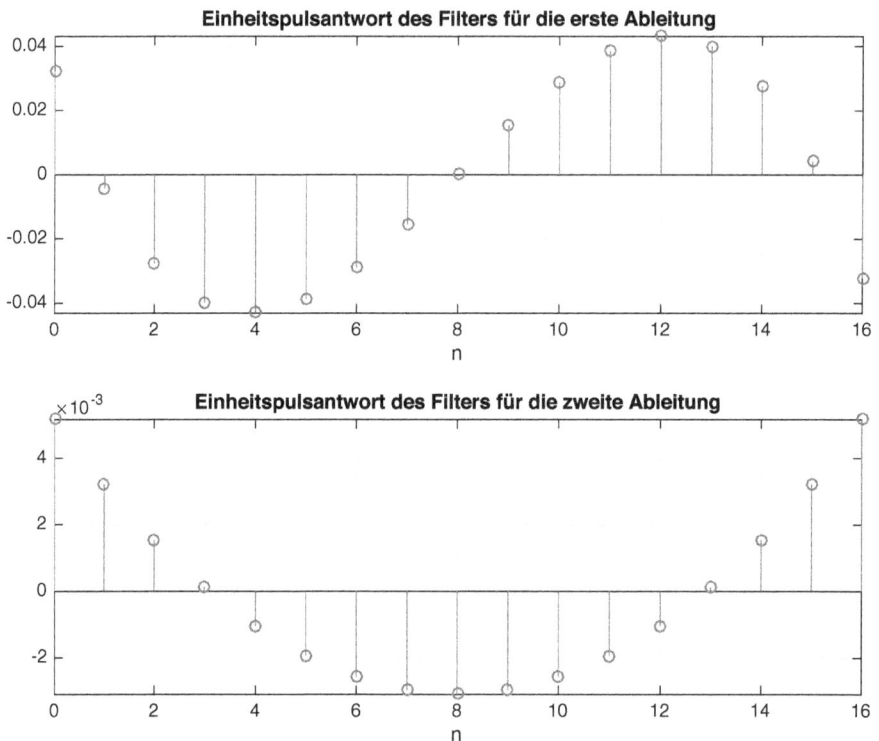

Abb. 3.97. Einheitspulsantworten der Filter für die Ableitungen des Spektrums (sgolay_2.m)

Ableitungen dargestellt. Es sind Hochpassfilter mit der Summe der Koeffizienten der Filter praktisch null:

```
>> sum(g(:,2))
ans = 1.5959e-16
>> sum(g(:,3))
ans = 1.3878e-17
```

Der Leser kann auch die Frequenzgänge dieser Filter mit der Funktion `freqz` ermitteln und darstellen.

3.12 Cosinus-Roll-off-Filter

Das Cosinus-Roll-off-Filter oder *Raised-Cosine-Filter* wird in der Kommunikationstechnik zur Formung von Signalpulsen eingesetzt, um die belegte Bandbreite zu reduzieren. Es gehört zur Kategorie der Nyquist-Filter (siehe Abschnitt 3.1) [30]. Im Weiteren wird die Bezeichnung Raised-Cosine-Filter benutzt.

Dieses FIR-Filter erfüllt die erste Nyquistbedingung [41, 42] und seine Einheitspulsantwort besitzt Nullstellen, so dass die geformten Pulse zu bestimmten Abtastzeitpunkten sich gegenseitig nicht beeinträchtigen. Es erlaubt somit eine zeitdiskrete Signalübertragung ohne Intersymbolinterferenz (kurz ISI bezeichnet).

Ein Raised-Cosine-Filter verhält sich immer wie ein Tiefpassfilter. Sein Amplitudengang ist bis zu einer bestimmten Frequenz, die von dem *Roll-off-Faktor* α abhängt, konstant und fällt darüber hinaus für höhere Frequenzen kosinusförmig auf null ab. Daraus leitet sich auch die Bezeichnung des Filters ab.

Als vorläufig zeitkontinuierliches Filter betrachtet, besitzt es den auf eins normierten Frequenzgang $H(f)$:

$$H(f) = \begin{cases} 1, & |f| \leq \dfrac{1-\alpha}{2T_{symb}} \\ \cos^2\left(\dfrac{\pi T_{symb}}{2\alpha}\left(|f| - \dfrac{1-\alpha}{2T_{symb}}\right)\right), & \dfrac{1-\alpha}{2T_{symb}} < |f| \leq \dfrac{1+\alpha}{2T_{symb}} \\ 0, & \text{sonst} \end{cases} \tag{3.144}$$

Hier ist T_{symb} die Dauer eines Symbols für eine digitale Übertragung und α ist der *Roll-off-Faktor*. Die entsprechende Impulsantwort, ebenfalls als zeitkontinuierliche Funktion, ist:

$$h(t) = \begin{cases} 1, & t = 0 \\ \dfrac{\sin(\pi/(2\alpha))}{\pi/(2\alpha))}\dfrac{\pi}{4}, & |t| = \dfrac{T_{symb}}{2\alpha} \\ \dfrac{\sin(\pi t/T_{symb})}{\pi t/T_{symb}}\dfrac{\cos(\alpha\pi t/T_{symb})}{1-(2\alpha t/T_{symb})^2}, & \text{sonst} \end{cases} \tag{3.145}$$

Die Singularitäten bei $t = 0$ und $|t| = T_{symb}/(2\alpha)$ sind durch die Fallunterscheidung gelöst. Die Impulsantwort weist den Verlauf der sinc-Funktion auf, die bei Vielfachen der Symboldauer T_{symb} Nullstellen hat und damit die Intersymbolinterferenz vermeidet.

Die Zeitdiskretisierung $t = nT_s$, $n = -\infty, \ldots, -1, 0, 1, \ldots, \infty$ führt zu einer Einheitspulsantwort die sich unendlich ausdehnt und nicht kausal ist. Man muss sie in der Ausdehnung begrenzen und durch Verschiebung kausal machen. Die Ausdehnung sollte symmetrisch über eine gerade Anzahl von T_{symb} Intervallen gewählt werden. Durch den Faktor t^2 im Nenner der Impulsantwort wird sie mit zunehmender Zeit quadratisch gegenüber der Sinc-Funktion gedämpft, so dass die Aproximationsfehler beim Abbruch der unendlich langen Impulsantwort nicht so groß sind, wie im Falle der Sinc-Funktion.

In Abb. 3.98 ist oben die Einheitspulsantwort für ein Symbolintervall dargestellt, das aus fünf Abtastperioden T_s ($T_{symb} = 5T_s$) mit einen *Roll-off-Faktor* $\alpha = 0.3$ besteht. Darunter ist der Amplitudengang dieses Filters gezeigt. In der Einheitspulsantwort erkennt man die Nullstellen bei Vielfachen der Symboldauer T_{symb} (bei $n = -20, -15, -10, \ldots, 10, 15, 20$). Die Einheitspulsantwort hat eine Ausdehnung von

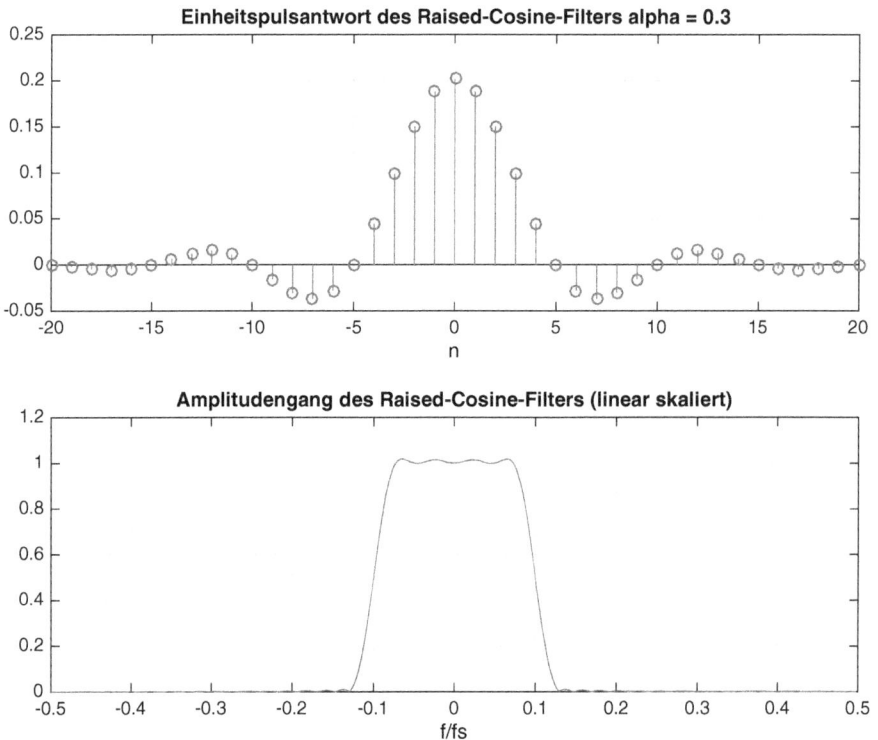

Abb. 3.98. Einheitspulsantworten der Raised-Cosine-Filters (`raised_cosine_1.m`, `raised_cosine1.slx`)

8 Symbolintervallen. Durch die Begrenzung auf diese 8 Symbolintervalle entsteht die Welligkeit im Durchlassbereich des Amplitudengangs.

Das Bild wird im Skript `raised_cosine_1.m` erzeugt. In diesem Skript wird eine Übertragung von binären Daten mit dem Einsatz eines Raised-Cosine-Filters zur Begrenzung der belegten Bandbreite ohne Intersymbolinterferenz untersucht.

Mit folgenden Zeilen im Skript wird die Einheitspulsantwort `hrc` des Filters, das in Abb. 3.98 dargestellt ist und in der Untersuchung benutzt wird, ermittelt:

```
% ------- Parameter des Filters
fs = 1000;        % Abtastfrequenz
Ts = 1/fs;        % Abtastperiode
ns = 5;           % Anzahl Abtastwerte in Tsymb
Tsymb = ns*Ts;    % Symbolrate der binären Daten
alpha = 0.3;  % Roll of Faktor
% ------- Einheitspulsantwort
n_symb = 4;       % 8 Tsymb Bereich für das Filter
n = -n_symb*ns:n_symb*ns;
hrc = sinc(n*Ts/Tsymb).*(cos(pi*alpha*n*Ts/Tsymb)./...
    (1-4*(alpha*n*Ts/Tsymb).^2+eps));
hrc = hrc/sum(hrc);   % Um den Durchlassbereich eins zu erhalten
.....
```

Die Singularität bei $nT_s = T_{symb}/(2\alpha)$ wird mit der Addition des kleinen Wertes `eps` im Nenner gelöst. Das gleiche Filter wird auch mit der MATLAB-Funktion `rcosdesign` erhalten:

```
% ------- Entwicklung mit MATLAB-Funktion
hrc1 = rcosdesign(alpha, 2*n_symb, Tsymb/Ts,'normal');
hrc1 = hrc1/sum(hrc1); % Um den Durchlassbereich eins zu erhalten
.....
```

Die Normierung auf die Summe der Koeffizienten der Einheitspulsantworten führt dazu, dass der Amplitudengang im Durchlassbereich gleich eins oder 0 dB ist. Beim Einsatz zur Pulsformung der binären Daten muss man die Filterkoeffizienten so normieren, dass der größte Koeffizient eins ist, wie z.B. mit `hrc = hrc/max(hrc)`. Im Skript wird das Simulink-Modell `raised_cosine1.slx` aufgerufen, das in Abb. 3.99 dargestellt ist.

Aus dem Block *Random Number* erhält man gaussverteilte Zufallswerte mit einer Abtastperiode `Tsymb`, die der Symbolrate der binären Daten entspricht. Daraus werden bipolare binäre Daten mit dem Block *Relay* erzeugt. Diese werden mit der Abtastperiode `Ts` abgetastet. Weil man zur Formung des zu übertragenden Signals die Einheitspulsantwort benutzt, werden die binären Daten in Impulse der Dauer `Ts` mit Hilfe des Blocks *Pulse Generator* und des Blocks *Product* umgewandelt. Am Eingang des Raised-Cosine-Filters aus dem Block *Discrete FIR Filter* erhält man somit für jedes Intervall `Tsymb` einen Impuls gefolgt von `ns-1` Nullwerten. Mit `ns` ist die Anzahl der Abtastwerte für ein Symbolintervall `Tsymb` bezeichnet.

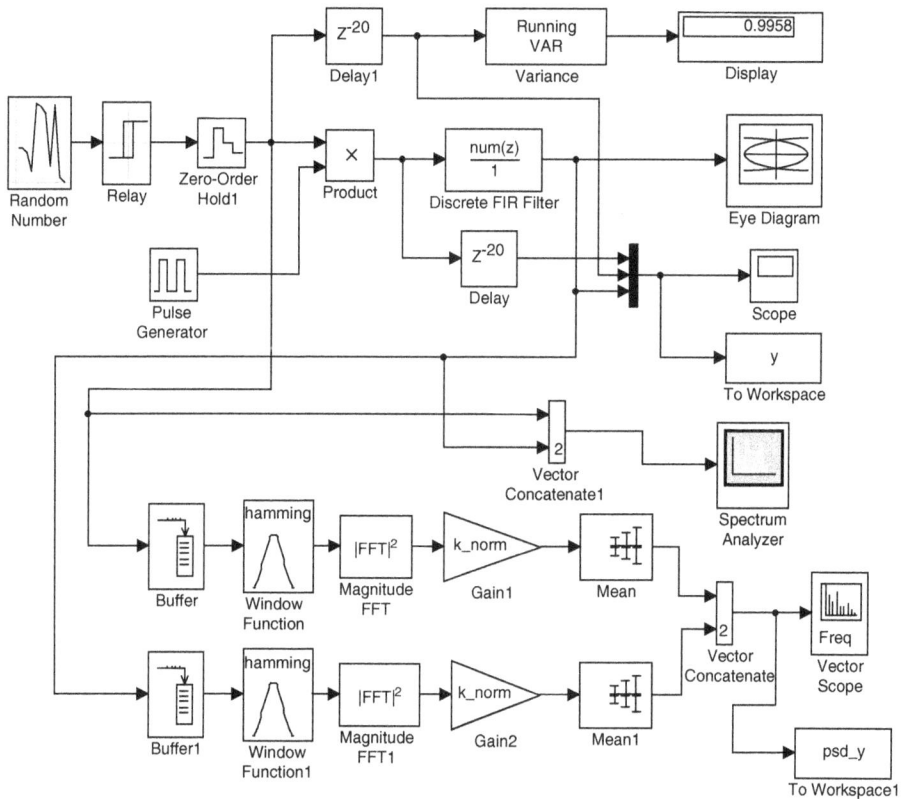

Abb. 3.99. Simulink-Modell der Übertragung mit Raised-Cosine-Filter (`raised_cosine_1.m`, `raised_cosine1.slx`)

In Abb. 3.100 sind oben die binären Daten gezeigt und darunter die daraus erzeugten Impulse zusammen mit dem durch das Filter geformte Signal dargestellt. Die Antwort des Filters ist ein Signal, das keine Intersymbolinterferenz erzeugt und das eine viel kleinere Bandbreite belegt.

Dass keine Intersymbolinterferenz entsteht wird mit Hilfe des Augendiagramms bewiesen [42]. Dafür werden aus dem Signal hier je 4 Symbolintervalle überlagert dargestellt, wie in Abb. 3.101 gezeigt.

Man sieht, dass die Verläufe des geformten Signals sich in Punkten schneiden, die dann eine korrekte Demodulation ermöglichen. Im Simulink-Modell wird das Augendiagramm mit dem Block *Eye Diagram* erzeugt. Zusätzlich wird es auch aus dem geformten Signal im Skript ermittelt.

Die belegte Bandbreite wird im Modell mit dem Block *Spectrum Analyzer* dargestellt, sowohl für die binären Daten (gemäß Abb. 3.100 oben) als auch für das pulsgeformte Signal. Es werden die spektralen Leistungsdichten gezeigt, die im Modell aus den Signalen ermittelt und dargestellt werden.

Bipolare binäre Daten

Binäre Daten und Ausgang des Raised-Cosine-Filters

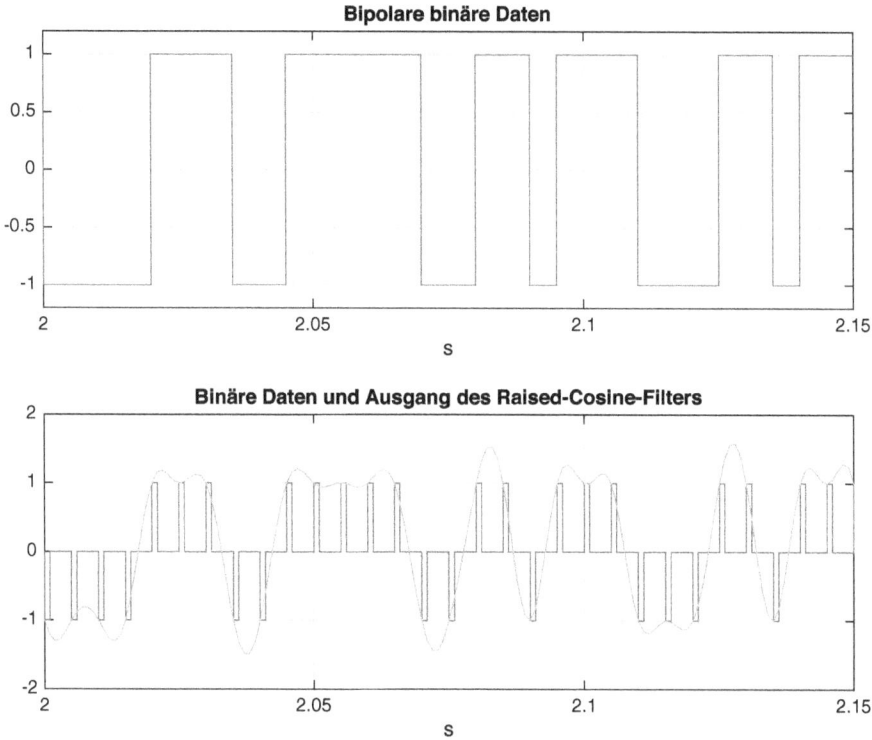

Abb. 3.100. Die binären Daten, die daraus erzeugten Impulse und das geformte Übertragungssignal (raised_cosine_1.m, raised_cosine1.slx)

Abb. 3.102 zeigt diese spektralen Leistungsdichten und man erkennt leicht die Zuordnung. Die spektrale Leistungsdichte der binären Daten hat Seitenkeulen, die nur wenig gedämpft sind.

Im Modell sind die zwei Ketten von Blöcken im unteren Teil vorgesehen, um die spektralen Leistungsdichten zu ermitteln. Mit den *Buffer*-Blöcken werden Datensätze der Größe n_fft gebildet, die weiter mit Hamming-Fensterfunktionen gewichtet sind, um daraus die Beträge der FFT im Quadrat $|FFT|^2$ zu bilden. Diese werden dann in den Blöcken *Mean* gemittelt. Sie sind als *Running Mean* parametriert. Die Normierung mit den Faktoren k_norm, die im Nenner die mittlere Leistung der Fensterfunktion und die Abtastfrequenz enthalten, ergibt die korrekten Werte der spektralen Leistungsdichte in Watt/Hz:

```
k_norm = 1/(fs*sum(hamming(n_fft).^2)); % Normierung wegen
                % der Fensterfunktion
```

Die spektralen Leistungsdichten die so ermittelt werden, sind den spektralen Leistungsdichten, die mit dem Block *Spektrum Analyser* dargestellt sind, gleich. Die korrekte Normierung kann mit Hilfe des Parseval-Theorems überprüft werden. Man

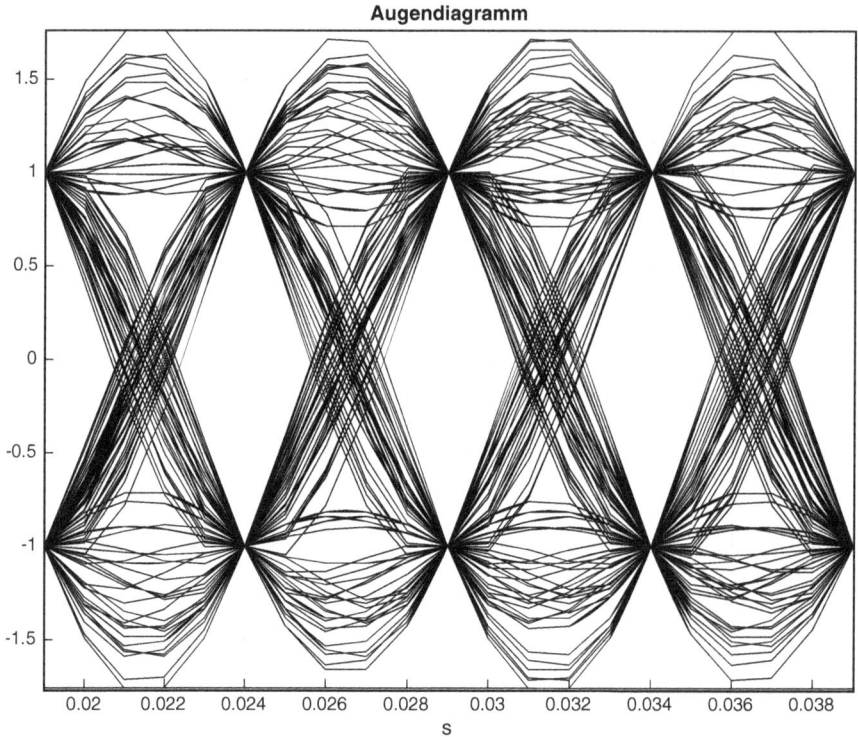

Abb. 3.101. Augendiagramm des geformten Signals (`raised_cosine_1.m`, `raised_cosine1.slx`)

berechnet die mittlere Leistung (oder hier die Varianz) aus der Zeitsequenz und diese muss der mittleren Leistung berechnet aus der spektralen Leistungsdichte gleich sein:

```
var_zeit_1 =    0.9958              var_freq_1 =    0.9625
var_zeit_2 =    0.9240              var_freq_2 =    0.8852
```

Die ersten zwei Werte sind für die binären Daten und die letzten zwei für das geformte Signal. Die Varianz für die bipolaren binären Daten mit Werten ±1 ist gleich eins. Interessant ist zu bemerken, dass das pulsgeformte Signal eine ähnliche Varianz hat.

3.12.1 Das Root-Raised-Cosine-Filter

Das Root-Raised-Cosine-Filter entspricht (im Spektrum) der Wurzel (englisch *square root*) aus dem Raised-Cosine-Filter und dient dazu, die Einheitspulsantwort des Raised-Cosine-Filters auf Sender und Empfänger gleichmäßig zu verteilen.

Das Filter beim Empfänger stellt dann ein so genanntes angepasstes Filter (*Matched Filter*) dar und verbessert den Signalrauschabstand [42]. Zu bemerken sei,

Spektrale Leistungsdichte ohne und mit Raised-Cosine-Filter

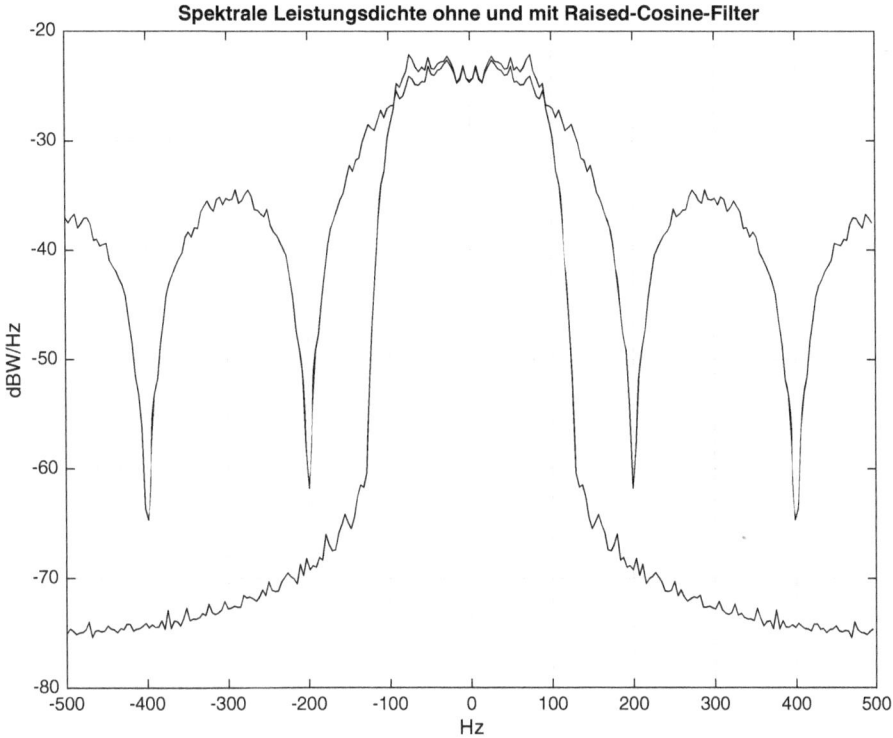

Abb. 3.102. Spektrale Leistungsdichte des binären und des geformten Signals
(`raised_cosine_1.m`, `raised_cosine1.slx`)

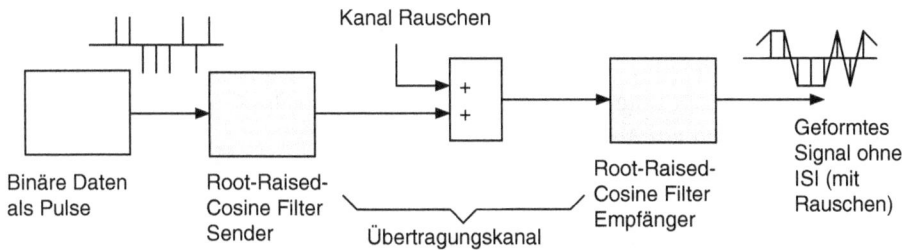

Abb. 3.103. Übertragung von Binärdaten geformt mit Root-Cosine-Filter beim Sender und Empfänger

dass ein Root-Raised-Cosine-Filter für sich alleine Intersymbolinterferenz aufweist. In der Kombination mit dem Root-Raised-Cosine-Filter beim Empfänger ergibt sich für die Gesamtstrecke eine intersymbolinterferenzfreie Übertragung.

In Abb. 3.103 ist eine Übertragung von Binärdaten über einen Kanal mit gaussverteiltem Rauschen und Root-Raised-Cosine-Filter beim Sender und Empfänger

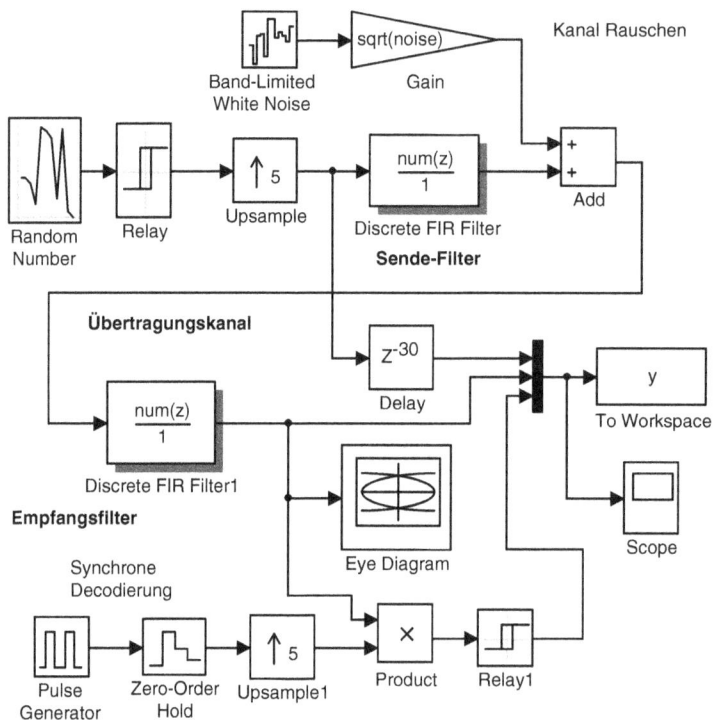

Abb. 3.104. Simulink-Modell einer Übertragung mit Root-Raised-Cosine-Filter beim Sender und Empfänger (`raised_cosine_3.m`, `raised_cosine3.slx`)

skizziert. Ohne Rauschen erhält man beim Empfänger das pulsgeformte Signal ohne Symbolinterferenz, was man mit dem Augendiagramm feststellen kann.

So eine Übertragung wird mit dem Skript `raised_cosine_3.m` und Modell `raised_cosine3.slx` untersucht. Das Modell ist in Abb. 3.104 dargestellt und man erkennt die Struktur aus Abb. 3.103.

Die Bildung der Pulse der binären Daten am Eingang des Root-Raised-Cosine-Filters wird hier mit Hilfe des Blocks *Upsample* realisiert. Er erhöht die Abtastrate von T_{symb} auf T_s indem er ein Puls der Dauer T_s gefolgt von $T_{symb}/T_s - 1$ Nullwerten erzeugt. Die Größe des Pulses entspricht dem Wert der Daten in diesem T_{symb} Intervall. Der Leser kann mit einem *Scope*-Block mit zwei Eingängen den Eingang und Ausgang des Blocks *Upsample* sichten.

Dem Ausgang des Filters im Sender wird dann gaussverteiltes Rauschen hinzugefügt und weiter dem Empfangsfilter zugeführt. Das Augendiagramm, das mit dem Block *Eye Diagram* gebildet wird, zeigt für den Fall ohne Kanalrauschen das Signal ohne Symbolinterferenz.

Wenn Rauschen hinzugefügt wird, ist das Augendiagramm mit eingeschränkter vertikaler und horizontaler Öffnung zu sehen, wie in Abb. 3.105 dargestellt. Die

Augendiagramm

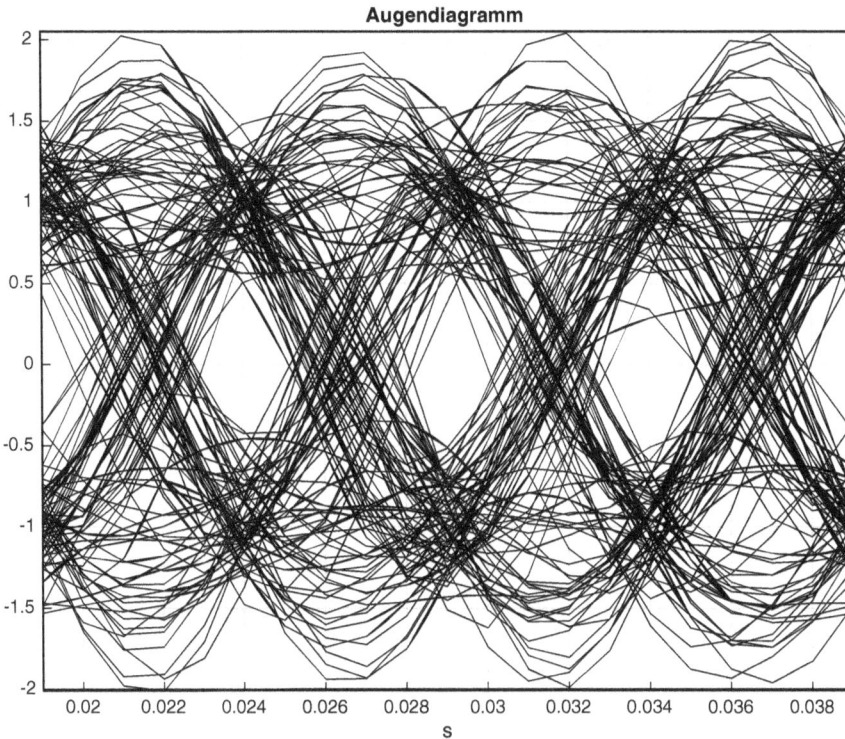

Abb. 3.105. Augendiagramm für SNR = 13 dB (`raised_cosine_3.m`, `raised_cosine3.slx`)

Varianz des Rauschens ist hier `noise = 0,05` und für eine Varianz der binären Daten gleich eins, entspricht dies einem Signalrauschabstand von SNR ≅ 13 dB.

In Abb. 3.106 oben ist die Einheitspulsantwort des Root-Raised-Cosine-Filters und darunter die des entsprechenden Raised-Cosine-Filters dargestellt. Weil die zwei Root-Raised-Cosine-Filter in Reihe geschaltet sind erhält man die Einheitspulsantwort des Raised-Cosine-Filters durch die Faltung des Root-Raised-Cosine-Filters mit sich selbst.

Die Einheitspulsantwort dieses Filters ist in Abb. 3.106 unten dargestellt und man erkennt die Nullstellen bei Vielfachen von $T_{symb}/T_s = 5$, die dann nicht zu Symbolinterferenz führen.

Mit folgenden Zeilen des Skripts werden diese Einheitspulsantworten ermittelt:

```
% ------- Entwicklung mit MATLAB-Funktion
hrc = rcosdesign(alpha, n_symb, Tsymb/Ts);   % Root-Raised-Cosine-Filter
nrc = length(hrc);
hrc1 = conv(hrc, hrc);                         % Raised-Cosine-Filter
nrc1 = length(hrc1);
....
```

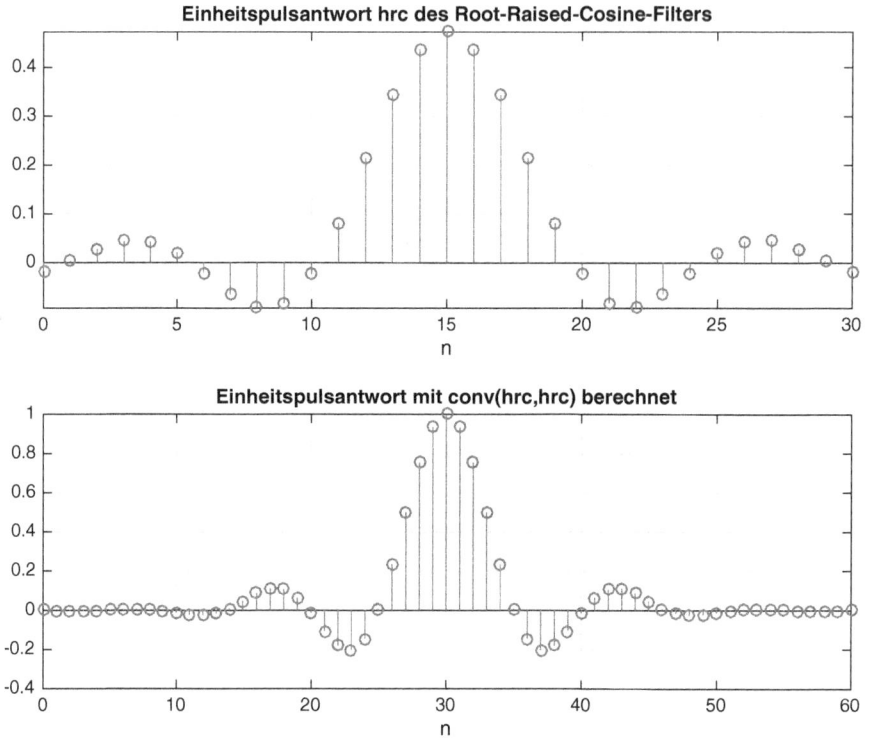

Abb. 3.106. Einheitspulsantwort des Root- und des Raised-Cosine-Filters (`raised_cosine_3.m`, `raised_cosine3.slx`)

Die Funktion `rcosdesign` ohne die Option „normal" ergibt die Einheitspulsantwort des Root-Raised-Cosine-Filters oder des *Square-Root-Raised-Cosine*-Filters. Die Faltung mit der Funktion `conv` realisiert, führt dann zu der Einheitspulsantwort des Raised-Cosine-Filters.

3.13 Zusammenfassung und Ausblick

In diesem Kapitel wurde die Thematik der digitalen Filter behandelt, die in der Signalverarbeitung die Hauptwerkzeuge sind. Durch die Fortschritte in der Hardware der Prozessoren, speziell was die Geschwindigkeit und Komplexität anbelangt, werden FIR-Filter immer mehr eingesetzt. Für sehr hohe Geschwindigkeiten und kurze Einschwingszeiten sind die IIR-Filter noch sehr wichtig. Die Kompromisse und Freiheitsgrade in der Entwicklung der IIR-Filter sind im Grunde dieselben wie bei der Entwicklung der FIR-Filter. Das ist besonders der Fall, wenn Welligkeit im Durchlass- oder Sperrbereich zugelassen ist. Die elliptischen IIR-Filter sind die

Filter, die die kleinste Ordnung benötigen, um bestimmte Spezifikationen zu erfüllen. Butterworth- und Chebyschev-Filter sind spezielle Fälle der elliptischen Filter mit null Welligkeit im Durchlass- oder im Sperrbereich. Die meisten Anwendungen können eine gewisse Welligkeit aushalten, was dazu führt, dass meistens die elliptischen IIR-Filter eingesetzt werden.

Die IIR-Filter und speziell die elliptischen Filter erfüllen einen Satz von Spezifikationen mit viel weniger Multiplikationen als die Anzahl der Multiplikationen, die für FIR-Filter notwendig wären. Den Preis den man zahlen muss, sind die Verzerrungen wegen des nichtlinearen Phasengangs, die Komplexität der Implementierung und eventuelle Instabilität, wenn das Filter mit begrenzter arithmetischer Genauigkeit realisiert wird.

Hier muss erwähnt werden, dass eine Realisierung als Multiraten FIR-Filter (später behandelt) die Nachteile der IIR-Filter umgehen kann. Diese Lösung hat aber eine viel längere Einschwingszeit als die der IIR-Filter.

4 Multiraten-Signalverarbeitung

4.1 Einführung

Die bisher besprochenen Signalverarbeitungsverfahren gehören zur Klasse der Systeme mit fester Abtastrate (*Single-Rate-Systems*), d.h. die Abtastrate am Eingang, am Ausgang und in den internen Knoten ist dieselbe. Es gibt viele Anwendungen bei denen man ein Signal mit einer Abtastrate in ein äquivalentes Signal mit einer anderen Abtastrate umwandeln möchte. Als Beispiel werden in der digitalen Audiotechnik mehrere Abtastraten benutzt: 32 kHz für den Rundfunk, 44,1 kHz für die CD's (*Compakt Disk*), 48 kHz für das DAT (*Digital Audio Tape*) und 96 kHz für die Studiotechnik. In der Videotechnik werden für das NTSC-System und für das PAL-System Abtastraten von 14,3181818 MHz bzw. 17,734475 MHz benutzt. Die Abtastrate des Videosignals ist 13,5 MHz für die Helligkeit und 6,75 MHz für die Farbdifferenz.

Die verschiedenen Abtastraten werden in der Multiraten-Signalverarbeitung über die Dezimation für die Herabsetzung der Abtastrate und die Interpolation für die Erhöhung der Abtastrate erhalten [11, 34, 38].

4.2 Dezimation mit einem ganzzahligen Faktor

Eine grundlegende Operation in der Multiraten-Signalverarbeitung ist die Dezimation oder Dezimierung. Es wird ausgegangen von der Annahme, dass das Nutzsignal überabgetastet ist und man möchte es in ein Signal mit einer kleineren Abtastfrequenz umwandeln. In Abb. 4.1a ist eine prinzipielle Möglichkeit skizziert. Das Signal $x[nT_s]$ der Abtastfrequenz $f_s = 1/T_s$ und Spektrum gemäß 4.1b wird zuerst in ein analoges Signal $y(t)$ mit Hilfe eines analogen Filters, das mit den Abtastwerten als Pulse angeregt wird, umgewandelt. Man erhält dann ein Signal mit einem Spektrum, das in Abb. 4.1c dargestellt ist. Mit der gewünschten neuen Abtastfrequenz T_s' kann man dann das zeitdiskrete Signal $y[mT_s']$ erhalten. Das Spektrum dieses Signals ist in Abb. 4.1d dargestellt, und es wiederholt sich bei den Vielfachen der neuen Abtastfrequenz $f_s' = 1/T_s'$.

Wenn das Verhältnis der zwei Abtastperioden eine ganze Zahl M ist $T_s'/T_s = M$, dann ist es verständlich, dass man auch ohne der Zwischenetappe mit dem analogen Signal das neue zeitdiskrete Signal erhalten kann. Aus dem ursprünglichen zeitdiskreten Signal $x[nT_s]$ wird nur jeder M-ter Abtastwert übernommen und die $M - 1$ Zwischenwerte werden verworfen, wie in Abb. 4.2 dargestellt. Das Spektrum des ursprünglichen Signals, mit Wiederholungen bei den Vielfachen von f_s besitzt große Lücken zwischen den Spektren. Durch Dezimierung mit dem Faktor M wiederholen sich die Spektren bei den Vielfachen von f_s' und die Lücken sind im Grenzfall

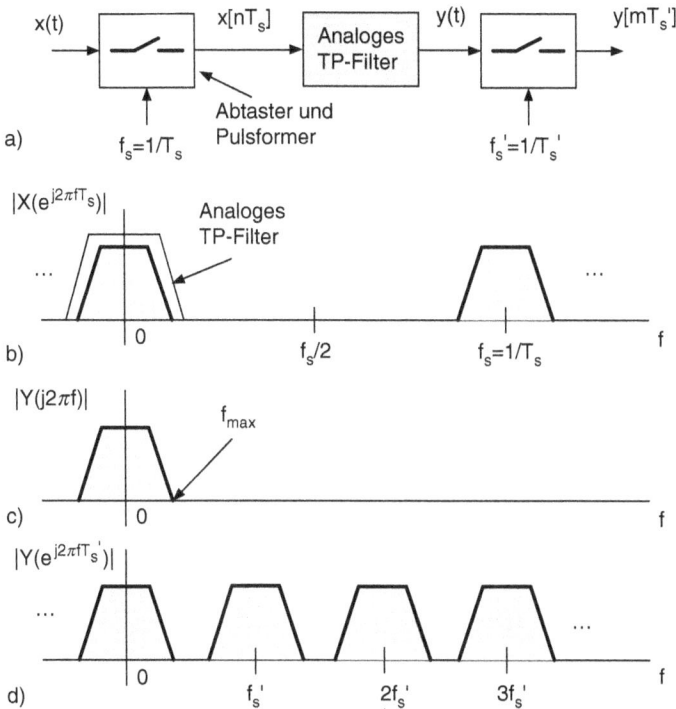

Abb. 4.1. Dezimierung über eine Zwischenetappe mit analog Signal

geschlossen. Wenn sich die Spektren nach der Dezimierung überlagern, entsteht *Aliasing* und das Signal wird verzerrt.

Um zu vermeiden, dass eventuelle Störsignale mit Spektren, die in den Lücken zwischen den Spektren des Nutzsignals vorkommen, durch Dezimierung zu *Aliasing* führen, werden vor dem Abwärtstaster, z.B. mit dem Faktor M, immer digitale Antialiasing-Filter vorgesehen, wie in Abb. 4.3a dargestellt.

Wenn das Spektrum des Nutzsignals eine Bandbreite bis f_{max} hat, dann muss $f'_s/2 \geq f_{max}$ sein, um *Aliasing* zu vermeiden. Da das Verhältnis $f_s/f'_s = M$ eine ganze Zahl sein muss, wählt man den Dezimierungsfaktor M als ganze Zahl, so dass

$$M \leq \frac{f_s}{2f_{max}} \tag{4.1}$$

erfüllt ist.

In Abb. 4.3a ist das Spektrum des dezimierten Signals für einen konkreten Fall mit $f_{max} = 1$ kHz und $f_s = 6$ kHz dargestellt. Hier ist der Dezimierungsfaktor leicht zu ermitteln $M = f_s/(2f_{max}) = 6/2 = 3$. Die neue Abtastfrequenz ist dadurch $f'_s = f_s/M = 6/3 = 2$ kHz.

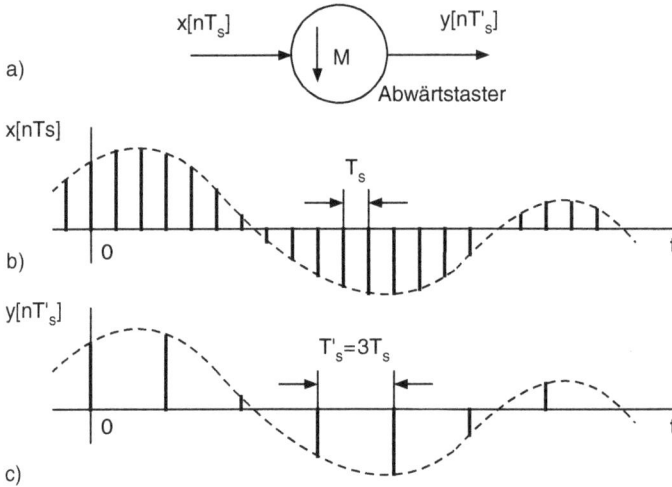

Abb. 4.2. Dezimierung mit M = 3

Die Durchlassfrequenz des Antialiasing-FIR-Filters f_p muss wie folgt gewählt werden:

$$f_p \leq \frac{f_s'}{2} = \frac{f_s}{2M} \quad \text{oder relativ} \quad \frac{f_p}{f_s} \leq \frac{1}{2M} \tag{4.2}$$

In der Konvention der MATLAB-Software wäre das eine relative Frequenz bezogen auf $f_s/2$ gleich $1/M$.

Die Störung, die durch Dezimierung zu *Aliasing* führen kann, ist in Abb. 4.3b dargestellt. Sie wird durch das FIR-Tiefpassfilter unterdrückt. Sicher kann man auch IIR-Filter einsetzen, wenn die Verzerrungen wegen dem nichtlinearem Phasengang keine Rolle spielen. Ein solcher Fall wird später in Zusammenhang mit einer Dezimierung in mehreren Stufen untersucht.

4.2.1 Untersuchung des Abwärtstasters für die Dezimierung

Mit einer Simulation wird der Abwärtstaster untersucht, um die vorgestellten Sachverhalte zu vertiefen und zu verstehen. Mit dem Skript `dezimier_1.m` und Modell `dezimier1.slx` wird das Verhalten im Zeitbereich und im Frequenzbereich untersucht. Gleichzeitig werden die Simulink-Eigenarten bei der Simulation solcher Multiraten-Signale erläutert.

In Abb. 4.4 ist das Simulink-Modell dargestellt.

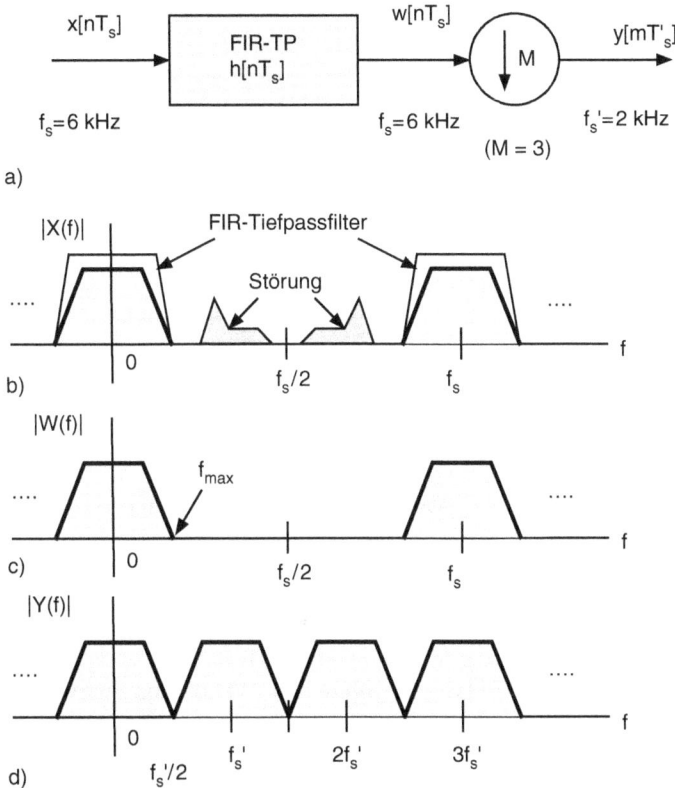

a)

b)

c)

d)

Abb. 4.3. Spektrum des dezimierten Signals für M = 3

Aus einer *Random Number*-Quelle wird ein unabhängiges gaussverteiltes Zufallssignal erhalten und mit dem analogen Filter *Transfer Fcn* wird es in ein bandbegrenztes Signal umgewandelt. Die Bandbreite ist 150 Hz und das Filter wird im Skript berechnet:

```
% --------- Analoges Tiefpassfilter für das Nutzsignal
nord = 6;      dp = 1;      ds = 60;
fp = 150;                              % Durchlassfrequenz in Hz
[b,a] = ellip(nord, dp, ds, 2*pi*fp, 's'); % Elliptisches analoges Filter
```

Das Signal am Ausgang des Filters wird weiter mit f_s = 2000 Hz im Block *Zero-Order Hold* abgetastet und mit dem Abwärtstaster (M = 5) aus dem Block *Downsample* dezimiert. Um den Einfluss des Halteglieds nullter Ordnung auf das Spektrum des dezimierten Signals zu unterbinden, wird das Signal am Ausgang des Abwärtstasters in Pulse mit dem Aufwärtstaster aus Block *Upsample* umgewandelt. Es entstehen Pulse der Dauer T_s gefolgt von $M - 1$ Nullwerten.

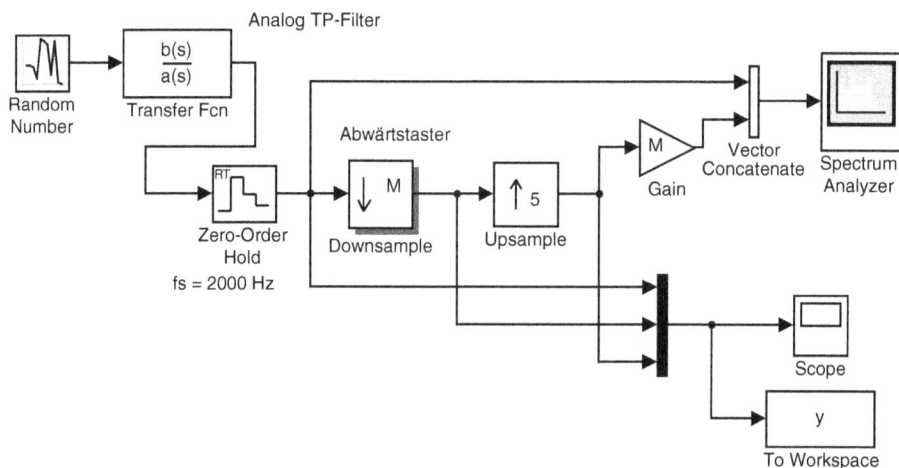

Abb. 4.4. Simulink-Modell der Untersuchung eines Abwärtstasters (dezimier_1.m, dezimier1.slx)

Die Spektren, als spektrale Leistungsdichten in dBWatt/Hz, werden im Skript berechnet und auch mit dem *Spectrum Analyser*-Block dargestellt. Damit die Pulse dieselbe spektrale Leistungsdichte ergeben, muss man die Pulse mit dem Faktor M verstärken. Die mittlere Leistung des Pulssignals ohne diese Verstärkung ist wegen der Nullzwischenwerte M-mal kleiner.

In Abb. 4.5 sind die Zeitsignale, die in der Senke *To Workspace* zwischen gespeichert sind, dargestellt. Man erkennt das ursprüngliche treppenförmige zeitkontinuierliche Signal, das mit einer Abtastperiode $T_s = 1/2000$ abgetastet ist. Danach sieht man das mit dem Faktor $M = 5$ dezimierte Signal ebenfalls treppenförmig dargestellt. Daraus werden dann die Pulse des dezimierten Signals der Dauer T_s mit $M - 1$ Nullzwischenwerte gebildet, um im Spektrum den Einfluss der Funktion Halteglied nullter Ordnung, die am Ausgang dieser Blöcke verwendet wird, zu vermeiden. Diese Darstellung des dezimierten Signals entspricht dem Signal aus Abb. 4.2c.

In Abb. 4.6 sind die spektralen Leistungsdichten der Signale dargestellt. Ganz oben ist das Spektrum des ursprünglichen Signals der Bandbreite 150 Hz und Abtastfrequenz 2000 Hz. Hier ist auch das Spektrum des dezimierten Signals, als treppenförmiges Signal, das durch die Funktion Halteglied nullter Ordnung gebildet ist, dargestellt. Der Frequenzgang eines Halteglieds nullter Ordnung ist eine sinc-Funktion mit Nullstellen bei den Vielfachen der Abtastfrequenz, die nach der Dezimierung 400 Hz ist.

Im mittleren Teil dieser Abbildung ist nochmals das Spektrum des ursprünglichen Signals zusammen mit dem Spektrum des dezimierten Signals jetzt als Pulse dargestellt. Wenn man die Pulse mit Faktor M verstärkt, so dass die mittlere Leistung dieser Pulse der mittleren Leistung des ursprünglichen Signals entspricht, erhält man

die Spektren aus dem unteren Teil der Abb. 4.6. Sie entsprechen der Theorie gemäß
Abb. 4.1d und Abb. 4.3d.

Der Aufruf der Simulation wird mit dem default *Solver* vom Typ `ode45` realisiert:

```
sim('dezimier1',[0:Ts:Tsim]);
.....
```

Es wird die variable Schrittweite dieses Solvers benutzt, die Ergebnisse werden aber
mit einer festen Schrittweite `Ts` geliefert. Die Ergebnisse für den zeitdiskreten Teil des
Modells entsprechen dann einer Simulation mit fester Schrittweite.

Mit dem Skript `dezimier_2.m` und Modell `dezimier2.slx` wird dieselbe Untersuchung durchgeführt, wobei die Simulation mit einem *Solver* mit fester Schrittweite
aufgerufen wird:

```
options = simset('Solver','FixedStepDiscret');
sim('dezimier2',[0,Tsim], options);
....
```

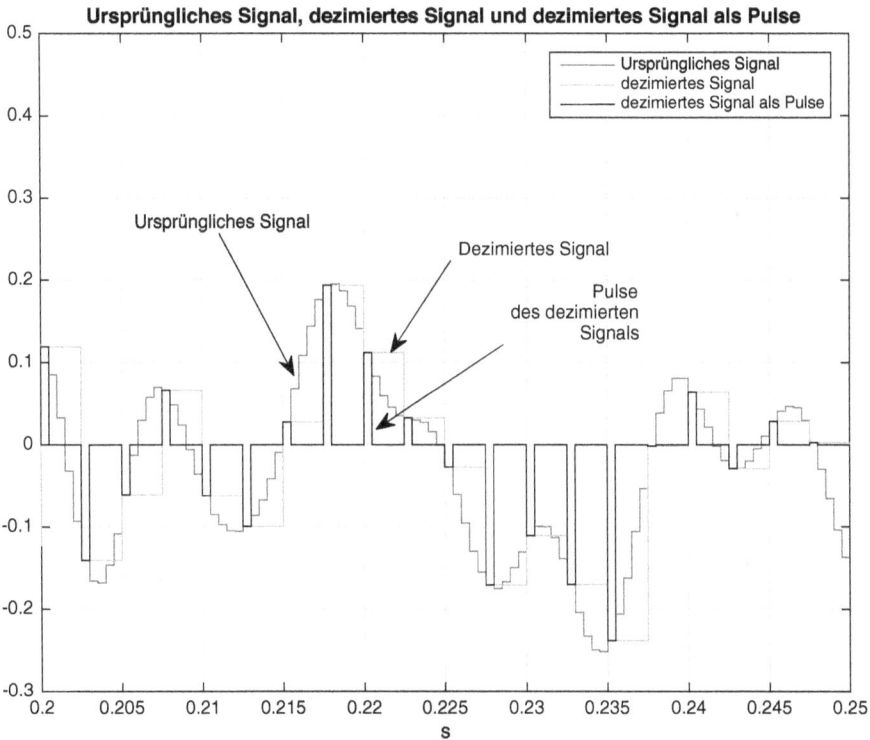

Abb. 4.5. Ursprüngliches Signal, dezimiertes Signal und dezimiertes Signal mit Pulse dargestellt
(`dezimier_1.m`, `dezimier1.slx`)

Spektrum des dezimierten Signals (mit Halteglied nullter Ordnung)

Spektrum des dezimierten Signals (als Pulse)

Spektrum des dezimierten Signals (als Pulse verstärkt mit Faktor M)

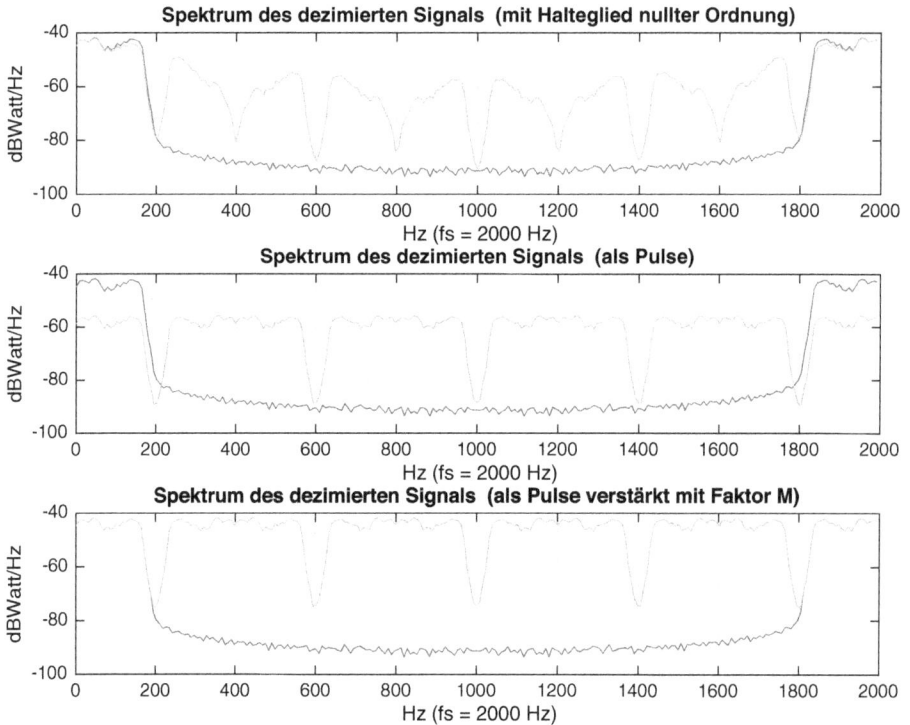

Abb. 4.6. Spektrale Leistungsdichten der Signale (`dezimier_1.m`, `dezimier1.slx`)

Der *Scope*-Block benötigt am Eingang alle digitale Signale mit der gleichen Abtast-periode. Nach der Dezimierung ist die Abtastrate *M*-mal kleiner und das wird bei diesem *Solver* vom Block-*Scope* nicht akzeptiert. Man muss ein Zwischenblock *Rate Transition* hinzufügen. Der Leser sollte die Abtastraten im Modell über das Menü *Display - Sample Time - Colors* mit Farbe kennzeichnen, um die Notwendigkeit des Blocks *Rate Transition* zu sehen. Dieser Block erzeugt die nötigen Zwischenwerte mit der Abtastperiode `Ts` in der Periode des dezimierten Signals `MTs`.

Als Schlussfolgerung ist zu empfehlen, immer die erste Variante einer Simulation mit dem normalen *Solver* wie z.B. `ode45` zu realisieren. Danach, wenn es notwendig ist, kann man eine Variante mit *Solver* vom Typ `FixedStepDiscret` wählen, im Hinblick auf eine automatische Implementierung auf einer von MATLAB unterstützte Hardware.

Beim *Solver* der Untersuchung mit `dezimier_1.m` und Modell `dezimier1.slx` vom Typ *VariableStepDiscrete* wird als Schrittweite die kleinste Abtastrate benutzt und alle anderen müssen Vielfachen von dieser sein. Dieser Typ ist in dieser Untersuchung eingestellt, weil man für die Quelle *Ramdom Number* eine kleine Abtastperiode $T_s/10$ parametriert hat.

Die spektralen Leistungsdichten werden mit der Funktion `pwelch` ermittelt. Um Werte für den gesamten Bereich zwischen 0 und f_s ($0 \le f \le f_s$) zu erhalten werden die Signale mit Hilfe des kleinen Wertes `eps` in komplexe Signale umgewandelt:

```
% --------- Spektralen  Leistungsdichten
nfft = 256;
[Y1,w] = pwelch(y1+j*eps,hamming(nfft),nfft/2,nfft,fs);
[Y2,w] = pwelch(y2+j*eps,hamming(nfft),nfft/2,nfft,fs);
.....
```

Mit reellen Signalen wird mit dieser Funktion die spektrale Leistungsdichte nur im ersten Nyquist-Intervall ($0 \le f \le f_s/2$) berechnet.

Im Skript `dezimier_3.m` und Modell `dezimier3.slx` ist eine Dezimierung untersucht, bei der vor dem Abwärtstaster ein FIR-Tiefpassfilter als Antialiasingfilter geschaltet ist. Das Modell ist in Abb. 4.7 dargestellt. Zusätzlich zu dem Nutzsignal wird hier eine Störung in Form eines sinusförmigen Signals mit einer Frequenz ausserhalb der Bandbreite des Nutzsignals hinzugefügt. Das bandbegrenzte Nutzsignal wird aus einem unabhängigen Zufallssignal, das mit dem Block *Band-Limited White Noise* generiert wird, durch Filterung mit dem FIR-Filter aus Block *Discrete FIR Filter* erhalten.

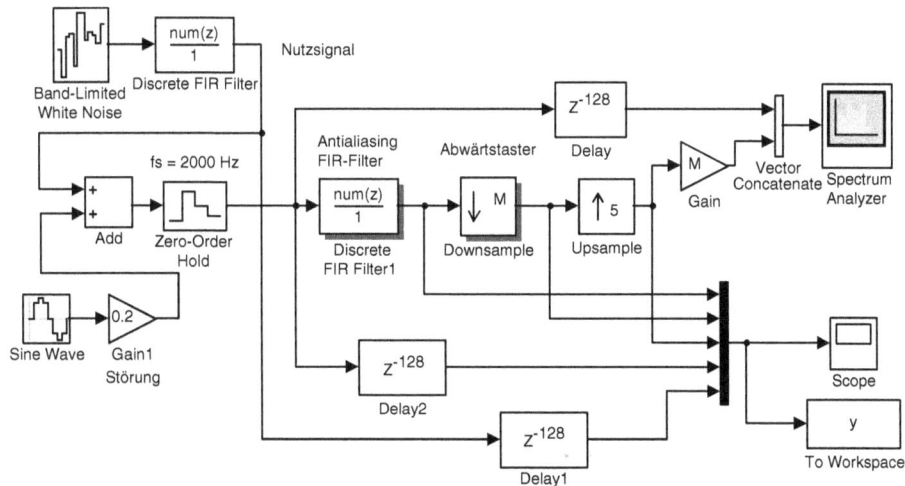

Abb. 4.7. Dezimierung mit Antialiasing FIR-Filter vor dem Abwärtstaster (`dezimier_3.m`, `dezimier3.slx`)

Das Antialiasing-FIR-Tiefpassfilter ist mit dem Block *Discrete FIR Filter1* implementiert. Der Rest des Modells entspricht den Modellen aus den vorherigen Untersuchungen. In Abb. 4.8 ist oben die spektrale Leistungsdichte des Nutzsignals plus

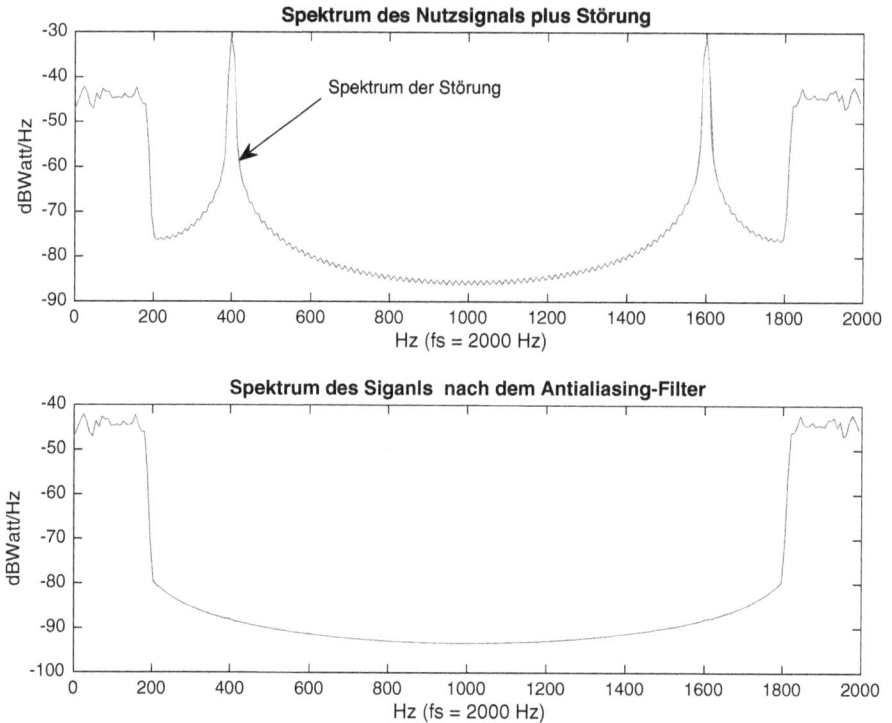

Abb. 4.8. Spektrale Leistungsdichte des Nutzsignals plus Störung und die spektrale Leistungsdichte nach dem antialiasing FIR-Tiefpassfilter (`dezimier_3.m`, `dezimier3.slx`)

Störung dargestellt und darunter die spektrale Leistungsdichte des Signals nach dem Antialiasing-FIR-Tiefpassfilter.

In Abb. 4.9 sind die Signale aus der Untersuchung dargestellt. Ganz oben überlagert sind das Nutzsignal und das Signal nach dem Antialiasing-FIR-Tiefpassfilter dargestellt. Es gibt kaum Unterschiede bei der Auflösung der Darstellung. Darunter ist das Nutzsignal plus Störung gezeigt und ganz unten ist das Signal nach dem Antialiasing-FIR-Tiefpassfilter und das dezimierte Signal in der Darstellung mit Halteglied nullter Ordnung und als Pulse.

Die wichtigsten Zeilen des Skripts, in denen die FIR-Filter entwickelt sind und der Aufruf der Simulation gestartet wird, sind:

```
% --------- FIR-Tiefpassfilter für das Nutzsignal
nord = 256;
fp = 180;                 % Durchlassfrequenz
fs = 2000;    Ts = 1/fs;  % Ursprüngliche Abtastperiode
hTP = fir1(nord, 2*fp/fs);
fst = 400;                % Frequenz der Störung
% --------- Dezimierungsparameter
M = 5;
```

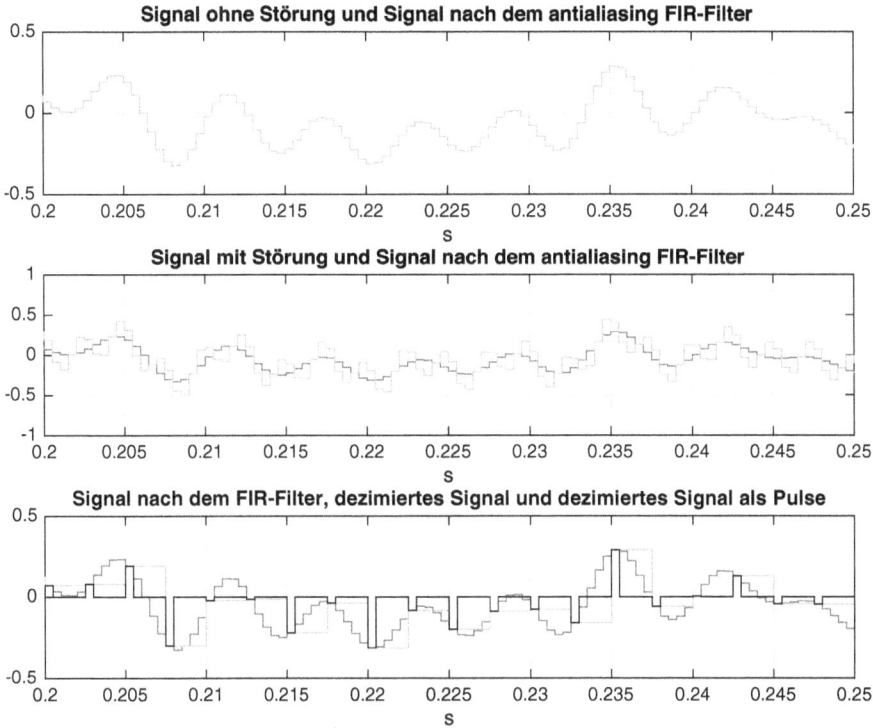

Abb. 4.9. a) Nutzsignal und Signal nach dem antialiasing FIR-Filter b) Nutzsignal mit Störung und Signal nach dem antialiasing FIR-Filter c) Signal nach dem antialiasing FIR-Filter und dezimiertes Signal (dezimier_3.m, dezimier3.slx)

```
nord1 = 256;
hanti = fir1(nord1, 1/M);    % Antialiasing FIR-Filter
% --------- Aufruf der Simulation
Tsim = 1;
sim('dezimier3',[0:Ts:Tsim]);
y1 = y.Data(:,1);      % Signal vor dem Abwärtstaster
y2 = y.Data(:,2);      % Signal nach der Dezimierung
y3 = y.Data(:,3);      % Signal nach der Dezimierung als Pulse
y4 = y.Data(:,4);      % Signal mit Störung
y5 = y.Data(:,5);      % Signal ohne Störung (Nutzsignal)
t = y.Time;            % Simulationszeit
......
```

Bei einer Dezimierung mit dem Faktor $M = 5$ muss man die Durchlassfrequenz des Antialiasing-FIR-Tiefpassfilters relativ zur Abtastfrequenz gleich $1/(2M)$ oder in der MATLAB-Konvention $1/M$ gemäß Gl. (4.2) wählen.

4.3 Interpolation mit einem ganzzahligen Faktor

Die Interpolation oder Interpolierung ist ein Prozess, mit dem die Abtastrate erhöht wird. Am einfachsten ist die Interpolierung nullter Ordnung, bei der in der Abtastperiode der Abtastwert vom Anfang dieser Periode bis ans Ende der Periode wiederholt wird, wie in Abb. 4.10b gezeigt.

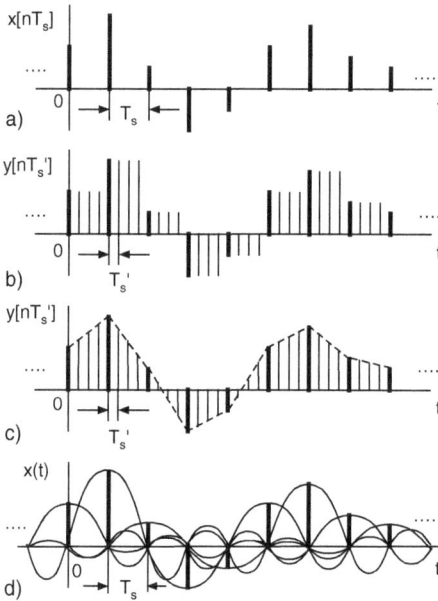

Abb. 4.10. a) Abtastwerte, die zu interpolieren sind b) Interpolierung nullter Ordnung c) Lineare Interpolierung d) Zeitkontinuierliche Interpolierung mit sin(x)/x-Funktion

Hier sind die Abtastwerte aus Abb. 4.10a die ursprünglichen Abtastwerte der Periode T_s. Besser, aber nicht ideal, ist die lineare Interpolierung, bei der die eingefügten Werte der Geraden entsprechen, die zwischen benachbarte Abtastwerte des ursprünglichen Signals gezogen werden, wie in Abb. 4.10c dargestellt ist.

Aus den Abtastwerten eines zeitdiskreten Signals, die das Abtasttheorem erfüllen, kann man das zeitkontinuierliche Signal mit Hilfe der $sin(x)/x$-Funktion rekonstruieren. Die berühmte Rekonstruktionsformel von Shannon [38]

$$x(t) = \sum_{n=-\infty}^{\infty} x[nT_s] \frac{\sin(\pi(t - nT_s)/Ts)}{\pi(t - nT_s)/Ts} \tag{4.3}$$

zeigt, wie man aus den Abtastwerten $x[nT_s]$ das zeitkontinuierliche Signal $x(t)$ erhält. Diese Formel stellt die Faltung der Werte $x[nT_s]$ (als Delta-Funktionen zu betrachten) mit der Impulsantwort

$$h(t) = \frac{\sin(\pi t/Ts)}{\pi t/Ts} \tag{4.4}$$

eines idealen analogen Tiefpassfilters (gemäß Gl. (2.124)) mit der Durchlassfrequenz $f_d = 1/(2T_s) = f_s/2$ dar (siehe auch Gl. (1.162)).

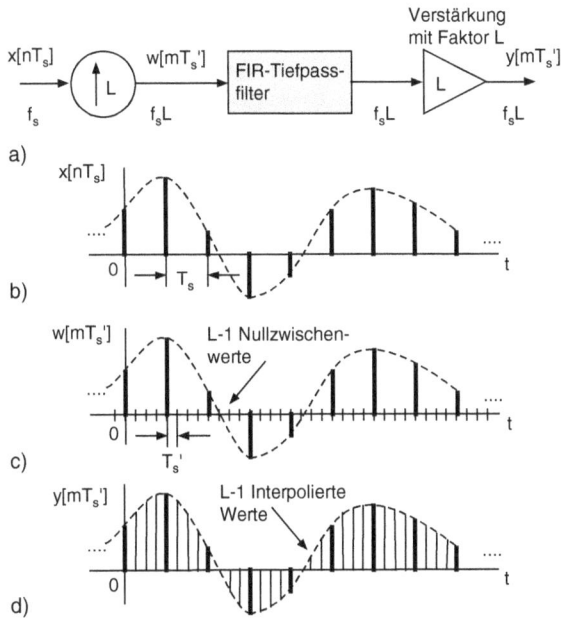

Abb. 4.11. Struktur und Signale einer Interpolierung mit Faktor L

In Abb. 4.10d ist die Rekonstruktion des zeitkontinuierlichen Signals gemäß der Formel von Shannon skizziert. Das so erhaltene zeitkontinuierliche Signal stellt für die zeitdiskreten Zwischenwerte eine Hülle dar. Diese können mit einem idealen digitalen Tiefpassfilter, das bei der Abtastrate $T'_s = T_s/L$ arbeitet, erhalten werden. Die ganze Zahl L ist dabei der Interpolationsfaktor.

Für die zeitdiskrete Interpolierung muss man aus dem Signal $x[nT_s]$ der Abtastperiode T_s ein Signal $w[mT'_s]$ mit der neuen Abtastperiode $T'_s = T_s/L$ erzeugen. Das geschieht mit Hilfe des Aufwärtstasters, der $L-1$ Nullzwischenwerte in der Periode T_s platziert.

In Abb. 4.11b ist das ursprüngliche Signal mit der Abtastperiode T_s und darunter das Signal $w[mT'_s]$ mit der Abtastperiode $T'_s = T_s/L$ gezeigt, das vom Aufwärtstaster erzeugt wird. Die Struktur der interpolierung mit dem Faktor L ist in Abb. 4.12a dargestellt. Nach dem Aufwärtstaster werden mit Hilfe des Tiefpassfilters die Zwischenwerte, die in Abb. 4.11d gezeigt sind, generiert.

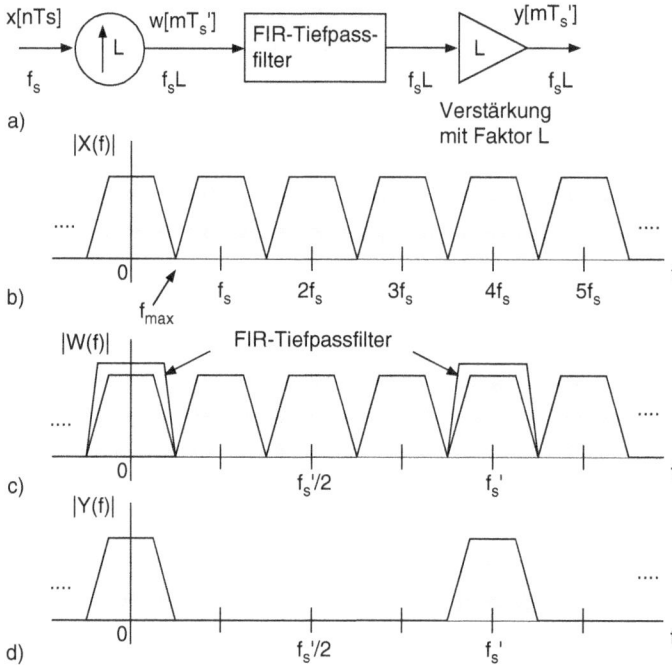

Abb. 4.12. Spektrum des mit Faktor L = 4 interpolierten Signals

Damit die mittlere Leistung des Signals $w[mT_s']$ gleich der mittleren Leistung des ursprünglichen Signals $x[nT_s]$ ist, muss man dieses Signal mit dem Faktor L verstärken. Diese Verstärkung wird gewöhnlich nach dem Interpolationsfilter realisiert (Abb. 4.12a).

Das Einfügen der $L - 1$ Nullzwischenwerte erhöht die Abtastfrequenz mit dem Faktor L, ohne dass sich das Spektrum ändert. In Abb. 4.12b ist das Spektrum des Signals $x[nT_s]$ mit der Abtastperiode T_s gezeigt. Das Spektrum des Signals nach dem Aufwärtstaster mit Faktor $L = 4$ ist in Abb. 4.12c dargestellt.

Ein analoges Signal mit derselben Höchstfrequenz des Spektrums, abgetastet mit der Abtastfrequenz $f_s' = f_s L$ führt zum Spektrum aus Abb. 4.12d, das sich periodisch wiederholt. Um aus dem Signal $w[mT_s']$ mit dem Spektrum aus Abb. 4.12c das Signal mit dem Spektrum aus Abb. 4.12d zu erhalten, muss man die Zwischenspektren mit einem Tiefpassfilter entfernen. Die Durchlassfrequenz dieses Tiefpassfilters muss gleich der der halben ursprünglichen Abtastfrequenz sein:

$$f_p = f_{max} = \frac{f_s}{2} = \frac{f_s'}{2L} \quad \text{oder} \quad \frac{f_p}{f_s'} = \frac{1}{2L} \tag{4.5}$$

In der MATLAB-Konvention ist dann die relative Durchlassfrequenz dieses Filters gleich $1/L$. In einer praktischen Implementierung muss man Abweichungen der Filter von der idealen Tiefpasscharakteristik beachten. Um Verzerrungen wegen nichtlinearer Phase zu vermeiden sollte man bevorzugt FIR-Filter benutzen.

4.3.1 Simulation einer Interpolation

Es wird die Interpolation eines Signals mit dem Skript `interpol_1.m` und dem Modell `interpol1.slx` simuliert. Das Modell ist in Abb. 4.13 gezeigt. Das analoge Nutzsignal wird aus dem gaussverteilten Zufallssignal der Quelle *Random Number* durch Filterung mit einem elliptischen Tiefpassfilter generiert und dann mit dem Block *Zero-Order Hold* mit einer Abtastperiode T_s zeitdiskretisiert. Durch den Aufruf der Simulation mit

```
Tsim = 1;
sim('interpol1',[0:Ts/L:Tsim]);   % Feste Schrittweite für die Ergebnisse
......
```

werden die Ergebnisse mit einer Schrittweite T_s/L geliefert. Der Ausgang des Halteglieds nullter Ordnung enthält somit L gleiche Werte. Für das Spektrum des zeitdiskreten Signals mit Abtastperiode T_s muss man diesen Ausgang mit Faktor L dezimieren:

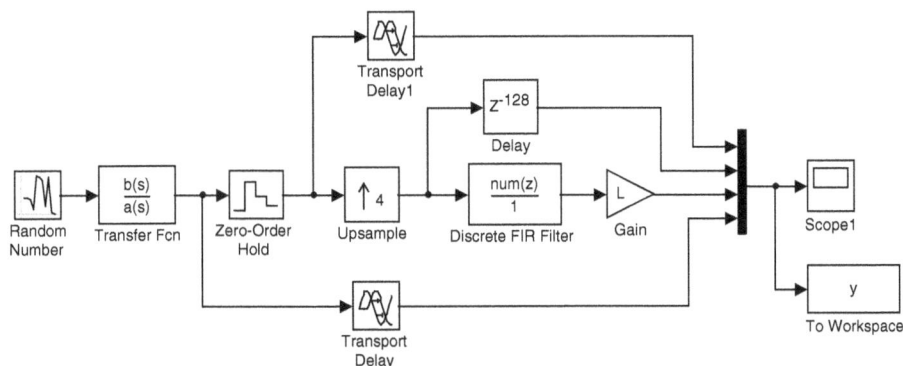

Abb. 4.13. Simulation einer Interpolierung mit Faktor L (`interpol_1.m`, `interpol1.slx`)

```
ydiskret = y1(1:L:end);
```

Ohne diese Operation erhält man ein Spektrum, bei dem auch der Einfluss des Frequenzgangs des Halteglieds nullter Ordnung zu sehen ist.

Abb. 4.14 zeigt oben das Spektrum des zeitdiskreten Eingangssignals ohne den Einfluss des Halteglieds nullter Ordnung und darunter dasselbe Spektrum mit dem Einfluss des Halteglieds nullter Ordnung. In Abb 4.15 ist das Erscheinungsbild des Spektrums mit dem Einfluss des Halteglieds nullter Ordnung erläutert. Links im Bild sind die Signale im Zeitbereich dargestellt und rechts sind die entsprechenden Fourier-Transformierten gezeigt.

Abb. 4.15a zeigt die Abtastwerte des Eingangssignals mit Abtastperiode $T_s = 1/f_s$ und deren periodisch wiederholten Spektrum. Geschwärtzt ist das Spektrum, das man in Abb. 4.14 oben sieht, dargestellt. Die Faltung der Abtastwerte (als Delta-Funktion angesehen) mit der Impulsantwort des Halteglieds nullter Ordnung $h(t)$ führt zu dem treppenförmigen Signal aus Abb. 4.15c links. Das Spektrum dieses Signals (aus Abb. 4.15c) ergibt sich aus der Multiplikation des Spektrums aus Abb. 4.15a mit

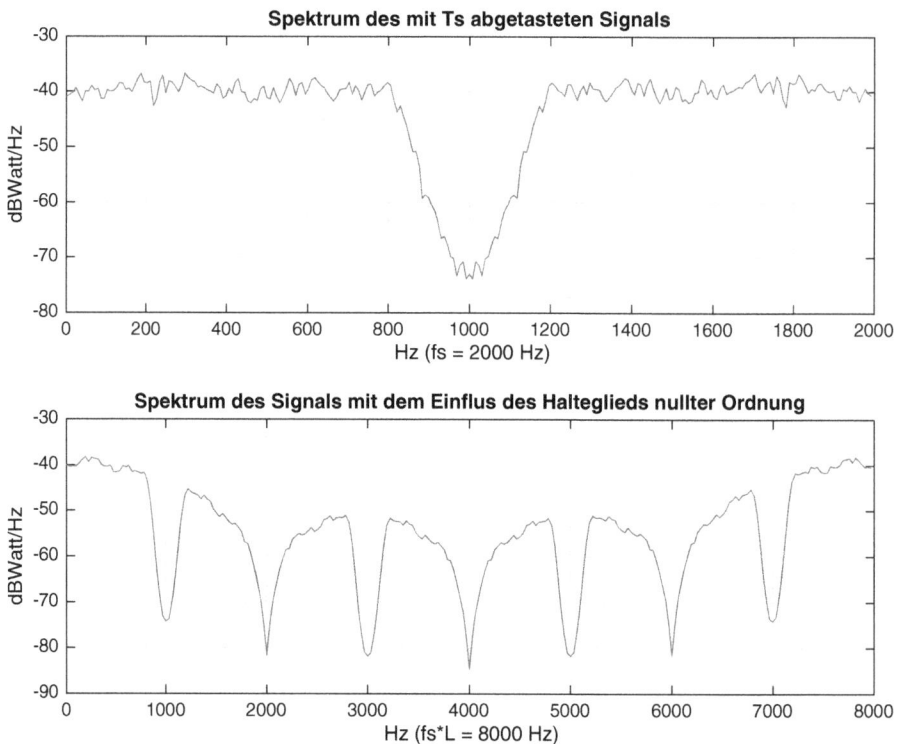

Abb. 4.14. a) Spektrale Leistungsdichte des Eingangssignals b) Spektrale Leistungsdichte mit dem Einfluss des Halteglieds nullter Ordnung (`interpol_1.m`, `interpol1.slx`)

dem Amplitudengang des Halteglieds nullter Ordnung, das in Abb. 4.15b rechts dargestellt ist.

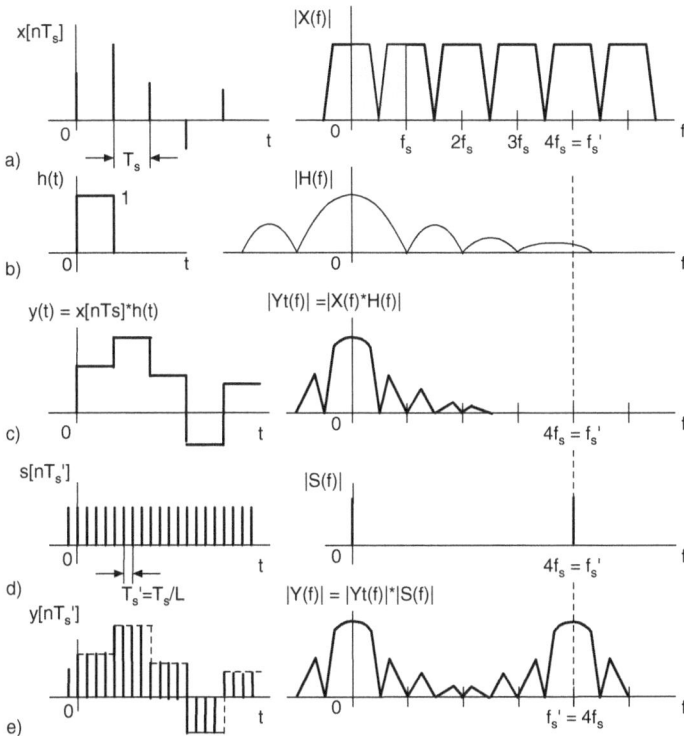

Abb. 4.15. Erläuterung des Spektrums mit dem Einfluss des Halteglieds nullter Ordnung (interpol_1.m, interpol1.slx)

Das treppenförmige zeitkontinuierliche Signal wird jetzt mit einer Abtastperiode $T_s' = T_s/L$ abgetastet und ergibt das Signal $y[nT_s']$ aus Abb. 4.15e links. Das Spektrum dieses Signals wird durch die Faltung mit den Delta-Funktionen des Spektrums $|S(f)|$ (gemäß Abb. 4.15d rechts), der periodisch mit der Periode $f_s' = L\,f_s$ ist, erhalten. Die Faltung führt auf das Spektrum aus Abb. 4.15e, das dem Spektrum aus Abb. 4.14 unten entspricht.

Zurückkehrend zu der Erläuterung des Simulink-Modells erkennt man den Aufwärtstaster im Block *Upsample* gefolgt vom FIR-Tiefpassfilter der als Interpolationsfilter fungiert. Das interpolierte Signal erhält man am Ausgang des Blocks *Gain*, der die nötige Verstärkung L hinzufügt.

Der Aufruf der Simulation geschieht mit folgenden Anweisungen im Skript:

```
% -------- Aufruf der Simulation
Tsim = 1;
sim('interpol1',[0:Ts/L:Tsim]);      % Feste Schrittweite für
                                     % die Ergebnisse
y1 = y.Data(:,1);                    % Mit Ts abgetastetes Eingangssignal
y2 = y.Data(:,2);                    % Ausgang des Aufwärtstasters (Pulse)
y3 = y.Data(:,3);                    % Mit Faktor L interpoliertes Signal
y4 = y.Data(:,4);                    % Analoges bandbegrenztes Eingangssignal
t = y.Time;
```

Es wird der default *Solver* Typ ode45 mit variabler Schrittweite benutzt, die Ergebnisse werden mit einer festen Schrittweite von T_s/L geliefert. Die verschiedenen Verspätungen dienen der Ausrichtung der Signale, um sie überlappt darzustellen. In Abb. 4.16 sind die wichtigsten Signale der Simulation dargestellt.

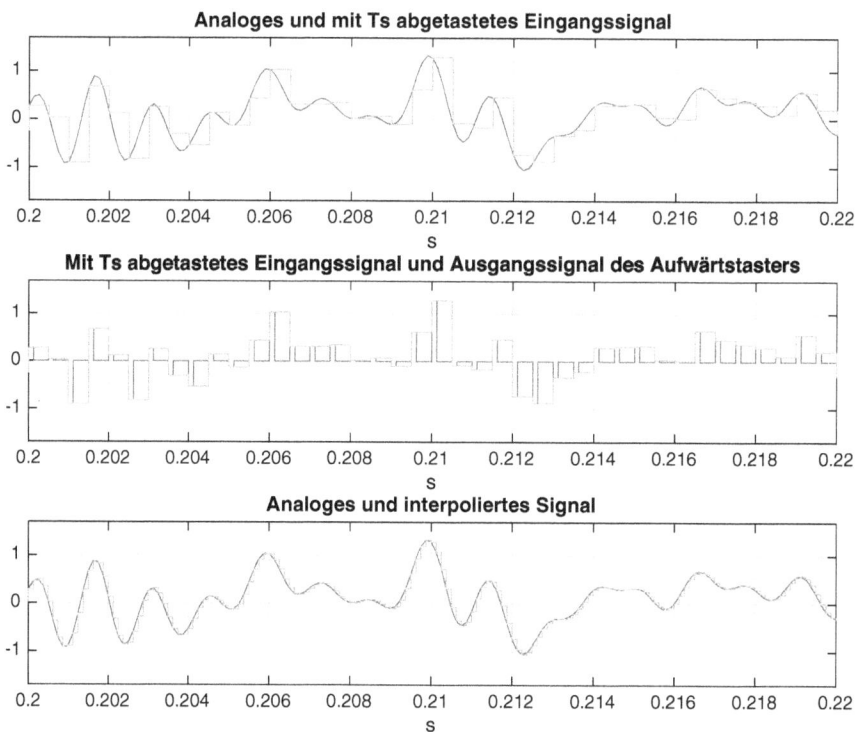

Abb. 4.16. a) Analoges und mit T_s abgetastetes Eingangssignal b) Mit T_s abgetastetes Eingangssignal und Ausgang des Aufwärtstasters c) Analoges und interpoliertes Signal (interpol_1.m, interpol1.slx)

Ganz oben ist das analoge Eingangssignal und das mit der Abtastperiode T_s abgetastetes Signal dargestellt. In der Mitte der Abb. 4.16 ist wiederum das abgetastete
Eingangssignal zusammen mit dem Ausgangssignal des Aufwärtstasters dargestellt,
jetzt mit der Abtastperiode T_s/L. Dieses Signal besteht aus einem Wert gleich dem
Abtastwert in der Periode T_s gefolgt von $L-1$ Nullwerten. Mit

```
-0.0605         0      0.4102      0.3971
 0.3636    0.3636      0.3723      0.3636
 0.3636         0      0.2416      0.2419
 0.3636         0      0.0587      0.0663
 0.3636         0     -0.1247     -0.1117
-0.2505   -0.2505     -0.2599     -0.2505
-0.2505         0     -0.3163     -0.3112
-0.2505         0     -0.2896     -0.2925
-0.2505         0     -0.2023     -0.2121
-0.1051   -0.1051     -0.0952     -0.1051
-0.1051         0     -0.0133     -0.0220
-0.1051         0      0.0104      0.0125
-0.1051   '     0     -0.0345     -0.0268
-0.1219   -0.1219     -0.1311     -0.1219
.....
```

sind einige Werte des Feldes y.Data, das in der Senke *To Workspace* zwischengespeichert ist, gezeigt. Die erste Spalte entspricht den Werten mit Schrittweite T_s/L
am Ausgang des Haltegliedes nullter Ordnung. Man sieht, dass sich je $L = 4$ Werte
wiederholen, die den Werten aus Abb. 4.15f links entsprechen.

In der nächsten Spalte sind die Werte vom Ausgang des Aufwärtstasters gezeigt.
Man erkennt die Abtastwerte und die Nullzwischenwerte. Die dritte Spalte entspricht
den interpolierten Werten. Die Abtastwerte, die in der zweiten Spalte auftreten,
müssten auch in der dritten Spalte vorkommen. Diese sind mit kleinen Fehlern
behaftet, weil das Interpolationsfilter nicht ideal ist. Nur mit einer solchen Funktion
entspricht die Interpolation der Darstellung aus Abb. 4.10d. Die letzte Spalte enthält
die zeitkontinuierlichen Werte vom Eingang im Abstand der kleinsten Abtastperiode
der Simulation.

4.4 Dezimation und Interpolation in mehreren Stufen

Bei der Dezimation und Interpolation mit großen Werten für die Faktoren M bzw. L
benötigt man Filter mit sehr kleiner relativer Bandbreite ($1/(2M)$ bzw. $1/(2L)$). Ist die
relative Bandbreite sehr klein, so benötigt man in der Realisierung als FIR-Filter sehr
viele Koeffizienten.

Die ideale Einheitspulsantwort eines Tiefpassfilters ist gemäß Gl. (3.13), die hier nochmals gezeigt wird

$$h_{id}[nT_s] = \frac{1}{f_s} \int_{-f_s/2}^{f_s/2} H_{TP}(e^{j2\pi f T_s})e^{j2\pi f n T_s} df = \left(\frac{2f_p}{f_s}\right)\frac{\sin(2\pi n f_p/f_s)}{2\pi n f_p/f_s},$$

$$n = -\infty, \ldots, -2, -1, 0, 1, 2, \ldots, \infty$$

(4.6)

ist nicht kausal und hat eine unendliche Ausdehnung.

In Abb. 4.17a ist der periodische Amplitudengang eines idealen Tiefpassfilters mit Durchlassfrequenz f_p und Abtastfrequenz f_s dargestellt und darunter ist die Einheitspulsantwort gemäß der oben gezeigten Gleichung. Die Nullstellen der Einheitspulsantwort sind bei Vielfachen der relativen Frequenz $f_p/(2f_s)$. Für den praktischen Einsatz wird die Einheitspulsantwort in der Länge begrenzt, z.B. auf $10f_s/(2f_p)$ Werte symmetrisch um den Höchstwert, so dass die signifikanten Koeffizienten beibehalten sind. Damit würde das FIR-Interpolationsfilter $10L$ Koeffizienten besitzen und ähnlich $10M$ Koeffizienten für das Antialiasing-FIR-Dezimierungsfilter. Diese Schätzung zeigt, wie rasch die nötige Anzahl der Koeffizienten mit steigenden

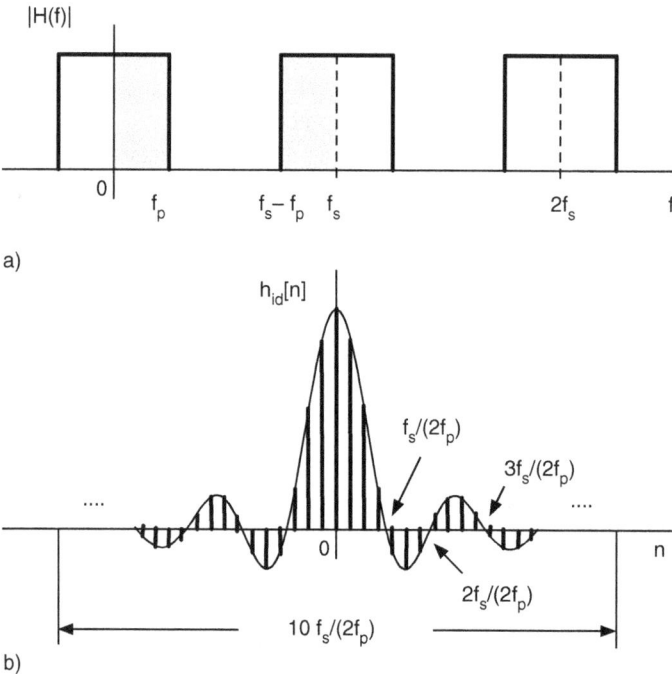

Abb. 4.17. a) Periodischer Amplitudengang eines idealen Tiefpassfilters b) Einheitspulsantwort des Filters

Werten von M oder L wächst. Für $L, M = 100$ benötigt man FIR-Tiefpassfilter mit wenigstens 1000 Koeffizienten.

4.4.1 Simulation einer Interpolation in zwei Stufen

Die Lösung zur Vermeidung solcher FIR-Filter mit sehr vielen Koeffizienten besteht darin, die Dezimierung und Interpolierung in mehreren Stufen zu realisieren [11]. Es wird die Interpolation mit dem Faktor $L = 100$ mit Hilfe von zwei Interpolationsstufen mit je einem Faktor $L_1 = L_2 = 10$ untersucht. Das FIR-Filter für die Interpolation in einer Stufe würde etwa 1000 Koeffizienten benötigen, weil die relative Durchlassfrequenz $f_p/f_s = 1/(2L) = 1/200$ wäre und nach der gezeigten Schätzung würde das $10f_s/(2f_p) = 10 \times 100 = 1000$ Koeffizienten bedeuten. Bei einer Lösung in zwei Stufen mit $L_1 = L_2 = 10$ ergeben sich zwei gleiche FIR-Filter mit je 100 Koeffizienten oder zusammen 200 Koeffizienten. Der Unterschied ist beträchtlich was den Aufwand der Implementierung anbelangt.

Zu bemerken ist, dass nicht immer gleiche Faktoren für die Stufen optimal sind [11]. Abhängig von den Spezifikationen der erforderlichen Filter, kann man abwägen, ob eine andere Aufteilung geeignet wäre. In diesem Beispiel könnte man auch mit $L_1 = 5$ und $L_2 = 20$ versuchen, die Spezifikationen für die Filter mit möglichst wenig Koeffizienten zu erfüllen.

Das Simulink-Modell der Untersuchung `interpol2.slx` ist in Abb. 4.18 dargestellt und wird aus dem Skript `interpol_2.m` aufgerufen. Man erkennt die zwei Stufen

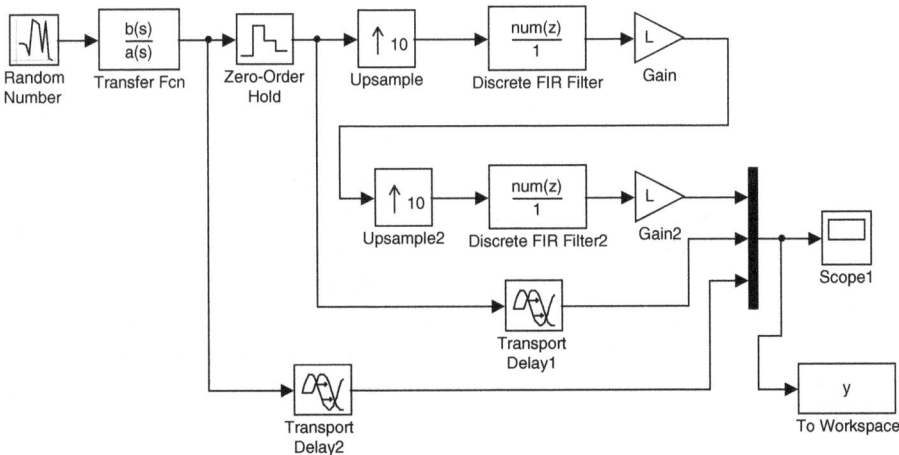

Abb. 4.18. Interpolation mit Faktor $L = 100$ mit Hilfe von zwei Stufen mit $L_1 = L_2 = 10$ (`interpol_2.m`, `interpol2.slx`)

mit je einem Aufwärtstaster mit Faktor 10 und die entsprechenden FIR-Tiefpassfilter. Der Aufruf der Simulation wird mit folgenden Anweisungen durchgeführt:

```
% -------- Aufruf der Simulation
Tsim = 0.5;
sim('interpol2',[0:Ts/(L*L):Tsim]);    % Feste Schrittweite für
                                        % die Ergebnisse
y1 = y.Data(:,1);                       % Mit Faktor L*L interpoliertes Signal
y2 = y.Data(:,2);                       % Mit Ts abgetastetes Eingangssignal
y3 = y.Data(:,3);                       % Analoges bandbegrenztes Eingangssignal
t = y.Time;
.....
```

Die Ergebnisse werden mit einer festen Schrittweite $Ts/(L*L)$ geliefert, wobei Ts die Abtastperiode des Eingangssignals ist und $L = 10$ ist der Interpolationsfaktor für die Stufen. Die Interpolationsfilter werden mit dem einfachen Fensterverfahren über die Funktion fir1 berechnet:

```
nord = 128;                 % Ordnung des Filters
hint = fir1(nord, 0.9*1/L); % FIR-Interpolationsfilter
.....
```

Es wurde eine Ordnung von 128 für die Filter benutzt, nachdem die Ergebnisse untersucht wurden. Die Gesamtverstärkung von $L = L_1 L_2 = 100$ kann an einer Stelle vollzogen werden. Im Modell werden zwei Verstärker verwendet, um die Struktur der Interpolierung für jede Stufe leichter zu erkennen. Die Durchlassfrequenz der Filter wurde ein bisschen kleiner gewählt, so dass man mit den realen Filtern kein *Aliasing* erhält.

In Abb. 4.19 ist oben das analoge Eingangssignal zusammen mit dem abgetasteten Eingangssignal der Abtastperiode T_s dargestellt. Darunter ist wiederum das analoge Eingangssignal zusammen mit dem interpolierten Signal gezeigt. Bei der Auflösung der Darstellung sieht man keine Unterschiede. Mit der Zoom-Funktion kann man beim interpolierten Signal die Abtastperiode von $T_s/100$ feststellen.

Wenn man die spektrale Leistungsdichte des interpolierten Signals ermitteln möchte, muss man berücksichtigen, dass die Bandbreite des interpolierten Signals von ca. 1 kHz im Vergleich zur Abtastfrequenz $f'_s = f_s L = 200$ kHz relativ klein ist, wie in Abb. 4.20 dargestellt. Um eine bestimmte Anzahl von Stützstellen der FFT, die bei der Bestimmung der spektralen Leistungsdichte in der Funktion pwelch verwendet wird, zu erhalten, muss man eine große Anzahl von Stützstellen benutzen. Für 20 Stützstellen im Bereich bis 1 kHz muss man für die FFT eine Gesamtanzahl von 4000 Stützstellen wählen. Mit

```
nfft = 1024*4;
y1 = y1(2000:end);              % Ohne Einschwingen
[Y1,w] = pwelch(y1,hamming(nfft),nfft/2,nfft,fs*(L*L));% Spektrale
% Leistungsdichte nur für das Nyquist-Intervall 0 bis fs'/2 = fs*L*L/2
....
```

Analoges und mit Ts abgetastetes Eingangssignal

Interpoliertes und zeitkontinuierliches Eingangssignal

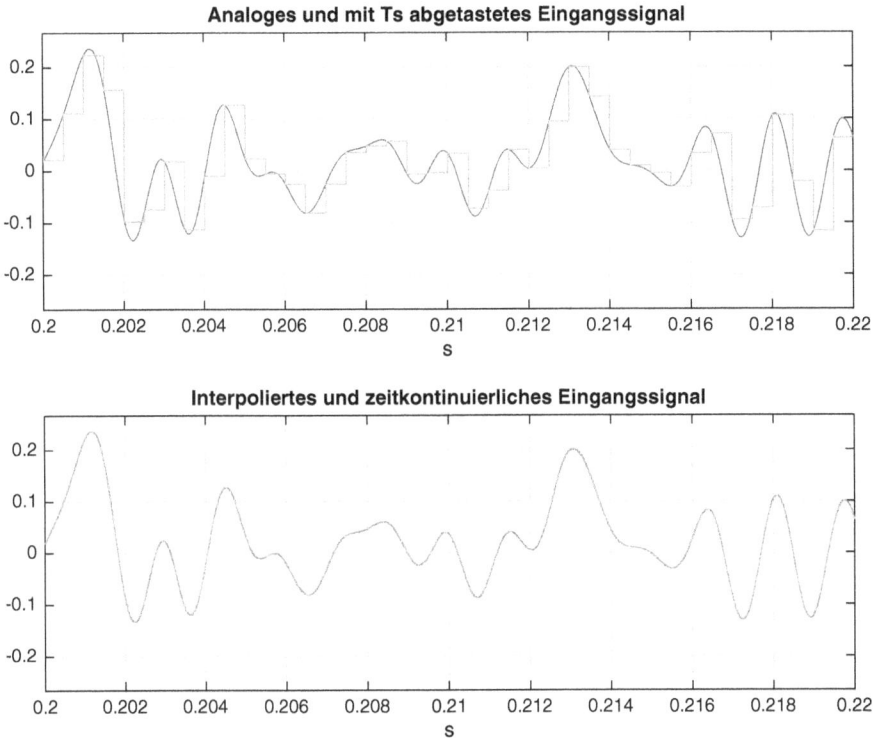

Abb. 4.19. a) Analoges und mit T_s abgetastetes Eingangssignal b) Analoges Eingangssignal und interpoliertes Signal mit Abtastperiode $T_s/100$ (`interpol_2.m`, `interpol2.slx`)

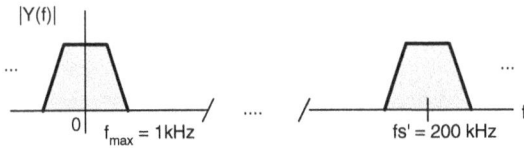

Abb. 4.20. Spektrale Leistungsdichte des interpolierten Signals

werden 1024*4 Stützstellen für den Bereich $0 \le f \le f_s'/2$ (erster Nyquist-Intervall) angesetzt. Über folgende Zeilen im Skript wird überprüft ob die spektrale Leistungsdichte korrekt ermittelt wurde. Es wird die mittlere Leistung des interpolierten Signals mit der mittleren Leistung, die man aus der spektralen Leistungsdichte dieses Signals ermittelt, verglichen:

```
% --------- Parseval Theorem
Pzeit = var(y1),
Pfreq = sum(Y1)*fs*(L*L)/nfft,
```

Die Ergebnisse sind:

```
Pzeit =  0.0068
Pfreq =  0.0068
```

Die Wiedergabe der CD-Player ist immer mit einer Interpolation verbunden. Die zeitdiskreten Daten der CD mit einer Abtastfrequenz von 44,1 kHz werden mit Faktoren 16, 32 und auch mehr interpoliert und dann mit einem relativ einfachen analogen Tiefpassfilter geglättet. Man kann sich das auch für das gezeigte Beispiel mit dem Spektrum aus Abb. 4.20 vorstellen. Die Lücke zwischen den periodisch wiederholten Spektren ist sehr groß und dadurch kann hier ein einfaches passives analoges Tiefpassfilter eingesetzt werden.

Die Verspätung für die Blöcke *Transport Delay1* und *Transport Delay2* muss gleich sein mit der Verspätung, die die zwei FIR-Filter der Interpolation ergeben. Dadurch sind die Signale ausgerichtet und können überlagert dargestellt werden. Die Verspätung eines FIR-Filters ist gleich der Ordnung geteilt durch zwei dargestellt als Anzahl von Abtastwerten. Dargestellt in Zeit muss man noch mit der Abtastperiode multiplizieren:

$$\Delta t = (n_{ordn}/2)T_s/L + (n_{ordn}/2)T_s/(L*L) = (n_{ordn}/2)T_s/L(1+1/L) \qquad (4.7)$$

Beide Filter haben die gleiche Ordnung, wobei das erste Filter bei einer Abtastperiode gleich T_s/L arbeitet und das zweite Filter bei einer Abtastperiode gleich $T_s/(L^2)$.

4.4.2 Änderung der Abtastrate mit einem rationalen Faktor

Es gibt Anwendungen bei denen man die Abtastrate mit einem nicht ganzzahligen Faktor ändern muss. Die Daten einer CD mit 44,1 kHz Abtastfrequenz in Daten für eine DAT-Aufzeichnung (*Digital Audio Tape*) mit 48 kHz Abtastfrequenz zu ändern, kann als Beispiel dienen. Das Verhältnis 48/44, 1 ist keine ganze Zahl und dadurch kann die beschriebene Interpolierung nicht verwendet werden.

Für solch eine Änderung wird eine rationale Zahl (L/M) gesucht, die durch das Verhältnis zweier ganzer Zahlen L und M ausgedrückt wird und so den gewünschten rationalen Faktor ergibt. Die Abtastratenänderung erhält man mit einer Interpolation mit dem Faktor L gefolgt von einer Dezimierung mit dem Faktor M. Es ist zwingend notwendig, dass die Interpolierung zuerst stattfindet, sonst könnten durch die Dezimierung Komponenten mit gewünschtem Frequenzinhalt entfernt werden.

Die Änderung der Abtastrate mit Faktor 48/44,1 könnte durch die Wahl $L = 160$ und $M = 147$ realisiert werden. Das bedeutet eine Erhöhung der Abtastrate von 44,1 kHz auf 7056 kHz und danach eine Reduktion dieser Abtastrate auf 48 kHz.

Im Skript `interpol_3.m` und Modell `interpol3.slx` wird die Änderungsrate von 44,1 kHz auf 48 kHz untersucht. Es wird angenommen, dass die Daten der

CD ohne Störungen vorhanden sind und durch die Interpolation mit dem Faktor 160 keine zusätzliche Störungen in den Lücken zwischen den Spektren des interpolierten Signals aufgetreten sind. Dadurch kann man bei der Dezimation das Antialising-FIR-Filter einsparen. Die Dezimation wird nur mit dem Abwärtstaster realisiert.

Das Simulink-Modell dieser Untersuchung ist in Abb. 4.21 dargestellt. Die Interpolation mit Faktor 160 wird in zwei Stufen mit $L_1 = 20$ und $L_2 = 8$ durchgeführt.

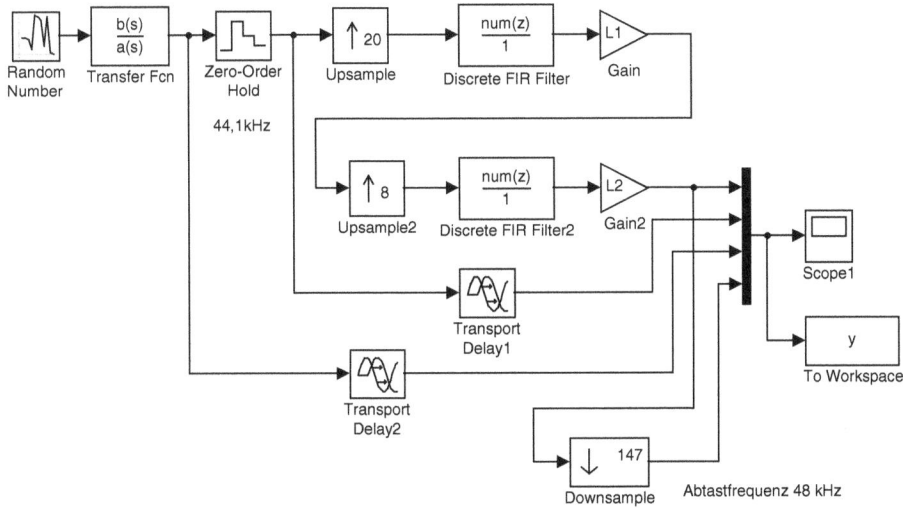

Abb. 4.21. Simulink Modell der Abtaständerung von 44,1 kHz auf 48 kHz (`interpol_3.m`, `interpol3.slx`)

Nach der Interpolation mit dem Faktor $L = 160 = 20 \times 8$, die wie im vorherigen Beispiel aufgebaut ist, wird mit einem Abwärtstaster mit Faktor $M = 147$ die neue Abtastfrequenz von 48 kHz erhalten.

Abb. 4.22 zeigt die Signale der Simulation. Ganz oben sind das analoge Eingangssignal und das mit $T_s = 44,1$ kHz abgetastete Eingangssignal zusammen mit dem interpolierten Signal (mit Faktor 160) dargestellt. Darunter ist das abgetastete Eingangssignal nochmals wiederholt und das Ausgangssignal mit der Abtastfrequenz 48 kHz gezeigt. Man erkennt das Ausgangssignal durch die etwas kleinere Abtastperiode. Der Aufruf der Simulation wird mit folgenden Zeilen des Skripts realisiert:

```
Tsim = 0.01;
sim('interpol3',[0:Ts/(L1*L2):Tsim]);    % Feste Schrittweite für
                                          % die Ergebnisse
y1 = y.Data(:,1);                         % Mit Faktor L1*L2 interpoliertes Signal
y2 = y.Data(:,2);                         % Mit Ts abgetastetes Eingangssignal
```

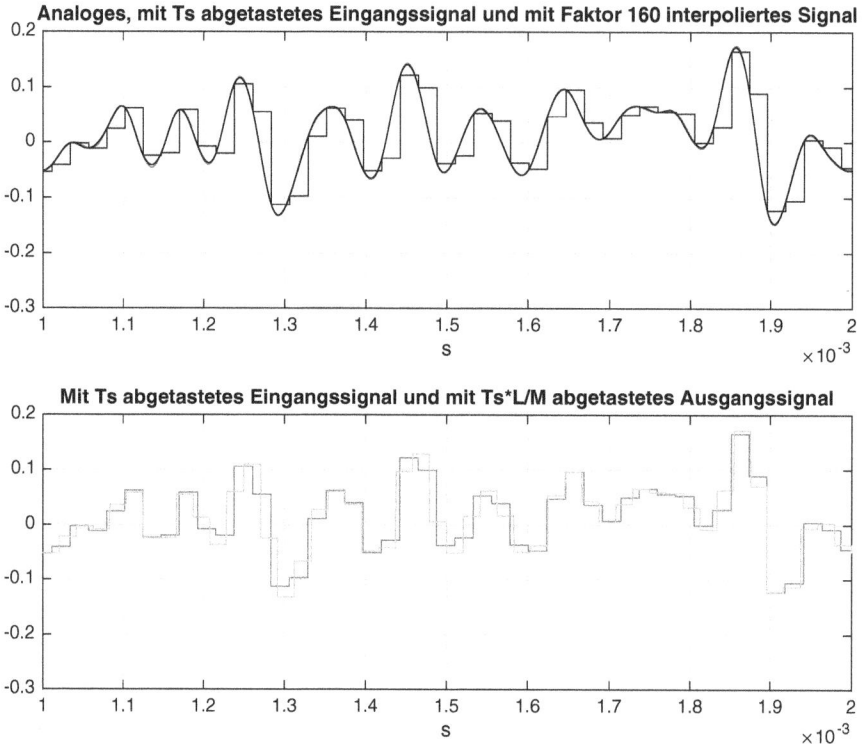

Abb. 4.22. Signale der Abtaständerung von 44,1 kHz auf 48 kHz (`interpol_3.m`, `interpol3.slx`)

```
y3 = y.Data(:,3);          % Analoges bandbegrenztes Eingangssignal
y4 = y.Data(:,4);          % Mit Faktor M = 147 dezimiertes Signal
t = y.Time;
....
```

Auch hier wird der normale *Solver* mit variabler Schrittweite verwendet, die Ergebnisse werden aber mit fester Schrittweite geliefert, die der Abtastperiode des interpolierten Signals entspricht $T'_s = T_s/(L_1 L_2) = 1/200000$ s. Die zwei FIR-Filter wurden mit gleicher Ordnung gewählt und dadurch sind die Verspätungen der zwei Blöcken *Transport Delay1* und *Transport Delay2* durch

$$
\begin{aligned}
\Delta t &= (n_{ordn}/2)T_s/L_1 + (n_{ordn}/2)T_s/(L_1 * L_2) \\
&= (n_{ordn}/2)T_s/L_1(1 + 1/L_2)
\end{aligned}
\tag{4.8}
$$

gegeben. Weil diese Verspätung nicht immer eine ganze Zahl ist, muss man sie mit dem Block *Transport Delay1* aus der kontinuierlichen Unterbibliothek von Simulink realisieren.

4.4.3 Filterung von Bandpasssignalen mit sehr kleiner Bandbreite

Es gibt Anwendungen, in denen Bandpassfilter mit sehr kleiner Bandbreite notwendig sind. Eine Lösung besteht darin, das Bandpasssignal ins Basisband zu verschieben, hier tiefpassfiltern und anschließend wieder in den Bandpassbereich zu bringen [11]. Das Signal im Basisband ist unter dem Namen äquivalentes Tiefpasssignal bekannt. Die Verschiebung ins Basisband kann mit Hilfe einer Multiplikation des Zeitsignals mit einer komplexen Schwingung oder eines Drehvektors erhalten werden.

Das Spektrum $X(e^{j\omega T_s})$ eines Signals $x[nT_s]$ wird durch Multiplikation mit dem komplexen Drehvektor $e^{-j\omega_0 nT_s}$ um ω_0 nach links verschoben:

$$y[nT_s] = x[nT_s]e^{-j\omega_0 nT_s} \quad \leftrightarrow \quad X(e^{j(\omega+\omega_0)T_s}) \tag{4.9}$$

Der Realteil $x[nT_s]\cos(\omega_0 nT_s)$ und der Imaginärteil $-x[nT_s]\sin(\omega_0 nT_s)$ des jetzt komplexwertigen Signals $y[nT_s]$ haben jeweils Spektren, die den Symmetrieeigenschaften der Spektren reellwertigen Signalen gehorchen [38]:

$$x[nT_s]\cos(\omega_0 nT_s) \quad \leftrightarrow \quad \frac{1}{2}[X(e^{j(\omega+\omega_0)T_s}) + X(e^{j(\omega-\omega_0)T_s})] \tag{4.10}$$

und

$$-x[nT_s]\sin(\omega_0 nT_s) \quad \leftrightarrow \quad \frac{-j}{2}[X(e^{j(\omega+\omega_0)T_s}) - X(e^{j(\omega-\omega_0)T_s})] \tag{4.11}$$

Das Spektrum des komplexwertigen Signals $y[nT_s] = x[nT_s]e^{-j\omega_0 nT_s}$ weist jedoch im Allgemeinen keine Symmetrien auf:

$$x[nT_s]\cos(\omega_0 nT_s) - jx[nT_s]\sin(\omega_0 nT_s) \quad \leftrightarrow$$
$$\frac{1}{2}[X(e^{j(\omega+\omega_0)T_s}) + X(e^{j(\omega-\omega_0)T_s})] + j\frac{-j}{2}[X(e^{j(\omega+\omega_0)T_s}) - X(e^{j(\omega-\omega_0)T_s})] \tag{4.12}$$
$$= X(e^{j(\omega+\omega_0)T_s})$$

Mit Hilfe eines reellwertigen Tiefpassfilters können die Nutzanteile im Basisband extrahiert und die restlichen Anteile unterdrückt werden. Die kleine Bandbreite der FIR-Tiefpassfilter kann man nur mit Hilfe einer Dezimierung realisieren. Allerdings ist danach, vor der Rücktransformation in den Bandpassbereich, eine Interpolierung erforderlich.

Lehrreich ist es, die Verschiebung ins Basisband und zurück in den Bandpassbereich einer Schwingung, angenommen als zeitkontinuierliches Signal

$$x(t) = \hat{x}\cos(2\pi(f_0 + \Delta f)t) \tag{4.13}$$

zu verfolgen [17]. Die Verschiebung in das Basisband ergibt:

$$x(t)e^{-j2\pi f_0 t} = \frac{\hat{x}}{2}[\cos(2\pi\Delta ft) + \cos(2\pi(2f_0 + \Delta f)t)]$$
$$+ j\frac{\hat{x}}{2}[\sin(2\pi\Delta ft) - \sin(2\pi(2f_0 + \Delta f)t)]$$
(4.14)

Das Tiefpassfilter entfernt die Komponenten der Frequenz $2f_0 + \Delta f$ und es bleibt ein komplexes Signal der Form:

$$y(t) = \overline{x(t)e^{-j2\pi f_0 t}} = \frac{\hat{x}}{2}[\cos(2\pi\Delta ft) + j\sin(2\pi\Delta ft)]$$
(4.15)

Hier symbolisiert der Überstrich die Filterung. Die Verschiebung des Signals $y(t)$ in den Bandpassbereich nach einfachen mathematischen Operationen ergibt:

$$y(t)e^{j2\pi f_0 t} = \frac{\hat{x}}{2}[\cos(2\pi(f_0 + \Delta f)t) + j\sin(2\pi(f_0 + \Delta f)t)]$$
(4.16)

Der Realteil dieses komplexen Signals entspricht, bis auf den Faktor 1/2, dem ursprünglichen Signal. Für zeitdiskrete Signale, die das Abtasttheorem erfüllen, kann die Beweisführung ähnlich geschehen. Man muss nur bedenken, dass die Spektrallinien dieser Schwingungen sich periodisch mit Abtastfrequenz als Periode wiederholen.

Im Modell basisband_2.m und Modell basisband2.slx wird die Filterung zweier sinusförmiger Signale aus dem Bandpassbereich in den Basisband untersucht. Es wird auch die Rückführung in den Bandpassbereich nach der Filterung simuliert.

Das Modell ist in Abb. 4.23 dargestellt. Das Eingangssignal besteht aus zwei sinusförmigen Signale der Frequenzen f0+delta_f1 bzw. f0-delta_f2. Dabei ist f0 die Mittenfrequenz des Bandpassbereichs:

```
% -------- Parameter des Systems
f0 = 40000;              % Mittenfrequenz des Bandpasssignals (Träger)
delta_f1 = 200;          % Frequenz des Oberbandsignals
ampl1 = 1;               % Amplitude
delta_f2 = 300;          % Frequenz des Unterbandsignals
ampl2 = 0.5;             % Amplitude
.....
```

Es wird noch eine Störung hinzu addiert, die aus weißem Rauschen durch Filterung im Block *Discrete FIR Filter3* erzeugt wird. Über die Durchlassfrequenzen dieses Bandpassfilters kann man die Ausdehnung der Störung wählen:

```
fs = 200000;                  % Abtastfrequenz des Bandpasssignals
Ts = 1/fs;                    % Abtastperiode
nord0 = 128;                  % Ordnung des Filters für die Störung
fnoise = [0.05, 0.3];         % Bandbreite der Störung (MATLAB-Konv.)
% fnoise = 0.6;               % Bandbreite der Störung (relative Freq. MATLAB-Konv)
hnoise = fir1(nord0, fnoise); % FIR-Bandpassfilter für die Störung
```

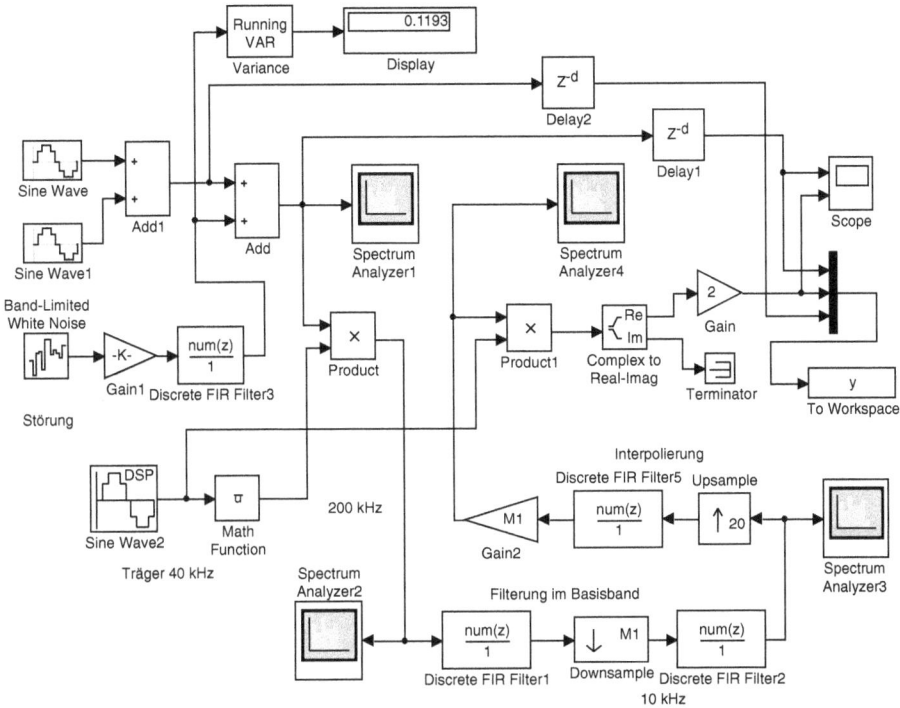

Abb. 4.23. Filterung von Bandpasssignalen mit sehr kleiner Bandbreite (`basisband_2.m`, `basisband2.slx`)

```
noise = 0.5;               % Varianz des Rauschsignals
....
```

Diese drei addierten Eingangssignale werden dann mit dem komplexen Drehvektor, der mit dem Generator *Sine Wave2* generiert wird, multipliziert. Mit dem *Spectrum Analyzer1* wird die spektrale Leistungsdichte des Bandpasssignals dargestellt (Abb. 4.24) und mit dem *Spectrum Analyzer2* wird die spektrale Leistungsdichte des komplexen in das Basisband verschobenen Bandpasssignals gezeigt (Abb. 4.25).

Wegen des Darstellungsmaßstabes erscheinen die Spektrallinien bei 40 kHz + 200 Hz sowie 40 kHz – 300 Hz in Abb 4.24 wie eine Linie bei 40 kHz (bzw. der entsprechenden negativen Frequenz bei –40 kHz). Mit der Zoom-Funktion der Darstellung kann überprüft werden, das an dieser Stelle tatsächlich zwei Spektrallininen sind. Dasselbe gilt für die Spektrallinien aus Abb. 4.25 bei der Frequenz 200 Hz und –300 Hz bzw. der Frequenz –80000+200 Hz und –80000–300 Hz.

Das Signal im Basisband am Ausgang des *Product*-Blocks mit der Abtastfrequenz von 200 kHz sollte jetzt mit einem Filter der Bandbreite 1 kHz tiefpassgefiltert werden. Die relative Frequenz ist 1/200 und man kann diese Filterung besser mit einer vorangegangenen Dezimierung realisieren. Mit Faktor M1 = 20 wird man zu

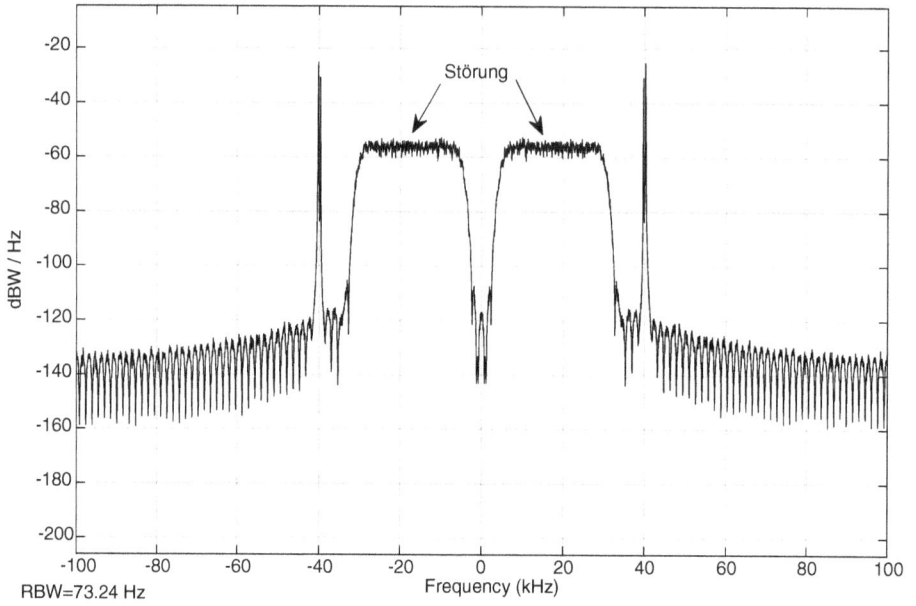

Abb. 4.24. Spektrale Leistungsdichte des Bandpasssignals (`basisband_2.m`, `basisband2.slx`)

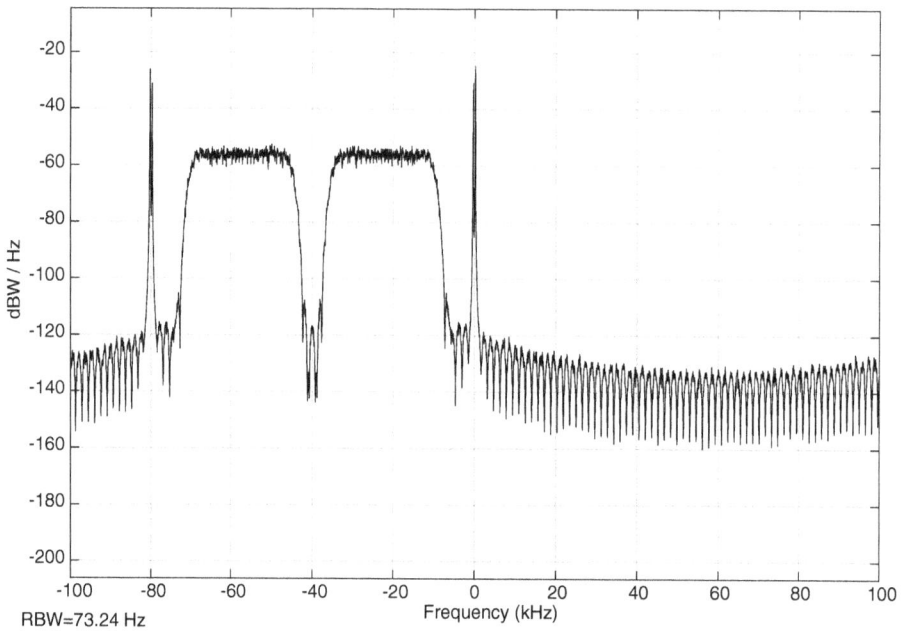

Abb. 4.25. Spektrale Leistungsdichte des Basisbandsignals (`basisband_2.m`, `basisband2.slx`)

einer Abtastfrequenz von 10 kHz gelangen, bei der dann ein „Kernfilter" [11] die nötige Bandbreite von 0.5 kHz realisieren kann. Die relative Durchlassfrequenz in der MATLAB-Konvention ist dann $2fp/f_s = 2 \times 0,5/10 = 0,1$:

```
% -------- Filterung des Basisbandsignals in zwei Stufen
nord1 = 256;    M1 = 20;
hdez1 = fir1(nord1, 1/M1);    % FIR für die Dezimierung
nord2 = 128;    fp2 = 0.1;    % FIR Kernfilter
hdez2 = fir1(nord2, fp2);
delay = 2*nord1/2 + (nord2/2)*M1-1;
....
```

Das Filter für die Dezimierung ist im Block *Discrete FIR Filter1* und das Kernfilter ist im Block *Diskrete FIR Filter2* realisiert. Mit dem *Spectrum Analyser3* wird die spektrale Leistungsdichte nach der Filterung im Basisband dargestellt. Sie ist in Abb. 4.26 gezeigt.

Nach der Filterung wird eine Interpolierung mit Faktor L = M1 = 20 mit Hilfe des Aufwärtstasters *Upsample* und des FIR-Filters *Discrete FIR Filter5* realisiert. Die

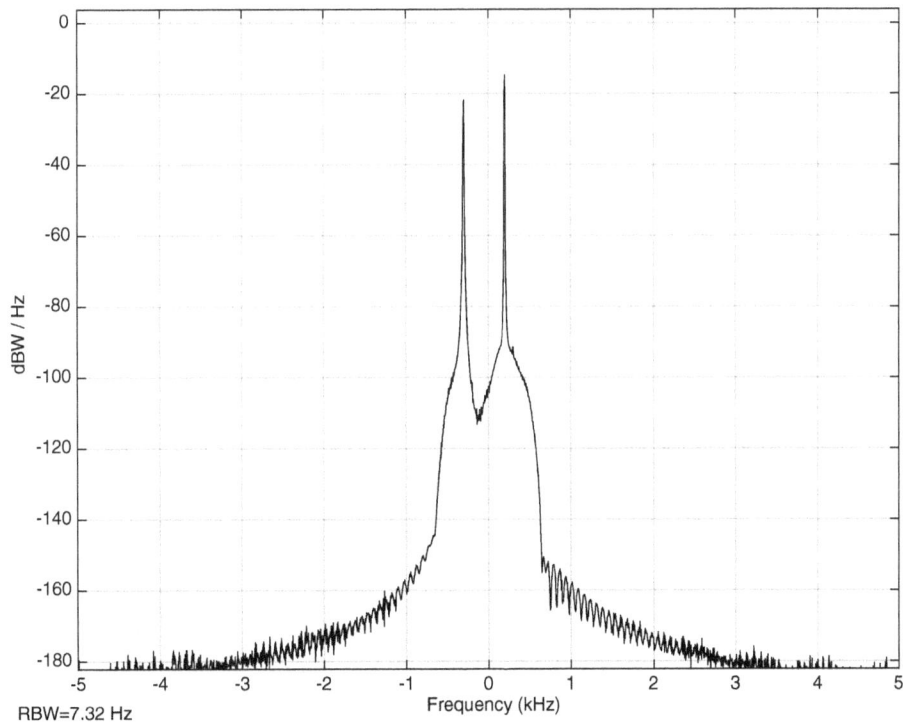

Abb. 4.26. Spektrale Leistungsdichte des Basisbandsignals nach der Filterung (basisband_2.m, basisband2.slx)

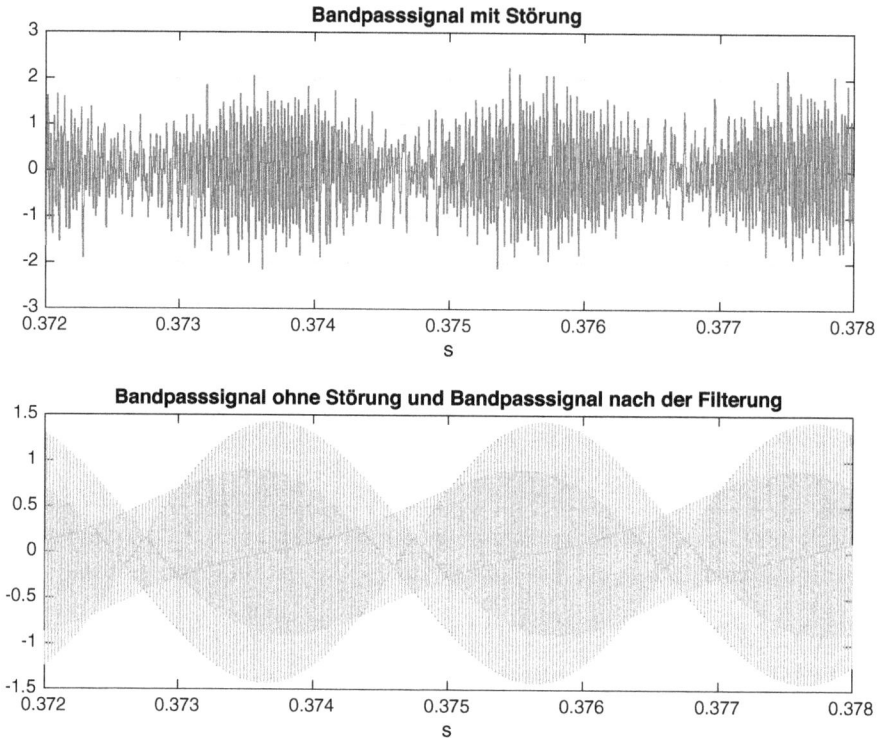

Abb. 4.27. a) Gestörtes Bandpasssignal b) Nicht gestörtes Bandpasssignal zusammen mit dem gefilterten Bandpasssignal (`basisband_2.m`, `basisband2.slx`)

Multiplikation mit dem konjugiert komplexen Träger im Block *Product1* verschiebt das gefilterte und interpolierte Basisbandsignal in den Bandpassbereich. Der Realteil dieses komplexen Signals mal 2 ist dann das gefilterte Bandpasssignal. In Abb. 4.27 ist oben ein Ausschnitt des gestörten Bandpasssignals und darunter der gleiche Ausschnitt des nicht gestörten und gefilterten Bandpasssignals dargestellt. Mit der Zoom-Funktion der Darstellung sollte man das Ergebnis der Filterung im Vergleich zum gestörten Bandpasssignal beurteilen.

Viele weitere Experimente sind hier möglich. Als Beispiel könnte man das Störsignal über den Bereich der Nutzsignale ausdehnen. Diese Möglichkeit ist vorgesehen mit der Einstellung der Bandbreite des Filters für die Störung bis zur relativen Frequenz (MATLAB-Konvention) von 0,6.

Die Varianz oder hier die mittlere Leistung der Störung ist mit den Blöcken *Variance* und *Display* ermittelt und angezeigt. Der Rauschgenerator *Band-Limited White Noise* ist so parametriert, dass er Zufallszahlen (normal verteilt) mit Varianz eins liefert.

4.5 Dezimierung und Interpolierung mit Polyphasenfiltern

Eine elegante und effiziente Methode zur Implementierung der Filterung bei der Dezimierung und Interpolierung stellen die Polyphasenfilter dar [11, 38]. Solche Filter werden auch in den Blöcken *FIR Decimation* und *FIR Interpolation* der *DSP System Toolbox* eingesetzt.

Die Einheitspulsantwort eines FIR-Filters wird durch Unterabtastung in eine Reihe von FIR-Filtern zerlegt.

In Abb. 4.28 ist eine solche Zerlegung mit einer Unterabtastung mit dem Faktor $M = 3$ skizziert. Die Übertragungsfunktion $H(z)$ des FIR-Filters, als z-Transformierte der Einheitspulsantwort, kann durch folgende Gruppierung

$$H(z) = h_0 + h_1 z^{-1} + h_2 z^{-2} + \cdots = (h0 + h_M z^{-M} + h_{2M} z^{-2M} + \cdots)$$
$$+ z^{-1}(h_1 + h_{M+1} z^{-M} + h_{2M+2} z^{-2M} + \cdots) + \cdots \qquad (4.17)$$
$$+ z^{-(M-1)}(h_{M-1} + h_{2M-} z^{-M} + h_{3M-1} z^{-2M} + \cdots)$$

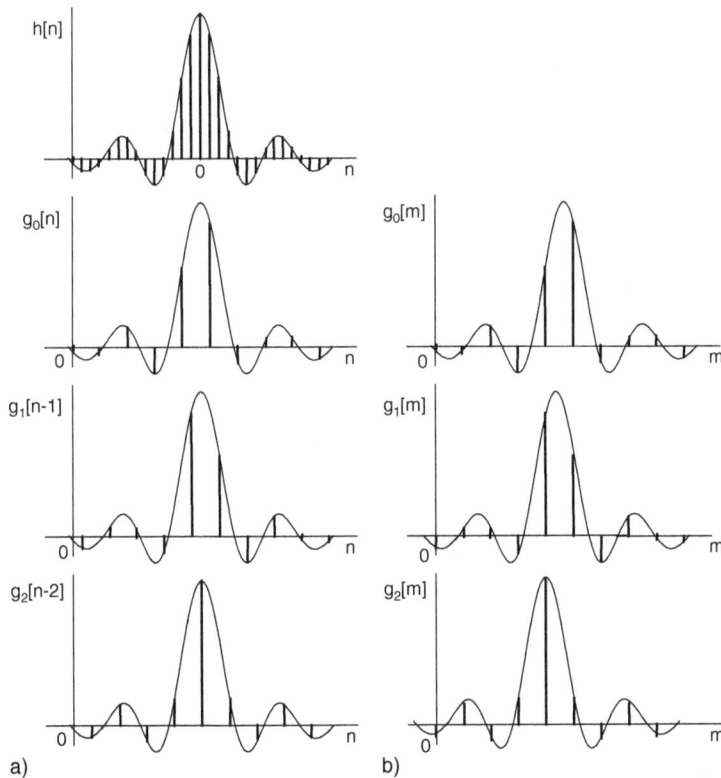

a)   b)

Abb. 4.28. Polyphasenzerlegung der Einheitspulsantwort für $M = 3$

in Teilfilter $G_k(z^M)$

$$G_k(z^M) = h_k + h_{k+M}z^{-M} + h_{k+2M}z^{-2M} + \dots k = 0, 1, 2, \dots, M-1 \qquad (4.18)$$

zerlegt werden, so dass die Übertragungsfunktion $H(z)$ die Form

$$H(z) = \sum_{k=0}^{M-1} z^{-k}G_k(z^M) = G_0(z^M) + z^{-1}G_1(z^M) + z^{-2}G_2(z^M) + \dots + z^{-(M-1)}G_{M-1}(z^M)$$

$$(4.19)$$

einnimmt.

Die Polyphasenfilter $G_k(z^M)$ für den Index n und Abtastperiode T_s werden für die Abtastperiode MT_s und Index m (siehe Abb. 4.28) wie folgt geschrieben:

$$G_k(z) = h_k + h_{k+M}z^{-1} + h_{k+2M}z^{-2} + \dots$$
$$k = 0, 1, 2, \dots, M-1 \quad \text{und} \quad m = 0, 1, 2, 3, \dots \qquad (4.20)$$

Sie sind für die Zerlegung aus dem Beispiel mit $M = 3$ in Abb. 4.28b dargestellt. Allgemein sind die Einheitspulsantworten der Polyphasenfilter durch

$$g_k[m] = h[k + Mm], \quad k = 0, 1, 2, \dots, M-1, \quad m = 0, 1, 2, 3, \dots \qquad (4.21)$$

gegeben. Dabei sind $h[n]$ bzw. $g_k[m]$ die vereinfachten Schreibweisen für die Einheitspulsantworten $h[nT_s]$ bzw. $g_k[mMT_s]$.

Die Differenzengleichung für eine Transformierte der Form $Y(z) = G_k(z)X(z)$ ist durch folgende Faltung

$$y[nT_s] = g_k[0]x[nT_s] + g_k[1]x[(n-1)T_s] + g_k[2]x[(n-2)T_s] + \dots \qquad (4.22)$$

gegeben. Für die Transformierte $Y(z) = G_k(z^M)X(z)$ dagegen ist die Differenzengleichung durch

$$y[nT_s] = g_k[0]x[nT_s] + g_k[1]x[(n-M)T_s] + g_k[2]x[(n-2M)T_s] + \dots \qquad (4.23)$$

definiert.

Wenn $G_k(z)$ in MATLAB als Zeilenvektor durch

```
[gk0, gk1,gk2, ...]
```

dargestellt ist, dann wird $G_k(z^M)$ durch

```
[gk0, zeros(1,M-1), gk1,zeros(1,M-1), gk2, zeros(1,M-1),...]
```

gegeben. Dieser Vektor enthält je $M-1$ Nullwerte zwischen den Werten gk0,gk1,... des Vektors für $G_k(z)$.

In MATLAB gibt es die Funktion `firpolyphase`, mit deren Hilfe die Einheitspulsantwort eines FIR-Filters in die Teilfilter $G_k(z)$ zerlegt werden kann. So werden z.B. über

```
h = fir1(32, 0.4);      % FIR Tiefpassfilter
M = 4;
g = firpolyphase(h, M); % Teilfilter für M = 4
```

die vier Teilfilter $G_k(z)$ in der Matrix g als Zeilen geliefert:

```
g =
  Columns 1 through 7
    0.0015    0.0033   -0.0126   -0.0654    0.3997   -0.0654   -0.0126
   -0.0000    0.0078    0.0168   -0.0575    0.2998   -0.0000   -0.0151
   -0.0025   -0.0000    0.0361    0.0902    0.0902    0.0361   -0.0000
   -0.0023   -0.0151   -0.0000    0.2998   -0.0575    0.0168    0.0078
  Columns 8 through 9
    0.0033    0.0015
   -0.0023         0
   -0.0025         0
   -0.0000         0
```

Um daraus die Teilfilter $G_k(z^M)$ zu erhalten, muss man zwischen den Werten der so ermittelten Teilfiltern $G_k(z)$ noch $M-1$ Nullwerte platzieren.

4.5.1 Dezimierung mit Polyphasenfiltern

In Abb. 4.29a ist die Struktur der Dezimierung mit einem Antialiasingfilter der Übertragungsfunktion $H(z)$ und mit Dezimierungsfaktor M dargestellt. Durch Zerlegung der Übertragungsfunktion $H(z)$ in Polyphasenfilter

$$H(z) = G_0(z^M) + z^{-1}G_1(z^M) + z^{-2}G_2(z^M) + \cdots + z^{-M+1}G_{M-1}(z^M) \qquad (4.24)$$

kann die Struktur aus Abb. 4.29b gebildet werden. Das Abwärtstasten mit dem Faktor M nach der Summierung kann in jeden Pfad verschoben werden, wie in Abb. 4.29c gezeigt ist. Man erhält dasselbe Ergebnis, wenn die Summe mit dem Abwärtstaster dezimiert wird (wie in Abb. 4.29b gezeigt) oder die Teilsignale zuerst dezimiert und dann addiert werden, wie in 4.29c dargestellt ist.

Eine Vertauschung der Dezimierung durch den Abwärtstaster mit der Filterung ist auch möglich. In der Literatur ist die Äquivalenz aus Abb. 4.29d als *Noble Identity* [11] bekannt und mit ihrer Hilfe kann man aus der Struktur gemäß Abb. 4.29c die Struktur aus Abb. 4.29e bilden. Sie hat den Vorteil, dass die Dezimierung vor den Teilfiltern stattfindet und diese bei einem um den Faktor M niedrigeren Abtastrate arbeiten. Die Variante aus Abb. 4.29e ist auch deshalb vorteilhaft, weil der grau hinterlegte Teil ein Puffer ohne Überlappungen ist und in der Hardware oder in einem Programm einfach zu realisieren ist.

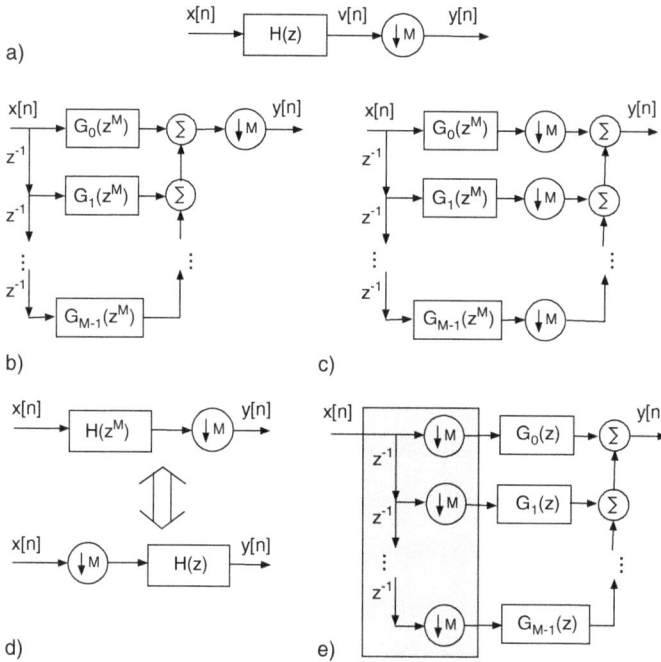

Abb. 4.29. Polyphasenfilter für die Dezimierung

Mit dem Modell `poly_dez1.slx`, das aus dem Skript `poly_dez_1.m` parametriert und aufgerufen wird, ist eine Dezimierung gemäß der Struktur aus Abb. 4.29e simuliert. Das Modell ist in Abb. 4.30 dargestellt. Das Eingangssignal wird aus einem unabhängigen Zufallssignal aus dem Block *Band-Limited White Noise* durch eine FIR-Tiefpassfilterung mit dem Block *Discrete FIR Filter* erhalten. Im oberen Teil wird die Dezimierung ohne Polyphasenfilter realisert und darunter erkennt man die Struktur aus Abb. 4.29e.

Die Teilpolyphasenfilter werden im Skript mit der Funktion `firpolyphase` ermittelt:

```
% --------- Parameter des Modells
fs = 1000;      Ts = 1/fs;  % Abtastfrequenz und Abtastperiode
fp = 0.4;                   % Relative Frequenz für die Bildung des Eingangssignals
nord1 = 32;                 % Ordnung des Filters
hTP = fir1(nord1, fp);      % Einheitspulsantwort
M = 4;                      % Dezimierungsfaktor
nord2 = 32;                 % Ordnung des antialiasing Dezimierungsfilters
hdez = fir1(nord2, 1/M);    % Einheitspulsantwort
g = firpolyphase(hdez, M);
....
```

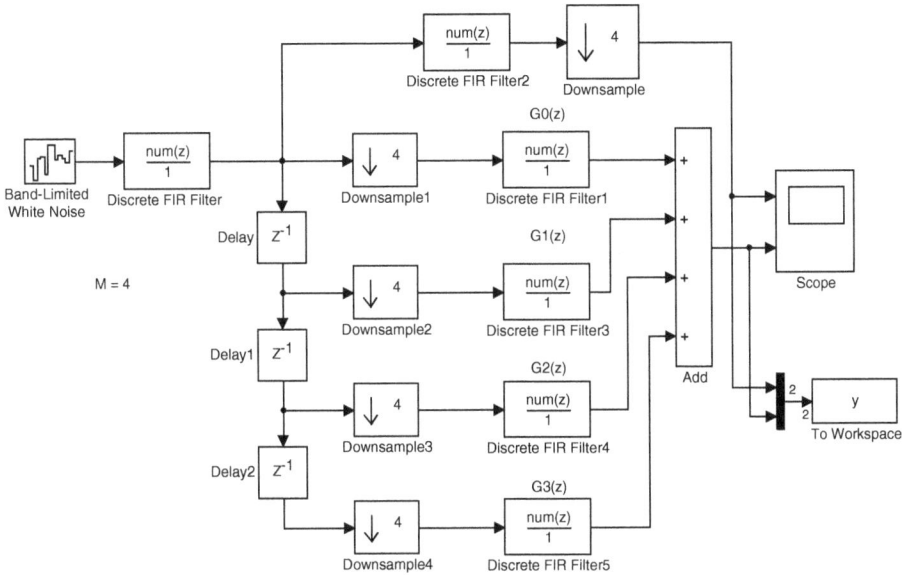

Abb. 4.30. Dezimierung mit Polyphasenfiltern (`poly_dez_1.m`, `poly_dez1.slx`)

In Abb. 4.31 ist ganz oben die Einheitspulsantwort des Dezimierungsfilters dargestellt und darunter sind die vier Teilfilter der Zerlegung in Polyphasenfilter gezeigt. Die zwei Ausgänge, die in der Senke *To Workspace* zwischengespeichert werden, sind wie erwartet gleich.

Mit dem Modell `poly_dez2.slx` und dem Skript `poly_dez_2.m` wird dieselbe Dezimierung programmiert, mit dem Unterschied, dass hier die Struktur aus Abb. 4.29e mit einem *Buffer*-Block realisiert wird. Die Puffergröße ist auf *M* Werte ohne Überlappung (*Buffer overlap*) gesetzt. Da der *Buffer*-Block nicht der erwarteten Form *Last IN First Out* entspricht, werden die Teilfilter $G_k(z), k = 0, 1, 2, 3$ in umgekehrter Reihenfolge an den *Demux*-Block angeschlossen.

Eine andere Lösung ist im Modell `poly_dez3.slx` gezeigt, wobei hier der Vektor am Ausgang des *Buffer*-Blocks mit der Funktion `fliplr` aus dem Block *Flip* umgedreht wird. Mit einem Block *Delay Line* mit *M* = 4 als Größe der Verspätungsleitung und einer Abtastung mit der Abtastperiode MT_s kann man die Pufferfunktion ebenfalls simulieren, wie im Modell `poly_dez4.slx` aus Abb. 4.32 gezeigt ist. Diese zwei letzten Modelle sind direkt parametriert und werden direkt aus Simulink gestartet. Die Lösung mit *Buffer*- und *Delay Line*-Block fügen eine so genannte latente Verspätung des Eingangssignals mit einem Abtastintervall hinzu. Das führt dazu, dass man das Signal für die Dezimierung ohne Polyphasenfilter auch mit einem Abtastintervall verspäten muss, um gleiche Ergebnisse zu erhalten.

Im Modell `poly_dez4.slx` ist auch der Block *FIR Decimation* eingesetzt, in dem eine Polyphasenstruktur implementiert ist. Die Parametrierung des Blocks ist so

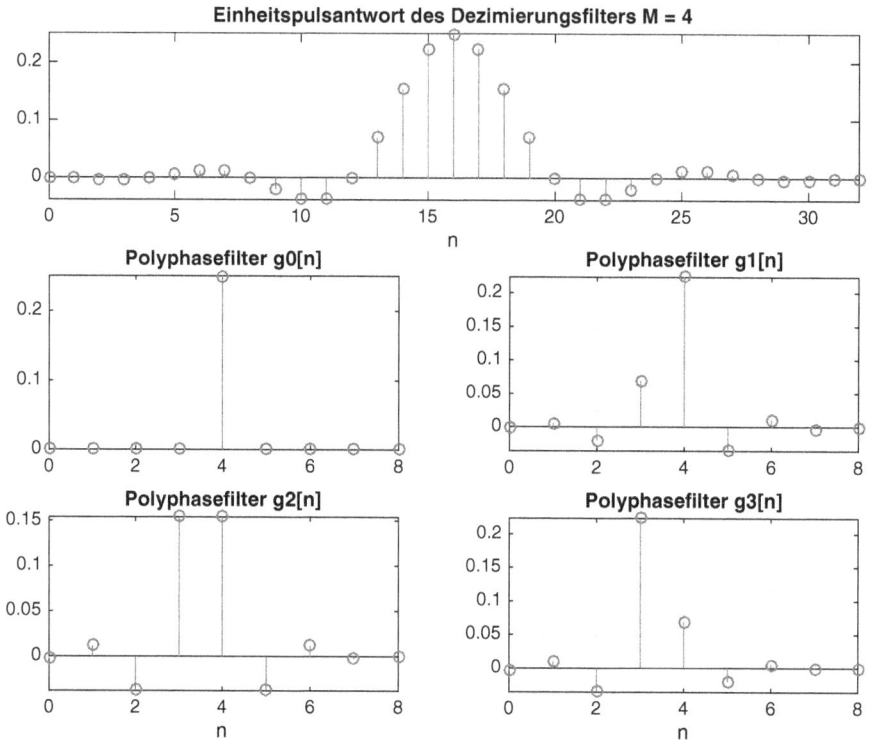

Abb. 4.31. Einheitspulsantwort des Dezimierungsfilters und die Teilfilter der Polyphasenzerlegung (`poly_dez_1.m`, `poly_dez1.slx`)

gewählt, dass das gleiche Dezimierungsfilter benutzt wird und so das gleiche Ergebnis erhalten wird. Die latente Verspätung muss auch hier vor diesen Block geschaltet werden.

4.5.2 Interpolierung mit Polyphasenfilter

Die Strukturen zur Interpolierung mit Polyphasenfilter sind in Abb. 4.33 dargestellt. Oben (Abb. 4.33a) ist die klassische Lösung der Interpolierung mit Aufwärtstastung und Tiefpassfilterung gezeigt. In Abb. 4.33b ist die Interpolierung dargestellt, die durch Zerlegung des Interpolationsfilters in Polyphasenteilfilter resultiert. Die Verzögerungen z^{-1} der einzelnen Eingänge der Teilfilter kann man auch an den Ausgang verlegen, wie in Abb. 4.33c dargestellt ist. Die *Noble Identity* für diesen Fall ist in Abb. 4.33d dargestellt und sie führt schließlich zur Lösung aus Abb. 4.33e. Der grau hinterlegte Teil stellt eine parallel-seriell Konversion dar. In Simulink gibt es einen Block *Unbuffer*, der diese Operation durchführt.

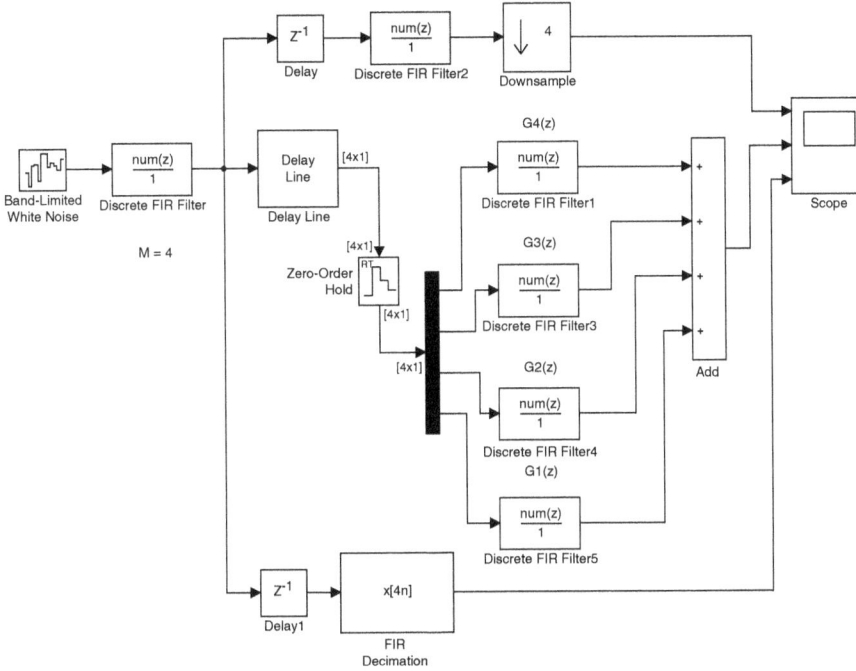

Abb. 4.32. Dezimierung mit Polyphasenfiltern und Pufferung mit *Delay Line*-Block (`poly_dez_4.m`, `poly_dez4.slx`)

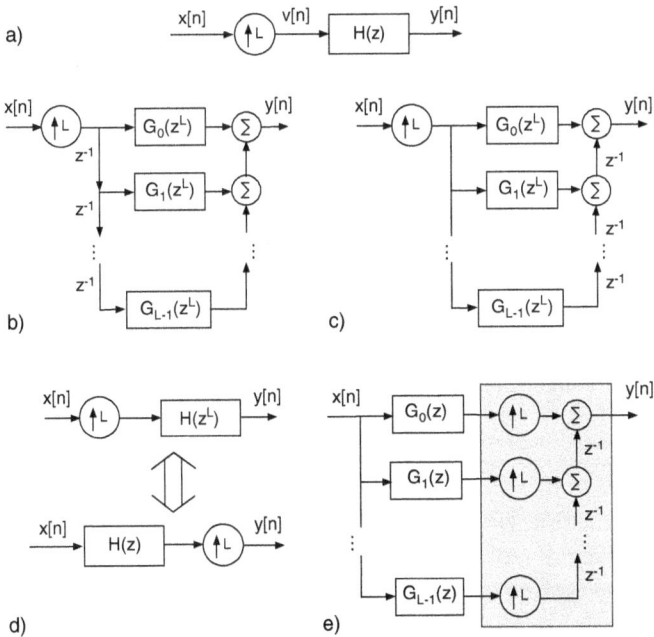

Abb. 4.33. Strukturen zur Interpolierung mit Polyphasenfiltern

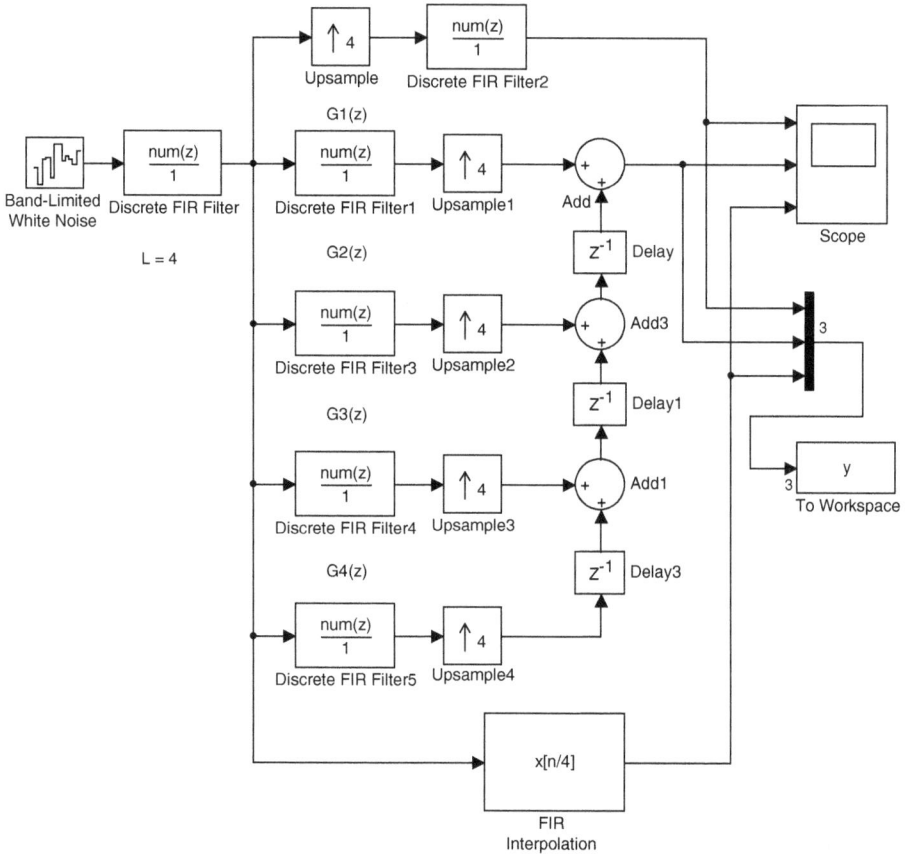

Abb. 4.34. Interpolierung mit Polyphasenfiltern (`poly_interp_1.m`, `poly_interp1.slx`)

In Abb. 4.34 ist das Modell `poly_interp1.slx` der Interpolierung mit Polyphasenfilter dargestellt, das aus dem Skript `poly_interp_1.m` parametriert und aufgerufen wird. Enthalten ist auch der Block *FIR Interpolation* in dem eine Polyphasenstruktur benutzt wird. Das Modell bildet die Struktur aus Abb. 4.33e nach. Die Filter und die Zerlegung in Teilfilter sind ähnlich wie bei der Dezimierung implementiert. Alle drei Modalitäten der Interpolierung, die im Modell enthalten sind, liefern die gleichen Ergebnisse.

Die Struktur aus dem Modell `poly_interp2.slx` benutzt für die Umwandlung der parallelen Signalen der Teilfiltern in ein serielles Signal den *Unbuffer*-Block von Simulink.

Mit folgenden Zeilen der Skripte wird die Simulation gestartet und die Ergebnisse aus der Senke *To Workspace* extrahiert, um sie dann darzustellen:

```
% ------- Aufruf der Simulation
Tsim = 5;
sim('poly_interp1', [0:Ts:Tsim]);
```

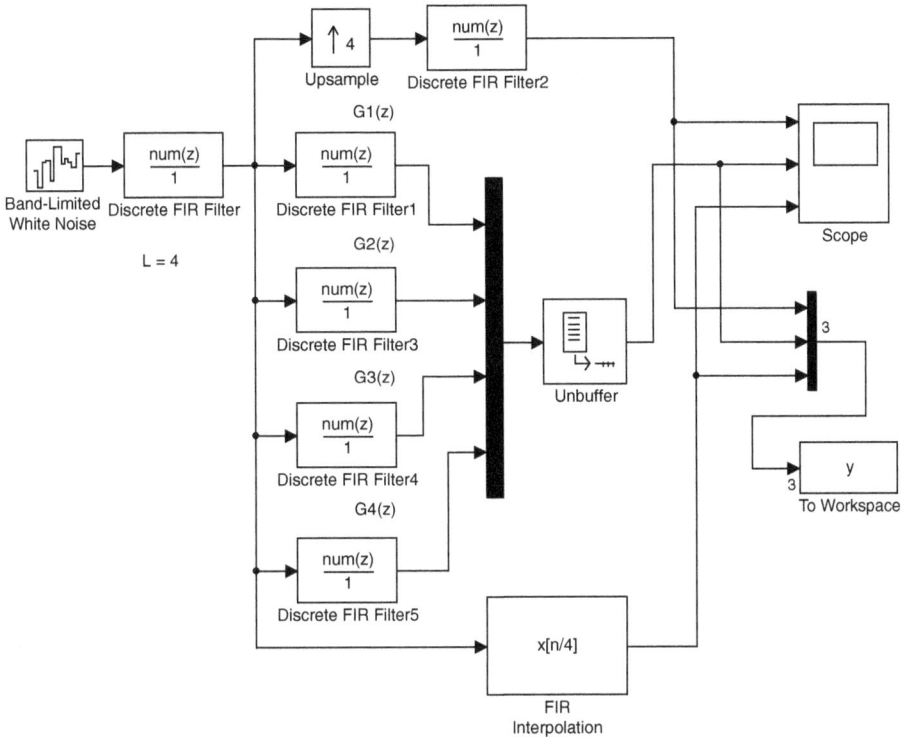

Abb. 4.35. Interpolierung mit Polyphasenfiltern und *Unbuffer*-Block (`poly_interp_2.m`, `poly_interp2.slx`)

```
y1 = y.Data(:,1);    % Interpolierungsausgang ohne Polyphasenfilter
y2 = y.Data(:,2);    % Mit Polyphasenfilter
y3 = y.Data(:,2);    % Mit Block 'FIR Interpolation' (Polyphasenfilter)
t = y.Time;          % Simulationszeiten
.....
```

Der benutzte *Solver* ist der default `ode45` mit variabler Schrittweite aber die Ergebnisse werden mit fester Schrittweite gleich T_s geliefert. Eine gute Übung für den Leser ist, das Modell so zu gestalten, dass die Simulation mit dem *Solver* vom Typ *FixedStepDiscrete* durchgeführt werden kann.

4.6 *Off-Line* Interpolierung mit Hilfe der FFT

Wenn eine in der Länge begrenzte Sequenz zwischengespeichert ist, kann man eine Interpolierung mit sin(x)/x-Funktion mit Hilfe der DFT oder FFT durchführen. Es ist keine Interpolierung in Echtzeit, sondern die Sequenz muss in ihrer ganzen Länge N vorhanden sein.

Aus der ursprünglichen Sequenz der Länge N $x[n]$, $n = 0, 1, 2, \ldots, N - 1$ wird eine Sequenz $y[n]$, $n = 0, 1, 2, \ldots, NL - 1$ der Länge NL erzeugt, die aus der ursprünglichen Sequenz mit je $L - 1$ Nullzwischenwerten gebildet wird. Als Beispiel erhält man für eine Sequenz $x[n]$

```
x =  -0.0052    1.4726    1.6255    0.1758    1.7698    0.5698
```

mit $N = 6$ für $L = 3$ die Sequenz $y[n]$

```
y = -0.0052, 0, 0, 1.4726, 0, 0, 1.6255, 0, 0, 0.1758,
                    0, 0, 1.7698, 0,  0, 0.5698, 0, 0
```

mit der Länge $6 \times 3 = 18$. Die mit Nullwerten expandierte Sequenz hat eine DFT bei der sich die DFT der ursprünglichen Sequenz L mal wiederholt. Man erhält eine Interpolierung über die inverse DFT, wenn man die $L - 1$ Spiegelungen aus der DFT auf null setzt. Bei der normalen Interpolierung werden die Spiegelungen im Spektrum mit einem Tiefpassfilter gemäß Abb. 4.12 unterdrückt.

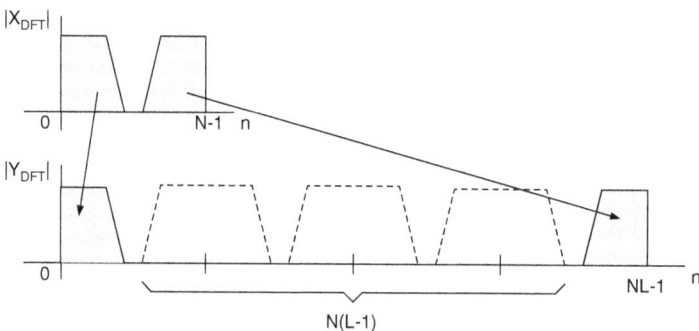

Abb. 4.36. Bildung der DFT der erweiterten Sequenz mit Unterdrückung der Spiegelungen

In Abb. 4.36 ist dieses Verfahren skizziert. Man bildet die DFT der erweiterten Sequenz aus der DFT der ursprünglichen Sequenz und füllt mit Nullwerten die Stützstellen der DFT die den $L - 1$ Spiegelungen entsprechen.

Um aus der so gebildeten inversen DFT eine reelle interpolierte Sequenz zu erhalten, muss man die DFT mit der nötigen Symmetrie bilden. Im Skript `onterp_fft_1.m` ist die Bildung der DFT mit Nullzwischenwerten für die Stützstellen der Spiegelungen mit Unterscheidung für N gerade und ungerade Zahl dargestellt:

```
% -------- Die zu interpolierende Sequenz
N = 16;
s = rng;          % Um die gleiche Zufallssequenz zu erzeugen
x = randn(1,N);
rng(s);
% ------- Mit Nullwerten erweiterte Sequenz
L = 5;
```

```
y = zeros(1, L*N);
y(1:L:end) = x;
Yz = fft(y);
% -------- Spiegelungen entfernen mit der FFT
X = fft(x);
if rem(N,2) == 0
    Y = [X(1:N/2),0.5*X(N/2+1), zeros(1,N*(L-1)-1),0.5*X(N/2+1),...
        X(N/2+2:N)]; % Symmetrische FFT
    y = ifft(Y);    % Interpolierte Sequenz
else
    Y = [X(1:(N+1)/2), zeros(1,N*(L-1)), X((N+1)/2+1:N)]; % Symm. FFT
    y = ifft(Y);    % Interpolierte Sequenz
end;
......
```

Es wird eine normal verteilte Sequenz interpoliert und aus der DFT X der ursprünglichen Sequenz wird die DFT Y der expandierten Sequenz mit Unterdrückung der Spiegelungen erzeugt. Die interpolierte Sequenz y ergibt sich danach aus der inversen DFT.

In MATLAB gibt es die Funktion `interpft`, die dieses Verfahren einsetzt. Im Skript wird auch mit dieser Funktion dieselbe Sequenz interpoliert und wie erwartet erhält

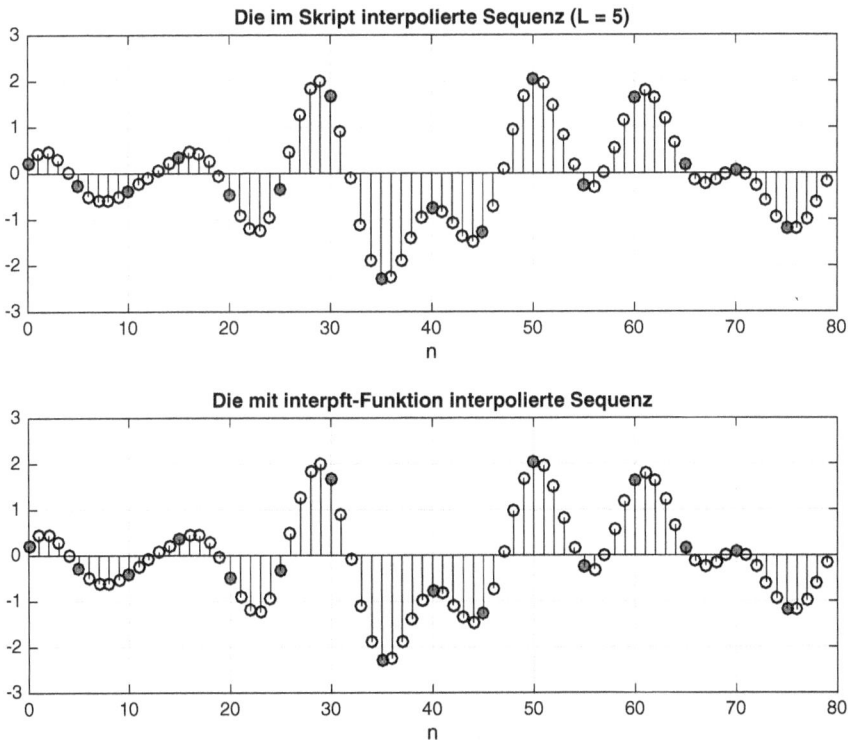

Abb. 4.37. Interpolierte Sequenzen für L = 5 (`interp_fft_1.m`)

man die gleichen Ergebnisse, die in Abb. 4.37 dargestellt sind. Die Abtastwerte der ursprünglichen Sequenz sind mit „*" gekennzeichnet. Die Interpolierung mit $L = 5$ fügt vier Werte zwischen diesen Abtastwerten ein.

In Abb. 4.38 ist ganz oben der Betrag der DFT der ursprünglichen Sequenz dargestellt. Man beachte die Symmetrie der DFT der reellen Sequenz. Aus den genannten Symmetriegründen muss der Zwischenwert bei $n = 7$ (als reeller Wert) in der DFT mit Unterdrückung der Spiegelungen durch zwei geteilt werden. Er bildet den letzten Wert vor den Nullwerten und danach den ersten Wert nach den Nullwerten.

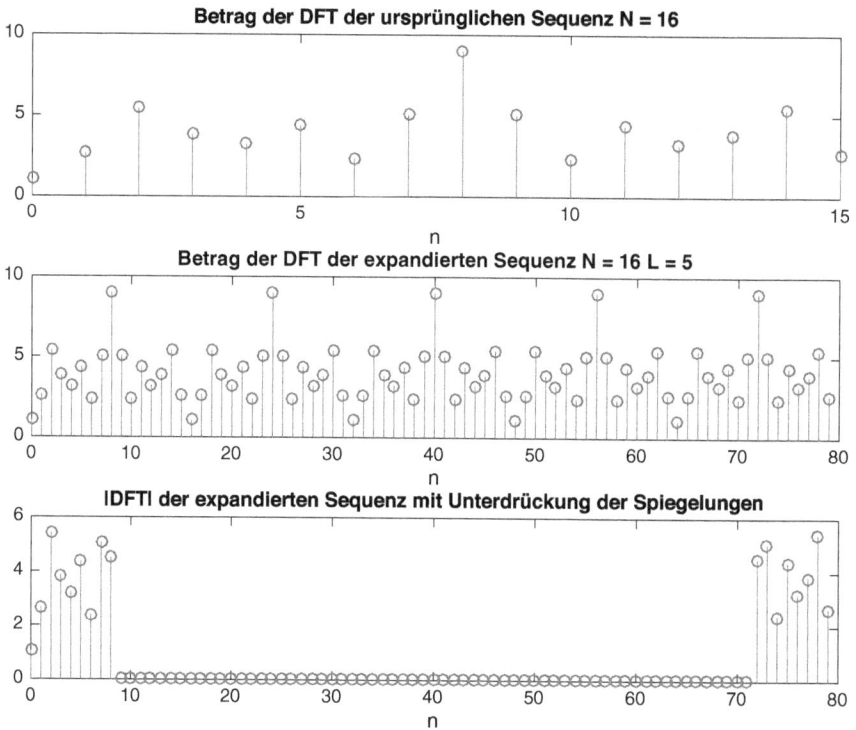

Abb. 4.38. Der Betrag der DFT der ursprünglichen Sequenz, der erweiterten Sequenz und der Betrag der DFT mit Unterdrückung der Spiegelungen (`interp_fft_1.m`)

In der Mitte der Abb. 4.38 ist der Betrag der DFT der mit Nullwerten erweiterten Sequenz dargestellt. Man erkennt die L-fache Wiederholung der DFT der ursprünglichen Sequenz. Ganz unten ist der Betrag der DFT mit Unterdrückung der Spiegelungen gezeigt, die dann durch die inverse DFT die interpolierte Sequenz ergibt.

Wenn man das Skript mit $N = 17$ (ungerade Zahl) aufruft, dann sind in der Mitte der DFT der ursprünglichen Sequenz zwei gleiche Werte, die man dann auf die zwei Bereiche vor und nach den Nullwerten verteilen kann. Man kann sich jetzt die

Betrag der DFT der ursprünglichen Sequenz N = 17

Betrag der DFT der expandierten Sequenz N = 17 L = 5

IDFTI der expandierten Sequenz mit Unterdrückung der Spiegelungen

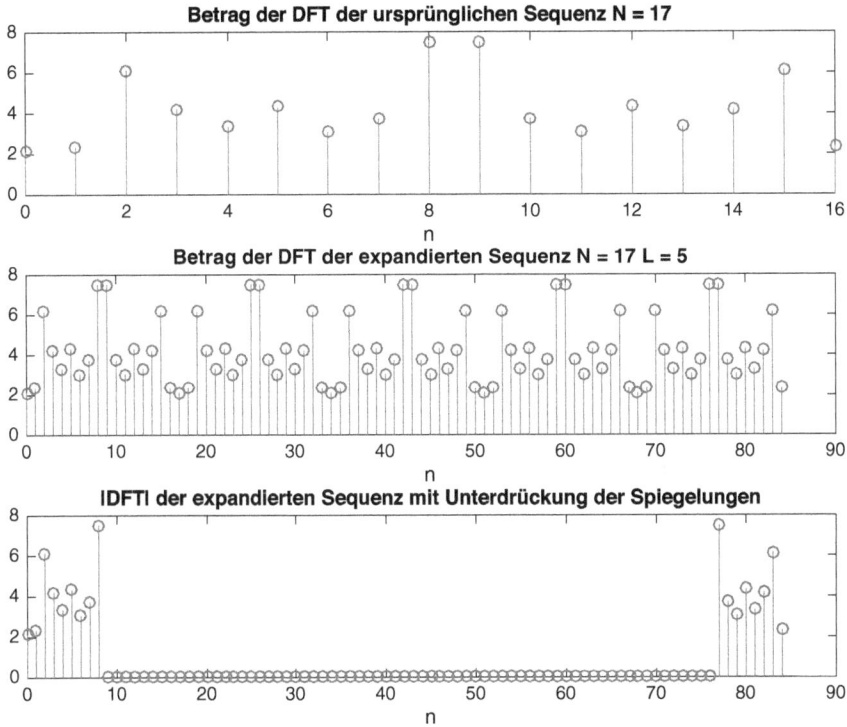

Abb. 4.39. Der Betrag der DFT der ursprünglichen Sequenz, der erweiterten Sequenz und der Betrag der DFT mit Unterdrückung der Spiegelungen (`interp_fft_1.m`)

Fallunterscheidung aus dem Skript für N gerade oder ungerade bei der Bildung der DFT mit Unterdrückung der Spiegelungen erklären.

4.7 Interpolierung mit Lagrange-Filter *intfilt*

Die Lagrange-Interpolierung ist in der Mathematik und in der Technik weit verbreitet [28, 32]. Sie kann auch für die Interpolierung zeitdiskreter Signale über FIR-Filter realisiert werden. Weil man dieses Verfahren auch für die *Fractional-Delay*-Filter verwendet, werden kurz die Grundlagen der Lagrange-Interpolierung dargestellt.

Das Lagrange-Theorem besagt, dass $N + 1$ unterschiedliche reelle oder komplexe Punkte $x_0, x_1, x_2, \dots, x_N$ mit $N + 1$ reellen oder komplexen Werten $w_0, w_1, w-2, \dots, w_N$ über ein Polynom $p_N(x)$ verbunden werden können, so dass:

$$p_N(x_i) = w_i, \quad i = 0, 1, 2, \dots, N \tag{4.25}$$

Die Koeffizienten a_j des Polynoms $p_N(x)$ vom Grad N werden mit dem Gleichungssystem

$$a_0 + a_1 x_i + a_2 x_i^2 + \cdots + a_N x_i^N = w_i, \quad i = 0, 1, 2, \ldots, N \tag{4.26}$$

ermittelt.

Eine andere Form des Polynoms ist zur Auswertung besser geeignet. Mit den Lagrange-Polynomen

$$l_k(x) = \frac{(x - x_0)(x - x_1) \ldots (x - x_{k-1})(x - x_{k+1}) \ldots (x - x_N)}{(x_k - x_0)(x_k - x_1) \ldots (x_k - x_{k-1})(x_k - x_{k+1}) \ldots (x_k - x_N)} \tag{4.27}$$

wobei $k = 0, 1, 2, \ldots, N$, erhält man für das Interpolationspolynom $p_N(x)$ die Form:

$$p_N(x) = \sum_{k=0}^{N} w_k \, l_k(x) \tag{4.28}$$

Zu bemerken sei, dass im Zähler der Term $(x - x_k)$ fehlt und im Nenner fehlt der Term $(x_k - x_k)$. Die Funktionen $l_k(x)$, $k = 0, 1, 2, \ldots, N$ haben somit die Eigenschaft:

$$l_k(x_j) = \delta_{k,j} = \begin{cases} 0 & \text{wenn} \quad k \neq j \\ 1 & \text{wenn} \quad k = j \end{cases} \tag{4.29}$$

Das bedeutet, dass das interpolierende Polynom $p_N(x)$ für $x = x_i$ den Wert w_i annimmt und somit genau durch die Stützpunkte x_i, w_i geht.

Auf der Website von MathWorks mathworks.com/matlabcentral/fileexchange/899-lagrange-polynomial-interpolation/content/lagrange.m gibt es mehrere MATLAB-Skripte für die Interpolierung mit Lagrange-Polynomen. Daraus wurde das Skript lagrange_2.m für die Belange dieses Buches als Funktion geschrieben:

```
function pn = lagrange_2(xk, wk, x);
% Funktion lagrange_2.m, in der die Interpolierung mit Lagrange
% Polynome untersucht werden kann
% xk, wk = die zu interpolierende Sequenz
% x = an diesen Stellen soll interpoliert werden
% Testaufruf: xk = [1      2      3      6      8      9];
%             wk = [2     -1      3      4      6      0.5];
%             x = 1:0.2:9;
%             pn = lagrange_2(xk, wk, x);

N = length(xk);      nx = length(x);
% --------- Lagrange Polynome
pn = zeros(1,nx);
lk = zeros(N,nx);
for k = 1:N
```

```
    lk(k,:) = ones(1,nx);
    for j = [1:k-1, k+1:N]      % Es fehlt j = k
        lk(k,:) = ((x-xk(j))./(xk(k)-xk(j))).*lk(k,:);
    end;
    pn = pn + lk(k,:)*wk(k);
end;
....
```

In Abb. 4.40 sind die zu interpolierenden Werte zusammen mit der interpolierten Funktion dargestellt und in Abb. 4.41 sind die entsprechenden Lagrange-Polynome $l_k(x)$ gezeigt. Jedes Polynom hat nur für eine Stützstelle x_k den Wert eins und für die restlichen Stützstellen Nullwerte. Wie man sieht, müssen die Stützstellen nicht gleichmäßig liegen.

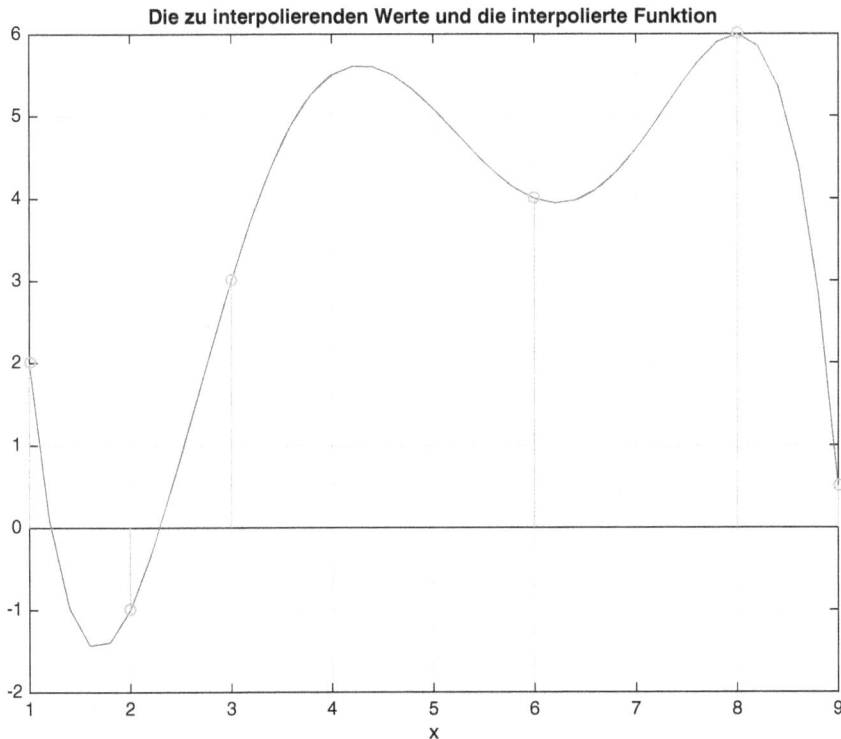

Abb. 4.40. Die zu interpolierenden Werte und die interpolierte Funktion (`lagrange_2.m`)

Für die Interpolierung zeitdiskreter Signale mit dem Faktor L werden die vorhandenen Abtastwerte als Werte w_i eines bandbegrenzten Signals für $x_i = iT_s$ angenommen. Für das Interpolationspolynom wird ein Grad N gewählt, der oftmals drei ist. Für zeitdiskrete Systeme lässt sich die Interpolierung als eine Filterung mit einem FIR-Filter darstellen [32].

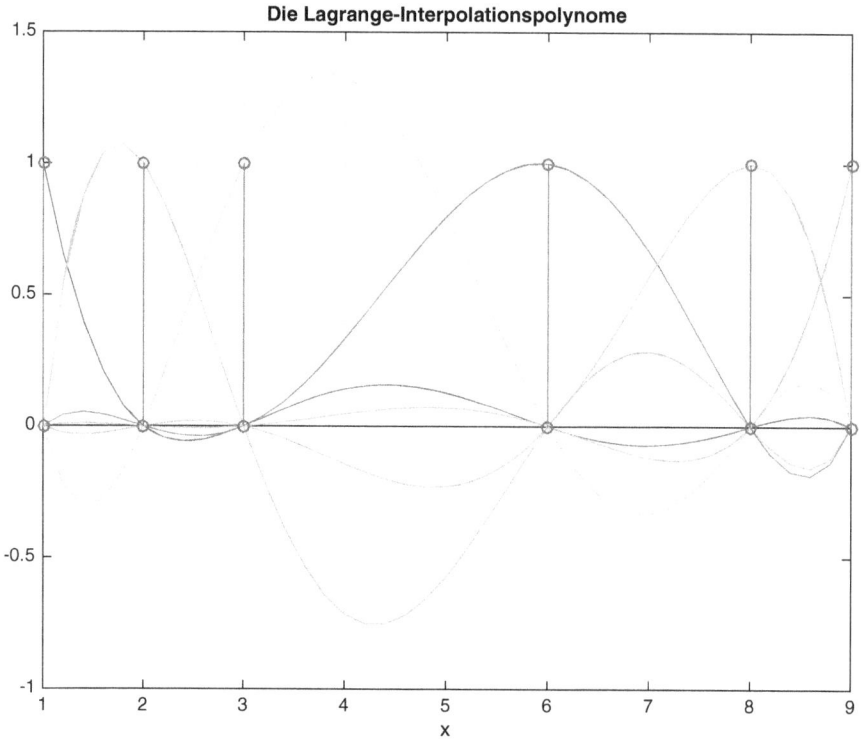

Abb. 4.41. Die Lagrange Polynome $l_k(x)$ (`lagrange_2.m`)

In MATLAB (*Signal Processing Toolbox*) gibt es die Funktion `intfilt`, mit deren Hilfe man Filter entwickeln kann, die zur Lagrange-Interpolierung führen:

```
h = intfilt(L, N, 'Lagrange')
```

Der Parameter L stellt den Interpolationsfaktor dar und mit N wird die Ordnung der Lagrange-Interpolierung (Grad des Polynoms) gewählt. Für die Interpolierung wird die Eingangssequenz mit $L-1$ Nullwerten zwischen den ursprünglichen Abtastwerten expandiert und dann mit dem Filter der Einheitspulsantwort h gefiltert. Einer der Parameter L oder N muss eine ungerade Zahl sein, um ein FIR-Filter mit linearer Phase zu erhalten.

Im Skript `lagrange_3.m` ist der Einsatz dieser Funktion exemplarisch dargestellt:

```
% ------- Parameter der Interpolierung
L = 10;      N = 5;
h = intfilt(L,N,'Lagrange');    % Lagrange-FIR-Filter
```

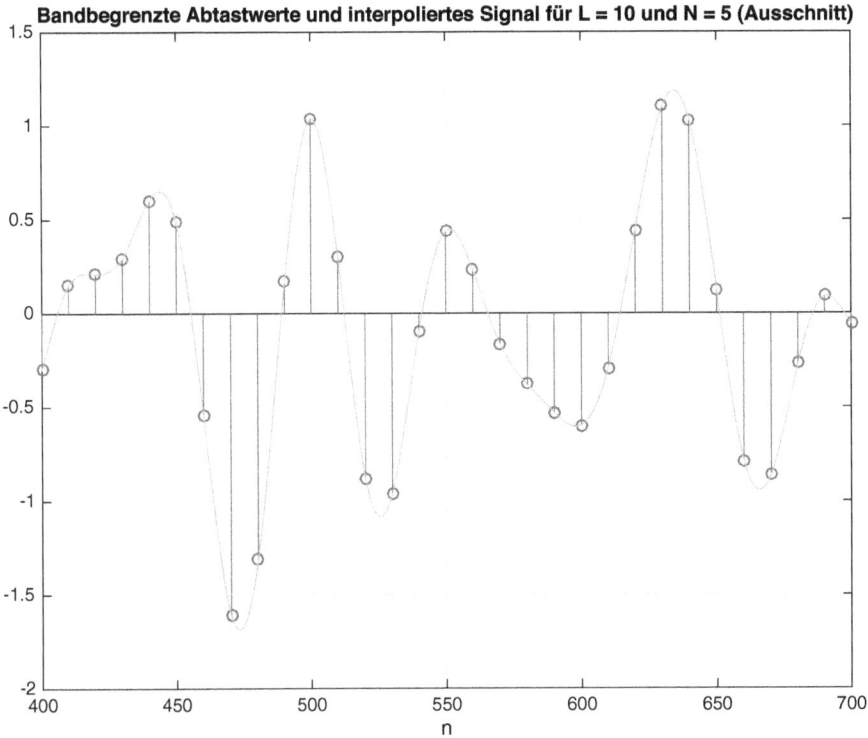

Abb. 4.42. Die zu interpolierende Sequenz und das interpolierte Signal als zeitkontinuierlich dargestellt (`lagrange_3.m`)

```
nh = length(h);
....
```

Um die Signale korrekt ausgerichtet darzustellen, muss man die interpolierte Sequenz nach vorne mit der Verspätung, die das Filter erzeugt, verschieben. In Abb. 4.42 ist ein Ausschnitt gezeigt, in dem die ursprüngliche Sequenz und das interpolierte Signal, als zeitkontinuierliches Signal angenommen, dargestellt sind. Wenn man die interpolierte Sequenz auch zeitdiskret darstellt, ist die Abbildung überladen und schwerer zu interpretieren.

Die Einheitspulsantwort und der Amplitudengang des FIR-Lagrangefilters sind in Abb. 4.43 dargestellt. Es ist ein Nyquist-Filter mit Nullstellen in der Einheitspulsantwort im Abstand $L = 10$.

Einheitspulsantwort des FIR-Lagrangefilters

Amplitudengang des FIR-Lagrangefilters

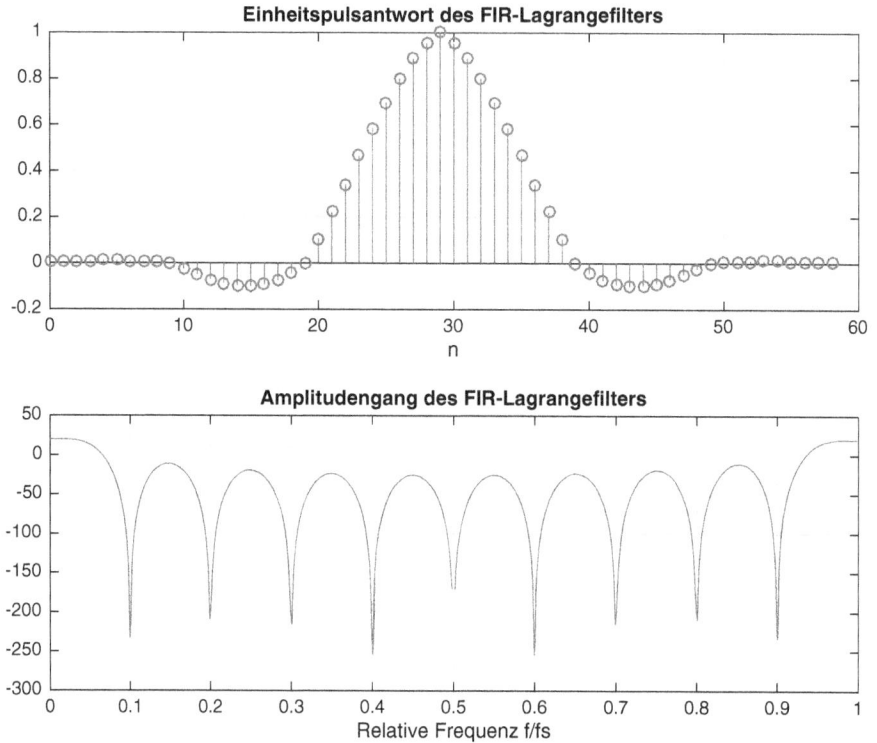

Abb. 4.43. Einheitspulsantwort des FIR-Lagrangefilters und Amplitudengang dieses Filters (`lagrange_3.m`)

4.8 *Fractional Delay* Filter

Ein *Fractional Delay*-Filter (kurz FDF) ist ein digitales Filter, das das Eingangssignal mit einem Bruchteil der Abtastperiode verspätet. Es gibt viele Anwendungen in denen solch eine Verspätung notwendig ist. Als Beispiele kann man die Symbol-Synchronisation in digitalen Empfängern, die Umwandlung zwischen beliebigen Abtastfrequenzen, Echounterdrückung, Sprachkodierung und Sprachsynthese, Modellierung von Musikinstrumenten etc. betrachten [32].

Die FDF müssen im Frequenzbereich zwei Spezifikationen erfüllen. Der Amplitudengang muss einem Allpassfilter (*All-Pass*-Filter) in einem breiten Frequenzbereich entsprechen und der Phasengang muss linear in diesem Frequenzbereich sein, mit einer Steigung die die Verspätung ergibt.

Es gibt zwei Verfahren, um FIR-Filter als FDF zu entwickeln. Das erste Verfahren ist ein Verfahren, das die gezeigten Spezifikationen im Frequenzbereich anstrebt und das zweite ist ein klassisches mathematisches Interpolationsverfahren. Das letztere hat eine geringere Flexibilität, um die Spezifikationen im Frequenzbereich zu erfüllen. Das Verfahren im Frequenzbereich basiert auf Optimierungsprozesse.

4.8.1 Definition der *Fractional Delay* Filter

Es wird anfänglich das Problem der Verzögerung im zeitkontinuierlichen Bereich kurz vorgestellt und danach für den zeitdiskreten Bereich erweitert. Das verspätete Ausgangssignal $y_c(t)$ des zeitkontinuierlichen Systems ist dann

$$y_c(t) = x_c(t - \tau), \tag{4.30}$$

wobei $x_c(t)$ das ebenfalls zeitkontinuierliche Eingangssignal ist. Mit τ wurde die Verspätung bezeichnet. Im Frequenzbereich ist die Fourier-Transformation des Eingangssignals durch

$$X_c(f) = \int\limits_{-\infty}^{\infty} x_c(t)e^{-j2\pi ft}\, dt \tag{4.31}$$

gegeben. Hier ist f die Frequenz in Hz. Die Fourier-Transformation $Y_c(f)$ des verspäteten Signals $y_c(t)$ wird dann:

$$Y_c(f) = \int\limits_{-\infty}^{\infty} y_c(t)e^{-j2\pi ft}\, dt = \int\limits_{-\infty}^{\infty} x_c(t-\tau)e^{-j2\pi ft}\, dt = e^{-j2\pi f\tau} X_c(f) \tag{4.32}$$

Der ideale Frequenzgang $H_{id}(f)$ des Verspätungssystems, als Verhältnis $Y_c(f)/X_c(f)$ wird:

$$H_{id}(f) = \frac{Y_c(f)}{X_c(f)} = e^{-j2\pi f\tau} \tag{4.33}$$

Im Frequenzbereich entspricht die Verspätung τ einer komplexen Exponentialfunktion $e^{-j2\pi f\tau}$.

Wenn die Fourier-Transformation $X_c(f)$ verschieden von null in einem begrenzten Bereich $-W \le f \le W$ ist, wird das zeitkontinuierliche Signal $x_c(t)$ als bandbegrenzt angenommen. Das Signal kann dann durch seine Abtastwerte $x[n] = x[nT_s]$ dargestellt werden. Hier ist n der Abtastindex $n = \ldots, -2, -1, 0, 1, 2, \ldots$ und $T_s = 1/f_s$ ist die Abtastperiode bzw. $f_s > 2W$ die Abtastfrequenz.

Für dieses bandbegrenzte Signal ist die Verspätung durch

$$y[n] = x[n - D] \tag{4.34}$$

definiert. Mit $D = \tau/T_s$ wird die auf die Abtastperiode normierte Verspätung bezeichnet. Die Verspätung kann aus einer ganzen Zahl D_g und einem Bruchteil $0 \le d \le$, der

Fractional Delay-Anteil, angenommen werden:

$$D = D_g + d = \text{floor}(D) + d \tag{4.35}$$

Die Funktion floor(D) liefert den größten ganzen Wert kleiner oder gleich D und entspricht auch der MATLAB-Funktion `floor`.

Die Sequenzen $x[n]$ und $y[n]$ sind nur für ganzzahlige Werte n definiert, so dass die Gl. 4.34 nur für ganzzahlige Werte D sinnvoll ist. Für reelle Werte D muss der Ausgangswert $y[n]$ durch Interpolation aus den Werten $x[n]$ ermittelt werden. Das Argument n bei $y[n]$ stellt dann nicht mehr die Stelle dieses Wertes dar, sondern es besagt den Zeitpunkt, an dem die Berechnung dieses Wertes stattfindet.

Das Spektrum (DTFT) des zeitdiskreten Signal $x[n]$ ist durch

$$X(e^{j2\pi f T_s}) = \sum_{n=-\infty}^{\infty} x[n] e^{-j2\pi f n T_s} \tag{4.36}$$

definiert. Ähnlich wird das Spektrum der verzögerten Sequenz $y[n]$ berechnet:

$$Y(e^{j2\pi f T_s}) = \sum_{n=-\infty}^{\infty} x[n-D] e^{-j2\pi f n T_s} = e^{-j2\pi f D T_s} X(e^{j2\pi f T_s}) \tag{4.37}$$

Der Frequenzgang des idealen Verzögerungselements ist dann:

$$H_{id}(j2\pi f T_s) = \frac{Y(e^{j2\pi f T_s})}{X(e^{j2\pi f T_s})} = e^{-j2\pi f D T_s} \tag{4.38}$$

Dieser Frequenzgang ist dem Frequenzgang des in Gl. 4.33 für zeitkontinuierliche Systeme sehr ähnlich. Wegen der Abtastung sind hier die Spektren und der Frequenzgang periodisch mit der Periode $f_s = 1/T_s$.

Wie schon erwähnt, um eine reelle Verspätung zu erhalten, muss man die zeitdiskrete Eingangssequenz interpolieren.

Ein bandbegrenztes Signal kann aus den Abtastwerten gemäß Gl. 1.162 durch

$$x_c(t) = \sum_{k=-\infty}^{\infty} x[k T_s] \text{sinc}\big(f_s(t - k T_s)\big) \tag{4.39}$$

rekonstruiert werden [32, 38]. Hier ist sinc(t) = $\sin(\pi t/(\pi t))$ die bekannte sinc-Funktion. Aus Gl. 4.39 geht hervor, dass das ideale Interpolationselement folgende Impulsantwort besitzt:

$$h_c(t) = \text{sinc}(f_s t) \tag{4.40}$$

Mit dieser Impulsantwort wird ein zeitdiskretes Signal in ein zeitkontinuierliches Signal umgewandelt.

Für eine reelle Verspätung muss man das Signal zwischen den Abtastwerten ermitteln. Das kann man mit der versetzten Impulsantwort gemäß Gl. 4.40 erreichen. Daraus folgt, dass der Ausgang des idealen Verzögerungselements durch

$$y[n] = x[n-D] = x_c(t)|_{t=(n-D)T_s} = \sum_{k=-\infty}^{\infty} x[k]\text{sinc}(n-D-k) \qquad (4.41)$$

gegeben ist. Man kann sagen, dass eine reelle Verzögerung des zeitdiskreten Signals die Rekonstruktion des zeitkontinuierlichen Signals bedeutet, das dann versetzt abgetastet wird. In Gl. 4.41 sind diese zwei Operationen kombiniert eingesetzt. Die Einheitspulsantwort des idealen Verzögerungselements ist somit:

$$h_{id}[n] = \text{sinc}(n-D) \quad \text{mit} \quad n = -\infty, \dots, -2, -2, 0, 1, 2, \dots, \infty \qquad (4.42)$$

Der Amplitudengang des idealen Verzögerungselements wird vom Frequenzgang gemäß Gl. (4.38) erhalten:

$$|H_{id}(e^{j2\pi f}| = 1 \qquad (4.43)$$

Er entspricht einem Allpassfilter. Der Phasengang ist $\varphi_{id}(f) = -2\pi f D$ und das führt zu einer Gruppenlaufzeit

$$\tau_{g.id} = -\frac{1}{2\pi} \cdot \frac{d\varphi_{id}(f)}{df} = D \qquad (4.44)$$

und einer Laufzeit

$$\tau_{l.id} = -\frac{\varphi_{id}(f)}{2\pi f} = D \qquad (4.45)$$

Im Skript `frac_delay_0.m` wird das Verhalten der Annäherung des idealen Filters mit der Einheitspulsantwort gemäß Gl. (4.42) untersucht. Aus der idealen Einheitspulsantwort mit unendlicher Ausdehnung wird eine in der Länge begrenzte und kausale Einheitspulsantwort erzeugt. Mit einer ganzzahligen Verzögerung D_g kann man die Einheitspulsantwort verschieben und nur für $n > 0$ verwenden.

Mit folgenden Zeilen des Skripts wird die Einheitspulsantwort für $D_g = 4$ und für $D = 4,6$ ermittelt und dargestellt. Die Hülle als Sinc-Funktion wird mit einer kleineren Schrittweite berechnet und überlagert dargestellt:

```
N = 10;          % N+1 Koeffizienten des Frac-Delay-Filters
n = 0:N;
nk = 0:0.1:N;    % Dichtere Schrittweite für die Hüllen
D = 4.6;         % Sollte kleiner als N/2 sein
Dg = floor(D);   % Ganze Zahl der Verspätung
% Einheitspulsantwort des Filters
h = sinc(n-D);        hk = sinc(nk-D);   % Einheitspulsantwort und Hülle
hg = sinc(n-Dg);      hkg = sinc(nk-Dg); % Einheitspulsantwort und Hülle
.....
```

Einheitspulsantwort des 'Fractional Delay' Filters für D = 4

Einheitspulsantwort des 'Fractional Delay' Filters für D = 4.6

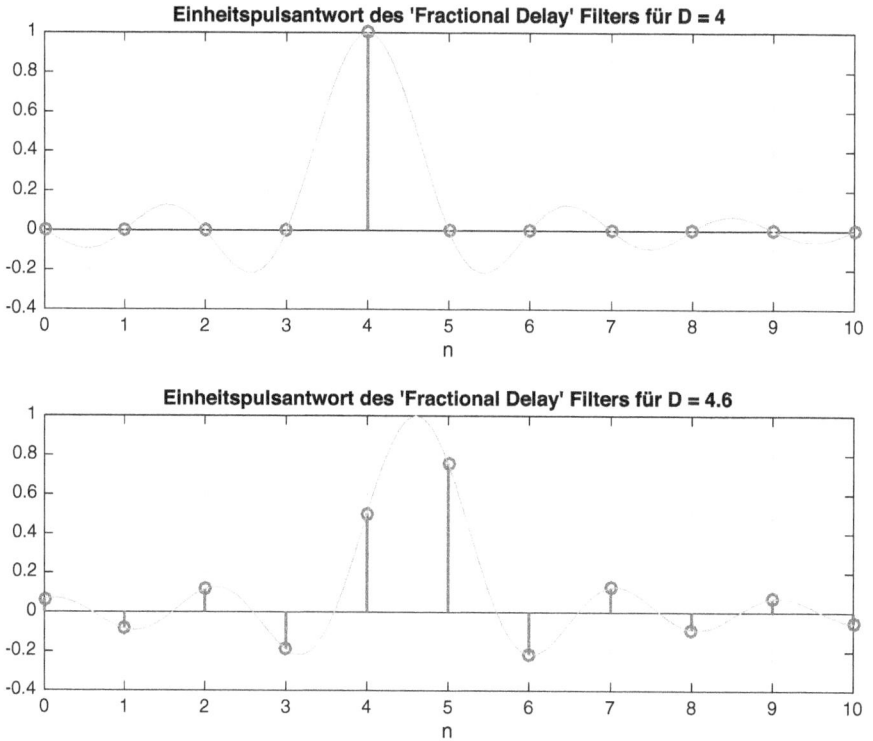

Abb. 4.44. a) Einheitspulsantwort für $D = 4$ b) Einheitspulsantwort für $D = 4,6$ (frac_delay_1.m)

In Abb. 4.44 ist oben die Einheitspulsantwort für die Verspätung $D = 4$ gezeigt und darunter die Einheitspulsantwort für $D = 4,6$ dargestellt.

Man versteht jetzt, wie mit einer Verspätung mit einer ganzen Anzahl Abtastwerten D_g das Filter kausal erzeugt werden kann und mit der Anzahl N+1 Koeffizienten die Annäherung der idealen Einheitspulsantwort gestaltet wird. Die Verspätung D_g sollte ungefähr $N/2$ für N als eine gerade Zahl sein. Mit größeren Werte für N wählt man auch eine größere Verspätung D_g und die Annäherung des idealen Filters wird besser.

Der Frequenzgang des Filters für die Verspätung $D = 4,6$ wird mit

```
% ------- Frequenzgang des Frac-Delay-Filters
nfft = 512;
[H,w] = freqz(h,1, nfft);
[g, w1] = grpdelay(h,nfft);
.....
```

ermittelt und ist in Abb. 4.45 dargestellt.

Der Amplituden- und Phasengang zeigt noch Welligkeiten, die sich in der Gruppenlaufzeit bemerkbar machen und die Verspätung ist nicht eine Konstante. Mit der

Amplitudengang des Fractional-Delay-Filters für D = 4.6

Phasengang des Fractional-Delay-Filters

Gruppenlaufzeit als Anzahl Abtastwerte

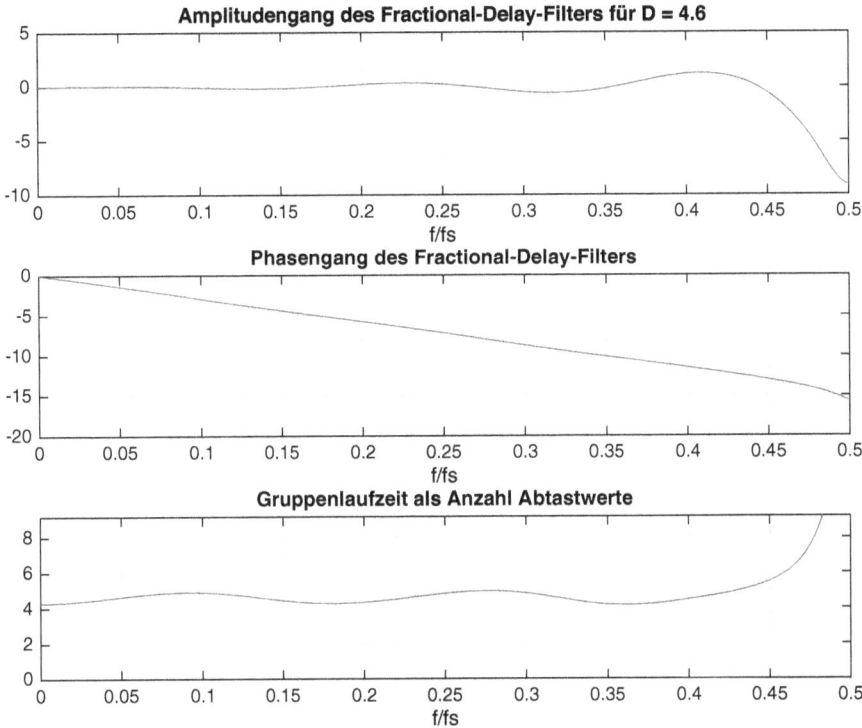

Abb. 4.45. a) Amplitudengang b) Phasengang c) Gruppenlaufzeit (`frac_delay_0.m`)

Erfahrung von der Entwicklung der Filter weiß man, dass solche Welligkeiten durch Gewichtung der Einheitspulsantwort mit Fensterfunktionen gedämpft werden. Im selben Skript wird ebenfalls der Frequenzgang für das Filter, dessen Einheitspulsantwort mit einer Fensterfunktion gewichtet wird, ermittelt und dargestellt (siehe Abb. 4.46).

Ganz oben ist die Einheitspulsantwort mit der Hamming-Fensterfunktion gewichtet dargestellt und darunter ist der Frequenzgang (Amplitudengang, Phasengang) und die Gruppenlaufzeit gezeigt. Die Gruppenlaufzeit hat jetzt sehr kleine Welligkeiten, die nur mit der Zoom-Funktion sichtbar sind. Der Wert der Gruppenlaufzeit ist praktisch 4,6 Abtastwerte, wie gewünscht.

Um das ideale Filter mit mehreren Koeffizienten anzunähern, wie z.B. mit $N + 1 = 21$, wählt man eine größere ganzazhlige Verspätung $D_g = 10$. Wie erwartet hat in diesem Fall die Gruppenlaufzeit für $D = 10, 6$ viel kleinere Welligkeiten.

Im Skript `frac_delay_1.m` und Modell `frac_delay1.slx` (Abb. 4.47) werden die Fehler des Filters im Zeitbereich untersucht. Es wird ein bandbegrenztes Zufallssignal mit einer Bandbreite von 4 Hz mit einem digitalen FIR-Filter erzeugt, ausgehend von einer Abtastfrequenz von 100 Hz. Dieses Signal bildet für das nachfolgenden *Fractional-Delay*-Filter, das mit $f_s = 10$ Hz bzw. $f_s/2 = 5$ Hz arbeitet, ein quasikontinuierliches Signal.

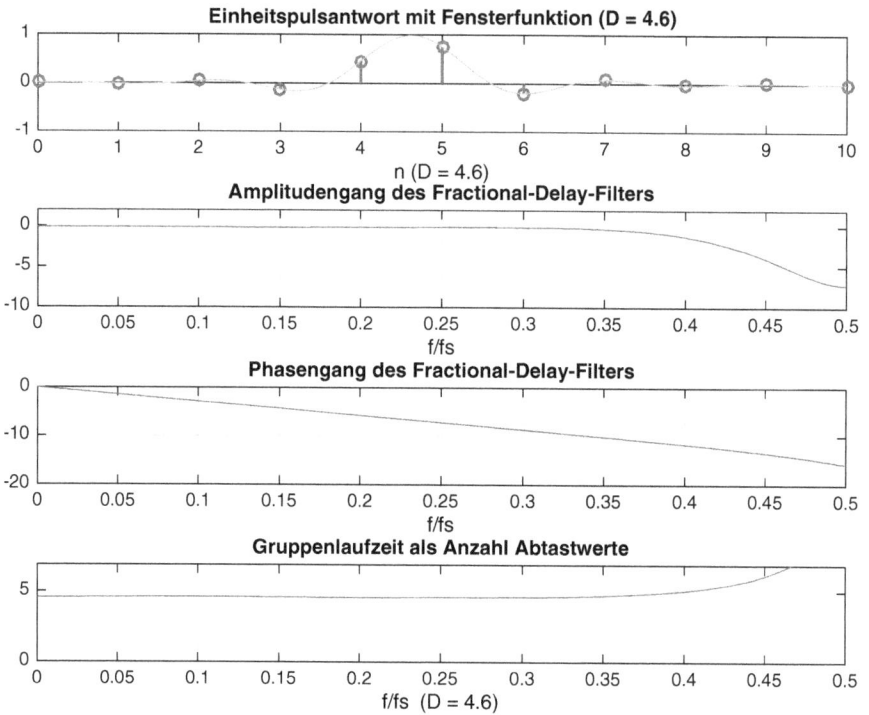

Abb. 4.46. a) Einheitspulsantwort mit Fensterfunktion gewichtet b) Amplitudengang c) Phasengang d) Gruppenlaufzeit (`frac_delay_0.m`)

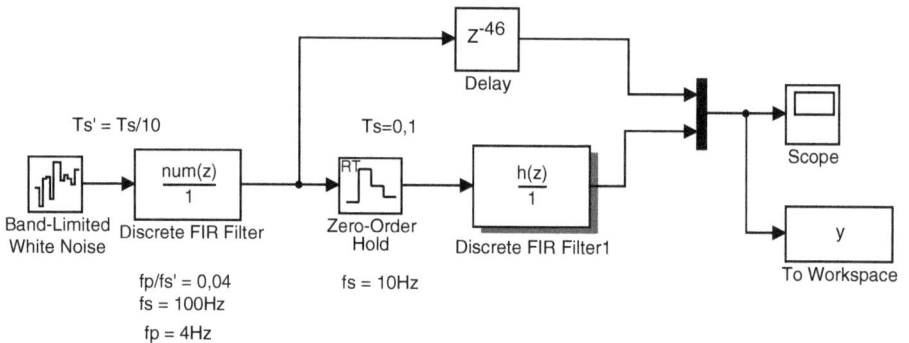

Abb. 4.47. Simulink-Modell, in dem die Fehler des *Fractional-Delay*-Filters untersucht werden (`frac_delay_1.m`)

Es wird eine Verspätung von 4,6 Abtastwerten bei $N = 10$ untersucht. Diese Parameter können vom Leser geändert werden. Das quasikontinuierliche Signal wird mit dem Block *Delay* mit 46 Abtastwerten der Abtastperiode $T_s/10$ verspätet. Diese entspricht einer Verspätung von 4,6 bei der Abtastperiode T_s. Nach der Abtastung mit T_s im Block *Zero-Order Hold* wird die Verspätung von 4,6 mit dem *Fractional-Delay*-Filter realisiert.

Aus der Darstellung der Signale geht hervor, dass die Abtastwerte am Ausgang des Filters nicht genau mit den verspäteten Werten des Eingangssignals übereinstimmen.

In Abb. 4.48 sind oben das verspätete quasikontinuierliche Signal zusammen mit dem verspäteten Signal des *Fractional-Delay*-Filters dargestellt und darunter sind die Differenzen als Fehler an den Stellen der Abtastung gezeigt. Mit der Zoom-Funktion der Darstellung kann man diese Differenzen beobachten.

In der Literatur [32], werden weitere Verfahren zur Entwicklung von *Fractional-Delay*-Filter im Frequenzbereich beschrieben. Sie basieren auf der Minimierung einer Fehlerfunktion, die als Differenz zwischen dem idealen Frequenzgang und dem

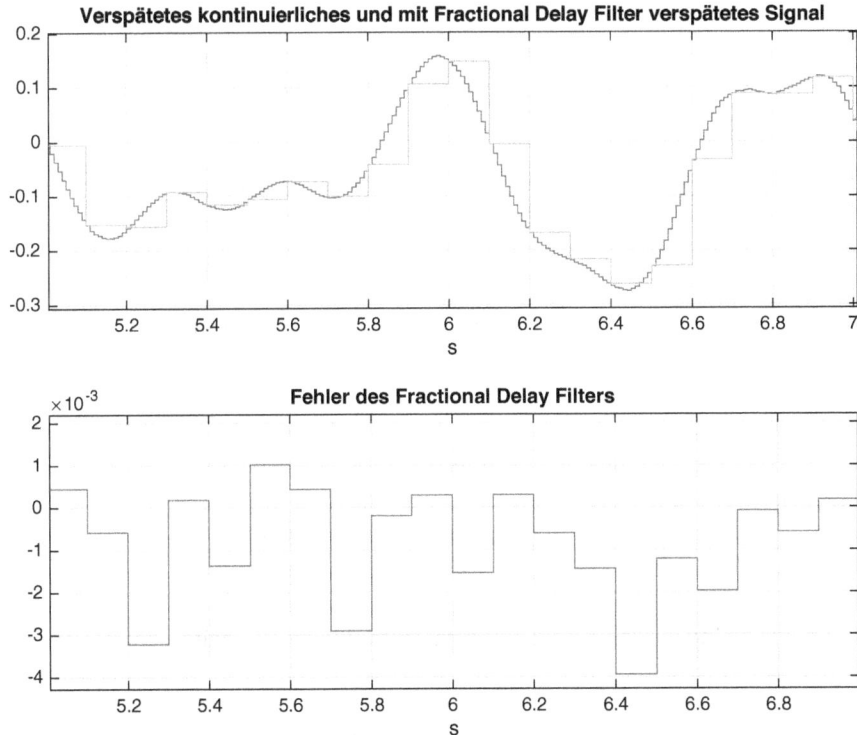

Abb. 4.48. a) Einheitspulsantwort mit Fensterfunktion gewichtet b) Amplitudengang c) Phasengang d) Gruppenlaufzeit (`frac_delay_1.m`, `frac_delay1.slx`)

angenäherten Frequenzgang definiert ist:

$$E(e^{j2\pi f}) = H_{id}(e^{j2\pi f}) - H(ej2\pi f) \tag{4.46}$$

Die Wahl der Fehlernorm beeinflußt das Entwicklungsverfahren. Die üblichen Kriterien sind:

- Minimierung der L_2-Norm der Fehlerfunktion
- Das Kriterium der maximalen Glättung (*maximally-flat*)
- Minimierung der L_∞-Norm (Tschebyschev-Kriterium)

Es sind die gleichen Kriterien, die bei der Entwicklung der allgemeinen Filter mit Optimierungsverfahren angewendet werden.

4.8.2 Entwurf von *Fractional-Delay*-Filter über mathematische Interpolation

Es wird der Entwurf von *Fractional-Delay*-Filter über mathematische Interpolation beschrieben [32]. Ihre Implementierung mittels Polynom-Interpolation erlaubt die Berechnung von Zwischenwerten an beliebigen Stellen zwischen den Abtastwerten. Die Auswertung des Polynoms erfolgt mit dem Horner-Schema [28], welches durch die rekursive Berechnungsvorschrift einen Aufwand erfordert, der nur linear mit dem Grad des Polynoms ansteigt. Diese Filter sind unter dem Namen *Farrow*-Filter bekannt [10, 32].

Die Wahl des Grades für das Interpolationspolynom ist grundsätzlich frei, wobei in der Praxis meistens nur Polynome ersten oder dritten Grades eingesetzt werden. Es wird weiter nur die kubische Interpolation beschrieben, die in MATLAB auch unterstützt wird.

Zur Bestimmung der vier Koeffizienten des Polynoms dritten Grades werden vier Abtastwerte benötigt, die wie in Abb. 4.49 ersichtlich, je zwei links und rechts des zu interpolierenden Wertes angeordnet sind. Der Zeitpunkt des interpolierten Wertes $y[n]$ ist $(n-2) + \Delta$ und der Zeitpunkt n in $y[n]$ soll aus Gründen der Notationsvereinfachung den Zeitpunkt an dem die Berechnung stattfindet angeben und nicht die Lage des interpolierten Wertes.

Wenn die Lagrange-Interpolation benutzt wird, kann man das Interpolationspolynom gemäß Gl. (4.27) und Gl. (4.28) ermitteln. Statt der Variable x_i sind jetzt die Abtastzeitpunkte $n, n-1, n-2, n-3$ bzw. $n-2+\Delta$ einzusetzen.

Der gesuchte interpolierte Wert $y[n]$ zum Zeitpunkt $n-2+\Delta$ wird dann durch

$$y[n] = \sum_{k=n-3}^{n} x[k]l_k[n-2+\Delta] = \sum_{k=0}^{3} x[n-k]h[k] \tag{4.47}$$

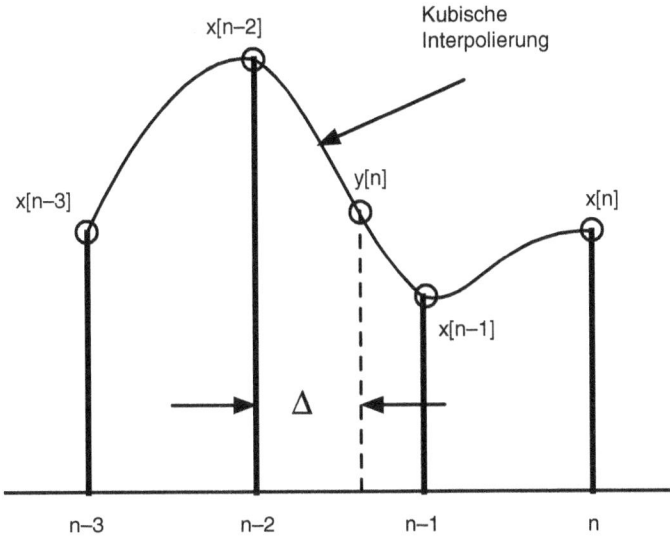

Abb. 4.49. Kubische Interpolation

ermittelt. Diese Gleichung stellt eigentlich eine Faltung der Signalwerte $x[k]$ mit der Einheitspulsantwort eines FIR-Filters mit den Koeffizienten $h[k] = l_{n-k}[n - 2 + \Delta]$ für $k = 0, 1, 2, 3$ dar.

Diese Koeffizienten können für die kubische Interpolierung als Funktion von Δ ermittelt werden. Für $k = n - 3$ erhält man:

$$
\begin{aligned}
l_{(n-3)}[n - 2 + \Delta] &= \frac{((n - 2 + \Delta) - (n - 2))((n - 2 + \Delta) - (n - 1))((n - 2 + \Delta) - n)}{((n - 3) - (n - 2))((n - 3) - (n - 1))((n - 3) - n)} \\
&= \frac{\Delta(\Delta - 1)(\Delta - 2)}{(-1)(-2)(-3)} = \frac{\Delta^3 - 3\Delta^2 + 2\Delta + 0}{-6} \\
&= (-0,1667)\Delta^3 + 0,5\Delta^2 - 0,3333\Delta + 0
\end{aligned}
\tag{4.48}
$$

Ähnlich ergibt sich für $k = n - 2$:

$$
\begin{aligned}
l_{(n-2)}[n - 2 + \Delta] &= \frac{((n - 2 + \Delta) - (n - 3))((n - 2 + \Delta) - (n - 1))((n - 2 + \Delta) - n)}{((n - 2) - (n - 3))((n - 2) - (n - 1))((n - 2) - n)} \\
&= \frac{(\Delta+)(\Delta - 1)(\Delta - 2)}{(1)(-1)(-2)} = \frac{\Delta^3 - 2\Delta^2 - \Delta + 2}{2} \\
&= 0,5\Delta^3 + (-1)\Delta^2 + (-0,5)\Delta + 1
\end{aligned}
\tag{4.49}
$$

Für die restlichen zwei Koeffizienten werden nur die Endergebnisse gezeigt:

$$
\begin{aligned}
l_{(n-1)}[n - 2 + \Delta] &= (-0,5)\Delta^3 + 0,5\Delta^2 + \Delta + 0 \\
l_n[n - 2 + \Delta] &= 0,1667\Delta^3 + 0\Delta^2 + (-0,1667)\Delta + 0
\end{aligned}
\tag{4.50}
$$

Die Koeffizienten der Polynome dritten Grades nach Δ, in einer Matrix $\mathbf{C}$ zusammengefasst, sind:

```
-0.1667    0.5000   -0.3333         0
 0.5000   -1.0000   -0.5000    1.0000
-0.5000    0.5000    1.0000         0
 0.1667         0   -0.1667         0
```

Die Werte $l_k[n - 2 + \Delta]$ für $k = n - 3, n - 2, n - 1, n$ in einem Spaltenvektor $\mathbf{l}$ zusammengefasst, ermitteln sich aus folgender Multiplikation:

$$\mathbf{l} = \mathbf{C}\,\Delta \quad \text{mit} \quad \Delta = [\Delta^3, \Delta^2, \Delta, 1]' \tag{4.51}$$

Der laufende interpolierte Wert $y[n]$ berechnet sich dann durch:

$$y[n] = \Big[x[n - 3], x[n - 2], x[n - 1], x[n]\Big]\,\mathbf{l} = \mathbf{x}\,\mathbf{l} \tag{4.52}$$

In einer Matrixform geschrieben ist der laufende interpolierte Wert $y[n]$ durch

$$y[n] = \mathbf{x}\mathbf{l} = \mathbf{x}\mathbf{C}\Delta = \begin{bmatrix} - & \mathbf{x} & - \end{bmatrix} \begin{bmatrix} | & | & | & | \\ \mathbf{C_1} & \mathbf{C_2} & \mathbf{C_3} & \mathbf{C_4} \\ | & | & | & | \end{bmatrix} \begin{bmatrix} \Delta^3 \\ \Delta^2 \\ \Delta \\ 1 \end{bmatrix} \tag{4.53}$$

gegeben.

Wendet man zur Auswertung der Polynome $l_k[n - 2 + \Delta]$ anstatt der direkten Implementierung der Gl. (4.51) das Horner-Schema an, so erhält man die in Abb. 4.50 dargestellte Filterstruktur, welche nach C.W. Farrow [10] benannt ist. Die Spaltenvektoren $\mathbf{C}_i$, $i = 1, 2, 3, 4$ sind die Spalten der Matrix $\mathbf{C}$ und $\mathbf{x}$ ist ein Zeilenvektor mit den Werten $\mathbf{x} = [x[n - 3], x[n - 2], x[n - 1], x[n]]$.

Die Farrow-Struktur aus Abb. 4.50 hat zwei Eingänge, einmal der laufende Abtastwert $x[n]$ und der Parameter Δ der die Stelle des zu interpolierenden Wertes bestimmt. Dieser kann in jedem Schritt einen neuen Wert annehmen $0 \le \Delta \le 1$, wenn der Abstand der Stützstellen gleich eins angenommen wird.

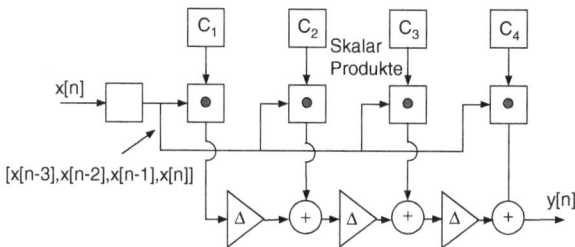

Abb. 4.50. Struktur der kubischen Interpolation mit Farrow-Filter

Im Skript `farrow_1.m` ist eine kubische Interpolation für eine beliebige Verspätung Δ programmiert. Es beginnt mit der Entwicklung des Filters:

```
% Skript farrow_1.m in dem das Beispiel aus Ricardo Losada
% Seite 146 untersucht wird
clear;
del = 0.8;    % Verspätung
Hf_cub = fdesign.fracdelay(del,3);   % Kubische Interpolation
Hcub = design(Hf_cub, 'Lagrange');   % Typ Lagrange
```

Durch

```
>> get(Hcub)
      PersistentMemory: 0
   NumSamplesProcessed: 0
       FilterStructure: 'Farrow Fractional Delay'
                States: [3x1 double]
            Arithmetic: 'double'
             FracDelay: 0.8000
          Coefficients: [4x4 double]
```

erhält man die Eigenschaften des Filterobjekts `Hcub`. Mit

```
% ------- Einheitspulsantwort
C = Hcub.Coefficients
lcub = C*[del^3, del^2, del, 1]';    % Polynom lk
hcub = flipud(lcub)';                % Einheitspulsantwort FIR-Filter
figure(1);    clf;
stem(0:length(hcub)-1, hcub);
title('Einheitspulsantwort des Kubischen-FIR-Filters');
xlabel('Index');    grid on;
```

werden die Koeffizienten aus der Matrix **C** erhalten. Mit Hilfe dieser Matrix werden die Werte $l_k[n-2+\Delta]$, $k = n-3, n-2, n-1, n$ ermittelt. Die Einheitspulsantwort des FIR-Interpolationsfilters `hcub` ist einfach durch diese Werte in umgekehrter Reihenfolge gegeben:

```
hcub =   -0.0480    0.8640    0.2160    -0.0320
```

In Abb. 4.51 ist der Amplitudengang, Phasengang und die Gruppenlaufzeit des Filters dargestellt. Die Gruppenlaufzeit wird mit der Funktion **grpdelay** ermittelt und die Werte sind in Abtastintervallen angegeben.

Der ideale Frequenzgang eines Verzögerungsfilters, das hier das Interpolationsfilter ist, ist ein Allpassfilter mit konstantem Amplitudengang und linearem Phasengang, dessen Ableitung die Verspätung ergibt [32].

Bei niedrigen Frequenzen ist der Frequenzgang des Interpolationsfilters aus Abb. 4.51 dem idealen sehr nahe. Im Bereich mit linearer Phase kann man die

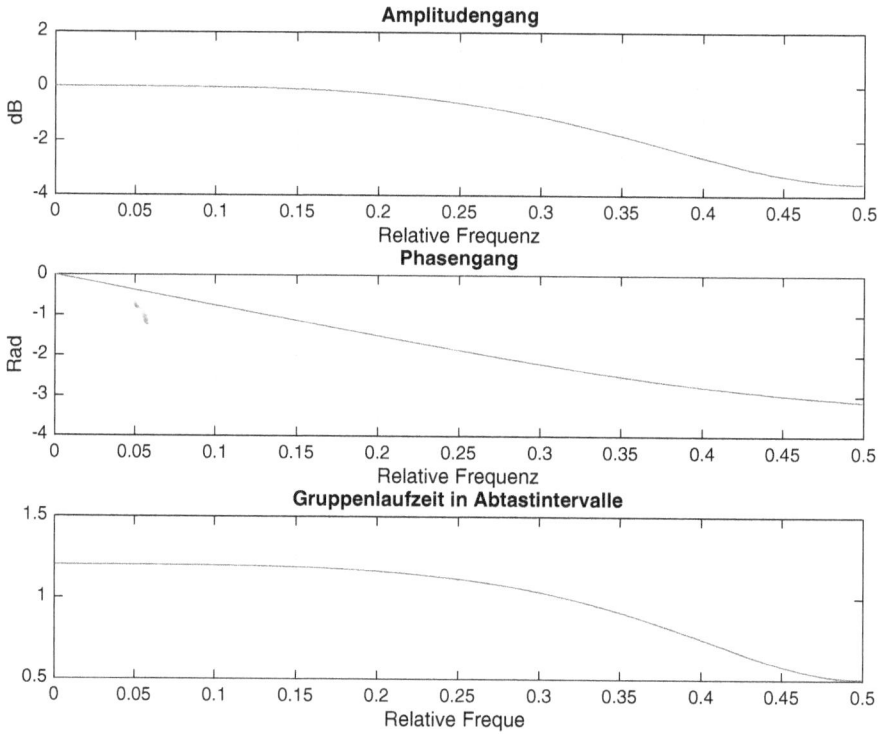

Abb. 4.51. Amplitudengang, Phasengang und Gruppenlaufzeit des Interpolationsfilters (`farrow_1.m`)

Verspätung direkt schätzen. Bei $f/f_s = 0,2$ ist die Phase gleich $-1,5$ rad und daraus folgt eine geschätzte Verspätung gleich:

$$\tau_g = -\frac{d\phi(\omega)}{d\omega} \cong \frac{1.5}{2\pi 0,2} = 1,1937\, T_s \tag{4.54}$$

Die Gruppenlaufzeit bei niedrigen Frequenzen ist gemäß Abb. 4.51 unten gleich $1,2 \cdot T_s$, ein Wert der sehr nahe dem geschätzten Wert ist.

Gemäß Abb. 4.49 ist die Verspätung für die Stelle der Interpolation mit $\Delta = 0,8$ gleich:

$$\tau_i = (1 + (1 - \Delta))\, T_s = (2 - \Delta)\, T_s = 1,2\, T_s \tag{4.55}$$

4.8.3 Verzögerung mit einem Farrow-Filter

Wie im vorherigen Abschnitt gezeigt, können Farrow-Filter zur Verzögerung um nicht ganzzahlige Abtastperioden eingesetzt werden. Im Skript `farrow_2.m` wird ein

Verzögerungsexperiment programmiert. Hier wird auch ein Filter-Block automatisch mit der Funktion `realizemdl` im Simulink-Modell `farrow2.slx` erzeugt und die Filterung für die Verzögerung durchgeführt.

Am Anfang wird, wie im Skript `farrow_2.m`, das *Fractional-Delay*-Filter entwickelt und die Einheitspulsantwort bzw. der Frequenzgang dargestellt. Danach wird in MATLAB die Filterung eines bandbegrenzten Signals realisiert:

```
. . . . . .
% ------- Beispiel für eine Filterung mit Fractional-Delay-Filter
Ts = 2;        Tfinal = 500;
t = 0:Ts:Tfinal-Ts;
nt = length(t);
% ------- Bandbegrenztes Eingangssignal
randn('seed', 9375);
noise = randn(1,nt);
nord = 128;
x = filter(fir1(nord,0.1), 1, noise);   % Eingangssignal
% ------- Fractional-delay Filterung
y = filter(hcub, 1, x);
figure(3);   clf;
nd = 100:110;
subplot(211), stem(t(nd), x(nd));
   hold on;
   stem(t(nd), y(nd), 'r*');
   title(['Kubische Lagrange Interpolation mit den Werten an den
           Berechnungsstellen',...
    ' (Delta = ',num2str(del),' )']);
   xlabel(['Zeit in s (Ts = ',num2str(Ts),' s)']);        grid on;
   hold off
subplot(212), stem(t(nd), x(nd));
   hold on;
   stem(t(nd)-(2*Ts-del*Ts), y(nd), 'r*')
   title(['Kubische Lagrange Interpolation mit den Werten korrekt platziert',...
    ' (Delta = ',num2str(del),' )']);
   xlabel(['Zeit in s (Ts = ',num2str(Ts),' s)']);        grid on;
   hold off
```

Dazu wird die Einheitspulsantwort des Filters (`hcub`) mit der Filterfunktion `filter` eingesetzt. Abb. 4.52 zeigt oben die Abtastwerte des ursprünglichen Signals (mit kleinen Kreisen gekennzeichnet) und die interpolierten Werte (mit * gekennzeichnet), die an den Stellen platziert sind, an denen sie berechnet wurden.

Darunter in Abb. 4.52 sind die interpolierten Werte mit der entsprechenden Verspätung ($T_s(1+\Delta)$) zu den Abtastwerten platziert.

Der Leser sollte mit verschiedenen Verspätungen die Simulation starten, z.B. mit einem sehr kleinen Wert für `del = 0.1` ($\Delta = 0, 1$) und danach mit einem größeren Wert `del = 0.9`, um die Unterschiede zu beobachten und zu interpretieren.

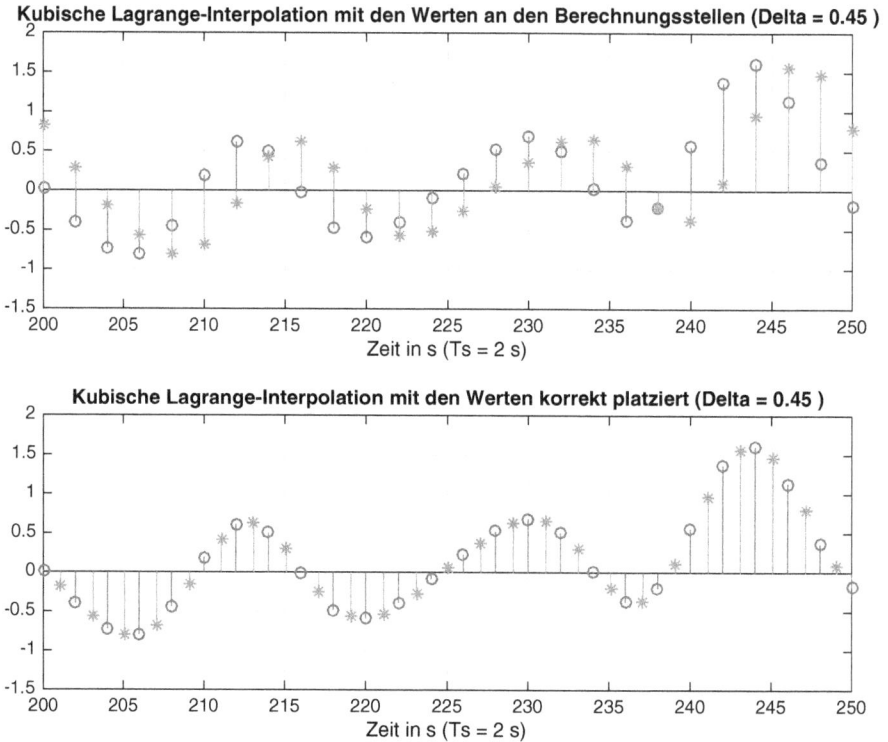

Abb. 4.52. a) Interpolierte Werte an Stelle der Berechnung b) Interpolierte Werte an korrekter Stelle platziert (`farrow_2.m`, `farrow2.slx`)

Am Ende des Skripts wird automatisch der Simulink-Block des Filters mit dem Befehl `realizemdl` erzeugt und die Filterung über das Simulink-Modell `farrow2.slx` (Abb. 4.53) durchgeführt.

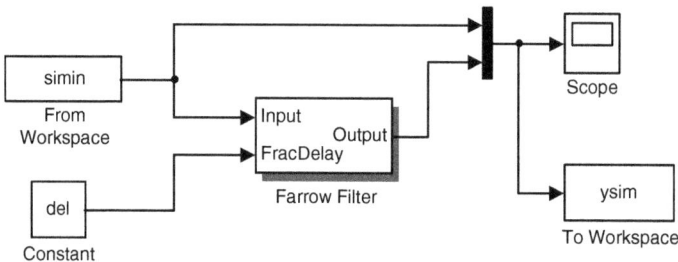

Abb. 4.53. Simulink-Modell mit Farrow-Filter-Block, der automatisch erzeugt wird (`farrow_2.m`, `farrow2.mdl`)

Es wird die gleiche Anregung über den Block *From Workspace* angelegt. Die Signale werden in der Senke *To Workspace* als *Timeseries* zwischengespeichert und im Skript ihre Darstellung erzeugt.

```
% -------- Erzeugung eines Modells
realizemdl(Hcub, 'Destination', 'current', 'OverwriteBlock', 'on',...
    'Blockname','Farrow Filter');
% -------- Aufruf der Simulation
simin = [t', x'];       % Anregung im Simulink-Modell farrow2.mdl
sim('farrow2', [0, Tfinal]);
ts = ysim.Time;
xs = ysim.Data(:,1);
ys = ysim.Data(:,2);
figure(4);    clf;
subplot(211), stairs(ts, xs);
hold on;       stairs(ts,  ys, 'r');
title(['Kubische Lagrange-Interpolation mit den Werten an den ',...
' Berechnungsstellen (Delta = ',num2str(del),' )']);
xlabel(['Zeit in s (Ts = ',num2str(Ts),' s)']);    grid on;
hold off
subplot(212), stairs(ts, xs);
hold on;       stairs(ts -Ts*(1+del),  ys, 'r');
axis tight;
title(['Kubische Lagrange-Interpolation mit den Werten korrekt ',...
    ' platziert (Delta = ',num2str(del),' )']);
xlabel(['Zeit in s (Ts = ',num2str(Ts),' s)']);    grid on;
hold off
```

Abb. 4.54 zeigt oben das ursprüngliche und interpolierte Signal, letzteres platziert an den Stellen wo es berechnet wird (ohne Verspätung). Darunter sind dieselben Signale dargestellt, wobei das interpolierte Signal korrekt mit Ts(1+del) verspätet wird.

4.8.4 Abtastfrequenzänderung mit einem Farrow-Filter

Als eine weitere Anwendung der Farrow-Filter soll die Abtastfrequenzänderung mit einem rationalen, aber prinzipiell beliebigen Faktor untersucht werden. In diesem Beispiel wird eine Dezimierung der Abtastfrequenz mit dem Faktor 3/5 gewählt, welche dazu führt, dass anders als beim vorherigen Beispiel die Abstände Δ der zu interpolierenden Werte zu den bekannten Abtastwerten in jeder Abtastperiode unterschiedlich sind und in manchen Abtastzeitpunkten gar keine Werte zu interpolieren sind.

Im Skript farrow_3.m wird das Experiment programmiert und dazu das MATLAB-Objekt **fdesign.polysrc** verwendet. Dieses erzeugt ein *Fractional-Delay*-Filter mit Farrow-Struktur, speziell für eine Abtastfrequenzänderung mit dem Faktor

Kubische Lagrange-Interpolation mit den Werten an den Berechnungsstellen (Delta = 0.45)

Zeit in s (Ts = 2 s)

Kubische Lagrange-Interpolation mit den Werten korrekt platziert (Delta = 0.45)

Zeit in s (Ts = 2 s)

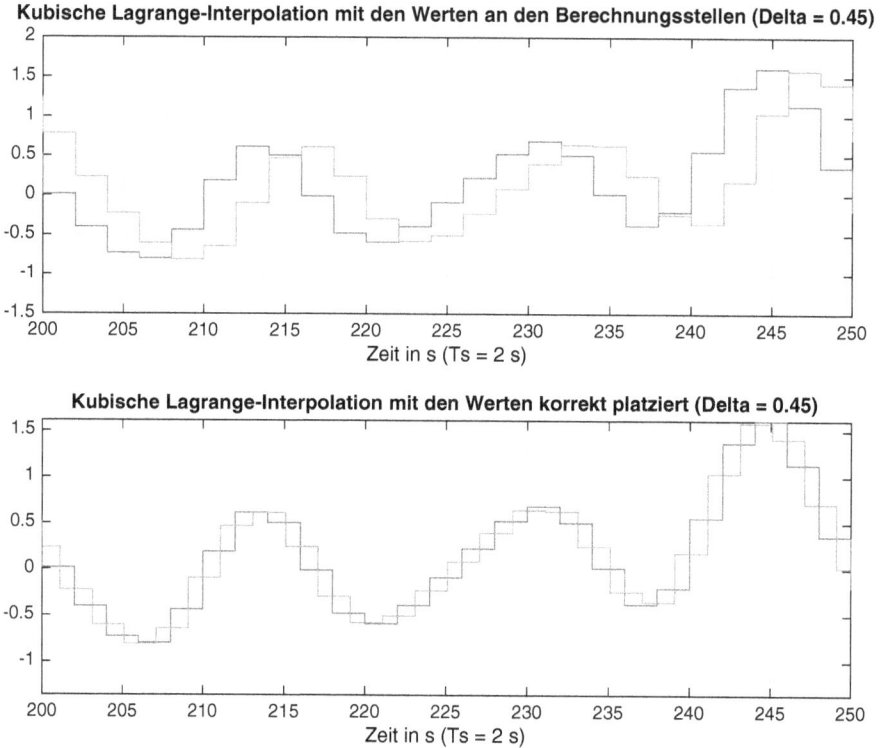

Abb. 4.54. a) Interpoliertes Signal platziert an Berechnungsstellen b) Interpoliertes Signal korrekt verspätet (`farrow_2.m`, `farrow2.slx`)

L/M. Als Argumente sind der Interpolationsfaktor $L = 3$ und der Dezimierungsfaktor $M = 5$ anzugeben.

Mit dieser Funktion wird ein *Fractional-Delay*-Filter entwickelt, bei dem die Verspätung für jeden Schritt geändert wird. Die nötigen Verspätungen werden mit

$$\Delta_m = \left(\frac{m f_s}{f'_s} \bmod 1 \right) \quad \text{für} \quad m = 0, 1, 2, 3, \dots \qquad (4.56)$$

berechnet [30]. Die Verspätungen sind dann $\Delta_1 = 0$, $\Delta_2 = 2/3$ danach eine Abtastperiode ohne Zwischenwert und schließlich $\Delta_3 = 1/3$. In Abb. 4.55 sind die zu interpolierenden Zwischenwerte im Raster der ursprünglichen Abtastwerte mit einem Kreuz gekennzeichnet dargestellt.

```
% Skript farrow_3.m in dem ein Farrow-Filter
% mit veränderlicher Verspätung untersucht wird
clear;
% ------- Entwicklung des Filters
L = 3;   M = 5;               % Abtastrate Änderungsparameter
f = fdesign.polysrc(L,M);     % Filter-Objekt
```

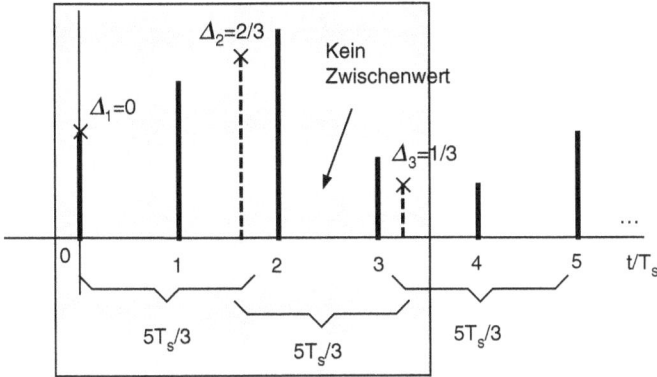

Abb. 4.55. Platzierung der interpolierten Zwischenwerte für $f_s' = 3f_s/5$

```
f.PolynomialOrder = 3;          % Kubische-Interpolation
H = design(f, 'lagrange');      % Filter Entwurf

% ------- Beispiel für eine Filterung
Ts = 2;         Tfinal = 500;
t = 0:Ts:Tfinal-Ts;
nt = length(t);
% ------- Bandbegrenztes Eingangssignal
randn('seed', 9375);
noise = randn(1,nt);
nord = 128;
x = filter(fir1(nord,0.1), 1, noise);   % Eingangssignal
% ------- Fractional-delay Filterung
y = filter(H, x);                        % Ausgangssignal mit Ts' = 5Ts/3
ny = length(y);
figure(1);    clf;
subplot(211), stem(t, x);        hold on;    plot(t, x);
stem((0:ny-1)*5*Ts/3-2*Ts, y,'r*');
.....
```

Abb. 4.56 zeigt einen Ausschnitt der Signale aus der Simulation (mit der Zoom-Funktion extrahiert). Mit „o" sind die Abtastwerte des Eingangssignals und mit „*" sind die interpolierten Werte gekennzeichnet. Die Sequenzen des interpolierten Signals wiederholen sich, so dass in fünf Perioden des ursprünglichen Eingangssignal drei Perioden des interpolierten Signals enthalten sind.

Im Skript `farrow_4.m` wird eine Abtastratenänderung von 44,1 kHz auf 48 kHz simuliert. Dazu wird klassisch ein Faktor $L = 480$ für die Interpolation und ein Faktor $M = 441$ für die Dezimation benutzt.

Bei der Lösung mit Farrow-Filter ändern sich ständig die eingesetzten Verspätungen gemäß Gl. (4.56) und deren Periodizität ist analytisch nicht so einfach zu bestimmen. In MATLAB ist es aber sehr einfach. Mit

Signal und interpoliertes Signal mit Ts' = 5Ts/3

Signal und interpoliertes Signal mit Ts' = 5Ts/3 (Ausschnitt)

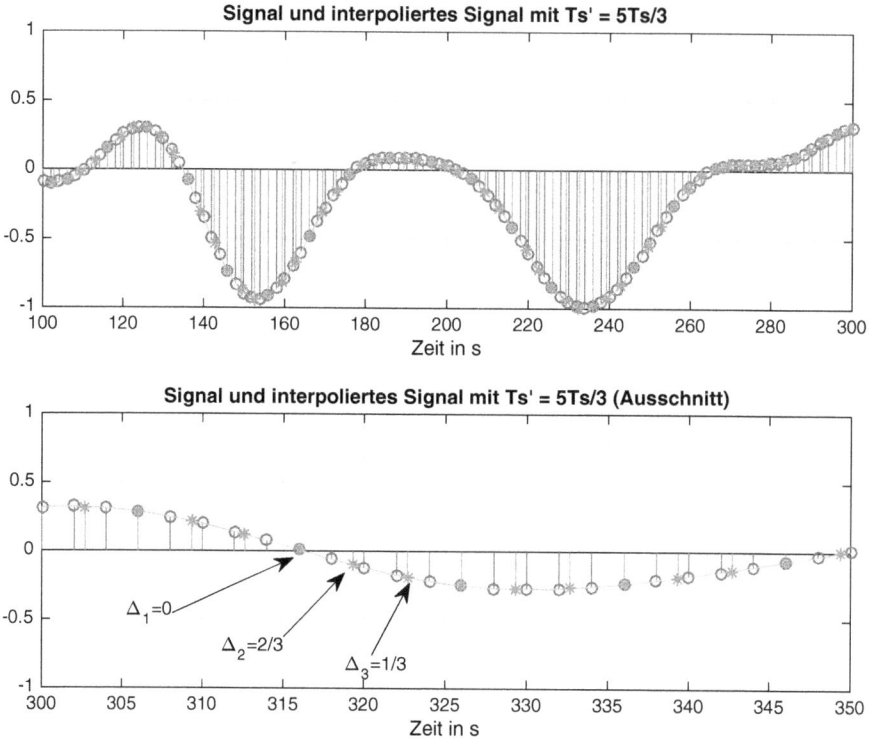

Abb. 4.56. Ursprüngliche Abtastwerte ‚o' und interpolierte Abtastwerte ‚*' mit $T_s' = 5T_s/3$ (`farrow_3.m`)

```
m = 0:1000;
del = mod(m*L/M, 1);      % Verspätungen
k = find(del == 0)
k = 1   148   295   442   589   736   883
```

erhält man numerisch die Periodizität von 147 für die Werte der Verspätungen.

Wie in Abschnitt 4.8.2 dargestellt, ist die Matrix **C** einzig und allein durch den Grad des Lagrange-Polynoms (hier drei) bestimmt und nicht von den Werten Δ abhängig.

Die Eigenschaften des für diese Abtastfrequenzänderung entwickelte `fdesign`-Objekt erhält man mit:

```
>> get(H)
        PersistentMemory: 0
     NumSamplesProcessed: 220
         FilterStructure: 'Farrow Sample-Rate Converter'
                  States: [3x1 double]
              Arithmetic: 'double'
            Coefficients: [4x4 double]
       InterpolationFactor: 480
          DecimationFactor: 441
```

und die Koeffizienten der Matrix **C** erhält man mit `>>H.Coefficients`.

Gegenüber der klassischen Lösung der Abtastfrequenzänderung über eine Interpolierung mit $L = 480$ gefolgt von einer Dezimierung mit $M = 441$ ist der Aufwand bei Verwendung des Farrow-Filters gemäß Abb. 4.50 deutlich geringer. Für letzteres benötigt man für jeden Abtastwert 4×4 Multiplikationen und 4×4 Additionen zur Berechnung der Skalarprodukte zwischen den Spaltenvektoren der Matrix **C** und dem Zeilenvektor des Eingangssignals sowie weitere drei Multiplikationen und drei Additionen für die Durchführung des Horner-Schemas zur Berücksichtigung von Δ. Das sind insgesamt 19 Multiplikationen und 19 Additionen, ein Wert der selbst beim Einsatz von Polyphasenfilter in der klassischen Abfolge von Interpolation und Dezimation nicht erreichbar ist. Es darf aber nicht verschwiegen werden, dass die kubische Interpolation auf einer Annäherung der idealen Interpolationsfunktion $\sin(x)/x$ mit einem Polynom dritten Grades beruht und von Fall zu Fall zu bewerten ist, ob die erzielte Interpolationsgüte ausreichend ist.

4.9 Entwurf der *Interpolated*-FIR Filter

Die *Interpolated*-FIR Filter (kurz IFIR-Filter) [11, 34] werden für die Realisierung von Tiefpassfiltern mit sehr kleiner Bandbreite und von Hochpassfiltern mit sehr großer Bandbreite und steilem Übergangsbereich eingesetzt, weil sie weniger Koeffizienten und somit eine reduzierte Anzahl von Multiplikationen im Vergleich zu den konventionellen FIR-Filtern benötigen.

Beim klassischen Filterentwurf steigt die Anzahl der Koeffizienten mit der Steilheit des Übergangsbereichs und Reduzierung der Bandbreite. Bei den IFIR-Filtern wird zuerst ein FIR-Filter mit einer Übergangsbandbreite entwickelt, die um den Faktor L größer als der gewünschte Wert ist. Ein solches Filter wird relativ wenige Koeffizienten benötigen. Danach werden die Koeffizienten mit $L - 1$ Zwischen-Nullwerten expandiert, was eine Vergrößerung der Anzahl der Koeffizienten bedeutet, mit dem Vorteil, dass sich die Anzahl der notwendigen Multiplikationen nicht ändert. Die Expansion im Zeitbereich führt zu einer Stauchung des Frequenzgangs, so dass die ursprünglichen Spezifikationen erfüllt werden, ohne die Anzahl der Multiplikationen zu erhöhen.

Die Expansion der Koeffizienten hat allerdings den Nachteil, dass im Frequenzbereich $f/f_s = 0$ bis $f/f_s = 1$ genau $L - 1$ zusätzliche, gestauchte Repliken des gewünschten Frequenzgangs erscheinen. Diese Repliken werden danach mit einem sogenannten *Image-Suppressing*-Filter unterdrückt. Da die Repliken im Abstand f_s/L liegen, reicht in der Regel ein Filter mit einem relativ breiten Übergangsbereich zu ihrer Unterdrückung aus. Damit benötigt man für das *Image-Suppressing*-Filter nur wenige Koeffizienten und man erhält insgesamt eine Einsparung verglichen mit dem klassischen Entwurf.

Das zu expandierende Filter der Übertragungsfunktion $H(z)$, die durch

$$H(z) = h_0 + h_1 z^{-1} + h_2 z^{-2} + \cdots h_m z^{-m} \tag{4.57}$$

gegeben ist, wird durch die Expandierung mit $L - 1$ Nullwerten zu einer Übertragungsfunktion $H(z^L)$ führen:

$$H_{exp}(z) = h_0 + h_1 z^{-L} + h_2 z^{-2L} + \ldots h_m z^{-mL} = H(z^L) \tag{4.58}$$

Zu bemerken ist, dass bei der Implementierung der IFIR-Filter die beiden Filter separat implementiert werden müssen, weil nur so die Einsparung in der Anzahl der Multiplikationen zustande kommt. Wenn man die Einheitspulsantworten der beiden Filter falten würde, um nur ein Filter zu erhalten, dann gäbe es keine Nullkoeffizienten mehr. Das Gesamtfilter hätte in dieser Form die Länge des expandierten Filters plus die Länge des *Image-Suppressing*-Filters. Im Programm ifir_1.m wird das Prinzip der IFIR-Filter an einem Beispiel erläutert. Es wird angenommen, dass ein IFIR-Tiefpassfilter mit der relativen Durchlassfrequenz fp=0.05, der relativen Sperrfrequenz fs=0.065, der Dämpfung im Sperrbereich von 75 dB und einer Welligkeit im Durchlassbereich kleiner als 0.025 dB gewünscht ist. Zunächst wird das zu expandierende Filter mit einer Durchlassfrequenz von fp*L und einer Sperrfrequenz von fs*L spezifiziert und mit der Funktion **firpm** entworfen:

```
L = 5;                    nord_exp = 50;
h=firpm(nord_exp,[0,fp*L,fs*L,0.5]*2,[1,1,0,0],[1,10]);
```

Die Ordnung des Filters und die Wichtigkeit des Durchlass- und des Sperrbereichs werden durch Versuche bestimmt. Abb. 4.57 zeigt oben den Amplitudengang dieses Filters in linearen Koordinaten und in Abb. 4.58 oben ist derselbe Amplitudengang in logarithmischen Koordinaten dargestellt.

Durch Expandierung der Koeffizienten dieses Filters mit je $L - 1$ Nullwerten

```
hexp=zeros(1,length(h)*L);
hexp(1:L:end)=h;
```

erhält man die Koeffizienten des expandierten Filters, dessen Frequenzgang die $L - 1 = 4$ inneren Spiegelungen (*Images*) zwischen $f/f_s = 0$ und $f/f_s = 1$ enthält. Diese sind im mittleren Diagramm der Abb. 4.57 und Abb. 4.58 zu sehen. Der ursprüngliche Frequenzgang (in der Umgebung von $f = 0$ und $f = f_s$) ist gestaucht und erfüllt jetzt die Spezifikationen. Mit

```
nord_image = 60;
himage = firpm(60, [0,fp,2.7*fp,0.5]*2, [1,1,0,0],[10,1]);
```

wird das *Image-Suppressing*-Filter spezifiziert und entworfen. Sein Amplitudengang ist im mittleren Diagramm der Abb. 4.57 bzw. Abb. 4.58 zusammen mit dem Amplitudengang des expandierten Filters dargestellt. Eine andere Form für das *Image-Suppressing*-Filter

Das zu expandierende Filter

Expandiertes und Image-Suppressing-Filter

Amplitudengang des Gesamtfilters

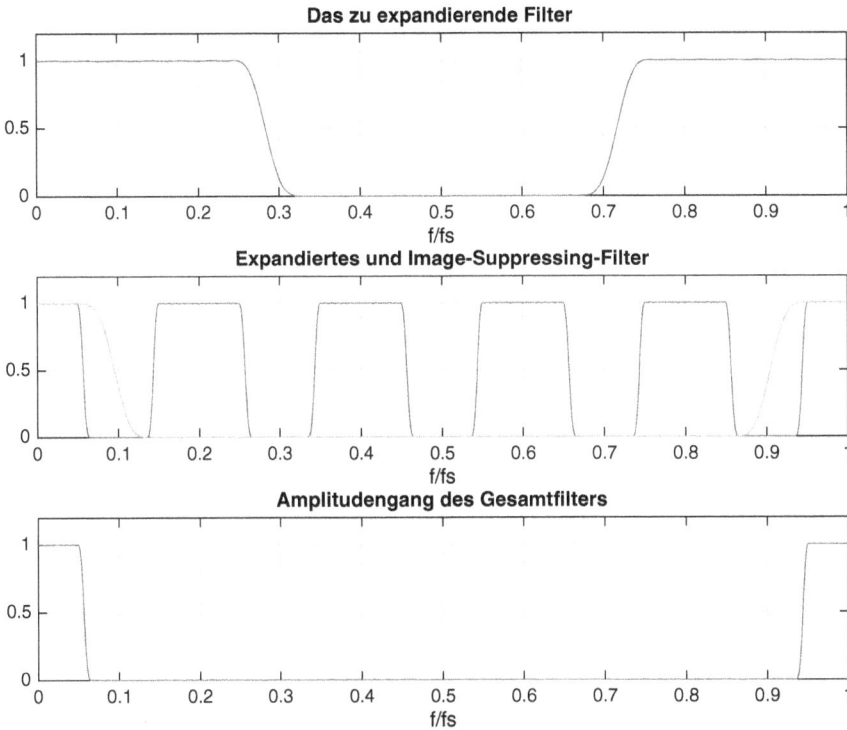

Abb. 4.57. Amplitudengang des zu expandierenden-, des expandierten- und des Image-Suppressing-Filters (ifir_1.m)

```
nord_image = 60;
himage = firpm(60, [0,fp, 2.7*fp, 5.2*fp, 6.6*fp, 0.5]*2,...
    [1,1,0,0,0,0],[10,1,1]);
```

enthält einen nicht näher spezifizierten Bereich (*don't-care*-Bereich) in der Zone, in der das expandierte Filter von sich aus gute Dämpfung realisiert. Die Amplitudengänge des Gesamtfilters sind in den unteren Diagrammen der Abb. 4.57 bzw. Abb. 4.58 linear und logarithmisch dargestellt.

Das Gesamtfilter benötigt 51 Multiplikationen für das expandierte Filter der Ordnung 50 und 61 Multiplikationen für das *Image-Suppressing*-Filter, insgesamt also 112 Multiplikationen. Um die Ersparnis in der Anzahl der notwendigen Multiplikationen hervorzuheben, wird mit

```
nord = 240;
hkonv = firpm(nord, [0,fp,fs,0.5]*2,[1,1,0,0],[1,10]);
```

ein konventionelles FIR-Filter so entworfen, dass dieselben Spezifikationen erfüllt werden. Durch Versuche ergibt sich eine erforderliche Filterordnung von 240, entsprechend 241 Multiplikationen. Abb. 4.59 zeigt Ausschnitte des Amplitudengangs

Das zu expandierende Filter (logarithmische Koordinaten)

Expandiertes und Image-Suppressing-Filter

Amplitudengang des Gesamtfilters

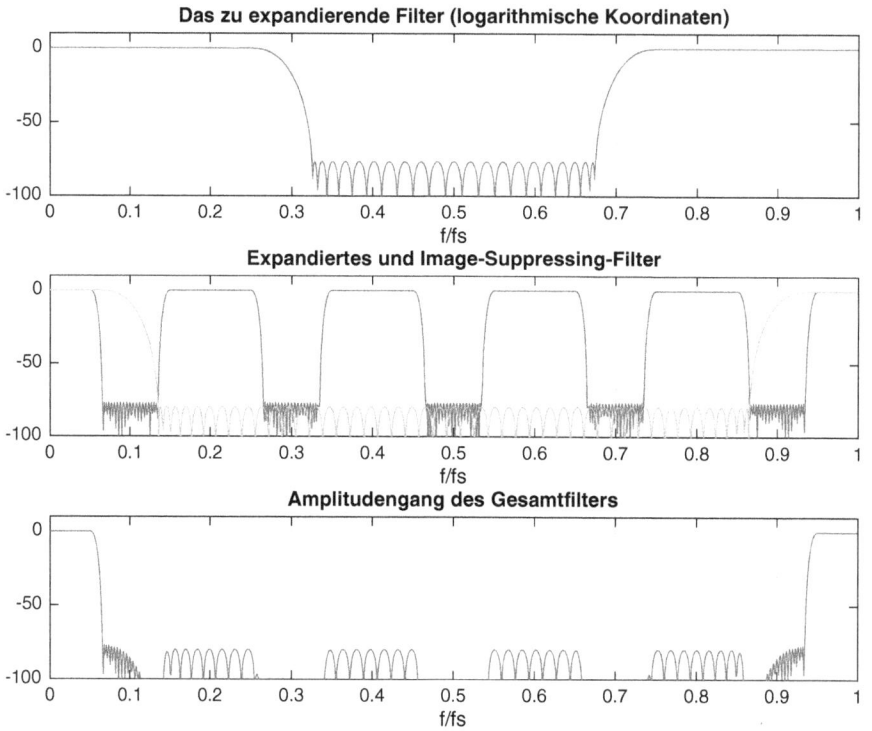

Abb. 4.58. Logarithmischer Amplitudengang des zu expandierenden-, des expandierten- und des Image-Suppressing-Filters (ifir_1.m)

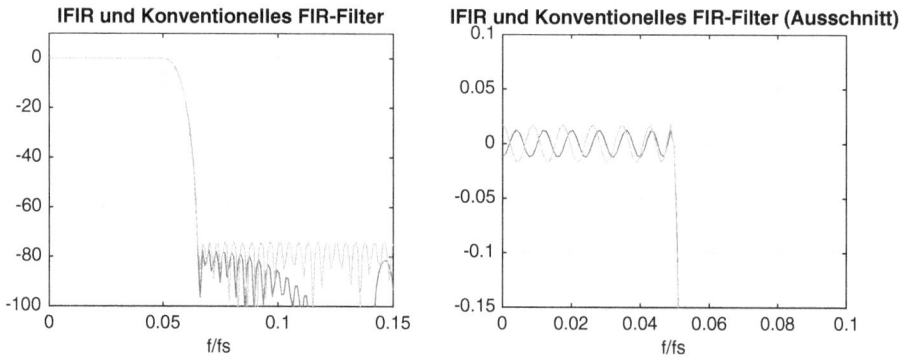

IFIR und Konventionelles FIR-Filter

IFIR und Konventionelles FIR-Filter (Ausschnitt)

Abb. 4.59. Logarithmischer Amplitudengang des IFIR- und des konventionellen FIR-Filters (Ausschnitte) (ifir_1.m)

des IFIR- und des konventionellen FIR-Filters, um die Erfüllung der Spezifikationen durch beide Filter zu dokumentieren.

In der *DSP-System-Toolbox* gibt es die Funktion `ifir` mit deren Hilfe man *Interpolated*-FIR-Filter entwickeln kann. Sie liefert das expandierte und das *Image-Suppressing*-Filter. Als Beispiel wird ein IFIR-Hochpassfilter mit einer relativ niedrigen Durchlassfrequenz (hohe Bandbreite) entworfen, das in einer konventionellen Entwicklung zu einer großen Anzahl von Koeffizienten führen würde. Im Programm `ifir_high1.m` wird ein IFIR-Hochpassfilter mit der Sperrfrequenz `fs=0.06` und der Durchlassfrequenz `fp=0.075` entwickelt. Die Funktion ermittelt eigentlich ein komplementäres IFIR-Tiefpassfilter, so dass die parallele Zusammensetzung, wie in Abb. 4.60 gezeigt, mit einer reinen Verzögerung zu dem gewünschten Hochpassfilter führt.

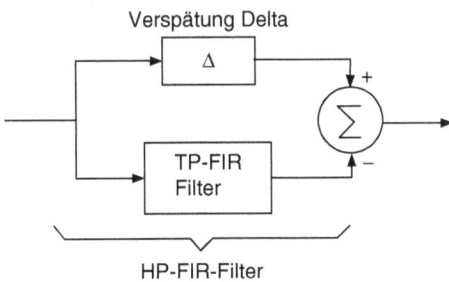

Abb. 4.60. Bildung des FIR-Hochpassfilters mit Hilfe des komplementären FIR-Tiefpassfilters

Mit folgenden Skriptzeilen werden das expandierte FIR-Tiefpassfilter `hup` und das *Image-Suppressing*-Filter `hsupp` ermittelt:

```
L = 5;
[hup, hsupp, d]=ifir(L, 'high',[fs, fp]*2,[0.0001, 0.001]);
disp(['Verzoegerung fuer den parallelen Pfad = ',...
    num2str(length(d)-1)]);
```

Das dritte Argument `d` ist ein Vektor, der aus Nullwerten und einem Wert eins besteht, so dass `length(d)-1` die Verzögerung für die parallele Zusammensetzung ergibt.

Abb. 4.61 zeigt links oben den Amplitudengang des expandierten Tiefpassfilters und darunter das *Image-Suppressing*-Filter, die zusammen in Reihe geschaltet zu einem IFIR-Tiefpassfilter führen, dessen Amplitudengang rechts oben dargestellt ist. Die Differenz der Signale am Ausgang des IFIR-Tiefpassfilters und am Ausgang der angegebenen Verzögerung führt zu einem Hochpassfilter, dessen Amplitudengang rechts unten dargestellt ist.

Im Skript werden auch die Einheitspulsantworten der beiden Filter dargestellt und die Anzahl der von null verschiedenen Koeffizienten ermittelt: 59 für das expandierte Filter und 65 für das *Image-Suppressing*-Filter.

Mit dem Skript `ifir_high_2.m` und Modell `ifir_high2.slx`, das in Abb. 4.62 dargestellt ist, wird eine IFIR-Hochpass-Struktur gemäß Abb. 4.60 simuliert. Es

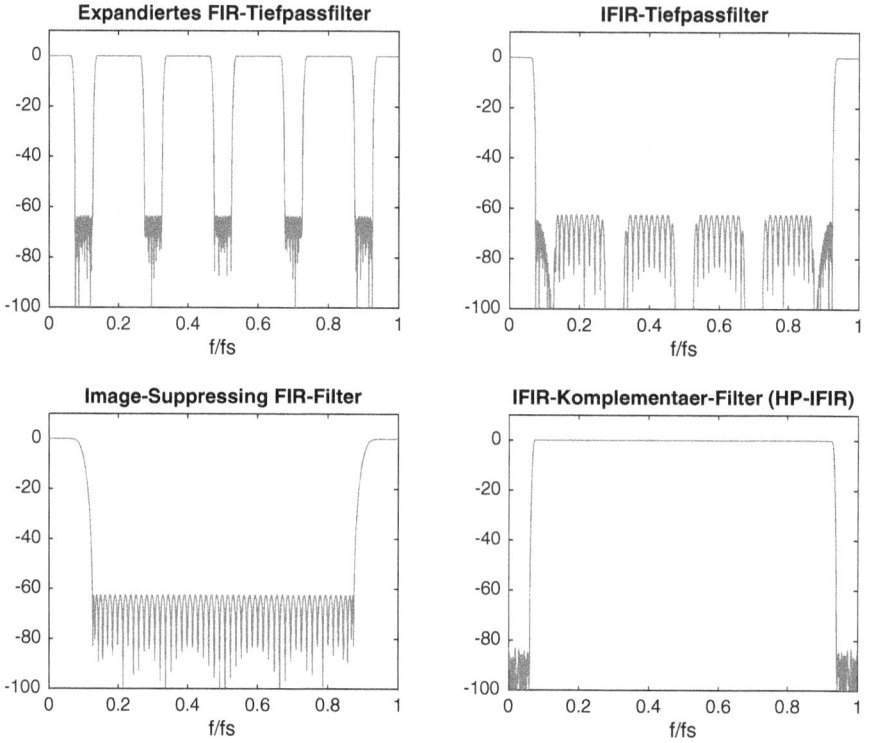

Abb. 4.61. Expandiertes FIR-Tiefpassfilter, Image-Suppressing-Tiefpassfilter, IFIR-Tiefpass- und komplementäres IFIR-Hochpassfilter (`ifir_high1.m`)

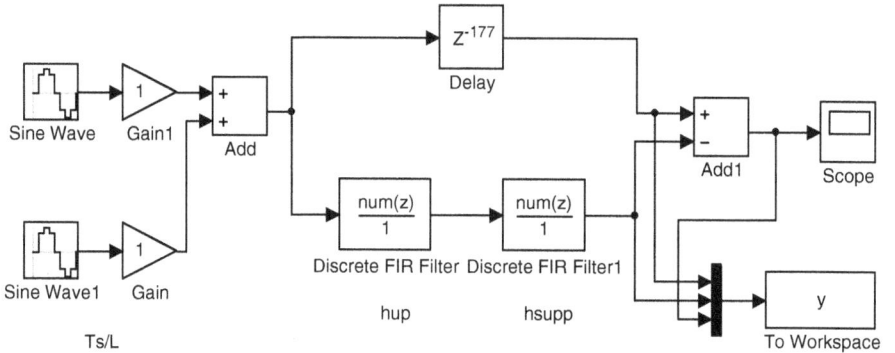

Abb. 4.62. Simulink-Modell der Untersuchung des ifir-Hochpassfilters (`ifir_high_2.m`, `ifir_high2.slx`)

Amplitudengang des IFIR-Tiefpassfilters

Amplitudengang des IFIR-Hochpass-Struktur

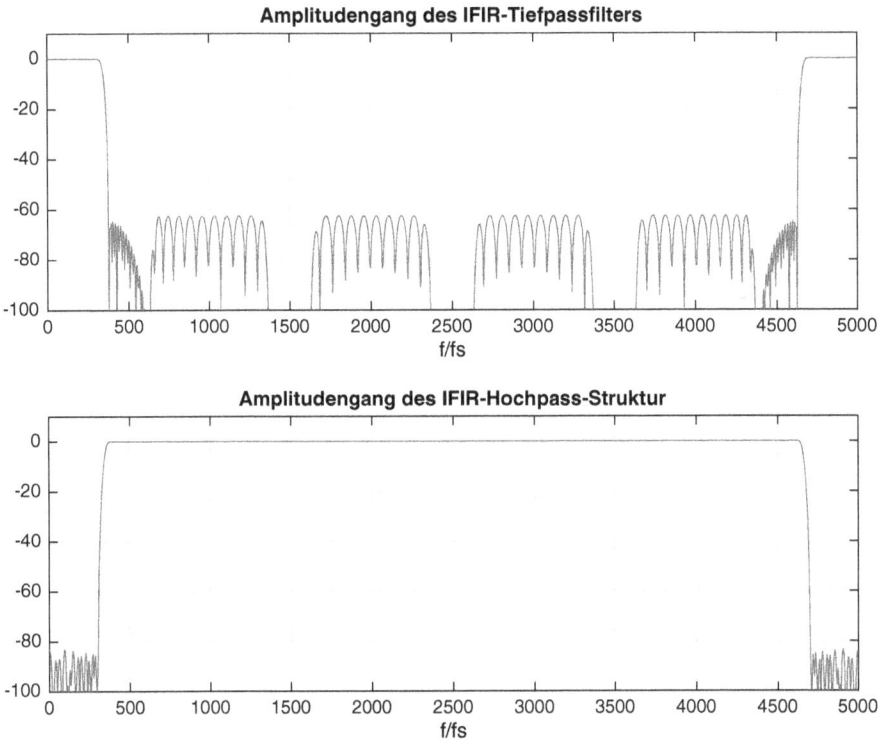

Abb. 4.63. Amplitudengang des ifir-Tiefpassdilters und der ifir-Hochpass-Struktur (`ifir_high_2.m`, `ifir_high2.slx`)

werden am Anfang die gleichen Filter wie im Skript `ifir_high1.m` entwickelt und hier für eine Abtastfrequenz f_s = 1000 Hz konkretisiert. Bei L = 5 ist dann die Abtastfrequenz für das expandierte und das *Image-Suppressing*-Filter gleich Lf_s = 5000 Hz.

Um leichter die Frequenzen der zwei Generatoren zu wählen sind in Abb. 4.63 nochmals die Amplitudengänge des ifir-Tiefpassfilters und der IFIR-Hochpass-Struktur mit absoluten Frequenzen in den Abszissen dargestellt. Aus dieser Darstellung kann man für das IFIR-Tiefpassfilter eine Durchlassfrequenz von ca. 320 Hz und für die IFIR-Hochpass-Struktur eine Durchlassfrequenz von ca. 375 Hz schätzen. Die zwei gewählten Frequenzen für die Generatoren am Eingang mit `fg1` = 200 Hz und `fg2` = 600 Hz ergeben ein Signal im Sperrbereich der IFIR-Hochpass-Struktur und ein Signal im Durchlassbereich dieser Struktur.

Das Signal der Frequenz 200 Hz liegt im Durchlassbereich des IFIR-Tiefpassfilters und wird am Ausgang durch die Differenzbildung im Block *Add1* unterdrückt.

Wenn man die Einheitspulsantwort des expandierten Filters nicht negiert `hup = -hup;`, dann muss man den Ausgang der IFIR-Hochpass-Struktur durch eine

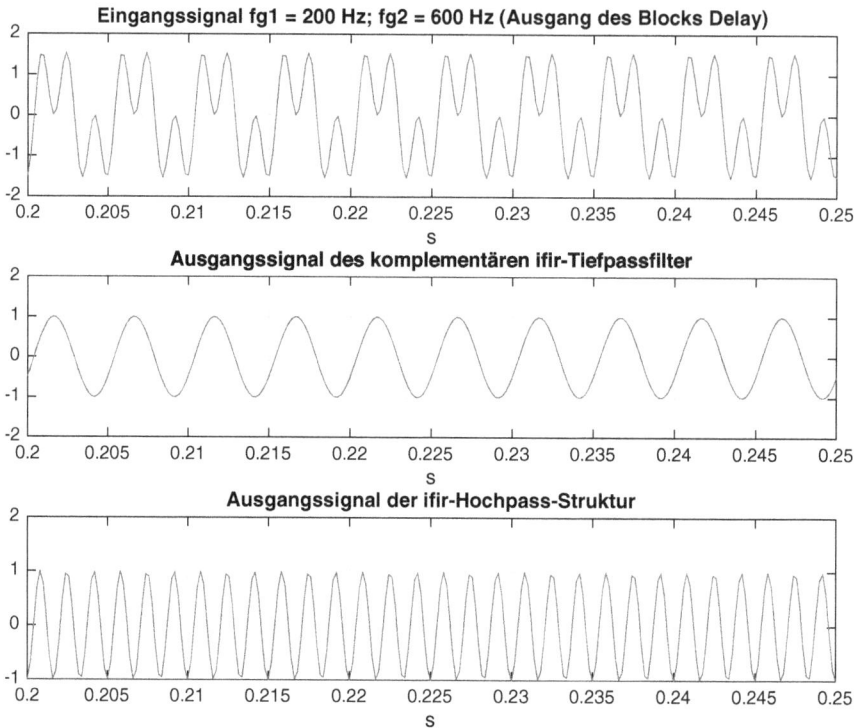

Abb. 4.64. a) Eingangssignal b) Ausgangssignal des ifir-Tiefpassfilters c) Ausgangssignal der ifir-Hochpass-Struktur (`ifir_high_2.m, ifir_high2.slx`)

Addition bilden. Die Funktion `ifir` erzeugt die Einheitspulsantwort `hup` mit negativen Vorzeichen, was bei der Darstellung verwirrend aussieht. Im Skript `ifir_high1.m` ist die Einheitspulsantwort des expandierten Filters nach der Änderung des Vorzeichens dargestellt. Hier kann man die Darstellung ohne diese Änderung einfach erzwingen und sie sichten.

4.10 Dezimierung und Interpolierung mit IFIR-Filtern

Wenn das IFIR-Tiefpassfilter für eine Dezimierung eingesetzt wird, kann man statt der konventionellen Form gemäß Abb. 4.65a auch die äquivalente Form aus Abb. 4.65b benutzen. Für die Interpolierung gibt es eine ähnliche äquivalente Form.

In dieser Simulation werden eine Dezimierung und eine Interpolierung mit dem Faktor $L = 5$ und IFIR-Filter in den äquivalenten Formen simuliert.

Das Modell `ifir_dezim_1.mdl` (Abb. 4.66) für die Dezimierung wird über das Skript `ifir_dezim1.m` initialisiert. Es wird dasselbe IFIR-Filter benutzt, das im

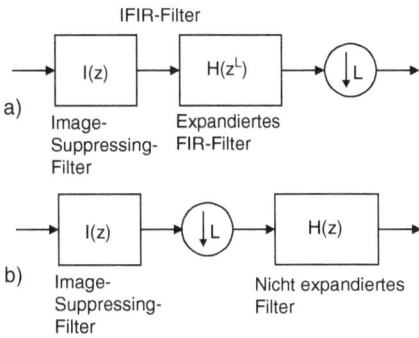

Abb. 4.65. Äquivalente Formen der Dezimierung mit IFIR-Filtern

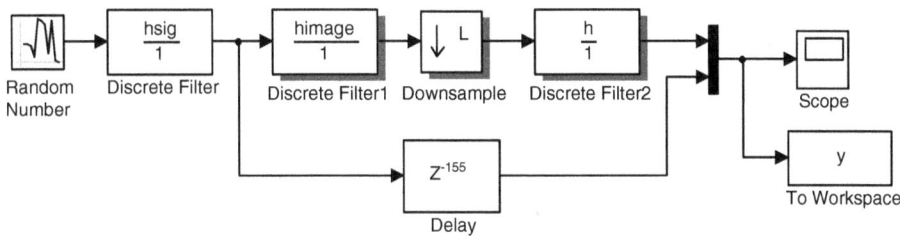

Abb. 4.66. Simulink-Modell einer Dezimierung mit einem IFIR-Filter (ifir_dezim1.m, ifir_dezim_1.slx) Interpolated

Programm ifir_1.m entwickelt wurde. Als Eingangssignal wird ein bandbegrenztes, zufälliges Signal benutzt, das durch Filterung mit dem FIR-Filter der Einheitspulsantwort hsig im Block *Discrete Filter* realisiert wird. Bei einer relativen Bandbreite des Eingangssignals von $f_{sig}/f_s = 0.02$ muss die Bandbreite des Dezimierungsfilters etwas größer sein, z.B. $f_p/f_s = 0.05$. Das nicht expandierte Filter wird, wie schon gezeigt, mit dem Aufruf

```
p = 0.05;           fsp = 0.065; % Durchlassfrequenz und Sperrbereich
fp = 0.05;                       % Bandbreite des Dezimierungsfilters
L = 5;       nord_exp = 50;
h=firpm(nord_exp,[0,fp*L,fsp*L,0.5]*2,[1,1,0,0],[1,10]);
```

und das *Image-Suppressing*-Filter mit

```
nord_image = 60;
himage = firpm(nord_image, [0,fp,2.7*fp,0.5]*2, [1,1,0,0],[10,1]);
```

entworfen.

Signal und dezimiertes Signal

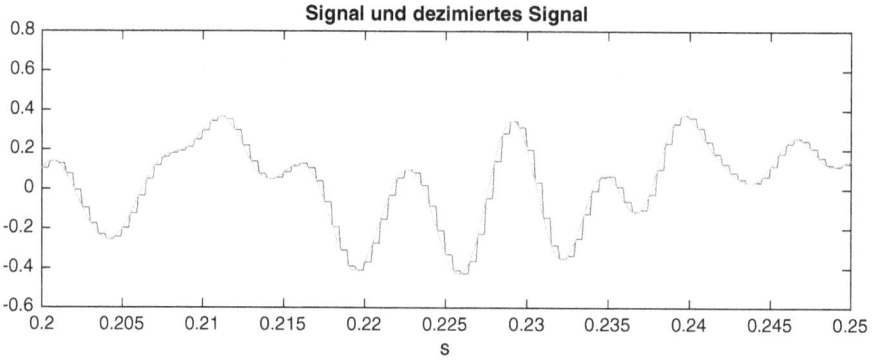

Abb. 4.67. Signal und dezimiertes Signal (`ifir_dezim1.m`, `ifir_dezim_1.mdl`)

Die Verzögerung `delay` für den *Delay*-Block, die es ermöglicht, das Eingangssignal und das dezimierte Signal zeitrichtig überlagert darzustellen (Abb. 4.67), wird aus der Ordnung der beiden Filter unter Berücksichtigung ihrer unterschiedlichen Abtastfrequenzen berechnet:

```
delay = fix((length(himage)-1)/2 + L*(length(h)-1)/2);
```

IFIR-Filter können auch für die Interpolierung eingesetzt werden. Eine der konventionellen (Abb. 4.68a) äquivalenten Form, die in Abb. 4.68b dargestellt ist, führt zu dem Modell `ifir_interp1.slx` (Abb. 4.69), das mit dem Programm `ifir_interp_1.m` initialisiert wird. Die Verzögerung für die überlagerte Darstellung der Signale ist jetzt durch

```
delay = fix((length(h)-1)/2 + (length(himage)-1)/(2*L));
```

gegeben. Die Verspätung d im Modell, als Variable `delay` im Skript bezeichnet, wird mit folgender Anweisung berechnet:

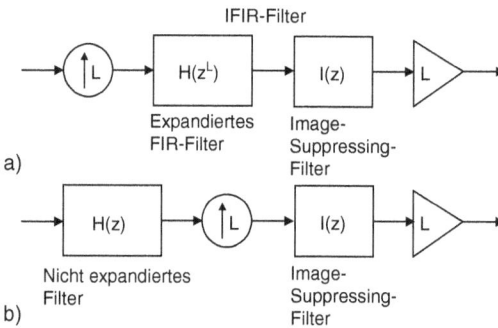

Abb. 4.68. Äquivalente Formen der Interpolierung mit IFIR-Filtern

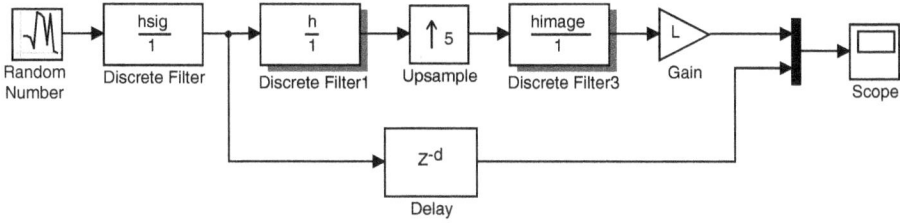

Abb. 4.69. Simulink-Modell einer Interpolierung mit einem IFIR-Filter (ifir_interp1.m, ifir_interp_1.mdl)

```
% -------- Verspätung für die Darstellung
delay = fix((length(h)-1)/2 + (length(himage)-1)/(2*L));
```

Das Ergebnis der Simulation ist hier nur auf dem *Scope*-Block vorgesehen. Der Leser kann das Modell und das Skript erweitern, so dass eine Darstellung über das Skript erzeugt wird.

Obwohl das IFIR-Filter kein Multiraten-Filter ist, so ergeben sich im Einsatz für die Dezimierung und Interpolierung Multiraten-Strukturen.

5 Hinweise zu MATLAB und Simulink

MATLAB ist eine leistungsfähige Hochsprache für numerische Simulationen. Sie integriert die Berechnung, die Visualisierung und die Programmierung in einer einfach zu bedienenden Umgebung, in der die Anwendungen und deren Lösungen mit den üblichen mathematischen Notationen beschrieben werden.

Der Erfolg von MATLAB beruht einerseits auf der zuverlässigen Numerik und anderseits auf den vielfältigen Graphikmöglichkeiten zur Visualisierung sehr großer Datenmengen. MATLAB wurde gezielt zu einem durchgängigen Entwicklungswerkzeug erweitert. So kann der gesamte Entwicklungsprozess von der Spezifikation über deren Validierung und Codegenerierung bis hin zur Produktion und Kalibrierung mit einem einzigen Werkzeug beschrieben und teilweise automatisiert werden.

MATLAB wurde fortdauernd mit Impulsen von vielen Anwendern aus dem Hochschulbereich und der industriellen Forschung und Entwicklung erweitert. An Hochschulen ist MATLAB das Standardwerkzeug zur Begleitung der Vorlesungen in vielen technischen Fächern geworden.

Eine wichtige Erweiterung von MATLAB stellt die graphische Simulationsumgebung Simulink dar. In Simulink besteht ein Programm aus Funktionsblöcken, die so miteinander verbunden werden, dass ein Modell eines Systems entsteht. Dadurch ist das Programm leicht zu erstellen und was noch wichtiger ist, es ist verständlich und kann einfach geändert werden, um die Thematik kreativ zu vertiefen.

MATLAB stellt eine umfangreiche Dokumentation sowohl in gedruckter als auch in elektronischer Form zur Verfügung. Die eingebaute Hilfefunktion liefert ausführliche Informationen und ist komfortabel zu bedienen. Über die Web-Seite der Firma *MathWorks* (http://de.mathworks.com/?refresh=true) gelangt man zu einer Menge zusätzlichen Informationen. So z.B. in http://de.mathworks.com/academia/student_center/tutorials/ werden sehr gute Einführungen (*Tutorials*) in MATLAB, Simulink und Signalverarbeitung angeboten. Es gibt darin auch die Möglichkeit interaktiv die gestellten Aufgaben zu lösen. Diese drei Einführungen sind für die Thematik dieses Buches zu empfehlen.

In *MATLAB Central* https://cn.mathworks.com/matlabcentral/fileexchange/ werden die Beiträge vieler Autoren aus verschiedenen Bereichen zur Verfügung gestellt. In dem Kapitel *Examples* z.B. sind ca. 800 Beispiele aus dem ganzen Spektrum der MATLAB-Produktfamilie zu finden. Für den Suchbegriff *Signal Processing* erhält man 44 Beispiele. Die meisten Beiträge sind in englisch aber auch in den Sprachen der Autoren.

Die zur Zeit verfügbare Hardware-Platformen für das breite Publikum, wie Arduino (https://www.arduino.cc), BITalino (http://www.bitalino.com) und Raspberry pi (https://www.raspberrypi.org) werden von der MATLAB-Software unterstützt und man findet im Internet und im *MATLAB Central* viele Projekte beschrieben.

Die große Verbreitung der MATLAB-Produktfamilie spiegelt sich auch in der umfangreichen Literatur [1, 5, 12, 13, 15, 40, 47, 50] wider.

5.1 Der Umgang mit den MATLAB-Objekten

In allen Skripten des Buches werden MATLAB Anweisungen aus der Hochsprache benutzt. Nur in einigen Fällen sind Eigenschaften dieser Anweisungen geändert worden, indem man in der Struktur der Objekte die Änderungen vorgenommen hat. Weiter wird beschrieben, wie man die Eigenschaften der graphischen Objekte nach eigenen Wünschen anpassen kann.

In MATLAB werden die prozeduralen Methoden durch objektorientierte ergänzt, bzw. der objektorientierten Sicht den Vorzug gegeben. In den Objekten werden die Eigenschaften und Parameter eines Verfahrens gespeichert und mit den Funktionen, die zum Objekt aufgerufen werden, wird das Verfahren implementiert. Dabei sind die Funktionen vielfach überladene Funktionen, d.h. die Funktionen haben denselben Namen und welche Funktion zur Anwendung kommt, entscheidet sich aus dem Objekt, für welches die Funktion aufgerufen wird. Das erleichtert die Erweiterung von MATLAB und die Kompatibilität zu Vorversionen, da Namen nicht mehr geändert werden müssen.

Grundsätzlich werden die Objekte in MATLAB über Zeiger (*handle*) angesprochen und bieten immer zwei Funktionen zum Darstellen sowie zum Setzen ihrer Eigenschaften: Mit `get`(Zeiger) werden die Eigenschaften textuell dargestellt und mit `set`(„Eigenschaft1", Wert1, „Eigenschaft2", Wert2) werden die Eigenschaften geändert.

Als Beispiel können die graphischen Funktionen in MATLAB dienen, die vom Anfang an objektorientiert aufgebaut waren. Abb. 5.1 zeigt die Hierarchie der

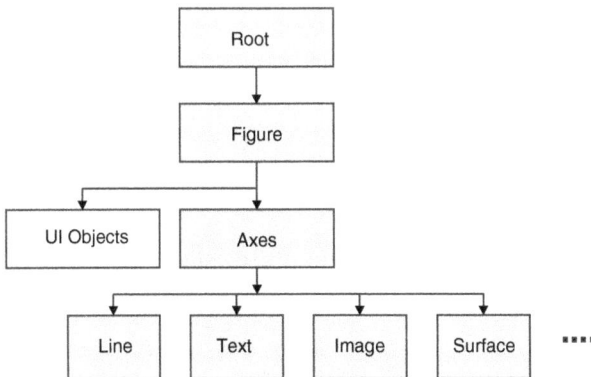

Abb. 5.1. Hierarchie der graphischen Objekte

graphischen Objekte in MATLAB. An der Wurzel befindet sich das Objekt *Root*, welches den Bildschirm repräsentiert. Dieses hat immer den Zeiger mit dem Wert Null.

In der nächsten Ebene befinden sich das Darstellungsfenster (*figures*). Ein leeres Darstellungsfenster kann man mit dem Befehl `figure` erzeugen. Als Zeiger wird diesem Fenster automatisch eine Zahl zugewiesen, die ab eins durchnummeriert wird. Übergibt man dem `figure`-Befehl ein numerisches Argument, wie in:

```
figure(7);
```

so wird, falls es noch kein Fenster mit diesem Zeiger (im Beispiel 7) gibt, ein neues Fenster geöffnet und ihm das Argument von `figure` als Zeiger zugewiesen. Gibt es bereits ein Fenster mit diesem Zeiger, so wird es zum aktiven Fenster (*current figure*).

Alle Funktionen, die eine Graphik erzeugen, wie z.B. `plot, surf` usw., öffnen automatisch ein neues Darstellungsfenster, sofern nicht vorher ein bestehendes Darstellungsfenster als aktives Fenster ausgewählt wurde. Die Graphikausgaben landen immer im aktiven Fenster. Den Zeiger auf das aktive Fenster erhält man mit dem Befehl `gcf`. Später wird gezeigt, wie man diesen Zeiger benutzen kann, um die Eigenschaften eines Bildes zu ändern.

Die *figure*-Objekte besitzen als Kinder *axes-*, *uicontrol-* und *uimenu*-Objekte. Die letztgenannten werden auch als *UI Objects* bezeichnet und dienen dem Erstellen von Bedienoberflächen (*Graphical-User-Interfaces*).

Das *axes*-Objekt kann mit den Befehlen `plot, subplot` etc. erzeugt werden und definiert einen Bereich in einem Darstellungsfenster, in den die graphischen Objekte wie Linien, Texte, Flächen eingezeichnet werden. Diese graphischen Objekte sind Kinder des *axes*-Objekts. Dieses Objekt kann auch mit dem Zeiger `gca` erhalten werden. Später wird ebenfalls gezeigt, wie man diesen Zeiger anwendet.

Im Skript `handle_1.m` ist beispielhaft gezeigt, wie man mit einer Möglichkeit die Eigenschaften der graphischen Objekte darstellen und ändern kann:

```
% Programm handle_1.m, in dem der Umgang mit graphischen Objekten
% über Zeigern untersucht wird
clear;
% ------- Erzeugung einer figure mit zwei axes-Objekte
fig_1 = figure(1);      clf;
p1 = subplot(211), plot(0:99, randn(1,100));
   title('Zufallsfolge');
   xlabel('Index');     grid;
p2 = subplot(212), plot(0:200, 5*sin(2*pi*(0:200)/40+pi/4));
   title('Sinussignal');
   xlabel('Zeit in s'); grid;
% ------- Zeiger des Bilds
hb = get(fig_1, 'Children')      % Liefert zwei Zeiger auf die axes
% Subplots: hb(1)=p2 zu subplot(212) und hb(2)=p1 zu subplot(211)
% ------- Zeiger der zwei axes des Bilds
ha1 = get(hb(1), 'Children')     % liefert einen Zeiger für den
% Inhalt des subplot(212)
```

```
ha2 = get(hb(2), 'Children')        % liefert einen Zeiger für den
% Inhalt des subplot(211)
% ------- Wahl der axes mit Abszisse zwischen 0 und 100
h_1 = findobj('Xlim',[0,100])
% ------- Kinder dieser Axes
h_1_k = get(h_1(1), 'Children')
% ------- Typ der Kinder
get(h_1_k, 'Typ')
% Verlassen dieser Stelle mit Carraige-Return
% pause(5);                          % pause 5 Sekunden um das ursprüngliche Bild zu
pause;
% beobachten
% ------- Änderung der Eigenschaften mit set
set(ha1, 'Linewidth', 2);
set(ha1, 'Color', [1 0 0]);
set(h_1_k, 'Marker', '*');
```

Der Zeiger des Objekts **figure** fig_1 ist wegen des so übergebenen Arguments gleich 1. Die zwei Zeiger p1, p2 beziehen sich auf die beiden **subplot**:

```
p1 =    174.0011
p2 =    178.0011
```

Mit

```
>> get(p1)
    ActivePositionProperty = position
    ALim = [0 1]
    ALimMode = auto
    AmbientLightColor = [1 1 1]
    Box = on
    ..............
    CameraViewAngle = [6.60861]
    CameraViewAngleMode = auto
    Position = [0.13 0.583837 0.775 0.341163]
    ..............
    YTickLabel =
        -3
        -2
        -1
         0
         1
         2
         3
    YTickLabelMode = auto
    YTickLabelMode = auto
    YTickMode = auto
    ZColor = [0 0 0]
    ZDir = normal
    ZGrid = on
    ZLabel = [185.001]
```

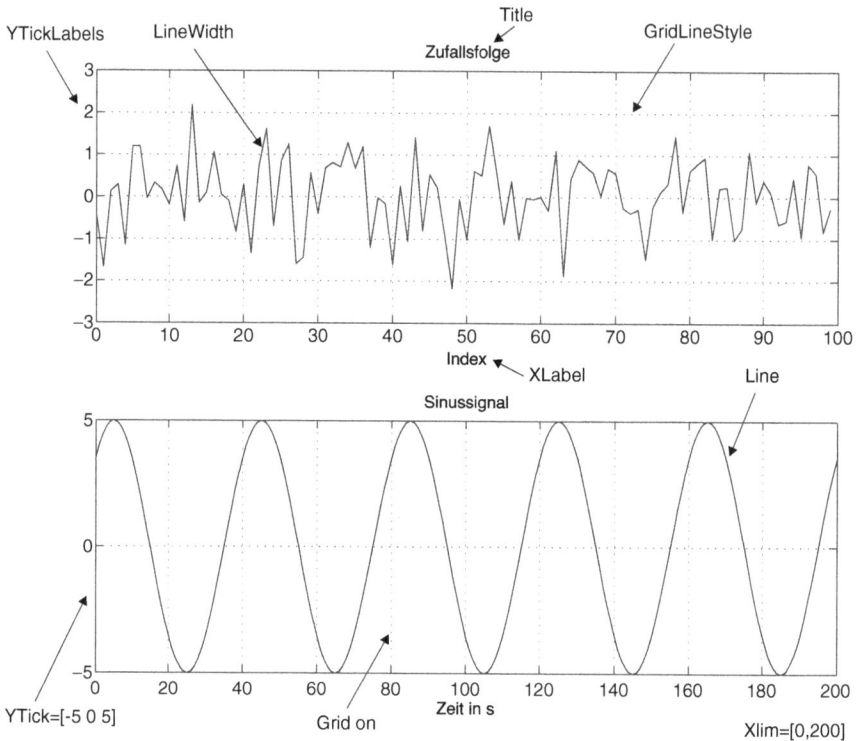

Abb. 5.2. *figure*-Objekt mit zwei *axes*-Kindern

```
. . . . . . . . . . . . . .
UIContextMenu = []
UserData = []
Visible = on
```

erhält man eine lange Liste mit den Eigenschaften des Objekts mit dem Zeiger p1, welcher sich hier auf subplot(212) bezieht. Man erkennt den Bezug auch über die YTick-Werte aus der Darstellung in Abb. 5.2 unten. Das Objekt ist nicht als Struktur aufgebaut und dadurch kann man die Eigenschaften nur mit der Methode set verändern.

```
% p1.Ytick = [-4:1:4];    % funktioniert nicht
set('YTick',[-4:1:4]);    % ist korrekt
```

Die Variable hb enthält dieselben Zeiger hb(1) = p2 und hb(2) = p1. Die Zeiger ha1 bzw. ha2 sind Zeiger zu den Linien der Darstellungen in den Untergrafiken (subplot). Mit get(ha1) werden die Eigenschaften dargestellt. Da diese Objekte ebenfalls nicht als Struktur aufgebaut sind, kann man auch hier die Eigenschaften nicht direkt als Strukturvariablen ansprechen und ihre Werte nur über set ändern.

Eine zweite Möglichkeit die graphischen Eigenschaften zu ändern, besteht darin, direkt den Zeiger `gcf` für das Objekt `figure` bzw. den Zeiger `gca` für das *axes*-Objekt einzusetzen. Mit

```
N = 100;
x = randn(1,N);
figure(1),    clf;
plot(0:N-1, x);
grid on;    xlabel('Index n');
ylabel('x');
```

kann ein Bild erzeugt werden. Weiter wird mit

```
hf = gcf;
get(hf),
%set(hf,'Position',[520, 502, 560, 420]*0.5);
hf.Position = [520, 502, 560, 420]*0.5;
```

die Eigenschaft `Position` geändert. Ähnlich werden die *axes*-Eigenschaften über den Zeiger `gca` nach eigenen Wünschen gestaltet. Als Beispiel wird mit

```
ha = gca;
get(ha),
ha.XAxis.FontSize = 12;
ha.YAxis.FontSize = 12;
```

die Größe der Beschriftung der Achsen auf 12 gesetzt. Im Skript `graphik_1.m` sind diese Zeilen enthalten. Zwischen den verschiedenen Etappen sind Pausen (mit `pause`) eingebracht. Man kommt weiter über die Taste *carriage return*.

Die graphische Eigenschaften eines Bildes können nachträglich mit dem *Figure Editor* gestaltet werden. Der Editor wird aus dem Menü des Bildes mit *Edit* und danach *Figure Properties* aufgerufen.

Manche Objekte in MATLAB sind als Strukturen aufgebaut und die darin enthaltenen Felder können direkt adressiert werden. Das wird im Skript `objekt_struktur1.m` gezeigt:

```
% Skript objekt_struktur_1.m, in dem der Umgang mit
% Struktur-Objekten gezeigt wird
clear;
% -------- Filter mit Objektspezifikation
d = fdesign.lowpass('Fp,Fst,Ap,Ast',0.2, 0.22, 1, 60);
get(d)
% -------- Ändern der Eigenschaften
d.Fpass = 0.4                   % Als Struktur-Feld
d.Fstop = 0.42
set(d, 'Fstop', 0.43)           % Mit Methode set
get(d)
% -------- Entwicklung des Filters
f = design(d,'equiripple');
get(f)
```

```
% -------- Ändern der Eigenschaften
f.Arithmetic = 'fixed'          % Als Struktur-Feld
set(f, 'PersistentMemory',1)    % Mit Methode set
get(f)
% -------- Filtern mit overloaded-Funktion
x = randn(1,1000);
y = filter(f, x);               % Overloaded Funktionen
[s, t] = stepz(f);
stepz(f);
impz(f);
```

In diesem Beispiel wird ein Tiefpassfilter, dessen Spezifikationen über die Objekt-Funktion `fdesign.lowpass` definiert werden, mit der Objekt-Funktion `design` entwickelt. Im Falle des Filter-Objekts kann man seine Eigenschaften sowohl mit der Methode `set` als auch über die Struktur des Objekts ändern.

5.2 Hinweise zu Simulink

Es wird angenommen, dass die Leser bereits mit Simulink erste Schritte unternommen haben. Sehr lehrreich sind die Tutorials von der Web-Seite von MathWorks, wie z.B. das Tutorial für Simulink: http://de.mathworks.com/academia/student_center/tutorials/sltutorial_launchpad.html?s_tid=srchtitle. Hier werden nur die neuen Möglichkeiten der aktuellen Version der MATLAB-Software bezüglich des sehr oft eingesetzten *Scope*-Blocks und *Spectrum Analyser*-Blocks kurz dargestellt und die Signalbearbeitung mit *Frame*-Daten untersucht. In den beschriebenen Simulationen wurden immer *Sample*-Daten verwendet.

In der Praxis werden die Signalprozessoren nicht nach jedem Eingangsabtastwert zur Bearbeitung angeregt, sondern es werden größere Mengen von Eingangsdaten in Datenblöcke zwischengespeichert, und dann blockweise bearbeitet. Dass diese Art der *Frame*-Bearbeitung sich von der *Sample*-Bearbeitung unterscheidet, kann man z.B. bei der Filterfunktion nachvollziehen. Den Zustandsvektor der Filterung am Ende eines Datenblocks muss man als Anfangsbedingung für die Filterung im nächsten Datenblock benutzen.

Eine gute Übung für den Leser besteht darin, die Simulationen der *Sample*-Bearbeitung aus den vorherigen Kapiteln mit *Frame*-Daten zu gestalten.

5.2.1 Die neuen Möglichkeiten des *Scope*-Blocks

Mit einfachen Modellen, wie das Modell aus Abb. 5.3, kann man die neuen Möglichkeiten dieses Blocks verstehen und schätzen. Die Blöcke des Modells werden direkt parametriert und das Modell wird direkt gestartet.

Es ist ein gemischtes Modell, das eine kontinuierliche Quelle enthält, während die restlichen Blöcke diskret sind. Über das Menü des Modells *Display, Sample Time,*

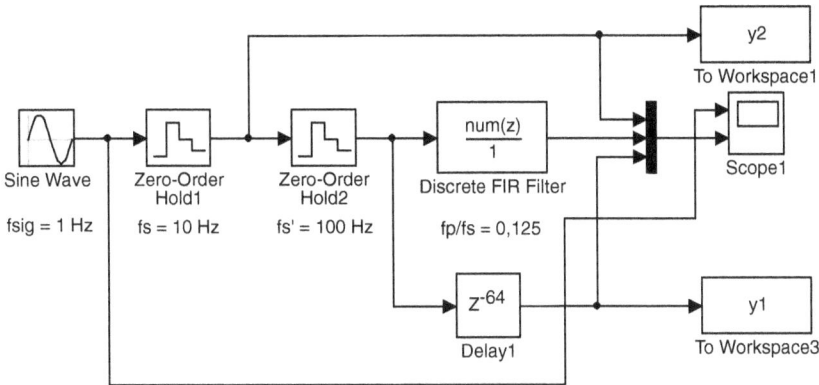

Abb. 5.3. Simulink-Modell zur Untersuchung der Eigenschaften des *Scope*-Blocks (`scope_1.slx`)

Colors werden die Abtastperioden der Signale mit Farben der Verbindungslinien der Blöcke gekennzeichnet. In einem kleinen Fenster wird dann auch die Zuordnung der Abtastperioden und der Farben angezeigt.

An den *Skope*-Block ist am oberen Eingang das zeitkontinuierliche Signal angelegt, während am unteren Eingang die drei zeitdiskreten Signale anliegen, die über den *Mux*-Block zusammengefasst sind. Abb. 5.4 zeigt das Erscheinungsbild des *Scope*-Blocks nachdem man einige Parametrierungen vorgenommen hat. So z.B. sind die Farben des Hintergrunds und die der Achsen neu gewählt.

In der Menüliste gibt es verschiedene Einträge, mit deren Hilfe man die vielen Parametriermöglichkeiten öffnen kann. Wie man in Abb. 5.4 sieht, gibt es jetzt auch *Cursors*, vertikale (im Bild zu sehen) und horizontale, mit denen man Messungen in den Signalen durchführen kann. Es gibt auch ein Fenster (*pane*) in dem man das Signal statistisch untersuchen kann und z.B. eine gewünschte Zahl von Maxima finden und anzeigen kann. Der Leser soll mit diesem einfachen Modell alle neue Funktionen des Blocks kennenlernen

Die zwei Blöcke *To Workspace* sind mit dem Format `Time Series` parametriert. Mit

```
>> size(y1.Data)
ans =    101      1
>> size(y1.Time)
ans =    101      1
>> size(y2.Data)
ans =   1001          1
>> size(y2.Time)
ans =   1001          1
```

erhält man die Größe der zwei zeitdiskreten Sequenzen und deren Zeitschritte und man erkennt, die korrekten Abtastfrequenzen und die dazugehörigen Mengen von Werten. Über *File* und danach *Print to figure* erhält man ein Bild *figure*. Alle Arten

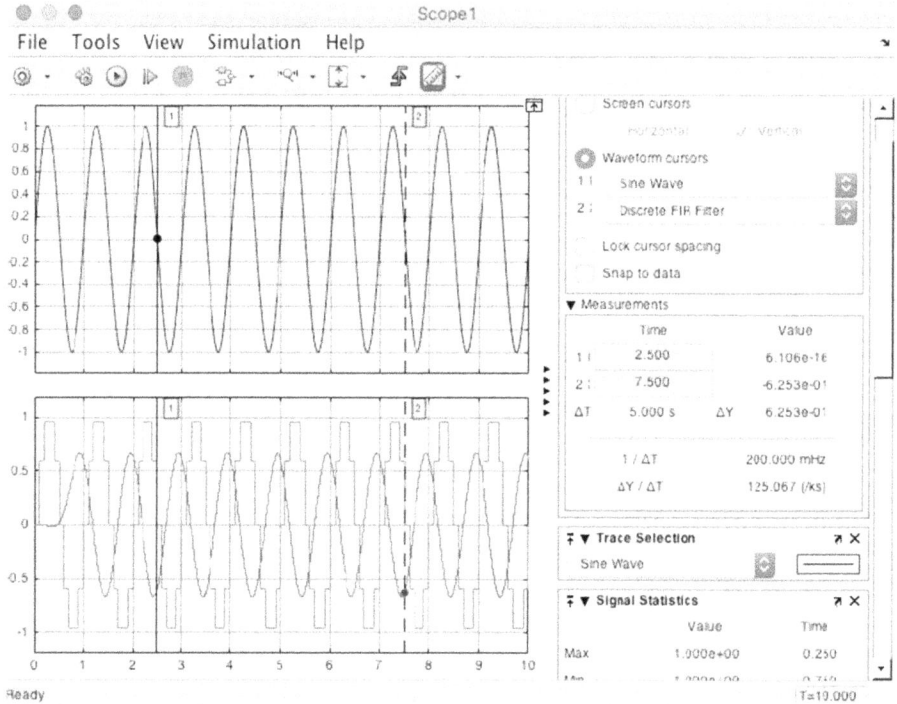

Abb. 5.4. Erscheinungsbild des *Scope*-Blocks (`scope_1.slx`)

von Zoom-Funktionen sind ebenfalls verfügbar und werden dann in der *figure* übernommen. Schade, dass die Kennzeichnung der Fadenkreuze (*Cursors*) und der Maxima bzw. der restlichen *Tools* nicht übertragen werden.

Mit dem gewählten *Solver* vom Typ `ode45` oder Typ `VariableStepDiscrete` kann man die gemischten Signale korrekt bearbeiten und darstellen. Auch vom *Zero-Order Hold1*-Block mit $f_s = 10$ Hz kann man die Werte mit der höheren Abtastfrequenz des Blocks *Zero-Order Hold2* erhalten. Sie entsprechen einer Interpolation nullter Ordnung. Mit

```
>> y1.Data(35:50)'
ans =
  Columns 1 through 6
    0.9511    0.9511    0.9511    0.9511    0.9511    0.9511
  Columns 7 through 12
    0.5878    0.5878    0.5878    0.5878    0.5878    0.5878
  Columns 13 through 16
    0.5878    0.5878    0.5878    0.5878
```

sieht man einige Zwischenwerte, die der Interpolation entsprechen.

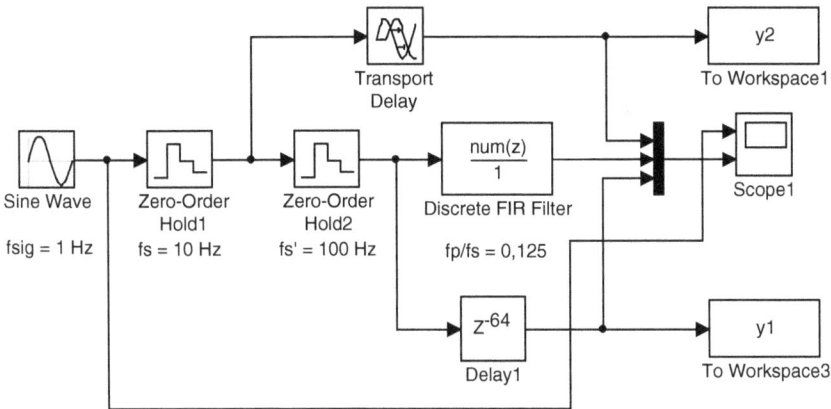

Abb. 5.5. Simulink-Modell zur Untersuchung der Eigenschaften des *Scope*-Blocks (`scope_2.slx`)

In Abb. 5.5 ist ein ähnliches Modell dargestellt, in dem man die Signale des *Scope*-Blocks mit Verspätungen ausrichtet. Die nötige Verspätung von $0,64$ für das Signal nach dem *Zero-Order Hold1* konnte nicht mit einem zeitdiskreten Block *Delay* realisiert werden und man verwendet ein Block *Transport Delay* aus der Unterbibliothek *Continuous*. Dadurch ist das Signal nach diesem Block kontinuierlich mit den entsprechenden Zwischenwerten einer Interpolierung nullter Ordnung. Die Verspätung mit der Ordnung des Filters von 64 Abtastintervallen kann man mit dem Block *Delay1* aus der Unterbibliothek *Discrete* erhalten. Der Typ des zeitdiskreten Signals wurde beibehalten. Auch hier sollte man die Abtastperioden der Signale mit Farben kennzeichnen, um das Verhalten der Blöcke sichtbar zu machen.

In Abb. 5.6 sind zwei einfache Simulink-Modelle dargestellt, in denen gezeigt wird, wo man *Rate Transition*-Blöcke platzieren muss, wenn man die Simulation mit dem *Solver* `FixedStepDiscrete` durchführen will.

Weil der *Scope*-Block die gleiche Abtastrate für alle Eingänge bei diesem *Solver* verlangt, muss man den Ausgang nach dem Abwärtstaster *Downsample* mit Zwischenwerte über den Block *Rate Transition3* versorgen .

Im zweiten Modell muss der Block *Rate Transition2* Zwischenwerte liefern, weil die Quelle mit Abtastfrequenz 100 Hz danach mit einer höheren Abtastfrequenz von 200 Hz abgetastet wird. Der *Rate Transition3*-Block liefert hier die nötigen Zwischenwerte.

5.2.2 Der *Spectrum Analyser*-Block

Der *Spectrum Analyser*-Block hat in den letzten Versionen der *DSP System Toolbox* eine Vielzahl neuer Eigenschaften erhalten. Man schließt den Block an und man

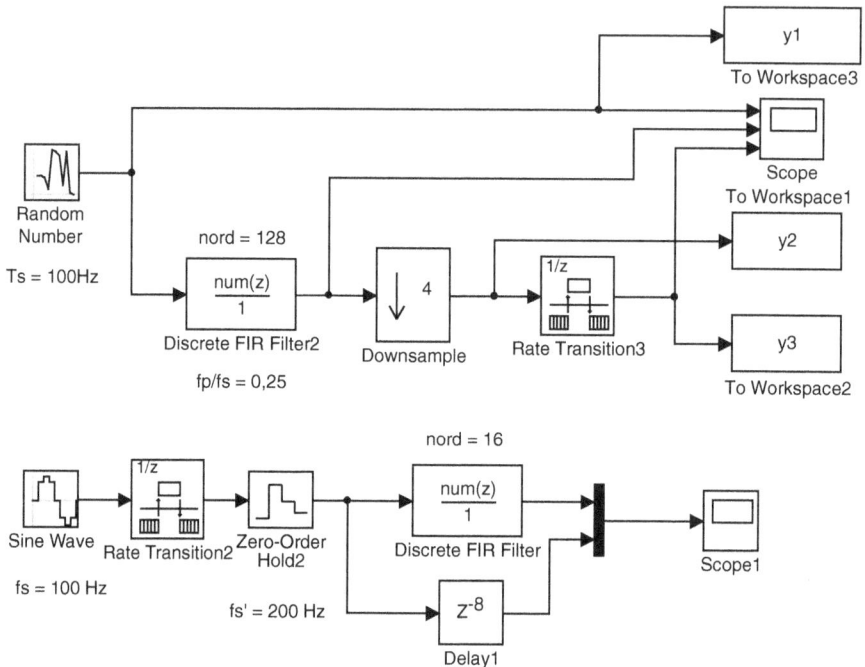

Abb. 5.6. Simulink-Modell zur Untersuchung der Platzierung von *Rate Transition*-Blocken (`scope_3.slx`)

erhält bereits eine Darstellung des Spektrums. Danach kann man die Einstellungen nach eigenen Wünschen neu vornehmen. Mit den Modellen aus Abb. 5.7 kann man Experimente durchführen und die leistungsfähigen Eigenschaften des *Spectrum Analyser*-Blocks kennenlernen.

Man soll vom Anfang an die Farbe für die Abtastperioden in den zwei Modellen zuschalten, so dass man bei eventuellen Änderungen diese Perioden verfolgen kann. Das erste Modell hat als Eingang eine unabhängige zeitdiskrete Sequenz bei der die Parameter `Sample Time` und `Power` (eigentlich spektrale Leistungsdichte in Watt/Hz) gleich sind und den Wert 1/1000 haben. Somit ist die Abtastfrequenz gleich 1000 Hz und die mittlere Leistung des generierten Signals oder die Varianz gleich eins. Diese wird mit dem Block *Variance*, parametriert als *Running* VAR und den *Display*-Block während der Simulation ermittelt und dargestellt.

Die spektrale Leistungsdichte der Quelle ist das Verhältnis Mittlere-Leistung/Abtastfrequenz und somit $Psd = 1/1000$ Watt/Hz. In dBW/Hz ist das eine spektrale Leistungsdichte von $10\log_{10}(1/1000) = -30$ dBW/Hz. Das FIR-Filter mit einer relativen Durchlassfrequenz $fp/f_s = 0,2$ führt dazu, dass der Durchlassbereich des Filters $0,2 \times 1000 = 200$ Hz ist. Die Leistung am Ausgang des Filters ist dann $Psd \times 400 = 0,4$ Watt.

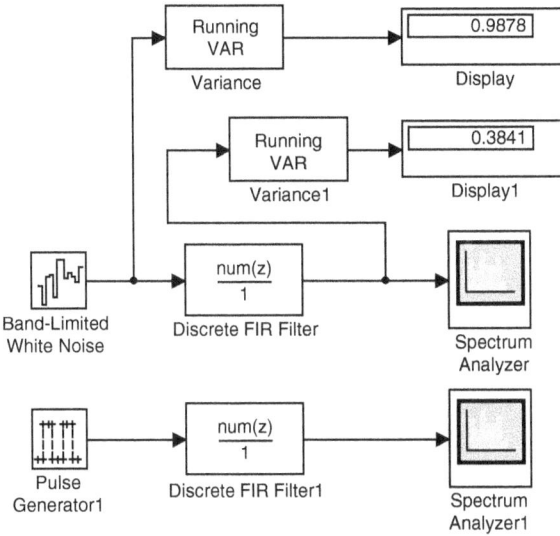

Abb. 5.7. Simulink-Modell zur Untersuchung des *Spectrum Analyser*-Blocks (`spectrum_analys_1.slx`)

Wenn die spektrale Leistungsdichte durch Teilen der Leistung mit $f_s/2 = 500$ berechnet wird, dann muss man die Leistung nach dem Filter durch $(1/500) \times 200 = 0,4$ Watt berechnen.

In Abb. 5.8 ist die spektrale Leistungsdichte dargestellt, die mit dem Block *Spectrum Analyser* erhalten wurde und man erkennt die -30 dBW/Hz. Das Parametrierungsfenster rechts zeigt einige Eigenschaften, die gewählt wurden, wie z.B. der Typ `Power density` und 20 Mittelungen des Spektrums mit der Option `Averages`. Man erkennt auch die zwei vertikalen Fadenkreuze (*Cursors*) mit denen man Messungen im Spektrum durchführen kann.

Der Leser soll alle Möglichkeiten über die Schaltflächen in der Menüleiste kennenlernen und testen. Das Umwandeln des Erscheinungsbilds von Schwarz in Weiß war hier die erste Änderung die vorgenommen wurde. Über das Menü *File* und dann *Print to File* erhält man ein Bild von Typ *Figure*.

Mit dem zweiten Modell aus Abb. 5.7 unten wird das gefilterte Spektrum eines rechteckigen zeitdiskreten Signals untersucht. Das Ergebnis ist in Abb. 5.9 zusammen mit der Möglichkeit der Verzerrungsmessung (*Distortion Measurements*) dargestellt. Man kann die THD (*Total Harmonic Distortion*), den Signalrauschabstand SNR (*Signal to Noise Ratio*), den SINAD (*Signal to Noise and Distortion Ratio*) und SFDR (*Spurious Free Dynamic Range*) [26, 27] ermitteln. Für das vorliegende Signal wurde nur die THD berechnet.

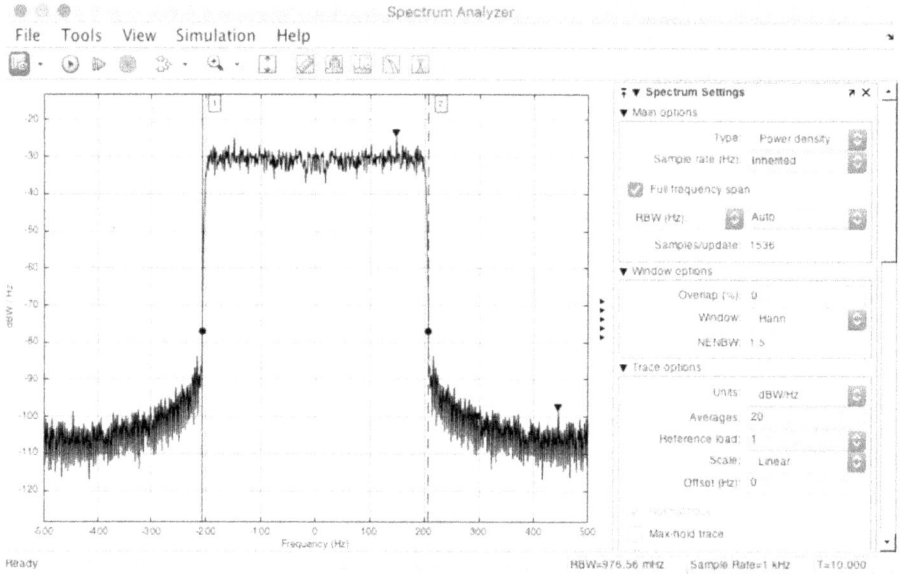

Abb. 5.8. Die Darstellung der spektralen Leistungsdichte nach dem FIR-Filter mit dem *Spectrum Analyser*-Block (spectrum_analys_1.slx)

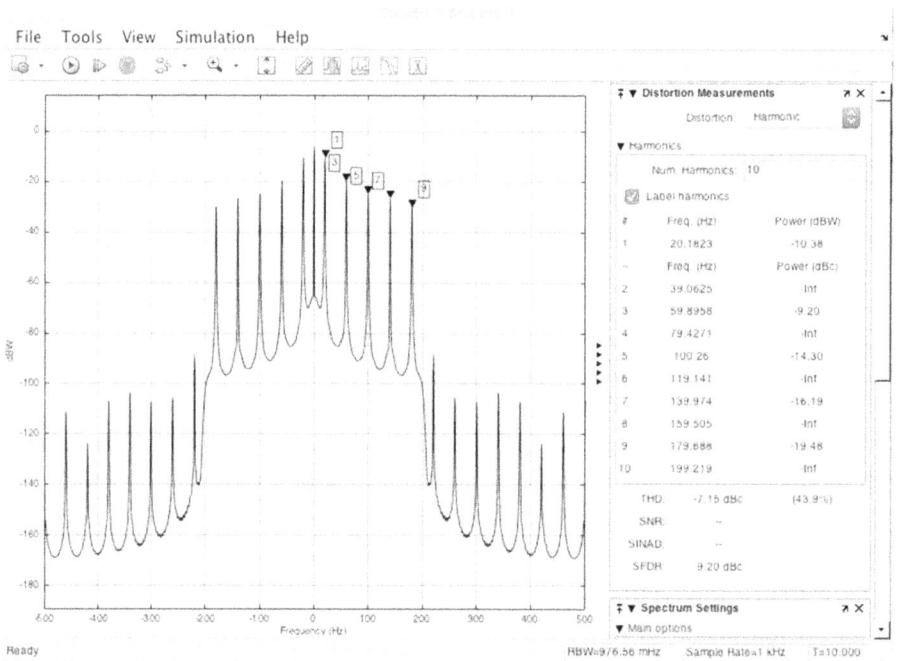

Abb. 5.9. Die spektrale Leistungsdichte eines rechteckigen Signals gefiltert mit dem FIR-Filter (spectrum_analys_1.slx)

5.3 *Sample*- und *Frame*-Daten

Signale können in MATLAB/Simulink auf unterschiedliche Arten zusammengefasst werden. So können über eine Verbindung zwischen zwei Simulink-Blöcken die Daten in der Organisation ein Abtastwert je Simulationsschritt übertragen werden. In Simulink heißt diese Art *Sample*-Daten, bzw. *Sample*-Verarbeitung. Es können aber auch Gruppen von Abtastwerten gebildet werden, wobei eine Gruppe zeitlich aufeinanderfolgende Abtastwerte enthalten kann oder Abtastwerte eines mehrkanaligen Signals (z.B. Stereo-Audiosignale). Erstere werden in Simulink als *Frame*-Daten, letztere als *Multichannel*-Daten bezeichnet. Schließlich können mehrkanalige Daten auch in einer *Frame*-Organisation verarbeitet werden, als sogenannte *Frame-Multichannel*-Daten.

In diesem Abschnitt werden die MATLAB/Simulink *Sample*- und *Frame*-Daten und ihre Verwendung anhand von Beispielen veranschaulicht.

Ein Algorithmus der Signalverarbeitung kann so implementiert werden, dass die Verarbeitung Abtastwert für Abtastwert erfolgt oder dass die Verarbeitung blockweise stattfindet. In Abb. 5.10a ist die Verarbeitung Abtastwert für Abtastwert skizziert. Mit jedem Abtastwert, der vom A/D-Wandler geliefert wird, wird die CPU[1] in der Abarbeitung ihres Programms unterbrochen, um den anstehenden Abtastwert vom A/D-Wandler zu übernehmen und dann zu verarbeiten.

Mit jeder Unterbrechung muss die Umgebung des laufenden Programms gerettet werden und nach Abschluss der Unterbrechungsbehandlung wieder hergestellt werden. Bei modernen Prozessoren, die viele Register besitzen, kann dieser Verwaltungsaufwand die eigentliche Algorithmenbearbeitung um einiges

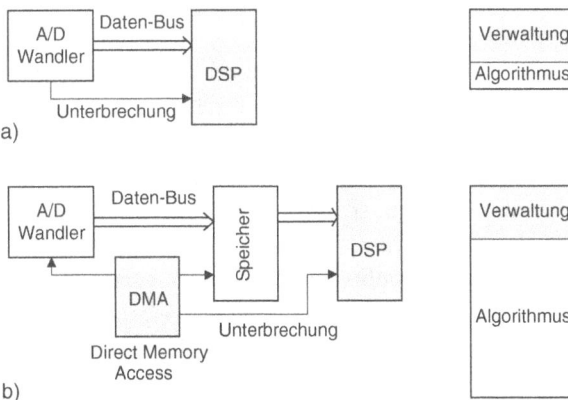

Abb. 5.10. Sample- und Frame-Bearbeitung

---

1 *Central-Processing-Unit*

übersteigen. Damit werden die zur Verfügung stehenden Ressourcen nicht effizient genutzt.

Eine bessere Ausnutzung der Rechenzeit erzielt man durch einen Ansatz nach Abb. 5.10b. Dabei wird die CPU vom Abholen der einzelnen Abtastwerte vom A/D-Wandler entlastet. Hiermit wird die in allen DSPs vorhandene *DMA²* beauftragt. Die DMA ist nichts anderes als ein Kopierwerk, das einmal parametriert, ohne Zutun der CPU Daten von einer Speicherstelle an eine andere kopieren kann. Während die DMA einen Speicherbereich (ein Datenblock oder *Frame*) mit Werten vom A/D-Wandler füllt, kann die CPU ohne Unterbrechung die Algorithmen abarbeiten. Erst wenn der Speicherbereich gefüllt ist, wird die DMA eine Unterbrechung bei der CPU auslösen und ihr so mitteilen, dass ein neuer Datenblock zur Bearbeitung ansteht. Während die CPU diesen bearbeitet, füllt die DMA einen neuen Speicherbereich. Man nennt diesen Betrieb auch Doppelpufferbetrieb.

Damit wird die CPU um die Länge des Datenblocks weniger oft unterbrochen und der Verwaltungsaufwand sinkt in gleichem Maße. Ähnlich wird man auch die Ausgabe der Ergebnisse auf einen D/A-Wandler der DMA übertragen und so zu einer effizienten Ausnutzung der Rechenzeit der CPU kommen.

Je größer die Datenblöcke sind, umso seltener werden die Unterbrechungen und umso besser wird das Verhältnis zwischen Algorithmusbearbeitung und Verwaltungsaufwand in der CPU. In der Länge der Datenblöcke ist man dabei heute weniger durch die Größe des zur Verfügung stehenden Speichers begrenzt, als vielmehr durch die tolerierbaren Totzeiten in der Verarbeitung, die zweimal der Datenblocklänge multipliziert mit der Abtastperiode entsprechen.

Für die blockweise Verarbeitung der Daten wird in MATLAB/Simulink der Begriff *Frame*-Verarbeitung verwendet. Ein *Frame* ist dabei nichts anderes als ein Vektor (oder eine Matrix) von zeitlich aufeinanderfolgenden Abtastwerten, die in einem Simulationsschritt bearbeitet werden.

Durch *Frame*-Verarbeitung wird die Simulation in der Regel bedeutend schneller ausgeführt. Ein noch größerer Vorteil ergibt sich aber durch den erheblichen Geschwindigkeitsvorteil bei der Ausführung von automatisch mit Simulink generiertem C-Code für DSP-Hardware. Auch in diesem Code werden dann die Funktionsaufrufe nicht mit jedem Abtastwert erfolgen, sondern nur einmal je Frame. Die C-Funktionen bearbeiten dann den gesamten *Frame* in einem Aufruf.

Manche Blöcke der *DSP-System-Toolbox* erlauben die Wahl, ob eine *Sample*- oder *Frame*-Verarbeitung erfolgen soll, andere bieten nur die *Sample*-Verarbeitung an. Natürlich gibt es Blöcke zur Umwandlung von *Sample*-Daten in *Frame*-Daten und umgekehrt.

---

2 *Direct-Memory-Access*

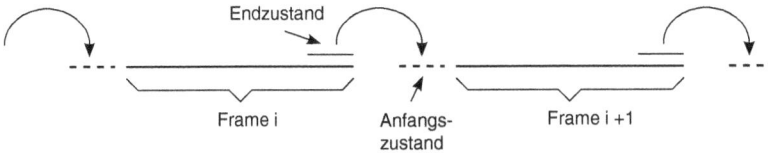

Abb. 5.11. *Frame*-Filterung mit Zwischenspeichern der Endzustände

Die *Frame*-Signalverarbeitung wird mit Hilfe des Skripts `frame_filter_1.m` am Beispiel einer Filterung mit einem FIR-Filter erläutert. In Abb. 5.11 sind zwei *Frames* dargestellt, die aufeinander folgend verarbeitet werden. Damit das Filter nicht mit jedem Datenblock (*Frame*) neu einschwingt, wird der Zustand am Ende jedes Blocks zwischengespeichert und als Anfangszustand im nachfolgenden Datenblock verwendet.

Bei einem FIR-Filter der Ordnung N mit $N + 1$ Koeffizienten sind die letzten N Eingangswerte der zu speichernde Endzustand. Bei einem IIR-Filter sind neben den Eingangswerten auch die letzten Ausgangswerte zu speichern und als Anfangszustand im nächsten Block zu verwenden.

Die Funktion **filter** kann mit einem Anfangszustand als Argument aufgerufen werden und sie liefert auch am Ende den Endzustand. Diese Möglichkeit wird im Skript verwendet, um mit einem FIR-Filter der Ordnung $N = 128$ ein Signal, welches in 5 Blöcke der Länge jeweils 100 aufgeteilt wurde, zu filtern.

```
% Skript frame_filter_1.m in dem eine blockweise Filterung
% programmiert wird
clear;
% -------- Eingangssignal
block_l = 100;
n_block = 5;
nx = n_block*block_l;
x = randn(1, nx);
% -------- Block-Filterung
nord = 128;     fr = 0.4;
h = fir1(nord, 2*fr);        % Einheitspulsantwort des Filters
y = [];                      % Gefiltertes Signal
zf = zeros(1, nord);         % Vektor für den Zustand des Filters
for k = 1:n_block
    [y_temp, zf] = filter(h,1,x(1,block_l*(k-1)+1:k*block_l), zf);
    y = [y, y_temp];
end;
figure(1);  clf;
subplot(211), plot(1:nx, y);
    title('Blockweise Filterung'), xlabel('n');  grid on;
% -------- Klassische Filterung
ykl = filter(h,1,x);
subplot(212), plot(1:nx, ykl)
    title('Klassische Filterung'), xlabel('n');  grid on;
```

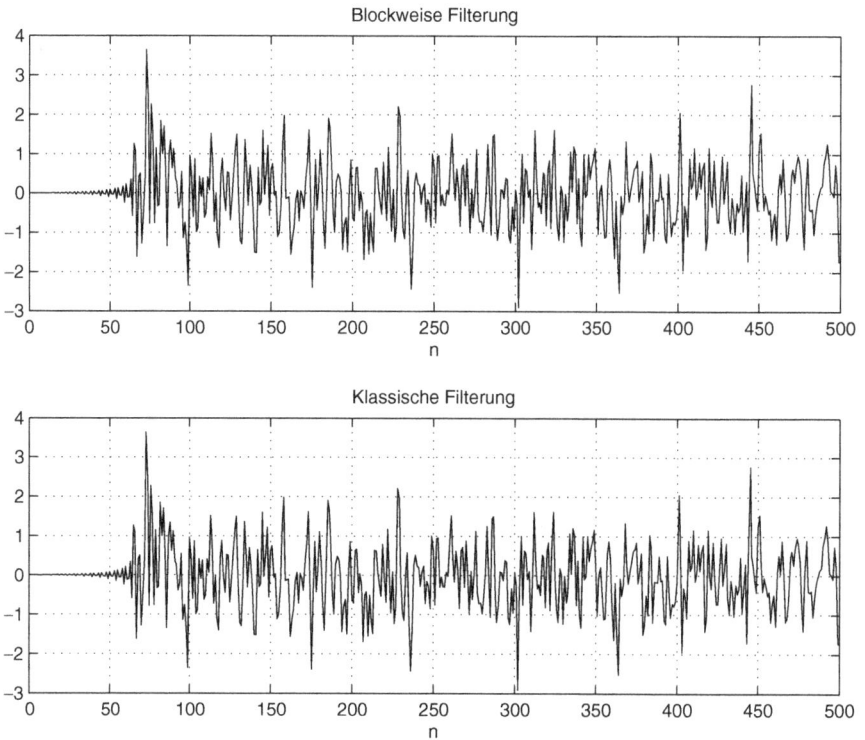

Abb. 5.12. a) Ergebnis der Filterung mit Aufteilung in Datenblöcke (*Frames*) b) Ergebnis der Filterung ohne Aufteilung (`frame_filter1.m`)

Am Ende des Skripts wird das ganze Signal auch ohne Aufteilung in Blöcke gefiltert und die beiden Filterergebnisse werden in Abb. 5.12 zum Vergleich gegenübergestellt.

Mit einigen Beispielen soll der Einsatz der Simulink-Blöcke mit *Frame*-Daten veranschaulicht werden. Die Blöcke, die zur Filterung dienen, sind *Frame*-tauglich ohne sie speziell dazu zu parametrieren. In Abb. 5.13 ist ein einfaches Simulink-Modell dargestellt (`frame_1.slx`), in dem eine Filterung mit *Frame*-Daten untersucht wird. Die *Frame*-Daten werden mit Hilfe eines *Buffer*-Blocks gebildet, hier mit einer Größe von 2048 Werten.

Parallel werden die Eingangsdaten auch in *Sample*-Verarbeitung gefiltert und mit den *Frame* gefilterten Daten am *Scope*-Block verglichen. Wie erwartet erhält man die gleichen Ergebnisse, die über die Verspätung *Delay* gegeneinander ausgerichtet sind.

Die Simulation wird mit einem *Solver* vom Typ `VariableStepDiscrete` durchgeführt. Dieser entspricht dem *Solver* `ode45` für gemischte kontinuierlich und zeitdiskrete Prozesse wenn nur diskrete Blöcke verwendet werden. Der Leser kann auch diesen Typ wählen. Die Blöcke sind direkt parametriert (nicht aus einem MATLAB-Skript), weil das Modell sehr einfach ist.

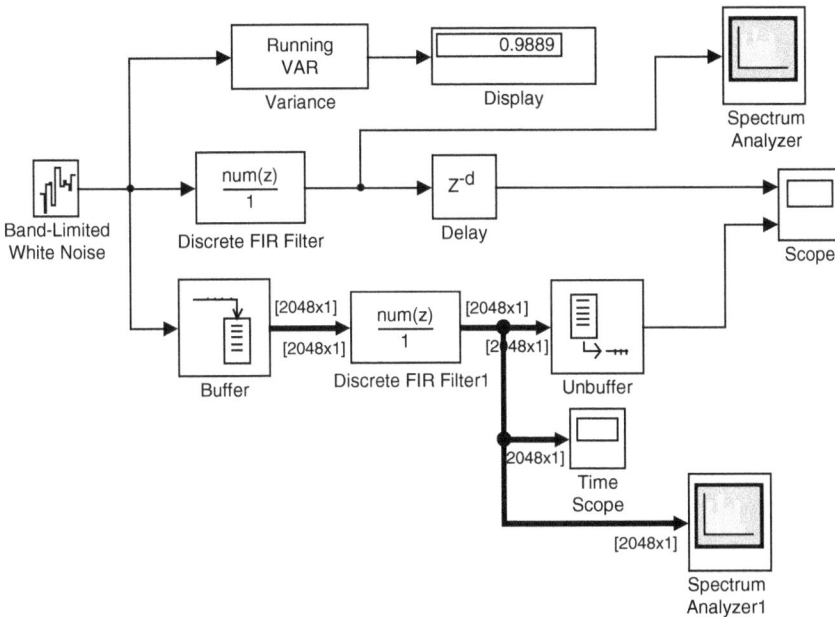

Abb. 5.13. Simulink-Modell einer Filterung mit *Frame*-Daten (`frame_1.slx`)

Mit dem Modell `frame_11.slx` wird die gleiche Simulation mit dem *Solver* `FixedStepDiscrete` durchgeführt. Man erhält wieder gleiche Ergebnisse, aber die Verspätung zur Ausrichtung der Daten ist jetzt $(2 \times 2048)T_s$. Mit der Senke *Time Scope* aus der *DSP System Toolbox* kann man auch die *Frame*-Daten als Zeitsequenzen darstellen, wie im Modell `frame_1.slx` und `frame_11.slx` gezeigt ist. Der *Scope*-Block aus der Simulink-Grundausstatung bringt mit viel Geduld die *Frame*-Datenblöcke, wenn er an den Ausgang des Filters *Discrete FIR Filter1* angeschlossen wird.

Die *Frame*-Daten am Ausgang des Blocks *Discrete FIR Filter1* werden mit dem *Unbuffer*-Block in *Sample*-Daten umgewandelt. Die Eingangsdaten werden vom Block *Band-Limited White Noise* generiert, der eine unabhängige Zufallssequenz erzeugt. Der Block ist so parametriert, dass die Varianz dieser Sequenz gleich eins ist. Das erhält man durch eine spektrale Leistungsdichte als *Noise power* gleich der Abtastperiode als *Sample Time*.

Das Spektrum der gefilterten Sequenz wird mit dem Block *Spectrum Analyser* bzw. *Spectrum Analyser1* dargestellt. Der letztere ist an den *Frame*-Daten am Ausgang des *Discrete FIR Filter1* angeschlossen.

Mit dem Modell `frame_2.slx`, das in Abb. 5.14 dargestellt ist, wird eine Dezimierung mit *Frame*-Daten simuliert. Hier wird ein `Solver` vom Typ `VariableStep-Discrete` benutzt. Ein bandbegrenztes Zufallssignal der Bandbreite von -100 Hz bis 100 Hz und Abtastfrequenz f_s = 1000 Hz, das mit Hilfe des Filters *Discrete FIR Filter1*

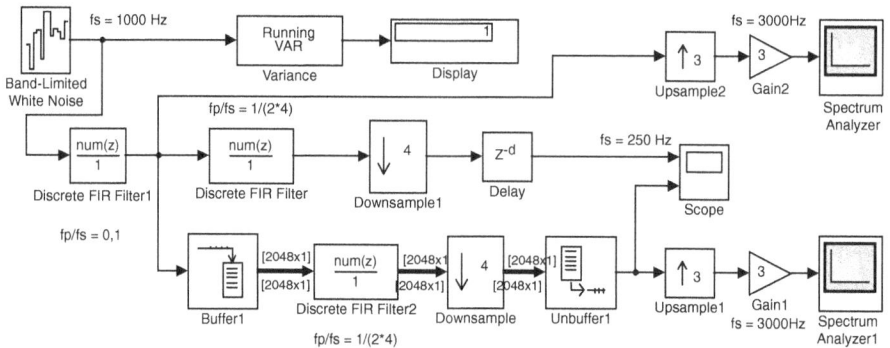

Abb. 5.14. Simulink-Modell einer Dezimierung mit *Frame*-Daten (frame_2.slx)

erzeugt wird, ist einmal klassisch über das *Discrete FIR Filter* mit relativer Bandbreite $f_p/f_s = 1/(2M) = 0,125$ oder 125 Hz und den Abwärtstaster *Downsample1* mit Faktor $M = 4$ dezimiert. Die Abtastfrequenz des dezimierten Signals ist somit 250 Hz. Der Abwärtstaster ist mit den Optionen Elements as channels (sample based) und Allow multirate processing initialisiert.

Für die Dezimierung mit *Frame*-Daten werden diese mit Hilfe des Blocks *Buffer1* erzeugt. Es folgt die Filterung dieser Daten mit dem Filter *Discrete FIR Filter2*, das mit gleichen Parametern initialisiert wird. Danach werden mit dem Abwärtstaster *Downsample* mit gleichem Faktor $M = 4$ dezimierte *Frame*-Daten erzeugt. Dieser Abwärtstaster muss mit den Optionen Columns as channels (frame based) und ebenfalls Allow multirate processing initialisiert werden. Die *Frame*-Daten werden mit einem *Unbuffer*-Block in *Sample*-Daten umgewandelt und dem zweiten Eingang des *Scope*-Blocks zugeführt. Über die Verspätung aus dem Block *Delay* sind die zwei Eingänge ausgerichtet, so dass man leicht feststellen kann, dass sie gleich sind.

Um die Spektren des Signals vor und nach der Dezimierung, so wie man sie aus der Theorie erwartet, zu erhalten, wird hier folgende Lösung verwendet. Mit den Aufwärtstastern *Upsample1* bzw. *Upsample2* wird die Abtastfrequenz mit dem Faktor $L = 3$ auf 3000 Hz erhöht. Um die korrekten Leistungen der ursprünglichen Signale zu erhalten, werden noch mit den Blöcken *Gain1* und *Gain2* Verstärkungen mit dem Faktor 3 hinzugeführt. Man soll sich an die Sachverhalte, die in Verbindung mit der Interpolierung dargestellt wurden, erinnern. Die durch die Aufwärtstastung entstehenden Spektren zwischen $f = 0$ und $f = 3f_s = 3000$ Hz, sind die gewünschten Spektren und werden hier nicht entfernt.

Abb. 5.15 zeigt z.B. die spektrale Leistungsdichte, die mit dem Block *Spectrum Analyser* dargestellt wird. Die spektrale Leistungsdichte von ca. −30 dBW/Hz wiederholt sich periodisch mit der Abtastfrequenz von $f_s = 1000$ Hz, wie man es aus der Theorie erwartet. Auch die spektrale Leistungsdichte nach der Dezimierung, die nicht mehr gezeigt wird und die mit dem Block *Spectrum Analyser1* dargestellt wird, entspricht der Erwartung aus der Theorie.

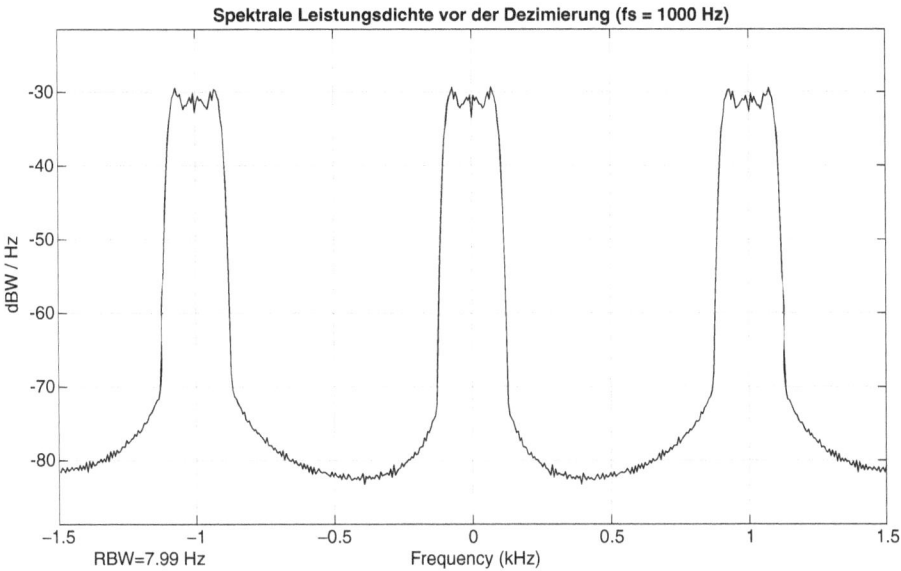

Abb. 5.15. Spektrale Leistungsdichte des Signals vor der Dezimierung (f_s = 1000 Hz) (`frame_2.slx`)

Wenn man statt dieser Lösung die spektralen Leistungsdichten für mehrere Perioden durch Abtaständerung mit Hilfe von Haltegliedern nullter Ordnung (*Zero-Order Hold*-Block) darstellen möchte, erhält man die spektralen Leistungsdichten beeinflußt durch den Frequenzgang in Form einer Funktion sin(x)/x des Halteglieds nullter Ordnung. Im Modell `frame_22.slx` ist diese Lösung eingesetzt. Man erhält die spektrale Leistungsdichte vor der Dezimierung, die in Abb. 5.16 dargestellt ist. Der Leser kann die Aufwärtstaster für die Darstellung der spektralen Leistungsdichten auch mit anderen Werten, wie z.B. 4 initialisieren, um diese Spektren für mehrere Perioden zu erhalten. Sicher kann man die *Spectrum Analyser*-Blöcke auch direkt anschliessen und man erhält dann die spektralen Leistungsdichten im Bereich $-f_s/2$ = 500 Hz bis $f_s/2$ = 500 Hz, der einer Periode der periodisch wiederholten Spektren entspricht.

Die Simulation der Dezimierung mit dem Solver `FixedStepDiscrete` ist mit dem Modell `frame_21.slx` durchzuführen. Hier muss man einen *Rate Transition*-Block benutzen, um aus dem Signal mit einer kleineren Abtastfrequenz ein Signal mit höherer Abtastfrequenz zu erzeugen.

Mit dem Modell `frame_3.slx`, das in Abb. 5.17 dargestellt ist, wird eine Interpolierung mit *Frame*-Daten mit dem `Solver VariableStepDiscrete` simuliert. Die unabhängige Eingangssequenz der Varianz eins und Abtastfrequenz 1000 Hz wird mit dem Filter *Discrete FIR Filter1* in eine bandbegrenzte Zufallssequenz im Bereich −400 Hz bis 400 Hz umgewandelt. Ihre spektrale Leistungsdichte wird am *Spectrum Analyser*-Block wegen des Aufwärtstasters mit dem Faktor 3 im Bereich −1,5 kHz bis 1,5 kHz dargestellt.

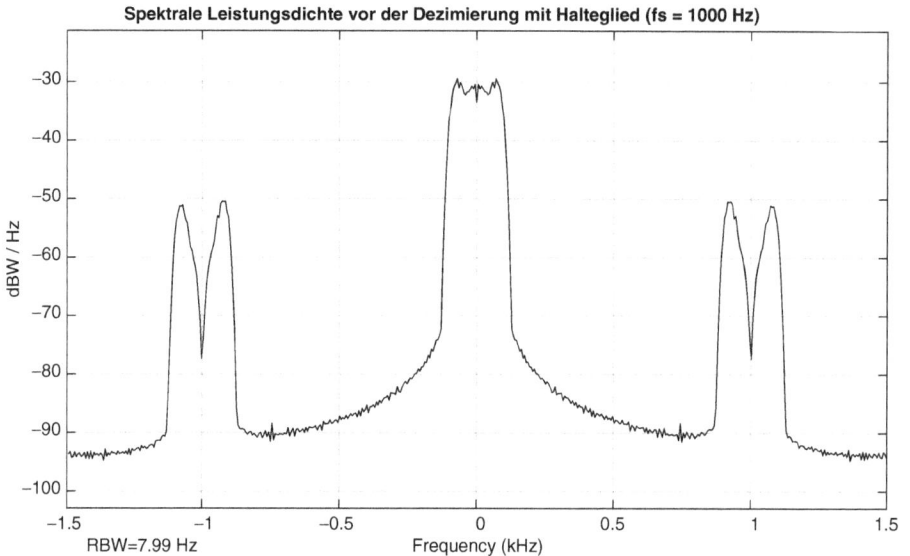

Abb. 5.16. Spektrale Leistungsdichte des Signals vor der Dezimierung mit Einfluss des Halteglieds nullter Ordnung (f_s = 1000 Hz) (`frame_22.slx`)

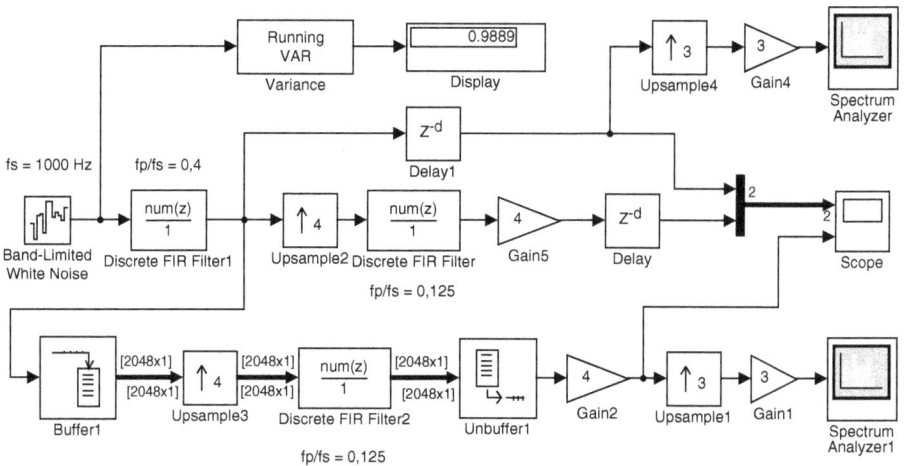

Abb. 5.17. Simulink-Modell einer Interpolierung mit *Frame*-Daten (`frame_3.slx`)

Der Aufwärtstaster im Block *Upsample2* für den Pfad, in dem die klassische Interpolierung durchgeführt wird, ist als `Elements as channels (sample based)` initialisiert. Dagegen wird der Aufwärtstaster im Block *Upsample3* für die *Frame*-Interpolierung mit `Columns as channels (frame based)` bzw. `Allow multirate processing` initialisiert.

Mit dem Modell `frame_31.slx` ist dieselbe Interpolierung über den `Solver` Typ `FixedStepDiscrete` realisiert. Man benötigt hier einen *Rate Transition*-Block mit dem Zwischenwerte in der größeren Abtastperiode $T_s = 1/1000$ s platziert werden. Es werden $4 - 1 = 3$ Zwischenwerte eingefügt, so dass man die Abtastperiode der interpolierten Werte von $T'_s = 1/4000$ s für den *Scope*-Block erhält.

Bei allen Simulationen sollte man die Modelle mit Darstellung der Abtastfrequenzen in Farben benutzen, so dass man sehr leicht die Abtastfrequenzen erkennen kann.

Literaturverzeichnis

[1] Angermann, A., Beuschel, M., Rau, M. und Wohlfarth, U.: *Matlab - Simulink - Stateflow. Grundlagen, Toolboxen, Beispiele*. Oldenbourg, 2005.

[2] Athanasios Papoulis and Unnikrishna Pillai S.: *Probability, Random Variables, and Stochastic Processes*. McGraw-Hill, Fourth Edition Auflage, 2002.

[3] Bateman, A. and Paterson-Stephens, I.: *The DSP Handbook. Algorithms, Applications and Design Techniques*. Prentice Hall, 2001.

[4] Bernstein, H.: *Analoge und digitale Filterschaltungen. Grundlagen und praktische Beispiele*. VDE Verlag Berlin, Offenbach, 1995.

[5] Biran, A. und Breiner, M.: *MATLAB 5 für Ingenieure. Systematische und praktische Einführung*. Addison-Wesley, 1999.

[6] Blackman, R.B. and Tukey, J.W.: *The Measurement of Power Spectra, from the Point of View of Communications Engineering*. Dover, New York, 1959.

[7] Brigham, E.O.: *FFT Anwendungen*. Oldenbourg, 1997.

[8] Cavicchi, T.J.: *Digital Signal Processing*. John Wiley & Sons, 2000.

[9] Douglas K.L.: *Introduction to Signals and Systems*. McGraw-Hill International Editions, 1999.

[10] Farrow, C.W.: *A continuously variable digital delay element*. Proceedings IEEE International Symposium on Circuits and Systems, Seiten 2641–2645, 1988.

[11] Fliege, N.: *Multiraten-Signalverarbeitung: Theorie und Anwendungen*. Teubner, 1993.

[12] Gramlich, G.: *Anwendungen der Linearen Algebra mit MATLAB*. Fachbuchverlag Leipzig, 2004.

[13] Grupp, F. und Grupp, F.: *MATLAB 7 für Ingenieure. Grundlagen und Programmierbeispiele*. Oldenbourg, 2006.

[14] Hoffmann, J.: *MATLAB und Simulink in Signalverarbeitung und Kommunikationstechnik*. Addison-Wesley, 1999.

[15] Hoffmann, J. und Brunner, U.: *MATLAB und Tools für die Simulation Dynamischer Systeme*. Addison-Wesley, 2002.

[16] Hoffmann, J. und Klönne, A.: *Wechselstromtechnik. Anwendungsorientierte Simulationen in MATLAB*. Oldenbourg Verlag, 2012.

[17] Hoffmann, J. und Quint, F.: *Signalverarbeitung mit MATLAB und Simulink. Anwendungsorientierte Simulationen*. Oldenbourg Verlag, 2. Auflage, 2012.

[18] Hoffmann, J. und Quint, F.: *Einführung in Signale und Systeme. Lineare zeitinvariante Systeme mit anwendungsorientierten Simulationen in MATLAB/Simulink*. Oldenbourg Verlag, 2013.

[19] Hoffmann, J. und Quint, F.: *Simulation Technischer Linearer und Nichtlinearer Systeme mit MATLAB/Simulink*. De Gruyter Oldenbourg, 2014.

[20] Hwei, H.: *Signals and Systems*. Schaum's Outlines, Second Edition Auflage, 2011.

[21] Ifeachor, E.C. and Jervis, B.W.: *Digital Signal Processing. A Practical Approach*. Addison-Wesley, 2001.

[22] Jayant, N.S. and Noll, P.: *Digital Coding of Waveforms. Principles and Applications to Speech and Video*. Prentice Hall, 1984.

[23] He, J. and Fu, Z.-F.: *Modal Analysis*. Butterworth-Heinemann, 2001.

[24] Kamen, E.W. and Heck, B.S.: *Fundamentals of Signals and Systems Using the Web and MATLAB*. Prentice-Hall, 2006.

[25] Kammeyer, K.D. und Kroschel, K.: *Digitale Signalverarbeitung. Filterung und Spektralanalyse mit MATLAB-Übungen*. Teubner, 2006.

[26] Kester, W. (Herausgeber): *Mixed-Signal and DSP Design Techniques*. Newnes, 2003.

[27] Kester, W. (Herausgeber): *Analog-Digital Conversion*. Analog Devices, 2004.

[28] Kreyszig, E.: *Advanced Engeneering Mathematics*. John Wiley & Sons, 2006.

[29] Leon-Garcia, A.: *Probability and Random Processes for Electrical Engineering*. Prentice-Hall, 1994.

[30] Losada, R.A.: *Digital Filters with MATLAB*. The MathWorks, Inc., 2008.

[31] Lyons, R.G.: *Understanding Digital Signal Processing*. Prentice-Hall, 2004.

[32] Marvasti, F. (Herausgeber): *Nonuniform Sampling. Theory and Practice*. Kluwer Academic, Plenum Publishers, 2001.

[33] McClellan, J.H., Burrus, C.S., Oppenheim, A.V., Parks, T.W., Schafer, R.W. and Schuessler, H.W.: *Computer-Based Exercises for Signal Processing Using MATLAB 5*. Prentice Hall, 1998.

[34] Mitra, S.K.: *Digital Signal Processing. A Computer-Based Approach*. McGraw-Hill Publishing Company, 2005.

[35] Oppenheim, A.W. und Willsky, A.S.: *Signale und Systeme*. Wiley-VCH, 1991.

[36] Oppenheim, A.W., Schafer, R.W. und Buck, J.R.: *Zeitdiskrete Signalverarbeitung*. Pearson Studium, 2004.

[37] Persson, P.-O. and Strang, G.: *Smoothing by Savitzky–Golay and Legendre Filters*. Mathematical systems theory in biology, communications, computation, and finance. Springer, 2003.

[38] Proakis, J.G. and Manolakis, D.G.: *Digital Signal Processing. Principles, Algorithms and Applications*. Prentice Hall, 2006.

[39] Schaumann, R. and Van Valkenburg, M.E.: *Design of Analog Filters*. Oxford University Press, 2001.

[40] Schott, D.: *Ingenieurmathematik mit MATLAB: Algebra und Analysis für Ingenieure*. Fachbuchverlag Leipzig, 2004.

[41] Shenoi, K.: *Digital Signal Processing in Telecommunications*. Prentice Hall, 1995.

[42] Sklar, B.: *Digital Communications. Fundamentals and Applications*. Prentice Hall, 2001.

[43] Stearns, S.D. und Hush, D.R.: *Digitale Verarbeitung Analoger Signale*. Oldenbourg, 1999.

[44] Stearns, S.D. and David, R.A.: *Signal Processing Algorithms in MATLAB*. Prentice Hall, 1996.

[45] Strum, R.D. and Kirk, D.E.: *Contemporary Linear Systems Using MATLAB*. PWS Publishing Company, 1999.

[46] Therrien, C.W.: *Discrete Random Signals and Statistical Signal Processing*. Prentice-Hall, 1992.

[47] Überhuber, C., Katzenbeisser, S. und Praetorius, D.: *MATLAB 7: Eine Einführung*. Springer, Wien, 2005.

[48] Walter, W.: *Einführung in die Theorie der Distributionen*. Wissenschaftsverlag, Mannheim-Wien-Zürich, 1974.

[49] Welch, P.D.: *The Use of Fast Fourier Transform for the Estimation of Power Spectra: A Method Based on Time Averaging Over Short, Modified Periodograms*. IEEE Trans. Audio Electroacoustics, AU-15:70–73, 1967.

[50] Werner, M.: *Digitale Signalverarbeitung mit MATLAB. Grundkurs mit 16 ausführlichen Versuchen*. Vieweg, 2006.

[51] Press, W.H., Flannery, B.P., Teukolsky, S.A. and Vetterling, W.T.: *Numerical Recipes in C: The Art of Scientific Computing*. Cambridge University Press, Second Edition Auflage, 1992.

Index

www.ingramcontent.com/pod-product-compliance
Lightning Source LLC
Chambersburg PA
CBHW080119220326
41598CB00032B/4886